装备科技译著出版基金

核能科学与工程系列译丛

轻水堆核电厂设计基准事故分析方法

Design–Basis Accident Analysis Methods for Light–Water Nuclear Power Plants

[美] 罗伯特·P. 马丁(Robert P. Martin)
切萨雷·弗里波利(Cesare Frepoli) 主编
杨志达 周杰 译

国防工业出版社
·北京·

著作权合同登记　图字：01-2023-2627 号

图书在版编目（CIP）数据

轻水堆核电厂设计基准事故分析方法 /（美）罗伯特·P. 马丁（Robert P. Martin），（美）切萨雷·弗里波利（Cesare Frepoli）主编；杨志达，周杰译. -- 北京：国防工业出版社，2025. --（核能科学与工程系列译丛）.
ISBN 978-7-118-13448-3

Ⅰ. TM623.91

中国国家版本馆 CIP 数据核字第 2025E1A648 号

Design-Basis Accident Analysis Methods for Light-Water Nuclear Power Plants by Robert P. Martin, Cesare Frepoli

ISBN 978-981-3275-65-2

※

国防工业出版社出版发行

（北京市海淀区紫竹院南路 23 号　邮政编码 100048）

雅迪云印（天津）科技有限公司印刷

新华书店经售

*

开本 710×1000　1/16　**印张** $30\frac{3}{4}$　**字数** 541 千字

2025 年 6 月第 1 版第 1 次印刷　**印数** 1—1500 册　**定价** 218.00 元

（本书如有印装错误，我社负责调换）

国防书店：（010）88540777　　书店传真：（010）88540776

发行业务：（010）88540717　　发行传真：（010）88540762

译者序

核安全是核能发展的基石，只有在安全的前提下核能才能持续发展，所以核能的设计、制造、运行与退役各个阶段都注入了安全的灵魂。从历史上发生的切尔诺贝利核事故、三哩岛核事故和福岛核事故来看，无一不对环境与人类造成了巨大的影响，因而需要不断提高核安全水平。我国国家层面投入大量经费进行“核安全与先进核能技术”重点专项研究，核安全分析与监管便是其中的重要内容。

本书内容由来自学术界、国家实验室和工业界等不同机构的专家团队撰写，是轻水堆安全分析与监管领域的专著，内容涵盖压水堆与沸水堆设计基准事故特点与准则、监管状况及其相关分析方法、设计基准事故放射性评估、事故容错设计与分析、美国核管会许可证申请程序与考虑等。本书共 14 章：第 1 章介绍了监管中的设计基准事故以及基于确定性与风险指引的核安全监管内涵与外延；第 2 章阐述了核安全例证的特点、例证考量、报告与潜在限制；第 3 章介绍了设计基准事件的特点与分类，事故监管背景与接受准则；第 4 章针对事故监管中的分析要求和软件，介绍了需用到的热工水力两相流模型、两流体控制方程、模型的封闭与界面现象；第 5 章主要是验证与试验测试数据确认的方法，并且介绍了在评估模型预测中输入不确定性分析的方法；第 6 章介绍了相似与比例方法的应用，尤其在失水事故喷放阶段的应用；第 7 章针对评估模型中的不确定性，介绍了确定性和最佳估算分析方法在核安全分析中的应用；第 8、9 两章分别介绍了压水堆、沸水堆失水事故和非失水事故的设计基准事件与预期瞬态；第 10 章针对反应性瞬态与假想事故，介绍了验证与确认的分析方法、建模时需处理的特殊事项、不确定性的量化，以及设计、安全评估和许可的申请；第 11 章针对安全壳撞击事件，提出了安全分析时的考虑、分析程序与分析方法；第 12 章给出了放射性评估的定义与范围，现场和非现场放射性评估的后果分析；第 13 章介绍了事故容错设计，包括燃料、包壳、应急冷却系统和安全壳的设计，给出了事故容错系统的分析方法；第 14 章介绍了美国核管会许可证申请程序以及设计基准包络线设计控制方法。

本书的读者对象为从事反应堆设计、核安全分析、核安全监管、放射性评估等研究工作的科研、工程设计人员以及高校教师、研究生。目前,国内对轻水堆核电厂设计基准事故分析方法方面的研究还不够深入,相信随着这部译著的出版能将国内此方面的理论和水平提升到一个新的高度。

本书在翻译过程中,得到了沈明启教授、刘宇生高工以及研究生刘嵩阳、李子康、黄丽萍、梁宇轩、李湛、郑镇航和杨洋的帮助,在此表示感谢。同时,感谢装备科技译著出版基金对本书的资助。

由于时间仓促和译者水平有限,书中可能存在一些不足之处,敬请读者批评指正。

译者

2024 年 9 月

前言

通过分析来解决技术问题,尤其是与核安全相关的技术问题,有赖于严格遵守可验证的过程。该过程或方法涉及专业知识、数据适用性、分析模型、计算机程序,以及人因可靠性方面不确定性的程序。技术、组织和人机接口进一步使对决策有用的量化工作更加复杂化。

核安全方法开发是安全分析的基础,整体过程决定结果是否符合适用的法规。核安全方法开发的原则涉及从法规要求到调研、实验、建模和模拟仿真的逻辑进程,其中有许多原则是在核工业界与监管机构数十年的互动中形成的,这一时期监管的发展主要由各种瞬态和事故下核电厂应对能力的相关研究引导。评估模型的开发和应用过程①源于对研究中形成的大量知识库的有效利用。本书旨在描述轻水堆核工业监管实践中的安全评估原则。

核安全知识库的层次结构始于保护居民和环境免受电离辐射破坏的既定目标,结束于量化剂量的计算流程。二者间存在着一种确定性和概率性的混合,涉及核电厂设计及其对瞬态和事故的核与热工水力响应,本书架构试图忠于这种模式。虽然本书重点是介绍轻水堆,但也同样适用于其他技术的反应堆。

本书内容由来自学术界、国家实验室和工业界等不同机构的专家团队撰写,这些团队成员都或多或少与核安全先锋劳瑞·浩克瑞特(Larry Hochreiter)教授有联系。

浩克瑞特教授在核安全形成期受雇于西屋电气公司,后来成为宾夕法尼亚州立大学的教授和导师。在西屋电气公司,他组织了对压水反应堆和沸水反应堆安全问题的评估工作,并为西屋萨凡纳河公司和西屋海军部门提供咨询。他的合作方包括美国核管会、电力研究所、贝蒂斯原子能实验室和许多业内公司。

他在核工业的重大事件中发挥了直接作用,包括核工业界对1972—1973年应急堆芯冷却系统听证会,1979年三哩岛核事故和1986年切尔诺贝利核事故

① 见美国核管会管理导则1.203,标题是“瞬态与事故分析方法”。

的响应。

1986年，作为兼职教授，浩克瑞特教授开始在宾夕法尼亚州立大学/西屋电气机械工程项目中教授研究生课程。1997年，他加入宾夕法尼亚州立大学核工程系，任核与机械工程学教授，教授本科生和研究生课程。

他在大学的研究主要集中在核电厂热工水力模型、反应堆安全分析、两相流动与传热实验研究等，他搭建了一个先进的再淹没传热装置，宾夕法尼亚州立大学的研究生可以进行各种传热、蒸汽对流冷却和液滴注入蒸汽冷却的实验。

本书是献给浩克瑞特教授的，我们每个人都铭记他的教诲。

原著作者简介

David L. Aumiller(1996 年获得宾夕法尼亚州立大学博士学位;1991 年获得宾夕法尼亚州立大学理学学士学位)是贝蒂斯原子能实验室的高级顾问,负责热工水力规范和安全分析方法的开发。他撰写了包括本构模型开发、程序评估和比例分析等主题的论文,花了大量时间开发算法和数字技术用于开发耦合程序系统。

Maria Avramova(2007 年获得宾夕法尼亚州立大学博士学位;1993 年获得保加利亚索非亚大学理学硕士学位)是北卡罗来纳州立大学反应堆动力学与燃料建模团队副教授,核能联盟主任。近年来,她领导了国际经济合作与发展组织核能机构(OECD-NEA)/美国核管理管委员会(USNRC)沸水堆全尺寸精细网格棒束试验基准题、压水堆子通道和棒束试验基准题项目。她也是经合组织轻水堆不确定性分析模型基准和 COBRA-TF 用户组的协调员之一。

Fatih Aydogan(2008 年获得宾夕法尼亚州立大学博士学位;分别于 2003 年、2000 年获得土耳其哈西德佩大学理学硕士和理学学士学位)是爱达荷大学机械工程系助理教授,曾在西屋电气公司工作。他有超过 16 年的工程经验:①核电厂冷却剂、核燃料、控制系统和动力转换系统的建模与仿真;②先进和第四代核电厂系统设计、比例与规范;③热工水力;④验证与确认、最佳估算加不确定性量化;⑤计算程序开发。

Stephen M. Bajorek(1988 年获得密歇根州立大学博士学位;分别于 1981 年、1979 年获得圣母大学理学硕士和学士学位)是核管会核管理研究中心热工水力高级技术顾问,他在核工业界有超过 35 年的工作经历。在核管会工作期间,他参与了 TRACE 程序、先进反应堆分析和核管会热工水力试验程序的开发,目前领导非轻水堆仿真程序的开发工作。在加入核管会之前,他是堪萨斯州立大学的教员,他在西屋电气公司有 15 年的行业经验。

Frank X. Buschman(分别于 2008 年、2002 年获得宾夕法尼亚州立大学博士和理学学士学位)是海军核实验室-贝蒂斯基地顾问工程师,曾担任匹兹堡大学讲师。他的研究方向是核反应堆热工水力学、反应堆安全与核电厂分析程序方法开发,以及失水事故和非失水事故设计基准事故最佳估算加不确定性分析方法。他目前是海军核实验室核动力装置分析程序和方法开发的技术负责人。学习期间,他获得了 Rickover 奖学金。

Jong E. Chang(2005 年获宾夕法尼亚州立大学博士学位;分别于 2000 年、1998 年获国立首尔大学理学硕士和学士学位)是泰拉能源公司的首席安全分析工程师,他负责行波堆项目中安全壳和辐射后果的安全分析方法的开发。2004 年他曾在安特吉核能公司(Entergy Nuclear)担任安全分析工程师,后来在 Babcock & Wilcox(B&W)公司担任高级首席工程师,研究 mPower 小型一体化反应堆。在 B & W 公司,他领导了应用最佳估算加不确定性和不确定性量化的安全壳分析方法的开发。

Sule Ergün(2006 年获得宾夕法尼亚州立大学博士学位;在土耳其哈杰特泰配大学获理学硕士和理学学士学位)是哈西德佩大学核工程系教员。其主要研究方向为核安全与子通道分析、两相流建模。除了学术活动,Ergün 博士还参与了土耳其本地化和人力资源开发项目。她也是土耳其监管机构核安全咨询委员会委员,土耳其核工程学会理事。

Cesare Frepoli（2001 年获得宾夕法尼亚州立大学博士学位；1990 年获得意大利米兰理工大学工学硕士学位）是 FPoliSolutions 有限责任公司创始人兼首席顾问。Frepoli 博士在核工业领域有 27 年的从业经验，是执行评估模型开发和评估过程（RG 1.203）、比例分析和不确定性分析方法领域专家。在创办 FPoliSolutions 公司之前，Frepoli 博士是西屋电气公司安全分析技术的主要开发者和发明者，开发了 ASTRUM 和全系列失水事故分析产品。他也是 AP1000 安全例证的开发和预防性监管的主要贡献者，并解决了大量工业界通用问题。

Scott C. Franz（分别于 1997 年、1994 年获得俄勒冈州立大学博士和理学硕士学位；1991 年获惠特沃斯学院理学学士学位）目前就职于法玛通公司，拥有 28 年的沸水堆和压水堆领域核安全分析经验，从事失水事故和非失水事故方法的开发和应用，包括在扎克里核能公司工作 4 年，在日本东京三菱核燃料公司工作 4 年，在美国法玛通（即阿海珐和西门子核能公司）公司工作 13 年，在西屋电气公司 AP600 设计相关的试验和分析 7 年。在 6 个不同国家参与了安全分析方法的开发、应用和许可。

Kostadin N. Ivanov（1990 年获得保加利亚核研究和核能研究所博士学位；1982 年获俄罗斯莫斯科动力工程学院工程硕士学位）现任北卡罗来纳州立大学核工程系教授和系主任。在此之前，他是宾夕法尼亚州立大学核工程项目的杰出教授和研究生协调员。他最近被选为经济合作与发展组织（以下简称经合组织）核能机构反应堆系统科学问题工作组主席，他也是国际原子能机构高温气冷堆建模不确定性分析协调研究项目的协调员。

Jeffrey W. Lane（2009 年获得宾夕法尼亚州立大学博士学位；2006 年获得宾夕法尼亚州立大学理学硕士学位）是扎克里核工程公司高级顾问。他的专业领域包括热工水力程序开发、反应堆安全分析方法和验证、确认和不确定性量化（VV&UQ）。他现在是 GOTHIC 分析程序的技术负责人，有开发 COBRA-TF 和 RELAP 的经验。在加入扎克里公司之前，他在贝蒂斯原子能实验室工作，并在匹兹堡大学担任讲师。在学习期间，他获得了 Rickover 奖学金。

Robert P. Martin(1996 年获得宾夕法尼亚州立大学博士学位;分别于 1989 年、1987 年获得克萨斯州农工大学理学硕士和理学学士学位)在 BWX 技术股份公司领导先进核电厂设计和安全分析的评估方法以及模型的开发。在 BWX、阿海珐(现在法玛通)和西门子电力集团任职期间,他一直负责用于支撑商业核电厂许可的一些安全分析方法的准备和预防性监管,包括设计基准失水事故最佳估算加不确定性方法的首次应用,用于燃料和安全壳评估,以及用于证明核电厂对超设计基准严重事故的弹性。他的工作经验包括在爱达荷国家实验室在热系统流体建模方面的工作(RELAP5-3D)。

Meghan McCloskey(2006 年获得宾夕法尼亚州立大学理学硕士;2004 年获得宾夕法尼亚州立大学核工程与机械工程双学士)自 2015 年以来,一直是 NuScale Power 公司安全分析方法开发和应用的技术主管。2006—2015 年,她受雇于西屋电气公司最佳估算失水事故小组,执行压水堆和 AP1000 核电厂分析与评估。她成为 AP1000 核电厂最佳估算失水事故和长期冷却分析的首席分析师,支持不确定性的自动化统计处理方法(ASTRUM)在 AP1000 核电厂设计中的许可证申请以及 AP1000 核电厂长期冷却和 GSI-191 的批准。

Michael J. Meholic(2011 年获得宾夕法尼亚州立大学博士学位,之前获得理学硕士、理学学士学位)是海军核实验室(NNL)的首席工程师,他的专业领域包括核反应堆热工水力学、临界热流密度后热传递、反应堆安全和核电厂分析程序与方法开发、分析程序验证和不确定度量化方法。他目前是海军核实验室 COBRA-IE 程序和方法开发人员,同时也是匹兹堡大学的讲师。在宾夕法尼亚州立大学时,他获得了海军上将里科弗奖学金。

Jim E. Metcalf（1967 年获得巴克内尔大学机械工程学学士学位；1981 年机械专业工程师）职业生涯开始于飞机飞行试验和潜艇反应堆。他在新罕布什尔大学工程设计和分析实验室学习造船，并在 R/V 大西洋双星上担任工程师。1973 年，他加入 Stone & Webster（S&W）公司从事流体系统、安全壳热工水力和流体动力学负荷方面的工作。他成为安全工程和分析的负责人，是 S&W 公司严重事故研究的关键人物。他是 NUREG-1150 安全壳专家小组和能源部源项专家小组成员，指导了 ABB-CE 80+系统的第一个替代源项的使用。他于 1994 年加入 Polestar，并于 2008 年成为阿海珐的技术顾问。他于 2013 年从阿海珐退休，并成为 Bison Nuclear 的兼职顾问。

Brian A. McIntyre（分别于 1971 年、1969 年获普渡大学理学硕士、理学学士学位）在西屋电气公司工作了 33 年。最值得注意的是，他负责 AP600 核电厂设计安全和许可方面的工作。在早期工作中，McIntyre 先生领导了在 G1 和 G2 回路执行的试验程序，并在 J 回路美国电力科学研究院担任了瞬态临界热流密度试验的首席研究员，这些都在西屋电气公司森林山试验装置上执行。他还负责冷却剂丧失和安全壳分析小组。在这种情况下，他开发并批准了 NOTRUMP 小破口失水事故程序，NOTRUMP 是第一个满足后三哩岛 2 号机组要求的小破口失水事故程序方法。他是密歇根州的注册专业工程师，拥有 PMP 认证，是 ASME 的终身会员。

Katsuhiro Ohkawa（1983 年获得伦斯勒理工学院博士学位；1978 年获得东京索菲亚大学理学硕士和理学学士学位）是西屋电气公司的一名工程师，有 35 年的工作经验。他在西屋的经验包括液态金属先进核电厂的开发、沸水堆和压水堆的安全分析方法和实时热工水力系统程序的开发。自 1990 年以来，他一直是西屋电气公司最佳估算失水事故方法开发组成员，负责程序的开发和验证与确认。

Alessandro Petruzzi(2008 年获得比萨大学博士学位)是 NINE 咨询公司的总裁。他领导核电厂热工水力领域,致力核电厂的安全分析和许可证研究工作。他有超过 15 年的热工安全分析工作经验,重点研究最佳估算加不确定性方法及其在安全分析报告事故分析中的应用,其中包括对阿根廷 Atucha-2 核电厂的安全分析。他还通过 NINE 和国际原子能机构开发了教育和培训项目,支持机构和个人的职业发展目标。

Ruwan K. Ratnayake(2003 年获得宾夕法尼亚州立大学博士学位;1998 年获得得克萨斯理工大学理学硕士学位;1994 年获得斯里兰卡佩拉迪尼亚大学理学和工学学士(荣誉的))支持了若干商业组织开发核燃料性能和热工水力分析方法。在过去 10 年,他的研究包括 B&W mPower 和 NuScale 小型模块化反应堆开发,以及阿海珐的热工水力和核燃料开发。在担任这些职务之前,他在普渡大学担任高级研究助理职位。他的主要贡献包括几项被美国核管会批准的工业创新。他曾担任美国核协会弗吉尼亚地方分会主席,并于 2012 年被阿海珐公司认可为年度工程师。

José N. Reyes, Jr.(分别于 1987 年、1984 年获得马里兰大学博士和理学硕士学位;1978 年获得佛罗里达大学理学学士学位)是 NuScale 能源公司的联合创始人和首席技术官,是 NuScale 小型模块化反应堆的联合发明人,在 20 个国家拥有超过 110 项专利。他是热工水力比例分析、非能动安全系统和核电厂整体性能试验方面的专家,曾是国际原子能机构的技术专家,是 Henryand Janice Schuette 捐赠讲座教授和俄勒冈州立大学(OSU)核工程系主任。他也是俄亥俄州立大学西屋 AP600 和 AP1000 设计验证试验程序的首席研究员,在俄勒冈州立大学之前,他在美国核管会研究办公室工作了 10 年,他是美国国家工程院院士。

Donald R. Todd(2002 年获得得克萨斯州农工大学博士学位;分别于 1999 年、1997 年获宾夕法尼亚州立大学理学硕士、理学学士学位)是太平洋西北国家实验室高级研究工程师,他在商业和政府部门支持广泛的核工程活动。此前,他是 NuScale 公司和阿海珐公司的行业顾问和雇员,是沸水反应堆非失水事故、沸水堆稳定性、自然循环压水堆稳定性和压水堆失水事故主题相关的众多许可专题报告的主要贡献者或主要作者,他也是《快谱反应堆》(*Fast Spectrum Reactors*)的一名编辑。

目录

第1章
监管状况

S. M. Bajorek

1.1 简　介

国际原子能机构(IAEA)将核安全定义为“实现适当的运行条件,预防事故或缓解事故后果,从而保护工作人员、公众和环境免受过量辐射危害”。为了确保核项目的较高安全水平,服务于公众利益,国家核安全局或监管机构实行了核材料特殊用途相关法规,通过颁发许可来授权相关单位从事核相关活动和使用核相关仪器是核监管部门的职能之一。

核能监管关注的内容非常广泛,涉及设计基准瞬态和事故的核电厂安全分析,横贯技术、商业和公共政策等领域,尤其是监管机构将其视为对核电厂及其专设安全设施的设计进行验证的必要部分。此类专设安全设施预计对可信事件具有抵抗能力,而那些与正常运行相关的安全设计,以及应对在较小程度上预计不会在核电厂寿命期间发生的少数异常事件的安全设计,则需通过安全分析审查来证明其设计的稳健性。本章介绍了针对轻水核电厂设计基准事故分析方法准备和审查的核监管框架。

1.1.1 核监管机构的角色和历史

监管者在技术发展和研究中扮演一个独特的角色,而这个角色在设计上也是独一无二的。这种传统始于1946年美国的《原子能法》(*Atomic Energy Act*),此法案将核技术的控制从军事控制转移到了民用控制。该法案建立了美国原子能委员会(AEC),其任务是促进和控制和平时期原子能科学的发展,也将许多用于初步了解核科学与安全的核实验室从军用转变成民用。这也将美国原子能委员会置于政治上“双重角色”的艰难位置——确保公众安全的同时最终促进原子能科学发展为核电产业。20 世纪 60 年代，这种双重作用受到越来越多的批评。1974 年，美国原子能委员会被能源研究与开发署（ERDA）和美国核管理委员会（NRC，后续简称“核管会”）所取代。几年后，能源研究与开发署与其他几个与能源生产相关的机构合并为现在的美国能源部（DOE）。

随着 1974 年美国核管会重组，其作用被明确：美国核管会是独立的，并且负责公众健康和安全。作为其任务的一部分，美国核管会负责反应堆的许可和更新、放射性材料的许可、乏燃料管理、安全以及安保。能源部负责广泛的能源相关领域，包括核能相关研究、能源生产和废物处理。虽然有些领域似乎重叠，但重组的目的是使能源部成为（核）工业的支持者，而美国核管会成为独立的监管机构。

1.1.2 监管要求

《美国联邦法规》第 10 章——能源部分，包含了对民用放射性物质使用的规定，虽然这些规定只有在美国才被要求实施，但大部分规定已经广泛地被各核电国家所采用。其“第 50 部”或 10 CFR 50（U. S. Nuclear Regulatory Commission, 2017a）中的规定专门适用于动力反应堆的许可。在此历史背景下，10 CFR 50 中的规定“由美国核管会根据《1954 年原子能法案》和经修订的《1974 年能源重组法案》的颁布，以提供生产和使用设施的许可”，也包括核反应堆。

1.1.2.1 监管标准

关于设计基准事故分析的监管标准可以进行分级查看，首先是主要核安全问题，即不可控制的放射性物质的释放。首要的是针对电离辐射的防护标准，它涉及剂量限值和广泛的辐射安全所需的其他要求，见 10 CFR 20（U. S. Nuclear Regulatory Commission, 2017b）。与辐射安全计划密切相关的是厂址的选择，10 CFR 100（U. S. Nuclear Regulatory Commission, 2017c）阐述了核电厂选址，其中明确考虑了反应堆设计、现场附近的人口密度和现场的物理特征，其中包括从设计基准事故分析解释的关于最终量化的辐射剂量的接受准则。

为了定义“安全相关体系”，10 CFR 50.2 规定设计基准事件是常规运行的工况，其包括预期运行事件、设计基准事故、外部事件以及自然现象，核电厂的设计必须确保：

（1）反应堆冷却剂压力边界的完整性；

（2）关闭反应堆并使其处于安全停堆状态的能力；

（3）预防或减轻可能导致重大厂外照射的事故后果的能力。

虽然许多法规是针对轻水反应堆（简称“轻水堆”）的，但 10 CFR 50.43（e）

适用于所有核反应堆,它提供有关安全系统性能和评估分析工具数据充分性证明的设计认证应用指南。必须通过轻水堆核电厂的设计基准事故分析方法(分析、试验程序和经验或其组合)来证明每个安全特性的性能(U. S. Nuclear Regulatory Commission,2017d)。10 CFR 52 提出,对于设计认证的应用必须能够识别出包括安全特征在内的相互依赖影响,并且能够提供足够的实验数据来评估用于安全分析的工具,数据必须涵盖足够大的范围,包括正常工况和瞬态工况,另外还有事故序列。

10 CFR 50.43(e)也提供了许可的替代方法。若对原型电厂进行了足够的试验,且试验范围涵盖正常、瞬态和事故工况,则可以认为设计是可接受的。若原型电厂已通过试验,美国核管会可选择对电厂选址提出附加要求,包括安全特性或运行工况。

轻水堆应急堆芯冷却系统(ECCS)的接受准则见 10 CFR 50.46,该法规针对带有锆包壳燃料元件的轻水堆,旨在分析冷却剂丧失事故(后续简称"失水事故")。虽然具体涉及反应堆和燃料设计以及失水事故,它经常被用作其他设计和假想事故的指南。10 CFR 50.46 规定的监管准则如下。

(1) 计算得出的最大燃料元件包壳温度不得超过 2200℉(1204℃)。

(2) 计算得出的包壳总氧化量不得超过氧化前包壳总厚度的 0.17 倍。

(3) 包壳与水或蒸汽发生化学反应时产生的氢气总量不得超过假设量的 0.01 倍,该量相当于所有包壳材料都发生了反应所产生的量。

(4) 堆芯几何结构的变化必须使堆芯保持冷却状态。

(5) 应急堆芯冷却系统初始运行后,堆芯温度必须保持在可接受的低水平,展现出其具有的长期冷却能力。

10 CFR 50.46 允许两种替代方法来计算应急堆芯冷却系统性能:一种是 10 CFR 50 中附录 K(U. S. Nuclear Regulatory Commission,2000)的方法;另一种是现实分析技术。附录 K 通常被认为是一种高度保守的方法,定义了建模技术和评估模型的可行特征,附录 K 中值得注意的一些要求如下。

(1) 裂变产物放射性衰变产生的热功率应假定等于(American Nuclear Society,1971)中所规定的无限运行时间值的 1.2 倍。

(2) 在假想事故发生前,燃料中的稳态温度分布和储存能量需要计算燃耗,燃耗产生计算的最高包壳温度(或最高计算储存能量)。

(3) 必须假设反应堆在至少 1.02 倍于许可功率水平的功率水平下连续运行(考虑到仪表误差),且不超过技术规范允许的最大峰值因子。

(4) 金属/水反应产生的能量释放率、氢气生成和包壳氧化速率应使用 Baker-Just 关系式计算(Baker 和 Just,1962)。

(5) 两相喷放阶段,应采用 Moody 模型计算喷放率(Moody,1965)。

(6) 对于假设的冷管段破口计算,应从反应堆压力容器计算的水装量中减去旁路期间注入入口管线或反应堆压力容器的所有应急冷却水。

(7) 必须分析应急堆芯冷却系统设备可能的故障模式及其对应急堆芯冷却系统性能的影响。在进行事故评估时,假定可运行的应急堆芯冷却系统子系统组合应为最具破坏性的,应急堆芯冷却系统设备发生最严重单一故障时,系统仍然可用。

(8) 在再充水期间和再淹没期间,当再淹没速率小于 1 英寸/s(1 英寸 = 25.4mm)时,传热计算应基于假设冷却仅通过蒸汽进行,并应考虑由于包壳膨胀或破裂而计算出的任何流动堵塞,因为堵塞可能会影响局部蒸汽流动和传热。

(9) 下部腔室闪蒸与堆芯喷淋达到额定流量之前,所有燃料棒的对流换热系数应为 0。

这些不是附录 K 限制条件的完整列表,却是最有可能导致失水事故分析偏保守的。然而自从它发布,实验工作已经能够量化其保守程度,并且 10 CFR 50.46 的修订成为可能。

1.1.2.2 1988 年失水事故规则变更

经过广泛的规则制定听证会,10 CFR 50.46 和附录 K 于 1974 年 1 月正式发布,为应急堆芯冷却系统的评估提供了指南。评估模型被定义为电脑程序或程序系统,以及用于确定应急堆芯冷却系统缓解失水事故有效性的计算。由于技术有限,可用的实验研究很少,因此规则和附录 K 的限值是保守的。在颁布时,失水事故分析的技术水平尚处于初级阶段,附录 K 对分析方法的限制反映了在模拟失水事故中许多物理现象的不确定性。然而,仔细研究委员会的意见(U.S. Atomic Energy Commission,1973),以及美国物理学会(APS)(Lewis 等,1975)对最近公布的规则进行的一项研究,无疑表明该规则可能是保守的。但是,由于评估模型的复杂性和各要素的不确定性,很难证明这种保守性。美国物理学会研究小组提出了一种方法来确定与系统设计相关的保守度,该方法与 1988 年 10 CFR 50.46 修订版中提出的方法相似:

“如果要确定应急堆芯冷却系统程序的保守程度(假设它们确实是保守的),那么还必须可以使用那些可以实际预测失水事故现象的程序进行比较。”

美国物理学会研究小组的推荐帮助建立了高级程序开发规划和用于模型开发和评估的实验计划。

美国核管会和工业界一起发起了一系列广泛的研究,包括几个大型系统试验作为 2D-3D 程序的一部分(Damerell 和 Simons,1993),并支持开发先进的系统程序,如 TRAC-PF1(Liles,1981)、COBRA/TRAC(Thurgood 等,1983)和

RELAP5(Ransom 等,1982),每种试验都模拟了各相间的非平衡状态。这一时期大量的研究使得规则在 1988 年发生了改变,使"最佳估算"失水事故计算成为附录 K 中规定模型的替代方案,这段时间也是对热工水力学、系统行为、程序开发和两相流物理过程理解的显著增长期。

1988 年,美国核管会修订了 10 CFR 50.46 的要求,因此这些法规反映了自 1974 年最初的规则发布以来,通过广泛的研究人们对反应堆瞬态期间应急堆芯冷却系统性能的理解有所提高。修正后的规则允许使用"最佳估算"或"现实的"评估模型来分析应急堆芯冷却系统表现,还要求对实际评估模型中的不确定性进行量化,并且当计算这些适用限值时不会超过标准。管理导则 1.157(U. S. Nuclear Regulatory Commission,1989)确定了在比较最佳估算预测与适用的监管限制中 95%的概率水平,然而在确定规范不确定性的可接受方法方面却含糊其词。此外,它没有具体说明置信水平是否应该被固定下来。所以,供应商开发了评估模型,利用几种不同的方法组合不确定性参数,并以 95%的概率确定包壳峰值温度(PCT)和其他变量。

Boyack 等(1989)使用一种称为程序、比例、适用性与不确定性(CSAU)的方法演示了这个新规则。程序、比例、适用性与不确定性方法为程序验证提供了一种结构,并确定了最佳估算模型的可接受特征。作为不确定性方法一部分的模型和参数,是从一组专家开发的现象识别和排序表(PIRT)中选择的。

1.1.2.3 标准审查大纲

NUREG-0800(U. S. Nuclear Regulatory Commission,2011),也就是更广为人知的标准审查大纲(SRP),旨在制定美国核管会工作人员对建造和运行加压和沸腾轻水堆的申请进行评审的标准(见第 8 章和第 9 章)。该计划为评估确定是否符合美国核管会的规定提供了指南。标准审查大纲本身并不是一项法规,但由于它概述了可接受的审查要素,因此一般来说这是可被遵从的。申请者必须确认设计中的差异,描述所使用的分析技术以及他们的设计是如何符合美国核管会监管标准的。

标准审查大纲为根据 10 CFR 50 申请施工许可证或根据 10 CFR 52 的早期现场许可证、设计认证或联合许可证提供指南。标准审查大纲指导审查人员获取信息,以获得对整个设施的基本了解,并认识到单个项目的相对安全重要性。标准审查大纲还要求提供与监管相关的具体信息,以确保符合接受准则和指南。设计应表明符合适用的管理导则,或为替代方法提供合适的理由。

标准审查大纲第 15 章(U. S. Nuclear Regulatory Commission,2007)是与设计基准事件最相关的章节,此章定义了审查的具体领域,并对作为审查一部分的瞬态和事故类型进行了分类。分类是基于每个始发事件的发生频率,然后将每个始发事件描述为预期运行事件(AOO)或作为假想事故。根据定义,预期运行事件是在电厂寿期中可能发生一次或多次的事件,标准审查大纲将预期运行事件分类为中等频率事件和稀有事件。根据美国核能协会(ANS)的分类,中等频率的事件也称工况Ⅱ事件,稀有事件也称为工况Ⅲ事件。最后,假想事故是预期外的事件,也就是预计不会在核电厂寿期内发生事件,被称为工况Ⅳ事件(见第3章)。

标准审查大纲指导审查人员考虑预期运行事件和假想事故的所有可能变化,并确保被许可方已识别出极限的情况。通过将事件的风险定义为事件频率及其后果的乘积,审查人员考虑被许可方的分析结果——通过应用一套接受准则在预期运行事件和假想事故范围内风险近似恒定。申请者也可以提出适当合理的替代性接受准则,这对新反应堆设计应用具有重要意义。

以下接受准则适用于预期运行事件,旨在满足核电厂通用设计标准(GDC)的要求。

(1) 根据美国机械工程师协会的《锅炉和压力容器规范》,反应堆冷却剂和主蒸汽系统中的压力应保持在设计值的110%以下。

(2) 为了维持燃料包壳的完整性,应保证压水反应堆(简称“压水堆”)的偏离泡核沸腾比(DNBR)的最小偏差保持在95/95DNBR限值以上,并且临界功率比保持在沸水反应堆的最小临界功率比(MCPR)以上。

(3) 在没有其他故障独立发生或导致反应堆冷却剂系统或安全壳屏障功能丧失的情况下,预期运行事件不应产生假定的事故。

总体目标是确保事件不会成为更严重的事件(工况Ⅱ事件不能演变成工况Ⅲ事件),并且仅有一小部分燃料元件受到损坏,预期运行事件的标准还要确保低的放射性物质释放水平。

假定的事故可能会导致核电厂严重损害以致无法恢复运行,对于这些事件,标准审查大纲接受准则的要求如下。

(1) 考虑到潜在的脆性和延性失效,反应堆冷却剂系统和主蒸汽系统中的压力应保持在可接受的设计限值以下。

(2) 如果最小偏离泡核沸腾比保持在压水堆的95/95限值以上,并且临界功率比保持在沸水反应堆(简称“沸水堆”)的最小临界功率比安全限值以上,则燃料包壳的完整性将得以维持。如果不满足这些准则,则认为燃料已失效。

(3) 放射性物质的释放不得导致产生厂外剂量超过10 CFR 100指南的规定值。

(4) 一个假想事故本身不应导致处理故障所需的系统功能的相应丧失,包括反应堆冷却剂系统和反应堆安全壳系统的功能。

失水事故是假定的事故,要求满足10 CFR 50.46的接受准则,这些将在后面作为监管标准的一部分进行描述。

标准审查大纲要求申请中包含安全评估的核电厂参数，这些参数包括堆芯功率、反应堆冷却剂系统温度、压力和流量，以及轴向和径向功率分布和反应堆动力学参数。

标准审查大纲中确定的事件使用“评估模型”进行分析，该模型通常依赖热工水力系统程序来模拟该事件。以下部分讨论了评估模型及其要求，在监管审查与批准评估模型中的重要方面。

1.1.2.4 设计验证评估模型

评估模型（EM）在 10 CFR 50.46 中定义为评估失水事故期间反应堆系统行为的计算框架，包括计算应用所需的所有计算机程序及其信息框架，即所用数学模型、假设、计算机程序输入和输出，还包括指定计算过程所需的任何信息。

评估模型通常是一个热工水力系统程序或一组耦合的程序，用于描述流体质量、动量和能量在整个反应堆冷却剂系统中的输运。在一个事件中必须进行燃料性能的模拟，而瞬态的性质决定了所涉及程序的复杂性。无论是在所用程序还是假设事件中，建立评估模型时都应遵循一些基本原则。管理导则 1.203（U. S. Nuclear Regulatory Commission，2005）描述了评估模型开发和评价过程（EMDAP）。具体而言，在开发和评估模型的过程中，确定了六个重要的基本原则。

（1）确定评估模型的要求。这个原则的目的是在整个过程给予关注，其重要成果应该是识别数学建模方法、部件、现象、物理过程和参数，以评估与标准审查大纲中描述的接受准则相关的事件行为。现象评估对于确保评估模型能够恰当地分析特定事件以及确认解决事件的关键现象至关重要。

（2）开发一套与已确定要求一致的评价基准。因为评估模型只能接近假设事件的物理行为，使用适当的评估基准进行验证是很重要的。数据库可能由已经存在的实验组成，或者模型评估可能需要新的实验，这取决于要求确定的结果。

（3）开发评估模型。这个根据第一个原则中明确的要求，应选择或开发分析事件所需的计算装置。为了特定核电厂和事件定义评估模型，选择适当的程序选项、边界条件以及部件设备中的时间和空间关系也是必要的。

（4）评价评估模型的充分性。基于第一个原则的应用，特别是关于现象重要性的确定，应评价评估模型实现与接受准则相关的预期结果的固有能力，重点应该放在预测假想事件关键现象的能力上。在很大程度上，代表评估模型的计算机程序是基于经验性的模型和相关性的集合。因此，确保在评估范围内使用它们是很重要的。

（5）在评估模型开发和评价过程期间遵循适当的质量保证协议。10 CFR 50 附录 B 中要求的质量保证标准是开发和评估过程的关键特征，当涉及复杂的计算机程序时,由独立专家进行的同行评议应是质量保证过程的一个必不可少的部分。

(6) 提供全面、准确、最新的文档。这是一个可信的美国核管会审查的显而易见的要求,同行评议显然也是必需的。

EMDAP 的这些原则在量化反应堆安全余量的研究中得到了发展和应用(Boyack 等,1989),该研究将程序、比例、适用性与不确定性评估方法应用于大破口失水事故。本研究的目的是证明一种方法,它可用于量化不确定性,如1988 年修订版 10 CFR 50.46 中所述。而程序、比例、适用性与不确定性的目标与不确定性评估有关,为实现这一目标而衍生的原则涉及评估模型开发的整个过程评价。因此,即使正式的不确定性评估不是特定的目标,许多相同的原则也同样适用。

1.2 设计基准瞬态和事故

标准审查大纲的目标之一是定义和分类反应堆系统事件。当然,根据设计的不同这些事件的重要性也会有所不同。压水堆和沸水堆设计中预期运行事件的一些示例如下:

(1) 意外抽出控制棒或棒组(压水堆和沸水堆);

(2) 堆芯冷却剂流量丧失或中断,不包括反应堆冷却剂泵卡转子(压水堆);

(3) 慢化剂意外冷却(压水堆和沸水堆);

(4) 化学补偿意外稀释(压水堆);

(5) 通过能动元件的运行降压,如释放阀(压水堆和沸水堆);

(6) 通过安全阀的反应堆冷却剂喷放(压水堆和沸水堆);

(7) 丧失正常给水(压水堆和沸水堆);

(8) 冷凝器冷却损失(压水堆和沸水堆);

(9) 蒸汽发生器传热管泄漏(压水堆);

(10) 反应堆汽轮机负荷不匹配,包括负荷损失和汽轮机脱扣(压水堆和沸水堆);

(11) 控制棒掉落(意外增加吸收体)(压水堆);

(12) 操纵员的单一失误(压水堆和沸水堆);

(13) 控制部件的单一故障(压水堆和沸水堆);

(14) 电气系统的单一故障(压水堆和沸水堆);

(15) 较小的反应堆冷却剂系统泄漏或反应堆冷却剂丧失,如小破口管道或大型管道的裂缝(压水堆和沸水堆);

(16) 较小的二回路系统破口(压水堆);

(17) 丧失厂外电源(压水堆和沸水堆);

(18) 燃料组件位置不当时的操作(压水堆和沸水堆);

(19) 反应堆冷却剂系统意外破口(沸水堆);

(20) 丧失给水加热(压水堆和沸水堆);

(21) 任何或所有再循环泵跳闸(沸水堆);

(22) 热循环回路中的泵意外启动(沸水堆);

(23) 冷凝器传热管泄漏(沸水堆);

(24) 在冷回路中启动备用再循环泵(沸水堆);

(25) 延迟紧急停堆时反应堆超压。

当前设计的压水堆和沸水堆假想事故的一些示例如下:

(1) 反应堆冷却剂管道破口最大可至反应堆冷却剂压力边界(压水堆和沸水堆)上的最大管道的双端剪切断裂;

(2) 控制棒组件的弹出(压水堆);

(3) 控制棒掉落事故(沸水堆);

(4) 二回路系统主管道破裂,包括双端剪切断裂(压水堆和沸水堆);

(5) 单个反应堆冷却剂泵转子卡位(压水堆);

(6) 一个再循环泵失效(沸水堆)。

1.3 确定性与“风险指引”法规

监管要求和接受准则旨在确保不会因核设施的运行或放射性材料的使用而对公众健康安全造成不必要的风险,制定这些要求是为了确保事故发生的概率及其后果对公众造成影响的可能性较低。然而,这种对公众的“风险”概念很难界定和量化,正如管理导则(U. S. Nuclear Regulatory Commission, 1999)所述,风险可以用询问来描绘,比如“会出什么问题”“可能性有多大”“后果是什么”,这些都可以在每个假想事故中得到回答。

大多数美国核管会法规和导则在很大程度上是确定性的,也就是它们依照规定的要求假定不利工况并检查某些事件。这种确定性方法虽然涉及不定量的概率要素,但可以给出一个能减轻后果的安全系统。因此这种确定性方法可以有效解决“什么会出错”以及“后果是什么”,却不能回答“事件的可能性有多大”。

近年来,规则制定和监管活动变得更偏重“风险指引”和“基于成效”,以加强监管确保资源得到适当配置。“风险指引”的监管决策方法代表了一种理念,即将风险知悉与其他因素一起考虑，以关注与其对公众安全的重要性相一致的问题。风险知悉是指风险评估的结果，风险评估确定了结构、系统和部件的重要性，以及它们对主要事故序列的堆芯损伤频率（CDF）和较大的早期释放频率（LERF）的影响。风险指引方法通过允许考虑一系列广泛的安全挑战，并通过提供基于风险重要性、运行经验和工程判断的安全问题优先级的逻辑方法，增强了确定性。与确定性评估方法相比，现实的假设不仅是可接受的，而且在风险指引的方法中鼓励使用。

基于成效的监管指的是一种注重可测量结果并倾向于强调结果的方法（例如，泵能否执行其预期功能）。通过将成效和风险结合起来作为监管决策的一部分，“风险指引、基于成效的”方法成为一种利用风险知悉、工程分析和成效历史的方法：①将关注点集中在最重要的活动上；②建立客观的成效评价标准；③为监控系统成效制定可测量或可计算的参数；④提供灵活性以确定如何达到既定成效标准；⑤关注结果，将其作为监管决策的主要依据。

参考文献

American Nuclear Society (1971). Decay energy release rates following shutdown of uranium-fueled thermal reactors, ANSI/ANS-5.1-1971 (proposed).

Baker, L. and Just, L. C. (1962). Studies of metal water reactions at high temperatures, Ⅲ. Experimental and theoretical studies of the zirconium-water reaction, ANL-6548, p. 7, Argonne National Laboratory.

Boyack, B., Duffery, R., Griffith, P., Lellouche, G., Levy, S., Rohatgi, U., Wilson, G., Wulff, W., Zuber, N., Katsma, K. R., Hall, D. G., Shaw, A. Fletcher, C. D. and Boodry, K. S. (1989). Quantifying reactor safety margins, NUREG/CR-5249, EGG-2552, Idaho National Engineering Laboratory, U. S. Nuclear Regulatory Commission.

Damerell, P. S. and Simons, J. W. (1993). Reactor safety issues resolved by the 2D/3D program, NUREG/IA-0127, U. S. Nuclear Regulatory Commission.

Lewis, H. W., Budnitz, R. J., Castleman, A. W., Dorfan, D. E., Finlayson, F. C., Garwin, R. L., Hebel, L. C., Keeny, Jr., S. M., Muller, R. A., Taylor, T. B., Smoot, G. F. von Hippel, F., Bethe, H., Panofsky, W. K. H. and Weisskopf, V. D. (1975). Report to the American Physical Society by the study group on light-water reactor safety, *Rev. Mod. Phys.*, Vol. 47, Supplement No. 1.

Liles, D. R. (1981). TRAC-PD2: Advanced best estimate computer program for pressurized water reactor loss-of-coolant accident analysis, NUREG/CR-2054, LA-7709-MS, Los Alamos National Laboratory, U. S. Nuclear Regulatory Commission.

Moody, F. J. (1965). Maximum flow rate of a single component, two-phase mixture, *J. Heat Trans.*, 87(1), pp. 134-141.

Ransom, V. H., Wagner, R. J., Trapp, J. A., Carlson, K. E., Kiser, D. M., Kuo, H. -H., Chow, H., Nelson, R. A. and James, S. W. (1982). RELAP5/MOD1 Code manual, volumes 1 and 2, NUREG/CR-1826, EGG-2070, Idaho National Engineering Laboratory, U. S. Nuclear Regulatory Commission.

Thurgood, M., Kelly, J. M., Guidotti, T. E., Kohrt, R. J. and Crowell, K. W. (1983). COBRA/TRAC—A thermal-hydraulics code for transient analysis of nuclear reactor vessels and primary coolant systems, NUREG/CR-3046, U. S. Nuclear Regulatory Commission.

U. S. Atomic Energy Commission (1973). Final environmental statement concerning proposed rulemaking action: Acceptance criteria for emergency core cooling systems for light-water cooled nuclear power reactors, Docket RM-50-1.

U. S. Nuclear Regulatory Commission (1989). Best estimate calculations of emergency core cooling system performance, Regulatory Guide 1.157.

U. S. Nuclear Regulatory Commission (1999). White paper on risk-informed and performance based regulation, SECY-98-144.

U. S. Nuclear Regulatory Commission (2000). ECCS evaluation models, 10 CFR 50 Appendix K.

U. S. Nuclear Regulatory Commission (2005). Transient and accident analysis methods, Regulatory Guide 1.203.

U. S. Nuclear Regulatory Commission (2007). Standard review plan — Transient and accident analysis, NUREG-0800, Chapter 15.

U. S. Nuclear Regulatory Commission (2011). Standard review plan — Introduction, NUREG-0800, Chapter 1.

U. S. Nuclear Regulatory Commission (2017a). Domestic licensing of production and utilization facilities, 10 CFR Part 50.

U. S. Nuclear Regulatory Commission (2017b). Standards for protection against radiation, 10 CFR Part 20.

U. S. Nuclear Regulatory Commission (2017c). Reactor site criteria, 10 CFR Part 100.

U. S. Nuclear Regulatory Commission (2017d). Licenses, certifications, and approvals for nuclear power plants, 10 CFR Part 52.

第2章 安全例证

S. Ergün, M. McCloskey, R. P. Martin

核系统安全例证是安全的书面表达,展示了针对不受控制的放射性物质的释放的防护措施。简单来说,安全性相当于设计弹性,对于一个可行的核电厂,其基础必将是同时考虑了安全性以及功能和性能并使其相协调的。但考虑到核能事故实际的以及可预见的后果,安全性的考虑将有更高优先级。因此,在设计过程的早期引入安全相关的特征,对减少核电厂整个寿期与安全相关的不确定性至关重要。

评估核电厂安全问题涉及一个详细的审查,以确定核电厂对可能的设备事故或故障的响应,其中外部事件也被考虑在内。相关的试验和分析将通过给出一整套设计范围的方式,来为许可过程提供参考,此一整套通过验证的设计范围由以下定义:运行限制工况、安全系统设定、与安全相关的结构、系统,以及设备用来保护公众健康和安全的设计规范。

公用设施和核电厂的供应商准备安全例证,便于让外部全面了解与拥有和运营核电厂有关的一系列危害和风险。这包括对技术和管理控制的描述,以及这些控制如何与监管机构接口。施工和运行前的安全例证准备工作将证明它们为确保公众安全不受重大事故影响所做出的努力、行动和计划。

2.1 安全例证基础

安全例证是科学、技术、行政和管理对象的集合,用以论证工业部门(如核电厂)的安全性。国家安全主管部门要求,在设备服役之前,核电厂业主和设计部门应一起提交详细的安全例证。安全例证的内容有一系列的主题,包括场地的适宜性、设施的设计、建造和运行、辐射风险的评估以及确保所有与安全有关的工作的合理性和质量。总的来说，安全例证对核电厂的设计方式给出了客观的证明，证明该设计方式能够使电厂安全建造和运行，不会对公众健康和安全造成不必要的风险。

“安全例证”一词是通用的，在不同组织或国家可能叫法不同（如安全评价、评估、分析报告、设计申请）。例如，英国核监管局正式将安全例证进行如下定义（U. K. Office for Nuclear Regulations，2014）：

“安全例证是一组有逻辑的、有层次的文件，它描述了设施、场地和运行模式可能带来的危害，包括潜在故障和事故，以及需要采取的预防或最小化危害的合理可行的措施。它参照了过去的经验，现在编写并为将来想要成功控制危险应该进行的运行过程设定期望和给出指导，安全例证清楚地阐释了安全请求从论证阶段再到给出依据的过程。”

正如上述引用所表明的，安全例证随着核电厂的发展和部署而演变，并将安全评估与选址、设计和运营决策联系起来。它对项目进展节点的内部跟踪具有重大价值，同时也是与利益相关者进行对话和建立对核电厂安全信心的主要沟通媒介。

当然，安全评估是安全例证中不可分割的一部分，它包括对适当级别的风险的描述和评估，对灾害的分析，限值和条件的定义，以及安全措施清单。在核电厂中，安全的重点是量化因运行（包括反应堆瞬态和事故）产生的辐射剂量和健康风险。同时，安全分析也被用于描述反映纵深防御理念的多层屏障防护体系的恢复能力。

安全例证是由工业界运营商提出的，但经常依赖于核电厂设计者和供应商所提供的信息。为了确保能以合理方式考虑安全风险，安全例证识别并评估支撑安全例证核电厂的重要特征，这些重要的安全功能可能与核电厂的技术特性有关，也可能与它的管理方式有关。

此外，工业运营商评估风险并采取预防措施以减少这些风险，风险缓解策略包括设置运行规则并考虑人员因素。根据预知风险的范围，安全当局采用一种“最低合理可行”（ALARP）或者是“合理可行尽量低”（ALARA）标准，要使一种风险满足“最低合理可行”或“合理可行尽量低”标准，必须能证明进一步降低风险所消耗的费用与所获得的利益在很大程度上不成比例。“合理可行尽量低”规则源于这样一个事实，即为了尝试把风险降到零而花费了海量资源，这既不明智也不可行，而且，“合理可行尽量低”是平衡风险与社会利益最好的评价方法。

2.1.1 安全例证的要素

从组织形式上讲,安全例证有三个主要要素,即声明、证据和论证。为论证结构设置逻辑基础的机制,称为推理规则,是安全例证的另一个重要因素。

声明与系统或子系统的属性相关,如可靠性、易得性、可维护性、可操作性、可用性和准确性就是这些声明的例子。

证据是一些事实、假设或次级主张,它们构成论证结构的基础。高等级证据的例子用于确定风险、设定质量计划或定义劳动者的责任,与这些高等级证据相关的分析或记录等报告也具有代表性。

论证是声明和证据之间的桥梁,可以是定性的,也可以是定量的。论证结构由推理规则组成,如评估模型(见第1章)和接受准则——它们一起描述了论证的逻辑。以下一些不同类型的论证可用于生成安全例证。

(1) 确定性的论证:有了这种论证的方式,就可以执行程序化的保守计算或模拟来确定一个声明是否绝对的正确或错误。

(2) 概率性的论证:对反映事件频率、系统可靠性、部件故障概率和人员表现的故障组合进行评价的统计分析。

(3) 定性的论证:在证据用于设置接受准则如标准、指南或设计规则的时候,需要用到这种论证。

2.1.2 安全例证随寿期的发展

通常需要为一个电厂从设计到退役寿期的每个阶段开发安全例证,特别是核电厂。工业运营商和监管机构在核电厂每个寿期阶段,均需要一个不同的安全例证。然而,单个寿期安全例证不是相互独立的,如为设计阶段准备的安全例证应提供足够的投入,以支持环境影响、施工、调试、运行和退役等方面的安全例证。

安全例证是工业安全文化的反映,必须是贯穿工业部署寿期的一个无止境的过程。考虑到工业部署寿期最长部分是其运行,在此期间将经常检查和更新其安全例证,直到其永久关闭和退役。应当从影响本行业和全行业的事件中不断吸取教训,因此安全例证将经常审查和更新,并建立在所有经验的基础上。

2.1.3 安全例证策略与管理

安全例证策略是体现安全策略与项目总体策略一致性的一种表述,包括将所有重要安全问题考虑在内的方法、重要的技术信息和数据的要求以及为了满足这些要求所涉及的重要角色和行动。策略表述之后是计划和程序,来展示安全例证如何被构建。

一旦安全例证策略被设定,安全例证就会被写为书面文件。为了获得一个客观可靠的安全例证,用于完成它的整个过程、所用的工具和分析方法必须被验证和独立审查。国家安全主管部门通常为工业申请者及其指派去审查已提交申请的工作人员提供有关质量保证做法的行为规则,安全例证只有在得到监管机构的批准后才有实施的可能性。

开发安全例证所面临的挑战之一包括确定和处理适当等级的细节,并在专题报告中交流这个声明的证据,该文件主要是提供给向国家核安全主管部门(如监管部门)以及公众,证明申请者符合已确定的内容、质量和技术充分性标准。文件的透明性和可预测性是必需的,如果不是必需的则应确保安全声明和证据得到有效传达。细节水平可能会有意想不到的后果,除非它被恰当地组织和管理,用于平衡不同等级和复杂程度的不同安全例证利益相关者优先权。

2.2 核能安全例证

商业核能安全例证集中在防止可能导致放射性物质的释放的工况,以及在放射性物质的释放发生时减轻其后果。形式上,安全例证根据适用法规和管理导则的广度,建立、证明、验证和确认其安全任务,如第 1 章所述。

2.2.1 纵深防御

纵深防御是指导轻水堆设计安全理念,虽然自 20 世纪 60 年代最初的表述以来已经逐渐变得复杂,但它基本坚持三个原则:①正常运行工况下核电厂设计应保证其安全可靠;②包含核电厂保护系统,以保护反应堆免受任何偏离正常事件的后果;③针对极端不可能和不可预见的事件,有工程安全措施以提供额外的安全余量。

纵深防御的理念自提出以来(International Atomic Energy Agency,1996)就受到了相当多的关注,在核能对公众辐射的影响方面,为先进轻水堆制定的现行要求是多方面的和严格的。为了保证核电厂的安全性,必须达到下列基本目标:

(1) 防止异常操作和故障;

(2) 对异常操作的控制和故障检测;

(3) 对设计基准事故的控制;

(4) 对核电厂严重事故工况的控制,包括防止事故恶化和减轻严重事故的后果;

(5) 减轻放射性后果；

(6) 对职工和公众的个人及集体剂量应满足限值要求，并通过确保减轻任何事故的辐射后果，保证在所有运行状态下达到合理的低水平；

(7) 应根据核电厂的情况，维持放射性物质释放的屏障（核燃料、燃料包壳、一次/二次反应堆冷却剂系统和安全壳）的完整性；

(8) 应确保直接或间接履行安全职能的系统和运行人员在需要履行安全职能情况下的能力；

(9) 大量早期释放的放射性物质事实上被排除在外。

为新的设计所采取的额外的安全目标已经被认可，将通过下列方式实现。

(1) 彻底审查初始事件以确认安全规定的充分性。

(2) 在正常运行、预期运行事件和事故中，尽可能减少或消除复杂现象和"崖边"效应的发生。

(3) 当操纵员需要采取行动时，提供较长的宽限期。

(4) 通过以下几点简化整个操作：

① 工人受到射线照射威胁时，特别是在意外情况下执行必要纠正行动时，适用于保护工人免受辐射照射的"尽可能低可达成"原则；

② 最小化和减轻辐射以外的危害（如化学危害）；

③ 最小化废物和废水的产生，并为其寿期开发容纳设施；

④ 通过设计防止可能的扩散，并将其潜在后果最小化。

虽然核安全的最终目标是防止不受控制的放射性物质的释放对健康的影响，但通过实施纵深防御理念而建立的每层防御手段都将有独特的安全目标和最优化结果。而实现纵深防御层与层之间安全功能是核电厂设计要求和实际设计过程。

2.2.2 重要安全功能

能够系统指导安全分析准备工作的方法和工具的开发从识别异常情况的根本原因开始，1979 年三哩岛 2 号机组发生核事故后，商业核电行业开发了这样一个决策框架，即重要安全功能方法，以指导应急响应。

表 2.1 列出了 10 个公认的轻水堆重要安全功能及目的。根据核工业采用的纵深防御原则，在轻水堆中，有 4 个安全功能被认为是防止堆芯熔毁的关键：反应性控制、反应堆冷却剂系统（RCS）容积控制、反应堆冷却剂系统压力控制和反应堆冷却剂系统/堆芯热量导出。有 3 个安全功能被认为是防止安全壳破坏的关键：安全壳隔离、安全壳温度和压力控制以及可燃气体控制。在需要时，有两个安全功能被认为是安全系统可靠性的关键，还有一个安全功能是处理核能

子系统之外的辐射问题。

表 2.1　常见的轻水堆重要安全功能及其目的

安全功能	目的
反应性控制	停堆以降低产热率
RCS 容积控制	保证堆芯周围存在冷却介质
RCS 压力控制	保证冷却剂处于合适状态
RCS 或堆芯热量导出	使用冷却剂从堆芯导出热量
安全壳隔离	关闭安全壳与外界连接通道以防放射性物质的释放
安全壳温度和压力控制	防止安全壳和设备损坏
可燃气体控制	去除和重新分配氢气来避免安全壳内的爆炸
设备的质量和生命力	在设计范围内或超出设计范围的事件中保证设备的可靠性
重要辅助设备的维护	维护系统的可操作性以支持安全系统
间接放射性物质的释放控制	包容各种储存的放射性物质以保护公众并避免操作人员在保护较大放射源时分散注意力

这些重要安全功能可以被多种系统所容纳,并且有支持多个重要安全功能的环境。在设计过程中必须考虑系统之间的协调和交互,以确保在实现一个安全功能时不妨碍其他功能的实现。

2.2.2.1　反应性控制

反应性控制安全功能负责在反应堆停堆过程中,消除裂变产生的热量。通常情况下,快速反应性引入是由控制棒和/或通过反应堆冷却剂和燃料性能的空泡自然反馈机制提供的。但动力堆通常需要有第二种停堆方法。在压水堆中通常由化学和容积控制系统(CVCS)输送的硼来实现。在假想事故中,硼通过应急堆芯冷却系统输送安注箱和高低压安全注入。在沸水堆中,当冷却剂流过反应堆堆芯时,蒸汽空泡将会增加。由于硼酸的沸点高得多,它将在冷却剂液体部分中被浓缩。因此,在沸水堆中加入硼酸会导致显著的反应性变化,因为在蒸汽空泡中,吸收中子的硼基本上是不存在的。此外,硼易在燃料-气-液界面处在燃料上形成沉淀,这将对燃料之后的使用产生不利影响。由于这些原因,沸水堆的反应性控制是通过可燃毒物如氧化钆(Gd_2O_3)与 UO_2燃料充分混合,通过更深的控制棒插入和控制反应堆冷却剂流量来实现慢化中子的改变。例如,在一些沸水堆的设计中通过改变反应堆冷却剂泵的速度来实现这一点。

与反应性控制有关的主要安全问题如下:

(1) 负反应性引入造成的反应堆功率骤减;

(2) 停堆后反应堆再临界(局部的或全局的);

(3) 燃料焓值和温度的升高;

(4) 硼的浓缩、稀释和沉积(压水堆)。

2.2.2.2 反应堆冷却剂系统容积控制

反应堆冷却剂系统容积控制负责使堆芯保持覆盖有效的冷却介质,反应堆冷却剂系统容积控制包括容积保持或容积限制。在压水堆和沸水堆的正常工况下,反应堆冷却剂系统容积由化学和容积控制系统自动控制。类似地,在失水事故或蒸汽发生器传热管破裂(SGTR)时,反应堆冷却剂系统的容积由应急堆芯冷却系统维持。

与反应堆冷却剂系统的容积控制有关的主要安全问题如下:

(1) 运行期间的泄漏管理;

(2) 部件的机械、结构载荷;

(3) 失水事故和蒸汽发生器传热管破裂过程中的堆芯裸露;

(4) 加压热冲击;

(5) 应急泵净正吸入压头。

2.2.2.3 反应堆冷却剂系统压力控制

核电厂中,名义上的反应堆冷却剂系统压力控制策略包括压力保持和压力限制。美国机械工程师协会的锅炉和压力容器规范规定了锅炉和压力容器的共同标准,其中包括核电厂的规则。在压水堆中,反应堆冷却剂系统的压力由稳压器压力控制系统、化学和容积控制系统以及在二次侧的余热排出系统自动控制。在沸水堆中,反应堆冷却剂系统的压力由主蒸汽管线上的流量调节阀控制。无论是在压水堆还是在沸水堆中,热量无法导出的情况可能会在全厂断电事故发生时出现。在这种情况下,压力由释放阀或安全阀给出限制值。

与反应堆冷却剂系统的压力控制有关的安全问题如下:

(1) 一次侧或二次侧系统超压;

(2) 二次侧压力不匹配(仅压水堆);

(3) 反应堆系统内部形成的压力波动作用于反应堆内构件(压水堆和沸水堆),在沸水堆中压力波动可以引起反应性的变化。

2.2.2.4 反应堆冷却剂系统或堆芯热量导出

反应堆冷却剂系统或堆芯热量导出这一安全功能负责在运行时热量的导出或者停堆后一段时间的余热的导出。在启动时,泵驱动冷却剂流过堆芯,进入压水堆中的蒸汽发生器或沸水堆中的功率转换系统。不论是压水堆还是沸水堆,都有非能动热量导出方式(如自然循环)以应对全厂断电事故。燃料元件包壳的完整性由规定的允许燃料设计限值(SAFDL)来保证,这一限值与每个反应堆的设计是相匹配的。在失水事故中,该功能由应急堆芯冷却系统提供。

与反应堆冷却剂系统或堆芯的热量导出有关的主要安全问题如下:

(1) 压水堆中的偏离泡核沸腾比;

(2) 沸水堆中的临界功率比;

(3) 燃料中心融化;

(4) 包壳峰值温度(失水事故);

(5) 燃料氧化/氢气释放(失水事故);

(6) 堆芯冷却能力(失水事故)。

2.2.2.5 安全壳隔离

安全壳隔离安全功能通过关闭事故缓解所不需要的安全壳贯穿件来保持安全壳完整性。当安全壳的压力达到设定值时,用于测量安全壳压力的传感器以及电子设备将产生并传送隔离信号,对于每处贯穿安全壳的地方都有一系列阀门用于完成安全壳隔离。所有贯穿安全壳的地方都有两个阀门,一个在安全壳里,另一个在安全壳外。

与安全壳隔离有关的主要安全问题如下:

(1) 当有失水事故或者蒸汽发生器传热管破裂事故的迹象时,穿过安全壳边界的通路应当关闭;

(2) 在安全壳内气体高放射性水平下,连接反应堆冷却剂系统和安全壳的通路应当自动关闭;

(3) 在安全壳内高液体放射性水平下,连接安全壳地坑与外部水箱以及清除系统的管路应当实现隔离;

(4) 当接口系统处有高放射性水平时,通过换热器与反应堆冷却剂系统相连的通路(如压水堆中的主蒸汽管道)应当隔离。

2.2.2.6 安全壳温度和压力控制

安全壳温度和压力控制安全功能的目的有两部分:① 防止安全壳结构容量超限;②通过维持安全壳压力和温度在允许值内以防止其他设备的破坏。美国机械工程师协会的锅炉和压力容器规范有针对核电厂安全壳的专门要求和设计规范。安全壳冷却系统如喷淋系统、抑压池、冰和热交换器被用来控制安全壳的环境,堆芯的长期冷却策略可能对事故的缓解有贡献,使用添加到安全壳喷淋系统中的化学药剂来去除泄漏路径中的碘也被考虑成该安全功能的一部分。

与安全壳压力和温度控制有关的主要安全事项如下:

(1) 安全壳结构完整性(如超压、超温);

(2) 次级隔间结构的完整性;

(3) 密封性;
(4) 空气的混合;
(5) 启动专设安全设施的监控;
(6) 放射性水平(大气的和液体的)。

2.2.2.7 可燃气体控制

可燃气体控制安全功能是防止氢气以及可能的一氧化碳气体不受控制的累积和点火。在通常情况下,燃烧事件作为一个设计基准事件,其风险被认为是比较低的,正常运行时的辐射分解就可以产生氢气。在堆芯裸露假想事故下(如失水事故),大部的氢气来自水和金属的反应,此时燃料元件包壳超过1200K(1700℉)。另外,在压力容器失效的极端事故工况下,氢气和一氧化碳作为堆芯熔融物与混凝土相互作用的副产物产生。安全壳喷淋系统和通风系统(如风机冷却系统)可以通过气体混合重新分配可燃气体来帮助阻止可燃气体水平的增加。

与可燃气体控制有关的主要安全事项如下:
(1) 安全壳结构完整性(氢和氧的可燃浓度);
(2) 大气混合以减少可燃气体潜在累积的规定;
(3) 氢复合(自催化复合或点火)的规定;
(4) 安全壳惰化的规定。

2.2.2.8 设备的质量和生命力

对于安全壳的结构、系统和部件,其安全功能必须胜任整个设计基准事件的环境条件,否则这些设备就要被设计成能给敏感参数的波动留有一定余地。

与可燃气体控制有关的主要安全问题如下:
(1) 泄漏的冷却剂射流对核电厂部件和系统的机械冲击和反作用力;
(2) 泄漏冷却剂对系统和部件的环境影响(压力、温度、湿度和辐射)。

2.2.2.9 重要辅助设备的维护

重要辅助安全功能的维护是一种体现纵深防御理念的安全功能,它是通过辅助系统来实现的,以确保在需要的时候一线的重要安全功能得以执行。这些辅助系统提供的服务包括开启和关闭阀门所需的仪表空气、运行阀门所需的电力、泵电机和操作仪器以及反应堆冷却剂系统和堆芯热量可以传导的最终热阱。重要辅助设备必须维持至其他安全功能彻底执行完成。在设计基准事件的识别中必须提出重要辅助设备的故障(见第3章)。

2.2.2.10 间接放射性物质的释放控制

间接放射性物质的释放控制安全功能是指防止来自安全壳外的放射性物质

的释放(气体、固体和液体,包括放射性冷却剂),这些来源包括乏燃料池和放射性废物储存设施。用于控制这些排放的系统包括辐射监测系统、乏燃料池冷却系统以及废物管理和处置系统。设计基准事件与处理放射性物质相关的辐射剂量有关。

2.3 支持核安全的工程组织

核安全的目标是通过预防和减轻事故的策略来限制放射性物质的释放,为了实现此目标,需要一个大型工程组织来支撑核电厂的设计和运行。图 2.1 展示了一个通用的核电厂工程组织,强调安全分析与各种设计准则的一致性。

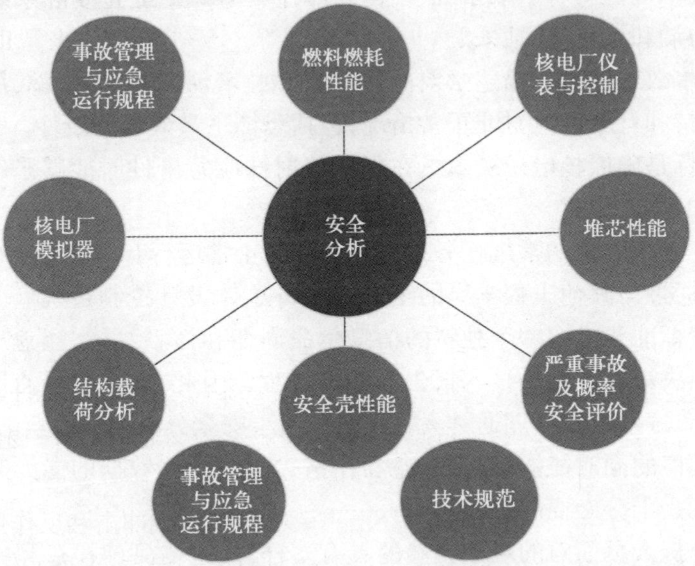

图 2.1 核电厂工程组织

(1) 反应堆冷却剂系统——描述了反应堆冷却剂系统压力边界、物理裂变产物屏障,并定义了正常运行和设计基准事件下热工水力工况的设计范围。

(2) 燃料设计与性能——描述了燃料与材料的配置,以及作为物理裂变产物屏障的燃料棒包壳的结构要求。

(3) 堆芯设计与性能——描述了正常运行和设计基准事件下燃料材料和反应堆物理的设计范围。

(4) 仪表与控制(I&C)——描述了保护系统的特征,由一些被监控电厂过程的输入定义,将它们转换为二进制信号,为服务于重要安全功能的系统启动提供依据。这些重要安全功能包括反应性控制、反应堆冷却剂系统压力和容积控制、反应堆冷却剂系统热量导出、安全壳环境与隔离、安全壳完整性以及辐射和放射性排放控制。

(5) 安全壳性能——描述了安全壳物理裂变产物屏障的设计范围。

(6) 结构和失水事故载荷——描述了安全壳、关键承重和安全设备上结构性受力的设计范围。

(7) 放射性、严重事故及概率风险评价——描述放射源的设计范围以及与从燃料中释放放射性核素到环境中相关的风险和后果。

(8) 辅助系统——描述了新燃料和乏燃料处理和储存、水系统、过程辅助设备、空气处理系统、消防和其他支持电厂运行的系统。

(9) 技术规范——获取系统、结构和部件支撑重要安全功能的设计范围,以支持行政协调和控制,包括采购。

(10) 事故管理——描述必要的程序、计划、培训、演习和资源,用于准备人员操作、维持和有效地应对非正常情况,包括恐怖主义或自然事件。它包括应急准备,其目标是确保核电厂操纵员在发生放射性应急事件时能够采取措施保护公众健康和安全。

核电厂安全分析的常规任务是确认设计在正常运行和设计基准事件下的充分性,同时通过与其他工程学科的结合来支持总体设计控制过程。大量的分析和行业质量标准要求有一个独特的信息生命周期和体系结构,涵盖从设计输入到终端用户决策者可用的技术报告的整个过程。因此,安全分析使用各种形式的数据存储,这些数据存储通常大且复杂。由于安全分析信息受众的差异,遵守质量控制程序的同时能够精简、过滤和在格式之间迁移数据的能力对支持最终产品的目标是十分必要的。

安全分析人员面对的现象天然的具有多样性,且受到建模过程中固有的不确定性的影响。因此,分析依赖模拟核电厂过程的物理和基于实证的计算机程序的融合,辅以各种支持工具,为外围设备动作提供任务自动化、预处理/后处理和数据传输/迁移接口,这样的模拟工具都被认为是对持续开发“开放”的,并受制于强调验证和确认的认证过程。

虽然仿真工具是安全分析的核心组成部分,但它只是分析评估方法的一部分,分析评估方法必须解决与安全分析应用相关的不确定性问题。借助特定的标识和数据完整性度量,安全分析结果的完整性必须从文件报表到原始设计输入具有可追溯性。所有文件必须永久存储在数据存储管理系统中,满足质量控制规定。计算和评估方法审查结果必须是容易获得的和可按需重现的。

2.4 安全例证开发考虑

如前所述,核安全的目标是通过预防和减轻事故的策略来限制放射性物质的释放,安全分析强调应用计算将设计概念转化为安全措施(如物理负荷)。考虑到核系统的复杂性,安全分析框架在执行计算之前受到限制,这些限制来自确定性和概率论的安全观点。

2.4.1 设计基准安全例证

设计基准安全例证强调设计基准瞬态和事故的程序化安全分析,是应用假设来对待运行范围和与设计范围相关的核电厂工况的。常用的评估方法涉及确定性(保守性)或最佳估算方法,唯实论是最佳估算评价方法的一个目标(见第7章),保守性经常用于简化处理不确定性和未完全掌握的知识。

设计基准事故安全分析是通过定义初始事件的范围、为每个事件指定适当的初始条件和边界条件、对电厂响应建模、考虑故障并考虑电力可用性来开发的。

2.4.1.1 初始事件

对核电厂设计进行审查,以确定能影响核电厂设计完成一项或多项重要安全功能能力的设计初始事件。初始事件确定后,将根据事件的类型对它们进行分组,根据事件的预期频率进行分类,并与事件进展相关的接受准则相关联。预期更频繁发生的事件在厂外剂量方面产生的后果必须很小或者没有后果,而不太可能发生的事件预计只发生一次或在核电厂的寿期内根本不发生。

2.4.1.2 事故分析的目标领域

对于初始事件集或初始事件的适当子集,包括基于设计的安全例证分析将集中在几个目标领域进行。

(1)反应堆冷却剂系统分析评估在假定的瞬态和事故事件中反应堆燃料、反应堆压力容器和二次侧的完整性,并对系统进行热工水力分析,系统热工水力分析给出给定的事件中一次侧系统和二次侧系统在最大压力下的结果。系统的热工水力分析为详细的堆芯子通道分析生成边界条件以评估燃料的完整性,也被用来提供质量和能量的释放用于事故辐射分析和安全壳系统分析。

(2)安全壳分析被应用于设计基准失水事故,或在压水堆中主给水管道或蒸汽管道的二次侧破裂后证明其完整性。安全壳对应质量和能量释放的压力和温度条件,在此条件下被计算以证明不超过设计条件。质量和能量释放的热工水力分析近似计算同样集中于描述应急堆芯冷却系统的性能,但这是在给出适当的偏差下进行的,这些偏差以最大化安全壳内质量和能量释放以及失水事故后蒸汽发生器长时间的能量释放。进行了隔间分析,以评估隔间中的高能量管道破裂造成的压力以及跨越隔间壁面的压差。在假定锆基包壳和燃料组件氧化产生氢气的情况下,对可燃气体控制进行单独分析,以证明安全壳的完整性。

(3) 设备能力分析考虑高能量一次侧管道或者二次侧管道破裂后的压力、温度、湿度和辐射等工况。设备能力分析确定了能力试验中使用的条件范围,必须保证与安全有关的设备和支撑安全相关的部件在事件发生期间,在其所在环境中履行其与安全相关的功能。

(4) 处理分析被应用于新电厂设计,以证明与电厂安全相关和非安全相关仪控系统的充分性。在这些分析中,预期运行事件被假定与一台仪器共因失效故障相一致。假设主信号未能减轻事故,则备用信号和信号到达的时间被确定。超越这个工况的现有安全分析被确定,对仪控设计进行修改使现有安全分析能够满足或者对这些工况进行额外的安全分析,以证明结果可接受。在这些分析中,没有假设安全相关的能动部件的单一故障,而是假设共因失效故障。

(5) 反应性分析提出了控制棒机械运动对反应堆功率控制的影响,它包括对影响反应性的物理现象的适当考虑,包括慢化剂和燃料的温度系数、燃料中某些裂变产物的积累或耗尽、可燃毒物(硼或钆)的燃耗、燃料的燃耗和化学中子吸收剂(如硼)的浓度。

(6) 对燃料装卸事故的分析,涉及可能导致乏燃料棒中裂变产物释放的换料操作的情况。此类事件可能是燃料组件的掉落导致燃料棒包壳的破坏,从受损的燃料棒中部分挥发性裂变气体释放。水溶性气体被吸收,可溶性气体和不可溶性气体在水中被运输,在被过滤之前(如果提供)就释放到环境中,扩散的裂变产物也会释放到大气中。

2.4.1.3 初始条件和边界条件规范

对于设计基准安全分析,对可能的电厂运行工况范围和工程安全设施性能的考虑要随着运行周期过程而变化。运行工况范围受以下因素影响:核电厂技术规范允许的运行范围,其他控制和参数变量的运行限值要随着运行周期过程而变化。安全系统性能的变化与仪控系统不确定性有关,与工程安全设施的物理状态也有关,如温度、压力和应急冷却剂的体积。

当使用最佳估算评估方法时,初始条件和边界条件的不确定性显然需要处理,而确定性方法的保守处理必须被认真考虑。根据初始事件的性质及其对反应堆冷却剂系统的影响,对一个事件保守处理的同时可能对另一个事件非保守处理。例如,慢化剂和燃料反应性系数会随着燃料循环周期的变化而变化,以及根据堆芯设计的不同,在不同燃料循环中也会变化。对于一个压水堆中的冷却事件,较低的冷却剂温度会增加堆芯的反应性,最大的负反应性初始条件是假设的,降低冷却剂温度将会导致最大的反应性增加。然而,对于一个启动事件,如反应堆冷却剂系统温度增加的事件,假设的最小(正的)反应性系数反馈将保持较高的功率输出,直到一个反应堆事故停堆保护信号产生。

反应堆保护系统和工程安全设施的设计对瞬态事件或事故分析的进展有重要影响,安全分析考虑输入保护系统的过程信号(如压力、温度和功率)。仪控系统设计建立了过程信号设定值,在该设定值上执行特定的保护动作。确定性评估模型通过对运行和仪表不确定性的保守处理使过程信号设定值发生变化,类似地,假设从到达过程信号条件到记录对这些条件采取的措施以及它们的启动时间之间的延迟时间存在偏差。例如,如果反应堆冷却剂系统低压条件达到反应堆停堆触发值,那么用于确定性评估模型的延迟时间包括仪器记录低压条件的时间、反应堆停堆信号产生的时间、反应堆接收到停堆信号到开始动作的时间和控制棒完全插入的时间。

2.4.1.4 设计基准安全分析中的例外情况

如果一个部件的设计、确认、检查和维护被认为是足够可信的,则该部件的故障会被认为是超出了设计基准。例如,按照美国机械工程师协会锅炉和压力容器规范的要求设计反应堆压力容器,它的重大失效就是一种超设计基准事故。然而,当监管机构需要时,一些故障或假想事件可以通过对该事件的特定分析来处理。

2.4.2 超设计基准安全例证

核电厂等复杂系统的运行经验表明,由于一系列故障和潜在条件的存在,实际事件可能会产生超出设计基准的重大后果。虽然这些问题通常被单独处理,但结合起来可能会产生更严重的后果。超设计基准安全例证是对这些极不可能假想后果的系统评估,最常用的方法是概率分析方法,这些分析也称概率安全评价(PSA)或概率风险评价(PRA),本书使用后一个术语。

在新核电厂概念设计阶段,概率风险评价有助于核电厂堆芯损坏或安全壳失效方面的设计。在核电厂运行期间,概率风险评价可以告知与核电厂安全性相对应的设备试验和维护,并用于评价和管理在部件或系统不可用时计划维护活动可能导致的风险增加。

概率风险评价分为三个连续等级的分析:一级分析和二级分析在最初设计阶段进行,而三级分析要求有明确的厂址和应急计划特性。

2.4.2.1 一级概率风险评价

对于一级概率风险评价，为了识别可能导致堆芯损坏的事件序列，需要考虑对安全至关重要的核电厂系统故障的组合。与核电厂可靠性相关的数据用于识别启动频率、部件故障率、不可维护性、共因故障和人为表现，为概率风险评价定义了成功准则，以区分事件树序列为“成功”序列或“失败”序列。对于系统足以完整描述的安全功能，指定特定时间内成功执行任务的序列是“成功”，而其他导致堆芯损坏的序列称为“失败”。通过这种分析，可以确定设计的总体堆芯损坏频率，并根据初始事件类别或特定故障对堆芯损坏频率的影响因素进行排序。

ASME/ANS RA-Sb 2013 条款（American Society of Mechanical Engineers，2013）标准明确了7种不同危险类别的要求：

（1）内部事件；

（2）内涝；

（3）内部火灾；

（4）地震；

（5）强风；

（6）外部洪水；

（7）其他危害。

在概率风险评价中，内部事件是影响电厂的稳态运行，并可导致不期望的电厂工况。这包括瞬态事件和事故初始事件，在设计基准安全例证开发中要考虑。随后的分析也要考虑电厂系统对初始事件响应和部件失效概率的综合评估，焦点在于确定电厂末期状态是否可达到或者特定事件序列中堆芯是否损坏。

2.4.2.2 二级概率风险评价——大规模早期释放频率

将反映堆芯损伤序列类别和频率的一级概率风险评价结果输入二级概率风险评价中，二级概率风险评价关注安全壳的响应，评估能够导致堆芯损坏从而影响安全壳完整性的严重事故的可能性。令人担忧的是大规模早期释放频率（LERF），即在核电厂附近的居民能够撤离之前，能够导致重大的、未减轻的放射性物质释放到安全壳外的事故发生频率。大规模早期释放频率被视为早期死亡率的替代接受标准，因此二级概率风险评价事件序列也称为安全壳事件树，具有反映放射性物质的释放特征结束状态的特点，如时间和量级。

2.4.2.3 三级概率风险评价——厂外后果

在二级概率风险评价中确定的导致大规模早期释放的安全壳事件树故障序列的结果源项和频率被输入三级概率风险评价中。三级概率风险评价综合了电厂现场人口数据、疏散计划和天气因素，来估计辐射从受损的堆芯和受损的安全壳向人群的传递,从而预测对公众的剂量后果——包括短期的早期死亡人数和长期的潜在癌症风险。三级概率风险评价结果是对早期死亡人数、额外潜在癌症风险和总体人口剂量的量化。

2.5 核安全例证报告

核安全例证报告(也称安全分析报告)是包含所有与安全例证相关的文件。这些报告还包括一定格式的参考资料和支撑文件。

一份核安全例证报告的基本组成如下:

(1) 范围;

(2) 系统描述;

(3) 系统危害;

(4) 安全要求;

(5) 风险评估;

(6) 危害控制/降低风险措施;

(7) 安全分析/试验;

(8) 安全管理体系;

(9) 开发过程论证;

(10) 结论。

国际原子能机构将安全分析报告(SAR)定义为在运营方和监管机构间起桥梁作用的文件。根据国际原子能机构的规定,安全分析报告应包括以下事项:

(1) 核电厂及其运行工况的准确和足够精确的信息;

(2) 安全要求、设计基准、厂址和电厂特性、运行限值和工况以及安全分析方面的信息,以便监管机构能够独立评估核电厂的安全性;

(3) 对技术因素和人为因素的安全方面相互依存关系的论证。

国际原子能机构为许可证申请准备的安全分析报告是多步骤的:准备一个初始(初步)安全分析报告用于选址和/或建设,准备一个升级(中期)安全分析报告或运行前安全分析报告(POSAR)用于申请授权运行,准备一个最终化(最终)安全分析报告或现场安全分析报告(SSAR)用于电厂进入常规运行。在美国,许可法规于 1989 年进行了更新,允许采用"一步制"程序,即提供一种涉及单独或合并的建造与运行许可(COLA)途径。第 14 章详细介绍了美国的许可程序。

2.5.1 国际原子能机构规定的安全分析报告的格式和内容

安全例证要正式按照规则准备特定内容和组织形式,被认为是与监管机构和其他外部方沟通的有效工具,这些经常在管理导则中确定下来。国际原子能机构建议安全分析报告包含以下主题内容,按下列各章标题和样例分段排列(International Atomic Energy Agency,2004):

第1章:引言

(1) 安全分析报告主要目的的简介;

(2) 现有授权状态描述;

(3) 核电厂设计单位、供应商、建造商和运行组织的确定;

(4) 监管机构已经审查过的任何类似(或相同)核电厂的说明,以及自批准该核电厂以来已做出的具体差异和改进的说明;

(5) 安全分析报告准备过程的主要信息;

(6) 安全分析报告的结构、各部分的目标和范围以及之间的联系。

第2章:核电厂概述

(1) 适用的法规、程序和标准;

(2) 基本技术特点;

(3) 核电机组的运行模式;

(4) 参考资料合并。

第3章:安全管理

(1) 管理过程详述;

(2) 安全文化的考虑;

(3) 质量保证;

(4) 安全表现监测和审查。

第4章:厂址评价

(1) 厂址参考数据;

(2) 厂址特定危险评估;

(3) 邻近工业、交通和军事设施;

(4) 可能影响电厂厂址安全的活动;

(5) 水文;

(6) 气象学;

(7) 地震学;

……

第5章:总体设计

第6章:电厂系统设计的符合性描述

第7章:安全分析

第8章:调试

第 9 章:运行

第 10 章:运行限值和工况

第 11 章:辐射防护

第 12 章:应急准备

第 13 章:环境方面

第 14 章:放射性废物管理

第 15 章:退役和寿期结束

虽然完整的文件称为安全分析报告,但该书的内容主要是安全的计算评估,这是安全分析报告里独特的章节。

2.5.2 核安全例证的维护

核安全例证的维护是核电厂的例行工作,需要定期监管检查和评估。大多数监管机构对这种审查的频率和范围提出了一般性要求,当然也可以在电厂寿期内的任何阶段确定核电厂特定的要求。新数据、新信息或新知识在核电厂的整个寿期内都有可能出现,这样往往会导致对核电厂或燃料设计、运行或维护的修改,从而导致安全例证的改变。随后,安全例证的修改将集中于与修改相关的重要安全功能和安全问题,对重要安全功能的任何影响都必须通过实施设计和安全例证处理过程的并行过程评估。通过实施这些改变,对新安全分析的准备和审查将被量化,随后这些分析和结论被整合到最初安全例证中,并交付到监管安全机构进行审查。

在某些情况下,在监管审查和批准之前对核电厂设计进行修改是可以接受的,在其他情况下安全例证在变更实施前必须由监管机构更新、审查和批准,这与每个管理机构的监管要求不同。例如,对于获得美国核管会批准的核电厂,其 10 CFR 50.59 条款规定允许对满足特定标准的核电厂进行更改,而不必进行整个监管审查。

核电厂需要按期换料,只要遵守核电厂许可证的条款,核电厂就可以在不受监管部门约束的情况下继续进行停堆换料。每次换料,用于安全分析的关键燃料和堆芯设计输入可能会发生变化,包括峰值因子、反应性系数、燃料棒温度和压力以及燃料燃耗范围。在换料工程中,受影响的堆芯设计和性能参数与目前的安全分析记录在性质上相同,或者进行循环周期分析以定量证明其可接受性。

除了换料,维修和其他改进也在停堆期间进行,这些改变可能影响与安全分析相关的假设,需要单独的安全分析审查以确定这些分析是否仍然保持适用和相同的边界。例如,根据安全分析确定的限值,可确定在停堆后蒸汽发生器中堵塞传热管的总数。对于更重要的变更,如燃料供应商的变更、功率提升或蒸汽发生器的更换,核电公司需要遵循许可证修改程序。当许可证修改被实施、核电厂变更正在进行的情况下,安全例证将被更新并且支持变更的安全分析成为新的安全分析记录。

2.6 安全例证的潜在限制

在"安全至上"的核工业中,寻找"安全到何种程度才足够安全"这个问题的答案需要付出相当大的努力,正如本章所述,生成安全例证提供了一种评估核电厂安全的方法。问题的答案不仅需要开发方法,还需要确定是否应该质疑系统的安全性,或者考虑导致系统不安全的工况。

Haddon-Cave(2009)推荐,安全例证是"解释装置的主要危害及其对人员的风险已被确定,并提供了适当的控制措施",这意味着风险分析的应用涵盖了可能发生的各种事件,一个完整风险分析的重要特征是通过确定性或概率方法在设计验证中确定事件和事故。被选择用于确定性评估的事件是设计基准事件,相比之下,通过强调"黑天鹅"或最坏情况(如福岛第一核电站事故)来设计核电厂并不被视为是最安全的策略。

通过使用设计和超设计基准分析相结合的方法,可以进行有效的安全分析。保守性被应用于确定性分析(虽然没有关于保守性的确定定义),尽可能低的可行方法被用于确定风险,二者创建了一个尽可能大的安全例证适用范围。这些并不是完全独立的分析活动,因为概率安全分析是一种有用的工具,可以确定在设计基准中考虑哪些事件以及在发生故障或被修改时,哪些结构、系统和部件对核电厂行为最具影响力(Doorn 和 Hansson,2011)。

作为例证研究,2006 年的"猎迷"侦察机空难和 2011 年的福岛第一核电站事故表明了类似的安全例证失效,在两起事故中,对初始事件的定量概率计算都存在误导,从而导致了对于安全分析过分自信。为了加快监管机构的接受,安全例证的开发成为例行程序,它们严重依赖以前的安全例证项目,而不是专注于这些项目所处的具体环境。在这两起事故发生之前,资源不呈比例被分配用于系统或进程,而不是用于安全。此外,危险分析也没有完全完成,福岛第一核电站和"猎迷"侦察机在事故发生前都被宣称为"安全系统"。

2.6.1 例证研究:"猎迷"侦察机空难

2006 年 9 月 2 日,英国皇家空军的一架"猎迷"侦察机在飞行中失火,随后在阿富汗坎大哈坠毁,机上 14 名机组人员全部遇难。这架飞机是在一次侦察飞行中坠毁的,是自马岛战争以来英国军方遭受的最大一次损失。调查者认为这架飞机在空中加油时发生燃油泄漏,使电气故障或热空气从加热管泄漏,导致燃油泄漏到弹舱内从而起火。尽管安全报告中另有说明,但无油隔舱内并没有火灾探测或灭火系统。

英国国防大臣授权进行一项漫长的调查,在此期间对英国老化的“猎迷”机群的安全报告揭露了近 1500 个故障,其中 26 个故障威胁到飞机的安全。一名国防部部长显然认为这份报告没有透露“任何重大的适航性问题”。查尔斯·哈顿-凯夫(Charles Haddon-Cave)作为“猎迷”调查小组的负责人总结了经验教训(Haddon-Cave,2009):

(1) 应进行适当的风险分析以支持安全例证产生结构化注释的目标或声明—论证—证据结构;

(2) 由于概率或统计数据在显示事件不可能发生时可能会产生误导,因此必须进行危害分析以充分了解事件造成的风险;

(3) 不应假设概率或统计数据是准确的;

(4) 与风险分析一样,必须对危害分析进行审查;

(5) 安全例证必须是一个动态的过程,其报告必须是一个可以修改的文件。

2.6.2 例证研究:福岛第一核电站事故

2011 年 3 月 11 日,日本福岛第一核电站的 3 台机组因地震引发的海啸与洪水而发生了多次故障。地震发生后,正在运行的反应堆立即自动关闭了持续的裂变反应,然而海啸使得应急发电机不可用,这些发电机原本可以为控制和运行冷却反应堆所需的水泵提供电力。冷却不足导致了熔毁、氢气—空气爆炸和放射性物质的释放。

2012 年 7 月 5 日,福岛核事故独立调查委员会发现,事故的原因是可预见的,福岛核电站运营商东京电力公司,未能满足基本的安全要求,如风险评估、包含附带损害的准备和开发疏散计划。10 月 12 日,东京电力公司首次承认,由于担心引发针对其核电厂的诉讼或抗议,该公司未能采取必要措施。在另一份调查中,经济合作与发展组织核能机构总结了此次事故的教训(Nuclear Energy Agency,2016):

(1) 安全是一个不断发展的过程;

(2) 在极端条件下可靠的人员能力是重要的;

(3) 安全改进必须得到有效实施;

(4) 需要做出更多努力确保及时和充分落实从以前事件中吸取的教训;

(5) 风险知悉和运行经验相结合可以推动核电厂变更,从而有效地降低风险;

(6) 监管框架必须足够强;

(7) 安全研究必须支持一个长期的学习过程;

(8) 应急管理和资源长期投入非常重要;

(9) 加强利益相关者的参与和与公众沟通必须得到妥善处理;

(10) 国际合作是持续提高安全的关键因素。

参考文献

American Society of Mechanical Engineers(2013). Standard for level 1/large early release frequency probabilistic risk assessment for nuclear power plant applications, ASME/ANS RA Sb-2013 [incorporates ANSI/ANS-58.21-2007(W2009), "External-Events PRA Methodology" and ANSI/ANS-58.23-2007(W2009), "Fire PRA Methodology"].

Doorn, N. and Hansson, S. O. (2011), Should probabilistic design replace safety factors? *Philos. Technol.*, 24, pp. 151-168.

Haddon-Cave, C. (2009). The Nimrod review; an independent review into the loss of the RAF nimrod MR2 aircraft XV230 in Afghanistan in 2006, U. K. Government.

International Atomic Energy Agency(1996). Defence in depth in nuclear safety, International Nuclear Safety Advisory Group, INSAG-10.

International Atomic Energy Agency(2004). Format and content of the safety analysis report for nuclear power plants, IAEA Safety Guide, GS-G-4.1.

Nuclear Energy Agency (2016). Five years after the Fukushima Daiichi accident, nuclear safety improvements and lessons learnt, Organization for Economic Cooperation and Development.

U. K. Office for Nuclear Regulations (2014). Safety assessment principles for nuclear facilities, 2014 Edition, Revision 0.

第3章
设计基准事件特征

R. P. Martin

对于核电厂设计的认证,国家核安全机构要求应通过应用经验、适当程序和分析进行安全评估,证明其设计安全特性。从这一要求出发,一个分析框架已经逐步发展起来,并用于评价反应堆系统对预期瞬态和假想事故的响应性能。尽管安全性的证明是通过涉及一个或多个计算机程序的一系列分析来呈现的,但评估模型的开发依赖正式和客观的方法,并通过试验和经验进行验证。

在实际计算分析之前,这些定义了核电厂设计基准的一系列工况、需求、要求问题一定要解决。发达的核工业国家会妥善记录监管预期,在实际情况中,评估方法不仅受限于监管框架,还受限于设计本身以及应用以往成功例证的优先级。本章在设计基准属性中,讨论了故障特征、重要安全功能、性能指标、接受准则和事故选择。

3.1 监管背景与期望

核电厂在正常运行、瞬态和事故工况下的安全分析,支撑其作为单个工程安全设施和整个核电厂的设计验证形式的安全例证。在进行这种分析之前,一组假想事件必须以一种方式来描述,使得核电厂充分符合设计要求。与设计基准事件特征有关的通用方法,包括性能指标和接受准则的确认,已经在商用核工业的发展中显现,其试错程度和目标指向的程度接近。在美国原子能机构(U. S. Atomic Energy Agency,1957)出版了《大型核电厂重大事故的理论可能性及其后果》(WASH-740)之后,区分可信的设计基准事件、最大假想(或可信)事故和超设计基准事故成为监管的优先事项。值得注意的是,WASH-740

分析是建立在一般的假设基础上的,其中一些分析被批评为不现实或被认为是难以置信的。直至后 WASH-740 时代,美国原子能机构确定了设计基准事件的通用分类,然而他们选择的基准主要取决于专家的判断。在 20 世纪 60 年代核能迅速商业化的过程中,核电行业寻求更加客观和正式,即使只为了减少许可过程中的不确定性。

设计基准事件的认定来源于通用的监管要求,即设计批准申请必须附有安全评估。设计人员或申请者在确认和证明项目的设计基准事件、性能指标、接受准则时,在规程中被授予了一定的自由度。对于在 20 世纪后半叶出现的轻水堆工业,许多由监管方和其他核安全机构发布的指南和标准文件使新的申请者难以偏离其规定指标。

当然,设计基准事件的特征取决于设计,或者更恰当地说取决于一组确定的主要设计标准。1967 年,由美国原子能委员会颁布 10 CFR 50 附录 A,题为"通用设计标准"(U. S. Nuclear Regulatory Commission,1999)是核监管发展中的一个里程碑。这套主要设计标准反映了纵深防御理念的转变,如同第 2 章所描述的,该理念强调了轻水堆工程安全设施的重要安全功能:反应性控制、反应堆冷却剂系统压力和容积控制、反应堆冷却剂系统或堆芯热量导出、安全壳环境和隔离、安全壳完整、辐射和放射性物质的释放控制。在文献(International Atomic Energy Agency,2016)中,国际原子能机构提供了一份类似的"特定安全要求"清单,该清单采用了 10 CFR 50 附录 A 中的大部分内容,并增加、澄清根据现有核电厂的建造和运行所获得的经验。

纵深防御理念也反映在通用设计标准对裂变产物屏障的要求中,该屏障保护环境免受辐射后果的破坏。由燃料棒、控制棒驱动机构、反应堆压力容器、安全壳以及所有用来支持反应堆控制的管路、电力系统组成的防线对防止和减轻放射性后果是十分重要的。这些系统的目标是在事故期间保护反应堆堆芯,为堆芯提供长时间冷却,防止堆芯中的放射性物质泄漏到环境中,而且在工程设计中它们必须承受核电厂变负荷下产生的预期载荷。造成这些影响的因素包括核电厂正常运行(包括维护和试验)、瞬态工况和事故工况。

仅考虑反应堆冷却剂系统和安全壳响应安全分析中明确的性能指标,更加相关的通用设计标准条目如下(U. S. Nuclear Regulatory Commission,1999):

(1) GDC10——反应堆设计;

(2) GDC13——仪表和控制;

(3) GDC15——反应堆冷却剂系统设计;

(4) GDC16——安全壳设计;

(5) GDC17——电力系统;

(6) GDC19——控制室;
(7) GDC20——保护系统功能;
(8) GDC26——反应性控制系统冗余和性能;
(9) GDC28——反应性限值;
(10) GDC29——预期运行事件预防;
(11) GDC34——余热导出;
(12) GDC35——应急堆芯冷却;
(13) GDC38——安全壳热量导出;
(14) GDC41——安全壳大气净化;
(15) GDC44——冷却水;
(16) GDC50——安全壳设计基准。

设计基准事件所分析的假想事故,是违反了一个或多个通用设计标准导致的极限故障和电厂状态。对于轻水堆来说,设计基准事件的建立经过了一个始于工程判断,而后得到系统性规范的过程。这反映在美国核管会对它的标准核查方案的多次修订中,从 1975 年 NUREG-75/087(U. S. Nuclear Regulatory Commission,1975)发布开始,于 1981 年被重新修订并发布,即 NUREG-0800,之后又经过了多次修订(U. S. Nuclear Regulatory Commission,2011)。根据对基准事件类别的监管定义,通用设计标准,特别是单故障冗余,通过应用基于风险的考虑、故障模式和效果分析以及事件树等方式,事件识别已经得到分层次的特征。虽然这种活动总是伴随着设计认证申请,但核电厂随后的换料很少被要求进行许可支持分析。

3.2 单一故障准则的考虑

通过物理、设计及运行多层防线,监管机构已经认可了纵深防御策略的价值。当考虑到应用于电厂设计评估与验收的主要设计标准和其他许可标准时,安全措施在每个领域都要被量化。在这些广泛的要求中,单一故障准则的重要性再怎么强调都不为过,这个确定性的标准定义了一个获得系统最佳冗余度或者能确保高度可靠性的部件的方法。它需要对潜在的单一故障进行系统的搜索,然后对每个单一故障对核电厂工程安全设施满足规定能力的影响进行评估。在这一点上,美国核管会在(U. S. Nuclear Regulatory Commission,2007)中声明:

“被设计用来执行指定安全功能的系统(例如应急堆芯冷却系统)必须能完成它的使命,哪怕系统内任何单一部件或者是支持其运行的相关系统出现故障。”

由于缺乏权威的单一故障诊断方法，核电厂设计者和操纵人员有责任通过他们的设计控制记录来证明他们的安全分析的完整性和一致性。由于可能出现的各种故障模式、它们的相对可能性、检测方法以及给定结构、系统或部件的功能可能是能动的也可能是非能动的，因此其使得问题复杂化了，如下所述。

3.2.1 故障类型和检测

在设计中采用单一故障冗余意味着对各种漏洞包括对安全至关重要的结构、系统或部件完全失效的弹性已被考虑到设计中，单一故障准则是适用于核电厂所有安全相关结构、系统和部件的通用要求。具体而言，安全功能设计和评估需要应用单一故障评估，包括电力系统、反应堆保护系统、余热导出、应急堆芯冷却、安全壳排热、安全壳大气净化和冷却水系统。

为了满足工程安全设施能够承受一定故障的同时不丧失其安全性的要求，美国核管会、国际原子能机构和其他核安全部门所承认的单一故障定义同时包括单点故障和共因故障（U. S. Nuclear Regulatory Commission，1977；International Atomic Energy Agency，1990；Institute of Electrical and Electronics Engineers，2001）。单点故障得到进一步描述，以解决有关实际识别方法的不确定性。具体来说，这些可检测的故障假定与所有可识别但不可检测的故障同时发生。值得注意的是，可能在没有检测到的情况下发生的潜在故障，通过报警、其他试验或检查，应该被认为是无法检测到的，因此必须在任何时候假定其存在。共因故障是指单个特定事件或原因导致多个部件无法执行其功能，这种事件或原因可能反映了设计缺陷、制造缺陷、运行或维修错误、自然现象、人为事故、周围环境的变化，或者由核电厂内的其他操作或故障造成的意外连锁事故。

在预期或紧急规程导向的行为下，操纵员的错误行为会被认为是潜在单一故障，比如给水管道破裂时未能启动应急给水。而在预期或紧急规程导向的行为下，有时操纵员的错误不会被认为是潜在单一故障，例如在出现合理安注信号后终止安注系统。

3.2.2 区分能动故障和非能动故障

可检测故障和不可检测故障间的区别同样与“能动”故障的考虑有关，能动故障可以被检测到，而非能动故障则不能。发生在流体系统的能动故障可能为：①依赖机械动作来实现预期功能的部件出了故障；②部件的意外动作，如电动阀或者气动阀未能到达准确位置，电动阀或气动阀的错误开闭，或者泵不能按照要求开启或关闭。这些故障可能由操纵员的失误而引发（U. S. Nuclear Regulatory Commission，1995）。

发生在流体系统的非能动故障是流体压力边界的破裂或者对流动路径产生不利影响的机械故障,如止回阀未能按照要求动作,泵或阀门密封处的流体泄漏,或者是管道破裂。在(U.S. Nuclear Regulatory Commission,1977)中,美国核管会的人员声明:“多数情况下,大多数类型的流体系统非能动故障的概率很小,通常不必考虑,除非是单一故障准则应用的初始故障。”例如,当操纵员手中的电源被锁死时,电动阀被视为非能动部件。

美国核管会(U.S. Nuclear Regulatory Commission,1977)对于止回阀的处理做了很多讨论,止回阀一直没有被明确地定义为能动或非能动部件。通常情况下,止回阀被认为是非能动部件,但安全壳隔离系统中的止回阀除外。然而,ANSI/ANS-58.9—1981(American Nuclear Society,1981)将“止回阀未能移动到正确位置的故障”划分为能动故障。此外,国际原子能机构指出,有些成员国将止回阀未能成功打开视为能动故障,也有其他成员国认为这是非能动故障(International Atomic Energy Agency,1990)。

为了将单一故障准则应用于非能动安全系统中,美国核管会在文献(Institute of Electrical and Electronics Engineers,2001)中将止回阀再定义为能动部件,声明如下:

“与当前的反应堆和改进设计相比,非能动设计中与安全相关的止回阀将在不同的工况下运行(低流量和低压力,没有泵排出压力来打开阀门)。在非能动安全系统的运行中,止回阀具有高度的安全意义,而止回阀的运行经验表明,它们的可靠性可能比原先预期的要低。”

然而,当被许可方可以记录时,他们提供了可能的例外情况:

“对止回阀在相似应用和运行环境下的试验数据和操作数据进行综合的评估,来证明特定止回阀应用的可靠性,以使得止回阀的可靠性与那些非能动部件的故障概率相当。故障概率在10^{-4}/年或者更低,它们足以被视为非能动故障。”

在纵深防御的评审中,美国核管会确实把一些非能动故障(如止回阀故障或高能量管道故障、阀杆或阀盖故障)的影响视为潜在的事故诱因。但在许可审查中,除了始发事故外,只有在一个长久的基础上,美国核管会才会把流体系统中的非能动故障视为潜在的事故诱因。美国核管会已经声明:“除了止回阀以外,没有理由更改非能动先进轻水堆设计的监管惯例。”

3.2.3 单一故障分析方法

单一故障分析方法结合了定性和定量的评估措施,为进一步的表征提供了候选的限制设备失效和故障,并最终作为核电厂设计基准范围的基础。评估不要求考虑任何可能发生的故障,相反,“只有那些被判定为确实可能发生故障的系统或部件才会被假定在单一故障准则的应用中失效"(Institute of Electrical and Electronics Engineers,2001)。单一故障准则的通用使用指南见表3.1(U. S. Nuclear Regulatory Commission,2005a),指南中常见的主要内容如下:

(1) 确认需要被审查的结构、系统和部件;

(2) 列出每个重要安全功能可信的薄弱点;

(3) 定义性能指标和接受准则以确保重要安全功能;

(4) 根据其在性能指标、设计以及接受准则上的影响,评估每个薄弱点对故障造成的影响。

这份指南文件强调了主要的设计标准目标(如通用设计标准),并将美国核管会和国际原子能机构最初的立场归功于美国电气和电子工程师协会(IEEE)。因此,单一故障准则在设计基准事件识别和表征方法中的作用还不够完善,核电厂供应商和被许可方常常根据表3.1中出现的文件的解释开发出独特的方法,例如文献(Mineck,1989;Root 和 Torres,1995)。

表3.1 单一故障指南文件
(引自文献(U. S. Nuclear Regulatory Commission,2005a))

文 件	内 容
《单一故障准则》,SECY-77-439	美国核管会人员向委员会做汇报,总结单一故障准则在反应堆安全审查程序中的状态和用途
《IEEE 核电厂保护系统准则》,IEEE 标准 279—1971	要求核电厂保护系统能满足单一故障准则
《TEEE 单一故障准则在核电厂安全系统中的标准应用》,IEEE 标准 379—2000	这份文件将单一故障准则的应用范围从"保护系统"扩大至"安全系统"
《核电厂安全系统的 IEEE 标准准则》,IEEE 标准 603—1991	603 标准定义了"单一故障准则"并且讨论了它在安全系统的单一故障分析中的实施。这份标准参照了单一故障准则实施细节的 379 标准。美国核管会并没有通过修改 RG1.153 来反映 603 标准的更新
《美国核管理委员会标准审核计划》,NUREG-0800	第 15 章介绍了瞬态和事故分析的审查准则,包括单一故障准则
《核电厂安全分析报告的标准形式和内容》,管理导则 1.70	第 15 章通过对 SFC 假设的指导来描述设计基准事故
《安全系统准则》,管理导则 1.153	认可 IEEE 标准 603—1991,认为其可以用于安全系统的电力、控制和仪表部分
《单一故障准则在安全系统的应用》,管理指南 1.153	认可 IEEE 标准 379—2000,将其作为满足安全系统单一故障准则的可行方法
《轻水反应堆安全相关流体系统的单一故障准则》,ANSI/ANS58.9	美国核管会不认可流体系统的单一故障准则,只在早期许可活动中用到
《单一故障准则的应用》,国际原子能机构安全系列第 50-P-1	国际原子能机构对于单一故障准则的声明。这份报告已经不再被国际原子能机构认可

3.3 设计基准事件、性能指标和接受准则的分类

设计基准事件分析论证了设计稳健性的程度，定义了设计基准范围。设计基准事件的详细信息包括基于其控制下现象学状态中的可能性偏差，用来识别工程安全设施的薄弱点。在评估潜在的系统故障时，任何对于正常系统状态的偏差都会造成设计上的挑战。考虑到通常与事件进程有关的高度不确定性，在没有严格定义事件分类和目标的情况下，设计基准事件的特征可能还是推测性质的。

在核电厂这样的大型系统里，工程安全设施的故障可能是由一个或者更多个部件故障造成的。事件识别的一个选择是考虑潜在事故的所有排列组合，就像是在准备事故树时做的那样（Lee 和 McCormick，2011）。在这种方法中，对故障条件进行了全面的研究，其中事件类别是由导致核电厂破坏最终状态的模式派生出来的。由于潜在事件的发生概率随着故障数目的增加而增加，在面对核电厂这样的复杂系统时，这种方法通常不切实际。

支持识别设计基准事件的通用方法出现在文献（International Atomic Energy Agency，2002）并在 3.4 节中进一步描述，该方法通过将设计基准事件确认为一系列目标和后果来管理核电厂的复杂性，目的是反映安全目标的声明。当然，任何核电厂的最终安全目标都是保护公众不受裂变产物失控释放的影响。基于风险，通过对可靠的失效模式的评估，然后对保护核电厂一个或多个重要安全功能的工程安全设施进行评估，分层次地表示用于表征设计基准事件的实际安全目标。

在描述可能的设计基准事件时用到的事故模型，是由一系列主要设计基准（如轻水堆的通用设计基准）推导得出的，这份标准同时满足核电厂要求和安全系统等级要求。设计要求要转化为可靠性和薄弱点假设，也就是定性声明。将结构、系统和部件发生故障的小概率情况与更加可靠的情况分隔开，这可能包括自动操作或手动操作。

失效的影响或后果以性能指标相对于与核电厂安全功能有关的接受准则来表示，后者是放射性物质的释放的替代。由一般初始故障和受影响的安全功能组成的事件组合通常被归为设计基准事件类别，这种基于事件的方法是可实现的，因为不同的故障经常会产生相似的系统响应特征，这可以高效描述一个特定的事件类别。尽管这被称为一种归纳法，但这些基于安全目标和事故后果的评估可以避免极小概率故障的扩散问题，否则故障树方法会不再可靠。

3.3.1 高层级分类

设计基准事件处理由可信故障引起的假想事故,这些故障预计将在整个电厂的寿期内发生,另外还有一些例外的假想事故,这些假想事故预计不会在整个电厂的寿期内发生,但通过检查可以证明设计的鲁棒性。设计基准事件分析与监管的目的是,它们代表了充分广泛的情况,可以证明可信的风险重大事件的全面彻底的评估。目标选择方法从瞬态和事故的分类开始,国家核安全当局认可的两种通用事件分类是根据频率区分的(U. S. Nuclear Regulatory Commission, 1978,2005b):

(1) 预期运行事件——核电厂寿期内可能发生一次或几次的事件;

(2) 假想事故——证明设计充分但预期不会发生的事件。

预期运行事件或假想事故对初始事件的分类提供了事件之间的一个基本特征,由此可以从更多严重事故中遴选出可信度更高的设计基准事件。美国核学会发布了一个标准(ANS 18.2 1973),标题为"陆上压水堆核电厂设计的核安全准则"①。对于安全分析人员来说,这个标准通过他们的"工况"组织设计基准事件,"工况"主要是指事件概率,在这个标准中定义的分类如下。

(1) 工况Ⅰ:在功率运行、换料、维修或电厂操控过程中预期经常发生的事件。

(2) 工况Ⅱ:在核电厂运行期间,预期每年发生一次的事件。

(3) 工况Ⅲ:核电厂寿期内预期发生一次的事件。

(4) 工况Ⅳ:在整个设计充分性评估中,预期不可能发生的事件。

工况Ⅰ事件广泛包含了所有在规定运行限值内的正常运行瞬态工况,工况Ⅱ到工况Ⅳ构成了设计基准事件许可分析,工况Ⅱ为预期运行事件。这个标准扩大了预期运行事件的定义范围,意味着通过提供合理的设计来减小与正常工况的偏差,有重要安全意义的燃料或其他结构、系统或部件没有出现明显损坏。工况Ⅲ和工况Ⅳ是假想事件,这些事件导致的结果可能包括燃料损坏。然而任何破坏导致的放射性物质释放都被保持在监管限定的厂址内(如美国10 CFR 100)。这些事件结合对放射性物质泄漏的保守假设,最终决定了电厂选址的要求(见第12章)。根据ANS 18.2 1973,超设计基准事故被定义为工况Ⅴ,这类理论上的堆芯熔毁事故被认为发生概率极低,但会造成传播到厂区外极其严重的放射性后果。这种高放射性后果的产生,被认为是多个裂变产物屏障的失效导致的。

① ABWR版本发布于1979年。

3.3.2 重要安全功能相关的安全措施

根据第 2 章所述,工况Ⅱ至工况Ⅴ中大量安全重大事件基于重要安全功能事件的影响进行划分。虽然设计基准事件是在对放射性后果进行分析,但设计基准事件所寻求的事件特征仅为识别哪一个重要安全功能会受到事故的威胁,这是通过分析、计算各种性能指标和与替代放射性物质的释放的接受准则进行比较来揭示的。

由于追求的安全目标是对裂变产物屏障的保护,因此性能指标与可能导致故障的多种多样的载荷相关(如热通量、温度、燃料的应变和反应性、反应堆冷却剂系统和安全壳的压力与温度),每个重要安全功能都能影响一个或多个性能指标。一般来说,在考虑重要安全设施的保护时需要应用确定性安全理论,例如对于反应堆冷却剂系统压力控制,在美国的设计标准中(U. S. Nuclear Regulatory Commission,2007)需要把运行压力限制在设计值的 110%之内。大多数重要安全功能的失效被认为是充分独立的,它们有效地定义了一个独特的设计基准事件类别,如反应性控制,这将在第 10 章中讨论。类似地,虽然安全壳相关安全功能的挑战与失水事故有关,但第 11 章讨论的安全壳安全功能的评估是独立于反应堆冷却剂系统/堆芯安全功能的。

与风险指引的做法一致,ANS 18. 21973 事件频率类别的区别特征与识别基于后果的分级接受准则相关。这种分级方法只适用于与反应堆冷却剂系统有关的安全功能及其失效后果(如燃料失效和放射性物质的释放),具体地说,对于更可能发生的反应堆冷却剂系统故障,接受准则就更严格;相反地,对于不太可能发生的事件,接受准则就不那么严格。由于安全标准和选址标准是基于不太可能发生的事件(如工况Ⅳ),这种方法必然会导致在核电厂寿期内预期可能发生的事件有较大的安全余量。与工况Ⅱ、工况Ⅲ和工况Ⅳ事件的反应堆冷却剂系统/堆芯余热导出安全功能相对应的相关接受准则分别如下。

1) 工况Ⅱ(预期运行事件)

(1) 通过确保规定的可接受的燃料设计限值没有超标来维持燃料包壳的完整性。

(2) 放射性后果不得超出 10 CFR 20 中规定的限值。

2) 工况Ⅲ(假想事故)

(1) 有可能小部分燃料失效(基于规定可接受的燃料设计限值的超出程度),但这些失效不会妨碍堆芯冷却能力。

(2) 放射性后果是 10 CFR 100 限值的一小部分(通常小于 10%)。

3）工况Ⅳ（假想事故）

（1）在任何经过计算的堆芯应急冷却系统成功初始运行后，经计算得出的堆芯温度在可接受范围内保持一个较低值，并且在长寿命放射性所需要的长时间内衰变热被消除。

（2）在最近的禁区边界和低人口区外边界的全部潜在后果，完全符合10 CFR 100导则。

3.4 设计基准事件定义

依据设计要求和接受准则建立了设计基准事件识别的内容后，对可信的故障模式进行评估和组织可以区分独特的设计基准事件类别和事件。与其追求对潜在故障详尽评估的通用可靠性分析，不如采用风险指引的基于事件方法对系统故障等级进行识别，而其他设计基准事件属性通常基于运行限定条件和技术规范目标来进行确定性的定义。由于一个或多个工程安全设施所提供的重要安全功能受到挑战，而一次"最差的单一故障"降低了这一要求，因此事件的严重程度变得更为复杂。如图3.1所示的基于事件的流程，消除了考虑的多个故障场景，因此提供了一个相对于严重依赖数据要求的概率风险分析来说实用性更高的解决办法。

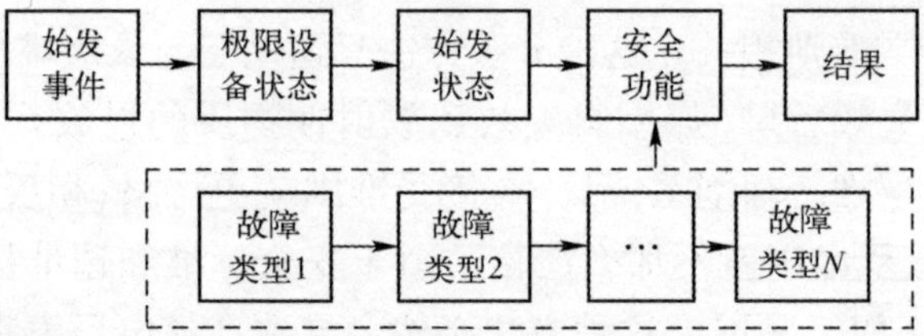

图3.1 设计基准事件定义流程

系统安全评估有很多适合的可靠性分析方法和工具，包括功能危害评估、故障模式和影响分析、危害与可操作性研究、事件和故障树分析、主逻辑或依赖关系图、马尔可夫分析和共因分析（Lee 和 McCormick，2011），以及最近动态概率风险/安全评估法（Aldemir，2013）。不管优先使用哪种方法，可靠性分析的目标都是系统性评估假定故障并确定核电厂响应。成功的可靠性分析要求分析人员能考虑到所有核电厂运行影响因素的重大风险故障模式，设计基准事件通过设备级、系统级、分系统级、组件级、部件级或零件级逐步进行可靠性分析来获得其细节。

当这些方法和工具的应用与设计过程集成时，该评估从并行系统安全评估收到的反馈中固有地将安全性纳入设计中。揭示安全要点、定义设计要求、概念再设计和再评估,上述的过程是迭代进行的,如果这一方法得到很好的贯彻执行,那么从这一过程中汇编得到的故障数据和风险把控将有利于后续的设计基准事件定义任务。

鉴于系统安全评估主要是为了评估故障发生的概率和后果而发展起来的,而不是描述设计弹性,因此这些分析方法和工具已经超出了对设计基准事件预期定义所需的范畴。尽管如此,在可靠性工程领域中,仍有一些要素和思考可以直接用于设计基准事件定义目的中。

3.4.1 系统级故障模式

系统级故障模式反映了操作性偏差的故障,这些故障会对系统级的结构、系统或部件构成威胁,核电厂依靠这些结构、系统或部件在设计基准事故期间和事故之后仍能维持其功能。首先考虑可测量的核电厂状态偏差来表征故障,对于核电厂来说,所谓可测的状态量是指适用于电厂操纵员的状态量,用以支持核电厂反应堆保护系统的监测和控制以及工程安全设施的启动。表 3.2 给出了一个示例列表(International Atomic Energy Agency,2003)。

表 3.2 被监测的核电厂状态变量

过程参数	故障事件
中子通量/功率	停堆/低/高/异常
控制棒	抽出/完全插入
流量	无/低/高/异常
液位	低/高
温度	低/高/异常
压力	低/高/异常
冷却剂 pH 值	低/高
阀门位置	开/闭/半开
泵的运行	开启/关闭/锁定
加热器运行	开/关

考虑到轻水堆应用程序的优先级,可能会进行一个粗略的系统级可靠性分析,而相关文件已被多个监管机构所掌握。在美国,这份文件即 NUREG-0800 标准审查大纲(U. S. Nuclear Regulatory Commission,2007)。NUREG-0800 中确定了一些事件类别,从这些类别的大致路线图到一个通用核电厂系统,候选事件如下:

(1) 冷却系统热量导出增加;
(2) 冷却系统热量导出减少;
(3) 冷却剂系统流量减少;
(4) 冷却剂系统流量增加。

这些事件可应用多个核电厂冷却剂系统,包括堆芯系统、主冷却剂系统、安全壳系统或辅助冷却剂系统。

3.4.2 核电厂极限状态

关于事件特征,相关法规扩展了单一故障准则的概念,以确保对核电厂初始状态做出确定性分析,此策略的一个主要实例涉及在厂外电源不可用情况下启用厂内电源的影响,反之亦然。虽说认为丧失厂外供电情况比替换方案的威胁更小这一点看起来有悖常理,但仍有一个例子证明这一点:在小破口失水事故中,在泵的持续运行下,冷却剂流失进一步加剧,从而使燃料包壳峰值温度变得更高。另一个初始极限状态的例子与通用设计要求有关,即失水事故评估中需要包括一份对堆芯应急冷却系统的子系统在最严重的、多个单一故障并存的情况下的评估,如低压头安全注射的丧失。由于在设计和分析领域中考虑了这些单一故障,因此核电厂"功能失效"得到了有效缓解,它们适用于设计基准事件评估下的安全设施。就算不能消除威胁,大部分设施仍具有足够的性能,这是因为在单一故障准则下进行系统设计时,认为这些故障可以导致部分功能的丧失。在某些情况下,非安全系统也有可能被认为符合单一故障准则,例如在某些特定情况下非安全系统会被认为有能力缓解瞬态和事故工况。管理导则(U. S. Nuclear Regulatory Commission, 2007b)在 C. I. 15. 6. 2 条款中指出:

"在安全分析中,假定非安全系统和部件在以下情况是可运行的:
(1) 当出现会瘫痪系统的、可以探测到且后果不明的随机或独立故障时;
(2) 当非安全相关部件用于备用保护时。"

主给水控制系统(MFCS)就是上述例证(1)的一个例子,如果可以证明主给水控制系统的故障不是初始启动事件的结果,则在与给水故障、丧失交流电或汽轮机脱扣无关的设计基准事件中,可以假定主给水控制系统能继续运行,并且在初始启动期间,主给水控制系统发生随机、独立的故障的可能性很低。

至于例证(2),如果阀门被证明是可靠的,并且符合技术规范中的监视要求,汽轮机截止阀和控制阀可以算作后备保护的设计基准分析。10 CFR 50.36(c)(2)(ii)(C)中表述了安全分析中建立备用非安全部件监测要求(SR)和运行限制条件(LCO)的要求。

对于美国西屋电气公司 AP1000,美国核管会接受了将主蒸汽隔离阀(MSIV)的备用阀计入蒸汽管道破裂(SLB)的分析中(U. S. Nuclear Regulatory Commission, 2004)。相关人员指出:“运行数据显示汽轮机截止阀和控制阀是可靠的”,并且监测要求与运行限制条件也被包含在技术规范中,以“保证……主蒸汽隔离阀备用阀门和主蒸汽管线隔离阀的可靠性”。这与 1976 年工作人员对蒸汽和给水系统中非安全相关部件在蒸汽管道破裂事故期间能够用于隔离流动的认可一致(U. S. Nuclear Regulatory Commission, 1976)。

在确定性安全分析中,应针对整个核电厂安全寿期采用极限的初始条件,这通常基于敏感度分析。下面列出了与失水事故相关的常见核电厂极限状态假设,“不利”一词意味着产生接受准则最小的余量:

(1) 丧失厂外电源;

(2) 最不利的单一故障;

(3) 对于破裂或者堵塞的情况来说,最不利的发生位置;

(4) 对于破裂或堵塞来说,最不利的破口或堵塞尺寸;

(5) 反应性控制棒或转鼓假设被卡住,如果相对反应性价值发生变化,那么被卡住的控制棒或转鼓对反应性影响最大。

3.4.3 初始工况

核电厂发生瞬态或事故前的状态分析特征是它的初始工况,这些参数要么设置为标称值,要么设置为保守边界。在安全分析的准备过程中,那些保守有界的参数是基于运行限值设置的,其中许多参数将与电厂的技术规范设置一致。技术规范和附带的基础文件提供了参数限制或范围、原因、方法或计算,以支撑特定许可限制,如技术规范,技术规范通过标称运行公差、测量误差和计算不确定性来量化。

特定设计基准安全分析在多大程度上支持电厂的许可基准,因电厂而异,并非每份分析中的每个技术规范或操作运行工况限值都有明确的监管要求,这不可能做到。对接受准则可以忽略或者无决定性影响的参数可以设置为标称值,根据各参数对响应价值分析的相对重要性,确定有界参数的全集合。重要性评估通常由一种正式的过程编制,通常称为现象识别与排序表(PIRT)(见第 4 章)。表 3.3 摘自文献(International Atomic Energy Agency, 2003),着重介绍了一组典型的反映堆芯冷却性能指标和系统压力指标的初始工况,另外还说明了对于安全壳模型参数的保守选择,会导致对安全壳最大压力的过高估计,安全壳分析在第 11 章中将进行详细讨论。计算设计基准剂量时,放射性核素迁移的边界处理也是典型的,这将在第 12 章中介绍。

表 3.3　电厂事故分析中的典型初始工况

参　数	保守方向	
	堆芯冷却	系统压力
反应堆功率	最高	最高
反应堆余热	最高	最高
反应堆冷却剂流量	最低	最低
反应堆堆芯旁路	最高	最低
反应堆冷却剂温度	最高	最低
反应堆冷却剂压力	最低[a]	最高
蒸汽发生器液位	最低	最低
蒸汽压力	最高	最高
给水流量	不适用(与功率工况保持一致)	不适用(与功率工况保持一致)
稳压器液位	最低	最高
功率峰值因子	最高	最高
反应堆紧急停堆可用控制棒价值	最低	最低
参数	安全壳压力/温度	
安全壳初始压力	最高	
安全壳初始温度	最低	
喷淋水温度(如果可用)	最高	
安全壳泄漏率	最低	

注:对失水事故分析而言,应选择其中的最大值。在未能紧急停堆的预期瞬态和严重事故分析中,最佳估算核电厂初始工况被接受,即使是在设计和许可类型分析中。

分析结果严重依赖堆芯和燃料模型,它们决定了在事故期间反应堆功率的行为。中子参数并未明确显示在现象识别与排序表中,尽管如此,它们仍影响着裂变功率、储存的能量和衰变热。当紧急停堆时,裂变功率不被认为是重要参数,在几秒内,裂变功率由缓发中子决定。储能(早期)和衰变热(晚期)被认为是重要的现象,它们影响着燃料棒热量导出,两种现象都主要受堆芯功率和功率分布的影响。

由于堆芯和燃料设计对安全有很大影响,因此分析明确地模拟了堆芯装载特定燃料时的主要现象,在燃料的使用期内不同时间进行多次预期事件评估。一般而言,核电厂安全分析本质上是使用寿期(或循环)中的时间模型和初始工况来模拟堆芯/燃料的行为,并将唯一的堆芯/燃料工况通过特定的工况传递给给定的设计基准事件。

在确认对反应堆功率的保守估计时,分析人员应该考虑反应性反馈取决于所考虑的参数变化(增加或减少)的方向。在事故过程中,这种变化方向可能发生变化,因此这些模型参数在事件期间的影响也会发生变化。影响燃料模型初始条件的敏感度计算矩阵形式如表 3.4 所列,一些初始条件如反应堆功率和衰变热,可以根据充分理解和有文件证明的优先级进行设置,其他需要明确地计算,需要评估所选参数对每个事件类别的影响,以最终确定分析指南。

表 3.4　堆芯/燃料模型参数敏感度矩阵实例

事件类别	缓发中子份额	燃料温度系数	慢化剂温度系数	慢化剂密度系数
二次侧系统热量导出增加	最高/最低	最高/最低	最高/最低	最高/最低
二次侧系统热量导出减少	最高/最低	最高/最低	最高/最低	最高/最低
堆芯冷却剂流速降低	最高/最低	最高/最低	最高/最低	最高/最低
反应性和功率分布异常	最高/最低	最高/最低	最高/最低	最高/最低
反应堆冷却剂储量下降	最高/最低	最高/最低	最高/最低	最高/最低
反应堆冷却剂储量上升	最高/最低	最高/最低	最高/最低	最高/最低

通过敏感度研究来确定特定技术性事件的不确定性,这些敏感度研究中的不确定性域需要被映射并转换到计算矩阵中。伴随特定模型参数的不确定性,一些特征例如模拟控制棒插入过程和不确定域也必须考虑事件次序,这些研究的结果将显示最终计算的偏差。

3.4.4 工程安全设施单一故障

工程安全设施的主要功能是维持核电厂重要安全功能,这些功能的响应来自核电厂的仪控保护系统。仪控保护系统负责在所有假设运行工况下控制核电厂的工作进程,它监控核电厂系统设施,评估信号组合,并且在必要时启动核电厂子系统以保护和维持系统的状态不超出设计限值。它包括反应堆保护系统中与安全相关的仪控功能、工程安全设施启动系统、安全壳隔离系统、应急堆芯冷却系统和反应堆冷却剂系统。与仪控保护系统接口的系统一样,它必须与安全相关,这意味着它必须具有高度的可靠性和完全的单一故障能力。

给定一组假设的初始事件,评估每个重要安全功能(和相关的工程安全设施)在事件响应和识别限制单一故障中的作用,事件树分析是从可靠性工程中借鉴的一种方法,有助于完成该评估(Lee 和 McCormick,2011)。在描述设计基准事件的过程中,事件树的构建提供了一种方法,用于从一个假设的初始事件和一些单一故障候选事件中探索核电厂的响应。完整的事件树提供了由分支成功和失败路径定义的逻辑模型,该路径说明了导致预期结果(如设计要求的挑战)的设计基准事件的事件序列。根据与特定设计需求相关的预期后果严重程度来识别常见事件,不那么严重的事件被排除在考虑范围之外。

基础方法学强调事件树图形的准备,这些事件树为初始事件的所有可能路径建模。初始事件是事件树的主干,它通过应该被激活的安全系统的状态传播到代表初始事件成功或失败的分支,这个过程一直持续到一组状态结束。如果将概率分配到每个步骤中,那么它们在最后合并。概率方法在筛选不可信的事件时特别有用,然而故障组合通常会导致不适合超设计基准工况,因此很少会考虑概率学方法。

建立故障树分析的步骤如下:

(1) 定义设计基准事件方案框架(如在 3.4.3 节描述过的输入与输出);

(2) 确定初始事件(应用 3.4.1 节中的危害与可操作性分析方法);

(3) 确定被指定为所有分析工况的核电厂极限状态;

(4) 确定支持技术规范的初始工况;

(5) 确定每个重要安全功能的单一故障候选项;

(6) 构建事件树框图,循环通过每个初始事件的每个重要安全功能;

(7) 将每个事件与设计要求下的影响判断相关联;

(8) 通过排除明显的不太严重的事件来确定极限事件;

(9) 将结论作为一组设计基准事件集合记载。

3.5 常见轻水堆设计基准事件类别

对于轻水堆技术来说,设计基准事件假想事故定义已经被很好地建立(如文献(International Atomic Energy Agency,2003)),大多数的预期运行事件和假想事故被归入以下六种类型:

(1) 二次侧系统热量导出增加。

(2) 二次侧系统热量导出减少。

(3) 主冷却剂系统流量下降。

(4) 反应性和功率分布异常。

(5) 反应堆冷却剂水装量上升。

(6) 反应堆冷却剂水装量下降。

表 3.5 总结了轻水堆中设计基准分析类别,通过关注的裂变产物屏障和主要安全措施来确定这些类别。它包括三个附加类别,对应安全壳和设备生命力重要安全功能。

表 3.5　设计基准分析类别

重要安全功能	项　目	裂变产物屏障	性能指标
RCS 水装量/压力/热量导出	二次侧系统热量导出增加	燃料,RCS	RCS 压力,DNB,燃料中心熔毁
RCS 水装量/压力/热量导出	二次侧系统热量导出减少	燃料,RCS	RCS 压力,二次侧压力 DNB,燃料中心熔毁
RCS 水装量/压力/热量导出	冷却剂系统流体流量降低	燃料	DNB
反应性控制	反应性和功率分布异常	燃料,RCS	RCS 压力,燃料包壳应力,DNB,燃料中心熔毁
RCS 水装量/压力/热量导出	冷却剂水装量上升	燃料,RCS	DNB,RCS 压力
RCS 水装量/压力/热量导出	冷却剂水装量下降	燃料,RCS	燃料氧化,氢气产量,DNB,RCS 压力,包壳温度峰值
安全壳压力和温度控制	安全壳功能设计	安全壳	温度,压力
安全壳内易燃气体控制	易燃气体控制	安全壳	氢气浓度
设备质量和生命力	应急堆芯冷却系统	燃料,RCS	长期热量导出,净正净吸入压头

在工程安全设施中,与这些事件相关的最大极限单一故障在设计基准事件类别和候选初始事件中被期望有所不同。单一有效故障发生的原因并不是特别相关,只是简单地假定已经发生了。另外,虽然与安全相关的部件运行有效性可能受到初始事件影响,但仍必须考虑独立的单一故障,例如,在压水堆大破口失水事故分析中,向破裂回路的安全注射流体通常会被假定随破口而流失,不能进入堆芯(U. S. Nuclear Regulatory Commission,2000)。假设单个独立单一故障会发生,如低扬程安注泵故障。最后,要考虑厂外电源丧失的影响,除了考虑极限单一有效故障,还应考虑安全相关设备通电和可用之前的迟滞时间。

在事件进程中调用部件来发挥功能时,假设单一有效故障发生。与安全有关的部件将会在事件持续期间,例如在其运行的环境,履行其安全功能,因此不考虑安全相关部件最初成功运行后在瞬态过程中某个点出现故障的情况。

安全相关设备引发多重故障的事件进展已经超出了设计基准,但由一个安全相关部件故障导致的后续多个其他安全相关部件故障的情况仍被视为单一故障,例如一台应急柴油发电机出现故障,随后依靠此柴油发电机供电的安注泵无法运行。在某些例证里,前后不一致的假设可能被当作单一故障,例如一台应急柴油发电机的故障可能会同时影响应急堆芯冷却安注泵和安全壳喷淋系统的部件。对于压水堆大破口失水事故的分析来说,同时将泵的安注和安全壳压力进行最小化可能符合分析方法论中的保守化方法。对于许可基准分析,柴油发电机的单一故障可以被假设为使所有泵送的堆芯应急冷却系统安注最小化。然而,在安全壳压力最小化的设计中,与安全壳喷淋系统各个方面的假设可能不一致,或者可以通过分析来证明低扬程安注泵的损失是一种更加现实的极限单一故障,这可以保守性地同时降低泵输送的堆芯应急冷却系统和安全壳压力。

对于非安全相关设备,应在确定性安全分析中考虑设备的假定运行情况,如果设计的系统运行情况在事件分析和接受准则方面是合理的,那么认为设备运行正常。但是,如果系统按设计运行促进了事件的进展,则可认为非安全相关系统失效。在程式化的确定性事件分析中,故障原因没有被严格确定,仅仅是简单地假设。

假设在事件初期或汽轮机脱扣时核电厂会丧失厂外电源。这是基于这样一种情况,即外部因素导致始发事件并导致厂外电源丧失,或相对大型的核电厂的汽轮机脱扣导致电网不稳定,从而导致厂外电源丧失。尽管在某些情况下,由于对系统响应的影响,瞬态过程中特定关键点的电源丧失可能是更加极限的情况,但通常不需要假设发生与整个事件进程无关的随机故障。

压水堆在发生大破口失水事故的同时还伴随着丧失厂外电源和最严重的单一故障,这历来被视为最严重的假想事故(见第8章)。反应堆功率对于流体工况的敏感性使沸水堆的最大假想事故不那么直观(见第9章),但通常不是失水事故。

3.6 小 结

有关轻水堆设计基准事件的研究成果已经发表了很多,其中包括对许可申请的预期情况的明确确认,对于设计基准事件的表征方法是系统化的。该方法将管理导则和要求结合到一个等级体系的方法中,这包括对每一层级中更重要的确定性状态的确认(如故障模式、极限电厂状态、初始状态和重要安全功能/工程安全设施)。设计基准事件集合的分析提供了对整体设计弹性的可信假定验证,在设计和分析中均应用单一故障准则,可保证核电厂提供两种或更多种方式来确保重要安全功能在需要时发挥作用。

参考文献

Aldemir, T. (2013). A survey of dynamic methodologies for probabilistic safety assessment of nuclear power plants, *Ann. Nucl. Energy*, Vol. 52, pp. 113-124.

American Nuclear Society (1973). Nuclear safety criteria for the design of stationary pressurized water reactor plants, ANS-18. 2-1973.

American Nuclear Society (1981). Single failure criteria for light water reactor safety-related fluid systems, ANSI/ANS-58. 9-1981.

Institute of Electrical and Electronics Engineers (2001). IEEE standard application of the single-failure criterion to nuclear power generating station safety systems, IEEE Std 379-2000.

International Atomic Energy Agency (1990). Application of the single failure criterion, Safety Series No. 50-P-1.

International Atomic Energy Agency (2002). Accident analysis for nuclear power plants, Safety Reports Series No. 23.

International Atomic Energy Agency (2003). Accident analysis for nuclear power plants with pressurized water reactors, Safety Reports Series No. 30.

International Atomic Energy Agency (2016). Safety of nuclear power plants, specific safety requirements, No. SSR-2/1 (Rev 1).

Lee, J. C. and McCormick, N. J. (2011). Risk and safety analysis of nuclear systems, 1st Ed. (John Wiley & Sons, Hoboken, New Jersey).

Mineck, D. L. (1989). Consideration of postulated electric failure in 10 CFR 50. 46 ECCS analysis, Iowa Electric Light and Power Company, Duane Arnold Energy Center/Docket No: 50-331/Op. License No: DPR-49.

Root, S. D. and Torres, E. J. (1995). Advanced methods for single failure analysis, *Topical Meeting on Safety of Operating Reactors*, American Nuclear Society, pp. 658-664.

U. S. Atomic Energy Commission (1957). Theoretical possibilities and consequences of major accidents in large nuclear power plants, WASH-740.

U. S. Nuclear Regulatory Commission (1975). Standard review plan for the review of safety analysis reports for nuclear power plants: LWR edition, NUREG-75/087.

U. S. Nuclear Regulatory Commission (1976). Staff discussion of fifteen technical issues listed in attachment to 3 November 1976 memorandum from director, NRR to NRR staff, NUREG-0138.

U. S. Nuclear Regulatory Commission (1977). Single failure criterion, SECY-77-439.

U. S. Nuclear Regulatory Commission (1978). Standard format and content of safety analysis report for nuclear power plants, Regulatory Guide 1. 70.

U. S. Nuclear Regulatory Commission (1995). Memo from Dennis M. Crutchfield to NRC docket file, consolidation of SECY-94-084 and SECY-95-132.

U. S. Nuclear Regulatory Commission (1999). General design criteria for nuclear power plants, 10 CFR 50 Appendix A.

U. S. Nuclear Regulatory Commission (2000). ECCS evaluation models, 10 CFR 50 Appendix K.

U. S. Nuclear Regulatory Commission (2004). Final safety evaluation report related to certification of the

AP1000 standard design, NUREG-1793, Section 15. 1. 2.

U. S. Nuclear Regulatory Commission (2005a). Risk-informed and performance-based alternatives to the single-failure criterion, SECY-05-0138.

U. S. Nuclear Regulatory Commission (2005b). Transient and accident analysis methods, Regulatory Guide 1. 203.

U. S. Nuclear Regulatory Commission (2007a). Standard review plan—Transient and accident analysis, NUREG-0800, Chapter 15.

U. S. Nuclear Regulatory Commission (2007b). Combined license applications for nuclear power plants, Regulatory Guide 1. 206.

U. S. Nuclear Regulatory Commission (2011). Standard review plan—Introduction, NUREG-0800, Chapter 1.

第4章 分析要求和软件

R. P. Martin, D. L. Aumiller, C. Frepoli

第3章描述了一系列假设的核电厂瞬态和事故如失水事故,要求许可证持有者证明其设计的安全性。这些假想事故代表了多物理领域,集成了反应堆动力学、流体流动(包括单相和两相)、传热和瞬态传导。因此,瞬态过程不利于传统的解析解,传统的解析解无法完成所需的分析。进行分析的唯一方式是开发、评估和部署建模与仿真软件包。这些软件包被用作虚拟环境,其中重要物理现象的知识与核电厂几何、边界和初始条件的知识相结合,用以评估瞬态反应堆对各种假想事故的响应。为了在许可框架中提供有价值的东西,软件包必须提供基于物理的、计算上可承受的、对涉及利益问题的可靠解决方案,这一过程始于热工水力现象学的坚实基础,这一基础将转化为要求、模型理论、软件和应用。

4.1 分析要求

基于管理导则 RG 1.203(U. S. Nuclear Regulatory Commission, 2005)或受其启发而开发的评估模型的诸多优点之一是,软件包分析要求的确定既要规范又要明确,这在第1章中有所介绍。该框架的基础是现象识别与排序表,其过程识别反应堆设计和相关事件组合的所有相关物理过程。为了建立软件包的分析要求,必须首先确定一系列反应堆设计和相关事件。鉴于失水事故被普遍认为是最严重的假想事故,因此失水事故是重点,而软件包的分析要求是所有相关物理现象的超集。

需要注意的是,对不同核电厂功能和主要裂变产物屏障(燃料棒、反应堆冷却剂系统、安全壳)的保护措施会有不同的要求。例如,在失水事故仿真模拟中,燃料温度对膜态沸腾传热的不确定性非常敏感,然而对安全壳的温度和压力影响很小。反应堆压力容器内的多维流动预期会影响燃料温度,但在其他地方如冷管段、稳压器、安注箱等不太可能产生明显影响。

4.1.1 单一程序系统与集成程序系统

所有核安全分析人员在专业化道路上的第一个经验都是采用软件工具来促进瞬态和事故分析,即使有一定的背景,要熟练使用这些软件也是困难的,要花费大量时间,复杂性反映了它们所解决问题的复杂性。对于一个评估模型,这些工具通常被看作一个"黑箱",新用户和这些工具的关系很简单,用户向软件提供所需的数据,然后软件传递给用户有用的数据。作为对比,熟练的安全分析人员理解问题始于对物理的启发式把握,包括将其转化为控制和本构数学表达式,将其近似为应用程序中可用的构建块的模型,以及对正在研究的假想事故可能结果的预期。

熟悉使用计算机程序来源于实践,最好是采用"自上而下"的方法,即首先掌握基本功能和用户界面,其次拥有更高级的能力,以符合所建模的物理特性。有两种主要的方法来分析评估核电厂多物理场的复杂性:在第一种方法中,各种不同的物理和相关的分析耦合被合并到一个单一的、整体的、能够满足用户评估模型要求的程序中;在第二种方法中,一组程序(每个程序具有不同的功能)可以耦合起来形成一个一体化分析工具,共同解决评估模型要求,以下部分将提供这两种方法的示例、优点和缺点。

4.1.1.1 单一程序系统

当代反应堆安全分析程序已经使用单一程序系统模型进行开发,包括 RELAP5-3D、TRACE、CATHARE 和 ATHLET 等(RELAP5-3D 程序开发小组,2015;U. S. Nuclear Regulatory Commission,2008;Geffraye 等,2011;Burell 等,1989)。这些程序应用了一组类似的控制方程——有时带有专门的源或汇项,来模拟热管段、冷管段和反应堆堆芯等部件。因此,假设这一组模型和关联可广泛适用于不同的工况和规模,例如在堆芯区域应用的传热模型可用于冷管段,或在再淹没计算中可使用与主管道相同的两相流模型。同样,基于控制体积的基本数值求解方法通常适用于完全不同的物理设置。

这种方法已经成功地分析了设计基准事件相关的现象,支撑了核电厂许可的取得。在许多方面,这种技术可以被视为提供系统级分析工具最合理的途径,即这种基本技术包括一组通过本构关系或闭合关系耦合的空间和时间相关的守恒方程。通过设计,求解方法可以在较宽范围的数学特征方法(如节点)和不同方案中有较好的精度。使用这种技术,可以根据不同部件(如泵)的需要开发专门的模型，或者添加不同的物理模型，如液位跟踪或再淹没传热，直到程序中包含了失水事故分析所需的所有功能。

单一程序对于用户来说有很多优点，这些与用户如何通过模型与程序交互、执行模拟和解释结果有关。考虑到失水事故特征相当复杂，分析的准备工作也同样具有挑战性。这种程序范例的一个显著优势是，相对于有几种不同分析程序的集成程序系统，培训要求显著减少。

单一程序通过对所需输入的预处理和结果的后处理来简化用户体验，其使用表明有包含全部模拟输入要求的单一输入文件和一个软件可执行文件，类似地，单一版本的输出文件(用于绘图的可读文件和二进制文件)也被生成。失水事故现象和过程的复杂性需要对结果进行重要分析以理解事件的进程，通常伴随使用大型、自动、图形化的后处理工具，如果只生成绘图文件，任务就得到了简化。首先，从包含绘图数据的二进制文件中提取数据的方法通常伴随单一程序；其次，更大的优点是如果需要管理的文件很少，那么对结果的配置控制更简单，具体来说，最终用户不需要担心是否使用了正确的文件集合来执行失水事故模拟的后处理。

当创建一个单一程序系统时，各种物理场之间的接口是程序不可分割的一部分，它们被认为是“紧密”耦合的，因此可以试验界面以确保质量、能量和动量在这些边界上是守恒的，此外这些程序通常在这些边界处对输入进行重要的错误检查。相比之下，当各种程序松散耦合时，它们之间的接口往往不属于单一的分析程序，因此要断言耦合输入结果的所有可能组合在预期用途中是一致的、完整的是不可能的，而且开发基于输入的错误检查来识别违反这些重要守恒性质的条件是困难的或不可能的。

这种大型单一程序系统的最后一个优点就是其与并行计算技术的开发策略有关，如前所述，失水事故模拟非常复杂，需要大量的计算资源来模拟。为了减少完成计算的时钟时间，可以采用并行计算技术。在单一程序系统中，一个或多个并行策略可以整合到程序中进行优化和验证。当一个集成程序系统被调用并等待从其他计算程序交换信息时，不同分析程序之间的通信会导致每个程序暂停它的计算，这种暂停会影响并行计算资源的有效使用。虽然集成程序系统的特定应用程序会被优化，但这种特性在单一程序中不那么普遍。

4.1.1.2 集成程序系统

替代单一程序的方法是形成一个集成的分析工具，能够从一组专门的程序中进行失水事故模拟。这些不同但互补的分析程序使用一个框架进行集成，该框架通常控制程序之间的通信。如前所述，在这些集成程序系统中，程序用户可以通过通信方法对与耦合技术相关的物理特性产生重要影响。例如，在反应堆冷却剂系统和安全壳的单独程序耦合的失水事故分析中,各区域之间的质量和能量转移率取决于用户选择代表破裂面的流出物以及它在安全壳中是如何出现的。对这些信息的需求为用户提供了做出建模决策的机会,这些决策可能对计算的瞬态过程产生重要影响,并可能导致在耦合面上无法保证动量守恒、能量守恒和质量守恒。通常,程序本身限制了如何表示接口上的现象,因此不存在最好的估计模型,用户必须应用一种保守的方法来确保集成程序系统的有效应用。

目前,已经开发了一些框架来支持程序耦合,然而唯一开放可用的框架专门集成了热工水力的程序系统是 R5EXEC 程序(Aumiller 等,2016),它是对之前的 PVMEXEC(Weaver,2005)的重新命名。该工具已将 RELAP5-3D 与其他几个程序耦合起来,针对与安全相关的失水事故分析的准备任务,RELAP5-3D 与 COBRA-IE 和 MELCOR 分析程序的耦合为集成程序系统的有效性提供了很好的例子。

集成程序系统的主要优势是能为问题领域的不同区域应用物理、比例的特定模型和相关性,如允许在最需要的地方改进反应堆物理和节点化技术。COBRA-IE 分析程序的流体模型是为了应用在反应堆堆芯区域而设计的,它考虑了子通道几何模型(内部、边缘与拐角)、子通道间的交混、湍流混合以及传热特性。它采用了比大多数系统程序更复杂的两流体模型,在大多数系统程序中,连续的液体膜和夹带的液滴之间的差异由分离的质量守恒方程和能量守恒方程捕获,这种方法在失水事故的再淹没阶段很重要。此外,使用这种子通道的方法提高了对反应堆压力容器中水的三维分布的预测。这些更精细的能力与典型的流线型一维节点化和标准的两流体方法对比,通常应用在反应堆安全程序中,如 RELAP5-3D。虽然这些先进技术可以提高堆芯建模的准确性,但对失水事故中一回路或二回路系统的其余部分进行建模时,它们既不必要也没有优势。

集成程序系统提供了与可能重用输入模型以进行其他运行瞬态分析相关的一些优势,而评估模型是为了强调对所考虑的特定事件重要的现象。事件之间的模型差异通常被隔离到一个物理域,由一类计算机程序处理。因此,描述其他物理域的模型是从之前的工作中借用的,不需要再开发。借用模型通常包含比其他情况下需要的更详细的说明,例如使用蒸汽管道破裂计算的蒸汽发生器模型进行失水事故分析的能力比常规失水事故分析有更高的准确性,提高准确性的好处是可以为接受准则提供更大的冗余。

对于程序开发人员,集成程序系统提供了比单一程序系统更好的程序开发环境。由于反应堆堆芯和安全壳中重要物理现象显著的区别,不同的开发团队和开发人员会致力每个学科领域。在单一程序系统中,所有团队成员同时在同一源程序中工作,因此团队成员可能对其他团队成员的贡献有不利的影响。相比之下,在集成分析概念中,不同的程序可以自由地独立开发,前提是通信协议不被改变。

4.1.2 数值稳定解的考虑因素

开发和使用单一或集成程序系统所面临的挑战之一是提供数值稳定解的能力,这一挑战在涉及高速率的质量、能量输运的情况下尤其严重,如失水事故。反应堆安全程序使用的解的方法通常属于以下三种类型中的一种。

第一种方法是半隐式(Liles 和 Reed,1978)的单次线性化方法,该方法仅对与声波传播时间步长限制有关的项和时间常数较小的现象采用隐式计算。因此,隐式计算用在质量和能量输运项中的速度、动量方程中的压力梯度和界面上质量、动量交换项。单次线性方法选择了时间级评估,因此得到的隐式项在新的时间变量中是线性的。当需要保持非线性时,用泰勒级数展开旧的时间值,在新的时间变量中得到线性公式。消除迭代求解非线性方程组(高阶项被忽略了),提高了线性结果的计算速度。在该方法中,通过将最大时间步长限制在材料库朗限值,保证了数值稳定性:

$$\Delta t_{\text{semi-implicit}} \leqslant \min\left(\frac{\Delta x}{V}\right) \tag{4.1}$$

式中:Δx,V 分别为计算单元的长度和流体速度。

相比之下,全显式方法要求时间步长小于声速库朗限制:

$$\Delta t_{\text{fully explicit}} \leqslant \min\left(\frac{\Delta x}{V_{\text{sound}}}\right) \tag{4.2}$$

式中:V_{sound} 为流体中的声速。

第二种方法为稳定性增强两步法(stability-enhancing two-step,SETS)(Mahaffy,1982)或它的衍生方法,该方法采用预测/校正方法,在这种方法中不同的守恒方程在每个时间步长被处理两次。

第三种方法与 CATHARE(Geffraye 等,2011)使用的方法类似,即完全迭代方法。

在集成程序应用中,最佳求解效率包括限制不同分析程序之间的通信。如前所述,在求解过程中,通信过程是被破坏的,因为它要求程序等待,直到其他程序准备好与它们通信。为了最小化通信,充分的显式耦合算法是最有效的。在这种方法中,每个时间步长都可以进行一组数据的交换,或者在更低的频率基础上进行。在耦合处使用旧的时间值会有不利的影响,即显著降低耦合算法的稳定性。显式耦合的数值的不稳定性会影响 CFD/RELAP5-3D 的计算结果。因此,半隐式耦合算法发展起来,并在 CFD/RELAP5-3D 耦合工作中使用,该方法被证实增强了数值稳定性。

只有当耦合位置两侧的条件在与数据传输频率相同的时间尺度上发生变化

时,才需要使用半隐式耦合算法。如果耦合面一侧的条件变化比通信频率慢得多,则可以在不损失稳定性的情况下使用显式耦合算法。幸运的是,在失水事故的综合分析中,当安全壳分析程序与热工水力系统程序耦合时,通常会出现这种情况。由于大型安全壳内与热工水力响应相关的时间尺度通常为秒量级,因此可以使用更简单的显式耦合算法,集成程序系统在同一分析中同时使用半隐式和显式耦合算法的能力突出了集成程序系统的优势。值得注意的是,可以根据集成程序系统所需的精度和稳定性,对不同的物理域使用最合适的求解方法,同时最小化计算资源。

4.2 两相流热工水力模型

在较为常见的大型系统程序中,两相热工水力学的精确模拟依赖两流体模型。守恒方程描述了两相(液体和蒸汽)工作流体的质量守恒、动量守恒和能量守恒,以及位于工作流体蒸汽中的不凝气体(如氮气)和驻留在工作流体中的液体溶质(如硼)的质量守恒方程。该模型中独立变量有相速度、相能或焓、压力、空泡份额、不凝气体份额和溶质密度。假设不凝气体和液体溶质与它们所在的工作流体相具有相同的速度和温度,则不需要单独的动量和能量方程。两流体模型最重要的方面是允许工作流体的两个相具有不同的速度(非均相)和不同的温度(非平衡)。

与控制方程相关的是模型参数,这些参数影响守恒性质(质量、动量和能量)的存储和变化率。确定控制方程组的所有相关模型和相关性称为闭合,单独的模型和相关性被称为闭合或本构关系(或方程)。本构关系用数学表达式构成控制方程,这些表达式捕捉了控制体积内发生的过程和现象的假设。本构关系的例子包括摩擦因数、传热系数、泵工作和来自核反应堆的能量的表达式。因此,两相模型可以看作守恒方程和本构关系的集合。

热或"热结构"模型使程序能够计算物理结构内或与流体间接接触燃料、蒸汽发生器传热管、压力容器、管道等的温度和热力学能,而传导、对流和辐射的本构关系将热和水力物理域耦合为结构与流体之间的能量传递。

几何对解的精度有重要影响,常见的热结构模型具有有限体积,在矩形、圆柱、球坐标系下描述。材料特性(如热导率和比热容)与温度之间的非线性关系,通常通过反映这种依赖关系的数据列表进行调节。

本章的其余部分按复杂性的相反顺序首先综述了三种两相流模型的起源和基础,从非均匀、非平衡的两流体模型开始,区分质量、动量和能量的独立平衡方程,以及对界面传输过程的显式描述。其次描述了五方程漂移流模型,该模型有单独的质量与能量平衡方程和一个混合动量方程，力学非平衡方程通过水平流动和垂直流动条件下的全范围漂移流关联计算。最后描述了一个具有完整本构关系的均匀平衡流体模型。

4.3 两流体控制方程

两相流涉及出现在不同的物理尺度上的多个现象学领域，为了表示这一多物理、多尺度的问题，所有热工水力系统的程序都应用了一组控制方程，适用性和准确性通常取决于从控制方程形式开始的建模细节和复杂性。

热工水力系统程序采用一组控制方程或场方程来模拟两相流，控制方程是指工作流体和不凝性气体和/或液体溶质的质量、能量和动量守恒方程。通过求解这些方程，可以预测液体、蒸汽和不凝物质的空间分布，以及各相的速度和能量状态。虽然经常与“控制方程”同义，但术语“场”也可用于更具描述性的上下文中，以表达流体模型中假定的复杂程度。最简单的两流体模型考虑了两个场，即液体和蒸汽，然而添加描述气泡和/或液滴的单独场方程，可能会增加两流体模型的复杂性。COBRA-IE 子通道程序采用两流体、三场模型（第三场为液滴）。下面给出的方程反映了 RELAP5 和 TRACE 中的两种流体模型，它们的来源可以在相应的程序文档中找到，反映了大量的原始研究和开发成果（Ishii，1975；Ransom，1989；Stewart 和 Wendroff，1984）。

这种两流体模型的发展得到了广泛的关注和争论（Wulff，2011），对这个模型的一再批评是标准方程组不是双曲型的，这意味着“病态”的条件。实践证明，该方程组可以在不受“病态”数学特性影响的情况下进行数值求解。为了创建一个双曲线方程组，一些程序（如 CATHARE）利用双压力模型（Geffraye 等，2011），在这个模型中，假设每相都存在不同于其他相的压力。下面将介绍的方程代表更常见的单一压力但形式上病态的方程组。

4.3.1 质量守恒

相的质量守恒方程是失水事故模拟中最重要的方程，对于这些瞬态，准确预测最大包壳温度（如法规要求）的能力与系统水装量及其在系统内分布的准确预测直接相关。失水事故分析代表了两种能力之间的竞争：一种是燃料棒的加热能力（通常接近绝热）接近监管极限，另一种是反应堆堆芯再充水为最热位置提供充分冷却的能力。因此，热工水力程序预测系统中流体的瞬时质量的能力是必要条件，但不是充分条件。

对于两相的程序，一维质量守恒方程可以写为

$$\overbrace{\frac{\partial}{\partial t}(\alpha_k\rho_k)}^{\text{变化率}}+\overbrace{\frac{\partial}{\partial z}(\alpha_k\rho_k v_{kz})}^{\text{平流}}=\overbrace{\Gamma_k}^{\text{源/汇}} \tag{4.3}$$

式中：α_k为 k 相的体积分数；ρ_k为 k 相的密度；v_{kz}为 k 相在 z 方向上的速度；τ_k为相 k 的单位体积相位源项或汇项。

对于质量方程，水的液相和气相的唯一来源是界面传质，即沸腾、闪蒸、蒸发（存在不凝物）和冷凝。为了保持质量，界面上的相位项（也称跳跃条件）之间的关系可以写为

$$-\Gamma_1=\Gamma_v=\Gamma \tag{4.4}$$

式(4.4)表明，所获得的液体质量是由等量的蒸汽损失平衡的。

在实际应用中，相守恒方程既可以按书面形式求解，也可以使用相方程的线性组合来求解。如果将线性组合作为方程的和，则得到混合方程，混合方程提供了问题中总水质量的公式。RELAP5（U. S. Department of Energy，2015）系列程序使用混合方程或求和方程与从液相中减去气相形成的方程的线性组合。如 RELAPS 手册中所述，"使用这种形式的原因是易于将模型降级为单相情况"。

4.3.2 能量守恒

如前所述，液态水的装量是失水事故条件下轻水堆安全性预测的首要问题。反应堆冷却剂的沸腾和/或闪蒸是从反应堆冷却剂系统中除去液态水的主要方法，由于它是驱动流体闪蒸和界面传质的能量状态，能量方程通常被认为是下一个最重要的守恒方程。

严重的热不平衡在失水事故中很常见，因此热工水力系统的程序必须预测流体相之间的热不平衡。具体地说，程序必须预测稳定（$T_1<T_{sat}$和 $T_v>T_{sat}$）和亚稳定（$T_1>T_{sat}$和 $T_v<T_{sat}$）状态。界面换热（表示为 $q''_{ik}A_i$乘积）包含在相能量方程中，这种能量通常被描述为能量从处于相温度的流体转移到饱和温度下的无质量界面。采用牛顿冷却定律的模拟方法对界面热流密度（q''_{ik}）进行了定义：

$$q''_{ik}=h_{ik}(T_{sat}-T_k) \tag{4.5}$$

能量方程可以用很多种方法来表示，例如可以用热力学能或焓来表示，可以用热力学能、焓或温度作为独立参数来求解。该方程的一种常见形式为

$$\overbrace{\frac{\partial}{\partial t}(\alpha\rho h^0)_k}^{\text{变化率}}+\overbrace{\frac{\partial}{\partial z}(\alpha\rho v_z h^0)_k}^{\text{平流}}=-\overbrace{(\alpha\rho v_z)_k g_z}^{\text{重力}}-\overbrace{\left(p\frac{\partial\alpha_k}{\partial t}+p\frac{\partial}{\partial z}\alpha_k v_{kz}\right)}^{\text{压力相关}}+ \overbrace{\frac{A_w q''_{wk}}{V}}^{\text{壁面传热}}+\overbrace{\frac{A_i q''_{ik}}{V}}^{\text{界面传热}}+\overbrace{\Gamma_k h^0_{ki}}^{\text{传质能量}} \tag{4.6}$$

式中：h_k^0为相焓；h_{ki}^0为与传质相关的相焓；A,V为单位面积(壁面和界面)和体积。

对于处于热平衡的系统，将是饱和相焓。然而，在热不平衡的情况下，对界面项使用纯饱和焓会产生非现实的结果。为了避免这一问题，有效焓的计算是根据传质方向来选择的，即消失相采用局部相焓，出现相采用饱和值。换言之，消失相带走了它的全部能量，而出现相是在相产生时使用饱和值。

为了使能量守恒，在液相和气相上求和时，能量方程中最后两项的总和必须等于0，有

$$\Gamma_1 h_{1i}^0 V + q_{i1}'' A_i = \Gamma_v h_{vi}^0 V + q_{iv}'' A_i \tag{4.7}$$

重新排列方程并记住液侧和蒸汽侧界面传质项之间的关系，可以建立一个界面传质方程，作为界面传热速率和有效焓的函数，即

$$\Gamma = -\frac{(q_{iv}'' + q_{i1}'')A_i}{(h_{vi}^0 - h_{1i}^0)V} \tag{4.8}$$

4.3.3 动量守恒

动量方程提供了相动量(或速度)与应用压力梯度之间的关系，以保守形式写成，z方向的顺流流向相动量方程为

$$\overbrace{\frac{\partial}{\partial t}(\alpha\rho v_z)_k}^{\text{变化率}} + \overbrace{\frac{\partial}{\partial z}(\alpha\rho v_z v_z)_k}^{\text{平流}} = -\overbrace{\alpha_k\rho_k g_z}^{\text{重力}} - \overbrace{\frac{\partial}{\partial z}(p\alpha_k)}^{\text{压力梯度}} - \overbrace{\frac{A_w\tau_{kw}}{V}}^{\text{壁面剪切}} - \overbrace{\frac{A_i\tau_{ki}}{V}}^{\text{界面剪切}} + \overbrace{\Gamma_k v_{ki}}^{\text{传质引起的能量传递}} \tag{4.9}$$

在式(4.9)中，当相位方程相加形成混合方程时，最后两项的和必须为0。在实际应用中，这些项通常被单独处理，而不是作为一个总和，即

$$\tau_{1i}A_i = -\tau_{vi}Ai, \quad v_{1i}\Gamma_1 V = -v_{vi}\Gamma_v V \tag{4.10}$$

界面剪切项通常写为

$$\tau_{1i} = f_i \frac{1}{2}\rho(v_v^2 - v_1^2) \tag{4.11}$$

其中，在表达式中使用的界面摩擦因数和相密度取决于流动拓扑结构，这将在后面描述。

注意，在上面提供的动量方程的完全保守形式中，时间变化率是针对动量的；相反，可以导出方程的非保守形式。首先将链式法则应用于动量方程，得到

$$\frac{\partial}{\partial t}[(\alpha\rho v_z)_k V] = V\left[(v_{zk})\frac{\partial}{\partial t}(\alpha\rho)_k + (\alpha\rho)_k\frac{\partial}{\partial t}(v_z)_k\right] \tag{4.12}$$

在平流项上也可以进行类似的练习，相质量方程可以乘相速度，当消除包含

宏观密度($\alpha\rho$)导数的项时,该结果是动量方程的非保守形式:

$$\overbrace{V(\alpha\rho)_k\frac{\partial}{\partial t}(v_{kz})}^{\text{时间变化率}}+\overbrace{V(\alpha\rho v_z)_k\frac{\partial}{\partial z}(v_{kz})}^{\text{平流项}}=-\overbrace{\alpha_k\rho_k Vg\sin\theta}^{\text{重力项}}-\overbrace{\Delta z\frac{\partial}{\partial z}(p\alpha_k A_z)}^{\text{压力梯度}}-\overbrace{\tau_{kw}P_w\Delta Z}^{\text{壁面剪切}}-\overbrace{\tau_{ki}A_i}^{\text{界面剪切}}+\overbrace{\Gamma_k V(v_{ki}-v_{kz})}^{\text{传质引起的能量传递}} \tag{4.13}$$

RELAP5-3D 和 TRACE 分析程序利用动量的非保守形式有几个优点,首先,由于计算质量和能量对流所需的速度是直接计算的,因此提供了更简单的数值方法,在使用动量方程保守形式的程序中,例如 COBRA 系列程序,必须用动量守恒计算速度。其次,相的出现和消失可以自然地用速度约束而不是动量来处理,因为在 $\alpha_k\to 0$ 的极限下,动量将接近零,与相速度无关。需要注意的是,非保守形式有几个缺点,特别是速度不是一个守恒量,因此,用泰勒级数展开来形成方程的离散形式比用保守形式时精度低,此外,非保守形式的方程无法捕捉冲击现象或水力跳跃。

4.4 模型封闭与界面现象的求解

前面描述的控制方程组实际上包含的变量比方程多,模型封闭是解决控制方程组之外变量的任务。在所描述的两流体模型中,这些变量不仅包括来自大尺度过程的贡献,例如泵对流体的作用或来自核反应堆的能量;还包括小尺度现象,如壁摩擦和流体性质,这些来源的贡献相对容易描述(见 4.7 节)。两相流体力学模型闭合的复杂性在于描述界面现象的本构关系的推导和求解,这些问题通常通过应用界面摩擦(阻力)和质量与热量的流型相关模型来求解。附加本构关系包括虚拟质量系数、壁面摩擦因数、壁面传热和直接(合乎情理的)热传导的求解。

系统程序的模型封闭解是以一种实际的方式推导出来的,这样它们就可以在合理的努力下得到应用。当代对液体-蒸汽两相流的理解支撑了通过机理方法来使其封闭,较旧的方法如半经验漂移流模型(见 4.5 节)和最早系统程序的完全经验模型(见 4.6 节)仍然适用于解决方案的高保真性和分辨率问题。

4.4.1 机理模型

在两相热工水力系统程序中,物理分辨率是在假设所含结构和流体的几何和拓扑的情况下,以理想控制体为尺度,因此,任何“机理解决方案”都可能受到争论。如前所述,基本的两相流场方程必须由闭合模型和相关方程补充,这些方程描述了汽-水两相之间的质量、动量和能量的传递,以及这些相与系统结构、界面源和功或能量汇项的相互作用。分离相的数学建模必须考虑到许多相互竞争的过程和现象，因此任何精确的模型都可以通过在适用领域拼凑而成的本构方程的汇编来表示。

由于这些相互作用的性质被发现强烈依赖流动拓扑结构，基于两流体模型的热工水力程序最常见的机理是与流型相关的本构方程软件包。计算结果的准确性取决于该软件包充分识别流型和提供适当相关性的能力。通过试验，在速度、空泡份额、传热和几何参数等可测量的系统规范尺度条件下，对几种流型进行了表征，收集的数据已编入“流态图”。Taitel 和 Dukler(1976)、Taitel 等(1980)、Ishii 和 Chawla(1979)、Ishii 和 Mishima(1980)、Ishii 和 De Jarlais(1982)这些学者的工作在这个方法中经常被引用。

图 4.1 给出了水平管流动经常引用的流型图(Mandhane 等，1974)，这张图描述了大量实验数据的汇编，以流体和蒸汽折算速度表示。作为一个经验模型，它的应用局限于它所依据的数据。考虑到其他变量的影响，如流体类型或管道直径，需要额外的信息作为新的流型图或关系。

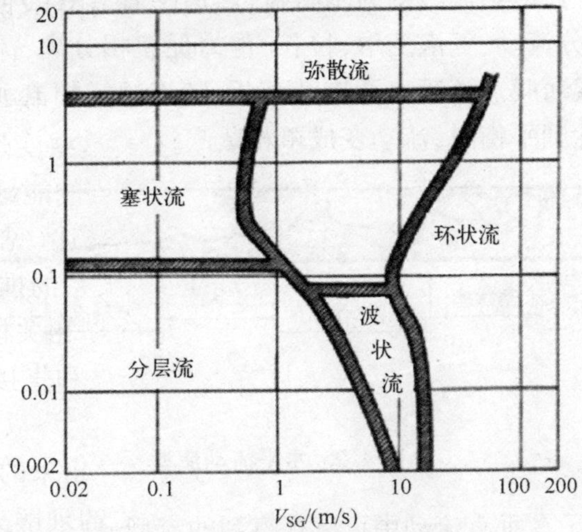

图 4.1 实验流型图

在液体-蒸汽(或气体)流动中，两相可以多种形式存在。Hubbard 和 Dukler(1966)对流态方法提供了最早的解释之一，提出了三种基本的流动模式：分离流、分散流和间歇流。在分离流中，两相都是连续的，尽管一相的液滴或气泡可能出现在另一相。从几何上看，分离流呈现为分层流或环状流。在分层流中，水平管道中的相通常是通过重力分离的。在环状流中，当气相在管道中心移动时，沿着管壁存在一层液膜，这种流型在垂直管中比较常见。

在间歇流流动状态下,至少有一相是不连续的,并且在体积分数方面,没有哪个占主导地位。当液体体积份额大于蒸汽体积份额时,间歇流可能出现细长气泡。随着气相体积份额的增加,这种泡状流在垂直流中表现为弹状流或塞状流,在过渡到分离流状态之前,这种流动被认为是搅混流或乳沫流。分散流在非常低和非常高的空泡份额下很常见,其中只有一相是连续的,而另一相以气泡或液滴的形式存在。

4.4.2 水平管和垂直管中的流型

如前所述,两相流流型或流型对速度、空泡份额、传热和几何结构非常敏感,这些都使两流体模型的闭合变得复杂。实际上,计算机程序中采用的求解技术首先考虑流场的起始位置和方向为水平还是垂直;然后再应用考虑速度等影响的关联式。

从图 4.2 中可以观察到水平管道中的流型。两相流的发展在加热段可能发生,单相液体加热时会产生气泡,最终从壁面分离出来,在主流中流动。当流体沿着加热段前进时,泡状流转变为塞状流,然后随着气泡的合并而发生弹状流。继续沿着加热部分流动,气泡变形,拉长,重力促使相分离,流体分层,首先呈现波浪状,然后形成薄膜。液滴离开连续液相,随连续气相流动。最终,当管壁变干,液滴和蒸汽达到平衡时,流动变成单相蒸汽。

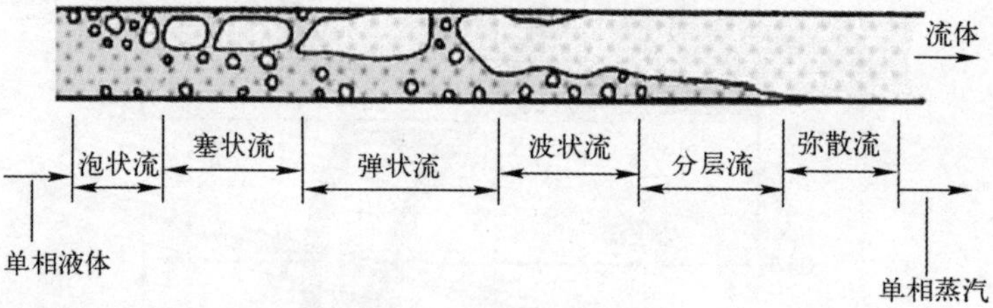

图 4.2　水平流动流型

图 4.3 阐明了在垂直流动中可以观察到的流型,这个过程类似于水平流动。泡状流的特征是沿管壁从成核位置剥离的气泡,进一步的气泡生成导致聚结形成更大、更长、帽状的气泡。这些大气泡通常被称为泰勒气泡,如弹状流由泰勒气泡组成。在搅混流或乳沫流中,气泡和气弹高度扭曲,合并成一个汽芯,周围由附在壁面上的环形液膜包围。就像在加热水平管的例子中,持续加热会导致单相蒸汽流。垂直管中的情况会恶化,因为随高度升高,压力降低,这种压力的降低增加了气相的体积,促进了气泡、气弹和汽芯的生长。

流型图在热工水力系统程序中的应用由于预期的应用而变得复杂,在实际应用中,描述两相流拓扑结构的模型和关联式要与现有数据一样好且完整。核电厂瞬态和事故的适用性要求数据考虑压力高达 200bar(1bar=100kPa)、温度高达 650K 以及质量流密度可超过数百千克/(秒·平方米)。此外,管道倾角对流型转换有很大的影响,特别是偏离水平方向会减少气相和液相之间的分离。一般而言,倾斜管的数据并不完整,但是数据存在于特殊情况下,例如小破口失水事故期间的再淹没冷凝,这也涉及逆向流动(液体和蒸汽向相反方向移动)。

在相关流型转换的模型中,将关键系统变量和参数的关系纳入其中,以使热工水力系统程序的适用性最大化。图 4.4 是 RELAP5-3D 理论手册(U.S. Department of Energy,2015)中的图解,将流动状态概念化为相速度、空泡份额和温度的函数。

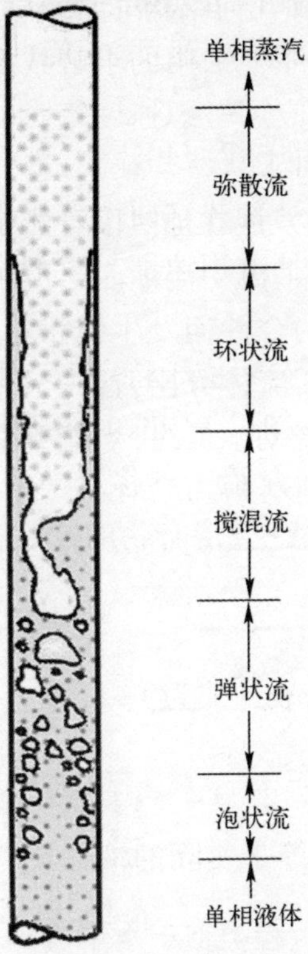

图 4.3　垂直流动流型

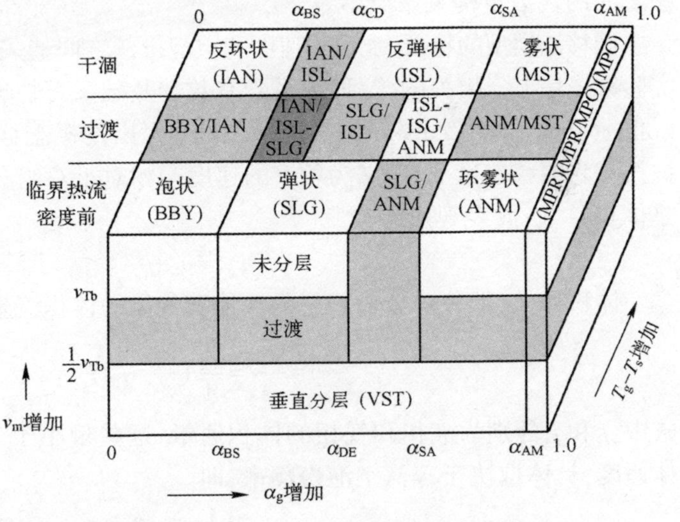

图 4.4　RELAP5-3D 垂直流动流型示意图

由图 4.4 可知,流动状态也对壁面传热状况敏感,这意味着不仅需要跟踪流动状态,还需要跟踪传热状态,而且这两种状态不一定一致。在核电系统应用中,最复杂的情况是堆芯再淹没过程中的流动和传热情况。再淹没过程中,壁面温度和热通量在靠近骤冷前沿的一个非常狭窄的区域内发生较大的轴向变化。由于在量化安全余量时通常需要燃料温度分布的精细分辨率,因此必须考虑较小的现象尺度,因此需要大量的轴向节点。也就是说,只有当功率是决定燃料温度的主导现象时,这种方法才有用,因为系统程序在很小的尺度上解决流场现象的能力有限。同样,在这种尺度上试验数据的可用性也是有限的。

4.5 漂移流模型

许多应用不需要机理模型的复杂性,漂移流模型是对机理式两流体模型的简化,它提供了计算方便的优点,仅损失一些准确性。它仍然适用于目前使用的几种热工水力系统程序,如 RAMONA,是 ATHLET 中的一种数值解法。它可以用两相质量平衡、两相能量平衡和一个动量平衡 5 个控制方程来充分描述热和力学非平衡。与 6 个自变量的机理模型相比,漂移流模型求解相速度、相能(或焓)和压力,空泡份额通过漂移流与相速度的关系来求解。

漂移流模型中的动量平衡是两相动量方程的组合。由于在两相流中,液体和气体之间经常存在一些相对运动,因此单一动量需要通过合并这两个方程来恢复丢失的信息。在漂移流模型中,动量方程中的缺失信息由相速度与空泡份额之间的代数本构关系给出。

漂移流模型的特征在于,相速度和空泡份额之间的关系与对应于特定流型的实验数据是十分相关的,这种关系既有数学基础又有物理基础。Wallis(1969)和 Collier(1981)利用 Zuber 和 Findley(1965)提出的概念详细介绍了漂移流模型,该模型将漂移速度 $v_{k,j}$ 定义为相 k 的速度 v_k 相对于双组分液-气混合物的速度,j 是体积通量(或表观速度):

$$v_{k,j}=v_k-j \tag{4.14}$$

体积通量,即每单位面积总的液体和气体的体积流量,表达式为

$$j=\frac{Q_{\text{tot}}}{A}=\frac{Q_{\text{f}}}{A}+\frac{Q_{\text{g}}}{A}=j_1+j_{\text{g}} \tag{4.15}$$

式中:j_1 和 j_{g} 分别为液相和气相的体积通量,这些量小于或等于实际的液体或气体速度,具体取决于蒸汽空泡份额率,即

$$j_1=(1-\alpha_{\text{g}})v_1 \tag{4.16}$$

和

$$j_{\text{g}}=\alpha_{\text{g}}v_{\text{g}} \tag{4.17}$$

体积通量的有用性在于它与实验可观察到的测量方法之间的关系。

漂移流模型在两相流中,局部速度和局部空泡份额在垂直于流向的整个通道尺寸上变化,说明了流速和浓度截面的不均匀分布所产生的流型,如图 4.5 所示。两种边界情况极端的流域,描述了简单的流动问题,这些问题可以通过一个动量方程轻松解决。如果两相均匀混合,则密度和速度截面将是

平坦的(假设没有壁面摩擦),并且局部流速和平均流速相同。如果液体是固定的,而气体通过固定液体上升,则液体速度分量为零。漂移流模型在体积通量方面提供了这两个极端之间的桥梁,在数学上,该桥梁涉及描述速度和密度截面之间的关系;在物理上,特定的流型可以通过其独特的速度截面和密度截面来区分。

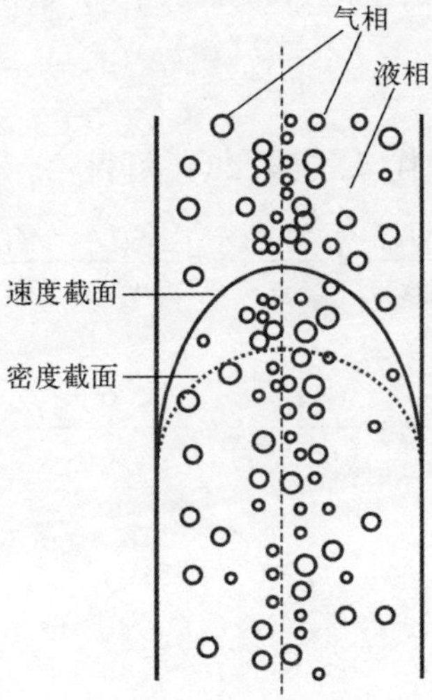

图 4.5　管道两相流中的流体速度和密度分布

考虑到流体的几何形状和拓扑结构,流体模型中速度、能量、空泡份额等的常见表示形式是平均值,不一定与严格的公式等效。因为局部属性和平均值属性通常不同,所以平均值的乘积与乘积的平均值不同。例如,具有速度分布但密度均匀的管道中的动量通量为

$$\rho\int v^2\mathrm{d}A = A\rho\langle v^2\rangle \tag{4.18}$$

与此不同的是:

$$A\rho\left(\frac{\int v\mathrm{d}A}{A}\right)^2 = A\rho\langle v\rangle^2 \tag{4.19}$$

虽然这些量不一样,但它们的比值

$$\frac{\langle v\rangle^2}{\langle v\rangle\langle v\rangle} \tag{4.20}$$

总接近 1。

注意,在式(4.20)中,运算符$\langle\ \rangle$表示参数在横截面上的平均值,即对于参数 X,$\langle X\rangle$可表示为

$$\langle X\rangle = \frac{1}{A}\int_A X\mathrm{d}A \tag{4.21}$$

处理浓度截面应用结合空泡份额的平均加权速度除以体积通量,表达式如下:

$$\overline{X}=\frac{\langle \alpha X\rangle}{\langle \alpha\rangle} \tag{4.22}$$

根据前面的定义和等式,空泡份额加权平均气体速度定义为

$$\overline{v_g}=\frac{\langle \alpha_g v_g\rangle}{\langle \alpha_g\rangle} \tag{4.23}$$

将式(4.14)、式(4.17)代入式(4.23),可得:

$$\overline{v_g}=\frac{\langle j_g\rangle}{\langle \alpha_g\rangle}=\frac{\langle \alpha_g v_g\rangle}{\langle \alpha_g\rangle}=\frac{\langle \alpha_g j\rangle}{\langle \alpha_g\rangle}+\frac{\langle \alpha_g v_{g,j}\rangle}{\langle \alpha_g\rangle} \tag{4.24}$$

进一步写为

$$\overline{v_g}=\frac{\langle \alpha_g j\rangle}{\langle \alpha_g\rangle\langle j\rangle}\langle j\rangle+\frac{\langle \alpha_g v_{g,j}\rangle}{\langle \alpha_g\rangle} \tag{4.25}$$

或

$$\overline{v_g}=C_0\langle j\rangle+\overline{v_{g,j}} \tag{4.26}$$

式中:$\overline{v_{g,j}}$为漂移速度,$\overline{v_{g,j}}=\langle \alpha_g v_{g,j}\rangle/\langle \alpha_g\rangle$;$C_0$为分布参数,且有:

$$C_0=\frac{\langle \alpha_g j\rangle}{\langle \alpha_g\rangle\langle j\rangle} \tag{4.27}$$

如上所述,C_0的形式反映了流场的几何形状和拓扑结构,即流态或流型。利用这两个参数,即分布/剖面参数C_0和漂移速度$\overline{v_{g,j}}$,可以用表面速度($\langle \alpha_g j\rangle$)或速度($\langle \alpha_g j_l\rangle$和$\langle \alpha_g j_g\rangle$)计算界面条件。当$C_0$和$\overline{v_{g,j}}$为常数时,式(4.26)表明$\overline{v_{g,j}}$和$\langle j\rangle$之间存在线性关系。即使没有直接计算$C_0$所需的测量轮廓,也可以从实验中通过得到此线性关系的斜率来轻松确定分布参数的值。此外,C_0和$\overline{v_g}$的任何突然变化都表明实验过程中流型的变化。最后,通过整理式(4.25)和式(4.26),获得了蒸汽空泡份额($\langle \alpha_g\rangle$)与漂移速度之间的关系,得到

$$\langle \alpha_g\rangle=\frac{\langle j_g\rangle}{C_0\langle j\rangle+\overline{v_{g,j}}} \tag{4.28}$$

图4.6显示了漂移流模型的适用范围,包括体积通量、空泡份额和各种流型。

实际上,漂移流通量模型已被证明特别适用于液相是连续的(泡状、弹状/塞状和搅混)的流动。许多人已经推导了C_0和$\overline{v_{g,j}}$的推导表达式以及其他依赖流型的空泡份额率相关性。例如,在Zuber等的后续出版物中,他们发现$\overline{v_{g,j}}$的一种形式,不参考特定的流动模式,为

$$\overline{v_{g,j}}=K\left[\frac{\sigma g(\rho_l-\rho_g)}{\rho_l^2}\right]^{0.25} \tag{4.29}$$

式中：$C_0=1.13$，$K=1.41$。

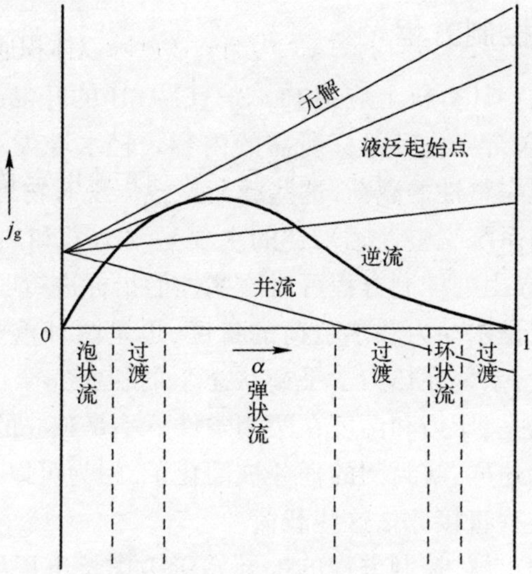

图 4.6　漂移流模型的适用范围

4.6　FLASH 流体模型实例研究

实际上，两相流建模是一项具有挑战性的工作，通常需要大量专门研究流体力学、传热和反应堆物理的人员共同完成。如前所述，界面特性是两相流建模中复杂性的主要来源，通过进一步简化，可以将两相流体模型转换为更易于软件实现的形式，以用于大规模程序的软件验证或仅用于教育目的。原始 FLASH 程序（Margolis 和 Redfield，1966）的两相流模型提供了流体流动建模的基本要求和组织方式的说明。

最好将 FLASH 描述为"节点和分支"设计，该方法假定空间元素（节点）仅能够存储能量和质量，节点通过用于模拟流体阻力和流体流动贡献的分支连接。因此，为每个分支应用动量守恒，而为每个节点应用能量守恒和质量守恒，这与当时的知识状态非常吻合。值得注意的是，尽管对作为独立实体的水和蒸汽的性质有了很好的了解，但对水冷却剂的两相性质知之甚少。为了解决它们共存的可能性，早期的计算机模型做了两个关键假设，使它们能够运用自己对水的了解并仍能获得合理的答案。两个假设分别是：①水和蒸汽以均质运动；②一起出现的水和蒸汽的温度相等（处于热平衡状态）。基于这些假设，描述控制体积的热工水力状态的控制方程和相关的本构关系只需考虑单相均质化流体的质量、动量和能量传递,这意味着每个守恒性质都需要一个方程。

4.6.1 FLASH 控制方程

为了在早期的数字计算机上应用 FLASH,FLASH 的开发者需要一个高效构建的模型,该模型只包含完成其目标所需的内容。轻水堆失水事故仿真的目标是估计可能威胁系统完整性的载荷,这些载荷是根据现有物理现象来实现的,然而基于设计的轻水堆系统完整性感兴趣的主要是水力学和热力学,即压力和温度。在理想情况下,导出的控制方程可对这些性能指标进行明确的表达。

压力和温度不仅是水动力和热负荷的量度,也是两种重要的流体特性。根据热力学的状态假设,系统在热力学平衡状态下的状态完全由两个独立的强度量指定。值得注意的是,压力和温度在两相条件下不是独立的,而是可以由其他两个强度量确定的。这样,解封闭的任务被简化了,因为可以从一组依赖两种流体强度特性的控制方程直接评估这些载荷。

随着性能指标的求解,控制方程的推导始于考虑核电厂反应堆冷却剂系统中的质量守恒。对于在 FLASH 中概念化的集总参数系统,流入与流出之间的质量平衡与存储相关的表达式为

$$\frac{\mathrm{d}M}{\mathrm{d}t}=\dot{m}_{\mathrm{in}}-\dot{m}_{\mathrm{out}} \tag{4.30}$$

与压力和温度不同,质量是一个广延量,但是通过将质量守恒方程式重新构造为体积守恒方程式,可以得到另一种强度量的表达式,即比容表达式。该体积方程将系统体积(V)与系统质量(M)关联,其比为比体积(v):

$$\begin{aligned}\frac{\mathrm{d}V}{\mathrm{d}t}&=0=\frac{\mathrm{d}}{\mathrm{d}t}(Mv)=M\frac{\mathrm{d}v}{\mathrm{d}t}+v\frac{\mathrm{d}M}{\mathrm{d}t}\\&=M\frac{\mathrm{d}v}{\mathrm{d}t}+v(\dot{m}_{\mathrm{in}}-\dot{m}_{\mathrm{out}})\end{aligned} \tag{4.31}$$

总的集总、滞止系统能量方程 E_{o} 的推导类似,但包括堆芯功率和堆内结构储能($\dot{Q}_{\mathrm{net}}$)的贡献:

$$\frac{\mathrm{d}E_{\mathrm{o}}}{\mathrm{d}t}=(\dot{m}h_{\mathrm{o}})_{\mathrm{in}}-(\dot{m}h_{\mathrm{o}})_{\mathrm{out}}+\dot{Q}_{\mathrm{net}} \tag{4.32}$$

系统的总能量近似为系统质量和热力学能的乘积:

$$\begin{aligned}E_{\mathrm{o}}\approx Me&\rightarrow\frac{\mathrm{d}}{\mathrm{d}t}(Me)=M\frac{\mathrm{d}e}{\mathrm{d}t}+e\frac{\mathrm{d}M}{\mathrm{d}t}\\&=M\frac{\mathrm{d}e}{\mathrm{d}t}+e(\dot{m}_{\mathrm{in}}-\dot{m}_{\mathrm{out}})\end{aligned} \tag{4.33}$$

这一结果反映了从基于质量(M)和能量(Me)广延量的模型到基于比体积(v)和内部能量(e)的强度量的模型的转换。下一步是将该模型转换为与物理和可测量负载有关的首选强度量:压力(p)和温度(T)。

将水和蒸汽的性质纳入质量和能量平衡就可以完善控制方程式,这样一来,控制方程中的从属项就直接与最终模型中所需的现象(在压水堆失水事故仿真中必不可少的现象)直接相关。20 世纪 60 年代,水和蒸汽特性数据在核动力系统所需的压力和温度范围内(p<2500psia(17MPa)和 T<620℉(325℃))得到了很好的描述。事实上,1967 年美国机械工程师协会(ASME)标准(Meyer 等,1967)仍然是核安全分析中常用的标准,而新标准每隔 10 年左右就会出现一次。因此,强度量之间的关系可以很容易地将基本流体模型转化为最终形式。

应用的第一个状态关系是温度和焓(h)之间的关系,在相变(如液体到蒸汽)之外,焓的变化通过流体的比热容(c_p)与温度成正比。通过模型闭合过程可以明显看出,虽然温度可以直接测量,但焓是热负荷的一种更好的测量方法,因为它会影响流体中的能量储存和释放动力学。

为了将比体积和热力学能的表达式转换为压力和焓,应利用它们相对于压力和焓的偏导数(状态关系)来定义比体积和热力学能:

$$\mathrm{d}v=\left(\frac{\partial v}{\partial p}\right)_h\mathrm{d}p+\left(\frac{\partial v}{\partial h}\right)_p\mathrm{d}h \tag{4.34}$$

$$\mathrm{d}e=\left(\frac{\partial e}{\partial p}\right)_h\mathrm{d}p+\left(\frac{\partial e}{\partial h}\right)_p\mathrm{d}h \tag{4.35}$$

将式(4.34)和式(4.35)分别代入式(4.31)和式(4.33),就完成了核反应堆冷却剂系统(或任何热力系统)的压力和焓动态变化数学模型的推导:

$$M\left(\frac{\partial v}{\partial p}\right)_h\frac{\mathrm{d}p}{\mathrm{d}t}+M\left(\frac{\partial v}{\partial h}\right)_p\frac{\mathrm{d}h}{\mathrm{d}t}=-v(\dot{m}_{\mathrm{in}}-\dot{m}_{\mathrm{out}}) \tag{4.36}$$

$$M\left(\frac{\partial e}{\partial p}\right)_h\frac{\mathrm{d}p}{\mathrm{d}t}+M\left(\frac{\partial e}{\partial h}\right)_p\frac{\mathrm{d}h}{\mathrm{d}t}=\dot{m}_{\mathrm{in}}(h_{\mathrm{o,in}}-e)-\dot{m}_{\mathrm{out}}(h_{\mathrm{o,out}}-e)+\dot{Q}_{\mathrm{net}} \tag{4.37}$$

最后一步是计算偏导数。当流体是单相流体时,系数矩阵中的特征偏导数可以通过不可压缩流体(过冷液体)或理想气体(过热蒸汽)的解来近似。但是,鉴于数据的可用性,最好从流体属性表确定这些值,并使用有限差分近似对导数进行数值处理。当混合物达到饱和时,需要执行另一个步骤,即评估平衡含气率(x_{eq}),其定义为

$$x_{\mathrm{eq}}=\frac{h-h_{\mathrm{l}}}{h_{\mathrm{lg}}} \tag{4.38}$$

饱和混合物的比体积可以用压力(通过饱和特性)和混合物焓来表示:

$$v=v_l+\frac{v_{lg}}{h_{lg}}(h-h_l) \tag{4.39}$$

对上述关系进行微分,得到饱和混合物比体积的偏导数,作为饱和性质偏导数的函数:

$$\left(\frac{\partial v}{\partial h}\right)_p=\frac{v_{lg}}{h_{lg}} \tag{4.40}$$

$$\left(\frac{\partial v}{\partial p}\right)_h=\frac{\partial v_f}{\partial p}+x_{eq}\frac{\partial v_{lg}}{\partial p}-\frac{v_{lg}}{h_{lg}}\left(\frac{\partial h_f}{\partial p}+x_{eq}\frac{\partial h_{lg}}{\partial p}\right) \tag{4.41}$$

对于热力学能偏导数,热力学关系式为 $e=h-pv$。将其代入式(4.39),求解热力学能并微分得到以下偏导数:

$$\left(\frac{\partial e}{\partial h}\right)_p=1-\frac{pv_{lg}}{h_{lg}} \tag{4.42}$$

$$\left(\frac{\partial e}{\partial p}\right)_h=-\frac{\partial v_f}{\partial p}-x_{eq}\frac{\partial v_{lg}}{\partial p}+\frac{v_{lg}}{h_{lg}}\left(\frac{\partial h_l}{\partial p}+x_{eq}\frac{\partial h_{lg}}{\partial p}\right) \tag{4.43}$$

虽然与压力有关的分压可以直接从蒸汽表数据中计算出来,但与焓有关的分压必须通过数值求解,正如在单相流体中所提到的那样。

为了解决这个问题,FLASH 的开发者应用了一个标准的线性状态空间模型。解的形式是用状态变量向量 $\boldsymbol{u}=[p;h]$ 将两个控制方程转化为矩阵形式,控制方程的矩阵形式为

$$\boldsymbol{A}\frac{\mathrm{d}\boldsymbol{u}}{\mathrm{d}t}=\boldsymbol{b} \tag{4.44}$$

其中,系数矩阵和源向量如下:

$$\boldsymbol{A}=M\begin{bmatrix}\left(\frac{\partial e}{\partial p}\right)_h & \left(\frac{\partial e}{\partial h}\right)_p\\ \left(\frac{\partial v}{\partial p}\right)_h & \left(\frac{\partial v}{\partial h}\right)_p\end{bmatrix} \tag{4.45}$$

$$\boldsymbol{b}=[\dot{m}_{in}(h_{o,in}-e)-\dot{m}_{out}(h_{o,out}-e)+\dot{Q}_{net}-v(\dot{m}_{in}-\dot{m}_{out})] \tag{4.46}$$

最后,使用一个简单的前向欧拉时间积分器来提前求解方程组的时间。

4.6.2 FLASH 初始模型的模型封闭

推导出的控制方程描述了一个简单的具有质量和能量与环境交换的控制体物理定律的合理公式,虽然其概括性被认为很简练,但如果没有相应环境它就毫

无用处。本节介绍了选择控制方程、本构关系和数值解的所有实际要素。下面要呈现的本构关系通常与原始 FLASH 程序中出现的本构关系一致,在这个 FLASH 初始模型中,特定的本构关系已经被等效或更高复杂度的首选替代项取代。

4.6.2.1 水特性偏导数

当混合物过冷时,使用有限差分近似法确定系数矩阵中的特性偏导数,但是当混合物饱和时,需要平衡含气率来确定混合物的特性,平衡含气率定义为

$$x_{eq}=\frac{h-h_l}{h_{lg}} \tag{4.47}$$

饱和混合物的比体积可以用压力(通过饱和特性)和混合物焓来表示:

$$v=v_l+\frac{v_{lg}}{h_{lg}}(h-h_l) \tag{4.48}$$

微分式(4.48),得到饱和混合物比体积的偏导数,作为饱和特性偏导数的函数:

$$\left(\frac{\partial v}{\partial h}\right)_p=\frac{v_{lg}}{h_{lg}} \tag{4.49}$$

$$\left(\frac{\partial v}{\partial p}\right)_h=\frac{\partial v_l}{\partial p}+x_{eq}\frac{\partial v_{lg}}{\partial p}-\frac{v_{lg}}{h_{lg}}\left(\frac{\partial h_l}{\partial p}+x_{eq}\frac{\partial h_{lg}}{\partial p}\right) \tag{4.50}$$

对于内能的偏导数,采用热力学关系:

$$e=h-p\mathrm{d}v \tag{4.51}$$

求解内能并微分得到以下偏导数:

$$\left(\frac{\partial e}{\partial h}\right)_p=1-\frac{pv_{fg}}{h_{fg}} \tag{4.52}$$

$$\left(\frac{\partial e}{\partial p}\right)_h=-\frac{\partial v_f}{\partial p}-x_{eq}\frac{\partial v_{fg}}{\partial p}+\frac{v_{fg}}{h_{fg}}\left(\frac{\partial h_f}{\partial p}+x_{eq}\frac{\partial h_{fg}}{\partial p}\right) \tag{4.53}$$

4.6.2.2 动量特性

虽然现代热工水力模型在控制方程中包含了动量,但 FLASH 中并不是这样。由于模型动量仅用于确定质量和能量在无量纲控制体积边界上的移动速率,因此它的应用最好描述为本构关系,特别是质量流流入或流出控制体积的关系。

现象学描述的核心是动量方程的形式,在大多数通用术语(假设平衡均相模型)中动量方程的形式为

$$\begin{aligned}[\text{动量变化率}]=[\text{压差}]+[\text{做功}]+[\text{体}]+\\ [\text{摩擦}]+[\text{形状损失}]+[\text{加速}]\end{aligned} \tag{4.54}$$

水力分析所需的主要的量是相邻控制体积之间或控制体积与其环境之间的界面上的压差。在这种集总参数表示中,摩擦力和动量变化率没有意义,因此动量方程变成了伯努利方程的一种形式,即一种机械能守恒:

$$\Delta p=\frac{1}{2}\rho K\left(\frac{\dot{m}}{\rho A}\right)^2+\rho g(\Delta z+H)+\frac{1}{2}\rho\Delta\left(\frac{\dot{m}}{\rho A}\right)^2 \tag{4.55}$$

式中:K 为经验形式损失系数;ρ 为流体密度;g 为重力常数;Δz 为高程变化;H 为额外功,例如来自泵的压头;Δp 为相应的压降。

模型封闭时,质量流量是所需的量,因此流体速度表现为质量流量与密度和面积乘积之比。

通常,基于问题的初始状态将知道相关参数,在大尺度模拟中,通常凭经验(用户定义)处理由形式引起的不可恢复的压力损失。对于某些确定情况,例如面积突然变化,可以使用公式。

4.6.2.3 过冷临界流

FLASH 中使用的过冷临界流模型非常简单,它只是对上一个方程式中机械能表达式的扩展,并通过校准因子进行了修改。没有重新使用该方法,此处介绍了一种替代模型,用于过冷的临界流量,与 FLASH 中使用的年代相同。这就是福斯克的均衡率模型(ERM)(Henry 和 Fauske,1971)。均衡率模型中的关键差别是“均衡率模型质量流密度”项,其定义为

$$G_{\mathrm{ERM}}=\frac{h_{\mathrm{lg}}}{v_{\mathrm{lg}}}\sqrt{\frac{1}{NTc_{pl}}} \tag{4.56}$$

式中:G_{ERM}为质量流密度(kg/(s·m^2));h_{lg}为汽化焓(J/kg);v_{lg}为比容(m^3/kg);T 为热力学温度(K);c_{pl}为液体的比热容(J/(kg·K));N 为无量纲校正参数,用于说明非平衡或其他影响(校准项)。

为了考虑过冷,还包括一个附加的单相压降项,使临界流量为

$$G_{\mathrm{cr}}\approx C_{\mathrm{d}}\sqrt{2[p-p_{\mathrm{sat}}(T)]\rho_{\mathrm{l}}+G_{\mathrm{ERM}}^2} \tag{4.57}$$

式中:T 为使用当前系统压力和混合物焓查表确定的系统温度,因此,$p_{\mathrm{sat}}(T)$为当前集总系统压力的饱和压力。

N 的“正确”值的一个有力论据是提供两相流模型连续性的值,但是解决 N 只是校准工作,它取决于应用程序和可用数据。

4.6.2.4 两相临界流

平衡两相临界流模型将阻塞位置的速度(u)与进入管道或孔口的上游点处的流体的热力学焓相关联。通过将密度从平方根抽出,可以根据焓重新排列质量流密度的基本表达式。因此,通用平衡模型将临界质量流密度表示为

$$G_{cr}=C_d\rho'''\sqrt{2(h_0-xh_g-(1-x)h_l)} \tag{4.58}$$

式中:C_d为流量系数,用于校准非平衡效应;h_l,h_g分别为临界压力下液体和蒸汽的比焓;x为平衡含气率;ρ'''为混合物密度,可表示为

$$\rho'''=\frac{1}{\left[\dfrac{x}{\rho_g}+\dfrac{(1-x)S}{\rho_l}\right]\sqrt{\left(x+\dfrac{1-x}{S^2}\right)}} \tag{4.59}$$

其中,S为滑速比,即相速度比(u_g/u_l);ρ_l、ρ_g分别为液体密度和蒸汽密度。

由于在 FLASH 的简单流体模型中,阻流面特性是不可知的,因此必须进行迭代搜索,以找到与阻塞位置压力变化有关的最大质量流密度,即

$$\left.\left(\frac{\delta G}{\delta p}\right)\right|_S=0,\quad \left.\left(\frac{\delta^2 G}{\delta p^2}\right)\right|_S<0 \tag{4.60}$$

从这一基本方法可以导出几种平衡两相临界流模型,基于描述滑移的假设,对单个模型进行了区分,FLASH 假设莫迪模型(Moody,1975),其中

$$S=\left(\frac{\rho_l}{\rho_g}\right)^{\frac{1}{3}} \tag{4.61}$$

该结果基于质量流密度相对于滑速比最大化的假设,平衡均相模型(HEM)和福斯克模型(Henry 和 Fauske,1971)是常见的替代方法,平衡均相模型假设无滑移($S=1$),福斯克模型基于最大质量流密度(相对于滑速比),即

$$S=\left(\frac{\rho_l}{\rho_g}\right)^{\frac{1}{2}} \tag{4.62}$$

4.6.2.5 蒸发($\dot{m}_{out}$)

对于失水事故之后的长期冷却,冷却剂的蒸发很重要。基本上,$\dot{m}=\dot{Q}_{net}/h_{fg}$,但它是 FLASH 模型所固有的。当向系统中添加能量,能量存储转化为压力的增加。如果存在泄漏路径,则根据上面的机械能方程,质量流量的表达式为

$$\frac{\rho_g}{2}\left(\frac{\dot{m}}{\rho_g A}\right)^2=(P_{vessel}-P_{exit}) \quad 或 \quad \dot{m}=AG=A\sqrt{2\rho_g(P_{vessel}-P_{exit})} \tag{4.63}$$

4.6.2.6 破口面条件($h_{o,out}$)

为了解决控制容积中的能量平衡问题,必须为所有进口和出口流动分配正确的焓值,这需要一个模型来区分靠近破口的控制体的条件和大容积的条件。当相邻容积完全空化时,破口面从两相转变为纯蒸汽的时间点上被建模。最初的 FLASH 程序估算泡沫液位,并与相邻流道的高程相匹配,用于计算含气率。

为了模拟与控制体积相邻的顶部泄漏的目标基准例证功能，评估了“临界过渡混合物质量比”，该比值定义为初始容器质量与当时的剩余系统质量之比，而此时“临近破口控制体”已耗尽。虽然这与 FLASH 方法不同，但它符合 RELAP5-3D 应用上游空泡份额的方法，也就是说，它将体积空泡份额投影到流动方向的交汇处。因此，破口面处空泡份额定义为

$$\alpha_f=\frac{M_{tot}-M_{cr}}{1-M_{cr}} \tag{4.64}$$

式中：α_l为破口处含液率；M_{tot}为归一化容器总质量；M_{cr}为临界过渡混合物质量比，根据 D'Auria 和 Frogheri(2002)的研究，这个比值是 40%。

由于 $\alpha_l+\alpha_g=1$，破口处空泡份额为

$$\alpha_g=1-\alpha_l \tag{4.65}$$

通过与平衡含气率的关系，在计算破口处焓时使用空泡份额和含液率(对于均相流假设，速度项取消)：

$$x=\frac{\alpha_g\rho_g u_g}{\alpha_g\rho_g u_g+\alpha_f\rho_f u_l} \tag{4.66}$$

$$h_0=h_l+xh_{lg} \tag{4.67}$$

4.6.2.7 反应堆功率(Q_{net})

FLASH 中的反应堆功率模型是 6 组点堆动力学模型的完整实现，如 Lamarsh 和 Baratta(2001)所述。通过假设在模拟开始时同时停堆，FLASH 模型的反应堆功率模型可以进一步简化。因此，反应堆功率的必要组成部分是停堆反应性、衰变热和锕系物的功率。引入一个大的负反应性后，裂变功率是通过求解中子动力学方程得到的。最简单的表述是假设一组缓发中子(6 组表示更常用)，裂变功率(P_f)(见(Todreas 和 Kazimi(1993)中式(3-65))，相当于来自中子通量的功率)为

$$P_f(t)=P_o\left(\frac{1}{1-\rho}\right)e^{-\lambda t} \tag{4.68}$$

式中：ρ 为反应性($)，即用 β_{eff} 归一化；λ 为最长寿命的缓发中子先驱核的衰变常数；t 为紧急停堆后的时间。

1979 年，美国核学会衰变功率标准(American Nuclear Society, 1979)可以通过微分方程来实现：

$$\begin{cases}\dfrac{d}{dt}\gamma_{\alpha j}(t)=\dfrac{F_\gamma a_{\alpha j}}{\lambda_{\alpha j}}F_\alpha\psi(t)-\lambda_{\alpha j}\gamma_{\alpha j}(t), \quad j=1,2,\cdots,N_\alpha;\alpha=1,2,3\\ P_\gamma(t)=G(t)\sum\limits_{\alpha=1}^{3}\sum\limits_{j=1}^{N_\alpha}\lambda_{\alpha j}\gamma_{\alpha j}(t)\end{cases} \tag{4.69}$$

式中：$\gamma_{\alpha j}$为裂变产物^{235}U、^{238}U或^{239}Pu的衰变功率；$a_{\alpha j}$为衰变功率数据的归一化参数；$\lambda_{\alpha j}$为衰变功率数据的归一化参数（类似于衰变产物的衰变常数）；F_α为同位素 α 的裂变份额；F_γ为用户输入因子，用于增加计算保守性；N_α为总的能量组数（$N_\alpha=23$）；$G(t)$为中子吸收校正因数。

锕系元素的衰变功率是时间（t）、工作持续时间（T）和每次俘获引起的裂变（R）的函数，计算式为

$$P_{^{239}\mathrm{Np}}=0.419R\frac{4.91\times10^{-4}}{4.91\times10^{-4}-3.41\times10^{-6}}\cdot(1-\mathrm{e}^{-3.41\times10^{-6}T})\mathrm{e}^{-3.41\times10^{-6}t}-\frac{3.41\times10^{-6}}{4.91\times10^{-4}-3.41\times10^{-6}}\cdot(1-\mathrm{e}^{-4.91\times10^{-4}T})\mathrm{e}^{-4.91\times10^{-4}t} \tag{4.70}$$

$$P_{^{235}\mathrm{U}}=0.474R(1-\mathrm{e}^{-4.91\times10^{-4}T})\mathrm{e}^{-4.91\times10^{-4}t} \tag{4.71}$$

式（4.69）~式（4.71）中的相关模型参数在文献（American Nuclear Society，1979）中有规定。

4.6.2.8 安全注射（m_{in}）

1966 年，安注箱尚未成为压水堆应急堆芯冷却系统的标准安全设施，但为长期冷却提供了某种形式的泵送注射。因此，使用 FLASH 进行安全性分析，仅需要能够模拟简单的泵送应急堆芯冷却系统的能力，而无须用于安注箱的显式模型，直到 1979 年 RELAP5/MOD0 推出后，这种情况才能实现。FLASH 中的泵送安全注入（称为安注系统）仅需要泵扬程和流量的入口。从理论上讲，可以构建一个可模拟安注箱性能的安注箱模型。

安注箱性能的重要性已充分确立，因此 RELAP5-3D 模型（U. S. Department of Energy，2015）进行了一些简化，而不是使用表格对流体行为进行离线分析。由于该模型中的水力解决方案使用压力、温度和速度作为独立自变量，因此可以方便地在 FLASH 模型中实施。压力和速度一起出现在机械能方程中，对速度的求解给出：

$$v_{\mathrm{exit}}=\left[\frac{2(p_{\mathrm{acc}}-p_{\mathrm{exit}}+\rho_{\mathrm{acc}}gL_{\mathrm{liq}})}{\rho_{\mathrm{acc}}}\right]^{\frac{1}{2}} \tag{4.72}$$

通过跟踪安注箱中的液位可以找到重位水头项，安注箱液位可从以下位置得到

$$L_{\mathrm{acc}}=\frac{V_{\mathrm{liq}}}{A_{\mathrm{acc}}} \tag{4.73}$$

其中

$$V_{\mathrm{liq}}(t)=V_{\mathrm{liq},0}-\int_0^t\dot{W}_{\mathrm{liq}}\mathrm{d}t \tag{4.74}$$

在 FLASH 初始模型只能算出当$(p_{acc}-p_{exit}+\rho_{acc}gL_{liq})>0$时的$v_{exit}$。对于安注箱条件的完全解,体积流量应优先于速度,因为它直接关系到安注箱气体体积的变化,有

$$\dot{W}_{gas}=-\dot{W}_{liq}=A_{acc}v_{exit} \tag{4.75}$$

安注箱能量方程根据气体的温度T_g和体积V_d可表示为

$$Mc_v\frac{dT_g}{dt}=-p_{acc}\frac{dV_d}{dt}+\dot{Q}_D \tag{4.76}$$

式中:M为氮的质量;c_v为氮的比热容;$\dot{Q}_D$为从所有源到气体的净的热传递率。

微分理想气体定律($d(pV)=RdT$)提供了压力的时间导数和温度的时间导数之间的关系,代入式(4.76)可得

$$p_{acc}\left(1+\frac{R}{c_v}\right)\frac{dV_d}{dt}+V_D\frac{dp_{acc}}{dt}=\frac{R}{c_v}\dot{Q}_D \tag{4.77}$$

式中:R为理想的气体常数。

由于液体是不可压缩的,因此封头体积项的变化等于出口处的体积流量A_Lv_L。压力方程变为

$$p_{acc}\left(1+\frac{R}{c_v}\right)A_Lv_L+V_D\frac{dp_{acc}}{dt}=\frac{R}{c_v}\dot{Q}_D \tag{4.78}$$

FLASH 模型具有以下简单的一般形式和解:

$$\frac{dp}{dt}=-ap+b \tag{4.79}$$

$$p(t)=Ce^{-a\Delta t}+\frac{b}{a} \tag{4.80}$$

式中:Δt为时间步长;a、b可表示为

$$a=\frac{\left(1+\frac{R}{c_v}\right)\dot{W}_{gas}}{V_D},\quad b=\frac{R}{c_v}\frac{\dot{Q}_D}{V_D} \tag{4.81}$$

其中

$$\frac{R}{c_v}=k-1,\quad k=\frac{c_p}{c_v}=1.4 \tag{4.82}$$

则

$$a=\frac{1.4\dot{W}_{gas}}{V_D},\quad b=\frac{0.4\dot{Q}_D}{V_D} \tag{4.83}$$

b的解需要表达输入气体空间中的能量的比例$\dot{Q}_D$,该比例是来自安注箱壁、

顶部和液体表面的热对流($\dot{Q}_{\mathrm{D}}=hA\Delta t$)。因此,它主要取决于传热系数的形式为(见文献(U. S. Department of Energy,2015)中的式(3.5-153)和式(3.5-155)):

$$h_{\mathrm{i}}=\frac{C_{\mathrm{i}}k_{\mathrm{n}}}{\delta}(GrPr)^{\frac{1}{3}} \tag{4.84}$$

式中:C_{i}为取决于几何类型的常数,并在文献(U. S. Department of Energy,2015)中定义;k_{n}为导热系数;δ为容器直径;Gr,Pr分别为格拉晓夫数(Grashof)和普朗特(Prandlt)数。

该安注箱传热模型确实需要氮气的性质,对于目标基准问题,将除运动黏度Gr以外的所有氮气性质视为由初始压力和温度确定的常数。

考虑了两种容器表面类型的表面积:水平表面和垂直壁面,水平表面的面积仅为$A_{\mathrm{acc},h}=2\cdot\pi D_{\mathrm{acc}}^{2}/4$(液体表面和顶板的2倍)。垂直壁面面积为

$$A_{\mathrm{acc},v}=\pi D_{\mathrm{acc}}L_{\mathrm{D}} \tag{4.85}$$

$$L_{\mathrm{D}}=\frac{V_{\mathrm{D}}}{A_{\mathrm{acc},h}} \tag{4.86}$$

$$A_{\mathrm{acc},v}=\pi D_{\mathrm{acc}}\frac{V_{\mathrm{D}}}{A_{\mathrm{acc},h}}=\pi D_{\mathrm{acc}}\frac{\left(\dfrac{4A_{\mathrm{acc}}}{\pi}\right)^{0.5}V_{\mathrm{D}}}{D_{\mathrm{acc}}A_{\mathrm{acc},h}}=2\left(\frac{\pi}{A_{\mathrm{acc}}}\right)^{0.5}V_{\mathrm{D}} \tag{4.87}$$

由于运动黏度与压力的相关性很强,因此可以从特性表数据中得出简单的相关性,有

$$v=\frac{1.29}{p^{0.911}}\quad(\mathrm{m}^{2}/\mathrm{s}) \tag{4.88}$$

其中,压力单位为Pa。

根据初始条件(U. S. Department of Energy,2015)及以上定义的相关参数,最终的FLASH模型能量方程速率为

$$\dot{Q}_{\mathrm{D}}=h\left[1.333A_{\mathrm{acc}}+\left(\frac{\pi}{A_{\mathrm{acc}}}\right)^{0.5}V_{\mathrm{D}}\right](T_{\mathrm{w}}-T_{\mathrm{g}}) \tag{4.89}$$

其中

$$h=0.15\times0.029\left(9.8\times0.73\times0.0033\,|T_{\mathrm{w}}-T_{\mathrm{g}}|\frac{p^{0.99}}{1.26}\right)^{\frac{1}{3}} \tag{4.90}$$

并根据文献(U. S. Department of Energy,2015)中的式(3.5-207)计算气体温度:

$$T_{\mathrm{g}}^{n+1}=T_{\mathrm{g}}^{n}\mathrm{e}^{\frac{R}{C_v}\ln\frac{V_{\mathrm{D}}^{n}}{V_{\mathrm{D}}^{n+1}}+\Delta t\frac{R\dot{Q}_{\mathrm{D}}^{n}}{C_v p^{R}V_{\mathrm{D}}^{n}}} \tag{4.91}$$

壁温被初始化与初始气体温度一致,并假设在模拟期间不发生变化。

4.6.2.9 泵注射

泵的贡献只是 4.6.2.2 节中式(4.54)的动量平衡中的另一项,原始的 FLASH 程序没有泵模型,并且失水事故分析中通常假定冷却剂泵不可用,除非它们造成不利影响。对于大多数热工水力系统分析程序,泵模型源自 Farman 和 Anderson(1973),是为 RELAP3 准备的。表征泵的基本参数是转速 ω、体积流量 Q、扬程 H 以及轴扭矩 τ。在 Farman 和 Anderson 的模型中,8 条相应/相似曲线表示泵的性能,该性能将扬程和转矩数据与流量和泵速联系起来。具体地,相对于已知的或"额定的"运行条件对每个基本参数进行归一化。它们是:

$$h=\frac{H}{H_r}\beta=\frac{\tau}{\tau_r}\alpha=\frac{\omega}{\omega_r}v=\frac{Q}{Q_r} \tag{4.92}$$

由 8 条曲线表示的泵性能关系显示为泵扬程比(h/v^2 或 h/α^2)和流量与速度比(v/α 或 α/v),如图 4.7 所示。

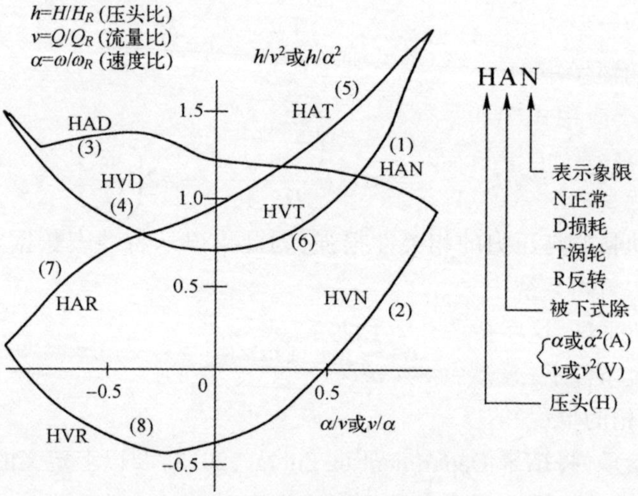

图 4.7 归一化泵压头曲线示例

对于稳态(提供动力的)泵,扬程由整个回路中的阻力控制,即

$$\Delta p_{\text{pump}}=\rho gH=\frac{1}{2}R\rho u^2=\frac{1}{2}R\rho\left(\frac{Q}{A}\right)^2 \tag{4.93}$$

式中:ρ 为流体密度;H 为泵压头(按排量);g 为重力加速度;u 为速度;Q 为体积流量;A 为流通截面;R 为一个常数,它反映了循环阻力的累积作用,用体积流量代替速度并将比例常数(摩阻和形阻)累加到阻力常数中,泵压头和体积流量之间的显式关系显然是循环阻力的函数。

根据式(4.92)进行归一化,对循环阻力($R^*=R/R_r$)进行归一化并合并自变量，可以找到相应水头曲线中因变量的表达式（$h/v^2=1/2R^*$）。在已知泵速、扬程和阻力的情况下，可以使用相应曲线和关系确定扭矩和体积流量。从流量与速度之比（v/α 或 α/v），可以估算出泵的电动机扭矩，它等于水力扭矩的负值。水力/电动机扭矩必须按实际流体密度与额定流体密度之比进行换算，即

$$\tau_{hy}=\tau_{ho}\left(\frac{\rho_m}{\rho_R}\right) \tag{4.94}$$

式中：τ_{ho}为相应扭矩；ρ_m为混合流体密度；ρ_R为额定流体密度。

泵的总扭矩包括经验得出泵摩擦扭矩（τ_{fr}）的贡献，可将其直接添加到水力扭矩（τ_{hy}）中，即

$$\tau=\tau_{hy}+\tau_{fr} \tag{4.95}$$

当泵功率损失时，将使用总泵转矩来计算泵速（ω）。泵速由加速度减小的方程式计算：

$$I\frac{d\omega}{dt}=\tau \tag{4.96}$$

式中：I为轴的惯性矩。

在数值上，应用式（4.92）~式（4.96）的稳态解来评估泵的扬程、体积流量和水力扭矩，泵系统的能量增加率由扭矩和泵速度 $\tau\omega$ 的乘积给出。泵将添加到流体中的总泵功率分成水力项和耗散项。从物理上讲，耗散项是由泵中的湍流引起的，并明确地以热量形式添加到泵的体积中，水力功项与总功率之比就是泵的效率。在封闭系统中，来自泵的压头为在动量方程中由壁面摩擦损失和形式损失之和所平衡，这些损失应作为能量项出现在能量方程中。

在两相流条件下，泵性能下降，常见的性能下降模型涉及定义两相泵差异曲线、单相到两相的扬程和扭矩之差乘以空泡份额（以及可选的压力）的函数（以下为 M_H和 M_τ）。将结果简单地添加到单相水头中。

$$H=H_{1\phi}-M_H(H_{1\phi}-H_{2\phi}),\quad \tau=\tau_{1\phi}-M_\tau(\tau_{1\phi}-\tau_{2\phi}) \tag{4.97}$$

4.7 小　结

热工水力系统的两相流体模型可以用不同的复杂程度来描述，整套的控制和本构方程无论以原始形式出现还是做出简化，都代表了第一原则科学和经验主义的优化解的精度、完整性和执行量。忽略经验主义和简化，这种经验优化是“最佳估算”，而不是提供结果的精确预测。最佳估算结果固有的偏差和不确定性，必须通过验证和确认、比例和不确定度性化客观地解决，这是第 5 章、第 6 章和第 7 章的主题。

参考文献

American Nuclear Society(1979). Decay heat power in light water reactors, ANSI/ANS-5.1-1979.

Aumiller, D. L., Tomlinson, E. T. and Bauer, R. C. (2001). A coupled RELAP5-3D/CFD methodology with a proof-of-principle calculation, *Nucl. Eng. Des.*, Vol. 205, pp. 83-90.

Aumiller, D. L., Tomlinson, E. T. and Weaver, W. L. (2002). An integrated RELAP5-3D and multiphase CFD code system utilizing a semi-implicit coupling technique, *Nucl. Eng. Des.*, Vol. 216, pp. 77-87.

Aumiller, D. L., Swartele, G. W., Meholic, M. J., Lloyd, L. J. and Buschman, F. X. (2015). COBRA-IE: A new sub-channel analysis code, *16th Int. Topl. Mtg. Nuclear Reactor Thermal Hydraulics*, Chicago, Illinois, USA.

Aumiller, D. L., Buschman, F. X., Tomlinson, E. T. and Gill, D. (2016). Development of an integrated code system using R5EXEC and RELAP5-3D, *Nucl. Tech.*, 193(1), pp. 183-199.

Bestion, D. (2008). System code models and capabilities, Seminar on the Transfer of Competence, Knowledge and Experience Gained through CSNI Activities in the Field of Thermal-Hydraulics, *THICKET-2008*, University of Pisa, Italy.

Burell, M. J., Enix, D., Lerchel, E., Miro, J., Teschendorff, V. and Wolfert, K. (1989). The thermal-hydraulic code ATHLET for analysis of PWR and BWR systems, *4th Int. Topl. Mtg. Nuclear Reactor Thermal Hydraulics*, NURETH-4(Karlsruhe, Germany), Vol. 2, pp. 1234-1239.

Collier, J. G. (1981). *Convective Boiling and Condensation*, 2nd Ed. (McGraw-Hill Book Company, London).

D'Auria, F. and Frogheri, M. (2002). Use of natural circulation map for assessing PWR performance, *Nucl. Eng. Des.*, 215, pp. 111-126.

Farman, R. F. and Anderson, N. R. (1973). A pump model for loss-of-coolant accident analysis, *Topl. Mtg. Water Reactor Safety*, *CONF-730304*, pp. 569-580.

Gauntt, R. O., Cash, J. E., Cole, R. K., Erikson, C. M., Humphries, L. L., Rodriguez, S. B. and Young, M. F. (2005). MELCOR computer code manuals, Vol. 2: Reference manuals, version 1.8.6 (Vol. 2, Rev. 3), NUREG/CR-6119, SAND2005-5713, Sandia National Laboratory.

Geffraye, G., Antoni, O., Farvacque, M., Kadri, D., Lavialle, G., Rameau, B. and Ruby, A. (2011). CATHARE 2 V2.5 2: A single version for various applications, *Nucl. Eng. Des.*, Vol. 241, pp. 4456-4463.

Henry, R. E. and Fauske, H. K. (1971). The two-phase critical flow of one-component mixtures in nozzles, orifices, and short tubes, *J. Heat Transfer*, 93(2), pp. 179-187.

Hubbard, M. B. and Dukler, A. E. (1966). The characterization of flow regimes for horizontal two-phase flow, *Proc. 1966 Heat Trans. Fluid Mech. Inst.*, University of Santa Clara, California, USA.

Ishii, M. (1975). Thermo-fluid dynamic theory of two-phase flow, Collection de la direction des etudes et recherches d'electricite de France, Eyrolles, Paris, France, No. 22.

Ishii, M. and Chawla, T. C. (1979). Local drag laws in dispersed two-phase flow, NUREG/CR-1230, ANL-79-105, Argonne National Laboratory.

Ishii, M. and Mishima, K. (1980). Study of two-fluid model and interfacial area, NUREG/CR-1873, ANL-80-111, Argonne National Laboratory.

Ishii, M. and De Jarlais, G. (1982). Inverted annular flow modeling, *Advanced Code Review Group Meeting*,

Idaho Falls, Idaho, USA.

Lamarsh, J. R. and Baratta, A. J. (2001). *Introduction to Nuclear Engineering*, 3rd Ed. (Prentice Hall, Upper Saddle River, New Jersey, USA).

Liles, D. R. and Reed, W. H. (1978). A semi-implicit method for two-phase fluid dynamic, *J. Comp. Phys.*, Vol. 26, pp. 390-407.

Mahaffy, J. H. (1982). A stability-enhancing two-step method for fluid flow calculations, *J. Comp. Phys.*, Vol. 46, pp. 329-341.

Mandhane, J. M., Gregory, G. A. and Aziz, K. (1974). A flow pattern map for gas-liquid flow in horizontal pipes, *Int. J. Multiphase Flow*, Vol. 1, pp. 537-553.

Margolis, S. G. and Redfield, J. E. (1966). FLASH — A program for digital simulation of the loss of coolant accident, WAPD-TM-534, Westinghouse Electric Corporation.

Martin, R. P. (1995). RELAP5/MOD3 code coupling model, *Nucl. Saf.*, 36(2), pp. 290-299.

Meyer, C. A., McClintock, R. B., Silvestri, G. J. and Spencer, Jr., R. C. (1967). *ASME Steam Tables—Thermodynamic and Transport Properties of Steam Comprising Tables and Charts for Steam and Water* (American Society of Mechanical Engineers, New York, USA).

Moody, F. J. (1975). Maximum discharge rate of liquid-vapor mixtures from vessels, NEDO-21052, General Electric.

Ransom, V. H. and Hicks, D. L. (1984). Hyperbolic two-pressure models for two-phase flow, *J. Comp. Phys.*, Vol. 53, pp. 124-151.

Ransom, V. H. (1989). Course A — Numerical modeling of two-phase flows for presentation at Ecole d'Ete d'Analysis Numerique, EGG-EAST-8546, Idaho National Engineering Laboratory.

Rohatgi, U. S., Cheng, H. S., Khan, H. J. and Neymotin, L. Y. (1996). RAMONA-4B: A computer code with three-dimensional neutron kinetics for BWR and SBWR system transients, BNL-NUREG-63265, Brookhaven National Laboratory.

Stewart, H. B. and Wendroff, B. (1984). Two-phase flow: Models and methods, *J. Comp. Phys.*, Vol. 56, pp. 363-409.

Taitel, Y. and Dukler, A. E. (1976). A model of predicting flow regime transitions in horizontal and near horizontal gas-liquid flow, *AIChE Journal*, Vol. 22, pp. 47-55.

Taitel, Y., Bornea, D. and Dukler, A. E. (1980). Modeling flow pattern transitions for steady upward gas-liquid flow in vertical tubes, *AIChE Journal*, Vol. 26, pp. 345-354.

Todreas, N. E. and Kazimi, M. S. (1993). *Nuclear Systems I: Thermal Hydraulic Fundamentals*, 2nd Ed. (Taylor & Francis, Levittown, New York, USA).

U. S. Department of Energy (2015). RELAP5-3D code manual volume I: Code structure, system models and solution methods, Version 4.3, INL/MIS-15-36723, Idaho National Laboratory.

U. S. Nuclear Regulatory Commission (2005). Transient and accident analysis methods, Regulatory Guide 1.203.

U. S. Nuclear Regulatory Commission (2008). TRACE V5.0, theory manuals — Volume 1: Field equations, solution methods, and physical models.

Wallis. G. B. (1969). *One-Dimensional Two-Phase Flow*, 2nd Ed. (McGraw Hill, New York).

Weaver, W. L. (2005). The application programming interface for the PVMEXEC program and associated code coupling system, INL/EXT-05-00107, Idaho National Engineering & Environmental Laboratory.

Weaver, W. L., Tomlinson, E. T. and Aumiller, D. L. (2002). A generic semi-implicit coupling methodology for use in RELAP5-3D, *Nucl. Eng. Des.*, Vol. 211, pp. 13-26.

Wilson, G. E. and Boyack, B. E. (1998). The role of the PIRT process in experiments, code development and code applications associated with reactor safety analysis, *Nucl. Eng. Des.*, 186(23), pp. 23-37.

Wulff, W. (2011). Critical review of conservation equations for two-phase flow in the U. S. NRC TRACE code, *Nucl. Eng. Des.*, 241(10), pp. 4237-4260.

Zuber, N, Staub, F. W., Bijwaard, G. and Kroeger, P. G. (1967). Steady-state and transient void fraction in two-phase flow systems, GEAP 5417, General Electric.

Zuber, N. and Findlay, J. (1965). Average volumetric concentration in two-phase systems, *J. Heat Transfer*, Vol. 87, pp. 453-468.

第 5 章
验证与确认

K. Ohkawa, R. K. Ratnayake

5.1 引　言

验证与确认(V&V)步骤的目标是评估和确定一组分析工具的优劣,在特定类别的假设设计基准事故下,这个工具用于量化核电厂蒸汽供应系统(NSSS)的安全余量。验证是确定数学算法在计算机程序中是否能够正确实现的过程,也是确定软件中误差的过程。确认是从模型的预期角度出发,确定模型在现实世界中准确程度的过程。如第 1 章和美国核管会管理导则 1.203(U.S. Nuclear Regulatory Commission, 2005)所介绍的一样,这套分析工具及其应用方法被称为评估模型(EM)。本章阐述了相关重要概念,并关注验证与确认在压水堆核电厂评估模型中的重要作用,该部分也会在第 9 章中进行详细论述。本章给出了压水堆失水事故确认数据源的详细清单,并列出了典型的确认例证。本章虽然重点关注验证与确认在压水堆中的应用,但该概念同样适用于沸水堆和新型核电厂。另外在迭代开发验证与确认流程中,本章强烈建议使用数值计算思维来解决验证方案,使用独立模块和自动化确认进行设计。

5.1.1 评估模型验证与确认要素

评估模型虽然通常由多个计算步骤组成,但主要目的是围绕热工水力系统构建其程序,该程序模拟了设计基准事故下核电厂蒸汽供应系统的瞬态响应,这是多步骤计算过程的主要进程。目前,大多用于分析设计基准事故情况的热工水力系统软件包含一维、二维或三维部件模型,并对冷却剂管网或多维压力容器中的单相流、多相流进行求解。

为了评价评估模型的充分性，特别是热工水力系统程序中评估模型的所有要素都需进行稳定性评价。以下列出了评估模型的主要要素，并简要描述了需通过确认解决的问题。

1）控制方程和数值方法

在稳态和瞬态条件下，以及在评估模型的预期运行范围外，需要定性和定量地检查分析模型（如第 4 章中提到的模型）的完整性、一致性和适用性。这些控制方程是根据一系列简化、近似和假设得出的。在许多应用评估模型的情况下，这些理论基础的偏差可能会引入误差，同时使结果的准确性和稳定性下降。例如，假设回路管线为一维部件，但是在许多情况下，大直径管道中存在两相流，而一维部件难以准确描述。如果能知道这些条件在评估瞬态的什么时候和在什么地方出现，以及它对性能指标的影响，将是很有价值的。

2）闭合关系和物理模型

例如，第 4 章中介绍的闭合关系通常由简单表达式表示，该表达式基于控制体中预测的均相条件。但是，这些相互作用本身就是流体微元之间质量、动量和能量传递的结果。因此很容易看出，以相似形式存在的闭合关系，只能适用于创建相似的流体条件和几何形状。在不同几何形状或不同几何形状的流体条件下应用相似性，通常会导致精度明显降低。

3）空间离散化

已知数值解法和一些闭合模型对节点化很敏感，此外，通过场方程描述了控制体中流动和相态的平均行为，同时闭合模型涉及两相的平均参数。一些闭合模型，如界面传热和阻力模型，使用微元平均量来描述表面的相互作用，因此当控制体的不同部分表现出与平均值显著不同时，该模型的预测准确性会不可避免地受到影响。同时，它还提出了空间离散化（节点划分方案）和评估模型中闭合模型的选择之间可能存在的依赖性，对于可能存在非均匀条件的区域进行径向网格划分时，必须确保模型的有效性和相关性与径向网格划分是一致的。例如，适用于棒束的界面阻力模型不适用于详细的子通道网格划分，反之亦然。因此，重要的是在所有验证试验问题和电厂模型中保持相同的节点划分方案，以消除节点化作为结果不确定性的显式因素。

4）部件模型和过程模型

部件模型可能包含用于特定部件的特定流动过程模型，其中特定部件为泵、汽轮机和安注箱等；特定条件如临界流模型、冷管段冷凝模型等，必须确认这些特殊模型在评估模型预期条件范围内适用。

5）集成电厂模型

集成电厂模型用于检查瞬态中多个模型和部件之间的交互作用，而这些模型和部件在电厂瞬态中被认为是最典型的过程。因为没有在额定压力下进行全尺寸的试验,所以这些试验例证将是最接近核电厂瞬态行为的指示器。为了满足评估模型在全尺寸和全压力下的适用性,经常使用不同比例的整体效应试验和对应试验。

6) *初始条件和边界条件*

初始条件和事故边界条件应与运行限值一致,也要与具有适当不确定性的核电厂运行工况相一致(测量和计算不确定性)。

上述针对大型系统程序的验证与确认方法和物理域有同样的分级分层,如在文献(U. S. Nuclear Regulatory Commission,2005;Boyack 等,1991)中记录的一样。

5.1.2 专用评估模型和现象识别与排序表的生成

由于流动过程和现象严重依赖几何模型,因此评估模型需要关注特定的过程、核电厂的建模区域以及显著影响性能指标的重要现象。这是因为系统程序虽然可以普遍适用,但该系统软件在评估模型中会受核电厂类型与相关瞬态情况影响。

同样,不可能在软件中对所有情况的所有闭合关系和物理模型进行精确评估,因此仅针对模型和闭合关系,选择最有可能对瞬态结果或性能指标有较大影响的因素进行评估,现象识别与排序表的目标是识别重要模型和闭合关系。

针对特定评估模型的现象识别与排序表,准备初期工作是一个不可或缺的步骤,该步骤会通过相关瞬态情况来确定现象的优先级,然后确认工作会将重点放在重要的现象/物理模型和过程上。现象识别与排序表在安全性分析中的作用在文献(Wilson 和 Boyack,1998;Bajorek 等,1999)和第 6 章进行阐述。

当以这种方式进行开发时,评估模型的适用性有限,在针对一类事件场景进行确认时,应假定评估模型不可用于该应用中的其他场景。这种期望可以扩展到非常相似的情况,例如失水事故评估模型可以计算紧急堆芯冷却系统性能,以及侧重包壳温度峰值计算的估计。在这里需要对失水事故评估模型进行修改,以便在失水事故发生期间为安全壳分析提供保守的质量能量释放估计。

5.1.3 迭代确认

评估模型确认满足了评估模型的所有需求,确认过程包括适当地编译试验数据,以确认物理模型和热工水力过程在应用特定现象识别与排序表中处于中、高度的重要性。对于失水事故分析,有大量公开可用的资源会在 5.1.4 节中讨论。

评估模型的开发通常是迭代的，因为建模思想和物理模型会在此过程中不断发展。实现验证与确认目标已成为评估模型开发过程中的步骤之一，这与文献（U. S. Nuclear Reyulatory Commission，2005）（见第1章）所述的评估模型开发和评估程序一致。由于每个模型都已集成到基础程序中以满足评估模型要求，必须解决模型之间交互的结果，因此出于维护评估模型的目的，通常应在验证与确认活动中考虑更改计算机平台、更改程序（如错误纠正）和更改确认方法（如问题选择、性能指标、自动化等）。

5.1.4 失水事故的确认数据来源

在公开提供的许多确认试验数据集中，这里会讨论一些在工业中已经得广泛应用的数据，鼓励读者在需要的时候查找可用的数据，以选择最合适的一类。

（1）数值思维问题聚焦于数值方法基础部分的查验，这部分内容可以在文献（Hewilt 和 Delhaye，1987）的第三部分中找到，部分结果可在同一系列的第6卷第Ⅱ部分中获得（Hewitt 和 Delhaye，1992）。

（2）单项效应试验（SET）主要包含了针对独立现象和过程的试验，以及很少选用的闭合关系试验，单项效应试验的试验数据集可在文献（Hewitt 和 Delhaye，1987）的第二部分中找到。一些相关的仿真数据结果可以在同一系列的第6卷第Ⅱ部分中找到（Hewitt 和 Delhaye，1992）。当前在经合组织网站（http://www.oecd-nea.org/dbprog/ccvm/indexset.html）上可以找到各种各样的单项效应试验。此外，Aksan 等（1993）汇编了1993年之前的主要程序。

（3）整体效应试验（IET）是针对相互作用核电厂部件综合影响的试验，如多部件试验和核电厂等比例缩放模拟。经合组织网站（http://www.oecd-nea.org/dbprog/ccvm/index.html）上有很多关于整体效应试验的相关讨论。

（4）2D/3D 程序：文献（Damerall 和 Simons，1993）的第5-1页至第5-7页和第5-14页至第5-32页提供了一张完整清单，包含了压水堆压力容器内热工水力行为，如堆芯、上腔室和下降段。上腔室试验装置（UPTF）在热管段/上腔室和下降段中会记录多维热工水力数据。圆柱形堆芯试验设施（CCTF）和平板堆芯试验装置（SCTF）在失水事故再充水/再淹没事件之后采集堆芯和整个系统的响应数据。

（5）经合组织的报告（Committee on the Safety of Nuclear Installations，2000）描述了其国际标准问题程序，该报告包含了关于试验的简短描述，这些试验记录了用于模型和程序确认的数据。

（6）5.5 节中提供了有关压水堆的失水事故相关试验数据的资源的完整列表，提供的参考列表包括与以下失水事故相关现象有关的报告：

① 清单-A:临界流;

② 清单-B:液位膨胀;

③ 清单-C:后临界热流密度传热;

④ 清单-D:环路水封清除;

⑤ 清单-E:水平流动;

⑥ 清单-F:冷管段安注冷凝;

⑦ 清单-G:反向流动限制(CCFL);

⑧ 清单-H:2D/3D 程序之外的下降段水力学;

⑨ 清单-I:流体丧失试验(LOFT);

⑩ 清单-J:SEMISCALE 试验;

⑪ 清单-K:大比例试验装置(LSTF)于 4 号安全评价成套装置(ROSA-Ⅳ)计划下进行。

5.1.5 确认矩阵

选择确认数据集,以便评价评估模型的所有高等级(最具影响力的)物理现象和过程,确认例证的这种集合称为确认矩阵。验证与确认的总体目标是评价和确认评估模型及其实施方法的组合,即系统热工水力程序,用于在假设设计基准事故下量化核电厂安全余量。换句话说,验证与确认评价结果与确认矩阵相对照用于构建支持性论据,说明为什么评估模型和程序在全尺寸核电厂安全分析(而不是大多数按比例进行的试验)和运行工况下是充分的。可用于满足给定确认目标的数据似乎很广泛,但是很明显确认矩阵的试验和数据的选择必须有助于建立技术论据,以证明评估模型和程序的充分性。以下各节简要讨论构建确认矩阵时的属性和关注点。

5.1.5.1 比例的考虑

用于确认工作的大多数试验都是在比例缩小和/或在减小的压力和流量条件下进行的。由于确认的目的是检查评估模型的准确性用以模拟原比例的核电厂条件(实际压力和流量条件),因此需要在技术上支撑将等比缩小的确认应用于原比例模型。这一目的是通过演示试验的适当比例来实现的,该比例适用于预期瞬态中关注的现象。通常有必要在不同的比例上执行相同类型的确认,以证明该程序能够捕获重要现象的比例效应,然后再推断在全尺寸中是否具有足够的准确度,比例分析和相似性是第 6 章的主题。

5.1.5.2 补偿误差的考虑

即使是最简单的试验模拟,其确认结果通常也是许多子模型交互的结果。

在某些情况下,单项效应试验的良好整体预测可能会在子模型级别显示出较差的预测,如果这些子模型在全尺寸、全压力和全流量下表现不同(更好或更坏),那么在没有进一步的证据的情况下就不能保证评估模型和程序的预测能力,对子模型的组合行为的研究统称补偿误差分析。

文献(Shockling 和 Frepoli,2008)提供了一个示例,由于数据覆盖范围不足,因此程序中的后临界热流密度物理模型偏向于保守。然而在某些情况下,程序的行为与最佳估算程序相一致而不与保守程序一致。相对于试验数据对偏保守的模型如何提供合理且准确的研究表明,子模型实际上预测了相反的效果(补偿误差)。当这样的模型应用于核电厂工况时,尽管很好地预测了试验数据,但我们也认为该模型已经不能满足其准确性。

5.1.5.3 节点划分方案的充分性

在实际安全性分析中使用相对粗糙的节点划分方案,主要是为了减轻模拟核蒸汽供应系统的计算负担。此外,节点化方案策略需要考虑数值扩散和耗散的影响,这是由偏微分方程组和闭合关系的时间和空间离散化导致的。最重要的是需要在核电厂分析中通过演示单项效应试验、整体效应试验和核电厂模型之间的一致性来证明节点划分方案或网格划分策略是合理的,以证明评估模型能够在足够准确的预测单项效应试验和整体效应试验中捕获的重要现象。

5.1.5.4 整体效应试验的局限性

需要注意的是,可能没有整体效应试验模拟预期有限的核电厂配置,即应急堆芯冷却系统和安注系统序列、明确的回路、简化的蒸汽发生器等,同时也没有在额定压力下运行全尺寸的整体效应试验。由于多种重要现象的相互矛盾的比例要求,以及需要考虑的过多热量损失,子比例试验经常面临比例失真的问题。可以肯定地说,现在还没有以最大极限破口尺寸执行的小破口失水事故试验。因此,通过验证工作,评估模型需要证明它能够找到最差的破口尺寸捕捉比例影响,并以合理准确的方式响应事故边界条件,这是至关重要的。

5.1.5.5 关于评估模型预测中不确定性的考虑

在 5.1.1 节中讨论的评估模型的每个要素都会增加评估模型的整体不确定性,但是现象识别与排序表作为确认物理模型的选项,在该分析中用于选择初始不确定性因素集合。最终的集合将根据现象识别与排序表和实际敏感性研究的组合来确定,第 7 章将深入讨论评估模型中不确定性的处理方案。

5.2 验　证

在整个计算过程中，数值格式与质量、动量和能量守恒的正确执行可以通过对理论及其计算机源程序的独立审查进行初步评估。此外，通过与已知的分析解决方案进行比较，和应用数值思维处理问题，可以进行更客观的确认。评估模型确认有两种类型——程序验证和解的验证，下面给出了相关示例。

5.2.1 程序正确性验证

鉴于热工水力系统程序中两流体模型的复杂性（见第 4 章）及其对核工业的重要性，这些程序还在不断发展。借助这种不断发展的计算机程序，最好在以前功能基础上逐步推进开发进度。在大型热工水力系统程序中实现建模和关联需要遵循一个既定的软件开发过程，包括冻结程序的迭代实践、冻结程序的评估、程序缺陷的识别和程序更新。静态程序分析器识别未定义的变量、不正确的参数传递和编程的其他风格特征，可以加快验证活动。除了简单的语法错误，还需要仔细检查全局变量和局部变量的使用情况，以防新引入的变量在传统热工水力系统程序中变得难以处理。

除了证明代码更改按预期执行，还需要证明代码结果不受影响（除非选择了新添加的特性/选项），这就是空回归试验的目的，空回归试验专门用来证明与开发变更范围无关的程序特性和功能不受变更的影响。

结果对程序修改的敏感性可能来自设计不当的数值解法，两流体模型包括解收敛和精度特性迅速变化的区域，软件必须在每个时间步长评估这些特性，以确定解的每一步的成功前进。但总是出现无法获得成功的情况，必须重复解的前进。此备份过程强制程序以较小的时间步长尺寸重复时间步，已经观察到特别是在涉及强凝结的模拟中，热工水力程序往往会在计算超出计算困难期之前减速甚至备份多次。很容易想象错误的备份逻辑会导致不可靠的结果，如果在备份过程中再次使用相同的时间步长，若备份操作正确执行，则应获得相同的解的方案。

与备份过程相关的是从以前完成或失败的计算中重新启动模拟的能力，重新启动是一种功能，用户可以从用户指定的时间点更改现有模拟，或从上一次运行的结束时间开始继续运行。如果重新启动点没有引入任何更改，则重新启动进程将复制原始运行。备份过程和重启过程都可以用来确认代码是完全的（Mesina 等，2014）。

5.2.2 带有数值处理方法的控制方程验证

仅有少量试验数据可用于确认系统热工水力程序，并且在此类程序中实际上有成千上万个逻辑分支，以至于无法检查所有分支的代码是否适当。数值处理对于确认数值方法的适当性和其在程序中的应用非常有用，这些问题集可以在文献(Hewitt 和 Delhaye，1987，1992)中的第三部分找到。

(1) 动量守恒。这类问题验证了一维管道模型下，动量方程在区域有或者无变化情况下的稳态解法，这些问题包括流域面积变化、T 形接头和一维转三维型接头情况下的压降变化，一个简单的练习将揭示差分方案对压力解的影响。

(2) 质量和能量守恒——氮气罐的膨胀。该类问题会确认一维管道模型中氮气的质能方程解的正确性。除了检查水和氮的质量守恒和能量守恒之外，随着氮气体积的膨胀和温度的下降，该问题也会使我们了解到气相的不同对蒸汽行为的影响。

(3) 质量和能量守恒——稳态情况下的棒加热。在没有试验数据的情况下，可以在这种计算中验证质量守恒和能量守恒。在沸腾通道中，可以确认由沸腾/蒸发引起的质量和能量是否守恒。

对于某些特定情况，可以使用解析解来与数值模拟对比，对于一维管道，通常使用一个称为“振荡压力计”的问题来检查数值方案和闭合关系(或本构模型)的性能，有一种多维程序的等效数值试验叫作“下降段法拉第波”问题。

5.2.2.1 压力计振荡问题

压力计振荡问题是一个典型例子，该例证用来在热工水力系统程序中检查守恒方程中数值的应用，该典型例子位于文献(Hewitt 和 Delhaye，1987)第三部分第2.2节数值基准题。如图5.1所示，由闭环系统构成的“U”形管压力计用于检查程序中使用的数值方案以确保质量、动量和能量守恒方面的适用性。初始化系统时，设置“U”形管中同质量同速度的管腿与其管臂有相同的液位，设置所有流体控制体中的初始质量速度，以使液-气体交互界面在流体转向之前越过控制体边界。

几何形状：一个 20m 长的闭环。

节点：20 个 1.0m 长的控制体。

工作流体：50℃的空气-水。

初始条件：U_0，以使液-气界面越过控制体边界。

边界条件：N/A。

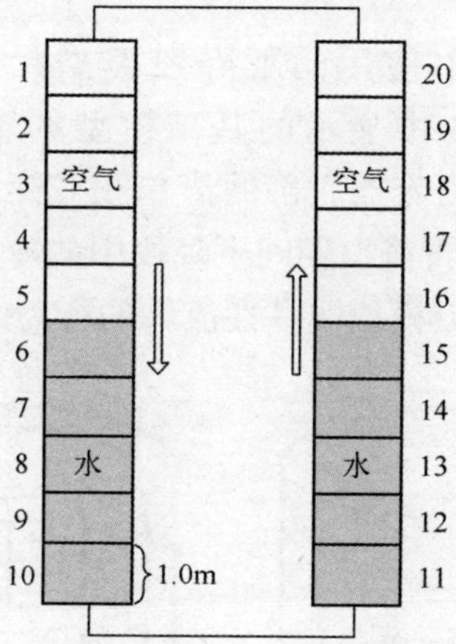

图 5.1　振荡压力计的示意图

需检查结果:压力计底部的质量流量和系统中的总液体质量。

文献(Hewitt 和 Delhaye,1992)中的典型结果如图 5.2 所示。

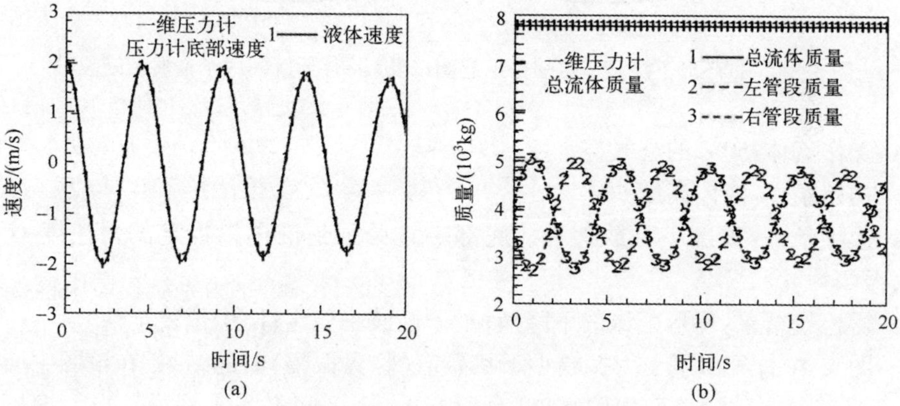

图 5.2　(a)流体速度和(b)总流体质量的典型压力计结果

5.2.2.2　法拉第波问题

法拉第波问题是一个鲜为人知但非常有用的试验例证,这个问题用来验证一个多维网格(节点划分方案)中动量对流的正确性,该网格用于构建下降段区域的模型(Ohkawa 和 Frepoli,2003;Frepoli 等,2015)。为了建立多维流场模型,例如压水堆下降段模型,需要通过输入项来指定轴向、横向以及相交处的动量(轴向动量对流由横向速度定义,横向动量对流由轴向速度定义)。对于比例较大的例证,输入卡会变得更加复杂,法拉第波问题用来试验这些复杂的动量对流是否正确。

几何模型：在此模拟中使用的下降段模型尺寸：环隙 = 0.25m，周长 = 14.5m，高度 = 10m。图 5.3 中显示的基础模型的轴向网格大小（12×20）为 0.5m。边界条件包括在压力容器底部的简单正弦运动。容器中的流体相对于容器移动，类似于在压水堆再淹没期间下降段中的冷却剂。在计算中，在输入卡中将壁摩擦因数设置为 0，以模拟非黏性流体的行为。

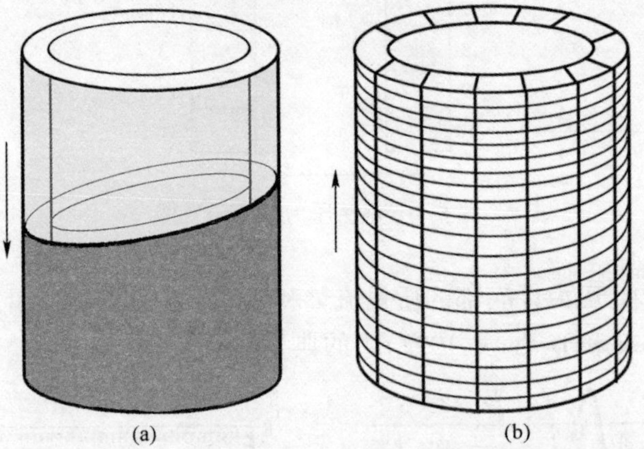

图 5.3 (a)环形下降段节点划分示意图以及(b)环形区间内子谐波激励波形

工作流体：50℃的空气与水。

初始条件：液体高度 5m。

边界条件：顶部→开放边界。底部→正弦强迫液体以恒定的角速度 Ω 移动，振幅为 a_0。

需检查结果：环形区域的下降液位、子谐波不稳定性、中位稳定性。

图 5.4(a)显示了当力振幅小于临界值（临界振幅）时的结果，在该图中所有 12 个区间的水位均显示相同高度，且所有 12 个区间都齐头并进。当力振幅超过临界振幅时，一个圆形驻波的振幅会大大超过力的运动（图 5.4(b)和(c)）。图 5.4(d)显示了在环隙中预测的驻波波形，该驻波由子谐波不稳定导致。这部分内容可以在文献（Ohkawa 和 Frepoli，2003；Frepoli 等，2015）中找到更全面的模拟处理方法。

与一维管道的振荡压力计问题类似，可以量化数值引起的耗散量，已知该耗散量取决于节点划分的大小（Ohkawa 和 Frepoli，2003；Frepoli 等，2015）。不完全动量守恒的结果将导致缺少稳定的波形，例如缺少交叉对流项和偏差动量输入项，如图 5.4(d)所示（Frepoli 和 Ohkawa，2004）。

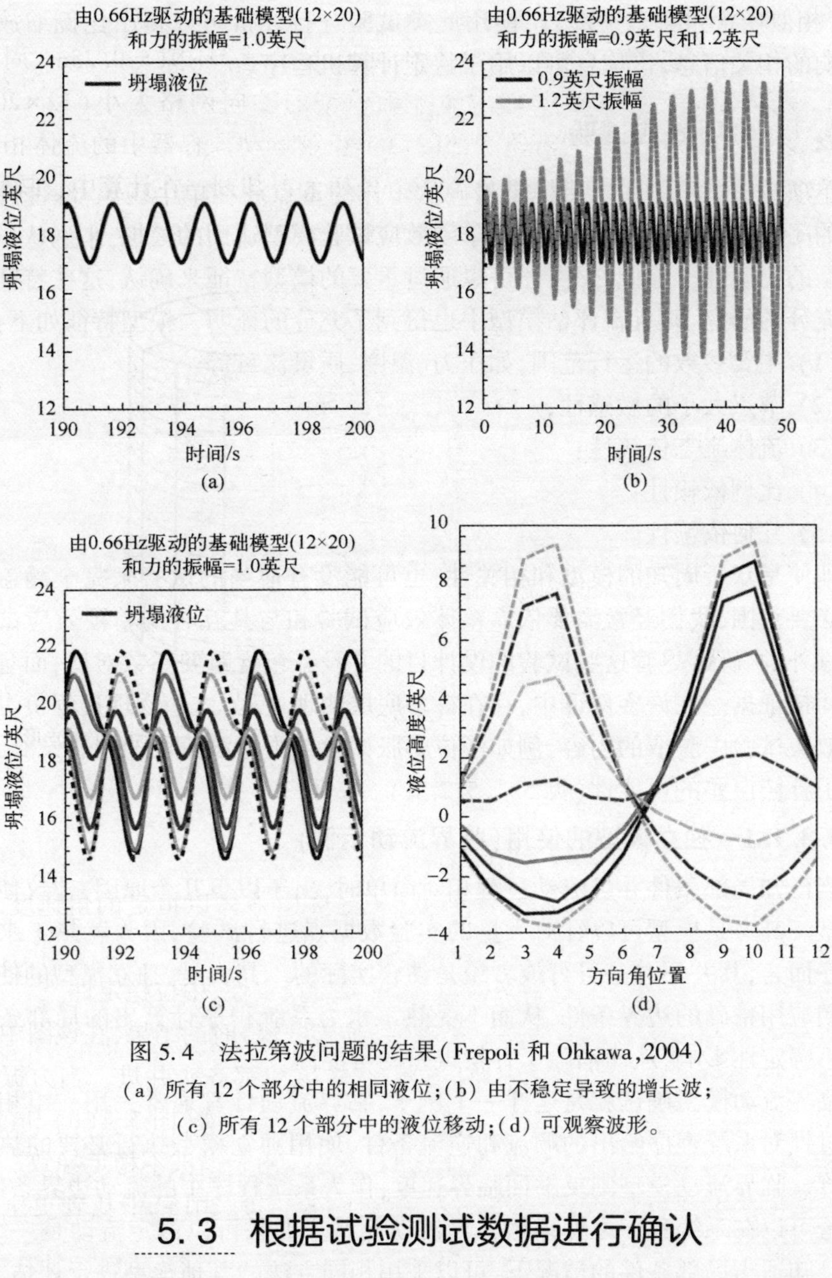

图 5.4　法拉第波问题的结果(Frepoli 和 Ohkawa,2004)

(a) 所有 12 个部分中的相同液位;(b) 由不稳定导致的增长波;

(c) 所有 12 个部分中的液位移动;(d) 可观察波形。

5.3　根据试验测试数据进行确认

现象识别与排序表用于选择特定的实验和数据,这些实验和数据能很好地处理重要现象和部件。在选择实验时,应采用一系列试验来证明计算机程序或现象模型尚未调整为单一试验模式。用于开发和评估的数据应涵盖采用了相关性的全部条件,为进行整体行为评估,应选择在不同比例、不同试验设施的对应试验(相似场景和瞬态条件)。使用此类试验进行评价可以得出比例缩放对模型影响的相关信息,该信息可以用于特定计算机程序。

5.3.1 单项效应试验

单项效应试验的主要目标是将确认工作的重点放在单个现象/部件模型和相关的闭合关系上,可以通过展示单项效应试验模型适用的模拟,来确认一个物理模型的正确性。除此之外,还可以通过重要的模型特征来确认,这些特征已经得到充分的研究,并且在评估模型中也得到了充分的证明。模型特征如下:

(1) 主要参数的运行范围,如压力、温度、质量流量等;

(2) 节点大小的敏感性;

(3) 流体流态依赖性;

(4) 比例依赖性;

(5) 几何依赖性。

即使是众所周知的模型和相关性,也可能没有适当的试验来完全涵盖所关注的必要范围,我们经常需要依靠整体效应试验和与其互补的单项效应试验来提供额外的确认,尽管这些试验的设计目的并没有包含重要参数对比,而且只能提供间接证据。在许多例证中,存在许多底层物理过程,这些物理过程负责所谓单项效应试验中获取的内容,例如液位膨胀试验或再淹没阶段的传热试验,这就留下了补偿误差的可能性(见 5.1.5.2 节)。

5.3.1.1 独立模型的使用(临界流动示例)

当已知局部条件并且流动过程相对简单时,出于以下几个原因,建议使用独立模型。其一是模型可以针对大量的实验数据点进行试验,因为就热工水力系统程序而言,其并不总是可行或者说是切合实际的。其二是,独立模型的使用允许人们应用精确的边界条件,从而不受热工水力系统程序计算出的局部条件带来的不确定性影响,从而消除了补偿误差的可能性。

临界流动模型确认就是这样一个例子,临界流动计算通常采用一组相关量或通过针对系统程序给出的顺流和逆流条件,使用独立模型执行必要的热工水力计算。临界流动模型则反馈回临界速度,作为系统程序中的流动边界条件,这意味着可以在系统程序之外评估临界流动模型。如果可以假定流动是一维的,则在已知适当局部条件的情况下,可以采用相同方法的其他模型进行评估,如壁面冷却剂换热模型和界面阻力/液位膨胀模型。

临界流动模型需要在各种破口尺寸和逆流条件下进行确认。虽然大量的数据、点是可用的,但为每个可能使用的数据点运行系统程序是不切实际的,可以使用从主系统程序中调用独立模型来确认临界流动模型,这可以在文献(Ohkawa,

2007;Cao 和 Ohkawa,2017)中找到相关的例证,该例证通过与表 5.1(Cao 和 Ohkawa,2017)里 12 个设备中记录的 3000 多个数据点进行比较来描述一种评估模型,图 5.5 显示了这些数据点创建的结果。

表 5.1 临界流动试验数据集选择

参考文献	压力 /(10^5Pa)	上游条件	数据个数 /个	长度/mm	水力学直径 /mm
Ardron 和 Ackerman(1978)	1.500~3.700	过冷液体	32	1015	26.300
Boivin(1979)	19.600~101	过冷液体	21	500~1700	12~50
Fincke 和 Collins(1981)	0.900~3.000	过冷液体	92	25	18.300
Jeandey(1981)	9~140	过冷	88	483	20.130
Neusen(1962)	8.400~65.200	过冷液体-两相	37	1	6.400~11.100
Reocreux(1974)	2.100~3.400	过冷液体	28	2335	20
Seynhaeve(1980)	2.800~10.100	过冷液体	57	221~305	12.500
Sozzi 和 Sutherland(1975)	30.300~71.300	过冷液体-饱和液	667	1~1779	12.700~76.200
Amos 和 Schrock(1983)	41.400~158	过冷液体	44	63.500	0.464 0.748
Anderson 和 Benedetti(1986)	33.400~62.100	过冷液体-饱和蒸汽	109	54	16.200
Marviken(1982)	25.800~51.600	过冷液体-饱和液体	1927	166~1809	200~509
Celata(1983)	5~15.700	过冷液体-饱和蒸汽	97	1500	4.600

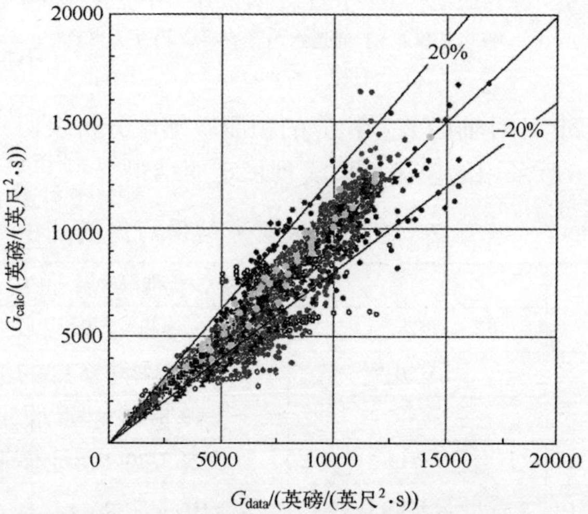

图 5.5 基于所有数据点的预测临界流量比较(引自文献(Cao 和 Ohkawa,2017))

通过使用与该例证类似的独立模型,可以研究模型特征,例如节点划分敏感性、比例影响和系统偏差的预测趋势等。Ohkawa(2007)提供的结果如图 5.6 所示。

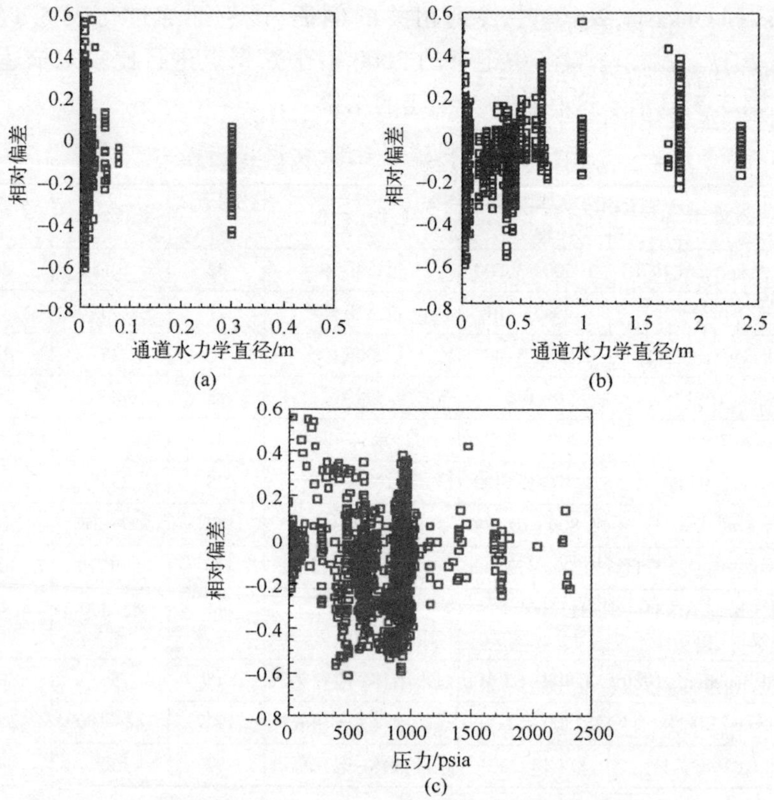

图 5.6　临界流动模型在长度、直径和压力中变化的偏差趋势

（a）破口长度；（b）通道水力学直径；（c）压力趋势。

1psia≈6.89kPa。

如表 5.2 所列，针对轴向节点积分的预测敏感性分析表明，在热工水力系统程序（Ohkawa，2007）采用的模型可以实现稳定的结果。

表 5.2　空间收敛研究结果的例证　　单位：%

空间划分段编号	偏差/标准偏差		
	过冷	饱和	共计
5	2.5/20.9	−9.8/22.7	−2.8/22.5
11	−3.4/16.1	−13.8/20.9	−7.9/19.0
21	−4.8/15.1	−14.7/20.7	−9.1/18.4
51	−5.3/15.1	−15.2/20.6	−9.5/18.3
101	−5.4/15.0	−15.3/20.5	−9.7/18.3
201	−5.5/15.0	−15.3/20.5	−9.8/18.3
401	−5.6/15.0	−15.3/20.5	−9.8/18.2

5.3.1.2 使用单项效应试验确认模型

根据数据确认系统程序中应用的物理模型或模型组合,由于其目的是证明核电厂特定区域建模的合理性,因此在单项效应试验中使用的节点划分方案应与核电厂模型一致。对于全尺寸实验,这导致流体的控制体需要具有相同的大小。对于按比例缩放的实验,需要稳定的比例参数来支撑核电厂节点划分。在核电厂瞬态结果中,为了减少使用者影响,有必要在单项效应试验、整体效应试验和核电厂模型之间采用一致的节点划分方案。这意味着空泡或界面阻力相关性是真实存在的,因为平均棒束流可能无法在子通道级别预测棒束流。此示例说明了掌握适用范围的重要性,其中包括闭环节点划分方案和关联的节点方案,特别是涉及复杂多相流和特定几何形状的节点方案。

5.3.1.3 棒束中的两相液位膨胀

在影响堆芯传热的更重要现象中,需要考虑两相液位膨胀。在美国橡树岭国家实验室的液位膨胀试验中,基于压水堆原型棒束几何模型,涵盖了小破口失水事故情况下蒸发期间压力和棒束组件功率范围。美国橡树岭国家实验室试验棒束的横截面如图 5.7 所示,通过 Bestion(1985)的漂移流关系式推导出针对泡状流的界面阻力模型,根据该模型,许多热工水力系统程序已经能够成功模拟出针对美国橡树岭国家实验室的数据集(Salay,2001)。图 5.8 展示了沸水堆棒

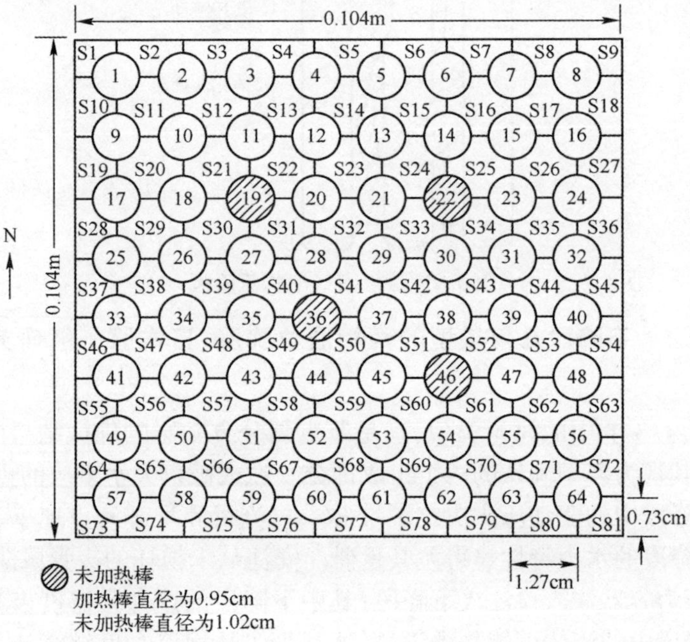

图 5.7 美国橡树岭国家实验室热工水力试验台架(THTF)棒束排列

束子通道,在文献(Kawahara 等,2011)中对子通道进行了相同的相关性应用研究。比较表明,相关性高度依赖几何形状和比例,并且该相关性并不适用于棒束中的子通道。通过可视化观察沸腾通道中的泡状流发现,棒束中的两相流可能非常复杂。图 5.9 展示了在棒束部件中观察到的两相流,在子通道显示了不同的流动模式。实际上,气相流动主要集中在少数几个内部子通道中,而其余的低含气率子通道则表现为停滞甚至向下流动。

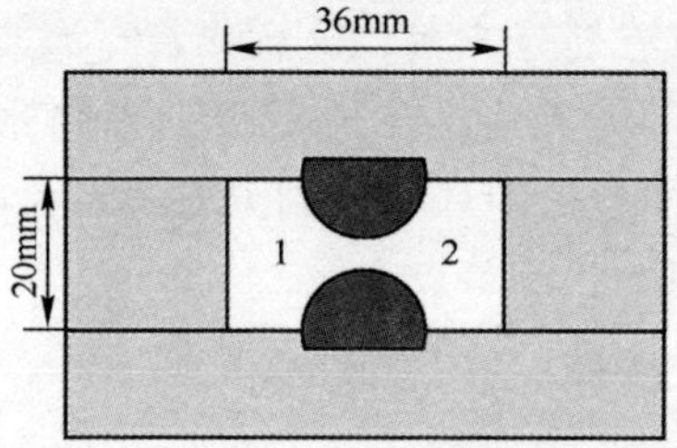

图 5.8　沸水堆试验的截面图

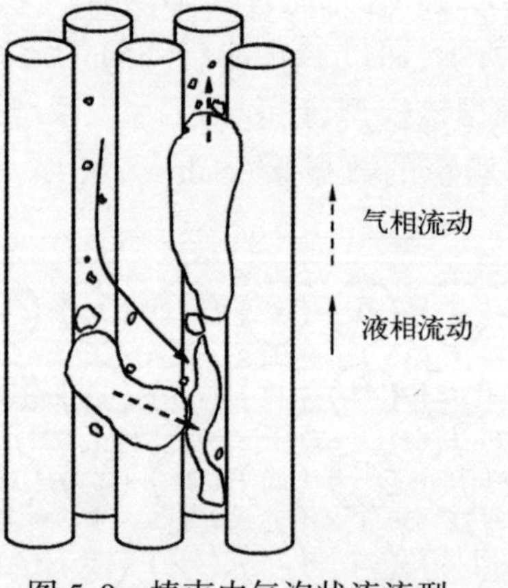

图 5.9　棒束内气泡状流流型

5.3.1.4　下降段几何模型的两相液位膨胀:日本原子能研究所下降段沸腾试验

与 5.3.1.3 节中的讨论类似,这是节点划分方案影响确认结果的另一个示例,应该将其视为模型确认的一个组成部分。在大破口失水事故的再充水/再淹没期间,下降段中的驱动压头决定了堆芯入口流量和堆芯淹没速率。因此在这一阶段,下降段的水力特性显得尤其重要。安注从未损坏的冷管段注入下降段,或直接从压力容器注入口注入下降段,其中下降段的壁面是温度极高的压力容器壁。下降段中的液体可能是沸腾的,这减少了从回路高度继续注入可用来再淹没堆芯的驱动压头。

日本原子能研究所(Sudo 和 Akimoto,1982)进行的下降段沸腾试验提供了一个思路,可以评估程序的能力,以正确地计算由于沸腾而导致驱动压头的减少量。该试验是在大气压条件下进行的,试验装置主要是一个矩形横截面通道,它是典型压水堆全尺寸的下降段区域。试验段的高度为 6.5m,宽度为 1m,间隙为 0.2m,侧壁厚 56mm,加热段长度为 5m。试验步骤首先将壁面加热到所需温度(250~300℃),当壁面达到所需温度时断开电源,底部的水以 20cm/s 的淹没速度淹没试验部分。试验段的顶部区域在加热段顶部的上方,与溢流管和低压冷却剂注入管相连。在注入开始后约 30s,下降段中的混合液位到达溢流口。此时,停止从底部注入,并以 3.5cm/s 的速度从顶部注入管线注入水。基本上,前 30s 用于模拟再充水时间段,而其余的瞬态时间则用于模拟再淹没阶段。

试验矩阵包括不同间隙尺寸(用 50mm 代替 200mm)、不同液体温度范围(97~100℃)和不同壁温范围(250~300℃)的试验。

Dor 等(2007)的参考例证(运行 115)结果如图 5.10 所示,其结果是使用带有 CATHARE 的一维模型获得的,该模型在第三阶段(后期再淹没阶段)显示出很好的一致性。安注阶段之后的过渡阶段需要通过多相流模型进行建模,如压水堆下降段采用节点划分方案,用相似的节点划分方案(3 个下降段域)来替代单空间域(或者一维模型方案)进行多相流模拟,这种多相流主要存在于瞬态阶段(该瞬态时间段为安注模式切换从底部到达顶部的时间),如图 5.11 所示。

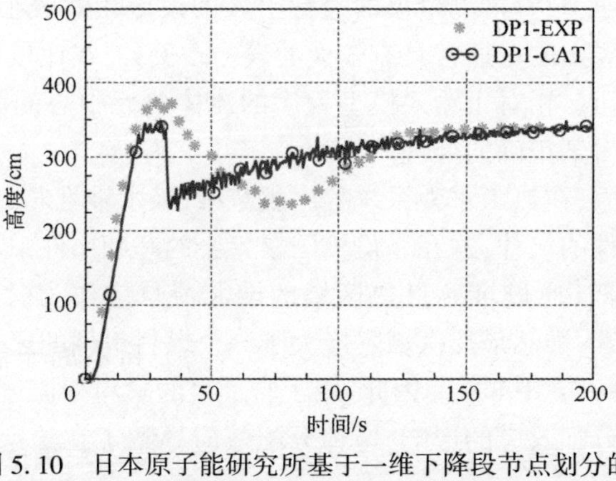

图 5.10　日本原子能研究所基于一维下降段节点划分的下降段沸腾模拟的典型结果(引自文献(Dor 等,2007)中的图 3)

5.3.1.5　棒束后临界热流密度传热:FLECHT-SEASET

在假设的核电厂事故场景中,后临界热流密度传热被认为是影响燃料温度的重要现象之一。Hewitt 等(1992)很好地描述了包含后临界热流密度传热的现象,并对其进行了理论上的分析。FLECHT-SEASET 棒束再淹没传热试验采用全高度、全棒束排列的模型方案,以减小或消除几何比例失真。但是,当整体比例较小时(单棒束,相比于全堆芯)会在压力容器热损失和对冷表面辐射传热的情况下观察到现象失真,在确认期间考虑这些失真的影响,得出试验适用于全尺寸的结论之前,有必要在验证过程中考虑这些失真的影响。

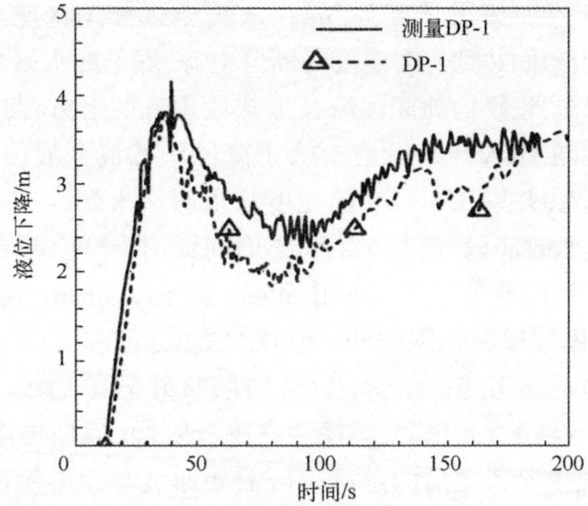

图 5.11　日本原子能研究所多维下降段节点的下降段沸腾模拟的典型结果

5.3.1.6　测量不确定性

对于温度和压力,直接测量仪器通常引入的误差相对较小,然而,诸如空泡份额和流速等推导出的量通常具有较大的误差。例如,在比较压力测量值时,重要的是要知道测压口相对于输入模型程序的流体单元中心的位置,以及速度对压力的影响是否得到正确的处理。

由于实际原因,在热工水力系统程序规范中,轻水堆堆芯的最小径向尺寸通常是一个燃料组件的尺寸,这在一份美国核管会的基础文件中进行了阐明,其中规定:“在喷放期间,通过堆芯最热区域的堆芯流量应作为时间的函数进行计算。为了进行计算,堆芯最热区域不应大于一个燃料组件的尺寸”(U. S. Nuclear Regulatory Commission,1989)。因此,用于验证目的燃料棒温度测量的不确定性包括管束内流量分配效应的影响,这种分配效应导致了在给定高度处的燃料棒温度分布情况。

5.3.2　整体效应试验

整体效应试验包含核电厂的所有关键部件,如压力容器内堆芯中的加热棒束、热管段和冷管段、蒸汽发生器、交叉管段和泵。整体效应试验台架还可包括具有多个部件的设施(也称部件影响试验(CET)),这种试验台聚焦于假想事故的特定时段(如大破口失水事故再充水和再淹没期间)的部件相互作用。许多现象识别与排序表评估的现象是非常重要的,这些现象的重要性没有在单项效应试验中捕捉到,因而放到整体效应试验中研究。5.1.4 节中,简要讨论了在 2D/3D 多国程序下进行的整体效应试验的示例,正如程序标题所说,本程序研究了多维流动现象,但考虑到大破口失水事故条件下可能的流动行为的复杂性和为了评估模型的准确性和保守性,需要对这些试验进行一系列的程序验证模拟。本节将介绍以下此类工作的示例:

(1) 再充水期间下降段中的反向流动限制;

(2) 蒸汽噎塞现象;

(3) 再淹没过程中下降段液位;

(4) 环路水封清除行为。

为了展示程序模拟高等级现象的能力,通常有必要展示多个试验的模拟,每个试验都描述反应堆冷却剂系统在瞬态过程中影响现象的不同区域。同时还有其他试验的组合,5.3.2.1~5.3.2.3 节中的试验描述了典型的试验组合选择,这些试验展示了程序对压水堆大破口失水事故的预测能力,这表明核电厂在全尺寸和压力下的性能在比例方面具有良好的特征。有一些试验装置的实验例子复制在"对应"设施进行的试验中,如半比例和失水事故试验设施(Patton,1978;Reeder,1980)。

5.3.2.1 下降段反向流动限制/再充水:UPTF 试验 8/UPTF 试验 6

UPTF 试验 8 研究了在大破口失水事故中预期会出现的一系列安注速率下,安注导致的冷管段冷凝现象。在试验中,安注系统最高注入速率与喷放期间的安注速率相当,最低速率对应低压安注泵在流动过程中的注入速率。冷管段管口附近液体温度以及流动状态的典型对比见文献(Liao,2015)。

UPTF 试验 6 进行了一项试验,内容为在喷放/再充水期间,过冷段注入部分如何绕过下降段并离开由于下降段底部高温蒸汽造成的破裂段部分。这一部分的简要描述和典型比较见文献(Liao,2017)。通过与一系列 UPTF 试验的比较,可以看出程序如何预测喷放结束的时间、再充水的开始、压力容器再充水的速率以及与电厂模拟相关的流体温度。

5.3.2.2 蒸汽噎塞现象:FLECHT-SEASET/UPTF 试验 29B/CCTF 试验

再淹没过程中,堆芯产生的蒸汽在离开破裂处之前,会通过上腔室以及破损热管段和完好的热管段。湿蒸汽在堆芯流动时会在上腔室和蒸汽发生器集气室中沉积一些水,其余的湿蒸汽由蒸汽带入蒸汽发生器管段,并通过来自蒸汽发生器热二次侧的热传递而蒸发。这些额外的蒸汽会抑制堆芯排放,并降低堆芯冷却性能,这个现象称为蒸汽噎塞。

在 FLECHT 棒束再淹没试验中，通过测量燃料组件的带水量，观察到液滴从堆芯到上腔室的蒸汽噎塞现象。UPTF 试验 29B 试验了从堆芯模拟装置到上腔室和热管段/蒸汽发生器的夹带水量，程序与这些试验数据的比较通常用于描述程序预测蒸汽噎塞这些特定方面的能力。CCTF 的试验表明了夹带的总影响，因为这些试验包括带热二次侧的能动蒸汽发生器。通过与测量的堆芯入口流量以及对燃料棒加热行为的综合影响进行比较，可以评估计算机程序对堆芯再淹没率影响的预测。在 UPTF 试验 29B 和 CCTF 试验 62 中，上腔室质量的典型比较分别见文献（Liao，2017）和文献（Ohkawa 和 Frepoli，2004）。

5.3.2.3 再淹没过程中的下降段液位：UPTF 试验 8/UPTF 试验 25A/CCTF 试验 62

安注冷凝 UPTF 试验 8 包括适合再淹没期的安注系统注入速率，良好的程序预测将确保到达下降段区域的注入液体具有正确的温度。UPTF 试验 25A 检查了再淹没过程中由于回路中的蒸汽流动而从液体过滤器下降段中排出的液体，与 UPTF 试验 8 和 UPTF 试验 25A 进行良好的比较，可确保该规范能够合理准确地预测再淹没期间的下降段液位，从而预测再淹没期间堆芯入口流量的驱动压头。如果下降段沸腾，下降段将失去驱动压头，因此准确预测下降段沸腾过程中的下降段液位就显得尤为重要。在全高下降段几何形状和大气条件下进行的日本原子能研究所下降段试验，提供了一个检验程序预测下降段沸腾过程准确性的机会。与 UPTF 试验 8、UPTF 试验 25A 和 CCTF 试验 62 进行良好的比较，可确保再淹没瞬态得到合理预测。Ohkawa 和 Frepoli（2004）提出了与 UPTF 试验 25A 和 CCTF 试验 62 的比较，以显示程序预测压水堆再淹没瞬态的能力，与日本原子能研究所下降段试验的良好对比将提供额外的证据来证明该规范能够预测下降段沸腾过程中的下降段液位。文献（Dor 等，2007）中提供了一个很好的示例，它通过与 UPTF 试验 25A 和日本原子能研究所下降段沸腾试验的比较，显示了程序在下降段沸腾的情况下预测压水堆再淹没瞬态的能力。

5.3.2.4 环路水封清除行为：ROSA-Ⅳ断裂尺寸的影响

由于最大限值的小破口失水事故包壳峰值温度瞬态模拟不太可能在现有整体效应试验中进行，因此初始性能指标和系统行为保守地预测都是非常重要的，这样程序就可能保守地预测极限断裂尺寸附近瞬态的包壳峰值温度。

在 ROSA-Ⅳ小破口失水事故模拟中，环路水封清除在各种破裂尺寸范围内的比较是这种验证程序的一个例子，比较表明，程序保守预测了环路水封中收集的液体，这将造成堆芯中较低的混合液位，导致程序保守的估计包括极限破裂尺寸在内的一系列破裂尺寸的包壳峰值温度。图 5.12 展示了环路水封的几何结

构和 Δp 压差位置。收集在U形交叉管段中的液体量可根据图5.12所示的 DP_2 测量值计算,即ROSA-Ⅳ LSTF设施的U形交叉管段。图5.13展示了破裂尺寸为0.5%和2.5%的小破口失水事故U形交叉管段上升管的 Δp 测量值。图5.14展示了ROSA-Ⅳ泵吸入管压降的比较,可以看出,验证结果正确地捕捉到西屋压水堆小破口失水事故所关注范围内的液体消耗行为。

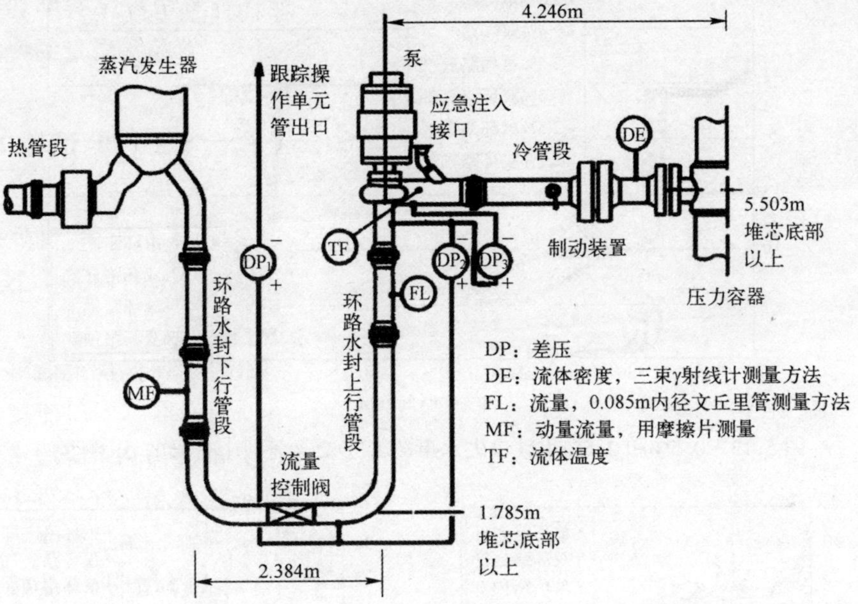

图5.12　LSTF环路水封几何形状和 Δp 压差位置

在冷管段破裂情况下,由于没有排放通道,堆芯中产生的蒸汽抑制堆芯和U形交叉管段的下降侧(蒸汽发生器出口侧)。当气液界面到达U形交叉管段水平部分的顶部时,滞留在U形交叉管段中的液体被迅速清除。图5.13所示为在0.5%和2.5%的破裂情况下运行时,该环路水封清除行为仅展示了环路水封的部分清除。部分清除的环路水封会对蒸汽排放流动产生更大的阻力,从而进一步抑制堆芯液位,导致更高的燃料棒加热温度。

图5.14展示了U形交叉管段上升侧 Δp 的测量值和预测值的比较,其中没有符号标记的线就是预测线,该图表明程序预测了在2.5%和0.5%的破裂情况下运行时,环路水封被部分清除。此外,程序显示对完整回路中2.5%破裂情况下部分清除环路水封的 Δp 预测过度,在完整回路和破裂回路中0.5%破裂情况下 Δp 预测值也过度。

虽然ROSA-Ⅳ反应堆安全评价试验装置(LSTF)为小破口失水事故分析工具的验证提供了有价值的数据,但由于该预测方法缺乏对多个重要参数的准确分析,容器内部和下降段之间的流量测量可能是不准确的，其原因是文献（The ROSA-Ⅳ Group，1985，1989）中记录的泄漏路径导致的。此外，在文献（Osakabe 等，1988）中只有一个冷段的小破口失水事故试验，且该试验具有能动高压安注。

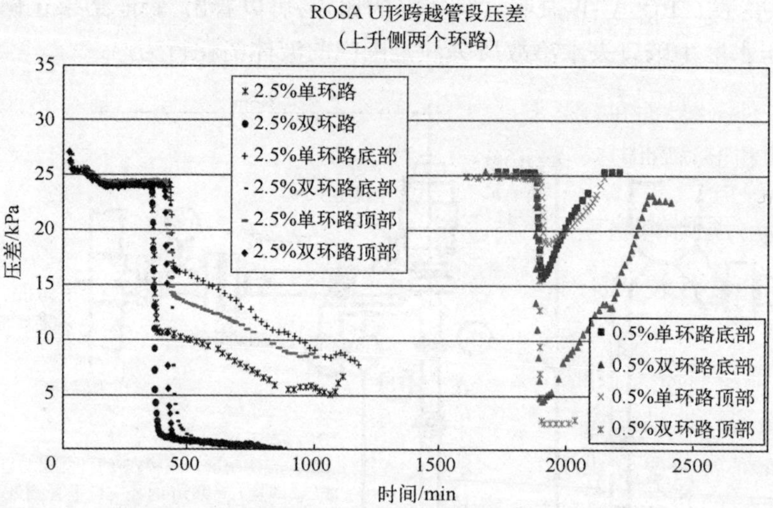

图 5.13　0.5%和 2.5%小破口失水事故 U 形交叉管段上升管的 Δp 测量

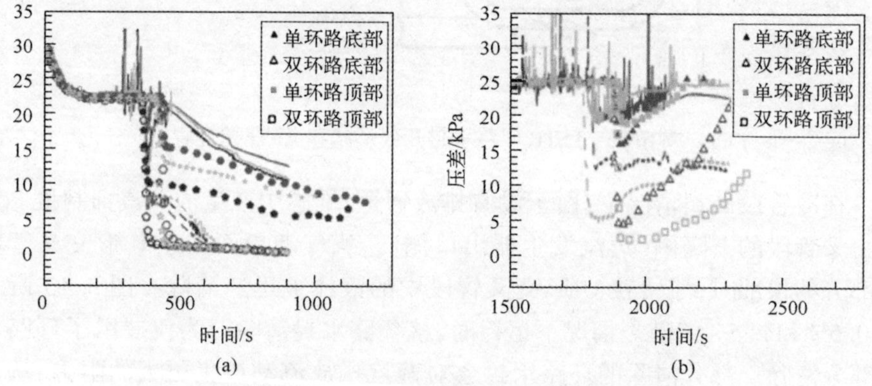

图 5.14　预测 Δp 与实测环路水封清除行为的比较

（a）ROSA U 形跨越管段压差 2.5%破损（上升侧两个环路）；

（b）ROSA U 形跨越管段压差 0.5%破损（上升侧两个环路）。

单项效应试验或者整体效应试验是在不同比例的不同试验装置中模拟相似的情景和瞬态工况，半比例试验装置明确测量了上封头和下降段之间的流量，在半比例试验装置进行的对应试验的验证是对 ROSA-Ⅵ系列的补充，它将提供与系统程序的比例效应相关的有价值的信息，并为不同现象或不同安注配置的不充分比较提供额外的验证。

5.3.2.5 将 Semiscale 整体效应试验作为单项效应试验使用

一些整体效应试验有足够详细的测量，使数据可以作为单项效应试验来验证个别现象，这种试验可以在 Semiscale 试验系列中找到。例如，Semiscale S-07-10D 试验，比较突出的是堆芯裸露和相应高加热燃料棒温度 1060K(1450°F)。所采取的方法验证报告见文献(Cao 等，2010)，应用试验手段定义界面压力和流量边界条件，此界面在容器部件与主冷却剂系统其余部分交互，允许程序对液位膨胀预测和干涸后传热模型进行验证。

5.3.3 预测的偏差/不确定性

对于重要性较低且对性能指标影响较小的现象，不确定性可以通过取边界值来解释。对于高度重要的现象，为了解释模型在计算性能指标时的不确定性，验证步骤需要在感兴趣的参数范围内生成足够的模型不确定性信息。对某些模型模拟足够数量的单项效应试验，这是可能的，这就是 5.3.1 节讨论的堆芯临界流动模型和液位膨胀模型的例证。然而，对于一些高等级现象，可能没有足够的数据或适合的数据来描述模型的不确定性，这是 5.3.2 节中讨论的高等级现象的例证。在一般的整体效应试验中，没有对应每种现象的单一物理模型，它们是几个相互作用的模型和部件的结果。此外，由于没有对全尺寸和全压力下的事故场景进行模拟，因此评估模型中一些模型应用的判别依赖现有数据库的外推，这就是在 5.3.2 节中列出的评估模型的论证仍然依赖在保守性方向已知的情况下，在许多相对于测量的高级别现象中证明保守性的原因。

5.4 评估模型预测中不确定性分析的输入

验证活动的目的是确认单项效应试验/整体效应试验模拟是令人满意的，第 6 章所述的比例分析表明，成功的子比例试验在全尺寸/全压力条件下仍然有效。最后，评估模型需要考虑核电厂初始条件和事故边界条件的不确定性，以及模型的不确定性。模型的不确定性通常来自预测与测量的比较，因此有必要证明有一种稳健的方法来偏置模型输出，使不确定性的传播制造了复合误差。确定性方法简单地以最不利的方式叠加不确定性，因此对于那些已知保守偏向方向的模型，其结果是最保守的。当确定性方法产生的结果过于保守而不能在实践中使用时，或当模型偏差的保守方向未知时，就使用不确定性的统计处理方法。这些方法将在第 7 章中评论。

参考文献

Aksan, N., D'Auria, F, Glaeser, H., Pochard, R., Richards, C. and Sjoberg, A. (1993). Separate effects test matrix for thermal-hydraulic code validation—Volume 1: Phenomena characterization selection of facilities and tests, NEA/CSNI/R(93)14/Part. 1/Rev., Organization for Economic Co-operation and Development.

Bajorek, S. M., Ginsberg, A., Shimeck, D., Ohkawa, K., Young, M., Hochreiter, L., Grifith, P., Hassan, Y., Fernandez, T. and Speyer, D. (1999). Small break loss of coolant accident Phenomena Identification and Ranking Table(PIRT) for Westinghouse pressurized water reactors, *Proc. 9th International Topical Meeting on Nuclear Reactor Thermal Hydraulics*, NURETH-9, San Francisco, CA, USA, American Nuclear Society.

Bestion, D. (1985). Interfacial friction determination for the 1D-6 equations two fuid model used in the CATHARE code, European Two Phase Flow Group Meeting, Southampton, UK.

Boyack, B., Dukler, A., Griffith, P, Healzer, J, Henry, R., Ishii, M., Lehner, J., Levy, S., Moody, F, Pilch, M., Sehgal, B., Spencer, B., Theofanous, T., Valente, J., Wilson, G, Wulff, W. and Zuber, N. (1991). An integrated structure and scaling methodology for severe accident technical issue resolution, Draft NUREG/CR-5809, U. S. Nuclear Regulatory Commission.

Cao, L., Ohkawa, K. and Hartz, J. (2010). Validation of WCOBRA/TRAC-TF2 on boil-off heater rod dry-out and heatup using Semiscale S-07-10D test, *Proc. 8th International Topical Meeting on Nuclear Thermal-Hydraulics, Operation and Safety, NUTHOS-8*, Shanghai, China, Chinese Nuclear Society.

Cao, L. and Ohkawa, K. (2017). Validation of critical flow models for PWR LOCAs of full spectrum of pipe break sizes, *Proc. 17th International Topical Meeting on Nuclear Reactor Thermal Hydraulics, NURETH-17*, Xi'an, Shaanxi, China, Chinese Nuclear Society.

Committee on the Safety of Nuclear Installations(2000). CSNI International Standard Problems(ISP), Brief descriptions(1975-1999), NEA/CSNI/R(2000)5, Organization for Economic Co-operation and Development.

Damerell, P. S. and Simons, J. W. (1993). International agreement report: Reactor safety issues resolved by the 2D/3D program, NUREG/IA-0127(GRS-101/MPR-1346), U. S. Nuclear Regulatory Commission.

Dor, I., Lavialle, G., Germain, P. and Mieusset, T. (2007). Investigation of downcomer level evolution during late reflooding with CATHARE 3D module, *Proc. 12th International Topical Meeting on Nuclear Reactor Thermal Hydraulics, NURETH-12*, Pittsburgh, PA, USA, American Nuclear Society.

Drew, D. A. and Passman, S. L. (1999). Theory of multicomponent fuids, *Applied Mathematical Sciences*, Volume 135, Springer.

Frepoli, C. and Ohkawa, K. (2004). Numerical dissipation and simulation of Faraday waves with WCOBRA/TRAC thermal-hydraulic code, *Proc. 3rd International Symposium on Two-Phase Flow Modelling and Experimentation*, Pisa, Italy, Edizioni ETS.

Frepoli, C., Fricano, J. W., Buschman, F. and Aumiller, D. (2015). Simulation of Faraday waves with the RELAP5-3D thermal-hydraulic code, *Proc. 16th Nuclear Reactor Thermal Hydraulics, NURETH-16*, Chicago, IL, USA, American Nuclear Society.

Hewitt, G. F. and Delhaye, J. -M. (1987). *Multiphase Science and Technology*, Vol. 3, (Springer, Berlin, Germany).

Hewitt, G. F. and Delhaye, J. -M. (1992). *Multiphase Science and Technology*, Vol. 6, (Springer, Berlin,

Germany).

Hewitt, G. F., Delhaye, J. M. and Zuber, N. (1992). Multiphase science and technology, Vol. 7, CRC Press.

Kawahara, A., Sadatomi, M. A., Nakamoto, Y. and Masuda, T. (2011). Study of interfacial friction force for bubble flows in a 2×1 channel simplifying BWR, *J. Engineering for Gas Turbines and Power*, Vol. 133.

Kobelak, J. R., Liao, J. and Ohkawa, K. (2018). Simulation of JAERI downcomer effective water head experiments with WCOBRA/TRAC-TF2, *Proc. 26th Int. Conf. Nuclear Engineering, ICONE-26*, London, England, American Society of Mechanical Engineers.

Liao, J., Frepoli, C. and Ohkawa, K. (2015). Cold leg condensation model for analyzing loss-of-coolant accident in PWR, *Nucl. Eng. Des.*, Vol. 285, pp. 171-187.

Liao, J., Kobelak, J. R. and Ohkawa, K. (2017). Validation of the WCOBRA/TRAC-TF2 computer code against key large break LOCA phenomena using large scale test Facilities, *Proc. 17th International Topical Meeting on Nuclear Reactor Thermal Hydraulics, NURETH-17*, Xi'an, Shaanxi, China, Chinese Nuclear Society.

Mesina, G. L., Aumiller, D. L. and Buschman, F. X. (2014). Automated, highly accurate verification of RELAP5-3D, *Proc. 22nd International Conference on Nuclear Engineering, ICONE-22*, Prague, Czech Republic, American Society of Mechanical Engineers.

Ohkawa, K. and Frepoli, C. (2003). Simulation of Faraday waves in downcomer geometry of PWR with WCOBRA/TRAC, *Proc. 11th International Conference of Nuclear Engineering, ICONE-11*, Tokyo, Japan, Japan Society of Mechanical Engineers.

Ohkawa, K. and Frepoli, C. (2004). Assessment of downcomer entrainment test simulations with WCOBRA/TRAC, *Proc. 6th International Conference on Nuclear Thermal Hydraulics, Operations and Safety, NUTHOS-6*, Nara, Japan.

Ohkawa, K. (2007). Assessment of homogeneous non-equilibrium relaxation critical flow model, *Proc. 15th International Conference on Nuclear Engineering*, ICONE15(Nagoya, Japan), Paper 10708, Japan Society of Mechanical Engineers.

Osakabe, M., Yonomoto, T., Kukita, Y., Koizumi, Y. and Tasaka, K. (1988). Core liquid level depression due to manometric effect during PWR small break LOCA: Effect of core bypass, *J. Nucl. Sci. Tech.*, 25(3), pp. 274-282.

Patton, M. L. (1978). Semiscale Mod-3 test program and system description, NUREG/CR 0239, TREE-NUREG-1212, Idaho National Engineering Laboratory, Idaho Falls, ID, USA.

Reeder, D. L. (1980). LOFT system and test description (5.5-ft nuclear core 1 LOCES), NUREG/CR-0247, TREE-1208, change 1, changes attached to letter from N. C. Kaufman to R. E. Tiller, "Transmittal of change 1 to NUREG/CR-0247, TREE-1208", Kau-216-78, Idaho National Engineering Laboratory, Idaho Falls, ID, USA.

Salay, M. A. (2001). Evaluation of interfacial drag models for use in TRAC-M rod bundle components with validation against steady-state and transient boil-off experiments, Dissertation, University of Maryland, College Park, MD, USA.

Shockling, M. A. and Frepoli, C. (2008). Assessment of compensating error in the WCOBRA/TRAC-TF2 thermal-hydraulic code, *Proc. 2008 International Congress on Advances in Nuclear Power Plant*, Anaheim, CA, USA, American Nuclear Society.

Sudo, Y. and Akimoto, H. (1982). Downcomer effective water head during reflood in postulated PWR LOCA, *J. Nucl. Sci. Tech.*, Vol. 19, pp. 34-45.

The ROSA-IV Group(1985). ROSA IV Large Scale Test Facility(LSTF) system description, JAERI-M 84-237, Japan Atomic Energy Research Institute.

The ROSA-IV Group(1989). Supplemental description of ROSA-IV/LSTF with No. 1 simulated fuel-rod assembly, JAERI-M 89-113.

U. S. Nuclear Regulatory Commission(2005). Best-estimate calculations of emergency core cooling system performance, regulatory guide 1. 157.

U. S. Nuclear Regulatory Commission (2005). Transient and accident analysis methods, Regulatory Guide 1. 203.

Wilson, G. E. and Boyack, B. E. (1998). Role of the PIRT process in experiments, code development and code applications associated with reactor safety analysis, *Nucl. Eng. Des.*, Vol. 186, pages 22-37.

5.5 验证试验数据源的汇编

5.5.1 清单 A:临界流动试验数据参考

轻水堆安全分析的一个重要方面是预测主系统破裂或泄漏的最大(或临界)质量流量的能力。在相关的实验项目中,最常引用的试验是 1977 年中至 1979 年 12 月在瑞典的一个跨国项目 Marviken 全尺寸设施上进行的试验。这个项目共完成了 27 项试验,包括从一个全尺寸的反应堆容器中通过一个大直径的排放管将水和蒸汽的混合物排放到试验管口。参考文献 A1 总结了这些试验。

除了 Marviken 系列试验,其余参考文献还涵盖了临界流幅度研究、模型开发和验证。

[A1] Studsvik Energiteknik, A. B. (1982). The Marviken full-scale critical flow tests, Vol. 1, Summary Report, EPRI/NP-2370, Electric Power Research Institute.

[A2] Alamgir, M. D. and Lienhard, J. H. (1981). Correlation of pressure undershoot during hot-water depressurization, *Trans. ASME, J. Heat Transfer*, Vol. 103, pp. 52-55.

[A3] Amos, C. N. and Schrock, V. E. (1983). Critical discharge of initially subcooled water through slits, NUREG/CR-3475, U. S. Nuclear Regulatory Commission.

[A4] Anderson, J. L. and Benedetti, R. L. (1986). Critical flow through small pipe break, EPRI/NP-4532, Electric Power Research Institute.

[A5] Ardron, K. H. and Ackerman, M. C. (1978). Studies of the critical flow of subcooled water in a pipe, RD/B/N 4299, Central Electricity Generating Board, Berkeley, England.

[A6] Ardron, K. H. and Bryce, W. M. (1990). Assessment of horizontal stratification entrainment model in RELAP5/MOD2 by comparison with separate effects experiment, *Nucl. Eng. Des.*, Vol. 122, pp. 263-271.

[A7] Bajorek, S. M., *et al.* (1992). Westinghouse code qualification document for best estimate loss of coolant accident analysis, Volume 1: Models and correlations, WCAP-12945-P-A, Vol. 1, Westinghouse Electric

Corporation.

[A8] Boivin, J. V. (1979). Two-phase critical flow in long nozzles, *Nucl. Tech*, Vol. 46, pp. 540-545.

[A9] Bryers, R. W., Hsieh, W. W., Hunter, J. A. and Sieder, E. N. (1966). Study of two-phase metastable flow, U. S. Department of Interior, Office of Saline Water, R&D Progress Report No. 234.

[A10] Celata, G. P., Cumo, M., D'Annibale, F. and Farello, G. E. (1988). The influence of non-condensible gas on two-phase critical flow, *Int. J. Multiphase Flow*, Vol. 14, 2, pp. 175-187.

[A11] Craya, A. (1949). Experimental research on the flow of non-homogeneous fluids, *LeHouille Blanche*, Vol. 4, pp. 56-64, la Société Hydrotechnique de France.

[A12] Cruver, J. E. (1963). Metastable critical flow of steam water mixtures, Ph. D. Dissertation, Department of Chemical Engineering, University of Washington.

[A13] Danforth, J. L. (1941). Flow of hot water through a rounded orifice, M. S. Dissertation, Department of Mechanical Engineering, Massachusetts Institute of Technology.

[A14] Doa, L. T. C. and Carpenter, J. M. (1980). Experiment data report for LOFT nuclear small-break experiment L3-5/L3-5A, NUREG/CR-1695, EGG-2060, Idaho Falls, ID, USA.

[A15] Elias, E. and Lellouche, G. S. (1994). Two-phase critical flow, *Int. J. Multiphase Flow*, Vol. 20, Supplement, pp. 91-168.

[A16] Fauske, H. K. (1962). Contribution to the theory of two-phase, one component critical flow, ANL-6633, Argonne National Laboratory, Lemont, IL, USA.

[A17] Fincke, J. R. and Collins, D. R. (1981). The correlation of two-dimension and non-equilibrium effects in subcooled choked nozzle flow, NUREG/CR-1907, EGG-2081, Idaho National Laboratory, Idaho Falls, ID.

[A18] Guizovarn, L., Pinet, B., Barriere, G. and Pietri, D. (1975). Etude expermentale des debits critiques en ecoulement diphasiques eau vapeur a faible titre dans un canal avec divergent de 7° a des transports thermiques, Note T. T. No. 501, Department de Transfert et Conversion D'Energie, Service des Transports Thermiques, Centre D'Etudes Nucleaires de Grenoble.

[A19] Henry, R. E. (1970). An experimental study of low quality, steam-water critical flow at moderate pressures, ANL-7740, Argonne National Laboratory, Lemont, IL, USA.

[A20] Holmes, B. J. and Allen, E. J. (1998). A review of critical flow data for pressurised water reactor safety studies, *Multiphase Science and Technology*, Vol. 10, pp. 141-302.

[A21] Illic, V., Banerjee, S. and Behling, S. (1986). A qualified database for the critical flow of water, EPRI-NP-4556, Electric Power Research Institute, University of California, Santa B arbara.

[A22] Jeandey, C., Gros D'Aillon, L., Bourgin, R. and Barriere, G. (1981). Auto vaporization d'ecoulements eau/vapeur, Report T. T. No. 163, Departement des Reacteurs a Eau, Service des Transferts Thermiques, Centre D'Etudes Nucleaires de Grenoble.

[A23] Jones, O. C., Jr. (1980). Flashing inception in flowing liquids, *Trans. ASME*, *J. Heat Transfer*, Vol. 102, pp. 439-444.

[A24] Lubin, B. T. and Springer, G. S. (1967). The formation of a dip on the surface of a liquid draining from a tank, *J. Fluid Mechanics*, Vol. 29, pp. 385-390.

[A25] Maciaszek, T. and Memponteil, A. (1986). Experimental study on phase separation in a tee junction for steam-water stratified inlet flow, European two-phase flow group meeting, Paper C2, Munich, Germany.

[A26] Moon, Y. M. and No, H. C. (2003). Offtake and slug transition at t-junction of vertical-up branch in the horizontal pipe, *J. Nucl. Sci. Tech.*, Vol. 40, 5, pp. 317-324.

[A27] Morrison, A. F. (1977). Blowdown flow in the BWR BDHT test apparatus, GEAP-21656, General Electric Company.

[A28] Neusen, K. F. (1969). Optimizing of flow parameters for the expansion of very low-quality steam, UCRL-6152, University of California, Lawrence Radiation Laboratory.

[A29] Ohkawa, K. (2007). Assessment of homogeneous non-equilibrium relaxation critical flow model, *Proc. 15th International Conference on Nuclear Engineering, ICONE15*, Nagoya, Japan, Paper 10708, Japan Society of Mechanical Engineers.

[A30] Reocreux, M. (1974). Contribution a l'etude des debits critiques en econlement diphasique eau-vapeur, Ph. D. Thesis, Universite Scientifique et Medicale de Grenoble, France.

[A31] Schrock, V. E., *et al.* (1986). Small break critical discharge—The roles of vapor and liquid entrainment in a stratified two-phase region upstream of the break, NUREG/CR-4761, U. S. Nuclear Regulatory Commission.

[A32] Schrock, V. E., Starkman, E. S. and Brown, R. A. (1977). Flashing flow of initially subcooled water in convergent-divergent nozzles, *J. Heat Transfer*, Vol. 99, 2, pp. 263-268.

[A33] Seynhaeve, J. M. (1980). Etude experimentale des ecoulements diphasiques critiques a faible titre, Doctoral thesis, Department Thermodynamique et Turbomachines, Universite Catholique de Louvain.

[A34] Seynhaeve, J. M., Giot, M. M. and Fritte, A. A. (1976). Non-equilibrium effects on critical flow rates at low qualities, *Proc. CSNI Specialist Meeting on Transient Two-phase Flow*, Toronto, CA, Vol. 2, pp. 672-688.

[A35] Smoglie, C. and Reimann, J. (1986). Two-phase flow through small branches in a horizontal pipe with stratified flow, *Int. J. Multi-Phase Flow*, 12(4), pp. 609-626.

[A36] Sozzi, G. L. and Sutherland, W. A. (1975). Critical flow of saturated and subcooled water at high pressure, NEDO-13418, General Electric Company.

[A37] Yonomoto, T. and Tasaka, K. (1988). New theoretical model for two-phase flow discharge from stratified two-phase region through small break, *J. Nucl. Sci. Tech.*, 25(5), pp. 441-455.

[A38] Zaloudek, F. R. (1964). Steam-water critical flow from high pressure systems, HW-80535, Hanford Atomic Products Operation, General Electric Company, Richland, WA, USA.

[A39] Zuber, N. (1980). Problem in modeling of small break LOCA, NUREG-0724, U. S. Nuclear Regulatory Commission.

5.5.2 清单 B:水位膨胀试验参考

堆芯周围冷却剂的分布对系统压力和流体温度非常敏感,在泄压系统中,冷却剂中产生的蒸汽会导致混合液位膨胀,这通常会促进传热。然而,随着蒸汽产生量的减少,冷却剂体积会收缩,使堆芯上部区域暴露于干涸状态下。除 5.3.1.3 节和 5.3.1.4 节所述工作外,以下引文均描述了研究液位膨胀而进行的关键试验。

[B1] Anklam, T. M., Miller, R. J. and White, M. D. (1982). Experimental investigations of uncovered bundle heat transfer and two-phase mixture level swell under high pressure low heat flux conditions, NUREG/CR-

2456, ORNL-5848, Oak Ridge National Laboratory.

[B2] Andreychek, T. S. (1981). Heat transfer above the two-phase mixture level under core uncovery conditions in a 336-rod bundle, EPRI/NP-1692, Vol. 1 and 2, Electric Power Research Institute, Westinghouse Electric Company.

[B3] Findlay, J. A. and Sozzi, G. L. (1981). BWR refill-reflood program B model qualification task plan, EPRI/NP-1527, NUREG/CR-1899, GEAP-24898, General Electric Company.

[B4] Guo, Z., Kumamaru, H. and Kukita, Y. (1993). Critical heat flux for rod bundle under high-pressure boil-off conditions, JAERI-M 93-238, Japan Atomic Energy Research Institute.

[B5] Hochreiter, L. E., Cheung, F. -B., Lin, T. F., Miller, D. J. and Lowery, B. R. (2016). Rod bundle heat transfer facility two-phase mixture level swell and uncovery test experiments data report, NUREG/CR-7218, Volumes 1 and 2, Nuclear Regulatory Commission, Pennsylvania State University.

5.5.3 清单 C:后临界热流密度传热试验参考

临界热流密度是指在加热过程中发生相变(如在加热水的金属表面形成气泡)现象的热极限,这种现象突然降低了传热效率,从而导致受热面局部过热。临界热流密度设定了核反应堆中可能出现的最大功率,因此临界热流密度得到了大量的研究。以下是通常引用的文章,反映了轻水堆中常见的工况。

[C1] Anklam, T. M., Miller, R. J. and White, M. D. (1982). Experimental investigations of uncovered bundle heat transfer and two phase mixture level swell under high pressure low heat flux conditions, NUREG/CR 2456, ORNL-5848, Oak Ridge National Laboratory.

[C2] Cadek, F. F., Dominicis, D. P., Yeh, H. C. and Leyse, R. H. (1972). PWR FLECHT final report supplement, WCAP-7931, Westinghouse Electric Company.

[C3] Conway, C. E., Hochreiter, L. E., Krepinevich, M., Massie Jr., H. W., Rosal, E. R. and Howard, R. C. (1977). PWR FLECHT Separate Effects and System Effects Test (SEASET) program plan, NRC/EPRI/Westinghouse-1, U. S. Nuclear Regulatory Commission.

[C4] Cunningham, J. P., Fayfich, R. R., Mendler, O. J. and Steer, R. W. (1974). ECCS heat transfer experiments with upper head injection, Volume 1: Test facility, procedures and data, WCAP-8400, Westinghouse Electric Corporation.

[C5] Cunningham, J. P., Gray, A. D., Mendler, O. J. and Steer, R. W. (1975). G-2 facility forced flooding tests with a 17 × 17 rod array — Volume 1: Test facility, procedures, and data, WCAP-8551, Westinghouse Electric Corporation.

[C6] Gottula, R. C., Condie, K. G., Sundaram, R. K., Neti, S., Chen, J. C. and Nelson, R. A. (1985). Forced convective, nonequilibrium post-CHF heat transfer experiment data and correlation comparison report, NUREG/CR-3193, EGG-2245, Idaho National Engineering Laboratory, Idaho Falls, ID, USA.

[C7] Hochreiter, L. E., *et al.* (1976). G-2, 17 × 17 refill heat transfer test and analysis, WCAP-8793, Westinghouse Electric Corporation.

[C8] Ihle, P. and Rust, K. (1984). FEBA—Flooding Experiments with Blocked Arrays, data report 1, Test Series I through IV, Kernforschungszentrum Karlsruhe, Germany.

[C9] Lee, N., Wong, S., Yeh, H. C. and Hochreiter, L. E. (1982). PWR FLECHT SEASET unblocked bundle, forced and gravity reflflood task data evaluation and analysis report, NUREG/CR-2256, WCAP-9891, Westinghouse Electric Corporation.

[C10] Loftus, M. J., Hochreiter, L. E., Conway, C. E., Dodge, C. E. and Wong, S. (1981). PWR FLECHT-SEASET unblocked bundle, forced and gravity reflood task data report, Vols. 1 and 2, NUREG/CR-1532, WCAP-9699, Westinghouse Electric Corporation

[C11] Morris, D. G., Mullins, C. B. and Yoder, G. L. (1982). An analysis of transient film boiling of high-pressure water in a rod bundle, NUREG/CR-2469, ORNL/NUREG-85, Oak Ridge National Laboratory, Oak Ridge, TN, USA.

[C12] Mullins, C. B., Felde, D. K., Sutton, A. G., Gould, S. S., Morris, D. G. and Robinson, J. J. (1982). Thermal-hydraulic test facility experimental data report for test 3. 03. 6AR and test 308. 6C — Transient film boiling in upflow, Vol. 2 and 5, NUREG/CR-2525, ORNL/NUREG/TM-407, Oak Ridge National Laboratory, Oak Ridge, TN, USA.

[C13] Rosal, E. R., Hochreiter, L. E., McGuire, M. F. and Krepinevich, M. C. (1975). FLECHT low flooding rate cosine test series data report, WCAP-8651, Westinghouse Electric Corporation.

[C14] Rosal, E. R., Conway, C. E. and Krepinevich, M. C. (1977). FLECHT low flooding rate skewed test series data report, WCAP-9108, Westinghouse Electric Corporation.

[C15] Yoder, G. L., Mullins, D. G., Ott, C. B. and Reed, D. A. (1982). Dispersed flow film boiling in rod bundle geometry-steady-state heat transfer data and correlation comparisons, NUREG/CR-2435, ORNL-5822, Oak Ridge National Laboratory, Oak Ridge, TN, USA.

5.5.4 清单 D:环路水封清除试验参考

在西屋压水堆冷管段小破口失水事故期间,在蒸汽将液体从主环路水封中清除之前,堆芯液位暂时降低。如果应急堆芯冷却剂在清除后重新注入环路水封,则环路水封清除和相关堆芯液位下降可能会重复发生。下面的引文介绍了一些关键的实验结果和对环路水封清除和再充水现象的研究。

[D1] Ishii, M. and Grolmes, M. A. (1975). Inception criteria for droplet entrainment in two-phase concurrent film flow, *AIChE J.*, 21(2), pp. 308-318.

[D2] Koizumi, Y. and Tasaka, K. (1988). Quick look report for ROSA-IV/LSTF 10% cold leg break LOCA test, SB-CL-14, JAERI-M 63-262, Japan Atomic Energy Research Institute.

[D3] Kukita, Y., Katayama, J., Nakamura, H. and Tasaka, K. (1990). Loop seal clearing and refilling during a PWR small break LOCA, *Nucl. Eng. Des.*, Vol. 121, pp. 431-440.

[D4] Kumamaru, H., Nakamura, H. and Kazuo, H. (1989). ROSA-IV/LSTF 5% cold leg break LOCA experiment run SB-CL-18 data report, JAERI-M 89-027, Japan Atomic Energy Research Institute.

[D5] Liebert, J. and emmerling, R. (1998). UPTF experiment flow phenomena during full-scale loop seal clearing of a PWR, *Nucl. Eng. Des.*, Vol. 179, pp. 51-64.

[D6] Ohvo, J., Bánáti, J., Tuomainen, M., Kalli, H. and Tuunanen, J. (1998). Simulation of full-scale UPTF loop seal experiments with APROS, CATHARE and RELAP, *Proc. 6th International Conference on Nuclear Engineering, ICONE6*, San Diego, CA, USA, Paper 6090, American Society of Mechanical Engineers.

[D7] Pushkina, O. L. and Sorokin, Y. L. (1969). Breakdown of liquid film motion in vertical tubes,

Heat Transfer-Soviet Research, Vol. 1, No. 5.

[D8] Richter, H. J. (1981). Flooding in tubes and annuli, *Int. J. Multiphase Flow*, 7(6), pp. 647-658.

[D9] Taitel, Y. and Dukler, A. E. (1976). A model for predicting flow regime transitions in horizontal and near horizontal gas-liquid flow, *AIChE J.*, 22(1), pp. 47-55.

[D10] Tuomisto, H. and Kajanto, P. (1988). Two phase flow in a full scale loop seal facility, *Nucl. Eng. Des.*, Vol. 107, pp. 295-305.

5.5.5 清单E:水平管流动试验参考

因为重力垂直于流动方向,故水平两相管流动显示出与垂直两相流不同的流型。水平管内的两相流比垂直管内的两相流更为复杂,因为在重力作用下,流动通常不是轴对称的。以下是经常被引用的文章。

[E1] Anoda, Y., Kukita, Y., Nakamura, N. and Tasaka, K. (1989). Flow regime transition in high-pressure large-diameter horizontal two-phase flow, *Proc. 26th ASME/AICHE/ANS National Heat Transfer Conference*, Philadelphia, PA, USA, pp. 61-68, American Society of Mechanical Engineers.

[E2] Barnea, D. and Taitel, Y. (1993). Stability criteria for stratified flow: viscous versus non-viscous (inviscid) approaches, *Int. J. Multiphase Flow*, 19(4), pp. 639-649.

[E3] Asaka, H., Kukita, Y., Anoda, Y., Nakamura, H. and Tasaka, K. (1991). Improvement of TRAC-PF1 interfacial drag model for analysis of high-pressure horizontally-stratified two-phase, *Flow, J. Nucl. Sci. Tech.*, 28(1), pp. 33-44.

[E4] Crowley, C. J., Wallis, G. B. and Barry, J. J. (1992). Validation of one-dimensional wave model for the stratified to slug flow regime transition with consequences for wave growth and slug frequency, *Int. J. Multiphase Flow*, 18(2), pp. 249-271.

[E5] Kawaji, K., Anoda, Y., Nakamura, H. and Tasaka, T. (1987). Phase and velocity distributions and holdup in high-pressure steam/water stratified flow in a large diameter horizontal pipe, *Int. J. Multiphase Flow*, 13(2), pp. 145-159.

[E6] Kukita, Y., Asaka, H., Mimura, Y., Anoda, Y., Ishiguro, M., Nemoto, T. and Tasaka, K. (1990). Developmental assessment of RELAP5/MOD3 code against ROSA-IV TPTF horizontal two-phase experiments, JAERI-M-90-053, Japan Atomic Energy Research Institute.

[E7] Nakamura, H., Tanaka, M., Tasaka, T., Koizumi, Y. and Murata, H. (1983). System description for ROSA IV Two Phase Flow Test Facility (TPTF), JAERI-M-83-042, Japan Atomic Energy Research Institute.

[E8] Taitel, Y. and Dukler, A. E. (1976). A model for predicting flow regime transitions in horizontal and near horizontal gas-liquid flow, *AIChE Journal*, 22(1), pp. 47-55.

[E9] Wallis, G. B. and Dobson, J. E. (1973). The onset of slugging in horizontal stratified air-water flow, *Int. J. Multiphase Flow*, Vol. 1, pp. 173-193.

5.5.6 清单F:冷管段冷凝试验参考

冷管段冷凝是指注入堆芯应急冷却系统的水和驻留在压水堆冷却剂环路中的饱和两相冷却剂,在失水事故喷放后的直接接触冷凝,这种直接接触冷凝会影响反应堆压力容器中再充水/再淹没速度的效果,包括反向流动限制和下降段沸腾。根据混合的完整性,相对于标称重力驱动流,再充水/再淹没速率将降低或增加,下面列出了一些常用的试验报告和其他文献。

[F1] 2D/3D program upper plenum test facility experimental data report (1990). Test No. 25, Downcomer/cold leg steam/water interaction test, E314/90/11, Siemens/KWU.

[F2] 2D/3D program upper plenum test facility experimental data report (1988). Test No. 8, Cold/hot leg flow pattern test, U9 316/88/12, Siemens/KWU.

[F3] Boileau, H. (1988). Condensation on safety injection, EP/TA/DC. 0771, Framatome.

[F4] emmerling, R., Hertlein, R., Jakob, G., Strobel, R. and Winkler, F. (1988). UPTF: Program and system description, U9 414/88/023, Siemens.

[F5] Gros d'Aillon, M. (1987). Essais de condensation en regime permanent (COSI report), SETh/LETC/87-45.

[F6] The ROSA-IV Group (1985). ROSA-IV Large Scale Test Facility (LSTF) system description, JAERI-M 84-237, Japan Atomic Energy Research Institute.

[F7] Kawaji, M., *et al.* (1986). ROSA-IV/LSTF 5% cold leg break LOCA experiment data report: Run SB-CL-05, JAERI-M 61-056, Japan Atomic Energy Research Institute.

[F8] Jonicot, A. and Bestion, D. (1993). Condensation modeling for ECC injection, *Nucl. Eng. Des.*, Vol. 145, pp. 37-45.

[F9] MPR Associates (1992). Summary of results from the UPTF cold leg flow regime separate effects tests, comparison to previous scaled tests, and application to U. S. pressurized water reactors, MPR-1208, MPR Associates, Inc., Alexandria, VA, USA.

5.5.7 清单 G:反向流动限制试验参考

反向流动限制是指液体与蒸汽流动方向相反的状态。在失水事故安全分析中,这是一个特别值得关注的问题,因为在某些情况下,堆芯应急冷却系统流体可能不会流入堆芯,并且不提供冷却来帮助实现最终的底部再淹没。除了5.3.2.1节中确定的与反向流动限制试验和建模相关的工作外,以下也是一组经常引用的文献。

[G1] Hsieh, C. L., Bankoff, S. G., Tankln, R. S. and Yuen, M. C. (1980). Countercurrent air/water and steam/water flow above a perforated plate, NUREG/CR-1808, U. S. Nuclear Regulatory Commission, Northwestern University. Evanston, IL, USA.

[G2] Jones, D. D. (1977). Test report TLTA components CCFL tests, NEDG-NUREG-23732, General Electric Company.

[G3] Bankoff, S. G., Tankln, R. S., Yuen, M. C. and Hsieh C. L. (1981). Countercurrent flow of air/water and steam/water through a horizontal perforated plate, *Int. J. Heat Mass Transfer*, 24(8), pp. 1381-1395.

[G4] Dukler, A. E. and Smith, L. (1979). Two phase interactions in counter-current flow: Studies of the flooding mechanism, NUREG/CR-0617, U. S. Nuclear Regulatory Commission, University of Houston, TX, USA.

[G5] Hewitt, G. F. and Wallis, G. B. (1963). Flooding and associated phenomena in falling film flow in a tube, AERE-R 4022, United Kingdom Atomic Energy Agency.

5.5.8 清单 H:下降段沸腾试验参考

下降段管壁通过两种机制影响堆芯应急冷却系统性能:降低进入堆芯的冷却剂过冷度和沿下降段沸腾的冷却剂质量损失。虽然在大破口失水事故期间,下降段中的沸腾可能随时发生,但对堆芯冷却的最大影响发生在安注箱注射结束后的后期再淹没期间。此时来自堆芯应急冷却系统的冷却剂流量有阶跃变化,因此随着冷却剂驱动热量的降低,下降段液位将开始下降,同时,冷却剂过冷度从下降段金属质量中消失。当冷却剂饱和时会发生汽化,这进一步降低下降段液位。关于下降段沸腾的引用著作选集如下。

[H1] Sudo, Y. (1980). Estimation of average void fraction in vertical two-phase flow channel under low liquid velocity, *J. Nucl. Sci. Tech.*, Vol. 17, pp. 1-15.

[H2] Sudo, Y. and Akimoto, H. (1982). Downcomer effective water head during reflood in postulated PWR LOCA, *J. Nucl. Sci. Tech.*, Vol. 19, pp. 34-45.

[H3] Sudo, Y. and Murao, Y. (1978). Experiment of the downcomer effective water head during a reflood phase of PWR LOCA, JAERI-M 7978, Japan Atomic Energy Research Institute.

[H4] Sudo, Y., Murao, Y. and Akimoto, H. (1980). Experimental results of the effective water head in downcomer during reflood phase of a PWR LOCA (2nd report, 50mm Gap Size), JAERI-M 8978, Japan Atomic Energy Research Institute.

5.5.9 清单 I:LOFT 试验参考

LOFT 设施最初设计于 1963 年,用于全面调查商用压水堆大破口失水事故的后果。非核试验始于 1976 年,第一个试验系列——非核冷却剂流失实验(LOCE),于 1978 年 4 月完成,第一次核大破口冷却剂流失实验发生在 1978 年 12 月。宾夕法尼亚州哈里斯堡附近的三哩岛事故之后,新的相关问题出现了,到 1982 年底 LOFT 设施进行了 43 次非核试验和核试验,包括小破口到大破口、无紧急停堆的预期瞬态、全厂断电和丧失给水。表 5.3 按试验 ID、描述日期和报告编号列出了一些很重要的试验,随附的参考列表提供了这些报告的完整引文,以及其他失流试验相关引用文章。

表 5.3 LOFT 试验报告

试验 ID	描述/日期	报告编号
L2-2	大破口失水事故试验/1978 年 12 月	[I17]
L2-3	大破口失水事故试验/1979 年 05 月	[I21]

续表

试验 ID	描述/日期	报告编号
L3-0	小破口失水事故试验/1979 年 05 月	[I15]、[I20]
L3-1	小破口失水事故试验/1979 年 11 月	[I6]、[I9]、[I11]、[I12]
L3-2	小破口失水事故试验/1980 年 02 月	[I18]
L3-7	小破口失水事故试验/1980 年 06 月	[I14]
L3-5	小破口失水事故试验/1980 年 09 月	[I11]、[I13]
L3-5A	小破口失水事故试验/1980 年 09 月	[I13]
L3-6	小破口失水事故试验/1980 年 12 月	[I11]
L3-3	小破口失水事故试验/1981 年 04 月	[I18]
L2-5	大破口失水事故试验/1981 年 06 月	[I10]
L5-1	中间断裂失水事故试验/1981 年 09 月	[I16]
LP-02-6	经合组织大破口失水事故试验/1983 年 10 月	[I7]
LP-LB-1	经合组织大破口失水事故试验/1984 年 02 月	[I8]

5.5.9.1 程序描述/试验程序总结/设施描述报告

[I1] Fell, J. and Modro, S. M. (1990). OECD LOFT project: An account of the OECD LOFT project, OECD LOFT-T-3907, Organization for Economic Co-operation and Development, Idaho National Engineering Laboratory, Idaho Falls, ID, USA.

[I2] McPherson, G. D. (1979). The LOFT facility and test program, presentation at GRS-Fachgespräch (Munich, Germany), CONF-791124-1, EG&G Idaho, Inc., Idaho Falls, ID, USA.

[I3] Modro, S. M., Aksan, S. N., Berta, V. T. and Wahba, A. B. (1988). OECD LOFT project: Review of LOFT large break experiments, OECD LOFT-T-3900, Organization for Economic Co-operation and Development, Idaho National Engineering Laboratory, Idaho Falls, ID, USA.

[I4] Nalezny, C. L. (1985). Summary of the Nuclear Regulatory Commission's LOFT program research findings, NUREG/CR-3005, EGG-2231, Idaho National Engineering Laboratory, Idaho Falls, ID, USA.

[I5] Reeder, D. L. (1978). LOFT system and test description (5.5-ft. nuclear core 1 LOCEs), NUREG/CR-0247, TREE-1208, Idaho National Engineering Laboratory, Idaho Falls, ID, USA.

5.5.9.2 试验和分析报告

[I6] Adams, J. P. (1979). Quick-look report on LOFT nuclear experiment L3-1, EGG-LOFT-5057, Idaho National Engineering Laboratory, Idaho Falls, ID, USA.

[I7] Adams, J. P., Condie, K. G. and Batt, D. L. (1983). Quick-look report on OECD LOFT experiment LP-02-6, OECD LOFT-T-3404, Organization for Economic Co-operation and Development, Idaho National Engineering Laboratory, Idaho Falls, ID, USA.

[I8] Adams, J. P. and Birchley, J. C. (1984). Quick-look report on OECD LOFT experiment LP-LB-1, OECD LOFT-T-3504, Organization for Economic Co-operation and Development, Idaho National Engineering Laboratory, Idaho Falls, ID, USA.

[I9] Bayless, P. D., Marlow, J. B. and Averill, R. H. (1980). Experiment data report for LOFT nuclear small break experiment L3-1, NUREG/CR-1145, EGG-2007, Idaho National Engineering Laboratory, Idaho Falls, ID, USA.

[I10] Bayless, P. D. and Divine, J. M. (1982). Experiment data report for LOFT large break loss-of-coolant experiment L2-5, NUREG/CR-2826, EGG-2210, Idaho National Engineering Laboratory, Idaho Falls, ID, USA.

[I11] Condie, K. G., Kee, E., Modro, S. and Chen, T. (1981). Four-inch equivalent break loss-of-coolant experiments: Post-test Analysis of LOFT experiments L3-1, L3-5 (pumps off), and L3-6 (pumps on), EGG-LOFT-5480, Idaho National Engineering Laboratory, Idaho Falls, ID, USA.

[I12] Czapary, L. S. (1980). LOFT L3-1 preliminary comparison report, EGG-CAAP-5255, Idaho National Engineering Laboratory, Idaho Falls, ID, USA.

[I13] Dao, L. T. L. and Carpenter, J. M. (1980). Experiment data report for LOFT nuclear small break experiment L3-5/L3-5A, NUREG/CR-1695, EGG-2060, Idaho National Engineering Laboratory, Idaho Falls, ID, USA.

[I14] Gillas, D. L. and Carpenter, J. M. (1980). Experiment data report for LOFT nuclear small break experiment L3-7, NUREG/CR-1570, EGG-2049, Idaho National Engineering Laboratory, Idaho Falls, ID, USA.

[I15] Jarrell, D. B. (1979). Quick-look report on LOFT non-nuclear experiment L3-0, QLR-L-3-0, Idaho National Engineering Laboratory, Idaho Falls, ID, USA.

[I16] Jarrell, D. B. and Divine, J. M. (1981). Experiment data report for LOFT intermediate break experiment L5-1 and severe core transient experiment L8-2, NUREG/CR-2398, EGG-2136, Idaho National Engineering Laboratory, Idaho Falls, ID, USA.

[I17] McCormick-Barger, M. (1979). Experiment data report for LOFT power ascension test L2-2, NUREG/CR-0492, TREE-1322, Idaho National Engineering Laboratory, Idaho Falls, ID, USA.

[I18] McCormick-Barger, M. L., Carpenter, J. M., Marlow, J. B. and Ploger, S. A. (1980). Experiment data report for LOFT nuclear small break experiment L3-2, NUREG/CR-1311, EGG-2016, Idaho National Engineering Laboratory, Idaho Falls, ID, USA.

[I19] McCormick-Barger, M. L. and Divine, J. M. (1981). Experiment data report for LOFT anticipated transient with multiple failures experiment L9-1 and small break experiment L3-3, NUREG/CR-2119, EGG-2101, Idaho National Engineering Laboratory, Idaho Falls, ID, USA.

[I20] Prassinos, P. G. (1979). Experiment data report for LOFT nonnuclear small break experiment L3-0, NUREG/CR-0959, TREE-1390, Idaho National Engineering Laboratory, Idaho Falls, ID, USA.

[I21] Prassinos, P. G., Galusha, B. M. and Engleman, D. B. (1979). Experiment data report for LOFT power ascension experiment L2-3, NUREG/CR-0792, TREE-1326, Idaho National Engineering Laboratory (Idaho Falls, ID, USA).

[I22] Russell, M. L. (1983). Loss-of-fluid findings in pressurized-water-reactor core's thermal hydraulic behavior, EGG-M-08882, Idaho National Engineering Laboratory, Idaho Falls, ID, USA.

[I23] Tolman, E. L., Driskell, W. E. and Carboneau, M. L. (1981). Comparison of nuclear and electric heater rod responses for large break PWR LOCA conditions, EGG-LOFT-5529, Idaho National Engineering Laboratory, Idaho Falls, ID, USA.

5.5.10 清单 J:Semiscale 试验参考

Semiscale 试验装置最初的任务和主要目标是作为试验平台,为失流试验的设计提供信息。Semiscale 试验装置是通过一系列称为“模组”的设施演变而来,这些模组设计用于模拟商用西屋四回路压水堆,但模组 1 的标高按失流试验进行了缩放。Semiscale 的模组包含了大型压水堆中的大部分主要部件:泵、蒸汽发生器和电加热堆芯容器的主回路。由于该系统是非核级系统,因此有可能建立广泛而精确的测量系统。

1979—1985 年,由美国核管会赞助的 EG&G 爱达荷公司开展了 Semiscale 小破口失水事故实验项目,旨在评估假想事故情景下压水堆系统的行为。在 Semiscale 模组-1、模组-3、模组-2A、模组-2B 和模组-2C 上进行了大量的小破口试验,以获得小破口失水事故序列中具有代表性的热工水力响应数据,并建立了分析模型开发和评估的实验数据库,Semiscale 对改善小破口失水事故的现象学理解有很大贡献。表 5.4 按试验 ID、试验说明和试验报告列出了几个更重要的试验,随附的参考文献提供了这些报告的完整引文,以及其他半比例相关引文的选择。

表 5.4 Semiscale 试验报告

试验 ID	试验说明/日期(设施型号)	细节	报告编号
S-UT-6	带上封头注入的小破口失水事故 1980 年 12 月至 1982 年 10 月(模组 2A)	5%冷管段破裂,4%旁路流量,带有高压安注,包壳峰值温度约为 0K/660K	[J3]
S-UT-8	带上封头注入的小破口失水事故 1980 年 12 月至 1982 年 10 月(模组 2A)	5%冷管段破裂,1.1%旁路流量,带有高压安注,包壳峰值温度约为 624K/764K	[J4]
S-LH-1	小破口失水事故研究堆芯旁路对堆芯水位下降的影响 1984 年 10 月至 1986 年 2 月(模组 2C)	5%冷管段破裂,0.9%旁路流量,带有高压安注,包壳峰值温度约为 624K/764K	[J5]
S-LH-2	小破口失水事故研究堆芯旁路对堆芯水位下降的影响 1984 年 10 月至 1986 年 2 月(模组 2C)	5%冷管段破裂,3%旁路流量,带有高压安注,包壳峰值温度约为 0K/620K	[J6]
S-NC-2	自然循环试验 1980 年 12 月至 1982 年 10 月(模组 2A)	1.5%功率/3.0%功率/5.0%功率	[J7]
S-NC-3	自然循环试验 1980 年 12 月至 1982 年 10 月(模组 2A)	3%二次侧质量变化的功率	[J7]
S-07-10	小破口失水事故 1978 年 6 月至 1979 年 10 月(模组 3)	10%冷管段破裂,包壳峰值温度约 1145K(1601°F)	[J8]
S-07-10D	小破口失水事故 1978 年 6 月至 1979 年 10 月(模组 3)	10%冷管段破裂,包壳峰值温度约 1060K(1448°F)	[J9]

5.5.10.1 程序描述/试验程序总结/设施描述报告

[J1] Loomis, G. G. (1985). Summary of Semiscale small-break loss-of-coolant accident experiments (1979 to 1985), NUREG/CR-4393, EGG-2419, Idaho National Engineering Laboratory, Idaho Falls, ID, USA.

[J2] Loomis, G. G. (1987). Summary of the Semiscale program, 1965-1986, NUREG/CR-4945, EGG-2509-SEMI-R6, Idaho National Engineering Laboratory, Idaho Falls, ID, USA.

5.5.10.2 试验与分析报告

[J3] Larson, R. A. and Clegg, L. B. (1981). Experiment data report for Semiscale mod-2A small break test series (tests S-UT-6 and S-UT-7), NUREG/CR-2355, EGG-2132, Idaho National Engineering Laboratory, Idaho Falls, ID, USA.

[J4] Leonard, M. T. (1982). Vessel coolant mass depletion during a small break LOCA, EGG-SEMI-6010, Idaho National Engineering Laboratory, Idaho Falls, ID, USA.

[J5] Larson, R. A., Klingler, E. and Sackett, K. E. (1986). The Semiscale mod-2C small-break (5%) configuration report for experiments S-LH-1 and S-LH-2, EGG-RTH-7199, Idaho National Engineering Laboratory, Idaho Falls, ID, USA.

[J6] O'Connell, T. M. (1981). Experiment data report for Semiscale MOD-2A natural circulation tests S-NC-2B, S-NC-3, and S-NC-4B, NUREG/CR-2454, EGG-2141, Idaho National Engineering Laboratory, Idaho Falls, ID, USA.

[J7] Sackett, K. E. (1980). Experiment data report for Semiscale mod-3 small break test S-07-10 (baseline test series), NUREG/CR-1456, EGG-2035, Idaho National Engineering Laboratory, Idaho Falls, ID, USA.

[J8] Sackett, K. E. and Clegg, L. B. (1980). Experimental data report for Semiscale mod-3 small break test S-07-10D (baseline test series)", NUREG/CR-1641, EGG-2065, Idaho National Engineering Laboratory, Idaho Falls, ID, USA.

[J9] Shimeck, D. J. (1980). Analysis of Semiscale mod-3 small break tests S-07-10 and S-07-10D, EGG-SEMI-5201, Idaho National Engineering Laboratory, Idaho Falls, ID, USA.

5.5.11 清单 K：ROSA-Ⅳ测试参考

1980 年，日本原子能研究所启动了 ROSA-IV 计划，并于 1985 年完成了大比例测试装置（LSTF）的建造，模拟了大型西屋压水堆的设计。它的原型部件高度、大回路管道直径、原型压力水平、模拟系统控制和堆芯功率水平足以模拟小破口失水事故典型的长期瞬态衰变功率。堆芯区域由 1008 根全高电热棒组成，配置在典型的西屋压水堆 17×17 燃料部件栅元中。模拟燃料棒的总数相当于参考压水堆 1/48 的体积比例。考虑到公用事业资源的实际限制，大型试验装置的最大堆芯功率为 $10MW_t$，小于或等于比例额定功率的 14%。这是有史以来最大的全电热工水力试验设施。表 5.5① 按试验 ID 和说明（日期、断裂尺寸和条

① 本表中出现的缩略语在相关的参考文献中有定义。

件)以及参考文献列出了几个更重要的试验,随附的参考文献列表提供了这些报告的完整引文,以及其他与 LSTF 相关的引文,前两个特别有用。

表 5.5 ROSA-IV 试验系列描述及相关技术报告

运行 ID	日期	破裂	工况	报告编号
SB-CL-01	1985-05-30	2.5%冷管段破裂	冷管段 w/o HPI(支管上的孔口)	[K10]、[K11]
SB-CL-05	1985-06-26	5%冷管段破裂	冷管段 w/o HPI,w/AFW(支管上的孔口)	[K8]、[K28]、[K36]
SB-CL-02	1985-06-26	2.5%冷管段破裂	冷管段 w/o HPI,底部断裂(支管上的孔口)	[K10]、[K11]
SB-CL-03	1985-08-08	2.5%冷管段破裂	冷管段 w/o HPI,顶部断裂(支管上的孔口)	[K10]、[K11]
ST-NC/SG-01	1985-12-04	5%功率自然循环	回流降至约 50%水装量,二回路液位持续下降	[K14]、[K17]、[K36]
ST-NC/SG-02	1985-12-04	2%功率自然循环	回流到堆芯未冷却部分,然后二回路液位逐步下降	[K6]、[K15]、[K17] [K36]、[K30]、[K31]
SB-CL-06	1986-01-23	5%冷管段破裂	冷管段,侧部破裂(支管上的孔口),对应于半比例装置 S-LH-1,半比例装置功率	[K28]、[K36]
SB-CL-07	1986-03-06	5%冷管段破裂	冷管段,侧部破裂(支管上的孔口),容器内部排气阀在 60s 时开启 JAERI-旧功率时	[K28]、[K36]
SB-LS-01	1986-03-27	5%环路水封破裂	环路水封破裂,w/HPI,JAERI-旧功率,LOOP	[K36]
SB-CL-08	1986-07-10	5%冷管段破裂	冷管段 w/o HPI,w/o AFW,侧部破裂(支管上的孔口),JAERI -旧功率,LOOP。两个安注箱第一次分别连接到 CLA 和 CLB	[K16]、[K18]、[K20]、[K36]
SB-HL-01	1986-07-30	5%热管段破裂	热管段侧部破裂,JAERI -旧功率,w/o HPI,w/o AFW,侧部破裂(支管上的孔口),LOOP	[K36]、[K21]
SB-CL-09	1986-08-28	10%冷管段破裂	冷管段 w/o HPI,侧部破裂(支管上的孔口),JAERI -旧功率,LOOP	[K35]
SB-PV-01	1986-12-17	0.5%下腔室	下腔室破裂 w/o HPI,w/o AFW,RECV:在加热→电源跳闸后,HPI 到 CL	[K19]、[K23]、[K33]
ST-NC/SG-04	1987-02-26	<10%自然循环 w/堆芯功率	热管段 CCFL,U 形管 CCFL	[K14]、[K17]

续表

运行ID	日 期	破 裂	工 况	报告编号
SB-CL-11	1987-04-21	0.5%冷管段破裂	冷管段 w/o HPI, w/o AFW, 侧部破裂(支管上的孔口)JAERI-旧功率 RECV:堆芯加热(2528s)后发生 HPI, AFW(3293s), 二回路降压。w/ARV(3515s 间歇性打开)	[K5]
SB-PV-02	1987-06-09	0.5%顶部热管段	顶部 w/o HPI, w/o AFW。RECV:堆芯加热后发生 HPI	[K23]
SB-HL-02	1987-06-30	10%热管段破裂	热管段 w/o HPI, w/o AFW, 侧部破裂(支管上的孔口), JAERI-旧功率	[K20]
SB-CL-12	1987-07-29	0.5%冷管段破裂	冷管段 w/o HPI, w/o AFW, 侧部破裂(孔口冲洗 w/管段表面)	[K22]、[K23]
SB-HL-03	1987-10-21	0.5%热管段破裂	热管段 w/o HPI, w/o AFW, 侧部破裂(孔口冲洗 w/管段表面)。RECV:堆芯加热后发生 HPI	[K23]
SB-CL-14	1987-12-21	10%冷管段破裂	冷管段 w/o HPI, w/o AFW, 侧部破裂(支管上的孔口), JAERI -新功率	[K12]
SB-CL-15	1988-01-26	0.5%冷管段破裂	冷管段 w/o HPI, w/o AFW, 底部破裂(孔口冲刷 w/管段表面), JAERI -旧功率	[K4]、[K13]
SB-CL-16	1988-03-02	0.5%冷管段破裂	冷管段 w/o HPI, w/o AFW, 顶部破裂(孔口冲刷 w/管段表面), JAERI -旧功率	[K4]、[K13]
SB-HL-04	1988-03-29	10%热管段破裂	热管段 w/o HPI, w/o AFW, 顶部破裂(孔口冲刷 w/管段表面), JAERI -新功率。结果:DAS 部分失效	[K24]
SB-CL-18	1988-05-25	5%冷管段破裂	冷管段 w/o HPI, w/o AFW, 侧部破裂(支管上的孔口), JAERI -旧功率。重复 SB-CL-08w/ 改进的 SGDP 测量。CSNI-ISP-26	[K7]、[K27]
SB-HL-07	1989-05-22	10%热管段破裂	热管段 w/o HPI, w/o AFW, 顶部破裂(支管上的孔口), JAERI -新功率, 例证 3(与 SH4 相当)	[K22]
ST-LS-01	1989-10-12	10%冷管段破裂	环路水封再充水#7, 10%冷管段破裂(支管上的孔口), Pt. 1SG 冷却效应(cf. SKD)具有增强的泄压能力, 锁紧的安全和释放阀打开。Pt. 2 热管段注射对 HL 和 CL 的影响分别为 1kg/s 和 4kg/s	[K26]
ST-VF-01	1989-11-15	堆芯空泡份额测量	在高压、稳态、沸腾条件下的堆芯空泡份额测量。利用分段堆芯 DP 测量	[K3]

续表

运行 ID	日 期	破 裂	工 况	报 告 编 号
SB-CL-24	1990-03-01	0.5%冷管段破裂	冷管段破裂(冲刷),JAERI-旧功率,w/o HPI,w/o AFW,LOOP。RECV:二回路降压 w/卸压阀在 100K/h,在 600s 启动,程序控制。模拟德国程序	[K34]
SB-PR-02	1990-06-27	0.5%	稳压器顶部破裂(卡住-打开 PORV),JAERI-旧功率,w/o HPI,w/o AFW,LOOP。SG 二次侧初始液位为 8.5m	[K23]
TR-RH-03	1990-09-26		中回路操作过程中 RHR 损失,在 SG 进口端存在 w/热管段坝和一个开口	[K9]
SB-SG-06	1991-06-21		模拟 Mihama-2 SGTR(第二次尝试)。破损的 SG ARV 被解除 1 次(而尝试 Mihama 被解除 3 次)	[K37]
SB-SG-07	1991-07-10		设计-基准 SGTR。使用了与 SB-CL-04 至 SB-CL-06 相同的破裂管口。试验假设丧失了场外电源和 PORV 的可用性。用一个比例面积 ARV 模拟了完整的 SG 二次侧的降压	[K20]
SB-CL-27	1992-09-17	冷管段破裂	冷管段破裂 w/模拟堆芯补给水箱注入下降段。使用安注热水箱代表 AP600CMT。压力平衡线是在之前的中断期间建立的,连接稳压器和冷管段到 CMT(安注箱-热水箱)	[K38]
ST-NC-17	1996-04-23		低压条件下的自然循环。二次侧压力接近大气压力。1.3%堆芯功率	[K30]

JAERI-M84-237(K1)“ROSA-IV 大比例试验装置(LSTF)系统描述”,为解释 LSTF 实验获得的实验数据提供了必要的背景信息,信息包括 LSTF 试验目标和方法、LSTF 设计原理、部件和几何描述、仪器和数据采集系统描述以及将要进行的实验大纲。

JAERI-M89-113(K2)“ROSA-IV/LSTF 带 1 号模拟燃料棒组件的补充说明”,描述了 1985 年 3 月至 1988 年 8 月,使用 1 号模拟燃料棒组件在 LSTF 进行的 42 次压水堆小破口失水事故瞬态综合模拟试验。该报告中描述了有关系统硬件和测量系统修改的补充信息,系统特性试验的结果,包括主系统的初始流体质量储量和热损失分布,以及加热棒材料的热特性。除系统描述报告(JAERI-M84-237)中给出的系统数据外,这些数据对于确定 1 号堆芯部件每个 LSTF 实验的正确边界条件都是必要的。

5.5.11.1 程序描述/测试程序摘要/设施描述报告

[K1] The ROSA-IV Group(1985). ROSA IV Large Scale Test Facility(LSTF) system description, JAERI-M 84-237, Japan Atomic Energy Research Institute.

[K2] The ROSA-IV Group(1989). Supplemental description of ROSA-IV/LSTF with No. 1 simulated fuel-rod assembly, JAERI-M 89-113, Japan Atomic Energy Research Institute.

5.5.11.2 试验与分析报告

[K3] Anoda, Y., Kukita, Y. and Tasaka, K. (1990). Void fraction distribution in rod bundle under high pressure conditions, *Advance in Gas-Liquid Flows*, *Proc. ASME Winter Annual Meeting*, ASME FED, Vol. 99, pp. 283-289.

[K4] Asaka, H., Kukita, Y., Yonomoto, T., Koizumi, Y. and Tasaka. K. (1990). Results of 0.5% cold-leg small-break LOCA experiments at ROSA-IV/LSTF: Effect of break orientation, *Experimental Thermal and Fluid Science*, Vol. 3, pp. 588-596.

[K5] Asaka, H. and Kukita, Y. (1995). Intentional depressurization of steam generator secondary side during a PWR small-break loss-of-coolant accident, *J. Nucl. Sci. Tech.*, 32(2), pp. 101-110.

[K6] Chauliac, C., Kukita, Y., Kawaji, M., Nakamura, H. and Tasaka, K. (1988). Post-test analysis with RELAP5/MOD2 of ROSA-IV/LSTF natural circulation test ST-NC-02, JAERI-M 88-215, Japan Atomic Energy Research Institute.

[K7] Glaeser, H., Wickett, T., Chojnacki, E., D'Auria, F. and Perez, C. L. (2000). OECD/CSNI uncertainty methods study for "best estimate" analysis, *International Meeting on Best-Estimate Methods in Nuclear Installation Safety Analysis*(*BE-2000*), American Nuclear Society.

[K8] Kawaji, M., *et al.* (1986). ROSA-IV/LSTF 5% cold leg break LOCA experiment data report, run SB-CL-05, JAERI-M 61-056, 1986, Japan Atomic Energy Research Institute.

[K9] Kimber, Y., *et al.* (2000). RELAP5 validation against ROSA-IV/LSTF data, *International Meeting on Best-Estimate Methods in Nuclear Installation Safety Analysis*(*BE-2000*), American Nuclear Society.

[K10] Koizumi, Y., *et al.* (1987). ROSA-IV/LSTF 2.5% Cold leg break LOCA experiment data report for runs SB-CL-01, 02 and 03, JAERI-M 62-399, Japan Atomic Energy Research Institute.

[K11] Koizumi, Y., Asaka, H., Kumamaru, H., Osakabe, M., Tasaka, K. and Mimura, Y. (1988). Investigation of break orientation effect during cold leg small-break LOCA at ROSA-IV LSTF, *J. Nucl. Sci. Tech.*, 25(9), pp. 690-703.

[K12] Koizumi, Y. and Tasaka, K. (1988). Quick look report for ROSA-IV/LSTF 10% cold leg break LOCA test, SB-CL-14, JAERI-M 63-262, Japan Atomic Energy Research Institute.

[K13] Koizumi, Y. and Tasaka, K. (1988). Quick look report for ROSA-IV/LSTF 0.5% cold leg break LOCA tests, SB-CL-15 and SB-CL-16, JAERI-M 63-344, Japan Atomic Energy Research Institute.

[K14] Kukita, Y., Osakabe, M., Anoda, Y., Barre, F., Nakamura, H. and Tasaka, K. (1987). Flooding at steam generator inlet and its impacts on simulated PWR natural circulation, FED-Vol. 61, Winter Annual Meeting of the ASME, Boston, MA, 13-18 December 1987, Japan Atomic Energy Research Institute.

[K15] Kukita, Y., Nakamura, H., Tasaka, K. and Chauliac, C. (1988). Nonuniform steam generator Utube flow distribution during natural circulation tests in ROSA-IV large-scale test facility, *Nucl. Sci. Eng.*, Vol. 99, pp. 289-298.

[K16] Kukita, Y., Anoda, Y., Nakamura, H. and Tasaka, K. (1988). Steam generator primary side voiding during a small-break loss-of-coolant accident in a Westinghouse-type pressurized water reactor, *Thermal Hydraulics of Nuclear Steam Generators/ Heat Exchangers, Proc. ASME Winter Annual Meeting*, ASME HTD Vol. 102, pp. 29-37.

[K17] Kukita, Y., Nakamura, H., Anoda, Y. and Tasaka, K. (1989). Hot leg flow characteristics during two-phase natural circulation in pressurized water reactor, *Proc. 4th International Topical Meeting on Nuclear Reactor Thermal Hydraulics, NURETH-4*, pp. 465-470.

[K18] Kukita, Y., Kazuo, H. and Koizumi, Y. (1990) Data report for ROSA-IV LSTF 5% cold leg break LOCA experiment run SB-CL-08, JAERI-M 89-220, Japan Atomic Energy Research Institute.

[K19] Kukita, Y., Asaka, H., Nakamura, H. and Tasaka, K. (1990). Pressurized water reactor core instrument tube ruptures: Experimental simulation at the ROSA-IV LSTF, *Nucl. Eng. Des.*, Vol. 120, pp. 249-257.

[K20] Kukita, Y., Hirata, K. and Gotou, H. (1990). Data report for ROSA-IV LSTF 10% hot leg break experiment RUN SB-HL-02, JAERI-M 90-039, Japan Atomic Energy Research Institute.

[K21] Kukita, Y., Hirata, K. and Gotou, H. (1990). Data report for ROSA-IV LSTF 5% hot leg break experiment run SB-HL-01, JAERI-M 89-225, Japan Atomic Energy Research Institute.

[K22] Kukita, Y., Katayama, J., Nakamura, H. and Tasaka, K. (1990). Loop seal clearing and refilling during a PWR small break LOCA, *Nucl. Eng. Des.*, Vol. 121, pp. 431-440.

[K23] Kukita, Y., Tasaka, K., Asaka, H., Yonomoto, T. and Kumamaru, H. (1990). The effect of break location on PWR small break LOCA: Experimental study at the ROSA-IV LSTF, *Nucl. Eng. Des.*, Vol. 122, pp. 255-262.

[K24] Kukita, Y., Nakamuram, H. and Hiroyuku, S. (1991). Data report for ROSA-IV LSTF 10% hot leg break experiment RUN SB-HL-04, JAERI-M 91-040, Japan Atomic Energy Research Institute.

[K25] Kukita, Y., Anoda, Y. and Tasaka, K. (1991). Summary of ROSA-IV LSTF first-phase test program — Integral simulation of PWR small-break LOCAs and transients, *Nucl. Eng. Des.*, Vol. 131, pp. 101-111.

[K26] Kukita, Y., Nakamura, H., Schultz, R. R. and Katayama, J. (1993). Quasi-static core liquid level depression and long-term core uncovery during a PWR LOCA, *Nuclear Safety Journal*, 34(1), pp. 33-48.

[K27] Kumamaru, H., Nakamura, H. and Kazuo, H. (1989). ROSA-IV/LSTF 5% cold leg break LOCA experiment RUN SB-CL-18 data report, JAERI-M 89-027, Japan Atomic Energy Research Institute.

[K28] Osakabe, M., Chauliac, C., Yonomoto, T., Koizumi, Y., Kawaji, M. and Tasaka, K. (1987). Core liquid level depression due to manometric effect during PWR small break LOCA: Effect of break area, *J. Nucl. Sci. Tech.*, 24(2), pp. 103-110.

[K29] Osakabe, M., Yonomoto, T., Kukita, Y., Koizumi, Y. and Tasaka, K. (1988). Core liquid level depression due to manometric effect during PWR small break LOCA: Effect of core bypass, *J. Nucl. Sci. Tech.*, 25(3), pp. 274-282.

[K30] Sasyadi, S. and Yonomoto, T. (2005). Analysis on non-uniform flow in steam generator during steady-state natural circulation cooling, JAERI-Research 2005-011, 2005, Japan Atomic Energy Research Institute.

[K31] Stumpf, H., Motley, H. F., Schultz, R. R., Chapman, J. C. and Kukita, Y. (1987). Reverse primary-side flow in steam generators during natural circulation cooling, *Proc. ASME Winter Annual Meeting*, ASME FED

Vol. 61, ASME HTD Vol. 92, pp. 103-109.

[K32] Suzuki, M. and Tasaka, K. (1987). Simulation test of PWR instrument tube break LOCA in ROSA-IV program, *J. Nucl. Sci. Tech.*, 24(12), pp. 1070-1072.

[K33] Suzuki, M. (1989). Break location effects on PWR small break LOCA phenomena — Inadequate core cooling in lower plenum break test at LSTF, JAERI-M 88-271, Japan Atomic Energy Research Institute.

[K34] Suzuki, M. and Anoda, Y. (2000). ROSA/LSTF Experiment report for RUN SB-CL-24 repeated core heatup phenomena during 0.5% cold leg break LOCA, JAERI-Tech 2000-016, Japan Atomic Energy Research Institute.

[K35] Suzuki, M. and Nakamura, H. (2008). A study on ROSA/LSTF SB-CL-09 test simulating PWR 10% cold leg break LOCA — Loop-seal clearing and 3D core heat-up phenomena, JAEA-Research 2008-087, Japan Atomic Energy Agency.

[K36] Tasaka, K., Kukita, Y., Koizumi, Y. and Nakamura, H. (1988). The results of 5% small break LOCA tests and natural recirculation tests at the ROSA-IV LSTF, *Nucl. Eng. Des.*, Vol. 108, pp. 37-44.

[K37] Watanabe, T. and Kukita, Y. (1993). Analysis of ROSA-IV/LSTF experiment simulating the Mihama unit-2 steam generator U-tube rupture incident by using RELAP5/MOD2 code, JAERI-M 93-008, Japan Atomic Energy Research Institute.

[K38] Yonomoto, T., Saitou, S. and Kuroda, T. (1994). Data report for ROSA-IV LSTF gravity-driven safety injection experiment run SB-CL-27, JAERI-M 94-069, Japan Atomic Energy Research Institute.

[K39] Yonomoto, T. (2005). ROSA/LSTF experiments of PWR natural circulation and validation of RELAP5/MOD3.3, *Proc. 2nd Research Coordination Meeting on the CRP on Natural Circulation Phenomena, Modeling and Reliability of Passive Safety Systems that Utilize Natural Circulation*, International Atomic Energy Agency, Corvallis, OR, USA.

第6章 相似和比例

José N. Reyes, Jr. , Cesare Frepoli①

6.1 引　言

整体系统试验(IST)设施在核电厂设计、评估和取证中起着关键作用,如第5章所述,利用这些设施获得的数据已应用于最佳估算安全分析计算机程序的对标,这些程序被用于评估核电厂安全,一体化系统试验设施被用于模拟事故条件下评估安全系统功能的有效性。

比例分析是确定评估模型是否适用于预期目的的一个重要组成部分,评估模型只能在原型上粗略估计假设事件的物理行为,对其充分判断在很大程度上依赖它预测整体效应试验的能力,这些试验设计用于模拟原型所分析的事件。除了少数例外,其他的整体效应试验都是它们所代表核电厂的一个子比例代表。随着热工水力计算机程序软件与整体系统试验数据库的对标,对分析人员来说最重要的挑战是整体系统试验和核电厂之间令人信服的比例相似的开发。除非这些规则明确确定,否则就不可能从计算工具与子比例数据对比的评估中扩展结论,进而得出核电厂的时间序列和几何比例。

正如Levy(1999)指出的那样,在处理单相流时量纲分析已经被证明是流动现象缩比的一个非常强大的工具。然而,整体系统中瞬态两相流和复杂的相互作用不能简单地通过量纲分析来实现缩比。这反映了一个事实,即整体系统的分析往往依赖计算机软件,而在求解所关心的物理问题过程中,软件也包含多个层次的近似。

---

① 也有来自Stephen Heagy的贡献。

6.1.1 历史演变

在大多数科学探索中，现象学研究的准则都涉及比例范围。虽然比例范围随着现象的复杂程度变化，但通常可以认为现象出现在以下三个领域：

(1) 宏观或系统尺度，表现为多种现象的整体和耦合效应，即整个反应堆在正常、瞬态或事故条件下的耦合响应；

(2) 中间或部件尺度，表现为发生在一个整体系统内的特定区域、隔间或部件中的弱耦合或分离现象学效应；

(3) 现象、过程或局部尺度，表现为特定几何位置发生的现象。

研究整体系统效应的实验通常是在可模拟原型的缩比试验装置中进行的，在中间尺度或部件尺度上模拟现象的实验通常是以几何缩比来模拟原型部件内的"分离影响"。在过程尺度上表现的基础现象需要高分辨率的测量才能将其显现，这通常是在小型实验室或"桌面"环境中完成的。

当全尺度试验不切实际时（例如，电功率或建筑规模的限制），就会进行缩比实验。理想情况下，实验会显示出定性和定量的相似性，这意味着在模型中显示的物理现象及其可测量的性能指标与设计的原型相同。

比例分析广泛地包含了量纲分析和相似性的方法，这些方法将现象的数学描述转化为用无量纲数表示的特征数。对于相对简单的物理过程，可以通过确定一组适当的无量纲数，并根据规定的要求和约束，优化自由参数（通常是几何）来实现缩比。例如，流体流动和传热特性对许多工程系统的安全非常重要，尤其是像核电厂这类的复杂系统。

核能系统中的相似涉及在多个尺度上实现现象耦合，在发展这项技术的过程中，比例分析研究的资助大多来自美国核管会（其前身是原子能委员会）、能源部和商业的核电公司。最早研究的比例方法是线性相似或雷诺相似，类似于前面提到的例子。在涉及能量或动量沿路径损耗或增加的线性比例现象中，如摩擦和换热，当长度直径比保持不变时可以很好地表示出来。线性相似是最简单形式的几何相似，几何相似也包含体积相似，即体积比例在试验装置与原型之间保持一致。体积和功率通常同时缩放，因为这是在试验装置中保持质量和能量分布的必要条件。

在稳态流动系统中，满足几何相似往往就足够了，然而在动态过程的研究中，如压力容器的加压或降压。几何比例假设可能引入现象学的失真，尤其是时间比例的等效性通常会丧失，这意味着试验装置和原型之间局部质量、动量和能量的变化率的一致性会丧失。保持长度比例的等效和体积呈比例保证了速度的等效，从而保持了时间比例，这本质上就是运动学相似的定义。但是，同时满足几何相似与运动学相似并不能保证现象学中所有的力被保持,这便称为动力学相似。力的缩比失真的一个常见例子是管道摩擦,这是关于管道直径的函数,即相对于体积(和功率)不呈比例地缩放,以确保运动学相似性。因此,从硬件设备角度来看,严格的比例关系不可能同时维持长度、高度、面积、体积和压降的关系。在1970年和1971年进行的Semiscale试验装置喷放和应急堆芯冷却试验提供了一个大范围公开的示例,说明了为什么线性几何相似用于模拟压水堆应急堆芯冷却系统的安注行为时是一种不充分的比例方法(Olson,1972)。

由于在复杂系统中,原型和缩比试验装置之间实际上无法实现完全相似,比例失真不可避免,因此当前核工业中应用的比例分析是按照研究、确定优先次序、实施和验证的流程严格实施的。

在核工业中,第一个进行这种表述的人是Mamoru Ishii(Ishii和Jones,1976),Mamoru Ishii的方法识别了用于整体系统试验设计的尺度层次结构。在试验目标所确定的优先层次上识别出的现象中,较高层次的现象优先于较低层次的现象。一般来说,在设计试验装置(长度、时间和力的比例)时,优先考虑因素间的平衡导致了全高、全压、功率体积比的设计,以保证选定的几何缩比部件(如堆芯和蒸汽发生器)的宏观尺度的目标,同时在现象尺度上保持线性比例(长度与直径比),其他部件或部件特征的保持可以通过试验控制程序(如泵和反应堆功率)来实现。

后来,Novak Zuber将Mamoru Ishii的方法规范化,以适用于一般的工程试验、软件设计及确认。他的多级双向比例(H2TS)(Zuber,1991)方法根据工程目标将试验的优先级与计算机软件适用性的复杂结构相结合,反之亦然。它已成功用于设计俄勒冈州立大学的整体系统试验装置,包括先进核电厂实验装置(APEX),该装置是西屋和美国能源部用于支持AP 600和AP1000设计认证(Vertes,1989;Reyes,1994)项目的一部分;此外,还有美国能源部多用途小型轻水堆(MASLWR)的试验装置(Modro,2002)、美国核管会的APEX-CE试验装置、Nu Scale整体系统试验(NIST-1)装置(Houser等,2013)、mPower整体系统试验(Martin等,2016)。在文献(Hochreiter等,2010)中也将多级双向比例分析方法用于单项效应试验的比例分析。

多级双向比例方法的成功在于提供了一种全面、可追溯的缩比方法,它能够对所研究整体系统响应过程的重要性进行排序,因此有助于分析人员和实验人员在收集试验数据或证明资料的过程中确定优先级,以支持被审查工程设施的可接受性。

在引入多级双向比例分析方法后,研究人员还开发了其他方法来弥补识别出的H2TS方法中的缺陷,Novak Zuber在21世纪初提出了分形比例分析方法。

近年来，Reyes 开发了动态系统比例方法，旨在基于一个连贯的数学框架完善对系统随时间变化响应特征的描述。这些方法有共同的特点，但侧重于比例分析的不同方面，因此往往是互补的。本节描述比例方法，并提供实际应用的示例。

6.1.2 电厂认证的合格数据

值得注意的是，用于支持核电厂取证的试验需要严格遵守质量保证（QA）计划，此计划在开始试验之前就要制订、批准以及实施。该计划在整个试验程序中保持有效，并且可以根据数据的使用方式而有所不同。质量保证计划应关注对试验中影响数据质量的方面进行控制。对于缩比热工水力试验装置来说，数据就是产品。通常，这些数据主要用于安全分析所用计算机软件的基准题测试。取证过程中只允许使用合格的数据，关于特定的试验项目所需的质量保证大纲，可以从实验室或监管机构寻求。

比例分析可以用来支持试验项目的质量保证计划，方法是识别试验装置的特征（如几何和运行特征）必须被控制，以确保重要的热工水力现象在设施中得到准确的模拟。适用的质量保证标准示例见《美国联邦法规法典》第 10 卷第 50 部分附录 B（U. S. Nuclear Regulatory Commission，2017）和由美国机械工程师协会发布的 NQA-1，还必须执行 10 CFR 21 的报告要求。

管理导则 RG 1.203 介绍了可用于开发核电厂安全分析模型的评估模型开发及评价流程（U. S. Nuclear Regulatory Commission，2005）。评估模型开发及评价流程包括四个关键要素，其中两个关键要素相似。在要素 2（开发评价基础）中，步骤 6 需要进行比例分析，并为整体效应试验和单项效应试验确定相似准则。要素 2 中的步骤 8 需要评估整体效应试验的失真和单项效应试验比例放大能力的影响。在要素 4（评价评估模型充分性）中，步骤 15 需要对模型的可扩展性进行评价，步骤 19 需要对整体计算和数据扩展的失真进行评估。这里描述的多级双向比例方法主要关注评估模型开发及评价流程的要素 2。

6.1.3 比例分析目标

热工水力试验装置设计比例分析的总体目标是获得小型试验装置的物理尺寸和运行工况，以便能够模拟所研究系统的重要流动和传热行为。为了开发适当的缩比试验装置，人们关心的每个运行模式都必须满足以下具体目标：

（1）确定应建模的热工水力过程；

（2）获得试验装置与全尺寸原型间应保持的相似准则；

（3）为保持相似准则建立优先级；

(4) 提供试验装置设计的规范;

(5) 量化比例失真造成的偏差;

(6) 识别试验装置中那些必须保留以满足质量保证要求的关键特征。

实现这些比例分析目标是一个艰巨的挑战。因此,为了确保有组织的、清晰可追溯的方式实现这些目标,6.1.4 节将提供一种通用比例方法。

6.1.4 通用比例方法

这种比例方法的模型主要来自美国核管会在文献(Zuber,1991)中提出的严重事故比例方法,图 6.1 给出了通用比例方法的流程图,并提供了应用多级双向比例方法的研究范围。

通用比例方法概述的第一步是指定试验目标,试验目标定义了将要执行的试验类型以满足特定的设计或取证需求,这些目标决定了在试验装置中应模拟的一般运行模式。在单一试验装置中可以研究的内容有实际的限制,应尽早确定对试验装置及其限制的期望。

通用比例方法列出的第二步是开发现象识别与排序表(Wilson 和 Boyack,1998)。缩比的本质使得在缩比试验装置和全尺寸原型之间无法精确相似。因此,对所研究系统运行模式最重要的热工水力过程的模拟过程,是试验装置设计和运行的基础。现象识别与排序表的一个非常有价值的功能是识别事故序列的不同阶段以及应在试验装置中模拟的这些阶段中最重要的热工水力现象。

在现有现象识别与排序表中已经识别了许多失水事故期间对轻水堆行为具有重要意义的热工水力现象(Shaw 等,1985),因此进行文献综述以确定是否已经存有类似设计和瞬态工况的现象识别与排序表具有重要价值。需要注意的是,开发一个全面的现象识别与排序表需要全尺寸核电厂的信息。此外,比例分析结果将自然地识别特定过程中的主要热工水力现象,但它们对核电厂安全或运行的重要性是由现象识别与排序表决定的,6.2 节介绍了现象识别与排序表开发过程。

通用比例方法的第三步是通过实验目标和进一步定义的现象识别与排序表为每种运行模式进行比例分析,使用的方法基于多级双向比例方法,特别适合具有互连部件的复杂系统。

比例方法用于为每个运行模式开发一组相似标准,由于不可能同时满足所有相似准则,因此设置的准则将只包括必须满足的准则,用于模拟现象识别与排序表识别的最重要的现象。在获得了相关的一组相似准则后,可以导出一组比值来指定试验装置的物理尺寸、初始条件和边界条件。要为定义比例的方程组

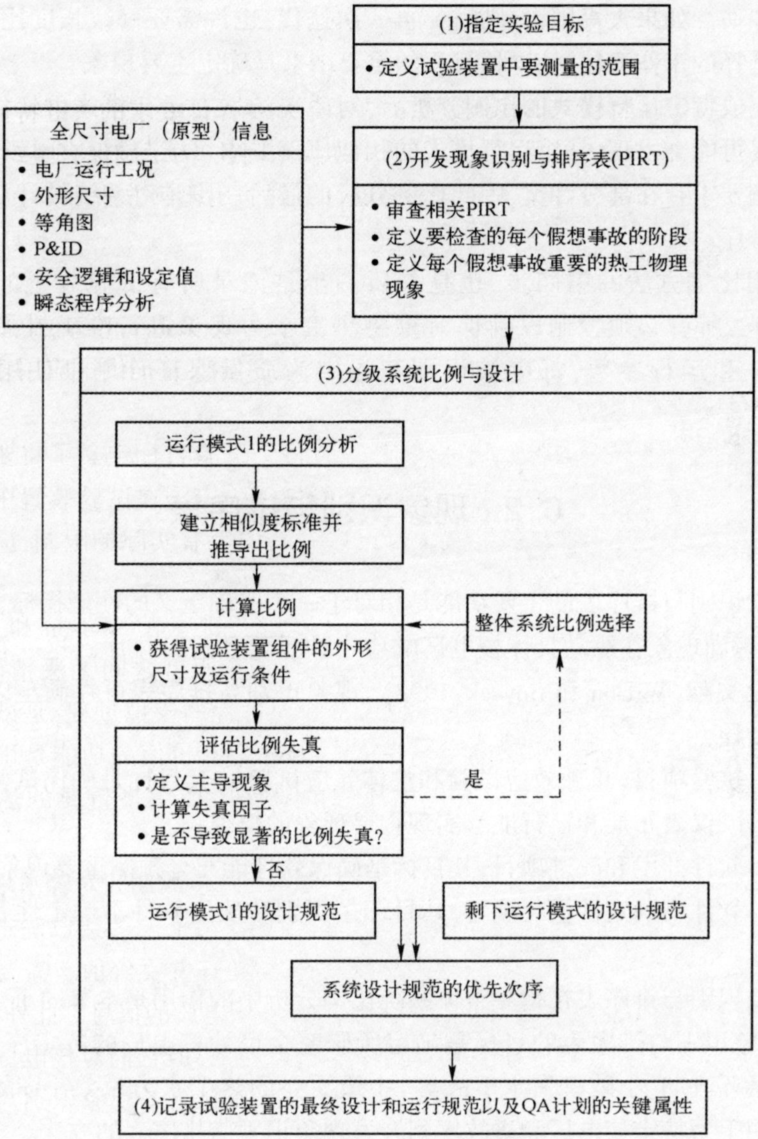

图 6.1　通用比例方法的流程图

提供定解条件，设计者必须定义长度比例和流动面积比例或体积比例。此外，设计人员可以灵活选择工作流体、压力范围和结构材料，下面将提供这些选择的基本原理的一些示例。

比例分析还需要对相似准则进行数值评估以确定所选比例模型几何形状、边界条件和运行工况是否会导致显著的比例失真，与其他运行模式相关的失真也需要评估。如果失真很大,则需要再一次迭代,也许需要修改长度比例、体积比例或选择的工作流体,该评估过程的重要结果是确定主要现象。

在完成特定运行模式的比例分析后,对系统的所有运行模式重复相同的过程。最终可能会发现,一个运行模式的相似比例要求可能与另一个运行模式的相似比例要求存在部分冲突,因此比例分析的最后一步是对系统设计规范进行优先级排序。

通用比例方法的第四步,也是最后一步是记录所有试验装置的设计和运行规范,所有必须控制以确保对重要热工水力现象进行准确模拟的基本几何特征和运行参数,都应被识别和指定为质量保证计划中使用的关键属性。

6.2 现象识别与排序表

现象识别与排序表的主要功能是相对于一个明确定义的性能指标,对系统、组件、过程和现象在驱动具体核电厂响应中的重要性进行排序。这一技术的详细描述见文献(Wilson 和 Boyack,1998),现象识别与排序表可在满足以下要求时提供指导:

(1) 试验项目(单项效应试验和整体效应试验),其目标是确保试验装置的比例、设计、仪表布局和运行能够实现重要现象的模拟;

(2) 软件开发和改进项目,其目标是确保软件能充分预测重要现象;

(3) 软件不确定性量化项目,其目标是识别和确定软件不确定性各种来源的重要度。

现象识别与排序表在指导整体系统比例分析中的作用是本节的重点。在这方面,现象识别与排序表的目标是确定所研究全尺寸核电厂的特定序列(如单相自然循环流动、小破口失水事故等)中最重要的热工水力现象。图 6.2 简要概述了用于为特定核电厂和事故序列开发现象识别与排序表的方法。

如图 6.1 中的概述通用比例方法所示,现象识别与排序表的开发需要已经确定在试验装置中要研究的事故序列类型,并获得了关于整个核电厂的大量数据。通常,现象识别与排序表开发人员由一个专家小组组成,该专家小组能够推断整个核电厂在所考虑的事故序列中的响应方式,以及用于预测这些响应模型的类型和能力,他们必须了解核电厂的运行工况、图纸、物理尺寸、安全逻辑及其设定值。通常情况下,用程序计算来深入了解所关心事故序列下核电厂的响应。

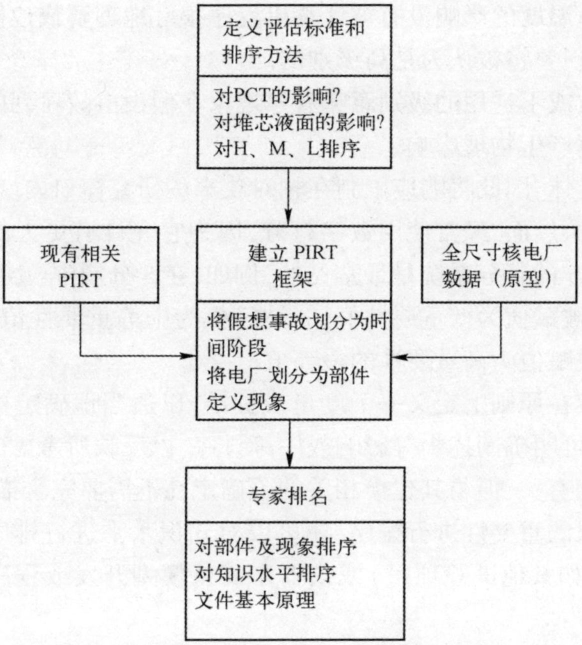

图 6.2　用于开发现象识别与排序表的流程

6.2.1 评价标准和排序比例

在建立了一个对整个核电厂有充分了解的专家小组之后，第一步是定义确定现象或部件重要性的基准和方法。这需要建立一套评估标准，通常与核电厂安全和排序系统有关。一个评价标准定义了该现象的影响范围相对于核电厂运行和排名系统定义的影响程度。下面介绍一个典型的小破口失水事故现象识别与排序表的评估标准和排序方法的示例。

评估标准：这一特定部件中的特殊现象在假想事故序列的这一阶段中如何影响燃料包壳峰值温度？

重要性等级：高(H)、中(M)、低(L)、看似可信(P)、不奏效或不适用(I)。

(1) 高级别意味着这种现象在事故序列的特定阶段对包壳峰值温度产生显著影响。

(2) 中等级别意味着这种现象在事故序列的特定阶段对包壳峰值温度有中等的影响。

(3) 低级别意味着这种现象在事故序列的特定阶段对包壳峰值温度的影响很小。

(4) 看似可信的级别意味着这种现象先前在其他设计中没有被评估过，或者它对包壳峰值温度的影响没有被计算机程序很好地理解或建模。为了试验装置的比例,这些现象将被认为是高级别的。

(5) 不奏效或不适用的级别意味着该现象在假设事故序列的特定阶段不会对包壳峰值温度产生物理影响。

评估相当具体,因此将响应限制在相对狭窄的研究窗口内。高、中或低比例是最容易适用的,然而,经常使用数字打分,因为它允许有更大的排序差异。数值为1~9和1~5的打分系统是最常见的,例如,在5分制中:①被赋值为低重要性的最低值,②被赋值为低重要性值,③被赋值为中等重要性值,④被赋值为高重要性值和⑤被赋值为高重要性的最高值。

专家小组应在原则上定义一个度量或标准,以适当地确定这些现象的相对重要性。例如,可明确阐述中等影响或中等排序,以反映所考虑的现象与确保系统响应的保真度有关,但与其建模相关的不确定性不需要完全描述。

除了对现象的重要性进行排序,还可以对知识水平进行排序以确定是否需要额外的数据(如其他试验项目)或仪器来支持模型开发或程序修改。知识水平通常评估如下:

(1) 知识水平4——众所周知,不确定性小;

(2) 知识水平3——已知,中度不确定性;

(3) 知识水平2——部分已知,不确定性大;

(4) 知识水平1——知识非常有限,不确定性无法表征。

6.2.2 现象识别与排序表框架

现象识别与排序表的布局,即表本身的结构,对于排序过程至关重要。首先,必须将感兴趣的事故序列分为定义良好的逻辑阶段;然后,必须将核电厂划分为该核电厂的关键系统,这些关键系统进一步细分为部件;最后,列出在瞬态的一个阶段中一个部件内可能发生的所有现象。这种将假设事故序列划分为阶段、将核电厂划分为系统和部件以及识别可能现象的过程需要大量的工作,并为现象识别与排序表奠定了框架。

6.2.3 专家排序方法和现象识别与排序表结果

专家小组采用各种技术就某一具体现象的等级达成共识,一种形式的排序技术,称为层次分析法(AHP),在文献(Saaty,1982)中有描述。该方法需要对现象进行两两比较,也就是说,专家一次只考虑两种现象,以确定哪一种更重要。在收集这些信息后,应用层次分析法来获得每个现象的相对重要性。最简单的排序方法是对每种现象进行小组讨论,然后进行专家投票。如果对某一排序的投票不一致,可进一步讨论以解决分歧,主席可提供折中排序,或默认采用最高排序。非常重要的是,确定的排序基准必须合理且有记录,建议记录审查过程,这在开发排序论据文件时是非常有价值的。

6.2.4 高排序现象

对于试验装置设计者来说,现象识别与排序表的最终结果是获得与整个核电厂相关的所有热工水力现象的列表和排序,这些现象将在试验装置中进行检查。至少,希望在试验装置中正确地模拟所有排序高的现象(在 5 分制上排名“H”或“4~5”),6.3 节讨论了这样做的方法。

6.3 多级双向比例方法

本节描述多级双向比例方法,该方法已成功用于开发各种单项效应试验和整体效应试验所必需的相似性准则。多级双向比例方法由美国核管会开发,并在文献(Zuber,1991)中得到了充分的描述。图 6.3 给出了多级双向比例分析方法的四个基本要素,第一个要素包括将核电厂细分为系统的层次结构,每个系统被细分为相互作用的子系统,这些子系统进一步细分为相互作用的模块,这些模块进一步细分为相互作用的成分(材料),然后是相互作用的相(液体、蒸汽或固

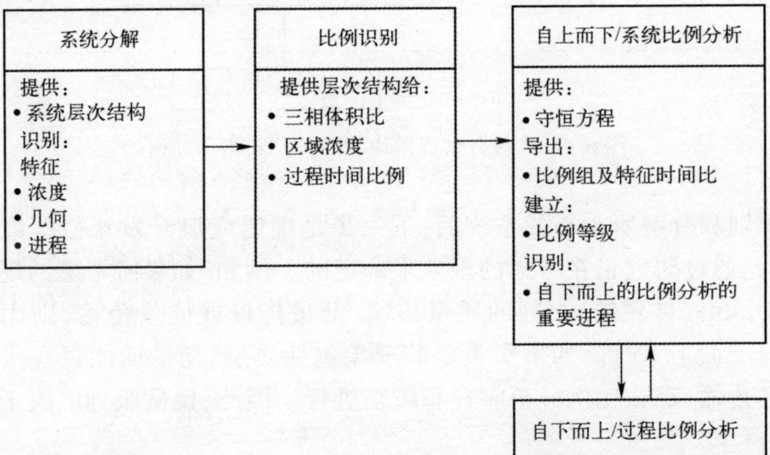

图 6.3 用于多级双向比例分析的流程图

体)。每个相可以用一个或多个几何构型来表征,每个几何构型可以用 3 个场方程(质量守恒方程、能量守恒方程和动量守恒方程)来描述,每个场方程可以包含几个过程。图 6.4 展示了用于系统分解的一般方法。

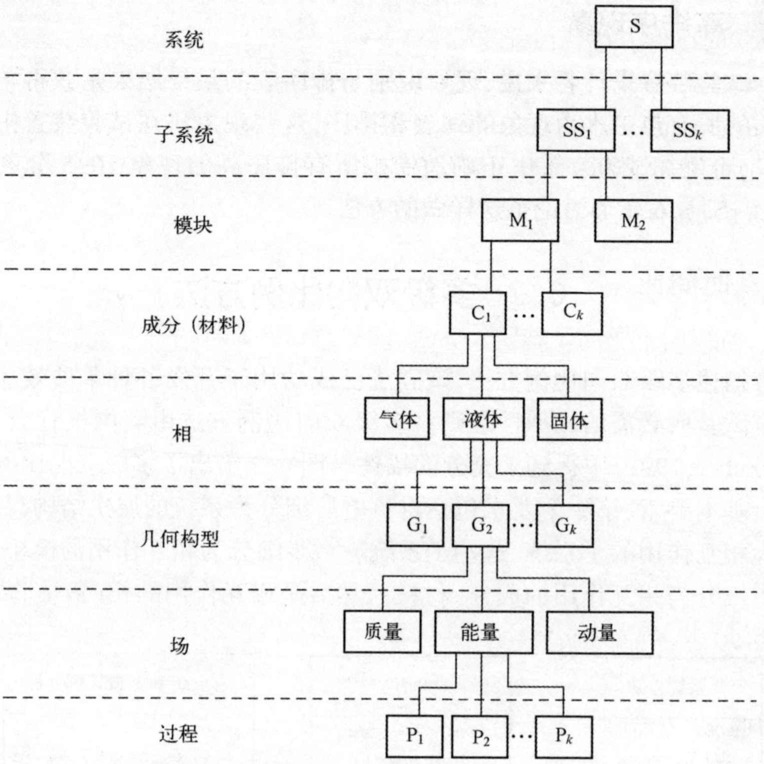

图 6.4　系统分解成模块、几何构型、相和过程

在识别和分解所关心的系统后,下一步是确定应该开发相似标准的比例级别,这是通过研究正在考虑的现象来确定的。例如,如果所考虑的现象涉及物质(如水和固体颗粒)之间的质量传输、动量传输或能量传输,则比例分析将在成分层面上进行。如果所关心的现象包括质量、动量或能量在蒸汽和液体之间的传输,那么比例分析将在相级别进行。因此,比例级别取决于所处理的现象。

涉及整体反应堆冷却剂系统相互作用的热工水力现象,如主系统降压或回路自然循环,将在系统水平上进行研究。热工水力现象,如蒸汽发生器的传热,将在子系统的水平上进行研究。蒸汽-液体混合物和不锈钢结构之间的具体相互作用将在成分要素层面上进行检查。

多级双向比例方法需要执行“自上而下”(系统)的比例分析。自上而下的比例分析检查了现象识别与排序表认为重要成分之间复杂的相互作用对系统的协同效应,其目的是利用给定比例水平下的守恒方程来获得特征时间比和相似准则,它还确定了在自下而上的比例分析中要处理的重要过程。

多级双向比例方法还需要执行“自下而上”(过程)的比例分析,这一分析为诸如流型转变和与流动相关的传热等特定过程提供了相似准则(Schwartzbeck 和 Kocamustafaogullari,1989)。

自下而上缩放分析的重点是开发相似准则,以衡量现象识别与排序表识别的对系统行为具有重要意义的单个过程。

6.3.1 时间比

多级双向比例方法的基本目标是为感兴趣的传递过程开发一组特征时间比,这是通过为每个组成部分“k”编写控制体积平衡方程来实现的:

$$\frac{\mathrm{d}V_k\psi_k}{\mathrm{d}t} = \Delta(Q_k\psi_k) \pm \sum j_{kn}A_{kn} + S_k \tag{6.1}$$

其中

$$\Delta(Q_k\psi_k) = (Q_k\psi_k)_{\text{in}} - (Q_k\psi_k)_{\text{out}} \tag{6.2}$$

式(6.1)中,ψ_k为守恒特性,$\psi_k=\rho$、ρu 或 $\rho\varepsilon$(单位体积的质量、动量或能量);V_k为控制体积;Q_k为体积流量;j_{kn}为传热区域 A_{kn}上特性 ψ_k从成分 k 转移到 n 的通量。因此,$\Delta(Q_k\psi_k)$表示通常的质量、动量或能量对流项,$\sum j_{kn}A_{kn}$为输运过程项如凝结;S_k 为分布源项,如衰变功率或作用于控制体内部的体积力。将式(6.2)用常数的初始条件和边界条件表示为以下无量纲组,即可将式(6.2)转化为无量纲形式:

$$V_k^+ = \frac{V_k}{V_{k,0}},\quad \psi_k^+ = \frac{\psi_k}{\psi_{k,0}},\quad Q_k^+ = \frac{Q_k}{Q_{k,0}},\quad j_{kn}^+ = \frac{j_{kn}}{j_{kn,0}},\quad A_{kn}^+ = \frac{A_{kn}}{A_{kn,0}},\quad S_k^+ = \frac{S_k}{S_{k,0}} \tag{6.3}$$

将式(6.3)代入式(6.1)得到

$$V_{k,0}\psi_{k,0}\frac{\mathrm{d}V_k^+\psi_k^+}{\mathrm{d}t} = Q_{k,0}\psi_{k,0}\Delta(Q_k^+\psi_k^+) \pm \sum j_{kn,0}A_{kn,0}j_{kn}^+A_{kn}^+ + S_{k,0}S_k^+ \tag{6.4}$$

式(6.4)两边同时除以 $Q_{k,0}\psi_{k,0}$得到

$$\tau_k\frac{\mathrm{d}V_k^+\psi_k^+}{\mathrm{d}t} = \Delta(Q_k^+\psi_k^+) \pm \sum \Pi_{kn}j_{kn}^+A_{kn}^+ + \Pi_{sk}S_k^+, \tag{6.5}$$

式中,组分“k”的滞留时间为

$$\tau_k = \frac{V_{k,0}}{Q_{k,0}} \tag{6.6}$$

组分“k”和“n”之间传递过程的特征时间比为

$$\Pi_{kn} = \frac{j_{kn,0} A_{kn,0}}{Q_{k,0} \psi_{k,0}} \tag{6.7}$$

控制体积内分布源项的特征时间比为

$$\Pi_{sk} = \frac{S_{k,0}}{Q_{k,0} \psi_{k,0}} \tag{6.8}$$

由于每个传递过程都有一个特征时间比,因此可以通过比较时间比来对每个过程的重要性进行排序。如果一个特定的传递过程要在原型和模型中具有相同的效果,则必须保证特征时间比。

6.3.2 利用特征时间比对过程进行排序

定义 $M[(\Pi_{i,j}),(\Pi_{i+1,j}),\cdots,(\Pi_{N_i,N_j})]$ 作为特征时间比的集合,它描述了在瞬态演化过程中发生的所有单独过程,下标 i,j,N_i,N_j 分别确定特定过程、层级、特定过程总数和层级总数。由于几何比例和流体性能的差异,在一个缩比模型中不可能精确地复制全尺寸原型 M_p 的“时间比集合”,也就是说,不能保证所有过程的精确相似,因此有

$$M_p \neq M_m \tag{6.9}$$

式中:下标 p 为全尺寸原型;下标 m 为缩小比例模型。

可以设计一个缩小比例的试验装置,它保留了时间比 $T[\Pi_{i,j}]$ 的子集的相似性,表征了对瞬态最重要的过程。这优化了试验装置的设计,以研究重要的过程,同时不太重要的过程可适当失真。

为了确定哪些过程控制瞬态的总体演化,必须对原型和模型的特征时间比进行数值估计,以满足每个层次的要求。物理上,每个特征时间比 Π_i 是由特定频率 ω_i 组成的,它是特定过程的一个属性,τ_{cv} 是控制体积的滞留时间常数,即

$$\Pi_i = \omega_i \tau_{cv} \tag{6.10}$$

特定频率定义了特定过程的质量、动量或能量传递速率,滞留时间定义了传递过程在控制体内发生的总时间,特征时间比

$$\Pi_i < 1 \tag{6.11}$$

意味着在特定过程演变的有限时间内,只有少量的守恒特性会被转移。因此,特定过程对整个瞬态过程并不重要。特征时间比

$$\Pi_i \geqslant 1 \tag{6.12}$$

意味着特定过程以足够高的速率发展,在此期间 τ_{cv} 允许大量的守恒量被传递。这些过程对整个瞬态行为很重要,简单地说,控制平衡方程右边最大的输运项(式(6.5))将主导这一过程的发展。主要的输运条件可能会随着过程的发展而改变,这需要把瞬态过程分成几个阶段。

6.3.3 相似准则和比例开发

比例分析得到了一组特征时间比(无量纲 Π 组),它表征了所研究的运行模式中的各种过程。由于不可能同时满足所有的相似准则,所以该组数据仅包括满足由现象识别与排序表确定的对最重要现象进行比例缩放的准则。相似性准则是通过匹配原型中特定过程子集(通常是最重要的过程)在每个等级上的特征时间比来开发的,即

$$T\{\Pi_i\}_{\mathrm{m}} = T\{\Pi_i\}_{\mathrm{p}} \tag{6.13}$$

具体来说,对于每个过程,将有一个相似的准则:

$$\frac{\Pi_{\mathrm{m}}}{\Pi_{\mathrm{p}}} = 1 \tag{6.14}$$

任何一种相似准则都能通过调整物理几何形状、模型的流体性质和运行工况来满足,从而可以针对感兴趣的特定过程优化模型设计。在满足相似准则的过程中,可以获得各部件的比例和运行工况。

6.3.4 比例失真评价

模型失真对某一特定过程的影响可以在每个时间点量化如下:

$$\mathrm{DF} = \frac{[\Pi_i]_{\mathrm{p}} - [\Pi_i]_{\mathrm{m}}}{[\Pi_i]_{\mathrm{p}}} \tag{6.15}$$

失真系数 DF 物理上表示原型中某一特定演化过程中传递的守恒量与模型中同一过程在各自滞留时间内传递的守恒量的瞬时份额差。失真系数为 0 表明该模型理想地模拟了特定过程,失真系数为 0.05 表明模型中的特定过程比原型中的相同过程传递的守恒量(按比例计算)少 5%。失真系数也可以写为

$$\mathrm{DF} = 1 - [\omega_i]_{\mathrm{R}} [\tau_{cv}]_{\mathrm{R}} \tag{6.16}$$

或

$$\mathrm{DF} = 1 - [\Pi_i]_{\mathrm{R}} \tag{6.17}$$

通过比较在瞬态特定阶段出现的每个传递过程的最大特征时间比,可以确定特定传递过程对特定瞬态影响程度的边界估计。虽然不是多级双向比例方法

的严格组成部分，但其他方法包括为每个过程计算时间相关的失真系数，或者在一个瞬态过程的关键转变点进行“快照”。

判断一个过程是否有足够好的比例需要一些客观的标准，整个过程的比例如何取决于模型中的单个 Π_i 组在被检查的瞬态过程中与原型中的 Π_i 组是否匹配。重新调用每个 Π_i 组表示归一化平衡方程右侧的一个单独的输运项，应该很明显，并非所有 Π_i 组对整个过程都很重要。例如，在归一化降压速率平衡方程中表征热损失速率的 Π_i 组可能比表征破口能量流量的 Π_i 组小几个数量级，热损失对降压速率的影响可以忽略不计。

Reyes 和 Hochreiter(1998)给出了 AP600 所有特征时间比的概要图，超过 1 的特征时间比的值代表了所研究各种过程的主要输运项。然后进一步评估这些主要过程的比例失真，并考虑它们对相应过程的影响，但是没有提供具体的验收标准。

根据作者的经验，如果 Π_i 的值小于瞬态过程相应时间的最大 Π_i 组的 10%，则特征时间比 Π_i 可以被认为是忽略不计的。同样，如果失真系数小于 25%，则可以认为单个输运过程具有很好的比例。图 6.5 提供了一个简单的说明。对模型和原型分别进行了两种特征时间比的评估，然后用这两组 $\{[\Pi_1]_m,[\Pi_1]_p\}$ 和 $\{[\Pi_2]_m,[\Pi_2]_p\}$ 集合计算它们相应的失真系数 DF_1 和 DF_2。从图 6.5 可以看出，失真系数的绝对值小于 0.25，因此，它们被认为具有良好的比例。如果分析得到的 DF 大于 0.25，归一化 Π_i 组大于 0.1，则需要进行额外的分析，以确定失

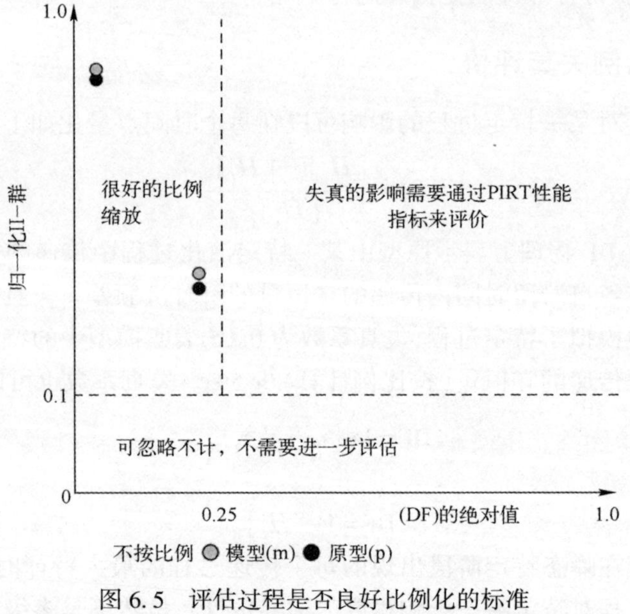

图 6.5　评估过程是否良好比例化的标准

真是否影响现象识别与排序表的性能指标,例如,单个输运项中的失真如何影响包壳峰值温度?

6.4 反应堆冷却剂系统降压(失水事故喷放)

本节介绍了多级双向比例方法在失水事故后反应堆冷却剂系统降压行为中的应用。图 6.6 给出了一个简单的流程图,说明了分析的自上而下和自下而上的部分,关注的系统是整个反应堆冷却剂系统的体积。首先,自上而下的比例分析将实现控制喷放瞬态质量和能量演化的平衡方程,自下而上的比例分析将指定相关局部现象的模型和相关性;自上而下的控制方程将按照多级双向比例程序进行归一化,以获得反应堆冷却剂系统降压相似组和准则。然后,计算失真系数以评估比例失真。最后,试验装置的尺寸和运行工况以及设施的关键属性被指定。

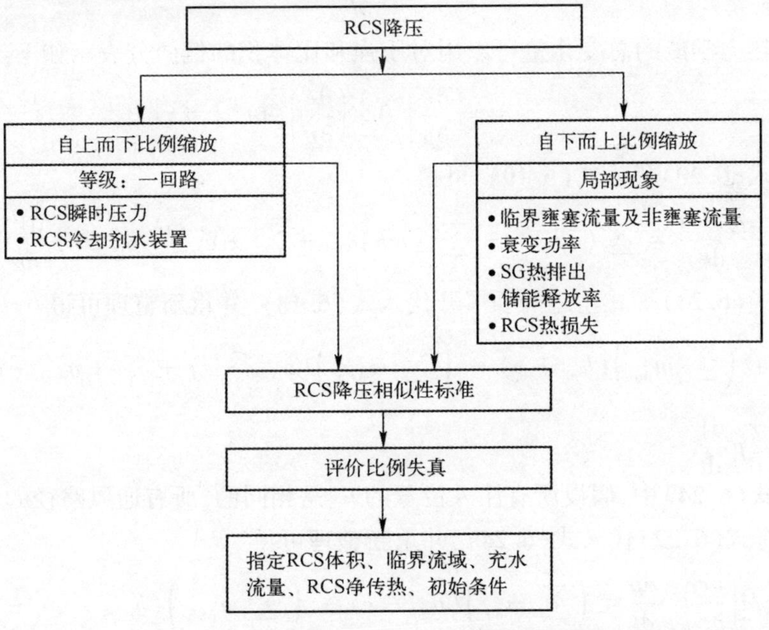

图 6.6　系统故障分解成组件、几何、场和过程

反应堆冷却剂系统两相流降压控制方程的推导首先考虑特定压水堆作为一个具有安全喷淋系统和自动降压系统的压水堆,通过以下方法给出了发生降压事件的反应堆冷却剂系统控制体积的质量守恒方程:

$$\frac{\mathrm{d}M}{\mathrm{d}t} = \sum \dot{m}_{\mathrm{inj}} - \sum \dot{m}_{\mathrm{ADS}} \tag{6.18}$$

式中：M 为反应堆冷却剂系统中的流体质量；$\dot{m}$为进入或离开反应堆冷却剂系统的质量流量。

对反应堆冷却剂系统流体的能量守恒方程表示如下：

$$\frac{\mathrm{d}U}{\mathrm{d}t} = \sum(\dot{m}h)_{\mathrm{inj}} - \sum(\dot{m}h)_{\mathrm{ADS}} + \dot{q}_{\mathrm{SG}} + \dot{q}_{\mathrm{core}} + \dot{q}_{\mathrm{loss}} - p\frac{\mathrm{d}V}{\mathrm{d}t} \tag{6.19}$$

式中：U 为反应堆冷却剂系统内流体的体积热力学能；h 为进入或离开反应堆冷却剂系统的流体的焓；q_{SG}、q_{core} 和 q_{loss} 分别为蒸汽发生器的能量传递速率、堆芯功率和净热损失，其中，净热损失项包括反应堆容器部件的储能释放速率和反应堆容器的热损失之和；p 为反应堆冷却剂系统压力；V 为反应堆冷却剂系统体积。

比热力学能和比体积分别定义如下：

$$e = \frac{U}{M} \tag{6.20}$$

$$v = \frac{V}{M} \tag{6.21}$$

比热力学能的总变化量可以用对压强和比体积的偏微分表示如下：

$$\mathrm{d}e = \left(\frac{\partial e}{\partial p}\right)_v \mathrm{d}p + \left(\frac{\partial e}{\partial v}\right)_p \mathrm{d}v \tag{6.22}$$

将式(6.20)代入式(6.19)，可得

$$\frac{\mathrm{d}(Me)}{\mathrm{d}t} = \sum(\dot{m}h)_{\mathrm{inj}} - \sum(\dot{m}h)_{\mathrm{ADS}} + \dot{q}_{\mathrm{SG}} + \dot{q}_{\mathrm{core}} + \dot{q}_{\mathrm{loss}} - p\frac{\mathrm{d}V}{\mathrm{d}t} \tag{6.23}$$

将式(6.23)等式左边的项展开代入式(6.18)，并重新整理可得

$$M\frac{\mathrm{d}e}{\mathrm{d}t} = \left(\sum \dot{m}_{\mathrm{inj}}\right)(h_{\mathrm{inj}} - e) - \left(\sum \dot{m}_{\mathrm{ADS}}\right)(h_{\mathrm{ADS}} - e) + \dot{q}_{\mathrm{SG}} + \dot{q}_{\mathrm{core}} + \dot{q}_{\mathrm{loss}} - p\frac{\mathrm{d}V}{\mathrm{d}t} \tag{6.24}$$

在式(6.24)中，假设所有注入位置的 h_{in}是相同的，所有通风路径的 h_{out}是相同的。将式(6.22)代入式(6.24)，并重新整理可得

$$M\left(\frac{\partial e}{\partial p}\right)_v \frac{\mathrm{d}p}{\mathrm{d}t} = \left(\sum \dot{m}_{\mathrm{inj}}\right)(h_{\mathrm{inj}} - e) - \left(\sum \dot{m}_{\mathrm{ADS}}\right)(h_{\mathrm{ADS}} - e) + q_{\mathrm{SG}} + q_{\mathrm{core}} + q_{\mathrm{loss}} - p\frac{\mathrm{d}V}{\mathrm{d}t} - M\left(\frac{\partial e}{\partial v}\right)_p \frac{\mathrm{d}v}{\mathrm{d}t} \tag{6.25}$$

式(6.25)的最后一项可以通过质量守恒展开为

$$M\left(\frac{\partial e}{\partial v}\right)_p \frac{\mathrm{d}v}{\mathrm{d}t} = \left(\frac{\partial e}{\partial v}\right)_p \frac{\mathrm{d}V}{\mathrm{d}t} - v\left(\frac{\partial e}{\partial v}\right)_p \left(\sum \dot{m}_{\mathrm{inj}} - \sum \dot{m}_{\mathrm{ADS}}\right) \tag{6.26}$$

将式(6.26)代回式(6.25)，可得

$$M\left(\frac{\partial e}{\partial p}\right)_v \frac{\mathrm{d}p}{\mathrm{d}t} = \left(\sum \dot{m}_{\mathrm{inj}}\right)\left[h_{\mathrm{inj}} - e + v\left(\frac{\partial e}{\partial v}\right)_p\right] - \left(\sum \dot{m}_{\mathrm{ADS}}\right)\left[h_{\mathrm{ADS}} - e + v\left(\frac{\partial e}{\partial v}\right)_p\right] + \dot{q}_{\mathrm{SG}} + \dot{q}_{\mathrm{core}} + \dot{q}_{\mathrm{loss}} - \left[p + \left(\frac{\partial e}{\partial v}\right)_p\right]\frac{\mathrm{d}V}{\mathrm{d}t} \tag{6.27}$$

这就是"降压速率方程"。对于具有刚性边界的反应堆冷却剂系统控制体积,式(6.27)变为

$$M\left(\frac{\partial e}{\partial p}\right)_v \frac{\mathrm{d}p}{\mathrm{d}t} = \left(\sum \dot{m}_{\mathrm{inj}}\right)\left[h_{\mathrm{inj}} - e + v\left(\frac{\partial e}{\partial v}\right)_p\right] - \left(\sum \dot{m}_{\mathrm{ADS}}\right)\left[h_{\mathrm{ADS}} - e + v\left(\frac{\partial e}{\partial v}\right)_p\right] + \dot{q}_{\mathrm{SG}} + \dot{q}_{\mathrm{core}} + \dot{q}_{\mathrm{loss}} \tag{6.28}$$

净能量传输率为

$$\dot{q}_{\mathrm{net}} = \dot{q}_{\mathrm{SG}} + \dot{q}_{\mathrm{core}} + \dot{q}_{\mathrm{loss}} \tag{6.29}$$

式(6.28)是反应堆冷却剂系统降压行为的控制方程,表 6.1 总结了反应堆冷却剂系统降压控制方程和归一化比值,表 6.2 和表 6.3 给出了比例试验装置中应保留的无量纲守恒方程和无量纲组(Reyes 和 Rusher,1999;Reyes,1996)。

表 6.1　反应堆冷却剂系统降压过程的控制方程和归一化比值

质量守恒方程: $$\frac{\mathrm{d}M}{\mathrm{d}t} = \sum \dot{m}_{\mathrm{inj}} - \sum \dot{m}_{\mathrm{ADS}} \tag{6.30}$$
降压速率方程: $$M\left(\frac{\partial e}{\partial p}\right)_v \frac{\mathrm{d}p}{\mathrm{d}t} = \left(\sum \dot{m}_{\mathrm{inj}}\right)\left[h_{\mathrm{inj}} - e + v\left(\frac{\partial e}{\partial v}\right)_p\right] - \left(\sum \dot{m}_{\mathrm{ADS}}\right)\left[h_{\mathrm{ADS}} - e + v\left(\frac{\partial e}{\partial v}\right)_p\right] + \dot{q}_{\mathrm{SG}} + \dot{q}_{\mathrm{core}} + \dot{q}_{\mathrm{loss}} \tag{6.31}$$
归一化比值: $$t^+ = \frac{t}{\tau_{\mathrm{RCS}}} \tag{6.32}$$ $$M^+ = \frac{M}{M_0} \tag{6.33}$$ $$p^+ = \frac{p}{p_0} \tag{6.34}$$ $$\dot{q}^+_{\mathrm{net}} = \frac{\dot{q}_{\mathrm{net}}}{\dot{q}_{\mathrm{net},0}} \tag{6.35}$$

续表

$$\sum \dot{m}_{\text{inj}}^{+} = \frac{\sum \dot{m}_{\text{inj}}}{\sum \dot{m}_{\text{inj},0}} \quad (6.36)$$
$$\sum \dot{m}_{\text{ADS}}^{+} = \frac{\sum \dot{m}_{\text{ADS}}}{\sum \dot{m}_{\text{ADS},0}} \quad (6.37)$$
$$\left[h_{\text{inj}} - e + v\left(\frac{\partial e}{\partial v}\right)_p\right]^{+} = \frac{h_{\text{inj}} - e + v\left(\frac{\partial e}{\partial v}\right)_p}{\left[h_{\text{inj}} - e + v\left(\frac{\partial e}{\partial v}\right)_p\right]_0} \quad (6.38)$$
$$\left[h_{\text{ADS}} - e + v\left(\frac{\partial e}{\partial v}\right)_p\right]^{+} = \frac{h_{\text{ADS}} - e + v\left(\frac{\partial e}{\partial v}\right)_p}{\left[h_{\text{ADS}} - e + v\left(\frac{\partial e}{\partial v}\right)_p\right]_0} \quad (6.39)$$

表 6.2 反应堆冷却剂系统降压过程的无量纲方程

反应堆冷却剂系统质量守恒方程： $$\tau_{\text{RCS}} \frac{\mathrm{d}M^{+}}{\mathrm{d}t} = \prod_m \sum \dot{m}_{\text{inj}}^{+} - \sum \dot{m}_{\text{ADS}}^{+} \quad (6.40)$$
反应堆冷却剂系统降压速率方程： $$M^{+}\left(\frac{\partial e}{\partial p}\right)_v^{+} \tau_{\text{RCS}} \frac{\mathrm{d}p^{+}}{\mathrm{d}t} = \frac{\Pi_h}{\Pi_\varepsilon} \sum \dot{m}_{\text{inj}}^{+} \left[h_{\text{inj}} - e + v\left(\frac{\partial e}{\partial v}\right)_p\right]^{+} - \frac{\sum \dot{m}_{\text{ADS}}^{+}}{\Pi_\varepsilon}\left[h_{\text{ADS}} - e + v\left(\frac{\partial e}{\partial v}\right)_p\right]^{+} + \frac{\Pi_\Gamma}{\Pi_\varepsilon} q_{\text{net}}^{+} \quad (6.41)$$

表 6.3 反应堆冷却剂系统降压过程的 Π 组

特征时间常数： $$\tau_{\text{RCS}} = \frac{M_0}{\sum \dot{m}_{\text{ADS},0}} \quad (6.42)$$
质量平衡数： $$\Pi_m = \frac{\sum \dot{m}_{\text{inj},0}}{\sum \dot{m}_{\text{ADS},0}} \quad (6.43)$$
焓平衡数： $$\Pi_h = \frac{\sum \dot{m}_{\text{inj},0} \cdot \left[h_{\text{inj}} - e + v\left(\frac{\partial e}{\partial p}\right)_p\right]_0}{\sum \dot{m}_{\text{ADS},0} \cdot \left[h_{\text{ADS}} - e + v\left(\frac{\partial e}{\partial p}\right)_p\right]_0} \quad (6.44)$$
热源数： $$\Pi_\Gamma = \frac{\dot{q}_{\text{net},0}}{\sum \dot{m}_{\text{ADS},0} \cdot \left[h_{\text{ADS}} - e + v\left(\frac{\partial e}{\partial p}\right)_p\right]_0} \quad (6.45)$$

续表

流体混合物膨胀数： $$\Pi_{\varepsilon}=\varepsilon_0=\frac{p_0\left(\frac{\partial e}{\partial p}\right)_{v,0}}{\left[h_{\mathrm{ADS}}-e+v\left(\frac{\partial e}{\partial p}\right)_p\right]_0} \quad (6.46)$$

在无量纲组中，Π_h是能量流率比，它代表流体注入所产生的总能量变化与自动降压系统流动所引起的能量变化之比。Π_{Γ}是功率比，它代表进入系统的净热量与流体通过自动降压系统传输的能量速率之比。Π_{ε}是流体混合物的膨胀特性组，由式(6.46)（表6.3）可知，流体膨胀特性组将系统强烈能量变化与自动降压系统中强烈能量的变化耦合在一起。对于向外界通风的高压系统，在临界流动条件下，自动降压系统的流体特性是确定的。评估反应堆冷却剂系统时间常数、反应堆冷却剂系统和无量纲组Π_m、Π_h、Π_f、Π_{ε}的值需要有关压力的流体特性和临界质量流量的知识。

对于流体性质相似的情况，所有的无量纲组都能简化产生表6.4所示的简单比例集合。对于流体性质相似，模型中临界质量流量$(G_{\mathrm{ADS}})_m$与原型中的值会保持一致，Π_{ε}的比值也会一致。

表6.4　假设等时性和流体性质相似时的反应堆冷却剂系统降压比例比值

流体性质相似产生： $$(G_{\mathrm{ADS},0})_R=1$$ $$(M_0)_{\mathrm{R}}=(V_0)_{\mathrm{R}} \quad (6.47)$$ $$(\dot m_{\mathrm{ADS},0})_{\mathrm{R}}=(A_{\mathrm{ADS},0})_{\mathrm{R}}$$
比例比值： $$(\tau_{\mathrm{RCS}})_R=\left(\frac{M_0}{\dot m_{\mathrm{ADS},0}}\right)_{\mathrm{R}}=\left(\frac{V_0}{A_{\mathrm{ADS},0}}\right)_{\mathrm{R}}=1 \quad (6.48)$$
按体积比例化的流通面积： $$(A_{\mathrm{ADS}})_{\mathrm{R}}=(V_0)_{\mathrm{R}} \quad (6.49)$$
按体积比例化的注射流量： $$(\dot m_{\mathrm{inj},0})_{\mathrm{R}}=(A_{\mathrm{ADS}})=(V_0)_{\mathrm{R}} \quad (6.50)$$
按体积比例化的功率： $$(\dot q_{\mathrm{net},0})_{\mathrm{R}}=(A_{\mathrm{ADS}})_{\mathrm{R}}=(V_0)_{\mathrm{R}} \quad (6.51)$$

6.5　SPES-2 和 APEX 非能动安全系统响应的比较

本节简要比较了在全高度-全压力试验装置 SPES-2 和在俄亥俄州立大学

的 1/4 高度降压试验装置 APEX 进行的 2 英寸破口模拟(Reyes,1994),表 6.5 列出了每个装置的比例值。

表 6.5 SPES-2 和 APEX 相对于 AP600 的比例

比例值	APEX	SPES-2
长度比	1:4	1:1
流通面积比	1:48	1:395
体积比	1:192	1:395
衰减功率比	1:96	1:395
流速比	1:2	1:1
流体瞬态比	1:2	1:1
质量流率比	1:96	1:395

图 6.7 概述了一个典型的小破口失水事故事故序列。最初,由于破口处过冷流体喷放,系统压力急剧下降。作为降压试验装置,APEX 试验装置没有模拟这部分瞬态过程,而是当系统达到饱和状态时开始模拟,在该点之后,两个试验装置模拟了所有安全系统的行为。图 6.8~图 6.12 比较了无量纲降压的历史、堆芯补水箱以及安注箱的排水和流动行为。这些图片显示了两个试验装置之间的一致性非常好,并且支撑了用于设计试验装置的比例方法。

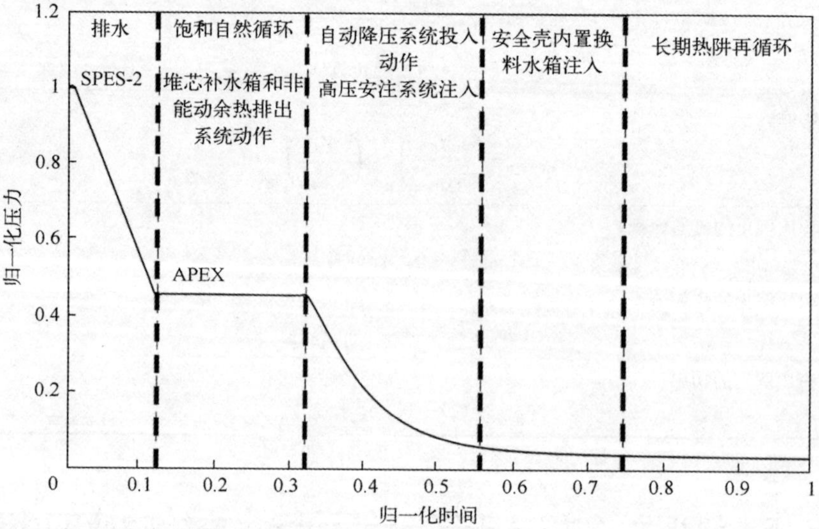

图 6.7 AP600/1000 小破口失水事故压力变化曲线典型阶段图
(Reyes 和 Hochreiter,1998)

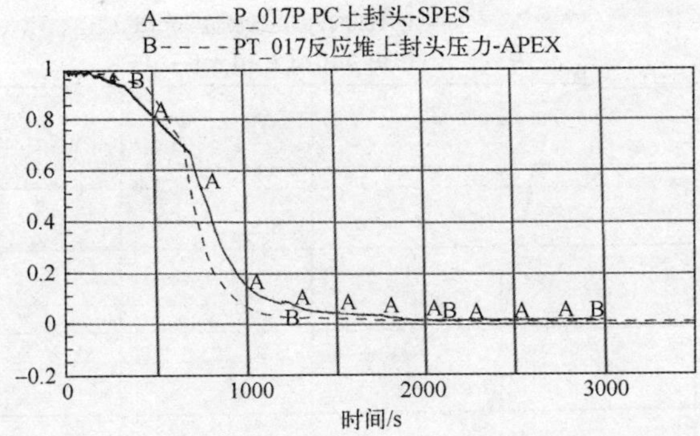

图 6.8 SPES-2 和 APEX 2 英寸小破口失水事故压力变化曲线(Reyes 和 Hochreiter,1998)

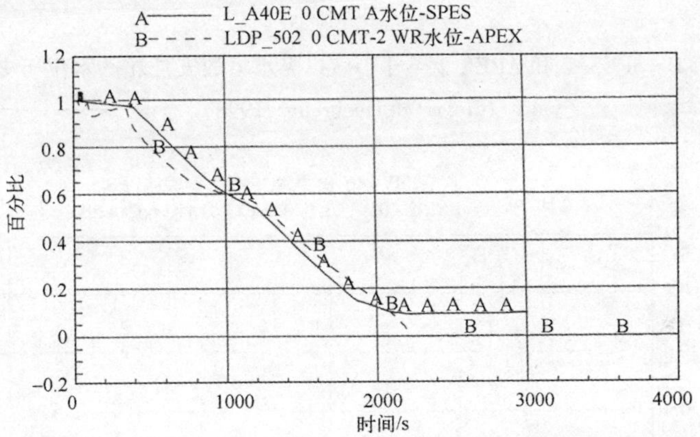

图 6.9 SPES-2 和 APEX 2 英寸小破口失水事故堆芯补水箱水位历史曲线
(Reyes 和 Hochreiter,1998)

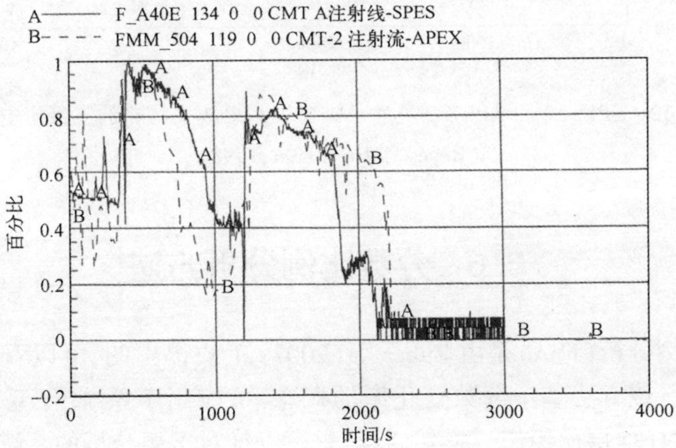

图 6.10 SPES-2 和 APEX 2 英寸小破口失水事故堆芯补水箱流量历史曲线
(Reyes 和 Hochreiter,1998)

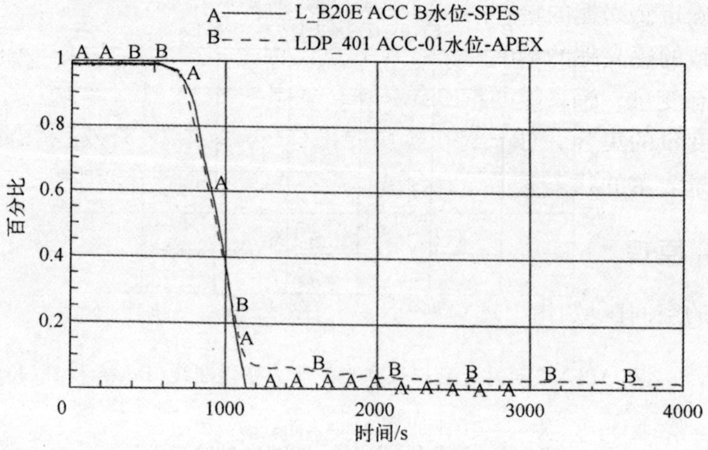

图 6.11　SPES-2 和 APEX 2 英寸小破口失水事故安注箱的水位历史曲线
（Reyes 和 Hochreiter，1998）

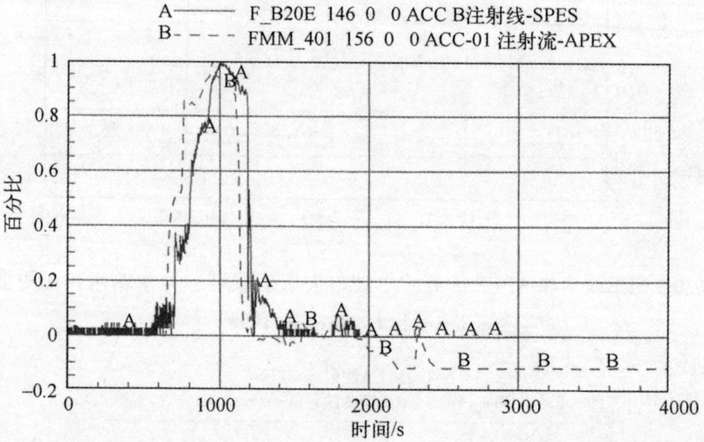

图 6.12　SPES-2 和 APEX 2 英寸小破口失水事故安注箱的流量历史曲线
（Reyes 和 Hochreiter，1998）

6.6　分数比例分析方法

分数比例分析（FSA）是由 Zuber 等（2007）正式提出的，可以看作多级双向比例的改进。该方法基于分数变化率的概念，可应用于系统、子系统、组件、模块、流程等的任何层次组织。换句话说，它可以针对需要分析的系统从任何复杂级别进行分析。

首先确定感兴趣的量,分数比例分析旨在量化由一个或多个因素对该量起作用而导致的感兴趣的量的变化。在分数比例分析的形式中,这个感兴趣的量被称为状态变量。感兴趣的量可以是单个状态变量,如控制体积中的压力,也可以是状态变量的集合。对于交互模块的集合,可以定义“有效”状态变量,由有效状态变量表示的状态变量的集合可以由单个变量或集合的改变动因影响。

6.6.1 原理

模块的空间区域,由下述符号所引起变化的状态变量所表征:

$$\boldsymbol{\Phi}=\frac{\mathrm{d}\boldsymbol{\Psi}}{\mathrm{d}t} \tag{6.52}$$

分数变化率定义如下:

$$\omega=\frac{1}{\boldsymbol{\Psi}}\frac{\mathrm{d}\boldsymbol{\Psi}}{\mathrm{d}t}=\frac{\boldsymbol{\Phi}}{\boldsymbol{\Psi}} \tag{6.53}$$

状态变量一般是一个集总强度变量在控制体积 V 上的积分,因此有

$$\boldsymbol{\Psi}=\iiint\psi(x,t)\,\mathrm{d}V \tag{6.54}$$

Zuber 等(2007)描述了给定模块存在的两种时间比例,第一种是“时钟时间”t,即观察到变化的时间。另一种是“过程时间”,它描述了由特定的变化因素引起的状态变量的变化。例如,对流过程的时间比例(过程时间)由体积变化频率表示,即

$$\omega_{\tau}=\frac{1}{\tau}=\frac{\dot{Q}}{V} \tag{6.55}$$

式中:$\dot{Q}$为体积流量;V 为模块的体积。

对于其他过程,过程时间可以遵循类似的原则来定义(Zuber 等,2007)。

如果我们考虑一个状态变量的参考值 $\boldsymbol{\Psi}_0$,则该分数的变化定义为

$$\boldsymbol{\Omega}=\frac{\mathrm{d}\boldsymbol{\Psi}}{\boldsymbol{\Psi}_0} \tag{6.56}$$

根据式(6.55),式(6.56)可变化为

$$\boldsymbol{\Omega}=\omega\mathrm{d}t=\frac{\boldsymbol{\Phi}}{\boldsymbol{\Psi}_0}\mathrm{d}t \tag{6.57}$$

Zuber 等(2007)将量 $\boldsymbol{\Omega}$ 记为“影响指标”,因为它量化了改变动因 $\boldsymbol{\Phi}$ 对于状态变量 $\boldsymbol{\Psi}$ 的影响。

6.6.2 方法

按照与多级双向比例类似的过程,运用分数比例分析对自上而下的系统进

行比例分析，首先对目标模型编写一个积分守恒方程。该守恒方程与式(6.1)相似，一般表示为

$$\frac{\mathrm{d}}{\mathrm{d}t}\iiint\{\psi(x,t)\mathrm{d}V\} = \sum_{i=1}^{n}\varphi_i \tag{6.58}$$

其中，积分明确强调状态变量一般是一个强度变量的空间平均值，根据控制体积公式，式(6.58)可以写为

$$\frac{\mathrm{d}\boldsymbol{\Psi}}{\mathrm{d}t} = \sum_{i=1}^{n}\varphi_i \tag{6.59}$$

$\boldsymbol{\Psi}$ 可以通过一些参考值 $\boldsymbol{\Psi}_0$ 按比例缩小为

$$\boldsymbol{\Psi}^{+} = \frac{\boldsymbol{\Psi}}{\boldsymbol{\Psi}_0} \tag{6.60}$$

进一步得到归一化积分守恒方程：

$$\frac{\mathrm{d}\boldsymbol{\Psi}^{+}}{\mathrm{d}t} = \frac{1}{\boldsymbol{\Psi}_0}\sum_{i=1}^{n}\varphi_i \tag{6.61}$$

有效的改变动因被定义为所有改变动因的总和：

$$\varphi_{\mathrm{e}} = \sum_{i=1}^{n}\varphi_i \tag{6.62}$$

因此，有效的改变动因参考值可以写为

$$\varphi_{\mathrm{e},0} = \sum_{i=1}^{n}\varphi_{i,0} \tag{6.63}$$

比例化的改变动因可以表示为改变动因与有效的改变动因的参考值之比，即

$$\varphi_i^{*} = \frac{\varphi_i}{\varphi_{\mathrm{e},0}} \tag{6.64}$$

这里需要注意的是分母通常被定义为绝对值(Wulff 等,2009)，即

$$\varphi_i^{*} = \frac{\varphi_i}{|\varphi_{\mathrm{e},0}|} \tag{6.65}$$

最后，得到有效改变动因的比值如下：

$$\varphi_{\mathrm{e}}^{*} = \sum_{i=1}^{n}\varphi_i^{*} = \frac{1}{|\varphi_{\mathrm{e},0}|}\sum_{i=1}^{n}\varphi_i = \sum_{i=1}^{n}\frac{\varphi_i}{|\varphi_{\mathrm{e},0}|} \tag{6.66}$$

则守恒方程(6.61)可以改写如下：

$$\frac{\mathrm{d}\boldsymbol{\Psi}^{+}}{\mathrm{d}t} = \frac{1}{\boldsymbol{\Psi}_0}\left(|\varphi_{\mathrm{e},0}|\sum_{i=1}^{n}\varphi_i^{*}\right) \tag{6.67}$$

每个改变动因以及有效改变动因都被定义了与之对应的分数变化率。在分数比例分析的形式中，由于分数变化率通常表示为 ω，为了避免它和将在动态系

统比例方法介绍中定义的总改变动因混淆，将第 i 个改变动因的分数变化率记作 $\omega_{\mathrm{FRC},i}$。以参考值计算的第 i 个改变动因的分数变化率可更具体地表示为

$$\omega_{\mathrm{FRC},i,0}=\frac{\varphi_{i,0}}{\Psi_0} \tag{6.68}$$

有效分数变化率仅为各个分数变化率的总和：

$$\omega_{\mathrm{FRC,e},0}=\sum_{i=1}^{n}\omega_{\mathrm{FRC},i,0}=\sum_{i=1}^{n}\frac{\varphi_{i,0}}{\Psi_0}=\frac{\varphi_{\mathrm{e},0}}{\Psi_0} \tag{6.69}$$

或者是各个分数变化率总和的绝对值：

$$|\omega_{\mathrm{FRC,e},0}|=\frac{|\varphi_{\mathrm{e},0}|}{\Psi_0} \tag{6.70}$$

如前所述，效应指标代表无量纲时间，并且可以表示如下：

$$\Omega_{\mathrm{FSA,e}}=|\omega_{\mathrm{FRC},e}|t_{\mathrm{sys}} \tag{6.71}$$

式中：t_{sys} 为系统特性时间。

Zuber 用符号 Ω 或 Ω_{e} 来表示效应指标。这里添加下标“FSA”是为了说明“效应指标”与“影响参数”是不同的，后者将在稍后的动态系统比例方法介绍中说明。

对于一个系统，通过将分数变化的特定时间速率乘以系统特征时间，可以推导出每个改变动因的效应指标：

$$\Omega_{\mathrm{FSA},i}=|\omega_{\mathrm{FRC},i}|t_{\mathrm{sys}} \tag{6.72}$$

则分数比例分析中无量纲积分守恒方程可以写为

$$\frac{\mathrm{d}\Psi^{+}}{\mathrm{d}\Omega_{\mathrm{FSA,e}}}=\varphi_{\mathrm{e}}^{*} \tag{6.73}$$

通过将各个分数变化率与有效分数变化率相关联来对过程的重要性排序。因为效应指标 $\Omega_{\mathrm{FSA},e}$ 抓住了所有改变动因之间的联系，所以可以用来创造相似性准则。

分数比例分析是一个多级过程，可以在各种层次级别上应用，通常可以在三个级别上应用：系统级别、组件级别和过程级别。在每个级别上，分数比例分析的目的都是首先确定所涉及过程的相对重要性。然后对于最重要的过程，分数比例分析被用于确定失真情况，类似于多级双向比例的过程。进而通过比较各个过程的效应指标来得到相似准则。如果两个系统的效应指标 $\omega_{\mathrm{FRC},i}$ 相等，那么两个系统时变过程的演化将是相似的。

6.6.3 分数比例分析和多级双向比例之间的关系

强调多级双向比例和分数比例分析之间的关系非常重要。在标准方法（多级双向比例）中，各个改变动因按其自身的、独立的参考值进行比例化：

$$\varphi_i^+ = \frac{\varphi_i}{\varphi_{i,0}} \tag{6.74}$$

在这里对多级双向比例中量的符号用上标“+”和分数比例分析中使用的上标“ * ”的相应量做了区分。

由多级双向比例推导出的归一化比例方程为

$$\frac{\mathrm{d}\Psi^+}{\mathrm{d}t} = \frac{1}{\Psi_0}\sum_{i=1}^{n}\varphi_{i,0}\varphi_i^+ \tag{6.75}$$

而按照分数比例分析的形式推导出的相同方程式为

$$\frac{\mathrm{d}\Psi^+}{\mathrm{d}t} = \frac{1}{\Psi_0}\left(|\varphi_{\mathrm{e},0}|\sum_{i=1}^{n}\varphi_i^*\right) \tag{6.76}$$

因此,多级双向比例和分数比例分析的改变动因之间存在以下给出的关系:

$$\frac{1}{\Psi_0}\sum_{i=1}^{n}\varphi_{i,0}\varphi_i^+ = \frac{|\varphi_{\mathrm{e},0}|}{\Psi_0}\sum_{i=1}^{n}\varphi_i^* \tag{6.77}$$

式(6.76)和式(6.77)(多级双向比例和分数比例分析)的显著差异在于参考时间的归一化。通常,多级双向比例没有明确定义归一化时间,但无量纲控制方程使用了与方程中考虑的过程的特征时间相关的时间常数参数。在这里,多级双向比例中的归一化时间遵循了 Zuber 等(2007)的工作,其中归一化时间是依据最大的分数变化率定义的,它对应于主要的改变动因:

$$\omega_{\mathrm{FRC,max}} = \max(\{\omega_{\mathrm{FRC},i,0}\}_{i=1}^{n}) \tag{6.78}$$

则多级双向比例中的归一化时间为

$$t^+ = \omega_{\mathrm{FRC,max}}t \tag{6.79}$$

因此,可以得到多级双向比例中无量纲积分守恒方程为

$$\frac{\mathrm{d}\Psi^+}{\mathrm{d}t^+} = \phi_{i,\max}^+ + \sum_{i=1}^{n}\frac{\omega_{\mathrm{FRC},i,0}}{\omega_{\mathrm{FRC,max}}}\phi_i^+ \tag{6.80}$$

而对于分数比例分析,无量纲时间由式(6.71)给出:

$$\Omega_{\mathrm{FSA,e}} = |\omega_{\mathrm{FRC,e}}|t_{\mathrm{sys}} \tag{6.81}$$

要注意的是,Zuber 等(2007)描述了两种分数比例分析中比例化改变动因的方法:与多级双向比例等效的标准方法和使用产生上述差异的有效分数变化率综合方法。

6.6.4 比例失真的评价

多级双向比例的比例失真是通过比较不同比例下试验装置的 Π 群来确定的。在目前的表示方法中,Π 群是单个分数变化率改变动因与占主导地位的、最大的分数变化率的比值:

$$\Pi_i=\frac{\omega_{\mathrm{FRC},i}}{\omega_{\mathrm{FRC},\max}} \tag{6.82}$$

一个不重要的改变动因的 Π 值非常小($\Pi_i \leqslant 1$),而一个显著改变动因的 $\Pi_i \approx 1$。特定改变动因的失真系数计算如下:

$$\mathrm{DF}_i=\frac{\Pi_{i,\mathrm{p}}-\Pi_{i,\mathrm{m}}}{\Pi_{i,\mathrm{p}}}=1-\frac{\Pi_{i,\mathrm{m}}}{\Pi_{i,\mathrm{p}}}=1-\Pi_{i,\mathrm{R}} \tag{6.83}$$

式中:下标 p 表示原型;m 表示模型;R 表示二者比值。

对于分数变化率,失真系数计算公式为

$$\mathrm{DF}_i=1-\frac{\left(\dfrac{\omega_{\mathrm{FRC},i}}{\omega_{\mathrm{FRC},\max}}\right)_{\mathrm{m}}}{\left(\dfrac{\omega_{\mathrm{FRC},i}}{\omega_{\mathrm{FRC},\max}}\right)_{\mathrm{p}}}=1-\frac{(\omega_{\mathrm{FRC},i})_{\mathrm{R}}}{(\omega_{\mathrm{FRC},\max})_{\mathrm{R}}} \tag{6.84}$$

其中

$$\omega_{\mathrm{R}}=\frac{\omega_{\mathrm{m}}}{\omega_{\mathrm{p}}} \tag{6.85}$$

在分数比例分析中,失真程度是通过比较模型和原型之间的有效影响指标 $\Omega_{\mathrm{FSA,e}}$ 来测量的。Zuber 等(2007)没有明确提供分数比例分析中失真程度的表达式,但使用类似于多级双向比例的表达式,可以通过以下关系得到分数比例分析中的有效失真程度:

$$\mathrm{DF}_{\mathrm{FSA,e}}=1-\frac{(\Omega_{\mathrm{FSA,e}})_{\mathrm{m}}}{(\Omega_{\mathrm{FSA,e}})_{\mathrm{p}}}=1-(\Omega_{\mathrm{FSA},e})_{\mathrm{R}} \tag{6.86}$$

换句话说,通过比较模型中与原型对应的特定的分数变化率值,可以确定分数比例分析中相对于单个改变动因的失真程度。

6.7 动态系统比例分析

多级双向比例和最新的分数比例分析方法是在许多研究中已经被采用的成熟技术(Reyes 和 Hochreiter,1998;Hochreiter 等,2010;Banerjee 等,1998;Reyes,2007;Levy,1999;Wulff 等,2009;Zuber 等,2007)。为了评估时变的比例影响,最近的研究扩展了这些方法,包括基于初始条件、平均条件或最终条件的无量纲群(Dzodzo,2009;Achilli 等,2012)。在文献(Tortora,2009)中讨论了一种考虑瞬态演化的评估比例化失真程度的方法。本章提出的动态系统比例方法是一种强大的新方法,它基于多级双向比例和分数比例分析方法,将系统的动态响应纳入比例框架中。动态系统比例、多级双向比例和分数比例分析的详细比较见文献(Reyes 等,2015)。

动态系统比例是一种基于几何的比例方法,用于处理时变物理过程。动态系统比例方法的第一步是在一个特殊的坐标系中用点和弧长来描述物理过程,在动态系统的研究中也称相空间(Arrowsmith 和 Place,1998)。具体地说,动态系统比例方法将过程描述为测量的线,该测量的线由过程时间度量参数化并绘制在无量纲相空间中,通过在相空间坐标转换之后要求度量方差来实现过程的理想比例化。这种方法与 Klein's Erlangen 程序是一致的,在该程序中 Klein(1893)提出了确定使几何特性保持不变的变换组的方法,读者还可以参考 Cantwell(2002)关于对称性分析的有用文章。两参数仿射变换在相空间坐标上的应用得出了 5 种不同的方法来比例化动态系统过程,实际上,理想的比例化可能无法实现。坐标变换后过程度量中出现的差异是由比例失真引起的,失真程度可以通过测量原型和缩比模型测地线之间的局部距离来量化。下面各节将说明动态系统比例方法如何使用微分几何工具来描述、分析、分类和比例化动态系统过程。

6.7.1 定义和基本概念

动态系统被定义为状态相对于参考时间发生变化的系统(Arrowsmith 和 Place,1998)。对于参考时间连续的系统动力学,通常由一个或多个控制微分方程描述,其形式为 $dx/dt=X(x,t)$,其中 x 代表系统的状态,X 是一个函数,它充当改变动因,可与系统的时变状态耦合。在数学和物理学中,动力学系统的相空间是表示系统所有可能状态的空间,每种可能状态对应于相空间中的一个唯一点。

动态系统比例方法的第一步是用动态系统相空间中的点和弧长来描述物理过程。本节介绍了所需的定义和基本概念:①定义相空间坐标;②将外部测量的参考时间比例(时钟)与一个过程为非线性的涌现时间比例联系起来;③描述演变过程的曲线,该曲线由过程坐标定义并通过过程时间参数化。

一个系统定义为一个有限的控制体积,它包含守恒量,如质量、动量或能量,并受到内部和外部变化因素的作用。而过程被定义为系统状态的连续变化,转换序列受系统初始状态和边界条件的约束,并由系统积分平衡定律控制。

参考时间在文献(Einstein 和 Infeld,1966)中被定义,它认为时钟是一种特殊的过程,能产生恒定的时间间隔。通过添加由该过程产生的恒定时间间隔来构造参考时间坐标,由参考时钟产生的时间比例被定义为 t 坐标。参考时钟与被测量的过程没有物理联系,它们只为以恒定时间间隔发展的物理过程提供自然参数化。参考时间在以后记为过程时间的一个子集。理论以及该方法的示例应用将在 6.7.2 节中介绍。

6.7.1.1 积分守恒方程

考虑一个任意的包含守恒量,如特定质量、动量或能量的控制体,它是控制体内位置 $\boldsymbol{x}$ 的函数,并且相对于外部参考时间测量参数 t 变化。假设空间坐标和时间坐标是连续的,则进一步假设控制体积被一个可变形的、具有局部瞬时表面速度 $\boldsymbol{v}_s$ 和法向量 $\boldsymbol{n}$ 方向向外的控制面限定。设系统内分布的守恒量的局部和瞬时量为 $\psi(\boldsymbol{x},t)$。这个量可以通过物质输运 $\psi(\boldsymbol{v}-\boldsymbol{v}_s)\cdot\boldsymbol{n}$ 输入或输出控制体而改变(如流体焓输出),可以因施加在表面的通量($\boldsymbol{j}\cdot\boldsymbol{n}$)而改变(如表面热传导),也可能因产生或消耗守恒量的体积源或汇 ϕ_v 而改变。最后,守恒量的变化可能因外部场 ϕ_f(如引力、磁场或电场)的作用而发生改变。考虑到这些改变动因 φ_i,包括多种通量和物质输运(对 $i=1\cdots n$ 求和),系统的积分守恒方程可以写为

$$\frac{\mathrm{d}}{\mathrm{d}t}\iiint_V \psi(\boldsymbol{x},t)\,\mathrm{d}V = \iiint_V (\phi_v + \phi_f)\,\mathrm{d}V + \iint_A (\boldsymbol{j}\cdot\boldsymbol{n})\,\mathrm{d}A - \iint_A \psi(\boldsymbol{v}-\boldsymbol{v}_s)\cdot\boldsymbol{n}\,\mathrm{d}A = \sum_{i=1}^{n}\varphi_i \tag{6.87}$$

首先,定义给定时刻守恒量的归一化积分量:

$$\beta(t) = \frac{1}{\Psi_0}\iiint_V \psi(\boldsymbol{x},t)\,\mathrm{d}V \tag{6.88}$$

式中:Ψ_0 为所考虑过程的积分守恒量的一个与时间无关的值(理想情况下为最大值),此外,还可以表示为相对于参考值的最大间隔。

下一步,参数 $\omega(t)$ 定义为

$$\frac{\mathrm{d}}{\mathrm{d}t}\iiint_V \omega(t) = \frac{1}{\Psi_0}\left[\iiint_V (\phi_v + \phi_f)\,\mathrm{d}V + \iint_A (\boldsymbol{j}\cdot\boldsymbol{n})\,\mathrm{d}A - \iint_A \psi(\boldsymbol{v}-\boldsymbol{v}_s)\cdot\boldsymbol{n}\,\mathrm{d}A\right] = \frac{1}{\Psi_0}\sum_{i=1}^{n}\varphi_i \tag{6.89}$$

这个参数的单位是时间的倒数,并且与改变动因的和呈比例。将式(6.88)、式(6.89)代入式(6.87),得到以时间单位表示的积分守恒方程:

$$\frac{\mathrm{d}\beta}{\mathrm{d}t} = \omega \tag{6.90}$$

6.7.1.2 过程时间作为自然参数

本节采用 Zuber(2001)定义的过程时间,即

$$\tau = \frac{\beta}{\omega} \tag{6.91}$$

式(6.91)被 Zuber 定义为守恒量的分数变化率的倒数,在 Zuber 的研究中获得的结果是非常深刻的,并且在现象比例化中具有出色的用途。

研究表明,作为积分守恒方程式(6.90)的解的过程曲线,当被过程时间 τ

参数化时,都是 β-ω 相空间中测地线,这是微分几何中的一个自然参数。

图 6.13 说明了由式(6.91)定义的过程时间坐标。过程时间轴上的每个点都代表了完全替换或耗尽系统中守恒量所需的潜在时间。过程时间轴上的两点和过程时间间隔的差,表示过程时钟测量的守恒量产生有限变化所需的时间长度。

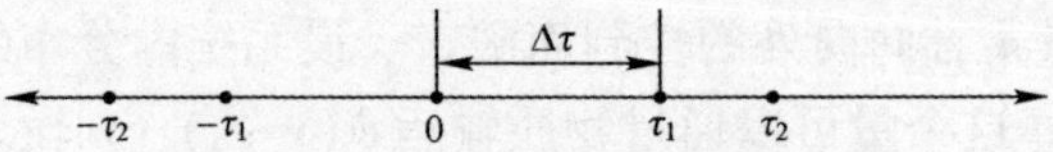

图 6.13　过程时间坐标间隔

因为改变动因的总和可以是正的,也可以是负的,所以过程时间轴也可以正向运动或负向运动。由于改变动因和守恒量都随着过程演化而变化,因此过程时间比例是较小的。也就是说,随着过程的演化,过程时间比例相对于参考时间比例延伸或收缩。6.7.1.3 节将对这种行为进行量化。

6.7.1.3　过程时间与参考时间的映射

现在说明过程时间如何映射到参考时间,式(6.91)中过程时间对参考时间 t 求导,得到以下结果:

$$\frac{\mathrm{d}\tau}{\mathrm{d}t}=\frac{1}{\omega}\frac{\mathrm{d}\beta}{\mathrm{d}t}-\frac{\beta}{\omega^2}\frac{\mathrm{d}\omega}{\mathrm{d}t} \tag{6.92}$$

可以看出,式(6.92)右边的第一项与式(6.90)是一致的,因此式(6.92)可变为

$$\frac{\mathrm{d}\tau}{\mathrm{d}t}=1-\frac{\beta}{\omega^2}\frac{\mathrm{d}\omega}{\mathrm{d}t} \tag{6.93}$$

时间位移率 D 定义为

$$D=\frac{\mathrm{d}\tau-\mathrm{d}t}{\mathrm{d}t} \tag{6.94}$$

这类似于材料变形时的延伸率(Dym 和 Shames,1973)。将式(6.94)代入式(6.93),可得

$$D=-\frac{\beta}{\omega^2}\frac{\mathrm{d}\omega}{\mathrm{d}t} \tag{6.95}$$

因此,微分形式变换的最终形式应表示为

$$\mathrm{d}\tau=(1+D)\,\mathrm{d}t \tag{6.96}$$

式(6.96)是一个将无穷小的过程时间间隔与无穷小的参考时间间隔联系起来的变换,当 $D>0$ 时,过程时间间隔相对于参考时间间隔膨胀;相反,如 $D<0$,过程时间间隔相对于参考时间间隔被压缩。加速过程被定义为 D 具有非零值的过程,需要注意的是一般情况下,D 不是一个常数,而是随着过程变化而变化。

由积分式(6.96)可以得到一个有限的过程时间间隔：

$$\tau_2 - \tau_1 = \int_{t_1}^{t_2} (1 + D)\,\mathrm{d}t \tag{6.97}$$

对于一个恒定速率的过程，改变动因的和 $\sum_{i}^{n} \phi_i$ 是一个常数。随后由于 $\mathrm{d}\omega/\mathrm{d}t$=零，$D=0$。将 $D=0$ 应用于式(6.97)，则过程时间间隔与参考时间间隔是等效的($\Delta\tau=\Delta t$)，该结果与爱因斯坦对基于恒定速率过程的时钟的定义是一致的。式(6.97)表明参考时间是过程时间的一个子集，因此，参考时钟是 $D=0$ 的任何过程。

综上所述，式(6.91)给出了过程时间的定义，它统一了外部测量的参考时间比例和系统内守恒量变化引起的时间比例的概念。此外，式(6.97)表明，所有过程时间比例都是相对的，也就是说，每个过程都创建了一个时间比例，该时间比例可以与任何参考时间比例相关联，也可以通过其特定的时间位移率推广到任何其他过程时间比例。

6.7.1.4 物理过程分类

表6.6展示了如何使用动态系统比例方法对有时间位移率的过程进行分类，该表给出了各过程的控制微分方程及其相应的解。恒定传输速率的过程作为参考时钟的基础。瞬时功率定律描述了宽范围的增长和衰变过程，包括种群增长、扩散、集总参数瞬态传导、热流体混合和放射性衰变。恒定的形变过程包括许多现象，如充满流体的压力容器的排气、气液或固液在进口和出口流量恒定的罐内混合，循环过程包括电路、共振和振荡的弹簧-质量系统中发生的现象。开放过程在宇宙学研究中被发现，并由弗里德曼-罗伯逊-沃克(Friedmann-Robertson-Walker)方程的解表示。

表6.6 使用时间位移率过程分类的例子

过程类型	时间位移率 D	过程曲线方程
恒定传输速率	0	微分方程：$\omega(t)=\omega_0$ (6.98) 解：$\beta(t)=1+\omega_0 t$ (6.99)
无(瞬时功率定律)	−1	微分方程：$\omega(t)=\omega_0\beta\ln(a_0)$ (6.100) 解：$\beta(t)=a_0^{\pm\omega_0 t}$ (6.101)
恒定时间位移率	$D_0(D_0\neq 0,-1)$	微分方程：$\omega(t)=\pm\omega_0\beta^{-D_0}$ (6.102) 解：$\beta(t)=[1\pm(1+D_0)\omega_0 t]^{1/(1+D_0)}$ (6.103)
关闭(循环)	$\dfrac{\beta^2}{1-\beta^2}$	微分方程：$\omega(t)=\omega_0\sqrt{1-\beta^2}$ (6.104) 解：$\beta(t)=\sin(\omega_0 t)$ (6.105)
开放	$-\dfrac{\beta^2}{1+\beta^2}$	微分方程：$\omega(t)=\omega_0\sqrt{1+\beta^2}$ (6.106) 解：$\beta=\sinh(\omega_0 t)$ (6.107)

6.7.1.5 相空间中的过程(过程时空)

动态系统分析是通过在一个图中绘制各个解(相曲线)和解族(相位图),该图以β为横轴、ω(如 $d\beta/dt$)为纵轴。这种众所周知的技术提供了对系统行为的稳定性、分类和拓扑等效性的深刻见解(Arrowsmith 和 Place,1998)。系统的瞬时状态被定义为在β-ω相空间的一个点。然而,这里将使用过程时间τ参数化系统的状态演变而非使用参考时间t。图 6.14 显示了过程时间的连续性由恒定的τ线族表示,标记为零曲线,因为沿着这些曲线$d\tau=0$。相空间中的每个状态点都落在无穷条零曲线中的一条上。这些线的β值相当,$\omega\neq0$,并延伸到图中的 4 个象限。图 6.15 显示了一个系统的状态如何沿着相空间中的过程曲线从初始点(β_I,ω_I)演化到最终点(β_F,ω_F),该相空间被一系列连续的常数τ线参数化。值得注意的是,系统的状态是由被守恒量和相应的改变动因之和所定义的单点给出的。因此,要在相空间中建立两个过程之间的精确相似,不仅需要匹配β(部分守恒量),而且需要匹配每个点的变化率(斜率)。这是一个非常严格的比较,在时间快速变化的情况下,获得原型和模型过程之间的良好匹配是非常具有挑战性的。

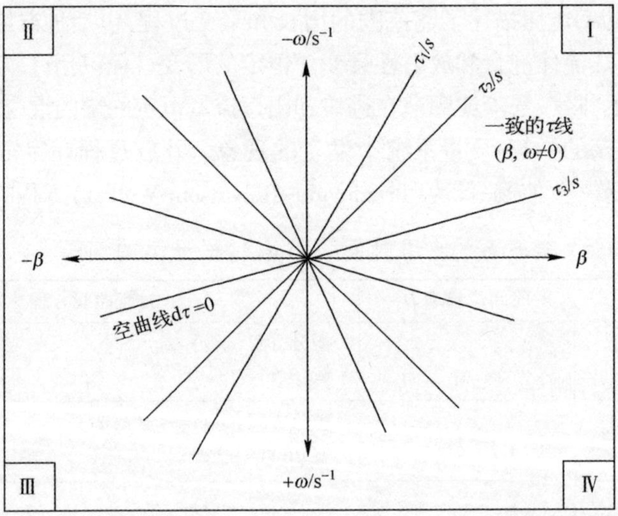

图 6.14 β-ω平面中用于绘制参数化过程的常数τ的线族(这些线的β相同,$\omega\neq0$)

6.7.1.6 过程度量数学基础

本节介绍了过程度量的数学基础,过程时间作为自然参数,过程行为,过程曲线作为测地线,方差度量和测地线距离作为比例失真程度的度量。为了进行推导需要熟悉一些微分几何的基本工具。

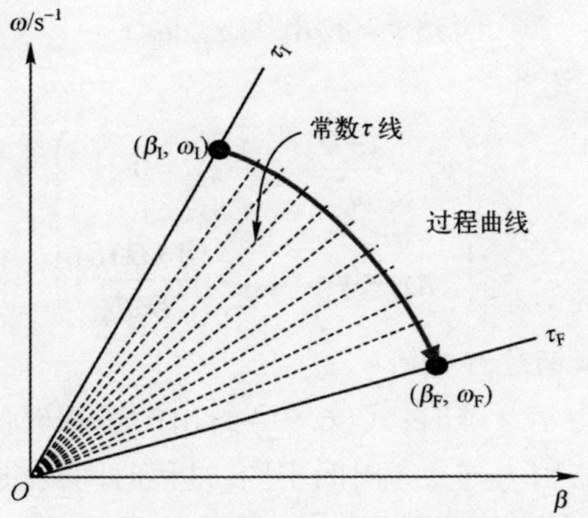

图 6.15　β-ω 平面中描述系统状态连续演化的过程曲线

在二维曲面上,系统的状态由点和曲线表示,称为相空间。对这个概念进行扩展,提出曲面具有一个与过程时间有关的度量张量,其度量标准如下:

$$\varepsilon \mathrm{d}\tau^2 = g_{ij}\mathrm{d}x^i\mathrm{d}x^j \tag{6.108}$$

式中:g_{ij}为欧几里得度量系数;ε 为指标,根据代数运算的需要,可以取正值或负值。

对于重复指数,除了特别注明的地方,爱因斯坦的求和约定已经使用并一直有效。相空间坐标由 $x^1=\beta$、$x^2=\omega$ 给出,请记住在这种情况下,指数是求和的指数。

1) 定义过程度量

本节的目标是确定式(6.108)的度量系数,对式(6.92)求平方并重新排列得到:

$$\varepsilon \mathrm{d}\tau^2 = \frac{1}{\omega^2}\mathrm{d}\beta^2 - \frac{2\beta}{\omega^3}\mathrm{d}\beta\mathrm{d}\omega + \frac{\beta^2}{\omega^4}\mathrm{d}\omega^2 \tag{6.109}$$

式(6.109)右侧第二项可表示为

$$-\frac{2\beta}{\omega^3}\mathrm{d}\beta\mathrm{d}\omega = -\frac{\beta}{\omega^3}\frac{\mathrm{d}\beta/\mathrm{d}t}{\mathrm{d}\omega/\mathrm{d}t}\mathrm{d}\omega^2 - \frac{\beta}{\omega^3}\frac{\mathrm{d}\omega/\mathrm{d}t}{\mathrm{d}\beta/\mathrm{d}t}\mathrm{d}\beta^2 \tag{6.110}$$

将式(6.90)和式(6.95)代入式(6.110),可得

$$-\frac{2\beta}{\omega^3}\mathrm{d}\beta\mathrm{d}\omega = \frac{\beta^2}{D\omega^4}\mathrm{d}\omega^2 + \frac{D}{\omega^2}\mathrm{d}\beta^2 \tag{6.111}$$

将此结果代入式(6.109)并重新排列,可得出以下过程指标:

$$\varepsilon \mathrm{d}\tau^2 = \frac{1+D}{\omega^2}\left(\mathrm{d}\beta^2 + \frac{\beta^2}{D\omega^2}\mathrm{d}\omega^2\right) \tag{6.112}$$

因此过程度量的度量系数为

$$\varepsilon \mathrm{d}\tau^2 = g_{11}\mathrm{d}\beta^2 + g_{22}\mathrm{d}\omega^2 \tag{6.113}$$

同时度量张量可被定义为

$$\boldsymbol{g}_{ij} = \begin{pmatrix} g_{11} = \dfrac{1+D}{\omega^2} & g_{12} = 0 \\ g_{21} = 0 & g_{22} = \dfrac{(1+D)\beta^2}{D\omega^4} \end{pmatrix} \tag{6.114}$$

2）作为自然参数的过程时间

问题：在映射动力学系统时，式(6.91)给出的过程时间相比参考时间有优势吗？答案是肯定的，因为与参考时间不同，过程时间提供了式(6.112)给出的自然参数化的度量。在这种情况下，$\tau(t)$是自然参数，因为它以单位速度穿过$\beta-\omega$相空间中的曲线。也就是说，将式(6.112)的两边除以$\varepsilon \mathrm{d}\tau^2$并取平方根，得到式(6.115)，该式满足自然参数的定义。注意，此处$1/\varepsilon=\varepsilon$，有

$$1 = \left\{ \varepsilon \left[g_{11}\left(\frac{\mathrm{d}\beta}{\mathrm{d}\tau}\right)^2 + g_{22}\left(\frac{\mathrm{d}\omega}{\mathrm{d}\tau}\right)^2 \right] \right\}^{1/2} \tag{6.115}$$

3）过程行为

变分法将行为定义为拉格朗日泛函L在一组固定端点上的积分。此处L是动态变量β、导数ω和坐标参考时间t的函数。遵循弧长的概念，本章中的拉格朗日函数被定义为过程度量公式(6.113)的参考时间导数的平方根，即

$$L = \left\{ \varepsilon \left[g_{11}\left(\frac{\mathrm{d}\beta}{\mathrm{d}t}\right)^2 + g_{22}\left(\frac{\mathrm{d}\omega}{\mathrm{d}t}\right)^2 \right] \right\}^{1/2} \tag{6.116}$$

然而，将式(6.115)和式(6.96)代入式(6.116)，拉格朗日函数可以写为以下形式：

$$L = \frac{\mathrm{d}\tau}{\mathrm{d}t} = (1+D) \tag{6.117}$$

因此，过程行为由拉格朗日函数的积分来描述，即

$$\tau_{\mathrm{S}} = \int_{t_{\mathrm{i}}}^{t_{\mathrm{f}}} (1 + D)\,\mathrm{d}t \tag{6.118}$$

使用欧拉-拉格朗日方程对该过程行为进行更严格的处理，会产生同样的结果，同时也会带来更多的数学上的洞察。下标大写字母“S”用于表示该行为。同样，根据式(6.97)，有

$$\tau_{\mathrm{S}} = \tau_{\mathrm{f}} - \tau_{\mathrm{i}} \tag{6.119}$$

4）相空间中测地线作为过程曲线

仅当式(6.115)成立且测地线方程恒为0时，由过程时间τ参数化的过程曲线才是相空间中的测地线，如下所示：

$$\frac{\mathrm{d}^2\beta}{\mathrm{d}\tau^2}+\Gamma_{11}^1\left(\frac{\mathrm{d}\beta}{\mathrm{d}\tau}\right)^2+2\Gamma_{12}^1\left(\frac{\mathrm{d}\beta}{\mathrm{d}\tau}\right)\left(\frac{\mathrm{d}\omega}{\mathrm{d}\tau}\right)+\Gamma_{22}^1\left(\frac{\mathrm{d}\omega}{\mathrm{d}\tau}\right)^2=0 \tag{6.120}$$

$$\frac{\mathrm{d}^2\omega}{\mathrm{d}\tau^2}+\Gamma_{11}^1\left(\frac{\mathrm{d}\beta}{\mathrm{d}\tau}\right)^2+2\Gamma_{12}^1\left(\frac{\mathrm{d}\omega}{\mathrm{d}\tau}\right)\left(\frac{\mathrm{d}\beta}{\mathrm{d}\tau}\right)+\Gamma_{22}^1\left(\frac{\mathrm{d}\omega}{\mathrm{d}\tau}\right)^2=0 \tag{6.121}$$

因为 $\boldsymbol{g}_{ij}$ 是一个对角矩阵，所以 Christoffel 符号 k_{ij} 可以通过将度量系数式(6.114)代入式(6.122)和式(6.123)来确定，同时所有其他 Γ_{ij}^k 均为 0，即

$$\Gamma_{kj}^k=\Gamma_{jk}^k=\frac{\partial}{\partial x^j}\left(\frac{1}{2}\ln|g_{kk}|\right) \tag{6.122}$$

$$\Gamma_{jj}^k=-\frac{1}{2g_{kk}}\frac{\partial g_{jj}}{\partial x^k},\quad j\neq k \tag{6.123}$$

对 g_{11} 和 g_{22} 的偏导数项进行计算并进行代换，从而得出如表 6.7 所列的 Christoffel 符号方程式。

表 6.7 Christoffel 符号方程

$\Gamma_{11}^1=\frac{1}{2(1+D)}\frac{\partial D}{\partial\beta}$	(6.124)
$\Gamma_{12}^1=\Gamma_{21}^1=\frac{1}{2(1+D)}\frac{\partial D}{\partial\omega}-\frac{1}{\omega}$	(6.125)
$\Gamma_{22}^1=-\frac{\beta}{\omega^2 D}+\frac{\beta^2}{2\omega^2D^2(1+D)}\frac{\partial D}{\partial\beta}$	(6.126)
$\Gamma_{11}^2=\frac{D\omega}{\beta^2}-\frac{D\omega^2}{2(1+D)\beta^2}\frac{\partial D}{\partial\omega}$	(6.127)
$\Gamma_{12}^2=\Gamma_{21}^2=\frac{1}{\beta}-\frac{1}{2D(1+D)}\frac{\partial D}{\partial\beta}$	(6.128)
$\Gamma_{22}^2=-\frac{2}{\omega}-\frac{1}{2D(1+D)}\frac{\partial D}{\partial\omega}$	(6.129)

将式(6.95)和式(6.96)与积分守恒方程、式(6.90)结合，可以得到 $\mathrm{d}\beta/\mathrm{d}\tau$、$\mathrm{d}^2\beta/\mathrm{d}\tau^2$、$\mathrm{d}\omega/\mathrm{d}\tau$ 和 $\mathrm{d}^2\omega/\mathrm{d}\tau^2$ 的方程。将这些方程和表 6.7 中给出的 Christoffel 符号代入式(6.120)和式(6.121)，可看出这些标准均被满足。该结果可以支持这样一个事实，过程时间提供了过程曲线的自然参数化。

6.7.1.7 由度量不变性控制的过程相似性

推荐使用式(6.118)给出的 τ_S 作为变换定律的归一化因子，这种选择基于变换定律的积分等于 1 的要求，即

$$\int_{t_i}^{t_f}\frac{\mathrm{d}\tau}{\tau_S}=\frac{1}{\tau_S}\int_{t_i}^{t_f}(1+D)\,\mathrm{d}t=\int_{t_i}^{t_f}\mathrm{d}\tilde{\tau}=1 \tag{6.130}$$

将归一化的坐标和参数定义如下：

$$\widetilde{\Omega}=\omega\tau_S,\quad \widetilde{\beta}=\beta,\quad \tilde{t}=\frac{t}{\tau_S},\quad \tilde{\tau}=\frac{\tau}{\tau_S} \tag{6.131}$$

归一化坐标系中的守恒方程表示如下：

$$\frac{d\beta}{d\tilde{t}}=\widetilde{\Omega} \tag{6.132}$$

式(6.131)和式(6.132)引入了效应参数 $\widetilde{\Omega}$,它被认为是 Zuber 的效应度量，只是它已被过程行为归一化，这是整个过程时间的积分。具体而言，考虑到式(6.72)和式(6.132)代表相同的守恒方程，也可以得出下面的关系式(Reyes等,2015)：

$$\widetilde{\Omega}=\tau_S\frac{\Omega_{FSA}}{t}\phi_e^* \tag{6.133}$$

因此，动态系统比例效应参数中的描述性术语"参数"将其与微分几何中定义的"度量"的形式概念区分开。同时还定义了以下参数：

$$\tilde{t}^+=\frac{t-t_i}{\tau_S},\quad \tilde{\tau}^+=\frac{\tau-\tau_i}{\tau_S} \tag{6.134}$$

式中：t_i，τ_i 分别为初始时钟时间和初始过程时间。

要注意的是，根据式(6.119)，归一化无量纲过程时间 $\tilde{\tau}^+$ 的范围为 0~1。也适用

$$d\tilde{\tau}^+=d\tilde{\tau} \tag{6.135}$$

和

$$d\tilde{t}^+=d\tilde{t} \tag{6.136}$$

将归一化的坐标应用于式(6.95)，可以发现，在该坐标变换下，归一化的时间位移率是不变的。也就是说，消去 τ_S 使得

$$\widetilde{D}=-\frac{\widetilde{\beta}}{\widetilde{\Omega}^2}\frac{d\widetilde{\Omega}}{d\tilde{t}}=-\frac{\beta}{\omega^2}\frac{d\omega}{dt}=D \tag{6.137}$$

归一化的过程时间间隔变为

$$d\tilde{\tau}=(1+D)\,d\tilde{t} \tag{6.138}$$

通过行为将式(6.113)给出的度量归一化，得到以下无量纲度量：

$$\varepsilon d\tilde{\tau}^2=\tilde{g}_{11}d\beta^2+\tilde{g}_{22}d\widetilde{\Omega}^2 \tag{6.139}$$

度量系数 $\tilde{g}_{12}=\tilde{g}_{21}=0$，并且

$$\tilde{g}_{11}=\frac{\varepsilon(1+D)}{\widetilde{\Omega}^2},\quad \tilde{g}_{22}=\frac{(1+D)\beta^2}{D\widetilde{\Omega}^4} \tag{6.140}$$

Kreyszig(1991)证明了式(6.139)形式的度量在允许的坐标变换下是不变的,因为弧线具有几何意义,这与坐标的选择无关。在这种情况下,使用简单的仿射变换将原型坐标(下标"p")转换为比例模型坐标(下标"m")。对于式(6.113),这意味着

$$(\tilde{g}_{11}\mathrm{d}\tilde{\beta}^2+\tilde{g}_{22}\mathrm{d}\tilde{\Omega}^2)_{\mathrm{m}}=(\tilde{g}_{11}\mathrm{d}\tilde{\beta}^2+\tilde{g}_{22}\mathrm{d}\tilde{\Omega}^2)_{\mathrm{p}} \tag{6.141}$$

Kreyszig 还给出了两个不同坐标系中系数$\tilde{g}_{ij}$之间的关系,因此式(6.141)也可写为

$$\mathrm{d}\tilde{\tau}_{\mathrm{m}}^2=\mathrm{d}\tilde{\tau}_{\mathrm{p}}^2 \tag{6.142}$$

或根据过程时间比例间隔写为

$$\mathrm{d}\tilde{\tau}_{\mathrm{m}}=\mathrm{d}\tilde{\tau}_{\mathrm{p}} \tag{6.143}$$

在坐标变换下,对式(6.143)形式的度量的不变性的类似处理也可以在文献(Courant 和 Hilbert,1953)中找到。在比例分析方面,式(6.143)给出的等式适用于"理想"比例系统。产生的差异将归因于比例模型的失真。

6.7.2 单个动态过程的比例方法

本节叙述了在不同类型的坐标变换下,归一化过程度量方程(6.139)的不变性,以及当与协方差原理相结合时如何产生各种比例方法。

6.7.2.1 协方差原理

考虑由式(6.90)控制的守恒过程,并使用具有恒定时间间隔 $\mathrm{d}t_p$的参考时钟进行测量。同时考虑在一个比例实验中使用不同的参考时钟测量的相同过程,其时间间隔为常数 $\mathrm{d}t_{\mathrm{m}}$并与 $\mathrm{d}t_{\mathrm{p}}$呈线性比例。协方差原理确认,在两个参考时间范围内比例$(1/\omega)\mathrm{d}\beta/\mathrm{d}t=1$,即

$$\frac{1}{\omega_{\mathrm{m}}}\frac{\mathrm{d}\beta_{\mathrm{m}}}{\mathrm{d}t_{\mathrm{m}}}=\frac{1}{\omega_{\mathrm{p}}}\frac{\mathrm{d}\beta_{\mathrm{p}}}{\mathrm{d}t_{\mathrm{p}}} \tag{6.144}$$

6.7.2.2 归一化守恒方程

扩展式(6.90)、原型(k 为 p)和模型(k 为 m)的积分守恒方程可以写为

$$\frac{\mathrm{d}\beta_k}{\mathrm{d}t_k}=\sum_{i=1}^{n}\omega_{ik} \tag{6.145}$$

通过将方程两边乘 τ_{S},可以使式(6.145)无量纲化,得到

$$\frac{\mathrm{d}\beta_k}{\mathrm{d}\tilde{t}_k}=\tilde{\Omega}_k \tag{6.146}$$

效应参数$\tilde{\Omega}_k$可表示为改变动因的特定频率与过程行为 $\tau_{\mathrm{S}k}$的乘积之和,即

$$\tilde{\Omega}_k=\sum_{i=1}^{n}\omega_{ik}\tau_{\mathrm{S}k}=\sum_{i=1}^{n}\tilde{\Omega}_{ik} \tag{6.147}$$

每个效应参数都需要一个单独的方程来描述局部输运现象，这些现象起到增加或减少系统守恒量的作用。下面将介绍双参数的仿射变换如何得出单一动力学过程的五种可能的比例方法。

6.7.2.3 过程坐标转换

β、ω 坐标的双参数仿射变换（不含平移分量）如下：

$$\beta_{\mathrm{m}}=\lambda_A\beta_{\mathrm{p}} \tag{6.148}$$

$$\omega_{\mathrm{m}}=\lambda_B\omega_{\mathrm{p}} \tag{6.149}$$

式中，转换参数 λ_A 和 λ_B 为常数比例因子，这个简单的坐标变换产生了几个重要的结果，这些结果将在 6.7.2.4 节中展示。这包括提供了模型中参考时间与原型时间的比例，并证明了过程的时间位移率 D 在仿射变换下是不变的。后面的结果很重要，因为时间位移率体现了一个过程的加速，这是缩放动态过程的一个主要特征。此外，将双参数变换应用到归一化过程量中，给出了效应参数的比例关系。最重要的是，一个参数和两个参数变换的每个组合都会产生一种比例方法。

将变换参数式（6.148）和式（6.149）代入式（6.144）所描述的协方差原理，得到模型中参考时间相对于原型时间的比例关系。这就产生了简单的比例关系：

$$\frac{\lambda_A}{\lambda_B}=\frac{\mathrm{d}t_{\mathrm{m}}}{\mathrm{d}t_{\mathrm{p}}} \tag{6.150}$$

通过将式（6.148）和式（6.149）代入式（6.95），可以将模型和原型的时间位移率相关联，可得

$$D_{\mathrm{m}}=\frac{\beta_{\mathrm{m}}}{\omega_{\mathrm{m}}^2}\frac{\mathrm{d}\omega_{\mathrm{m}}}{\mathrm{d}t_{\mathrm{m}}}=-\frac{\beta_{\mathrm{p}}}{\omega_{\mathrm{p}}^2}\frac{\mathrm{d}\omega_{\mathrm{p}}}{\mathrm{d}t_{\mathrm{p}}}\frac{\lambda_A}{\lambda_B}\frac{\mathrm{d}t_{\mathrm{p}}}{\mathrm{d}t_{\mathrm{m}}} \tag{6.151}$$

将原型时间位移率定义代入式（6.151）可得

$$D_{\mathrm{m}}=D_{\mathrm{p}}\frac{\lambda_A}{\lambda_B}\frac{\mathrm{d}t_{\mathrm{p}}}{\mathrm{d}t_{\mathrm{m}}} \tag{6.152}$$

最后，将参考时间比例公式（6.150）代入式（6.152），证明通过双参数坐标仿射变换，时间位移率是不变的，也就是说：

$$D_{\mathrm{m}}=D_{\mathrm{p}} \tag{6.153}$$

6.7.2.4 归一化过程时间间隔的不变性

利用式（6.138）定义模型的归一化过程时间间隔如下：

$$\mathrm{d}\tilde{\tau}_{\mathrm{m}}=(1+D_{\mathrm{m}})\,\mathrm{d}\tilde{t}_{\mathrm{m}} \tag{6.154}$$

由式（6.152）和式（6.153）可知

$$d\tilde{\tau}_m = d\tilde{\tau}_p \frac{\lambda_A \tau_{Sp}}{\lambda_B \tau_{Sm}} \tag{6.155}$$

将式(6.143)的要求应用于式(6.155)可得

$$\frac{\tau_{Sm}}{\tau_{Sp}} = \frac{\lambda_A}{\lambda_B} \tag{6.156}$$

即过程动作缩放比必须等于坐标变换的缩放比。

6.7.2.5　效应参数比例比值

模型的积分平衡方程为

$$\tau_{Sm} \frac{d\beta_m}{dt_m} = \tilde{\Omega}_m \tag{6.157}$$

同理,原型的积分平衡方程为

$$\tau_{Sp} \frac{d\beta_p}{dt_p} = \tilde{\Omega}_p \tag{6.158}$$

将式(6.148)、式(6.150)、式(6.156)代入式(6.157),可得

$$\lambda_A \tau_{Sp} \frac{d\beta_p}{dt_p} = \tilde{\Omega}_m \tag{6.159}$$

式(6.159)除以式(6.158)得效应参数的比例:

$$\lambda_A = \frac{\tilde{\Omega}_m}{\tilde{\Omega}_p} \tag{6.160}$$

利用式(6.147)展开式(6.160),可得

$$\lambda_A = \frac{\tilde{\Omega}_{1,m} + \tilde{\Omega}_{2,m} + \cdots + \tilde{\Omega}_{n,m}}{\tilde{\Omega}_{1,p} + \tilde{\Omega}_{2,p} + \cdots + \tilde{\Omega}_{n,p}} \tag{6.161}$$

应用比例律求出式(6.161)的解,使每一项分别进行比例变换如下:

$$\lambda_A = \frac{\tilde{\Omega}_{1,m}}{\tilde{\Omega}_{1,p}},\quad \lambda_A = \frac{\tilde{\Omega}_{2,m}}{\tilde{\Omega}_{2,p}},\quad \lambda_A = \frac{\tilde{\Omega}_{3,m}}{\tilde{\Omega}_{3,p}},\quad \cdots,\quad \lambda_A = \frac{\tilde{\Omega}_{n,m}}{\tilde{\Omega}_{n,p}} \tag{6.162}$$

式(6.162)提供了单独动态过程的单独效应参数的比例。

6.7.2.6　相似标准和缩放方法

表6.8总结了过程时空坐标比例的基准,表6.9列出了应用于原型的β-ω坐标五种常数比例因子(λ_A,λ_B)变换组合。每种组合都会产生具有唯一比例标准的比例方法,所有的比例方法都保持了归一化过程量在变换下的不变性。也就是说,尽管模型中的参考时间比例相对于原型可能会有所变化,但所有比例方法的$\tilde{\tau}_R=1$。

表 6.8 过程时空坐标比例的基准

度量不变性：	$d\tilde{\tau}_p = d\tilde{\tau}_m$	(6.163)
协方差原理：	$\frac{1}{\omega_p}\frac{d\beta_p}{dt_p} = \frac{1}{\omega_m}\frac{d\beta_m}{dt_m}$	(6.164)

表 6.9 $\beta-\omega$ 坐标转换和相似准则

2-2 仿射变换：	$\beta_R = \lambda_A ; \omega_R = \lambda_B$	$\widetilde{\Omega}_R = \lambda_A$ $\tau_R = t_R = \frac{\lambda_A}{\lambda_B}$	(6.165)
扩张变换：	$\beta_R = \lambda ; \quad \omega_R = \lambda$	$\widetilde{\Omega}_R = \lambda$ $\tau_R = t_R = 1$	(6.166)
β-拉伸变换：	$\beta_R = \lambda ; \omega_R = 1$	$\widetilde{\Omega}_R = \lambda$ $\tau_R = t_R = \lambda$	(6.167)
ω-拉伸变换：	$\beta_R = 1 ; \omega_R = \lambda$	$\widetilde{\Omega}_R = 1$ $\tau_R = t_R = \frac{1}{\lambda}$	(6.168)
恒等变换：	$\beta_R = 1 ; \omega_R = 1$	$\widetilde{\Omega}_R = 1$ $\tau_R = t_R = 1$	(6.169)

这 5 种比例变换方法都是参数平面上双参数一般仿射变换的子集,第一种比例方法是基于无平移分量的双参数双坐标仿射变换(2-2 仿射变换)。2-2 仿射变换不能保持距离或角度不变,但是它们保持了平行结构,在这种情况下,原型测地线将平行于转换后空间中的模型测地线。

第二种比例方法基于扩张变换,这是一种不含平移分量的相似变换。它涉及平面到自身的一对一映射,这样每个距离都乘以一个常数比例因子。虽然它被称为扩张变换,但距离可以扩大或缩小,角度和形状在扩张变换下保持不变。

第三种和第四种比例变换方法基于拉伸转换,它们本质上是单向的扩张变换。β-拉伸变换是对 β 坐标施加一个恒定的比例因子 λ_A,而保持 ω 坐标不变;相反,ω-拉伸变换对 ω 坐标应用恒定的比例因子 λ_B,而对 β 坐标保持不变,对 AP600 和 AP1000 试验项目 APEX 进行的比例分析使用的半时间比例方法是 ω-拉伸变换(Reyes 和 Hochreiter,1998)。

最后一种是基于恒等变换的比例缩放方法,恒等变换保持原型坐标和模型坐标中的点之间的距离不变,距离和角度在恒等变换下是不变的。NUREG-1230 附录 A(U. S. Nuclear Regulatory Commission,1988)中描述的许多传统核试验装置是使用"功率体积比"方法设计的,功率—体积比例为坐标的恒等变换。

6.7.3 测地线间隔作为比例失真的度量

本节提供了计算原型和模型测地线之间的局部间隔的方法,该方法通过它们各自的过程时间进行了参数化。准确的近似,两条曲线将重叠,局部间隔将为0,因此局部间隔是模型过程中相对于理想原型过程的比例失真的一种度量。在整个曲线上对局部间隔积分将得到整个过程总的比例失真,这种方法考虑了在整个过程中比例失真可能会变化,因此仅基于针对单个条件集评估的缩放比例失真对试验装置的适当性进行评估可能无法完全表征整个过程的缩放比例失真。缩放比例失真分析可以应用于不同的目标。如试验装置的设计者可能会评估在小规模实验装置上的守恒量(能量或质量)的测量响应与原型的预测响应之间的失真进行评估,而分析人员可能会对评估实验设备的计算机模型引入的失真感兴趣。在这种情况下,将在实验设备中观察到的响应和计算机模拟的预测响应之间测量失真。这两种情况下的总失真都可以用测地线间隔法计算出来。

图6.16为在无量纲相空间$(\beta,\widetilde{\Omega})$中映射的原型曲线p和模型曲线m,下标p表示原型,下标m表示缩放后的模型。该表面是根据理想原型的无量纲系数$\widetilde{g}_{11,\mathrm{p}}$和$\widetilde{g}_{22,\mathrm{p}}$来定义的,对于一个完美的比例模型,过程曲线和模型曲线会重叠。也就是说,沿着它们各自曲线的每个点处$\beta_{\mathrm{m}}=\beta_{\mathrm{p}}$,$\widetilde{\Omega}_{\mathrm{m}}=\widetilde{\Omega}_{\mathrm{p}}$;并且在与$\widetilde{\tau}$线的交点处的间隔距离$d\widetilde{\eta}$为0。在图6.16中它们没有重叠,说明缩放后的模型过程曲线存在失真。β_{m}和β_{p}之间的无穷小距离由$\sqrt{\widetilde{g}_{11,\mathrm{p}}}\,\mathrm{d}\beta$计算,$\widetilde{\Omega}_{\mathrm{m}}$和$\widetilde{\Omega}_{\mathrm{p}}$之间的无穷小距离由$\sqrt{\widetilde{g}_{22,\mathrm{p}}}\,\mathrm{d}\widetilde{\Omega}$计算。最后,$\widetilde{\tau}$和$\widetilde{\tau}'$之间的无穷小距离为$\mathrm{d}\widetilde{\tau}'$,这个距离也可以看作比例失真的度量,因为对于一个理想的比例模型,$\widetilde{\tau}'-\widetilde{\tau}=0$。

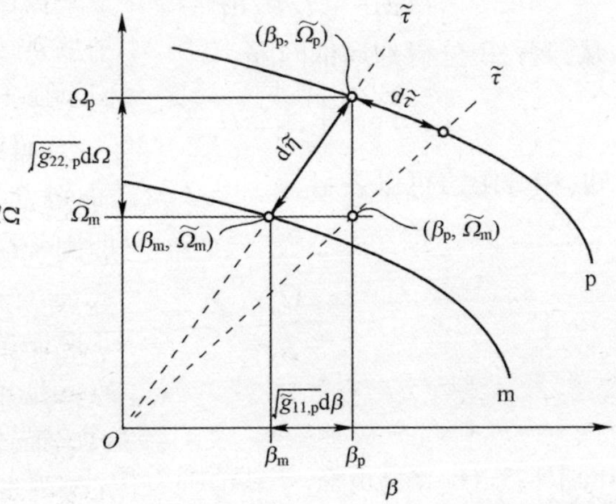

图6.16 过程曲线在原型相空间中的局部测地线间隔

原型和模型点之间的距离 $\mathrm{d}\eta$ 由标准线元方程式给出：

$$\mathrm{d}\tilde{\eta}^2=\tilde{g}_{11,\mathrm{p}}\mathrm{d}\beta^2+\tilde{g}_{22,\mathrm{p}}\mathrm{d}\tilde{\Omega}^2 \tag{6.170}$$

式中：$\tilde{g}_{11,\mathrm{p}}$，$\tilde{g}_{22,\mathrm{p}}$为定义表面局部几何形状的系数。

常数$\tilde{\tau}$线的轨迹为从原点出发，与过程曲线 p 上的点$(\beta_\mathrm{p},\tilde{\Omega}_\mathrm{p})$和模型曲线 m 上的点$(\beta_\mathrm{m},\tilde{\Omega}_\mathrm{m})$相交的直线，因此，沿任意常数$\tilde{\tau}$线，均可建立以下关系：

$$\mathrm{d}\beta=\tilde{\tau}\mathrm{d}\tilde{\Omega} \tag{6.171}$$

将式(6.171)代入式(6.170)，可得

$$\mathrm{d}\tilde{\eta}^2=(\tilde{g}_{11,\mathrm{p}}\tilde{\tau}^2+\tilde{g}_{22,\mathrm{p}})\mathrm{d}\tilde{\Omega}^2 \tag{6.172}$$

将式(6.140)代入式(6.172)，重新整理并开方，可得

$$\mathrm{d}\tilde{\eta}=\frac{(1+D_\mathrm{p})}{\sqrt{\varepsilon D_\mathrm{p}}}\frac{\tilde{\tau}}{\tilde{\Omega}}\mathrm{d}\tilde{\Omega} \tag{6.173}$$

对式(6.173)从 $\tilde{\Omega}_\mathrm{m}$ 到 $\tilde{\Omega}_\mathrm{p}$ 积分得局部间隔$\tilde{\eta}(\tilde{\tau})$：

$$\tilde{\eta}(\tilde{\tau})=\int_{\tilde{\Omega}_\mathrm{m}}^{\tilde{\Omega}_\mathrm{p}}\frac{(1+D_\mathrm{p})}{\sqrt{\varepsilon D_\mathrm{p}}}\frac{\tilde{\tau}}{\tilde{\Omega}}\mathrm{d}\tilde{\Omega} \tag{6.174}$$

将以下方程

$$D_\mathrm{p}=-\frac{\tilde{\tau}_\mathrm{p}}{\tilde{\Omega}}\frac{\mathrm{d}\tilde{\Omega}}{\mathrm{d}\tilde{t}_\mathrm{p}} \tag{6.175}$$

$$1+D_\mathrm{p}=\frac{\mathrm{d}\tilde{\tau}'}{\mathrm{d}\tilde{t}_\mathrm{p}} \tag{6.176}$$

代入式(6.173)中，可以得到式(6.173)的替代形式。这里，在过程时间内的位移 $\mathrm{d}\tilde{\tau}'$是沿着原型曲线测量的。

将式(6.175)、式(6.176)代入式(6.173)中，可以得到该方程的另一种形式：

$$\mathrm{d}\tilde{\eta}=-\sqrt{\varepsilon D_\mathrm{p}}\,\mathrm{d}\tilde{\tau}' \tag{6.177}$$

将式(6.177)从$\tilde{\tau}$到$\tilde{\tau}'$积分得到局部间隔：

$$\tilde{\eta}(\tilde{\tau})=-\int_{\tilde{\tau}}^{\tilde{\tau}'}\sqrt{\varepsilon D_\mathrm{p}}\,\mathrm{d}\tilde{\tau}' \tag{6.178}$$

由图 6.16 可知，积分限值可以表示为

$$\tilde{\tau}=\frac{\beta_\mathrm{p}}{\tilde{\Omega}_\mathrm{p}} \tag{6.179}$$

$$\tilde{\tau}'=\frac{\beta_\mathrm{p}}{\tilde{\Omega}_\mathrm{m}} \tag{6.180}$$

无量纲过程时间根据式(6.134)重整，使其范围为 0~1。并且，根据式(6.135)，式(6.178)可以改写为

$$\widetilde{\eta}(\widetilde{\tau}^{+}) = -\int_{\widetilde{\tau}^{+}}^{\widetilde{\tau}'^{+}} \sqrt{\varepsilon D_{\mathrm{p}}}\,\mathrm{d}\widetilde{\tau}'^{+} \tag{6.181}$$

$$\widetilde{\tau}^{+} = \frac{\beta_{\mathrm{p}}}{\widetilde{\Omega}_{\mathrm{p}}} - \widetilde{\tau}_{\mathrm{i,p}} \tag{6.182}$$

$$\widetilde{\tau}'^{+} = \frac{\beta_{\mathrm{p}}}{\widetilde{\Omega}_{\mathrm{m}}} - \widetilde{\tau}_{\mathrm{i,p}} \tag{6.183}$$

最后,通过对局部失真的绝对值进行积分来确定一个过程整个参考时间区间的总失真,表达式如下:

$$\widetilde{\eta}_{T} = \int_{0}^{1} |\widetilde{\eta}(\widetilde{\tau}^{+})|\,\mathrm{d}\widetilde{\tau}^{+} = \int_{0}^{1} \left| \int_{\widetilde{\tau}^{+}}^{\widetilde{\tau}'^{+}} \sqrt{\varepsilon D_{\mathrm{p}}}\,\mathrm{d}\widetilde{\tau}'^{+} \right| \mathrm{d}\widetilde{\tau}^{+} \tag{6.184}$$

式中:$\widetilde{\tau}^{+}$范围为0~1。

为了消除补偿误差的影响,在该式引入了局部失真的绝对值。

局部间隔$\widetilde{\eta}(\widetilde{\tau}^{+})$是模型与原型过程曲线之间距离的绝对值。全过程的积分代表了总间隔。然而,它没有提供失真的相对重要性。总失真的相对表达式是一个正在研究的课题。一种方法是将标准误差法应用于离散数据集。

如果单个项有解析函数可用,由式(6.181)和式(6.184)给出的积分可以用一种直接方式计算。但对于有N对点的离散数据集(积分系统数据点与对应模型预测点的比较),每组点的局部间隔可由下式确定:

$$\widetilde{\eta}_{k} = \beta_{\mathrm{p}_k}\sqrt{\varepsilon D_{\mathrm{p}_k}}\left[\frac{1}{\widetilde{\Omega}_{\mathrm{p}_k}} - \frac{1}{\widetilde{\Omega}_{\mathrm{m}_k}}\right] \tag{6.185}$$

总间隔为

$$\widetilde{\eta}_{\mathrm{T}} = \sum_{k=1}^{N} |\widetilde{\eta}_{k}| \tag{6.186}$$

最后,一个合理的总失真是等效的标准误差,在这种情况下可表示为

$$\sigma_{\mathrm{est}} = \sqrt{\frac{1}{N}\sum_{k=1}^{N} \widetilde{\eta}_{k}^{2}} = \sqrt{\frac{1}{N}\sum_{k=1}^{N} |D_{\mathrm{p}_k}|(\widetilde{\tau}_{P_k}^{+} - \widetilde{\tau}'_{\mathrm{p}_k})^{2}} \tag{6.187}$$

这代表预测数据的模型与常数$\widetilde{\tau}_{k}^{+}$间隔的标准误差。此外,在常数$\widetilde{\tau}^{+}$线$\pm 20\sigma_{\mathrm{est}}$范围内为95%置信区间,即95%的数据落在模型预测的$\pm 20\sigma_{\mathrm{est}}$之内。

6.7.4 动态系统比例失真分析的样本应用

本节介绍动态系统比例方法在NuScale一体化系统实验(NIST)装置的安全壳升压事件中的应用,动态系统比例将应用于安全壳内的能量守恒和质量守恒,因此耦合的质量和能量过程时间比例将被确定和评估。实验装置和瞬态的概述已经在文献(Wolf,2013)上发表。如图6.17所示,NuScale一体化系统实验装置包括一

个反应堆压力容器(RPV)、安全壳容器(CNV)和反应堆建筑水池的模型。其中,该反应堆压力容器包含一个堆芯模型(一个电加热棒束)、一个中央立管、一个螺旋管热交换器和一个稳压器,还包括一组反应堆排气阀和一组反应堆再循环阀(RRV)。

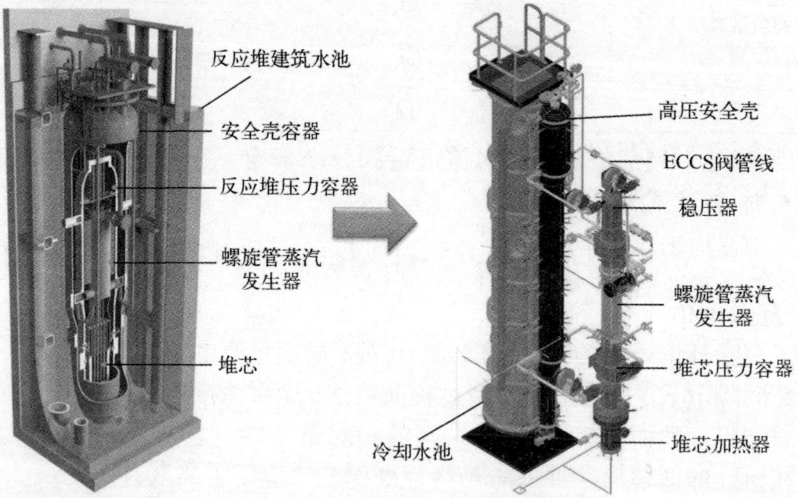

图 6.17 NuScale 一体化系统实验装置

表 6.10 列出了试验装置中反应堆压力容器的理想缩放比例,它是一种功率-体积缩放,满足了表 6.9 中列出的恒等转换要求。应该注意的是,后来对试验装置的反应堆压力容器进行了优化,以更好地代表 NIST-1 装置中 NuScale 功率模块的最新设计。因此,表 6.10 中显示的比例与最新的 NuScale 设计不符。

表 6.10 NuScale 一体化系统实验装置的理想比例

比 例	理想模型/原型比例
时间比例	
参考时间比 t	1:1
过程时间比 τ	1:1
几何比例	
高度比	1:3
长度比	1:3
体积比	1:253
破口流动面积比	1:253
传热面积比	1:253
β-守恒量	
反应堆压力容器和安全壳容器流体质量比	1:253
反应堆压力容器和安全壳容器流体能量比①	1:253
ω-输运项	

续表

比　例	理想模型/原型比例
回路质量流量比	1∶253
破口和阀质量流量比	1∶253
换热率比	1∶253
堆芯功率比	1∶253

注：①能量平衡方程是用流体压力的热力学关系来表示的。

图 6.18 展示了 NuScale 一体化系统试验装置中测量的反应堆放气阀突然喷放事件中反应堆压力容器和安全壳容器归一化压力。打开位于反应堆容器封头的一个反应堆放气阀，从稳态工作压力和温度转变到瞬态过程。高压蒸汽-水在两相阻塞流条件下从反应堆压力容器排放到安全壳容器中，使安全壳容器增压。随着稳压器的泄放，反应堆放气阀处的流型从两相阻塞流转变为单相蒸汽阻塞流。随着安全壳容器压力的增加，在反应堆放气阀的流动变成无阻塞的单相蒸汽。在瞬态过程的前 675s，反应堆压力容器压力下降，而安全壳容器压力上升到最大值，安全壳容器壁面对水池排热之后逆转了这一趋势。随后，安全壳容器和反应堆压力容器的压力趋势如下：①衰变热被堆芯带走并通过安全壳容器内壁面的蒸汽冷凝转移到水池中；②通过安全壳容器壁面的热传导和安全壳容器外表面到反应堆建筑水池的自由对流换热。

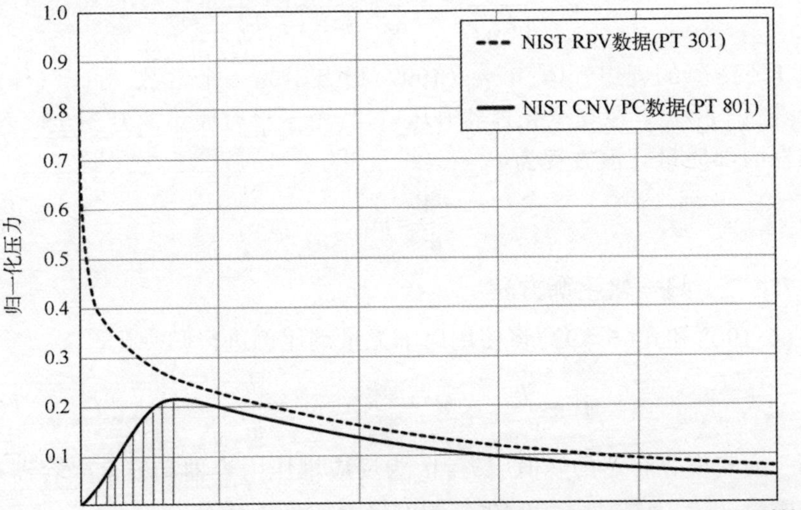

图 6.18　在反应堆放气阀突然喷放事件中反应堆压力容器和安全壳容器归一化压力的变化

6.7.4.1 安全壳容器升压的半经验模型

为说明清楚,重点是图 6.18 中几个区间的安全壳容器升压过程的动态系统比例分析应用,在文献(Reyes,1999)中,利用流体混合能量平衡方法推导出了安全壳容器升压的半经验模型。安全壳容器混合能量平衡方程为

$$M\left(\frac{\partial e}{\partial p}\right)_v\frac{\mathrm{d}p}{\mathrm{d}t}=\dot{m}_{VV}\left[h_{vv}-e+v\left(\frac{\partial e}{\partial v}\right)_p\right]-\dot{q}_{\mathrm{cond}} \tag{6.188}$$

式中:M,p,e,v 分别为安全壳容器内流体混合物的质量、压力、比热力学能和比体积;$\dot{m}_{VV}$为进入安全壳容器的质量流量;h_{vv}为排气阀处流体的焓;$\dot{q}_{\mathrm{cond}}$为蒸汽凝结换热率。

假设蒸汽冷凝率与进入安全壳容器的质量流量成正比,比例系数 F_c是实验推导出的分数冷凝率,则有

$$\dot{q}_{\mathrm{cond}}=F_c\dot{m}_{VV}h_{fg} \tag{6.189}$$

在此方程中,h_{fg}在安全壳容器压力下计算。

将式(6.189)代入式(6.188)可得

$$\frac{\varepsilon_c}{p}\frac{\mathrm{d}p}{\mathrm{d}t}=\frac{\dot{m}_{VV}}{M} \tag{6.190}$$

其中

$$\varepsilon_c=\frac{p(\partial e/\partial p)_v}{[h_{VV}-e+v(\partial e/\partial v)_p-F_ch_{fg}]} \tag{6.191}$$

对于不冷凝的理想气体,Reyes(1999)指出 ε_c是一个常数,等于气体绝热指数的倒数,$\gamma=c_p/c_v$。在安全壳容器升压阶段,由于没有质量离开安全壳容器,安全壳容器内部质量守恒方程为

$$\frac{\mathrm{d}M}{\mathrm{d}t}=\dot{m}_{VV} \tag{6.192}$$

6.7.4.2 归一化平衡方程

式(6.190)和式(6.192)将使用以下无量纲比例进行归一化:

$$p^+=\frac{p}{p_{\max}},\quad M^+=\frac{M}{M_0},\quad \dot{m}_{vv}^+=\frac{\dot{m}_{vv}}{\dot{m}_{vv,0}} \tag{6.193}$$

式中:$p_{\max}$为安全壳容器的峰值压力;M_0为反应堆压力容器和安全壳容器初始的总流体质量;$\dot{m}_{vv,0}$为排放开始时排气阀的最大质量流量。

将这些无量纲比值代入式(6.190),则升压速率方程为

$$\frac{\varepsilon_c}{p^+}\frac{\mathrm{d}p^+}{\mathrm{d}t}=\omega_0\frac{\dot{m}_{vv}^+}{M^+} \tag{6.194}$$

式中：$\omega_0=\dot{m}_{vv,0}/M_0$。

同理，安全壳容器质量守恒方程(6.192)可表示为

$$\frac{\mathrm{d}M^+}{\mathrm{d}t}=\omega_0\dot{m}_{vv}^+ \tag{6.195}$$

6.7.4.3 升压时间比例与传质时间比例的耦合

将式(6.195)代入式(6.194)，可得

$$\frac{\varepsilon_{\mathrm{c}}}{P^+}\frac{\mathrm{d}p^+}{\mathrm{d}t}=\frac{1}{M^+}\frac{\mathrm{d}M^+}{\mathrm{d}t} \tag{6.196}$$

对于动态系统比例的应用，执行以下定义：

$$\beta_1=p^+,\quad \omega_1=\frac{\mathrm{d}p^+}{\mathrm{d}t},\quad \beta_2=M^+,\quad \omega_2=\frac{\mathrm{d}M^+}{\mathrm{d}t} \tag{6.197}$$

式中：下标1表示安全壳容器升压过程；下标2表示传质过程。

将式(6.197)代入式(6.196)，并对每个过程进一步代入式(6.90)，可得到关于传质时间比例和升压时间比例之间耦合的重要结论，即

$$\tau_1=\varepsilon_{\mathrm{c}}\tau_2 \tag{6.198}$$

ε_c组作为耦合项，将升压时间比例与安全壳容器中传质时间比例关联起来。

6.7.4.4 经验模型

对于阻塞流和非阻塞流，安全壳容器升压阶段的排气阀质量流量应近似于文献(Moody,1990)，假设安全壳容器中膨胀的蒸汽可以视为一种理想气体，对于阻塞流条件：

$$\dot{m}_{VV}=C_{\mathrm{d}}a_{VV}\sqrt{\gamma\rho_{VV}p_{VV}}\left(\frac{2}{1+\gamma}\right)^{(1+\gamma)/2(\gamma-1)} \tag{6.199}$$

对于非阻塞流条件：

$$\dot{m}_{VV}=C_{\mathrm{d}}a_{VV}\sqrt{\gamma\rho_{VV}p_{VV}}\sqrt{\frac{2}{\gamma-1}\left[\left(\frac{p}{p_{VV}}\right)^{2/\gamma}-\left(\frac{p}{p_{VV}}\right)^{1+\gamma/\gamma}\right]} \tag{6.200}$$

以下模型用于预测安全壳容器升压速率：

$$\frac{\mathrm{d}p^+}{\mathrm{d}t}=A_1\omega_0[(p^+)^{A_2}-(p^+)^{A_3}]^{1/2} \tag{6.201}$$

式中，参数A是由经验确定的。

得到的升压和传质效应参数如下：

$$\widetilde{\Omega}_1=\tau_{\mathrm{S1}}\frac{\mathrm{d}p^+}{\mathrm{d}t} \tag{6.202}$$

$$\widetilde{\Omega}_2=\tau_{\mathrm{S2}}\frac{\mathrm{d}M^+}{\mathrm{d}t} \tag{6.203}$$

6.7.4.5 与 NIST 实验数据的对比

表 6.11 中由 NuScale 一体化系统实验数据得到的半经验模型常数满足质量和能量平衡方程,如图 6.19 和图 6.20 所示,由式(6.199)和式(6.200)给出的气体阻塞和非阻塞流动模型与 NuScale 一体化系统实验估计的排气阀质量流量和安全壳容器内流体质量进行了比较。在早期的 NuScale 一体化系统实验中,没有测量质量流量数据,因此对该参数使用了 RELAP5 最佳估算。图 6.21 表明,式(6.201)的积分可以很好地预测安全壳容器内压力,因此半经验模型足以满足动态系统比例方法的指导性应用。

表 6.11 反应堆排气阀质量流量和安全壳容器升压速率半经验模型的常数

常 数	数 值
ω_0/s^{-1}	5.619×10^{-4}
A_1	5.855
A_2	0.650
A_3	2.170

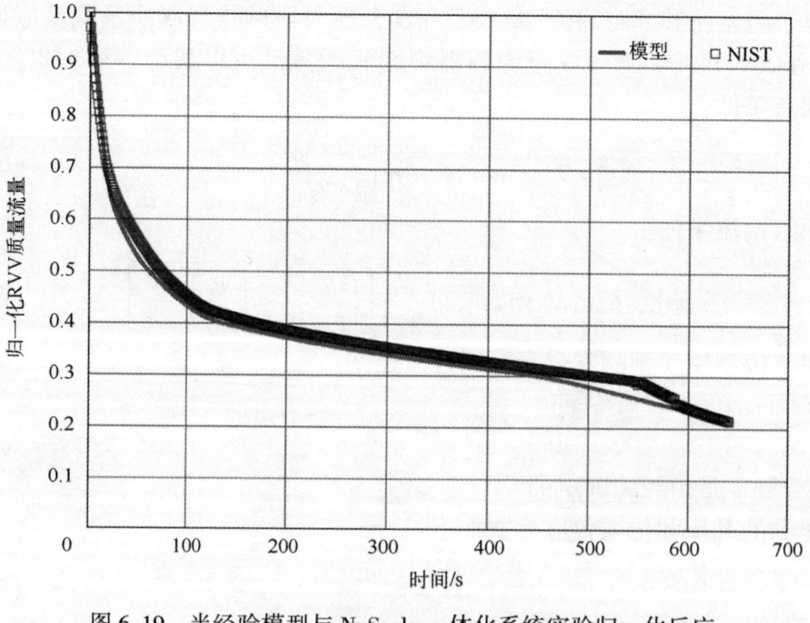

图 6.19 半经验模型与 NuScale 一体化系统实验归一化反应堆放气阀质量流量比较

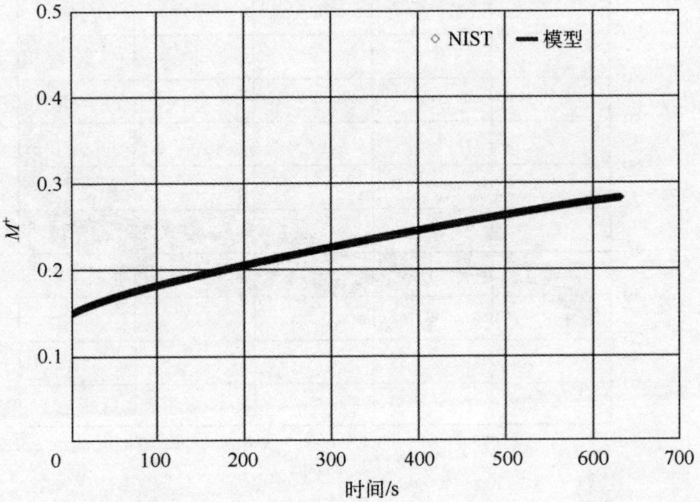

图 6.20　半经验模型与 NuScale 一体化系统实验安全壳容器积分质量比较

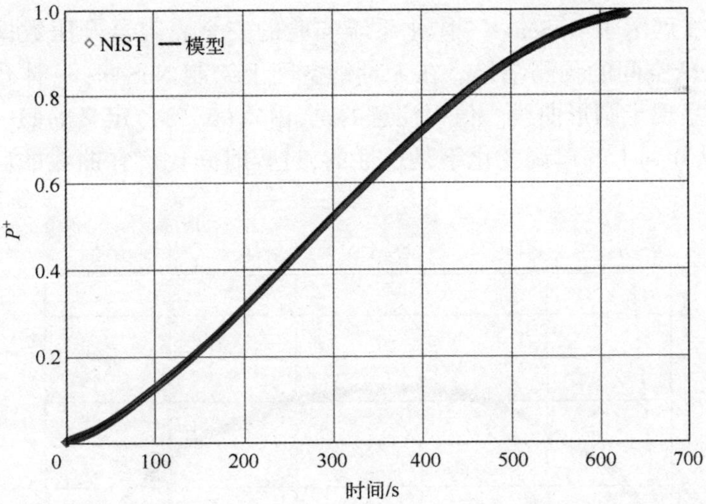

图 6.21　半经验模型与 NuScale 一体化系统实验安全壳容器压力数据比较

图 6.22 显示了从初始条件到安全壳容器压力峰值的过程中，NuScale 一体化系统实验的安全壳容器内部由式(6.189)定义的蒸汽冷凝分数，它是通过质量凝结率与进入安全壳容器的质量流量的比值来估计的。结果表明，随着安全壳压力增大，冷凝率从 30%左右增加到 50%，这一趋势与 Herranz 等(1998)早期进行的蒸汽冷凝研究一致。

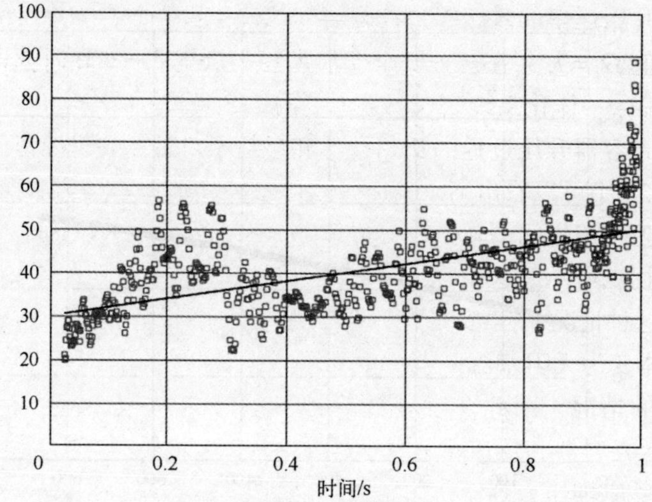

图 6.22　升压阶段 NuScale 一体化系统实验安全壳容器内的蒸汽凝结率

6.7.4.6　过程相空间中的升压

图 6.23 展示了 NuScale 一体化系统实验的安全壳容器升压数据和半经验模型在 β_1、$\widetilde{\Omega}_1$ 空间的预测结果。在无量纲空间上绘制 NuScale 一体化系统实验升压过程，呈现半圆形曲线。值得注意的是，由式(6.134)定义的归一化过程时间比例 $\tilde{\tau}_1^+$ 从 0 到 1 的单调变化不是线性的，过程时间比例在曲线的后面部分被

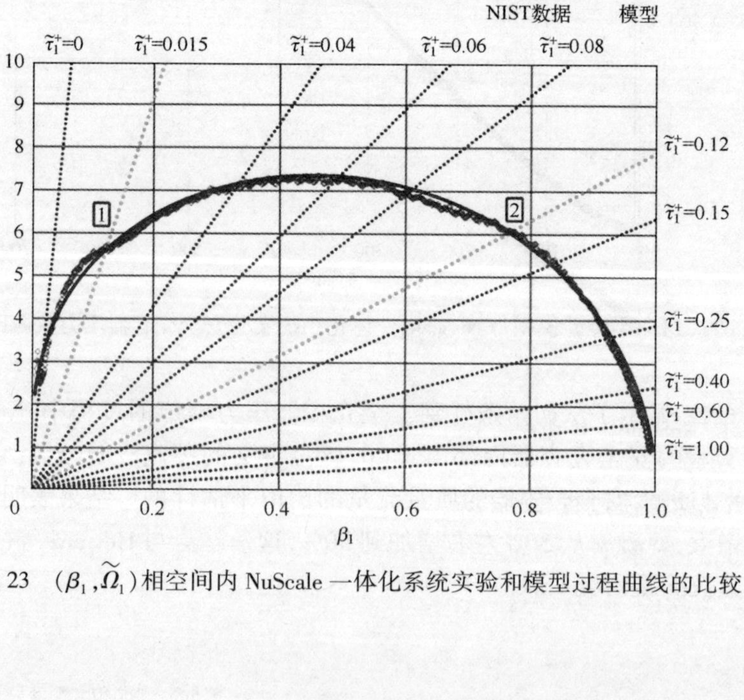

图 6.23　$(\beta_1, \widetilde{\Omega}_1)$ 相空间内 NuScale 一体化系统实验和模型过程曲线的比较

高度压缩。升压速率的效应参数在瞬态开始$\widetilde{\tau}_1^+=0$时较小，$\widetilde{\Omega}_1\approx 2.3$；在$\widetilde{\tau}_1^+=0.06$时达到最大值$\widetilde{\Omega}_1=7.3$；在达到安全壳最大压力后与$\widetilde{\tau}_1^+=1.0$时返回到零。用于归一化 NuScale 一体化系统实验数据（本例中的原型）的$[\tau_{S1}]_p$的值为 3.476s，这表明安全壳容器升压过程的初始条件和最终条件匹配得非常好。

从图 6.23 中可以看出 NuScale 一体化系统实验数据在反应堆放气阀上的阻塞流和非阻塞流之间的转换。分界线“1”表示转变，如 NuScale 一体化系统实验数据中的拐点所示。这条分界线与理想气体从阻塞流到非阻塞流的理论预测相吻合。在这种情况下，当安全壳容器压力与反应堆压力容器压力之比$P/P_{VV}\leqslant 0.54$时，流体变为无阻塞流。本章中采用的排气阀流量模型不包括初始流态为两相阻塞流的情况。因此，半经验模型忽略了数据中的这个“隆起”。分界线“2”表示安全壳容器和反应堆压力容器之间向最小压差的转变。在此之后，安全壳容器和反应堆压力容器压力紧密耦合，长期冷却趋势相同。

图 6.24 展示了 NuScale 一体化系统实验和预测的耦合项ε_c作为归一化过程时间函数的比较。如式（6.198）所描述的，这一组直接将升压时间比例与传质时间比例耦合。耦合项相对于过程时间呈现出近似线性的趋势，而相对于参考时间，它是高度非线性的。

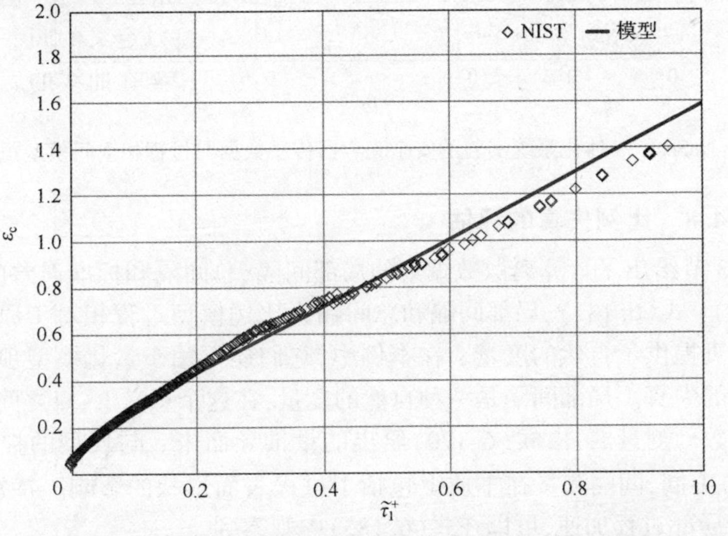

图 6.24　NuScale 一体化系统实验和预测的耦合项ε_c作为归一化过程时间函数的比较

6.7.4.7　在过程相空间的传质

图 6.25 展示了 NuScale 一体化系统实验的安全壳容器传质数据和$(\beta_2,\widetilde{\Omega}_2)$空间半经验模型预测数据。归一化传质时间比例$\widetilde{\tau}_2^+$不是线性的，而是 0~1 上单

调变化的。用于归一化 NuScale 一体化系统实验数据的$[\tau_{S2}]_p$值为 2031s。对模型预测进行归一化的$[\tau_{S2}]_m$值为 1922s，表明安全壳容器传质过程的初始条件和最终条件符合得很好。采用式(6.198)和式(6.134)计算得到相应的转变边界。从阻塞流到非阻塞流的转变边界出现在$\tilde{\tau}_2^+=0.25$处，即分界线 1 与 NuScale 一体化系统实验数据中的弯曲处相交的地方。安全壳容器和反应堆压力容器之间的最小压差的转变不仅发生在$\tilde{\tau}_2^+=0.67$处，也发生在 NuScale 一体化系统实验数据的一个拐点处。

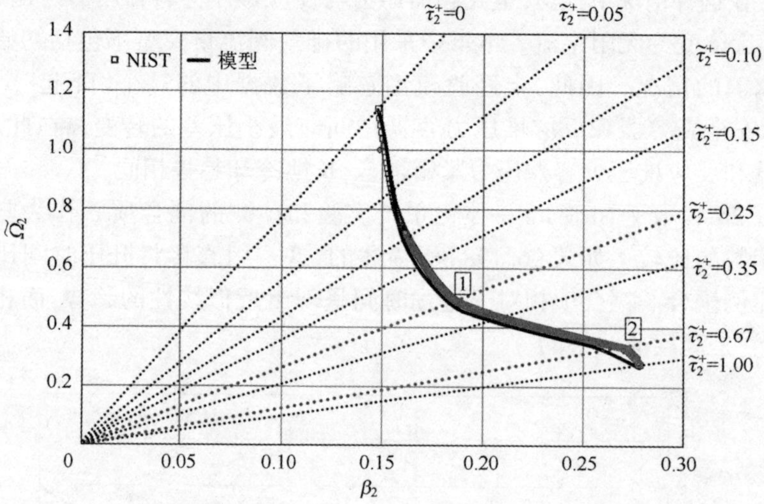

图 6.25　NuScale 一体化系统实验的安全壳容器传质数据与过程相空间模型预测的比较

6.7.4.8　比例失真的评估

6.7.3 节给出了计算离散数据集的局部间隔、总间隔和标准误差的公式，即式(6.185)～式(6.187)，局部间隔和总间隔为比例模型过程相对于原型的瞬态和整体失真提供了自然的度量。在本例中，它们还可用于量化模型预测相对于测量数据的失真。局部间隔是一种自然的度量，在这个意义上，点之间的间隔是沿着线常数$\tilde{\tau}_2^+$测量的，由式(6.170)给出的量推导而来。与典型的拟合优度测量(如R^2)不同，间隔测量在本质上包括了过程表面形状的影响。特别地，通过D_P项获取局部过程加速，可以在式(6.185)中观察到。

6.7.4.9　升压比例失真的评估

在升压过程中，下标“k”表示的各点对之间的局部间隔：

$$\tilde{\eta}_{1k}=[\varepsilon D_{1p}]_k^{1/2}\left[\frac{\beta_{1p}}{\tilde{\Omega}_{1p}}-\frac{\beta_{1p}}{\tilde{\Omega}_{1m}}\right]_k \tag{6.204}$$

图 6.26 给出了 NuScale 一体化系统实验的安全壳容器升压数据点与对应的半经验模型预测点之间的局部间隔 $|\widetilde{\eta}_{1k}|$ 作为归一化过程时间 $\widetilde{\tau}_1^+$ 的函数。可以看到，在 $0 \leqslant \widetilde{\tau}_1^+ \leqslant 0.5$ 的范围内，间隔相对较小，但在 $\widetilde{\tau}_1^+ > 0.5$ 时，间隔增大，说明半经验模型存在偏差。这主要是因为模型不能准确地预测 $\widetilde{\tau}_1^+ > 0.5$ 时的耦合项 ε_c，如图 6.24 所示。由式(6.191)定义的耦合项是一个复函数，它取决于安全壳容器内部的瞬态流体混合物特性。式(6.191)中还包含蒸汽凝结分数 F_c，如图 6.22所示，数据中噪声较大。分离项受 D_{1p} 的影响，D_{1p} 值越大，对过程时间比例的影响越大。间隔也很大，部分原因是评估 NuScale 一体化系统实验离散数据集的时间位移率的问题。评估测得的安全壳容器压力随时间变化的二阶导数，以获得数据中的 D_{1p} 噪声，如图 6.27 所示。

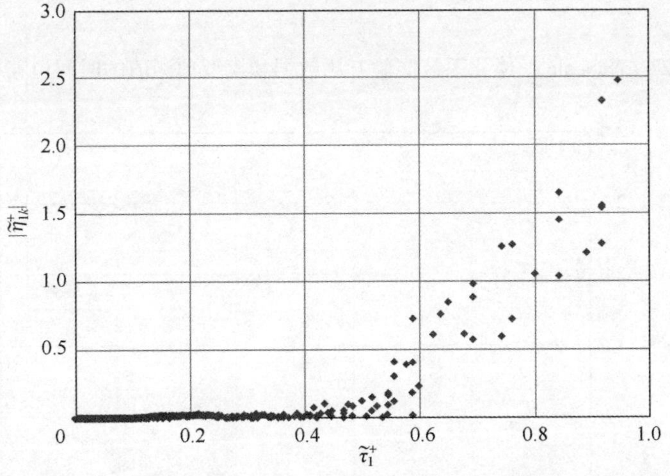

图 6.26　NuScale 一体化系统实验升压数据点和模型预测点之间的局部间隔 $|\widetilde{\eta}_{1k}|$ 为归一化过程时间 $\widetilde{\tau}_1^+$ 的函数

6.7.4.10　传质比例失真评估

由下标“k”标识的传质过程各点对之间的局部间隔为

$$\widetilde{\eta}_{2k} = [\varepsilon D_{2p}]_k^{1/2} \left[\frac{\beta_{2p}}{\widetilde{\Omega}_{2p}} - \frac{\beta_{2p}}{\widetilde{\Omega}_{2m}} \right]_k \tag{6.205}$$

图 6.28 给出了 NuScale 一体化系统实验的安全壳容器传质数据点与对应的半经验模型预测点之间的局部间隔 $\widetilde{\eta}_{2k}$，作为归一化过程时间 $\widetilde{\tau}_2^+$ 的函数。为了进行比较，使用与图 6.26 相同的 y 轴绘制。可以观察到，间隔在整个过程时间范围内是相对扁平的，但平均比在图 6.26 中观察到的要大。间隔是由于式(6.199)和式(6.200)使用了理想气体模型预测阻塞和非阻塞反应堆放气阀质量流量。

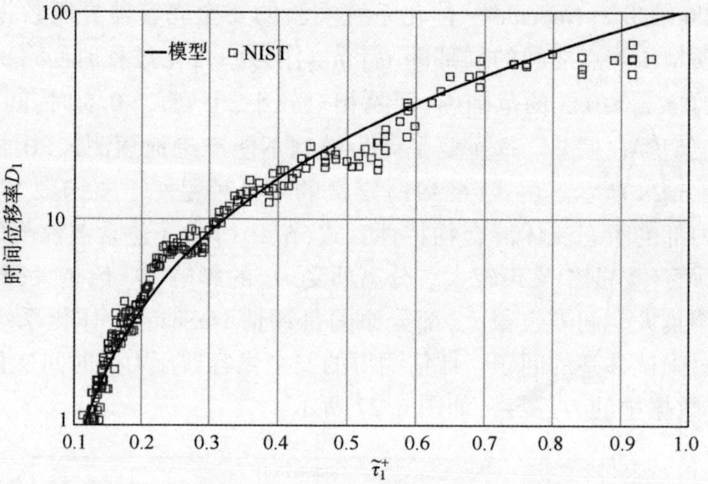

图 6.27　NuScale 一体化系统实验升压数据和模型预测值的时间位移率比较

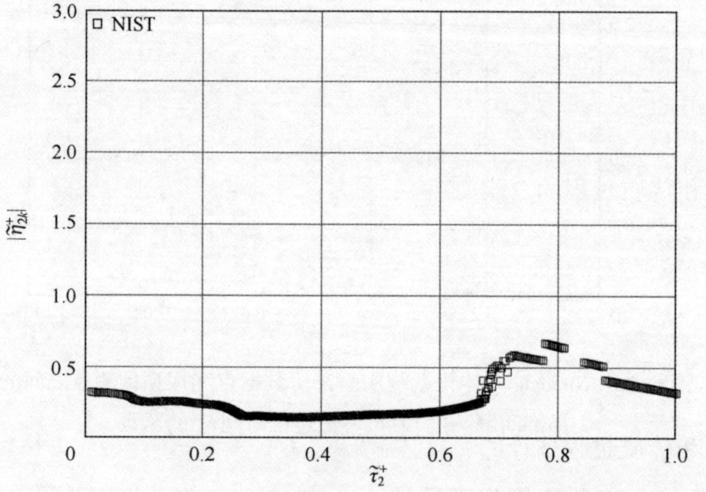

图 6.28　NuScale 一体化系统实验数据和模型预测之间局部间隔 $|\tilde{\eta}_{1k}|$ 随 $\tilde{\tau}_2^+$ 的变化

图 6.29 比较了 NuScale 一体化系统实验和半经验模型的传质时间位移率。总的来说,早期的趋势是合理一致的。然而,简单的理想气体模型并不能准确地获取到向最小反应堆压力容器/安全壳容器压差的过渡过程。NuScale 一体化系统实验到最小反应堆压力容器/安全壳容器压力的过渡发生在后面的 $\tilde{\tau}_2^+ = 0.67$ 处。从图 6.29 中可以看出,有几个区域的时间位移率是恒定的;最明显的是,在 $0.26 \leqslant \tilde{\tau}_2^+ \leqslant 0.67$ 时 $D_2 \approx 1.0$。对于这一部分,表 6.9 中给出的恒定时间位移率的解是适用的。

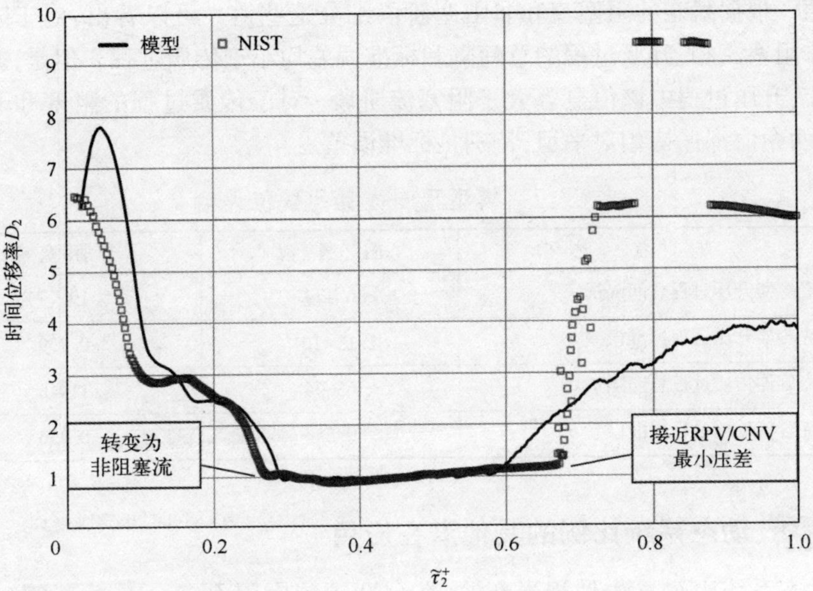

图 6.29 NuScale 一体化系统实验和半经验模型的传质时间位移率的比较

6.7.4.11 评估的总间隔和标准误差

升压和传质过程的总间隔分别为

$$\widetilde{\eta}_{1T} = \sum_{k=1}^{N_1} |\widetilde{\eta}_{1k}| \tag{6.206}$$

和

$$\widetilde{\eta}_{2T} = \sum_{k=1}^{N_1} |\widetilde{\eta}_{2k}| \tag{6.207}$$

升压和传质过程估计的标准误差分别为

$$\sigma_1 = \sqrt{\frac{1}{N_1}\sum_{k=1}^{N_1} \widetilde{\eta}_{1k}^2} \tag{6.208}$$

和

$$\sigma_2 = \sqrt{\frac{1}{N_2}\sum_{k=1}^{N_2} \widetilde{\eta}_{2k}^2} \tag{6.209}$$

它们代表模型沿常数$\widetilde{\tau}_k^+$间隔的标准误差。在$(\beta,\widetilde{\Omega})$相空间的一个值的$\pm 2\sigma_k$间隔内可捕获 95%的 NuScale 一体化系统实验数据。在这些方程中，N 是要试验的瞬态相位的数据集中的点总数。

表 6.12 列出了安全壳容器中升压和传质过程的总间隔和标准误差的数值

估算值。根据瞬态的阻塞流和非阻塞阶段细分这些值。可以看出，对于阻塞流相和非阻塞流相，升压过程的总间隔和标准误差均小于传质过程。但是，对于非阻塞流，升压过程中该值显著大于阻塞流阶段。对于传质过程的阻塞和非阻塞阶段，两个值都保持相对平坦，特别是标准误差。

表 6.12　模型预测失真的数值评估

方　差	阻 塞 流	非 阻 塞 流
安全壳容器升压过程总间隔$\tilde{\gamma}_{1T}$	0.174	19.77
安全壳容器升压过程标准误差 σ_1	2.15×10^{-3}	0.159
安全壳容器传质过程总间隔$\tilde{\gamma}_{2T}$	68.64	114.8
安全壳容器传质过程标准误差 σ_2	0.254	0.256

6.7.5 动态系统比例的其他潜在应用

动态系统比例方法是相当新的，在公开领域应用不多。Yurkoet 等(2015)和 Frepoli 等(2015)提供了一些示例。除了使用比例分析来评估实验装置设计失真，该方法还可以支持实验装置设计优化研究和数据整合工作。注意，Zuber 等(2007)已经在分数比例分析中指出了比例分析在数据整合的应用，Frepoli 等(2015)也在动态系统比例中进行了进一步的探索。动态系统比例还提供了一种解决比例程序偏差和不确定性难题的方法，这些难题是评估小比例整体效应实验数据向原型条件的扩展应用必须面临的挑战。

参考文献

Achilli, A., Congiu, C., Ferri, R., Bianchi, F., Meloni, P., Grgic, D. and Dzodzo, M. (2012). SPES3 facility RELAP5 sensitivity analyses on the containment system for design review, *Sci. Tech. Nucl. Installations*, Article ID 173637, 19 pp.

Arrowsmith, D. K. and Place, C. M. (1998). *Dynamical Systems* (Chapman & Hall, CRC Press, New York).

Banerjee, S., Ortiz, M., Larson, T. and Reeder, D. (1998). Scaling in the safety of next generation reactors, *Nucl. Eng. Des.*, Vol. 186, pp. 111-133.

Cantwell, B. (2002). *Introduction to Symmetry Analysis* (Cambridge University Press, New York).

Courant, R. and Hilbert, D. (1953). *Methods of Mathematical Physics*, Vol. 1, Interscience (Publishers Inc., New York).

Dym, C. L. and Shames, I. H. (1973). *Solid Mechanics — A Variational Approach* (McGraw-Hill, Inc., New York).

Dzodzo, M. B. (2009). EMDAP method of scaling analysis, 3D S. UN. COP 2009 Seminar (KTH,

Stockholm, Sweden), Nuclear Research Group San Piero a Grado (GRNSPG), University of Pisa, Italy.

Einstein, A. and Infeld, L. (1966). *The Evolution of Physics from Early Concepts to Relativity and Quanta* (Simon and Schuster Publishers, New York).

Frepoli, C., Yurko, J. and Reyes, J. N. (2015). Experimental test facility data synthesis with the dynamical system scaling methodology, *Proc. 16th International Topical Meeting on Nuclear Reactor Thermal Hydraulics, NURETH-16*, Chicago, IL, USA, American Nuclear Society.

Herranz, L. E., Anderson, M. H. and Corradini, M. L. (1998). A diffusion layer model for steam condensation within the AP600 containment, *Nucl. Eng. Des.*, 183, pp. 133-150.

Hochreiter, L., Cheung, F. -B., Lin, T., Frepoli, C., Sridharan, A., Todd, D. R. and Rosal, E. (2010). Rod bundle heat transfer test facility test plan and design, NUREG/CR-6975, U. S. Nuclear Regulatory Commission.

Houser, R., Young, E. and Rasmussen, A. (2013). Overview of NuScale testing programs, 2013 Winter Meeting, Washington, D. C., American Nuclear Society.

Ishii, M. and Jones, O. (1976). Derivation and application of scaling criteria for two-phase flows, two-phase and heat transfer, *Proc. NATO Advanced Study Institute*, Istanbul, Turkey, 1, p. 163.

Klein, F. (1893). A comparative review of recent researches in geometry, Programme on entering the philosophical faculty and the senate of the University of Erlangen in 1872, *The Bulletin of the New York Mathematical Society*, 2, pp. 215-249.

Kreyszig, E. (1991). *Differential Geometry* (Dover Publications, Inc., Mineola, NY, 1991), p. 86.

Levy, S. (1999). *Two-Phase Flow in Complex Systems* (John Wiley & Sons, 1999).

Martin, R. P., Miller, J. K. and O'Brien, J. E. (2016). A scaling-based applicability assessment of the CAER integrated systems test facility, *Proc. 2016 Advances in Thermal Hydraulics Meeting*, New Orleans, USA, American Nuclear Society.

Modro, M., Fisher, J., Weaver, K., Babka, P., Reyes, J. and Groome, J. (2002). Multi-application small light water reactor, 2002 Annual Report DOE Nuclear Energy Research Initiative, U. S. Department of Energy.

Olson, J. J. (1972). Semiscale blowdown and Emergency Core Cooling (ECC) project test report — Tests 848, 849 and 850 (ECC injection), ANCR-1036, Aerojet Nuclear Company, Idaho Falls, Idaho.

Reyes, J. N. (1994). Scaling single state variable catastrophe functions: An application to two-phase natural circulation, *Nucl. Eng. Des.*, 151, pp. 41-48.

Reyes, J. N. (1996). Scaling the depressurization behavior of fluids in phase equilibria, *Proc. Japan-U. S. Seminar on Two-Phase Flow Dynamics*, Kyushu University, Japan, The Japanese Society for Multiphase Flow.

Reyes, J. N. and Hochreiter, L. (1998). Scaling for the OSU AP600 test facility (APEX), *Nucl. Eng. Des.*, 186, pp. 53-109.

Reyes, J. N. and Rusher, C. (1999). Analytical models for pressure vessel blowdowns of saturated fluid mixtures, *Proc. 9th International Topical Meeting on Nuclear Reactor Thermal Hydraulics, NURETH-9*, San Francisco, CA, USA, American Nuclear Society.

Reyes, J. N. (2007). Integral system experiment scaling methodology (Lecture T14), IAEA-ICTP Natural Circulation Training Course, Trieste, Italy, International Atomic Energy Agency.

Reyes, J. N., Frepoli, C. and Yurko, J. (2015). The dynamical system scaling methodology: Comparing dimensionless governing equations with the H2TS and FSA methodologies, *Proc. 16th International Topical*

Meeting on Nuclear Reactor Thermal Hydraulics, NURETH-16, Chicago, IL, USA, American Nuclear Society.

Saaty, T. (1982). *Decision-Making for Leaders* (Lifetime Learning Publications, Wadsworth, Inc., Belmont, USA).

Schwartzbeck, R. K. and Kocamustafaogullari, G. (1989). Similarity requirements for two-phase flow patter transitions, *Nucl. Eng. Des.*, 116, pp. 135-147.

Shaw, R. A., Rouhani, S. Z., Larson, T. K. and Dimenna, R. A. (1985). Development of a Phenomena Identification and Ranking Table (PIRT) for thermal hydraulic phenomena during a PWR large break LOCA, NUREG/CR-5074, U. S. Nuclear Regulatory Commission.

Tortora, G. (2009). Application of fractional scaling analysis for IRIS and SPES3 containment vessels pressure responses during DVI-SBLOCA event, Dissertation, Politecnico Di Milano, Italy.

U. S. Nuclear Regulatory Commission (1988). Compendium of ECCS research for realistic LOCA analysis, NUREG-1230.

U. S. Nuclear Regulatory Commission (2005). Transient and accident analysis methods, Regulatory Guide 1.203.

U. S. Nuclear Regulatory Commission (2017). Domestic licensing of production and utilization facilities, 10 CFR Part 50.

Vertes, C. M. (1989). Passive safeguards design optimization studies for the Westinghouse AP600, *5th Proc. Nuclear Thermal Hydraulics*, Winter Meeting of the American Nuclear Society, San Francisco, CA, USA.

Wilson, G. E. and Boyack, B. E. (1998). The role of the PIRT process in experiments, code development and code applications associated with reactor safety analysis, *Nucl. Eng. Des.*, 186, pp. 23-37.

Wolf, B., Kizerian, M. and Lucas, S. Analysis of blowdown event in small modular integral test facility, *Transactions of the 2013 ANS Winter Meeting and Nuclear Technology Expo*, Washington, DC, 10 - 14 November 2013.

Wulff, W., Zuber, N., Rohatgi, U. and Catton, I. (2009). Application of fractional scaling analysis to loss of coolant accidents, system level scaling for system depressurization, J. *Fluids Eng.*, Vol. 131, No. 8.

Yurko, J., Frepoli, C. and Reyes, J. N. (2015). Demonstration of test facility design optimization with the dynamical system scaling methodology, NURETH-16, Chicago, IL, USA.

Zuber, N. (1991). Appendix D: Hierarchical, two-tiered scaling analysis, appearing in an integrated structure and scaling methodology for severe accident technical issue resolution, NUREG/CR-5809, U. S. Nuclear Regulatory Commission.

Zuber, N. (2001). The effects of complexity, of simplicity and of scaling in thermal-hydraulics, *Nucl. Eng. Des.*, 204(27), 1, pp. 1-27.

Zuber, N., Rohatgi, U., Wulff, W. and Catton, I. (2007). Application of Fractional Scaling Analysis (FSA) to Loss of Coolant Accidents (LOCA) methodology development, *Nucl. Eng. Des.*, 237(15), pp. 1593-1607.

第7章

确定性与最佳估算分析方法

R. P. Martin, A. Petruzzi, C. Frepoli

核电厂的运行取决于其能否获得来自国家监管和安全机构的良好安全评估。在众多核安全分析方面,有一个方面称为整体设计基准性能的确认,即核电厂对一系列具有挑战性的瞬态和事故序列响应的论证。评估模型使用热工水力系统计算软件作为模拟工具,并考虑了各种不确定性。在核工程设计与分析应用中,评估模型是在设计基准条件下评估工程构筑物、系统或部件性能的计算体系,可能包括一套或多套计算机软件、特殊模型和支持计算系统中特定应用的所有信息。评估模型在大量的验证和确认工作中显示其充分适用性,随后的安全分析能够客观替代全尺寸试验过程。

评估模型通常根据事故分析开发和执行过程中的建模和模拟不确定性进行分类。鉴于核电厂的复杂性以及对事故过程和现象的模拟,对一些安全分析评估中的基本概念作如下阐述。

(1) 分析模型:物理过程或构筑物、系统或部件的数学描述。

(2) 分析模拟:对物理过程或构筑物、系统或部件响应的数学模拟,以模型的形式表示物理过程或构筑物、系统或部件对状态扰动的响应。

(3) 确定性模型:基于给定的初始状态,产生相同模拟结果的分析模型。

(4) 保守模型:一种分析模型,其整体或部分都倾向于使模拟性能指标和具体接受准则之间的余量最小。

(5) 保守计算机软件:在软件中实现耦合分析和保守建模假设的所有程序,以相对具体接受准则最小化余量的方式计算仿真性能指标。

(6) 最佳估算模型:一种分析模型,其规范来自直接测量和/或基本知识。

(7) 最佳估算计算机软件:软件中描述最佳估算模型的软件集合,旨在以某种方式计算性能指标,该性能指标的结果代表了关于具体接受准则的实际行为。

在任何行业的行业术语中,通常一起出现的某些词汇会在其从业者群体中用缩写表示。核安全分析中,在“模型”和“模拟”这两个词出现的地方,通常“分析”一词被假定一起出现。此外,“确定性”一词通常与“保守性”一词同义。当然,使用者应当注意,这些规则经常被应用,也频繁地被违反。

本章将阐明的是,评估模型的设计取决于分析目标、对影响性能指标主要现象学贡献的认知水平(见 3.2.2 节)以及达到可接受限值的期望余量,这些选择也经常受到监管要求和导则的影响。此外,最佳估算方法将继承确定性方法研发过程中的许多特征。

7.1 评估模型再现

本节对第 1 章[①]中介绍的评估模型的概念做了进一步扩展,虽然评估模型看上去像一个分析过程,但它是由大量经验、试验、建模、仿真和相关质量保证工作所定义的验证方法的具体表现。从严格意义上讲,它能够处理与核电厂重要安全功能可接受性相关的不确定性的诸多方面,包括知识和专业技能、数据适用性、软件和模型开发、软件验证与确认、过程和现象不确定性的量化以及人员的可靠性和事故后果。评估模型的开发从定义目标、确认功能和基础要求以及识别重要现象开始。在这些最高优先级的指导下,开发建模和模拟仿真的特性,并评估其完整性、一致性和准确性。

一座核电厂的特定安全分析是通过将其核电厂特性转化为模型参数来确定的,这些模型参数是评估模型的计算机程序所固有的(如计算机程序的输入),其中,核电厂的物理成分(如水、钢、混凝土等)和几何参数是最明显的例子。此外,核电厂的特性与运行机制和约束条件有关,就如核电厂技术规范和运行限制条件中所编写的那样,这些条例是核电厂运行得到许可的依据。总的来说,安全分析的基本建模规范基于以下标准确定(来自美国联邦法规 10 CFR 50.36)。

(1) 在控制室中安装用于检测和指示反应堆冷却剂压力边界异常降级的仪器。

---

① 在美国,评估模型的开发与应用过程(EMDAP)由美国核管理委员会于 2005 年描述(U. S. Nuclear Regulatory Commission,2005a)。它是最佳实践汇编的代表,阐述了从最早的核安全分析计算机程序 FLASH(Margolis 和 Redfield,1966)到 20 世纪 70 年代确定性评估模型的发展历程。通过试验以及 1990 年和 2000 年早期最佳估算评估模型的发展和应用,核安全数据库在 20 世纪 80 年代得以扩大。经合组织/核能机构核装置安全委员会和国际原子能机构发布了类似的指南,其中包含了从国际经验中获得的最佳实践措施(Nuclear Energy Agency,2013;International Atomic Energy Agency,2008)。

（2）具有过程变量、设计特征，或具有作为设计基准事故或瞬态分析初始条件的运行限制。

（3）主回路中的一部分结构、系统或部件具备缓解设计基准事故或瞬态事故的功能。

（4）运行经验或概率风险评估表明对公众健康和安全具有重要意义的结构、系统或部件。

对于确定性或最佳估算评估模型，这些规范的汇编表现为一组参数，这些参数可以在抽象意义上看作数学模型，包括允差和不确定性。在核电厂的主要特征中，能够影响核电厂安全分析现象和过程的因素有以下几种。

（1）几何参数（如换热器面积、管道直径、长度）：描述结构、系统或部件物理位移的参数。

（2）材料特性（如热导率、比热容、空泡份额和热力学特性）：描述结构、系统或部件物理成分的参数。

（3）过程参数（如流量、温度、功率、压力、热通量、能量源）：描述结构、系统或部件标称性能的参数。

（4）设计参数（如破坏载荷）：描述结构、系统或部件极限性能的参数。

（5）控制逻辑、触发或设定点、操纵员动作等。

在上述结构、系统或部件列表所包含的现象和过程的实际计算描述中，许多参数出现过，这些参数可能会作为输入出现在计算机程序中，或者出现在子程序中。在计算与核电厂许可基础相关的事故性能指标时，保留的参数相对较少。这些名义参数和保守参数的定义适用于确定性安全分析和最佳估算安全分析。

（1）标称参数：预期不会发生变化，或者预期的变化对设计基准事故的性能指标影响极小的技术参数，该参数的指定值不包括参数的不确定性。

（2）保守参数：预期会发生变化，并且预期的变化会对设计基准事故的性能指标产生重大影响的技术参数，该参数的指定值不确定性将应用确定性偏差（偏保守的）或其他规定来处理。

7.2 评估模型的不确定性

评估模型的开发是一项处理不确定性的任务，处理不确定性包括观察、推理和预测的组织，这样得出的结论才很有可能是正确的。对于核安全问题，观察是指观察实验程序和数据，推理指的是物理过程理论，预测指的是应用该理论来估计与安全问题相关的测量值。在评估模型中，推断所用的理论通过计算机程序表现，并通过观察进行确认，用于预测。

7.2.1 不确定性的来源

从核安全分析中得出可信的结论依赖严格的验证过程，该验证过程采用合理的设计输入和假设条件，以处理知识和专业技能、数据适用性、程序和模型开发、程序理论、质量保证、过程和现象、人的可靠性和事故后果相关的不确定性。验证过程的相关活动随后可用于报告保留模型输入参数的设置，并且在某些情况下用于调整结果和接受准则。

1）知识和专业技能的不确定性

知识和专业技能的不确定性包括将现有的知识库转化为评估模型要求的策略，这种知识的初始形式由个人产生，并出现在报告和期刊中，保存了人们对核安全技术的理解。在评估模型开发的过程中，这种知识通过确认和评定常见设计基准事故得以体现，如第6章中描述的现象识别与排序表过程所示。无论是个人还是组织及参考知识的语境，知识和专业技能的不确定性都由原始来源的主观性所支配。对于现象识别与排序表过程来说，这种不确定性通过仅接受多个独立来源之间的确凿陈述达到平衡。如试验程序、比例分析和敏感性分析，这些在评估模型开发的后期阶段实施的研究，可用于验证和/或提高这些知识的质量。

2）数据适用性（比例）的不确定性

数据适用性（比例）的不确定性提出了可信数据集的策略，该策略通过评估和不确定性量化来验证评估模型完整性。在实践中，评估模型完整性显示为单项效应试验和整体效应试验，如第5章所述。评估方法的有效工程化取决于将专题研究的范围适当缩小到基本组成部分（系统、部件、阶段、几何、物理场和过程）。正如在第5章和第6章中所讨论的那样，试验项目数据中出现的过程和现象应该对比例效应不敏感。对于像核电厂这样的复杂系统来说，比例畸变是不可避免的。比例分析（见第6章）包括在适当的比例范畴内描述过程或现象，识别相似性准则能够使不同时间和空间比例的信息被集成。比例分析包括演绎推理（自上而下）与归纳系统分析（自下而上）相结合的两层次研究，在归纳系统分析中，系统按子系统、模块、成分、阶段、几何等分层组织，通过对参数静态和动态响应的研究，能够揭示重要的现象、实验及模型的失真，并在评价方法的开发过程中对显著的比例失真进行调整。

3）理论模型不确定性

理论模型不确定性分析包括表征单个物理模型和关系式的完整性、适用性的策略。这些策略既可以是独立的，也可以是与计算机程序耦合而成的集合。对理论基础的折中通常从控制方程的形式开始，这样的控制方程会在时间和空间上离散化，以获得可通过数值算法求解的修正方程组，方程组的闭合需要本构关系式或封闭关系式。通常，经验数值算法需要处理舍入误差与修正守恒方程数值解相关的不稳定性(Ishii，1975；Ransom 和 Scofield，1976；Ransom，1989)。

4) 现象和过程不确定性

在共同定义的计算机程序物理封闭模型中，有许多不确定性的来源。这些不确定性包括理论物理与数值算法中的近似值、物理模型中使用的参数设置(如状态方程)以及选定的时间和空间分辨率。不确定性的量化通常取自单项效应试验中模型预测值和试验项目数据之间的对比结果。来自单项效应试验的数据首先被分为对照标准数据集和验证数据集，顾名思义，对照标准数据集用于建立不确定性模型，验证数据集用于验证从对照标准数据集中得到的不确定性模型的准确度。对照标准数据集的不确定性模型通常由偏差和概率密度函数来描述，对照标准数据集的训练结果能直接适用于模型参数设置过程。

在评估过程和现象的不确定性时，由于获取结果的技术不够完善，实验和建模通常会继承其中的偏差。例如，堆芯热通量的测量可能会受到冷却剂流量、流体特性、堆芯几何、燃料材料和布置方式、潜在现象的随机特性、仪器的位置和密集程度、仪器的校准以及后验数据缩减的影响。在量化不确定性时，要记录数据和模型的准备过程，对于避免非一致比较导致的意外偏差或适用性关系来说，这是至关重要的。

5) 模型参数不确定性的卷积

模型参数不确定性的卷积能够合并先前存储代码的不确定性，确定性分析通常由包含参数偏差的不确定性模型构建而成。根据模型参数对性能指标的相对重要性，偏差可以简单地反映模型参数中的静态误差，或者基于有限的试验数据集定义保守或有界处理方式。最佳估算法侧重于参数和系统响应不确定性的评估，其中系统响应不确定性来自一个或多个参数不确定性模型的卷积。在这种情况下，不确定性量化从模型(或关系式)、数据和包含测量值相关假设的定性描述开始。

图 7.1 所示为确定性分析和概率性分析中不确定性卷积的对比。在确定性分析中，关键参数是保守且有界的。这些参数在一次计算中被有效地“叠加”在其他保守参数上[①]。在概率性分析中，关键参数会在不确定性范围内多次采样，并进行多次计算。

---

① 需要注意的是，不确定性叠加是一个粗略的简化过程。原则上，这个过程可能不产生最保守的结果，除非模型参数的不确定性影响也被考虑在内。

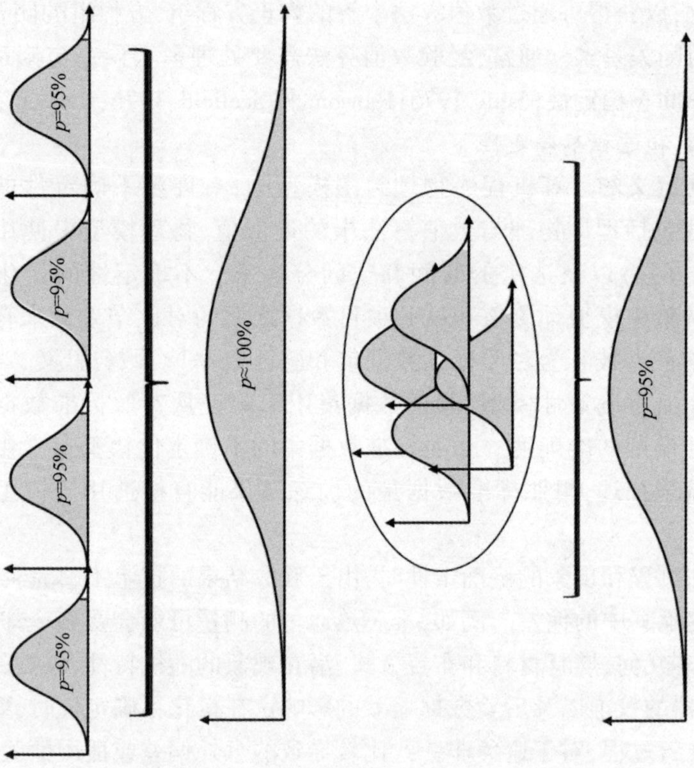

图 7.1　确定性分析和概率性分析中不确定性卷积的对比
(a) 确定性分析;(b) 概率性分析。

6) 管理风险、人因可靠性及失效后果

不确定性量化的广义定义包括风险量化,风险量化需要一个模型,将系统响应的度量及其不确定性作为输入,并将风险度量及其不确定性作为输出。风险模型本身很有可能是不确定的,例如给定剂量辐射对健康的影响。风险模型的细节需要额外定义,这些定义来自系统响应度量的概率分布卷积与风险度量的概率分布卷积。

在进行风险量化时,风险的度量通过分类和优先化协助闭环论证。这样的做法降低了评估模型的复杂性,从而改善了技术闭环的前景。如第 3 章所述,在历史上核工业界就曾根据“工况”的风险程度来处理设计基准事故(U. S. Nuclear Regulatory Commission,1973)。工况Ⅰ事故基本上代表了规定运行限值内所有的正常运行瞬态。工况Ⅱ至工况Ⅳ事故构成了设计基准事故的许可分析。在核工业界,工况Ⅱ事故称为预期运行事件——一种偏离正常运行的工况,可通过适当的设计规定进行缓解,即意味着不会对燃料、其他构筑物、系统或重要安全部件造成重大损害。工况Ⅲ和工况Ⅳ事故通常被称为设计基准事故或假想事故。这些事故可能会导致燃料破损;然而,任何导致放射性物质释放的燃料破损事故都应保持在法规限制内(10 CFR 100,反应堆选址准则)。超出设计基准事故是工况Ⅴ事故,该类事故包括一系列假设的堆芯破损事件,其发生频率极低但具有高放射性后果。在这种事故中,多重裂变产物屏障的失效被认为是产生高放射性后果的原因。

从根本上来说,对于任何一个复杂系统,因多重屏障失效导致不良情况发生的可能性是固有的,因此需要评估这种事故的后果。从广义上说,对于用于应对设计基准瞬态和事故的保护和安全系统,超设计基准事故分析能够处理其失效的问题。此外,开发事故管理策略能够扩展纵深防御概念,以应对核电厂防御平衡的完全失效。通常,概率风险评价是最常用的工具,该工具能够用于量化整个核电厂潜在事故发生机制的频率、后果和总体风险。

7.2.2 不确定性的统计表达

利用不确定性推理,评估模型的目标选取可以从许多不同的选择中确定。不管在构建评估模型时有没有其他的主观评估目标,通过正确地考虑统计度量和意义,都能寻找到客观评估目标。7.3 节至 7.6 节提出了将模拟仿真集成到评估模型中的方法,该方法的特点是具有统计属性,包括不确定性参数和变量、概率分布和密度函数、中心性测量、离散、独立性和相关性。文献(Lurie 和 Moore,1994)由美国核管会编写,很好地介绍了包括核工业应用和一般应用在内的统计学应用。

在工程环境中,相对于之前进行的类似实验所揭示的预期或趋势来说,当前的实验结果可能是确定的。然而,除非该实验结果可以被精确地确定,否则可能会保留一个或多个由不确定性参数和变量描述的特征。这些特征可能与被观测的自然现象(或更可能是多种现象)有关,也可能与观测方法有关,例如来自仪器噪声或物理不稳定性的影响。

概率分布是对结果概率(P)的一种统计度量,可描述为所有可能的测量观察值中小于给定值的部分。概率分布函数 F 通常表示为

$$F(x)=P(\boldsymbol{x}<x)$$

式中:x 为自变量;$\boldsymbol{x}$ 为一个映射到 x 轴的随机变量,概率密度是这个函数的导数。

无论是群体还是单个样本,其中心性度量(中心值,中心位置)通常都是一个用来描述数据集特定结果的量,平均值(算术平均值)是最直观且最有用的中心性度量。然而,根据数据类型和度量的用途,其他度量也可能是优选的(如众

数或中位数)。尽管如此,中心性度量通常仍被认为是与数据集相关的最重要的参数或统计值。对于一个变量较为完整的描述,需要对离散程度或公差进行度量,例如取值范围或方差。取值范围是对数据离散程度的直观衡量,因为大(小)的取值范围意味着数据的变化范围较大(小),如果数据的最大值和最小值很容易确定,那么取值范围的计算就很容易。

统计独立性意味着给定的结果不传达任何其他结果的信息。通过检查重复的观测结果,可以评估数据集的统计独立性。相互独立的随机变量具有一个重要的性质,即两个或多个观测结果同时发生的概率等于单个观测结果发生概率的乘积:

$$P(A \cdot B)=P(A) \cdot P(B)$$

式中:$P(A)$、$P(B)$为观测结果独立发生的概率。

卷积的概念可以抽象地描述为函数的组合,如核安全计算机程序中出现的许多模型和关系式的组合。在统计学中,卷积通常解释为关于独立随机变量的概率密度,在这种情况下,卷积概率密度是独立随机变量的概率密度乘积。

7.3 确定性方法

确定性方法是安全分析中考虑不确定性的最常见方法之一,究其历史背景,一些与知识不完善和分析能力有限相关的自然原因促进了这种方法的发展。更为普遍的原因可以从最后一节中的不确定性角度中得出:与描述统计函数和传递单个不确定性来评估特定结果的不确定性相比,确定过程和现象的边界条件更为简单。

在确定性核安全分析应用中,核电厂的设计基准以其在一系列工况中的性能为特征,这些工况代表了对燃料、反应堆冷却剂系统和安全壳完整性具有挑战性的情况。由于对核电厂过程及现象不确定性的保守处理,各工况的模拟结果是保守的。在应用确定性方法的过程中,还可以体现出与核电厂安全级设备的可用性、核电厂的技术规范和运行限制条件以及操纵员动作相关的不确定性。总的来说,利用模拟得到的结果,可使用一系列包络的保守模型参数定义核电厂的性能阈值。若超过该阈值,则认为裂变产物的屏障失效。

7.3.1 历史重要性

第一份出版的安全分析报告由美国原子能委员会于 1957 年编写,其题目为《大型核电厂重大事故的理论可能性与后果》。这份报告广为人知的是它的报告编号:WASH-740(U. S. Atomic Energy Commission,1957)。这项研究分析了一个涉及放射性物质释放的反应堆事故后果,这是 1955 年召开“和平利用原子能”会议后的必然结果。当然,与现在相比,当时对核事故过程及后果的理解还较为肤浅。

由于相对缺乏核事故过程方面的知识,这项研究应用了关于核电厂设计和后续事故的一般假设。具体来说,该研究简单考虑了一个具有 500MW 热输出功率的系统,该系统未设安全壳,并且一半的反应堆堆芯裂变产物以微米级颗粒的形式释放到大气中。对于信息足够完整的部分,研究者选择了最佳估算值;然而,对于具有高度不确定性的部分,研究者选择了被认为具有高风险的值。可想而知,该研究的结论预估了大量的伤亡:3400 人死亡,43000 人受伤,财产损失 70 亿美元。

在 WASH-740 发布时,监管部门只强调偏远选址和安全壳。鉴于该报告暴露出核安全知识的匮乏,人们加快了对商用核电厂的研究和开发,与此同时,建造和测试了大量的核动力系统。基于这些项目,第一批商业核电厂建成并获得许可。早期核电厂项目的成功激发了大量订单,更大功率的核电厂可以灵活选择厂址的需求随之而来。美国原子能委员会与核工业部门合作开发了纵深防御监管框架,该框架成为当今核工业的基础(第 2 章)。在这个框架下,核电厂的设计和安全目标集中在一系列大量的重要安全功能上(见第 2 章),从而允许免除早期的偏远选址要求。

在重要安全功能中,需特别注意应急堆芯冷却系统对堆芯的热量导出,相关研究认为,失水事故发生期间的堆芯熔毁事故最有可能导致放射性物质的释放。因此,堆芯热量导出相当于放射性物质的释放这一真正核安全问题的代表,并且易通过试验和计算机分析来处理。在早期阶段,堆芯热量导出的试验研究和理论模型研发都遭受了挫折,引起了公众的关注。在美国,该内容最终被列入政府审查,即核工业著名的应急堆芯冷却系统听证会。

通过应急堆芯冷却系统听证会的讨论,确立了一套应急堆芯冷却系统的接受准则和确定性评估方法。该确定性评估方法在《美国联邦法规法典》中也有出现,通常利用其所处的文件位置进行引用:10 CFR 50.46 和 10 CFR 50 附录 K(或简称附录 K)。10 CFR 50 附录 K 不仅确立了核工业中开展确定性安全分析时应遵循的规则,还为监管过程中兼顾考虑科学和工程建立了范例。然而,这不是一个成熟的范例,它更像一个持久的科学遗产,由于这个先例存在许多不足,人们加大了对核安全评估模型的研究,最终形成了现代的核安全评估模型。

7.3.2 方法学特征

无论人员认知水平或计算资源的可用性处于什么状态,确定性安全分析方法都可以广泛应用。从统计学上看,计算机程序中保留的模型参数设置只是量化公差极限的一种尝试。公差极限旨在对一个数据集限定一个特定份额,其中,该结果是用于判断设计充分性的某个性能指标。通过确保公差极限上限不超过物理认知极限这一逻辑上的约束,公差极限上限可以被确定。

正如 20 世纪 70 年代初在美国应急堆芯冷却系统听证会上指出的那样,即使是有限的专业知识,有时也需要大量领域的专家达成共识。在技术审查和评议等书面证据支持下,可以使用建立在经验而非科学认知上的计算机程序,以开发有效的安全评估方法。这种安全评估方法将通过一组适当保守的假设和步骤来描述,这些假设和步骤与计算机程序一起构成了适当保守的评估模型。显然,当可以使用进一步的实验信息或先进计算技术时,模型的保守性要重新评估,以确定是否可以采取更现实的评估方法。

在核电厂安全等实际问题的应用中,采用保守的确定性方法,能够确保与接受准则相关的实际核电厂响应受到模拟响应的保守估计的限制。回顾第 3 章,可以知道性能指标通常代表施加在构筑物、系统或部件上的物理载荷,这种构筑物、系统或部件能够用于防止或减轻对人体的辐照影响。在核安全分析中,压力和温度通常作为性能指标。例如,完善的确定性评估模型能够估计载载的峰值,表示如下:

$$P_{\text{estimate}} > P_{\text{actual}} \text{ 和 } T_{\text{estimate}} > T_{\text{actual}} \tag{7.1}$$

为了确保这种结果的高度可能性,尽相当大的努力来评估保守的过程传递和现象的不确定性是有必要的。虽然这一不确定性通常是从“专家启发”中确定的(例如,第 6 章的现象识别与排序表),但是对这些评估处理的优先化、实施和验证构成了确定性评估模型开发的主要部分。

7.3.2.1 优先化

核安全分析的优先化是一个分级过程,从国家核监管机构发布的政策及要求开始,适用事故的设计和分析需包含核电厂运行安全目标的解决方案。随后,相关法规规定,核安全评估必须包含对安全性至关重要的主要结构、系统和部件的评估。优先级最高的是工程目标的设立,然后是对主要“结构、系统和部件(核安全相关结构)”的评估。正如在第 6 章中针对现象识别与排序表以及比例和优先级所讨论的,工程目标通过特定的优先级来确定完成评估模型的任务。

现代的核安全确定性分析法不能忽略以上述方式确定优先级的情况,然而,许多涉及现象识别与排序表以及比例的实践是在确定性安全分析建立之后发展的。而且,随着国家核监管机构和核工业工作组的影响力增强,确定性方法的优先级开始演变。

7.3.2.2 监管机构的惯例

正如在国际核安全法规中表述的那样,核电厂的主要安全目标是保护公众安全,防止不受控裂变产物释放至环境后对其造成影响。在这些核安全法规的发展过程中,纵深防御策略的价值越来越突出。该策略通过多层物理、设计和运行防御来降低严重事故发生的可能性。纵深防御(见第2章)背后的理念是根据核安全的关注点进行分级排列的,这些关注点包括反应性瞬态、燃料完整性、冷却剂系统完整性、安全壳完整性和应急响应等。核安全法规从这一理念开始演变,对设计过程的每个方面及其验证过程都施加了约束。

采用纵深防御理念有助于满足具体的核电厂设计要求。通过衡量核电厂的重要安全功能,这些设计要求得以形成,并成为核电厂设计标准。在美国,核电厂的通用设计标准作为10 CFR 50的附录A出现在美国联邦法规中。不可否认的是,通用设计标准的形成受到了1950—1960年早期开发的轻水堆技术选择的影响。因此,这些设计标准带有一些技术倾向,例如,美国联邦法规提到了对防止和减轻轻水堆中放射性物质至关重要的前沿构筑物、系统和部件,如燃料棒、控制棒驱动机构、反应堆压力容器和安全壳结构。当然,其他设计理念可能在这些结构、系统或部件的术语和作用上有所不同。

虽然安全分析的要求源于每个设计标准,但有一个假设是许多设计标准的基础,即单一故障,系统对单一故障的适应性关系到保护系统的可靠性。与单一故障密切相关的标准要求有:①在系统或相关支持系统存在单一故障的情况下,相关安全系统的设计能够执行其安全功能;②通过进行核电厂安全分析,可以证明即使极限的单一故障发生也留有足够的设计余量。如第2章所述,通过对潜在单一故障系统搜索,以及评估每个单一故障对核电厂安全系统性能的影响,单一故障分析可以满足规定的接受准则。

虽然法规中的单一故障是在特定的设计背景下提出的,但有一些具体要求能够直接适用于表7.1(U.S. Nuclear Regulatory Commission,2005b)所列的安全分析。如7.3节所述,几乎所有的要求都与系统的适用性有关。关于安全分析的结果,最重要的是单一故障,它消除了使能动保护系统运行的厂外电源的可用性。因此,设计中结合了故障安全特性和冗余性的组合,并在评估模型中被确定性地处理。

表 7.1 与单一故障相关的法规(U. S. Nuclear Regulatory Commission,2005b)

位置	GDC 的标题	使用描述
附录 A,GDC 17	电力系统	建立了场内电源与配电系统的单一故障要求
附录 A,GDC 21	保护系统的可靠性和易测性	建立了保护系统的常规单一故障要求
附录 A,GDC 25	反应性控制系统的保护系统要求	建立了反应性控制系统的保护系统的单一故障要求
附录 A,GDC 34	余热排出	设置了余热排出系统的单一故障要求
附录 A,GDC 35	应急堆芯冷却	设置应急堆芯冷却系统的单一故障要求
附录 A,GDC 38	安全壳排热	建立了安全壳散热系统的单一故障要求
附录 A,GDC 44	冷却水	建立了冷却水系统的单一故障要求,用于将热量从安全系统传递至最终热阱
附录 K(I)(A)	应急堆芯冷却系统评估模型	建立了极限功率分布的单一故障要求,并假设其作为评估模型可接受特征的一部分
附录 K(I)(D)	应急堆芯冷却系统评估模型	为应急堆芯冷却系统喷放后传热建立单一故障要求

从 1975 年发表的 NUREG-75/087(U. S. Nuclear Regulatory Commission, 1975)开始,通过美国核管会标准审查大纲的发展和修订,监管机构对用于安全分析的法规解释的立场发生了演变。在此之前,独立的审查大纲是存在的,但它们没有在统一的权威文件中公布。NUREG-75/087 于 1981 年修订并重新发布为 NUREG-0800,此后又修订了多次。这些修订通常由倡导核安全的工作组内部的积极互动交流促成,如美国电力研究所或类似的国际机构。

7.3.2.3 行业工作组的实践

行业工作组包括了代表各行业群体(包括监管机构)特定利益的工作组,这些工作组的赞助可能是(或可能不是)直接通过行业得到支持的,然而行业工作组的成员主要是由倡导行业需求的人组成的。关于核安全评估方法的发展,行业工作组已委托了几个国家和国际团体,解决核安全计算机程序开发这一核工业人员共同关心的问题。其中,最主要的是那些与通用要求文件开发和国际规范问题开发相关的问题。

7.3.2.4 通用要求文件和技术规范

有两个通用要求文件得到了国际认可——一个由美国电力研究所组织,另一个由欧盟组织。这两个文件都是通过小组之间的交流而开发并修订的,因此,这两个文件的内容有许多重叠的部分。通用要求文件的内容开始于核电厂的通用设计标准,出现在规范结尾,通过核电厂技术规范的制定,通用要求文件的特殊性对安全分析的准备产生了直接影响。

所有的基准文件要求支持核电厂的技术规范,这个基准文件提供了支持特定许可限制或技术规范的技术性推理、方法或计算过程。在支持核电厂许可基准的程度上,设计基准计算过程(或任何其他的分析)可能因核电厂而异。

在实际应用中,通常用户定义了核电厂的许可基准。由于安全分析为许可基准提供了最强有力的支持,在安全分析效能方面,通常用户的主要目标是实现对相关运行限值的覆盖,次要目标是识别那些运行限值可能随时间变化的操作要素,并使其接近运行的长期限值。虽然采用这种运行限值消除了分析余量,但安全分析的实用性有望保持较长的时间,从而节省重新进行安全分析的成本。

虽然安全分析定义了设计范围,但是没有要求(也不可能)任何给定的分析支持每个必需的许可元素。例如,压水堆设计参数中的反应堆冷却剂系统压力和温度、安全箱压力和温度、各种整定值、二次给水流量以及压力和液位,这些参数对大多数安全分析的性能指标的影响是可以忽略不计或不确定的。然而,这些参数的特点是支持核电厂许可的限值。对于此类参数的限值,其来源可能是某种与被分析的特定事故无关的方法。因此,不需要对这些参数进行明确处理。

7.3.2.5 国际标准问题

自 20 世纪 70 年代中期以来,对于如何使用核安全计算机程序解决技术问题,核工业界投入了大量精力。其中,由经合组织/核能机构建立的国际核安全程序评估组织已提出了大量的国际标准问题。对于国际标准问题的求解,相关部门招募了一些软件开发者和安全分析师,结合核安全机构的惯例,将这些系统程序应用于常见的标准问题中。

通过对国际标准问题求解进行评估,能够体现核安全计算机程序的模拟能力和局限性。值得肯定的是,在这些实践中,发现并解决了许多遗漏和调试错误,取消了不可接受的适用性限值。与这些改进安全分析的贡献一样显著,也可能是这些实践最重要的结果是使用人员在准备安全分析模型中的角色。

通常,对国际标准问题的建模和仿真结果总显示出惊人的广度。除了核安全程序功能上的区别,灵活的用户定义输入为创造性建模和用户选项应用提供了无限的机会。这种现象称为用户效应(Ashley 等,1998),这种效应是由健壮灵活的建模界面导致的,在建模和仿真的研究团体中,这种建模界面很受欢迎。

这类用户效应的不确定性很难定性,然而确定性原则能够提高安全分析的客观性,这得到了人们的认可并被阐述。最常用的策略是定义对节点划分和用户选项应用的先期限制,并将其编入程序。用户指南应包括:

(1) 应考虑在特定核电厂瞬态或发生事故时正确使用程序;

(2) 应分析瞬态或事故的适用范围;

(3) 此类瞬态和事故的程序限制；

(4) 考虑瞬态的推荐建模选项、所需设备和节点方案的选择(核电厂节点方案的节点应该与评估方案中的节点一致)。

针对国际标准问题的求解,建立了一套实用的方法,其中原型应用选择了节点化策略和建模选项,这与模拟单项效应试验和整体效应试验所做选择的实际程度相关,这些单项效应试验和整体效应试验所支持的评估模型在与确定比例趋势相结合中得到应用。这种方法确保了建模的一致性和客观性,严格遵守用户指南可以最大限度地减少或消除节点化以及修改节点的自由度,有助于不确定性的减小。

在这些安全分析过程中有一个固有的假设,即利用工程性判断来确定在仍然实用的情况下所必需的节点化程度。用户指南的目标是规定在工程性判断的任何应用中纳入失水事故和非失水事故方法,以及实现以下目标所需的机制规则:

(1) 辨别关键的结构特征;

(2) 获得可接受的与核电厂稳态一致的结果;

(3) 保留主要现象;

(4) 维持合理的计算经济性;

(5) 维持可扩展性;

(6) 保持精度、数值稳定性和收敛性。

建模的任务是建立从物理系统到评估模型计算框架的数学映射,众所周知,不同的建模方法可以产生不同的结果。值得注意的是,在建模指南的整个范围内,标准核电厂节点划分的结果将视为计算机程序输入。这种输入代表了实际核电厂和影响核电厂性能的任何工程特性,包括停堆与控制系统、部件动力学(如各种泵)、中子定义、燃料状态描述和应急堆芯冷却系统性能。此外,这些计算机程序通常还包括特定现象程序模型的标志和其他独立于核电厂的输入。

7.3.2.6 实施

实施活动包括引入保守模型参数处理的方法,在通过模拟程序的模型输入文件进行分析时,或明确嵌入模拟程序时,这种实施活动都有可能发生。在后一种情况下,计算机程序被提升为“保守性程序”。对于这种程序的使用,必须小心谨慎处理,以保证它在自身应用的限值范围内进行。

就像前面所说的,实施(不考虑评估方法)是通过一组预留参数进行的。这些参数可以分为不同的类别——评估核电厂状态、初始条件和边界条件、现象和过程——体现了物理应用和分析解决方法之间的映射。评估核电厂状态的过程描述了在分析中要考虑的核电厂设计内容,在确定性评估模型中,系统的可用性是在准备数学模型之前进行评估的,非安全系统几乎总是被忽略(除非它们对所评估的载荷产生不利影响)。此外,许多安全相关系统(包括控制系统)基于设计要求可能包括在内,或基于它们与特定研究的无关性而不包括在内。

初始条件和边界条件代表了核电厂的运行状态,在确定性方法中,与运行工况相关的预留模型参数的集合偏向于其性能公差极限。在这些参数中,许多参数都与核电厂的技术规范相关,并属于以下类别之一:

(1) 结构、系统或部件设计限值;

(2) 运行偏离限值;

(3) 设备操作限值;

(4) 操作模式限值;

(5) 环境载荷限值;

(6) 规定载荷限值(如各种 ASME 的接受准则);

(7) 仪表和控制整定值。

与现象和过程不确定性相关的模型参数偏差,可以在仿真程序中明确地实现,或者作为模型参数的输入来实现。在二者的模拟计算中,选择偏差必须考虑不确定性的所有主要因素。不确定性的量化通常需要将分析模型与实验进行比较,除非事先进行了昂贵的投资以揭示这类细节,否则这种做法可能代价高昂。然而,一些替代方法,如考虑物理极限或对任何可用数据扩展公差极限的方法,已经被广泛应用。

7.3.3 验证

通过从优先级和实施实践中获得需求和经验,后续的评估模型固有地保留了主观性,这些主观性基于对建模过程中多个单个部件重要性的工程判断。从根本上说,技术基础依赖这一丰富的经验基础,输入内容反映了与先前经验的一致性。尽管如此,对工程判断的依赖仍需通过验证过程来证明。大部分工程判断存在于开发核安全分析用的模拟程序中,为了证明这些计算机程序的充分性,第 4 章和第 5 章对所涉及的工作进行了大量阐述。

在评估模型的开发过程中,要测试关键性能指标对建模变化的敏感性,这项工作集中在反应堆系统的某些关键部件上,选择这些部件的依据是它们在现象识别与排序表中确定的主要现象的潜在影响。对于每个特定的领域,准备一次由物理参数或敏感性研究支持的讨论,以说明为什么给定的输入是可接受的。

图 7.2 中的三重验证方法体现了实施评估方法的基本机制。该方法最初进行了大量的分析来调整程序和参数模型,以证明其充分性。第一步包括为验证和确认核电厂、试验装置和简化/降阶模型的开发,这是应用和完善工程判

断(如现象识别与排序表)的阶段。在第二步中,实际的设计和过程分析以敏感性分析和不确定性分析的形式进行。

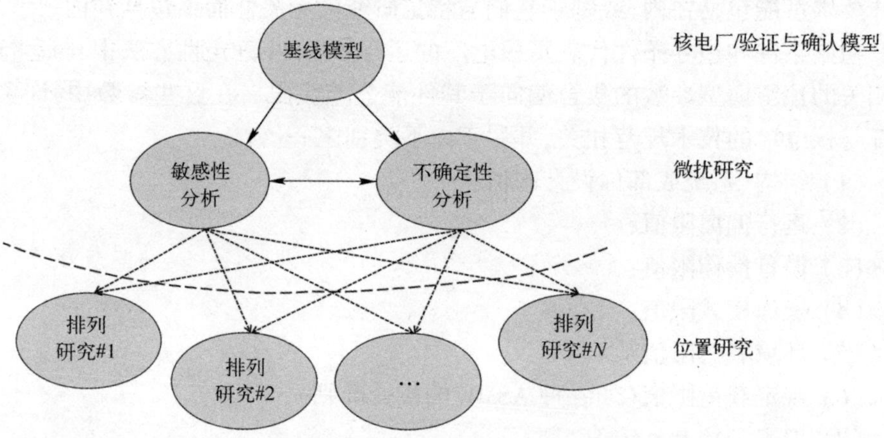

图 7.2　评估方法的简化图

不确定性分析以其最普遍的定义被应用时,不确定性可以被确定性或概率性地处理。通过对敏感性和不确定性分析形式扰动的研究,可用于确定其他研究的范围,这取决于所选择的评估方法。例如,正如敏感性分析可用于定义不确定性分析的响应面那样,不确定性分析可用于通过等级和方差的分析方法确定敏感性参数(见 7.4.3.4 节)。例如,文献(Martin,2016)提供了一种基于最佳估算加不确定性方法,用于确定性极限事故工况的识别和选择。

另外,有些情况毫无疑问地超出了复杂系统敏感性分析的正常范围。第三步验证方法提供了一套单独的工况及处置研究,该研究应用确定性或概率性方法,完成必要的分析范围,以满足通过分析解决技术问题的期望。例如,分析过程经常需要比模拟计算机程序更高的精确程度,这种精确程度可以是空间分辨率,如由计算流体动力学提供的空间分辨率,或者需要专门计算机程序进行多物理耦合的空间分辨率。在所有情况下,从现有敏感性或不确定性分析中选择的结果将作为处理计算的输入。

无论分析是确定性的还是概率性的,对于分析的准备都是相似的:

(1) 识别对分析测量重要的程序参数;

(2) 对一组重要参数(如偏差和/或概率密度函数)的不确定性进行量化;

(3) 生成任何必要的输入数据(如燃料/堆芯分析数据或核电厂数据);

(4) 为分析工具开发基准输入(如 RELAP5);

(5) 利用不确定性领域的知识建立计算程序;

(6) 执行计算。

对于常规分析领域(图 7.2 所示的核电厂/验证与确认模型和扰动研究),可处理的问题范围由两方面决定:①程序性能及适用范围;②评估方法形式。通过在常规分析领域明确处理来减少位置研究或"假设"研究的数量,新的分析能力或物理模型得以发展。

7.4 最佳估算分析方法

与 7.3 节中描述的传统的保守确定性分析方法相比,最佳估算方法寻求一种统计上的特征结果,在该结果中,性能指标的估计值应位于量化的不确定性范围内,即

$$\begin{cases} P_{\text{best-estimate}} - P_{\text{uncertainty}} < P_{\text{actual}} < P_{\text{best-estimate}} + P_{\text{uncertainty}} \\ T_{\text{best-estimate}} - T_{\text{uncertainty}} < T_{\text{actual}} < T_{\text{best-estimate}} + T_{\text{uncertainty}} \end{cases} \tag{7.2}$$

这一描述隐含了影响结果的工况和模型不确定性是已知的,超出了简单的偏差。也就是说,不确定性的来源是多方面的,仅利用一个数据库来反映研究知识是不切实际的;相反,评估模型的设计考虑了对结果不确定性影响更大的因素,这些不确定性的影响通过分析进行量化和传递。因此,很大一部分模型参数没有统计表示,这些参数或被标称处理或带有保守偏差。从严格意义上讲,在目前的最佳估算分析中,仍然存在明显的保守成分。

然而,采用保守的假设来克服知识的缺乏必须小心谨慎。对确定性评估模型的无条件依赖会产生意想不到的后果,某些分析设置表明,对于在某种情况下看似保守的假设,在其他情况下却并不可靠。随着热工水力系统程序的改进,可以对相关事件现象进行有意义的观察及分析。

7.4.1 历史意义

在 20 世纪 70 年代早期,按最大可信事故安全分析的接受度的规定,由于实验和分析数据库有限,大破口失水事故受到高度保守假设的限制。1988 年,在经历了一个数据收集和模型构建的年代之后(符合文献(U. S. Nuclear Regulatory Commission,1998)的规定),美国核管会修订了 10 CFR 50.46 和附录 K(发布在美国联邦公报 53 FR 35996 上)中包含的应急堆芯冷却系统规则,以允许对应急堆芯冷却系统的性能进行更实际的分析。通过确切地处理并分析不确定性,这一规则制定提供的变化保留了安全余量。

为了帮助核工业界开发失水事故评估方法,美国核管会出版了管理导则 1.157(U. S. Nuclear Regulatory Commission,1989)并开发了一个名为"程序、比

例、适用性和不确定性”(CSAU)(Boyack 等,1989)的方法。模仿“程序、比例、适用性和不确定性”方法,美国核电厂和燃料供应商早期尝试采用参数化的不确定性处理方法,但由于应用响应面受到限制而遭受批评。具体来说,通过模型不确定性的广泛处理,定义完整响应面所需的计算数量呈几何级数增长。“程序、比例、适用性和不确定性”的评估局限性激发了核安全界寻求能够减少这些挑战的方法。

在开发以“程序、比例、适用性和不确定性”(主要是美国)为基础或受其启发的评价方法的同时,经合组织、核能机构、核设施安全委员会正在国际上发展并协调几种评价方法,其中,不确定性方法研究是第一个提议。在不确定性方法研究(1995—1997 年)中,比较了五种不确定性方法(Wickett,1998)。在 2004 年,核设施安全委员会和事故管理分析工作组组织了 BEMUSE 项目。BEMUSE 项目程序的运行目标包括对整体试验(尤其是 LOFT L2-5)的最佳估算、不确定性和敏感性方法的适用性,以及评估其在反应堆中的应用(Petruzzi 等,2004c;Petruzzi 等,2006;Bazin 等,2007;Glaeser 等,2011)。对 BEMUSE 项目的一个主要结论是:在工程判断和应用中,单项效应试验具有获取不确定性处理的作用。这种“不确定性-方法-用户效应”成为经合组织/核能机构中一个名为 PREMIUM(后 BEMUSE 法-再淹没模型输入不确定性方法参考)的基准题焦点。该基准题于 2011 年提出,并于 2015 年得到完善(Skorek 和 de Crecy,2016)。

7.4.2 基于输入不确定性传递的方法

输入不确定性的传递指的是与模型参数相关的不确定性相对于试验数据的卷积,通常从考虑单项效应试验数据的程序及试验的比较中可以得到这种传递,有许多方法可以建立潜在的概率分布函数。

1) 响应面方法

通过回归分析,可以建立响应面方法,该方法能用于处理依赖部件不确定性卷积的潜在概率分布函数。这可以简单地看作一个性能指标多项式的最小二乘拟合过程,这些重要的性能指标参数选自响应面方法过程。响应面的目标是通过拟合目标输出(包壳温度峰值,即包壳峰值温度)来替换程序的输出,响应面充当了程序输入/输出关系的替代品或模拟器。基于输出相对于输入的行为,必须做出许多基本假设(例如,输出是输入的连续函数);并且,考虑到可用数据量和计算矩阵的结构,多项式的阶数将受到限制。

敏感性计算的目的是为响应面方法提供必要的数据(曲线拟合和蒙特卡罗抽样的组合,以产生概率分布函数),该过程定义了期望计算结果(性能指标)的平均值和标准偏差。描述响应面所需的数据量在专门的教材和出版物中已有所讨论(Lurie 和 Moore,1994;Myers,1971;Johnson 和 Leone,1977;Connor 和 Zelen,1959;Ciatworthy 等,1957;Box 和 Behnken,1960)。响应面方法的一个重大挑战是计算量随着独立参数的数量呈指数级增长,例如,在文献(Connor 和 Zelen,1959)中提出了一种方法,使用“中心复合设计”的三次多项式公式的完整描述需要 2000 多次计算。对于一个五次多项式,需要 70000 多次计算。然而,为了工业应用,已经开发并许可了这些计算模拟。例如,西屋电气公司早期的最佳评估模型在 1996 年被美国核管会用于分析大破口失水事故(Young 等,1998),西屋电气公司实施响应面方法需要大约 50 次模拟。

为了使用响应面技术,每个输入参数必须有一个相关的变化范围(加上一个或两个层级),并拥有一个潜在的概率分布函数。通常数据的实际分布是未知的,在这种情况下,均匀分布的假设可以接受,这种假设并不意味着数据实际上是一致的。均匀分布只要求指定终点(范围),并不意味着参数在范围内取值比其他取值的可能性更大,它通常称为使知识缺乏程度最大化的分布(最大熵)。基于数据考虑,范围的选择趋于保守。

响应面方法符合为所选参数获得的程序预测,并被用于替代原始计算机程序。这种方法需要使用有限数量的不确定参数,以减少程序运行次数和分析成本。

2) *蒙特卡罗方法*

蒙特卡罗方法涵盖了非常广泛的算法,读者可以参考任何关于随机抽样方法的教材,如文献(Lurie 和 Moore,1994)。这是一个简单的过程,其中大多数被认为不确定的输入参数是随机抽样的。当一个特定的输入依赖其他输入时,在蒙特卡罗计算过程中应该考虑这种关系。这些随机选择的参数值被插入回归过程中,并且找到了包壳峰值温度的值。这个过程被重复多次(如 100000 次试验),并收集了一个包壳峰值温度表。这个表格是一个频率直方图,可解释为计算结果的概率分布函数。根据这个直方图,可以确定所需的标准统计量(平均值、众数、第 95 百分位数等)。蒙特卡罗程序的优点是可以同时确切地考虑无限数量的模型不确定性。

3) *次序统计方法*

为了克服进行几千次模拟试验的复杂性,可以利用次序统计程序从数量相对较小的试验中推断出一个由众多结果组成的公差上限。顾名思义,次序统计涉及按数据组织样本的过程,例如,一阶次序统计量通常是样本的最小值,而最后一阶次序统计量是最大值。这是一种统计学量化的非参数方法,意味着没有对被评估的性能指标的概率分布进行假设(与参数/响应面方法相反)。与完整的蒙特卡罗程序一样,这种方法可以同时明确地考虑无限数量的模型的不确定性,每个实验产生的结果或“测量值”是预先确定的性能指标。

这种方法的优点——对参数处理无限制、减少计算次数、能够直接模拟计算机程序——在20世纪90年代中期得到了核安全界的认可。它的缺点是,对于任何有限大小的随机采样数据集,样本容易受到其固有统计波动的影响。分布在后面的样本,通常是安全分析中主要关注的样本,它们非常敏感。尽管如此,2010年,次序统计安全分析的几个应用仍被开发,以支持商用核电厂许可,包括阿海珐(现在法玛通)、通用电气和西屋电气公司的评估模型(Martin 和 O'Dell,2005;Abdelghany 和 Martin,2010;Martin,2012;Sarikaya,2008;Frepoli 等,2004;Frepoli 和 Ohkawa,2011)。

7.4.3 次序统计的数学基础

Wilks(1941)开始用非参数方法确定公差极限。Somerville(1958)创建的表格已广泛用于各种应用的非参数公差,包括核工程领域的一些表格,见文献(Nuclear Regulatory Commission 1978;Jaech,1972)。在不明确需要概率分布表达式的情况下,非参数统计技术非常有用。例如,公差极限是整个期望,或者接受或拒绝基于待确定极限是否满足的标准。这是大破口事故的情况,需要证明包壳峰值温度和包壳氧化的接受准则,在这种情况下,必须显示计算值的95%公差上限。

7.4.3.1 单变量情况的推导

统计问题的表述是从一组样本(计算机程序输出)中考虑一个随机样本 x_k,由概率论可知,小于 x_k 的亲本总体所占比例大于 γ 的概率(β)可表示为

$$P[F(x_k) < \gamma] = \beta = \int_{x_k}^{\infty} f(x)\,\mathrm{d}x \tag{7.3}$$

函数 $f(x)$ 是性能指标的概率密度函数(未知),表示该随机变量在观测空间中某一给定点出现的相对可能性。它对 x 的积分是累积分布函数 $F(x)$(未知),$F(x)$ 描述了随机变量 $\boldsymbol{x}$ 的概率分布,且在 $\boldsymbol{x}$ 的极值处,$F(x)=1$。

如果 $\boldsymbol{x}$ 的密度和分布未知,那么该通式几乎没有任何意义。给出随机变量的 n 个样本 $\{x_1;x_2;\cdots;x_k;\cdots;x_n\}$,并进行排序,即 $\{x_1<x_2<\cdots<x_k<\cdots<x_n\}$,可以构造出更有用的表达式。在这种情况下,总体 x 中在比例 γ 所确定的范围内的任意样本的概率陈述可由便利函数 $m=n-k$ 表示:

$$P[F(x_k) > \gamma] = \beta = \int_{\gamma}^{1} g_m(\xi)\,\mathrm{d}\xi \tag{7.4}$$

式中:$g_m(\xi)$ 为排序样本的总体覆盖率的概率密度函数。

在这种形式下,可以推导出 $g_m(\xi)$ 的表达式。

首先考虑简单的概率表述:

$$1=(S+F)^{n} \tag{7.5}$$

式中:S 为任意样本期望覆盖率测验成功的概率($F(x_k)>\gamma$);F 为任意样本期望覆盖率测验失败的概率;n 为样本数量。

注意,根据定义有 $F=1-S$,很容易将该函数展开为

$$\begin{aligned} 1 &= S^n + nS^{n-1}F + \cdots + nSF^{n-1} + F^n \\ &= \sum_{i=0}^{n}\left(\frac{n!}{i!(n-i)!}\right)S^{n-i}(1-S)^{j} \\ &= \sum_{i=0}^{n}\binom{n}{i}S^{n-i}(1-S)^{i} \end{aligned} \tag{7.6}$$

该多项式的系数是二项式系数(如帕斯卡三角形),该式中的每项都是一个概率陈述,反映了一个特定的成功和失败组合的概率。最简单的例子是至少成功一次的概率表达式,该式为所有带"S"项的加和:

$$\beta = \sum_{i=0}^{n-1}\left(\frac{n!}{i!(n-i)!}\right)S^{n-i}(1-S)^{i} = 1 - F^{n} \tag{7.7}$$

在 n 个样本中至少成功 m 次的概率的广义形式为

$$\begin{aligned} \beta &= \sum_{1=0}^{n-m}\left(\frac{n!}{i!(n-i)!}\right)S^{n-i}(1-S)^{i} \\ &= 1 - \sum_{i=n-m+1}^{n}\left(\frac{n!}{i!(n-i)!}\right)F^{i}(1-F)^{n-i} \end{aligned} \tag{7.8}$$

式(7.8)等价于文献(Nutt 和 Wallis,2004)中出现的公式 4。用上述表达式对 F 求导,方便起见,将 F 改为样本覆盖率参数 γ,得到样本 x_k 的概率密度 $g_m(\xi)$,即

$$g_m(\gamma) = \sum_{i=n-m+1}^{n}\left(\frac{n!}{i!(n-i)!}\right)\left[i\gamma^{i-1}(1-\gamma)^{n-i} - (n-i)\gamma^{i}(1-\gamma)^{n+i-1}\right] \tag{7.9}$$

可简化为

$$g_m(\gamma)=\frac{n!}{m!(n-m)!}m\gamma^{n-m}(1-\gamma)^{m-1} \tag{7.10}$$

图 7.3 为文献(Nutt 和 Wallis,2004)中的图 2,表示 $\beta>95\%$时 m 和 n 的几种组合。(参见 7.5.2 节中有关 m 和 n 的组合的讨论)。

应用 $g_m(\xi)$ 的表达式,原概率表述变为

$$\beta = m\cdot\binom{n}{m}\cdot\int_{\gamma}^{1}\left[\xi^{n-m}\cdot(1-\xi)^{m-1}\right]\mathrm{d}\xi \tag{7.11}$$

β 通常用不完全 B 函数比 $I_x(a,b)$ 表示,其定义为不完全 B 函数与 B 函数之比:

$$I_x(a,b) = I_x(b,a) \equiv \frac{\int_0^x [\xi^{a-1}(1-\xi)^{b-1}]\mathrm{d}\xi}{\int_0^1 [\xi^{a-1}(1-\xi)^{b-1}]\mathrm{d}\xi} \tag{7.12}$$

式(7.12)可以直接在数学手册或其他相关列表函数中找到。改变积分变量 $\xi'=1-\xi$ 可得

$$\beta = m \cdot \binom{n}{m} \cdot \int_0^{1-\gamma} [\xi'^{n-m}(1-\xi')^{m-1}]\mathrm{d}\xi' \tag{7.13}$$

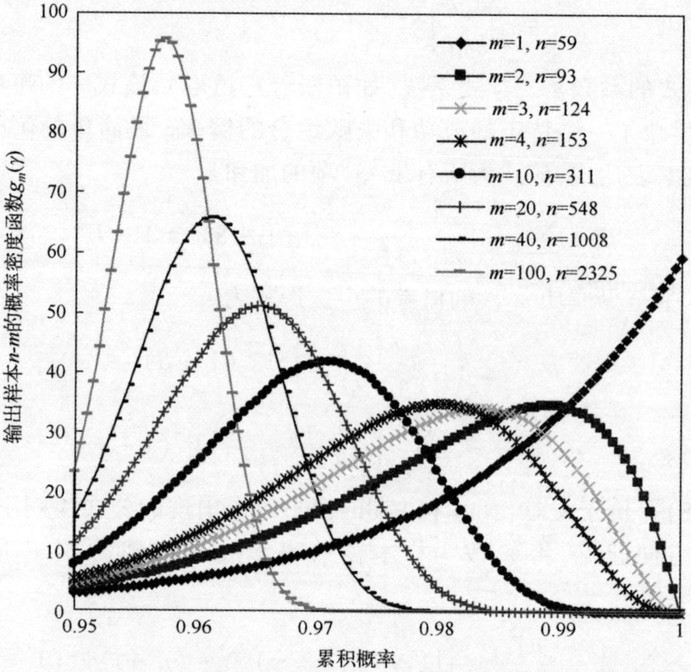

图 7.3 $\beta>95\%$时概率密度函数 $g_m(\gamma)$与不同组合的 m 和 n 的关系

上述积分为 $x=1-\gamma$、$a=n-m+1$、$b=m$ 时不完全 B 函数比中的分子。B 函数(不完全 B 函数比中的分母)的定义为

$$\begin{aligned} B(a,b) &= \int_0^1 [\xi^{a-1}(1-\xi)^{b-1}]\mathrm{d}\xi \\ &= \frac{(a-1)!(b-1)!}{(a+b-1)!} \end{aligned} \tag{7.14}$$

将 a 和 b 设置为合适的值后,有

$$B(n-m+1,m) = \frac{(n-m)!(m-1)!}{(n)!} \tag{7.15}$$

小于 x_k 的亲本总体所占比例大于 γ 的概率为

$$\beta \equiv P[F(x_k)<\gamma] = I_{1-\gamma}(n-m+1, m) = 1-I_{\gamma}(m, n-m+1) \tag{7.16}$$

这里应用了 $I_x(a,b)=1-I_{1-x}(b,a)$ 的性质,将式(7.16)写为加和形式:

$$\beta \equiv P[F(x_k) > \gamma] = 1 - \sum_{i=n-m+1}^{n} \binom{n}{i} \gamma^i (1-\gamma)^{n-i} \tag{7.17}$$

式中:概率 β 为置信度;γ 为覆盖率。

7.4.3.2 在安全分析中的应用

在前面的内容中,任何关于安全性的陈述都与 β、γ 以及输入变量的概率分布假设相关。根据文献(Wallis 和 Nutt,2005),“高概率水平”被认为是分析确定的输出以95%的置信度(β)覆盖了95%的总体(γ)。考虑 n 个计算机程序样本,在 $m=1$(即使用样本中的最大值)的情况下应用与覆盖率和置信度相关的导出表达式,简化可得

$$\beta = 1-\gamma^n \tag{7.18}$$

为了纪念 Samuel Wilks 的开创性工作,在最佳估算加不确定性应用者中,常称式(7.18)为 Wilks 公式。为了获得95/95极限($\beta=0.95/\gamma=0.95$),Wilks 公式变为

$$(0.95)^n = 0.05 \tag{7.19}$$

可解得 n 为58.4。在失水事故安全分析中,从计算出的失水事故的分布中得出包壳峰值温度的59个观测值,则排序$\{PCT_1<PCT2_2<\cdots<PCT_n\}$的最大值是公差极限的估计值。此公差极限是至少有95%的总体低于 PCT_n(置信度为95%)。注意,此结论与分布无关,并且在上面的讨论中,只考虑包壳峰值温度时其有效性得以证明。

***m* 和 *n* 的组合**

由于选择包壳峰值温度限值时固有的保守性与可变性,当样本分布范围缩小时,获得满足95/95目标的精确估计非常有用,文献(Somerville,1958)中给出了 $m>1$,95/95公差下的 m 和 n 可接受组合的概率表述,如图7.3所示。利用不完全 B 函数比的性质,可以确定第二大 PCT、第三大 PCT……在95%置信度下的样本数 n。

排序的第二大值 PCT_2($m=2$)的置信度可以表示为

$$\begin{aligned}\beta &\equiv P[F(x_{n-2}) > \gamma] = 1 - I_{\gamma}(2, n-1) = 1 - \sum_{i=n-1}^{n} \binom{n}{i} \gamma^i (1-\gamma)^{n-i} \\ &= 1 - \gamma^n - n(1-\gamma)\gamma^{n-1}\end{aligned} \tag{7.20}$$

在95/95的限制下,式(7.20)变为

$$(0.95)^n+n\times0.05\times(0.95)^{n-1}=0.05 \tag{7.21}$$

求解并进行四舍五入得到 $n=93$。如果从任意随机分布中得出 93 个观察值,则在 95%的置信度下,至少 95%的总体将小于 PCT_2。继续检查后续的每个 PCT,可以确定使所选输入具有 95/95 公差所需的样本数量。

注意,随着所选样本越来越远偏离最大值,所需样本量将增加,并且在 95/95 公差内估计的保守性将降低。因此,59 次观测的保守性应该大于 93 次观测的保守性,93 次观测的保守性应该大于 124 次观测的保守性,以此类推。所选样本最可能的取值由 $\gamma=(n-m)/(n-1)$ 给出。n 的值越大,所选值越接近真实的覆盖值。很容易看出,随着 $n\to\infty$,$m\to n/20$。

除了能对公差极限估计值进行改进外,观察更多的样本在受限样本有可能超过既定标准时,也有明显的优势。注意,样本大小的决定必须是先验的或统计的,如果样本大小是基于结果决定的,则会得出错误的结论,其原因在于该决定以第一个结果为条件。

7.4.3.3 考虑联合概率的失水事故分析

对于 Wilks 公式(Guba 等,2003)在最佳估算加不确定性安全分析方法中应用的早期质疑在于它没有为多变量问题提供 95/95 的联合表述,即对多个输出结果的讨论。接下来的一节将讨论单变量假设的局限性,考虑到单变量模型的局限性,有必要回顾多变量公差区域方法。在使用非参数统计进行最佳估算加不确定性失水事故分析中讨论最多的内容是文献(Wilks,1942;Wald,1943;Scheffé 和 Tukey,1945;Tukey,1947),本节对这些内容进行了总结和对比。

1) Wilks 模型

在文献(Wilks,1942)中,Wilks 将他的早期单变量公差限值(见 7.5.1 节)的研究扩展到了两个独立变量的问题上,他的解将概率表述为

$$\beta=-n^2\int_{\gamma}^{1}\xi^{n-1}\lg\xi\,\mathrm{d}\xi \tag{7.22}$$

以概率表达为

$$\xi<\int_{X_1}^{\infty}f(x)\,\mathrm{d}x\cdot\int_{Y_1}^{\infty}g(y)\,\mathrm{d}y<\xi+\mathrm{d}\xi \tag{7.23}$$

术语阶 $\mathrm{d}\xi$ 表示总体对数(X,Y)中 $X>X_1$ 和 $Y>Y_1$ 的部分,Wilks 的这种推导是值得注意的,因为他隐式地引入了"统计等效块"(SEB)的概念,尽管没有实际对其进行命名。统计等效块表示两个相邻的顺序统计量区间或包含相同样本数的区域的多变量模拟,每个统计等效块代表相同的覆盖范围与置信度。统计等效块的定义将在单变量情况下具有独特含义的"排序"扩展到了多变量情况。双变量问题中的统计等效块是矩形,对于三变量问题,统计等效块通常是矩形棱

柱。这一概念被他同时代的人采用,并推广为多变量公差方法。

2) Wald 方法与 Guba 方法

Wilks 的工作虽然解决了两个独立变量的问题,但 Wald(1943)希望考虑一个具有变量依赖性的一般性问题。在推导依赖性随机变量的近似多变量概率表达式时,Wald 指出,由于依赖性变量选择的顺序,结果并不令人满意。他注意到统计等效块的应用价值(但没有这样命名),并使用该概念给出了排序结果一维概念的自然推广。

单变量过程的直接扩展将导致对基本概率分布的显式依赖,特别是对各个变量之间的相关性的依赖。为了消除这种依赖性,Wald 明确假设这些例证是"相互排斥"的。此处的互相排斥是指按第一个变量对例证进行排序后,从 k 到 n 的例证将被排除,第二次排序在缩简集合($1\sim k-1$)上进行。对后续的每个排序都重复这个过程,这意味着对于原始排序集合,第二个变量的公差上限不可能在从 k 到 n 的范围内。在失水事故分析中,假设 $k=n$,这意味着最大包壳峰值温度的情况不可能是最大局部氧化或最大堆芯氧化,且具有最大堆芯氧化的情况不能与具有最大局部氧化的情况一起发生。Guba 在此之后进行了相同的假设,并且证明了与实际情况相比,假设双变量正态分布更保守。

Wald 和 Guba 的概率表述公式是一种与单变量情况相似的广义形式的公差计算:

$$P[F(x_{1,k},x_{2,k},\cdots,x_{p,k})>\gamma]=\beta \tag{7.24}$$

对于一个多变量问题,$f(x_1,x_2,\cdots,x_p)$ 是变量 $x_1,x_2,\cdots,x_p$ 的未知基本概率密度函数。$F(x_{1,k},x_{2,k},\cdots,x_{p,k})$ 定义为

$$F(x_{1,k},x_{2,k},\cdots,x_{p,k})=\int_{-\infty}^{x_{1,k}}\int_{-\infty}^{x_{2,k}}\cdots\int_{-\infty}^{x_{p,k}}f(x_1,x_2,\cdots,x_p)\,\mathrm{d}x_1\mathrm{d}x_2\cdots\mathrm{d}x_p \tag{7.25}$$

与单变量问题一样,多变量问题是通过对公差极限或区域进行转换而得到的。Wald 与 Guba 假定结果互斥,以消除两个变量之间的相关性依赖,这种假设的代价是互斥的结果会产生一组保守的公差极限。虽然 Wald 和 Guba 提出的是双面公差极限的推导,但单面公差极限的推导与之类似。以输出数 p 表示的受限样本向量($\boldsymbol{x}_{1,l};\boldsymbol{x}_{2,l};\cdots;\boldsymbol{x}_{p,l}$)的置信度($\beta$)表达式如下:

$$\beta=1-\sum_{i=0}^{p-1}\binom{n}{i}\cdot\gamma^{i}\cdot(1-\gamma)^{n-i}=I_{\gamma}(p,n-p+1) \tag{7.26}$$

对于 $p=3$ 的失水事故问题,计算的结果数为 124,这表示使用 Wilks 的近似扩展技术来保守选择样本大小以计算公差。

3) Tukey 方法

由 Wald 和 Guba 描述的多变量问题的近似解,在 1947 年由 Tukey 扩展到一

个真实的非参数解中(Scheffé 和 Tukey,1945;Tukey,1947)。Tukey 方法去掉了相互排斥的假设并加入了不连续分布,该方法在 Wald 和 Guba 所使用的覆盖率的积分形式基础上进行改进,使其成为另一种公差区域方法。

Tukey 将问题转换为一个又一个的概率块:$(0,t_1)$,(t_1,t_2),…,$(t_n,1)$,其中 t_i 是来自均匀分布的样本。这些来自 n 个样本的 $n+1$ 个概率块的覆盖率具有基本的分布,与 Wilks 从均匀分布[0,1]中考虑样本的 n 阶统计量,得出描述任意块的加和覆盖率的边缘 β 分布密切相关。其中 k 个块的加和覆盖率小于某个数 t 的概率表达式为

$$P(k\text{ 个块的加和覆盖率小于 }t)=I_t(n-k+1,k) \tag{7.27}$$

Tukey 使用一个固定的函数序列,连续地从抽样随机变量的空间中分割出块,从而得到统计等效块。不管怎么做,消除 k 块的概率都是一样的。

为了能在失水事故分析中应用,创建了函数 $W1$=包壳峰值温度,$W2$=最大局部氧化和 $W3$=堆芯氧化。计算转变为在函数向量 $\boldsymbol{W}$ 的基础上消除函数中的 $k-1$,这可通过将函数中的 k_1 设置为 W_1、k_2 设置为 W_2、k_3 设置为 W_3 实现,其边界条件为 $k_1+k_2+k_3=k$。

用上述几项进行描述时,在给出了 n 个样本后,无论采用何种方法划分空间选择 m 个样本,都会在空间中定义一个区域 T,且该区域的覆盖概率 $P(C_T<\gamma)$ 都是相同的,可由下式给出:

$$P(C_T<\gamma)=I_t(n+m-1,m) \tag{7.28}$$

为了便于说明,考虑一个由图 7.4 中的圆点表示的三变量失水事故模型的双变量模拟。该图中给出了 $n=59$ 个点的失水事故模拟,受限样本满足 95/95 条件。在本例中,假设包壳峰值温度和包壳氧化满足正态分布。根据大破口失水事故计算的经验,假设包壳氧化与包壳峰值温度的相关性系数为 80%。包壳峰值温度的平均值为 925℃,标准差为 110 ℃,包壳氧化的平均值为 0.0425,标准差为 0.02。

图 7.4 中的 59 个点显示了包壳氧化与包壳峰值温度之间的相关性,基于包壳峰值温度略去所有的点便得出公差上限约为 1225℃。类似地,基于单独包壳氧化略去所有的点,便得到包壳氧化的公差上限约为 0.079。此外,还可以在另一个点上创建第三个块,以略去所有其他包壳峰值温度和氧化结果。图 7.4 中给出了上述所有略去过程。

图 7.4 中的 3 条曲线都定义了一个满足 95/95 公差限制的包壳峰值温度和包壳氧化组合的可接受区域,这 3 条曲线所围区域即包壳峰值温度和包壳氧化组合的可接受区域。从图 7.4 可以明确看出,存在一个满足接受准则并落在可接受区域内的包壳峰值温度和包壳氧化组合。因此,将包壳峰值温度和包壳氧

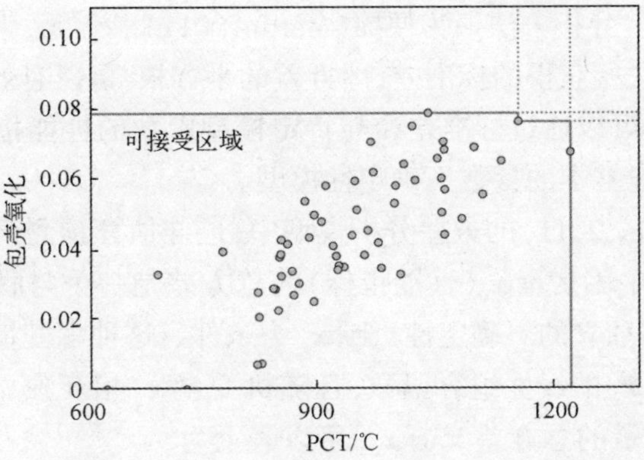

图 7.4　一个确定可接受区域的失水事故例证研究

化同时考虑,很显然可以通过验收;而如果仅考虑包壳峰值温度,则不会通过验收。

通过增加样本数量,可以得到更高分辨率的可接受区域。在图 7.5 中,模拟了大约 1000 个点,与 59 个点的主要区别在于公差上限估算值保守性降低,并且定义可接受区域的曲线变得更平滑。尽管如此,关于实际分配给 95/95 公差上限值的歧义仍然存在。

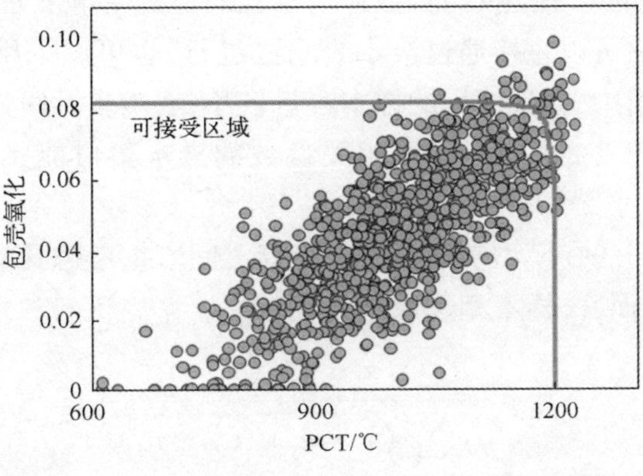

图 7.5　一个确定可接受区域的扩展失水事故例证研究

7.4.3.4　量化现象学重要度

量化模型输入参数对模型输出变量的影响程度在许多设置中都是有用的,例如,在敏感性与不确定性伴随能力方法中确定专家判断或为确定性评估模型(Martin,2016)的设计提供信息。对于应用顺序统计或蒙特卡罗方法从事件域中抽样得到的数据,有几种技术可用于计算其重要度(如文献(Glaeser,

2008)),然而,方差分析方法最为便捷(Martin,2011)。

基于方差方法所获得的标准差,即方差的平方根,可以有效度量敏感性。应用方差分析方法,可以通过标准差和与特定模型参数的性能指标的敏感性相关的统计平均值构建基本的参数不确定性模型。

在文献(Martin,2011)的方差分析模型中,最佳估算预测模型为 $\boldsymbol{x}_0=\mathrm{fct}(\boldsymbol{x}_1,\boldsymbol{x}_2,\boldsymbol{x}_3,\cdots,\boldsymbol{x}_n)$,其中因变量 $\boldsymbol{x}_0$(性能指标)的总方差是一个与联合方差有关的统计量度,$\boldsymbol{x}_0$ 以相互独立的不确定性贡献 $\boldsymbol{x}_i$ 为条件。这种多变量方差分析模型假设 $\boldsymbol{x}_0$ 是随机变量 $\boldsymbol{x}_i$ 的线性组合函数,且随机变量 $\boldsymbol{x}_i$ 相互独立。根据统计方差的定义,特定因变量的总方差 $\mathrm{Var}[\boldsymbol{x}_0]$ 可以表示为

$$\mathrm{Var}[\boldsymbol{x}_0]=\mathrm{Var}[\boldsymbol{x}_{0,1}+\boldsymbol{x}_{0,2}+\cdots+\boldsymbol{x}_{0,n}]=\sum_{i=1}^{n}\mathrm{Var}[\boldsymbol{x}_{0,i}] \tag{7.29}$$

式中:随机变量 $\boldsymbol{x}_{0,i}$反映了 $\boldsymbol{x}_0$与每个 $\boldsymbol{x}_i$之间的相关性;n 为模型参数的总数。

在实际应用中使用标准差,则有

$$\boldsymbol{\sigma}_0=\sum_{i=1}^{m}\boldsymbol{\sigma}_i\big|_{\mathrm{est}}+\boldsymbol{\sigma}_{\mathrm{res}} \tag{7.30}$$

式中:m 为小于 n 的数;σ_{res}为残差的标准差,反映了剩余的模型参数的贡献。

这种线性分解的假设是合理的,因为在基于顺序统计的评估模型中,通常将传热、功率和流量的乘积等模型参数作为独立的随机变量来处理。

标准差的评估可以直接通过最小二乘法进行,也可以采用逐步多元回归法代替。在实际应用中,如果使用的样本容量较小,逐步多元回归法就是首选。因为在样本量相对较小的情况下,不相关参数的样本集可能具有显著一致的相关性。

逐步多元回归法在模型参数与性能指标之间着重考虑具有最高样本相关性的模型参数,具体而言,样本相关系数为

$$r_{xy}=\frac{\sum(x-\eta_x)(y-\eta_y)}{\sqrt{\sum(x-\eta_x)^2(y-\eta_y)^2}} \tag{7.31}$$

在该应用中,主要关注的是样本的模型参数与分析测量结果之间的相关性。为了解决小样本集带来的复杂性,需要将样本相关性阈值确定为具有高置信度的状态,即相关性不是简单一致的。该阈值是从相关系数的取样分布即 t 分布中得出的。其中,统计覆盖率(t_p)与方程中 n 个样本的相关系数有关:

$$t_p=\frac{r\sqrt{n-2}}{\sqrt{1-r^2}} \tag{7.32}$$

其期望值是相关系数阈值 $r_{\min}$。

将式(7.32)重排,求解 r 可得

$$r_{\min}=\frac{t_p}{\sqrt{n-2+t_p^2}} \tag{7.33}$$

在逐步回归过程中,第 k 个估计值 $\mathrm{fct}(x_k)$ 取自 $\boldsymbol{x}_k$ 和输出变量样本向量 $\boldsymbol{x}_0$ 与前一项的差,即

$$fct(\boldsymbol{x}_k) > (\boldsymbol{x}_k, \boldsymbol{x}_0 - \sum_{i=1}^{k-1} \boldsymbol{x}_{0,i}) \tag{7.34}$$

同样地,有

$$\mathrm{Var}[\boldsymbol{x}_{0,k}]\big|_{\mathrm{est}} = \mathrm{Var}[\boldsymbol{x}_0 - \sum_{i=1}^{k-1} \boldsymbol{x}_{0,i}]\Big|_{\mathrm{est}} \tag{7.35}$$

该过程将一直持续到特定的不确定性因素和分析度量之间的样本相关性不满足所使用的阈值标准。如果结果的准确性没有显著的、不可测量的下降,剩余的方差就不能进一步分解。通过更多的样本计算或为主要的不确定性因素引入确定性的新分析来增加更多的数据,或可得到更高的分辨率。

7.4.4 基于输出精度传递的方法

输出精度传递方法的基本思想是利用和整合所有可用的实验结果(如来自单项效应试验、整体效应试验以及核电厂测量的数据)来开发一种不确定性的处理方法,该方法既可以基于经验公式(如基于精度外推的不确定性方法、内部不确定性评估程序(CIAV)和热工水力-中子学耦合的内部不确定性评估程序(CIUA-TN),也可以基于更稳健的数学框架,如用于改进不确定性估计的贝叶斯方法。

7.4.4.1 基于精度外推的不确定性方法

基于精度外推的不确定性方法(UMAE)(D'Auria 等,1995a)的流程图如图 7.6 所示,它是描述"程序输出误差传递"方法的原型方法。该方法不关注单个参数的不确定性评估,而是通过将相关整体实验的精度外推到全尺寸核电厂,由合适的数据库计算最终不确定性的误差传递。

考虑到轻水堆整体效应试验数据和基于先进模型的合格计算机程序的应用,该方法依赖程序能力,并通过在比例不断扩大的装置上应用进行验证。由于实验装置的设计所采用的比例标准没有统一完善,从小比例装置的实验直接外推出反应堆的数据很困难。因此,只有精度(测量值和计算值之差)是可外推的。

使用不同比例装置的实验数据和计算数据表明,当增加装置尺寸时,重要现象的物理现象和程序预测能力不会改变(图 7.6 中的右侧回路 FG)。

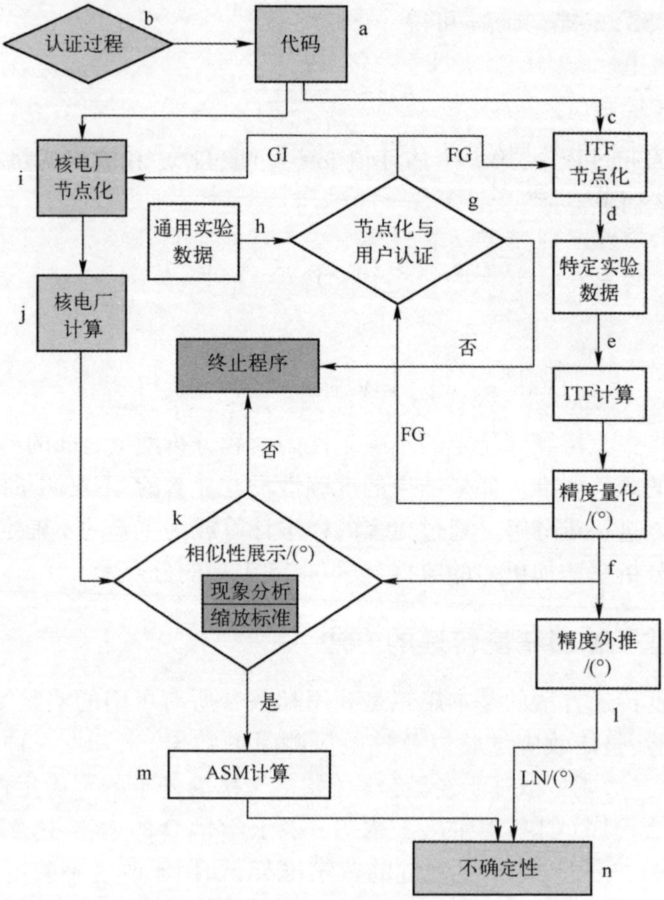

图 7.6　基于精度外推的不确定性方法的流程图
(整体不确定性评估程序的开发和应用过程也采用该流程)

此外,还需假设大型装置中的现象和瞬态情况足够接近核电厂工况,该方法将用户和节点化对输出不确定性的影响降至最小。但是,用户和节点化不足会影响测量和计算趋势之间的对照,在外推过程中会考虑由此引起的误差,这会增加总体的不确定性。

该方法所用数据库由具有代表核电厂工况的整体效应试验类比而得,通过基于快速傅里叶变换的方法(Ambrosini 等,1990;Petruzzi 和 D'Auria,2005)对程序精度进行量化(图 7.6 中的步骤“f”),该方法表征了频域中程序计算与实验数据之间的差异,并为每次计算的精度定义了性能指标。为了外推精度,必须满足不同的要求。

通过对整体效应试验和核电厂瞬态过程的计算获得精度的不确定性,通过迭代程序建立节点并对实验数据进行验证，要求满足合理的精度水平，核电厂节点的开发和核电厂瞬态的计算采用了类似的标准（图 7.6 中的左回路 FG）。由于考虑了比例准则（图 7.6 中的步骤“k”），由试验设施和核电厂计算的现象相似性得到了分析模拟模型（图 7.6 中的 ASM），即一个合格的核电厂节点。

基于精度外推的不确定性方法和程序、比例、适用性和不确定性（CSAU）方法之间有两个重要区别：①CSAU 方法依靠定性的专家判断来确定不确定域，而基于精度外推的不确定性方法依靠的是对测量趋势和计算趋势对照（图 7.6 中的路径 FG）的定量方法；②CSAU 方法是输出精度传递中固有的，基于精度外推的不确定性方法的不确定性评估（包括模型节点划分）取决于与指定瞬态有关的整体效应试验数据，而 CSAU 方法主要使用的是单项效应试验数据，尽管其早期的应用程序也包含基于整体效应试验数据的计算后偏差。

UMAE 和 CSAU 方法之间的小差异与以下原因有关：

（1）用户认证：经验不足的用户可能无法从图 7.6 中的“f”获得可接受的结果，而他们在 CSAU 方法中则可以开展敏感性计算。

（2）CSAU 方法和 UMAE 方法的核电厂节点划分都可能存在错误。但由于在图 7.6 中的“k”进行了相关分析，UMAE 方法中发生这种错误的可能性被降到了最小。

（3）CSAU 方法中使用了响应面分析法，而 UMAE 方法中没有。

（4）UMAE 方法中假设实验值和计算值之比（Y_E/Y_C）是一个统计量。

7.4.4.2 内部不确定性评估（CIAU 和 CIAU-TN）

内部不确定性评估（IAU）（D'Auria 等，1995a；U. S. Nuclear Energy Agency，1997）的分析策略试图从用户角度出发，避免解释在当前所有的不确定性方法应用过程中都存在的逻辑表述，即在使用不确定性方法时避免了用户影响。上述考虑没有排除工程验证的使用，而是将其嵌入了内部不确定性评估的开发中，因此在应用中不需要考虑工程验证。

为了减少上述局限性，开发了具有内部不确定性评估能力的 CIAU 与 CIAU-TN（用于热工水力/中子学耦合计算）。在文献（D'Auria 和 Giannotti，2000；Petruzzi 等，2005；Petruzzi 和 D'Auria，2008；Petruzzi 等，2004a；Petruzzi 等，2004b）中提供了有关该方法的详细描述。本节仅提供 CIAU 方法的概述，着重介绍该方法背后的思想及其主要特征。

CIAU 方法可以概括为以下几个步骤。

（1）使用与整体效应试验和核电厂相关热工水力程序计算的“系统认证过程”（Petruzzi 和 D'Auria，2016）。

(2)“精度外推”,即精度不是体积比 K_V 的函数,因此可以从设备外推至核电厂来获得不确定性。

(3)通过“核电厂状态方法”来识别“相空间”(选择—驱动—数值的有限区间组合),为每个选择—输出—数值(响应)关联单一的不确定性值。

(4)时间和数值“误差”的分离和重组,将不确定性的物理(基于现象)统计处理分为与选择—输出—数值(响应)相关的值以及瞬态过程中达到这些值的时间两部分贡献。

(5)对合格的核电厂计算程序不确定性评估(遵循文献(Petruzzi 和 D'Auria,2016))使用生成精度数据库的“误差填充过程”和使用推导不确定性数据库的“误差提取过程”。

在之后的小节中,“误差”一词的含义与“精度”相同,都表示实验结果与程序计算之间的差异。

1)认证过程

文献(Petruzzi 和 D'Auria,2016)中描述的认证过程包含完成不同“可接受条件”,以证明实现了合格的整体效应试验和核电厂节点划分和相关的程序计算(此处可视为 CIAU 的“引擎”)。该程序可以处理来自单项效应试验和整体效应试验装置中的一般实验数据,但不能处理对标和类似试验以及核电厂瞬态数据。应用 CIAU 方法的一个条件是相关核电厂工况的相似性,必须根据该相似性来计算不确定性,以及源自高精度数据库的实验/参考数据库(图 7.7)。

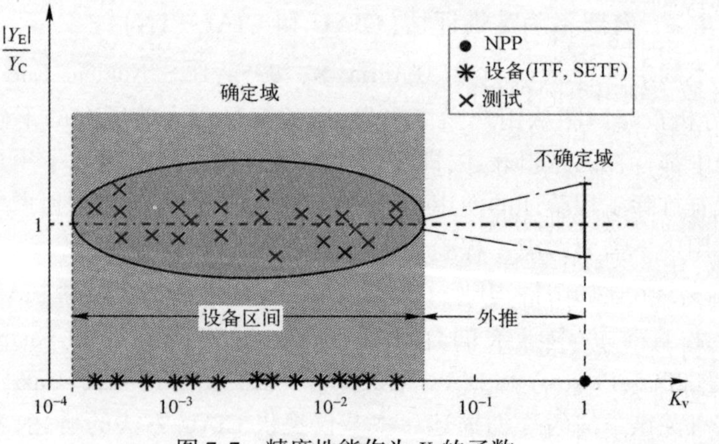

图 7.7　精度性能作为 K_v 的函数

2)精度外推

这一步骤表明在增大装置尺寸时,不同比例装置中重要物理现象的程序预测能力不会改变。图 7.7 描绘了一般响应 Y(如包壳峰值温度、最小堆芯坍塌液位等）作为 K_v 函数的 Y_E 和 Y_C 之比的预期行为，其中 Y_E 和 Y_C 分别是 Y 的实验值和计算值。图 7.7 中的 Y_E/Y_C 比例的预期行为已经通过一些实验的分析和相关的程序计算得到证实（Bovalini 等，1992；D'Auria 和 Galassi，1998），从一个类似试验和对应的整体效应试验数据库中得出，这些试验和整体效应试验代表了核电厂的工况。应当指出的是，程序的用户影响和节点化不足会影响测量趋势和计算趋势之间的对比，因此在精度评估和精度外推过程中都会考虑它们，从而对总体的不确定性做出贡献。

3）*核电厂状态方法*

在一个典型的轻水堆中发生或计算的任何瞬态或事件的常规特征都是通过一系列时间趋势得出的，如压力、液位、温度以及质量流量随时间的变化。事件时间，或者自事件开始所经过的时间与初始条件和边界条件一起构成表征瞬态的主要方法。在这种情况下，瞬态演化的图中以时间为横轴，可以将其标识为"时域"。在不确定性评估方面，每个瞬态都是独一无二的，因此需要对表征时间趋势的不确定性进行单独评估，这是正确的，尽管有可能考虑关键现象（Lewis 等，1989）是常见类型的瞬态。

另一种表征瞬态的方法需要使用"相空间"，该方法包括选择一小组固定的值（称为"驱动量"Q_d）和利用所选值假定的一组数而非时间函数来描述核电厂发生的任何事件：每组所选的变量都代表了核电厂的一个状态。这种方法实际上被用于优化核电厂的应急规程，在这种方法的图示中，任何相关的量都可以作为横轴或纵轴。

然而，与时域不同，在相空间域中对瞬态进行分析时，可以通过某些区域或现象学区域识别出不同种类的瞬态，并对与之对应的现象进行预测。整体不确定性评估程序方法和整体不确定性评估程序-热工水力与中子学方法的基本思想是将"相空间"细分为不同的现象学区域，对于所选的输出量（"目标量"Y）可以在每种瞬态下独立地分配一个不确定值。换句话说，核电厂状态是相空间的一个区域，在该区域中程序预测的不确定性被假定为"一致的"。

文献（Lewis 等，1989；D'Auria 等，1995b）采用了相同的思路对特定热工水力现象进行讨论。从这些文献可以看出，"相空间"中的区域或现象学领域适合用比例和外推研究。如在文献（D'Auria 和 Pellicoro，1995）中所讨论的，这为事故管理对策的实施中常规核电厂状态的表征提供了更多的计划方法。最终选择采用的方法类似于 Groeneveld 等（1996）提出的方法：将压力、质量和流速作为"查找表"中的条目，为临界热通量提供合适的值。在当前情况下，适当的"驱动量"以矩阵和向量的形式输入，分别提供数值和时间的不确定性值。

时间误差和数量误差的定义可以从图 7.8 中得出，虚线表示系统程序计算的结果:以常规热工水力程序的输出结果 Y 随时间作图得到。曲线中的每个点都会受到时间误差(图 7.8(a)中的 E_t)和数量误差(图 7.8(b)中的 E_q)的影响。实验数据的获取(在适当核电厂模拟机中测量,即整体效应试验)使我们能够量化这些误差并生成所谓(整体不确定性评估程序中的)时间和数值精度数据库。由于不确定性会影响热工水力程序的计算,核电厂程序计算结果的每个点的值都可以用由时间不确定性(U_t)和数量(U_q)不确定性确定的矩形(图 7.8(c))内的值进行表示。

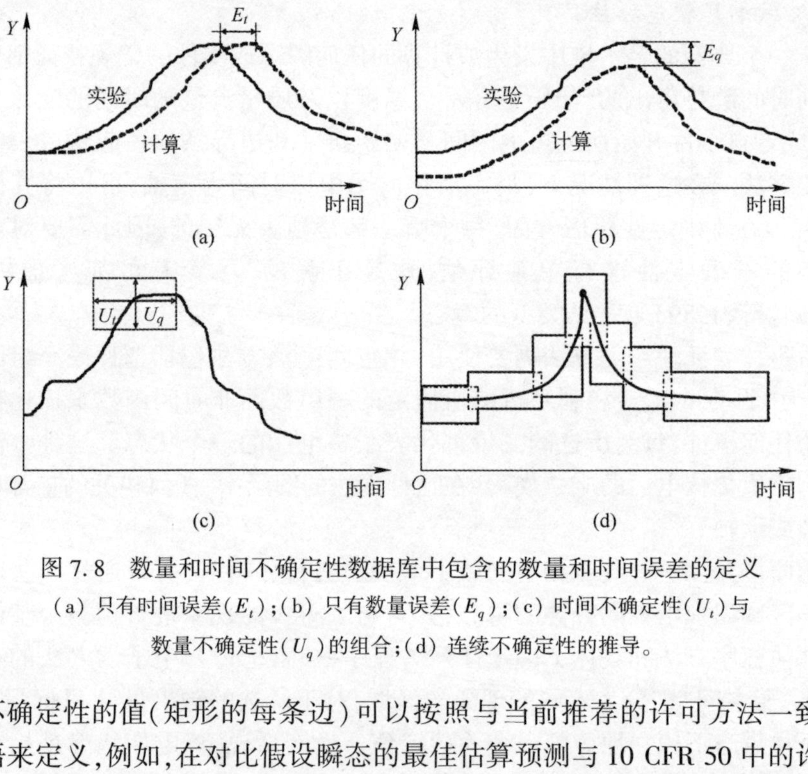

图 7.8　数量和时间不确定性数据库中包含的数量和时间误差的定义
(a) 只有时间误差(E_t);(b) 只有数量误差(E_q);(c) 时间不确定性(U_t)与数量不确定性(U_q)的组合;(d) 连续不确定性的推导。

不确定性的值(矩形的每条边)可以按照与当前推荐的许可方法一致的概率术语来定义,例如,在对比假设瞬态的最佳估算预测与 10 CFR 50 中的许可限制(U. S. Nuclear Regulatory Commission,1988)时,95%的概率水平被美国核管会认为是可接受的。将整体不确定性评估程序方法过程结束时的矩形合并以产生整体不确定性评估程序不确定性波段的方法,见图 7.8(d)。相对于常规的与矩形边界相关的 95%的概率水平,采用该过程可确保更高(仍未量化)的概率水平。

4) 误差填充过程和误差提取过程

"误差填充过程"和"误差提取过程"(图 7.9)是实现整体不确定性评估程序和整体不确定性评估程序-热工水力与中子学方法可以预见的两个过程。

“误差填充过程”涉及以下几个方面：

（1）相关实验（单项效应试验和整体效应试验）的选择（a），实验设施的几何特性以及边界条件和初始条件要与相关核电厂事故序列相似；

（2）程序计算结果（b）符合（Petruzzi 和 D’Auria，2016）的认证过程（c）；

（3）单独的时间和数值精度（误差）数据库的推导（d）；

（4）核电厂状态的确定（e）；

（5）将时间和数值精度（误差）存储在所选的（通过整体效应试验或单项效应试验方案）核电厂状态内（f）。

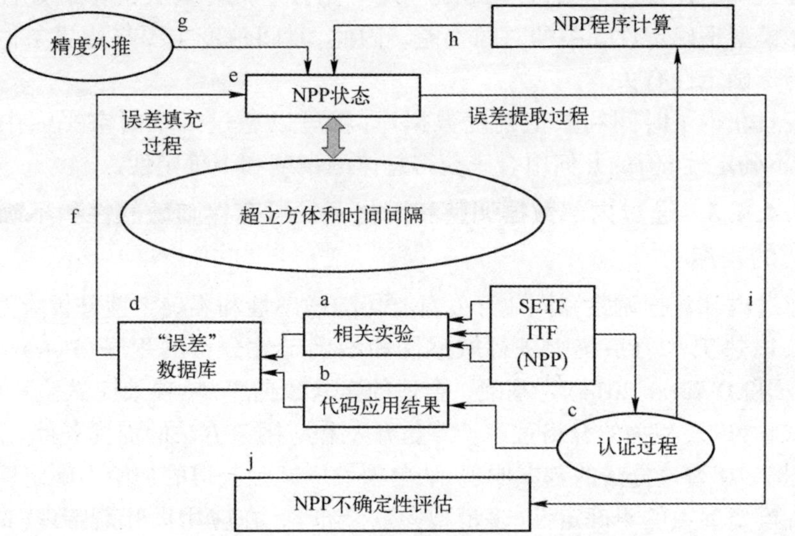

图 7.9　误差填充过程和误差提取过程

在按照认证过程（c）（Petruzzi 和 D’Auria，2016）进行合格的核电厂（NPP）程序计算（h）后，使用“误差提取”过程（i）从选定的（瞬态下）核电厂状态中提取待关联对象量的标称值（最佳估算值），用于不确定性评估（j）。应当指出，每个瞬态进行一次核电厂最佳估算就足以进行不确定性分析。在这两个过程之间，处理精确外推的步骤（g）（D’Auria 和 Giannotti，2000；Petruzzi 等，2005；Petruzzi 和 D’Auria，2008，见图 7.8）用于从精度数据库（误差填充过程的输出）传递到不确定性数据库（误差提取过程的输入）。

整体不确定性评估程序和整体不确定性评估程序-热工水力和中子学方法的一个关键特征是充分参考了实验数据，从实验数据和计算数据对照得出的精度可以外推出不确定性。通过作为整体不确定性评估程序开发和精度数据库创建“引擎”的认证过程，将计算工具的“比例”和“认证”构成的问题解决方案嵌入该方法中(Petruzzi 等,2005;Petruzzi 和 D'Auria,2008)。

在时域中指定一点,任意一点发生时间的预测精度与表征该点数值的精度是不同的。数值和时间的精度与程序模型的不确定性以及边界条件和初始条件的不确定性有关,包括事件的时间顺序和问题的几何模型。基于以上内容可知。

(1) 通过程序进行的"瞬态时间相关"计算类似于每个时间步长上的一系列稳态值,考虑到该程序是以满足指定几何离散化的稳态下大量不同的经验关系式为基础,因而数值精度主要与程序模型的不确定性相关。

(2) 与部件的物理驱动(例如,对于阀门,达到流道等效满流面积的时间)或仪控系统的建模(如紧急停堆信号)或不充分节点化有关的不确定性会引起与程序模型不确定性无关的时间误差。因此,时间精度主要与边界条件和初始条件的不确定性有关。

一旦获得了时间和数值精度数据库,就可以通过二维时空平面中两个精度(和不确定性)值的几何组合来获得总体的精度和不确定性。

7.4.4.3 通过内部数据调整和同化开发具有伴随敏感性和不确定性分析能力的程序

通过内部数据调整和同化开发具有伴随敏感性和不确定性分析能力的程序的提议以热工水力系统中进行敏感性和不确定性分析的程序(Petruzzi,2008;Petruzzi 和 D'Auria,2014)为基础。合适的实验数据库(单项效应试验和/或整体效应试验)以及相关的合格程序计算是开发和应用该方法的前提条件。

图 7.10 为该方法的基本原理,从单项效应试验获得的初始不确定性分布代表了各模型参数的不确定性(多模型参数分布)。在应用贝叶斯定理(BT)和最大似然原理(PML)之后,获得了不确定性分布,该不确定性分布是程序模拟的先验估计。针对整体效应试验,程序模拟进一步受到约束(使用贝叶斯定理和最大似然原理),因为它既考虑了系统行为,也考虑了在有效性范围之外使用相关性(从单项效应试验开始发展)。在该步骤的最后,获得了关键参数及它们对系统响应不确定性的贡献与后验参数分布。应当指出的是,如果不需要将单项效应试验条件外推到整体效应试验条件,并且整体效应试验中采用的各种物理模型是真正非耦合的,那么可以预期贝叶斯定理和最大似然原理的应用会使先验分布和后验分布非常相似。

该方法的开发框架如图 7.10 中的虚线框所示,该方法是面向系统的,其主要目标通过减少和改进输入参数值和协方差来改进系统输出响应的估计值和相关协方差矩阵(不确定性)。该方法的总流程如图 7.11 所示,其关键要素如下。

(1) 一个绝对合格并且国际认可的热工水力程序。

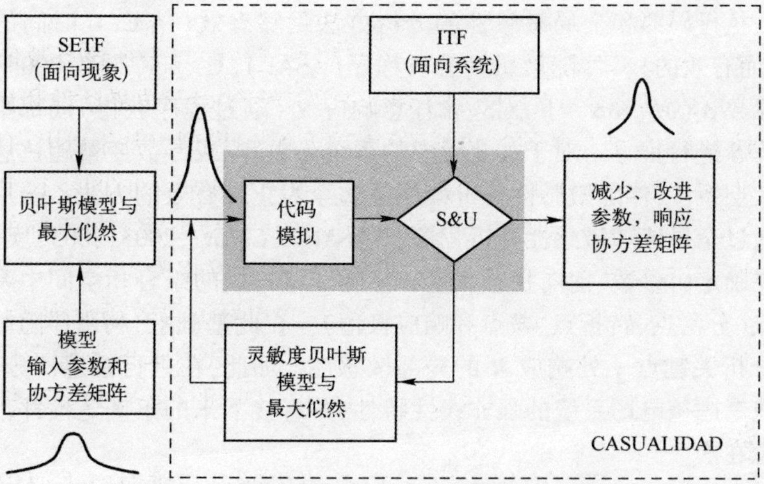

图 7.10　CASUAL IDAD 方法的基本思想和框架

(2) 一个包含不同瞬态情况和不同设施比例的合适的整体效应试验大型数据库。

(3) 使用可靠严格的规程(需要满足的可接受标准)来认证和接受热工水力系统程序计算。

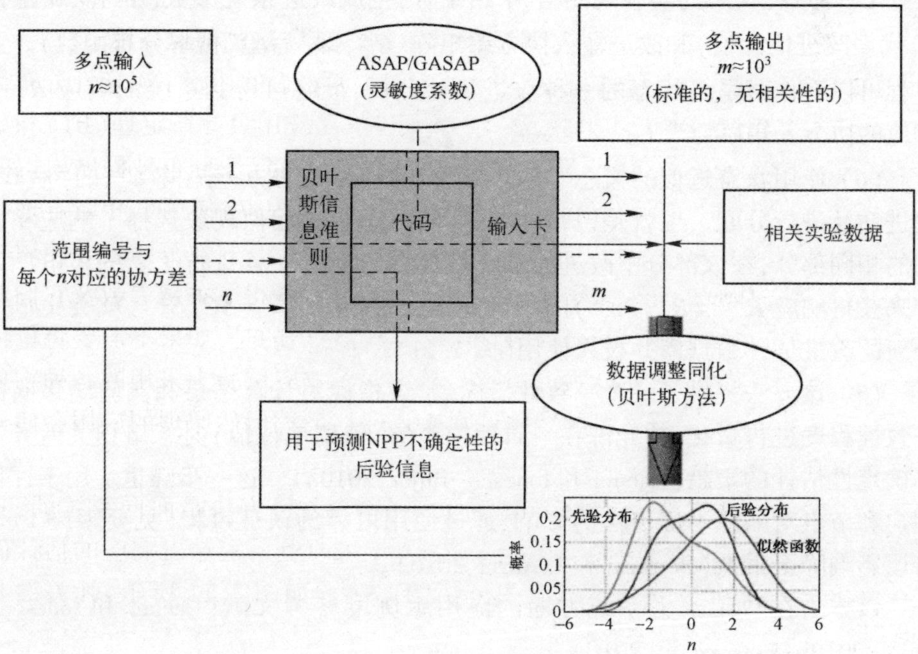

图 7.11　CASUALIDAD 方法的总流程

(4) 执行局部和全局敏感性的分析方法足够有效(从 CPU 时间的角度来看,准确而有效的)。伴随敏感性分析程序(ASAP)(Cacuci,2003,2005)可用于在任意参数 α_i($\partial R_n/\partial\alpha_i$)下,对包含任意响应 R_n(通过程序获得)局部推导的敏感性矩阵 $\boldsymbol{S}$ 进行推导。对于需要考虑的系统参数和/或参数变量超过感兴趣响应数的大型系统,伴随敏感性分析程序是迄今为止最有效的方法。全局敏感性分析是通过全局伴随敏感性分析程序(GASAP)(Cacuci,2003,2005)实现的,该方法旨在确定由参数、前向状态变量和伴随变量构成的组合相空间中系统的所有关键点(分岔点、转折点、鞍点和响应极值)。在此基础上,利用伴随敏感性分析程序分析关键点 y 处响应 $\boldsymbol{R}$ 的局部敏感性。如此,在进行敏感性分析时,可以有效地考虑核电厂系统的强非线性特性,并将接下来的不确定性评估的处理步骤考虑在内。

(5) 在得到响应 $\boldsymbol{R}$ 相对于参数 α 的敏感性矩阵 $\boldsymbol{S}$ 后,利用传递方程从系统参数的协方差矩阵 $\boldsymbol{C}_\alpha$ 出发,得到响应的计算协方差矩阵 $\boldsymbol{C}_R$。将实验观测值与程序预测及其各自的误差结合起来提供系统状态改进估计的技术称为数据调整与同化(DAA)(Cacuci 和 Ionescu-Bujor,2010a),该方法的基础是贝叶斯定理和最大似然原理。数据调整与同化思想更具体的描述如下:将计算结果 $\boldsymbol{R}$ 以及由数学模型预测、基于输入参数的“先验”或“首次”猜测概率分布函数的对应统计误差 $\boldsymbol{C}_R$ 与系统状态的实验观测值 $\boldsymbol{M}$ 相结合,生成改进系统参数(α^{IE},其中上角 IE 代表改进估计值)和改进输入协方差矩阵($\boldsymbol{C}_\alpha^{\mathrm{IE}}$,即“后验”概率分布函数)。该过程可以看作对系统状态的一种改进估计分析,最终可得到系统的响应 $\boldsymbol{R}^{\mathrm{IE}}$ 和相应的协方差矩阵($\boldsymbol{C}_R^{\mathrm{IE}}$)。

(6) 使用状态近似的概念对输入参数 α^{IE} 和相关协方差矩阵 $\boldsymbol{C}_\alpha^{\mathrm{IE}}$ 的“后验”改进估计进行分配。也就是说,发生在不同瞬态中的相似现象选择了响应相空间的相同部分,在该部分中改进的估计被部分分配。一旦进行了新的核电厂计算来获得响应 $\boldsymbol{R}^{\mathrm{NPP}}=\boldsymbol{R}^{\mathrm{NPP}}(\alpha^{\mathrm{IE}})$ 的不确定性(协方差 $\boldsymbol{C}_R^{\mathrm{NPP}}=\boldsymbol{S}\boldsymbol{C}_\alpha^{\mathrm{IE}}\boldsymbol{S}^{\mathrm{T}}$),就会生成一个新的改进估计数据库并投入使用(图 7.11)。

(7) 该方法提供了一个一致性指标 χ^2,该指标对计算结果和实验结果间的一致性程度进行量化,并允许在一致性较差(χ^2 偏离单位值)时忽略相关差异对不确定性估计的贡献(Cacuci 和 Ionescu-Bujor,2010a)。这一步骤也适用于评估用户和节点对响应不确定性的影响,通过使用可靠的认证过程(见要素(3))可将该影响降至最低(Petruzzi 和 D'Auria,2016)。

该方法在热工水力系统方面的应用示例可参考文献(Cacuci 和 Ionescu-Bujor,2010b;Petruzzi 等,2010)。

7.5 确定性与最佳估算加不确定性(BEPU):安全分析中的应用现状

安全分析的主要目标是有力地证明所有的安全要求得到了满足,这可通过重要参数的实际值与防止放射性物质释放的安全壳发生损坏的临界值之间存在足够的安全余量来证明。安全余量的概念如图 7.12 所示(Task Group on Safety Margins Action Plan,2007)。安全余量有两种定义方法:以绝对值形式表示(与安全壳的预期物理损坏有关)或以接受准则表示(通常由监管机构设定)。本节只考虑以接受准则表示的安全余量。图 7.12 还说明了保守估算和最佳估算得出的结果之间的差异。在保守估算中,结果以一组计算的参数保守值表示,而在最佳估算中,结果以计算值加上不确定性范围表示。而这两种情况所表示的安全余量都必须限制在接受准则之内。

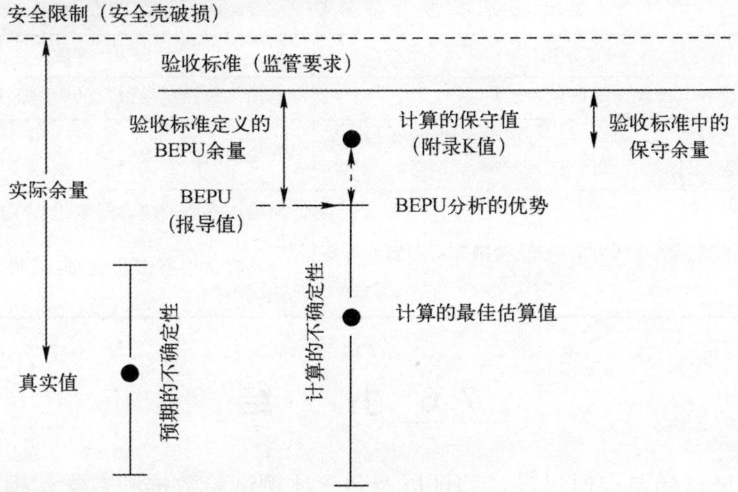

图 7.12 安全余量概念

表 7.2 和表 7.3 分别总结了保守方法和最佳估算加不确定性方法的缺点和优点。

表 7.2 保守方法和 BEPU 方法的缺点

保守方法	BEPU 方法
保守估计可能并不一定能得到保守的结果。例如,小破口失水事故下的高功率可能会导致膨胀水位和堆芯冷却的过高预测,从而使得包壳峰值温度较低	该方法可能很耗时:需要冗长而费力的数据准备工作以及大量计算等

续表

保守方法	BEPU 方法
保守程度在事件发展过程中可能会发生变化。例如，参数的特定选择值在事件开始时可能是保守的，但在事件的另一个阶段可能会变为合适的值。刻意的保守性可能导致一系列误导性事件和不合理的过程时间	对计算设备的要求很高（强大的计算性能以及足够大的数据存储空间）
刻意的保守会导致错误的事件顺序和不切实际的时间比例	由于信息的缺乏，不确定性参数很难选择，概率分布函数很难定义
重要参数的保守值通常是结合工程判断与敏感性计算来选择的。 注：敏感性计算通常受到范围的限制（一般情况下，试验存在最小值和最大值），并且通常不包括对组合依赖性的研究	不确定性参数的定义通常也基于专家的判断，从而可能产生用户影响
忽略了程序模型的不确定性和缺点，虽然假设了初始条件和边界条件的保守性足以补偿它，但是从未对此补偿进行过分析，也没有任何证据表明存在足够的保守性	需要大量的试验结果和运行数据作为参考

表 7.3 保守方法和最佳估算加不确定性方法的优点

保守方法	BEPU 方法
有大量经验和完善程序降低用户影响	给出了辐照后核电厂的“实际”响应预测
有大量支撑材料——各种安全分析报告、技术文档和敏感性计算报告，以提供背景信息	安全余量定义更明确
已经开发了监管机构认可的简单、清晰和可理解的程序	对输入参数的综合影响进行了合理的统计评估 与实验结果有密切联系，证明了应用程序的正确性

7.6 小　　结

核安全当局要求通过设计验证以及包含比例试验数据和数学建模的验证程序，在事故和瞬态情况下证明核电厂的性能。对于各种关键安全特性，这将通过分析、试验程序、经验或其组合来实现。监管机构还希望在设计的重要安全功能上有足够的数据，以评估在正常运行工况、瞬态工况和指定事故序列范围内用于安全分析的分析工具。

热工水力程序已经使用了数十年，这些程序大多数包含审慎的保守性或包络假设，以解决模型中的不确定性。事实证明，当采用适当的保守性和判定时，这些程序已经足够满足监管要求。核工业界为提高其核电厂性能所做的努力，产生了对“现实的”预测的需求。

任何技术问题的解决都始于对那些经过演示原理证明的工程成就（针对特

定的感兴趣的问题)的回顾,如相关现象的识别、试验项目、分析技术的开发以及从这些活动中所得结论的相关适用范围。在此基础上,分析方法和分析的开发才能切实开展。将问题的目标转化为分析措施,表征不确定性并设计计算过程以论证设计在预期可能性范围内的完备性,最终进行计算并得出结论。

法规是为其所服务群体的利益和保护而设立的,尽管学者可以在细微差别上各持己见,但法规的制定只关心结果。自 1988 年应急堆芯冷却系统监管规则变更以来,热工/安全分析界就如何最好地将最佳估算加不确定性评价方法纳入监管框架有很多不同观点。最初基于顺序统计的最佳估算加不确定性方法已经发展成为美国从业者的首选方法,在这些应用中,重要输出的覆盖范围/置信度声明是单独确定的,并以通过/失败的方式应用。

最后,需要注意的是,法规是为非专业人士准备的。因此,不必要的复杂性只会削弱透明度这一监管目标。单变量最佳估算加不确定性方法保持了相对简单的理想条件,并且明确地与接受准则相结合。在其最基本的通过/失败实例中,仅需要 59 个样本程序计算,即可确保无论同时施加多少物理标准,在超过 95%置信水平下,95%的总体不利事件(失水事故)的堆芯完整性。如果法规以使用分析来解决许多标准的方式发展,并且以任何方式结合在一起,则法规问题仍然是二元的。关于最佳估算加不确定性评估中的失败和异常问题,需要安全分析专业人员利用通过实验和分析获得的所有知识,基于本章介绍的原理,使用多种方法来解决。

参考文献

Abdelghany, J. and Martin, R. P. (2010). Uncertainty analysis for containment response of U. S. EPR reactor to large break loss-of-coolant accidents, *Proc. 2010 International Congress on Advances in Nuclear Power Plants*, San Diego, CA, USA.

Ambrosini, W., Bovalini, R. and D'Auria F. (1990). Evaluation of accuracy of thermal-hydraulic codes calculations, *Energia Nucleare*, 7(2), pp. 5-16.

American Nuclear Society (1973). Nuclear safety criteria for the design of stationary pressurized water reactor plants, ANS-18. 2-1973.

Ashley, R., El-Shanawany, M., Eltawila, F. and D'Auria, F. (1998). Good practices for user effect reduction, status report, NEA/CSNI/R(98)22, Organization for Economic Co-operation and Development.

Bazin, P., de Crécy, A., Glaseser, H., Skorek, T., Joucla, J., Probst, P., Chung, B., Oh, D. -Y., Kyncl, M., Pernica, R., Macek, J., Meca, R., Macian, R., D'Auria, F., Petruzzi, A., Perez, M., Reventos, F. and Fujioka, K. (2007). BEMUSE phase III report, uncertainty and sensitivity analysis of the LOFT L2-5 test, NEA/CSNI/R(2007)4, Organization for Economic Co-operation and Development.

Bovalini, R., D'Auria, F. and Leonardi, M. (1992). Qualification of the fast Fourier transform based methodology for the quantification of thermal-hydraulic system code accuracy, DCMN NT, 194(92), University of

Pisa.

Box, G. E. P. and Behnken, D. W. (1960). Some new three level designs for the study of quantitative variables, *Technometrics*, 2(4), pp. 455-475.

Boyack, B., Duffey, R., Griffith, P., Lellouche, G., Levy, S., Rohatgi, U., Wilson, G., Wulff, W., Zuber, N., Katsma, K. R., Hall, D. G., Shaw, A., Fletcher, C. D. and Boodry, K. S. (1989). Quantifying reactor safety margins, NUREG/CR-5249, EGG-2552, Idaho National Engineering Laboratory.

Cacuci, D. G. (2003). *Sensitivity and Uncertainty Analysis, Theory*, Vol. I (Chapman & Hall, CRC Press, Boca Raton, USA).

Cacuci, D. G., Ionescu-Bujor M. and Navon I. M. (2005). *Sensitivity and Uncertainty Analysis, Application to Large Scale Systems*, Vol. II (Chapman & Hall, CRC Press, Boca Raton, USA).

Cacuci, D. G. and Ionescu-Bujor, M. (2010a). Sensitivity and uncertainty analysis, data assimilation and predictive best-estimate model calibration, in *Handbook of Nuclear Engineering*, Vol. 3, Chapter 17, pp. 1913-2051.

Cacuci, D. G. and Ionescu-Bujor M. (2010b). Model calibration and best-estimate prediction through experimental data assimilation: I. Mathematical framework, *Nucl. Sci. Eng.*, Vol. 165, pp. 18-44.

Ciatworthy, W. H., Connor, W. S., Demming, L. S. and Zelen, M. (1957). Fractional factorial experimental designs for factors at two levels, Applied Mathematics Series 48, U. S. National Bureau of Standards.

Connor, W. S. and Zelen, M. (1959). Fractional factorial experiment designs for factors at three levels, Applied Mathematics Series 54, U. S. National Bureau of Standards.

D'Auria, F., Debrecin, N. and Galassi G. M. (1995a), Outline of the uncertainty methodology based on accuracy extrapolation (UMAE), *Nucl. Tech.*, 109(1), pp. 21-38.

D'Auria, F., Faluomi, V. and Aksan, N. (1995b). A proposed methodology for the analysis of a phenomenon in separate effects and integral test facilities, *Kerntechnik*, 60(4), pp. 147-166.

D'Auria, F. and Pellicoro, V. (1995). Scaling and uncertainty in BWR instability problem, 2nd Regional Meeting, Nuclear Energy in Central Europe, Portoroz, Slovenia.

D'Auria, F. and Galassi, G. M. (1998). Code validation and uncertainties in system thermal-hydraulics, *J. Prog. Nucl. Energy*, 33(1&2), pp. 175-216.

D'Auria, F. and Giannotti, W. (2000). Development of code with capability of internal assessment of uncertainty, *Nucl. Tech.*, 131(1), pp. 159-196.

Frepoli, C., Ohkawa, K. and Kemper, R. M. (2004). Realistic large break LOCA analysis of AP1000 with ASTRUM, *Proc. 6th Nuclear Reactor Thermal Hydraulics, Operations, and Safety, NUTHOS-6*, Nara, Japan.

Frepoli, C., and Ohkawa, K. (2011). The development of a realistic LOCA evaluation model applicable to the full range of break sizes: Westinghouse full spectrum LOCA (FSLOCA) methodology, *14th International Topical Meeting on Nuclear Reactor Thermal Hydraulics, NURETH-14*, Toronto, Canada.

Glaeser, H. (2008). GRS method for uncertainty and sensitivity evaluation of code results and applications, *Sci. Technol. Nucl. Installations*, 2008, Article ID 798901.

Glaeser, H., Bazin, P. and Baccou, J. (2011). BEMUSE phase VI report, status report on the area, classification of the methods, conclusions and recommendations, NEA/CSNI/R(2011)4, Organization for Economic Cooperation and Development.

Groeneveld, D. C., Leung, L. K. H., Kirillov, P. L., Bobkov, V. P., Smogalev, I. P., Vinogradov, V. N.,

Huang, X. C. and Royer, E. (1996). The 1995 look-up tables for critical heat flux in tubes, *Nucl. Eng. Des.*, 163(1), pp. 1-23.

Guba, A., Makai, M. and Pál, L. (2003). Statistical aspects of best estimate method-1, *Reliability Engineering and System Safety*, Vol. 80, pp. 217-32.

International Atomic Energy Agency (2008). Best estimate safety analysis for nuclear power plants: Uncertainty evaluation, Safety Reports Series No. 52.

Ishii, M. (1975). Thermo-fluid dynamic theory of two-phase flow, Collection de la direction des etudes et recherches d'electricite de France, Eyrolles, Paris, France, No. 22.

Jaech, J. L. (1972). On the use of tolerance intervals in acceptance sampling by attributes, *Journal of Quality Technology*, 4(2), pp. 69-73.

Johnson, N. L. and Leone, F. C. (1977). *Statistics and Experimental Design in Engineering and the Physical Sciences*, 2nd Ed. (John Wiley & Sons, New York, USA).

Lewis, M. J., Pochard, R., D'Auria, F., Karwat, H., Wolfert, K., Yadigaroglu, G. and Holmstrom, H. L. O. (1989). Thermohydraulics of emergency core cooling in light water reactors — A state of the art report, OECD/CSNI 161, Organization for Economic Co-operation and Development.

Lurie, D. and Moore, R. H. (1994). *Applying Statistics*, NUREG-1475, U. S. Nuclear Regulatory Commission, Washington, DC, USA.

Margolis, S. G. and Redfield, J. E. (1966). FLASH — A program for digital simulation of the loss of coolant accident, WAPD-TM-534, Westinghouse Electric Corporation.

Martin, R. P. and O'Dell, L. D. (2005). AREVA's realistic large break LOCA analysis methodology, *Nucl. Eng. Des.*, 235(16), pp. 1713-1725.

Martin, R. P. (2011). Quantifying phenomenological importance in best-estimate plus uncertainty analyses, *Nucl. Tech.*, 175(3), pp. 652-662.

Martin, R. P. (2012). An evaluation methodology development and application process for severe accident safety issue resolution, *Sci. Technol. Nucl. Installations*, 2012, Article ID 735719.

Martin, R. P. (2016). Best-estimate-plus-uncertainty-informed deterministic safety evaluation, *2016 American Nuclear Society Winter Meeting*, Las Vegas, NV, USA.

Myers, R. H. (1971). *Response Surface Methodology* (Allyn and Bacon, Inc., Boston, USA).

Nuclear Energy Agency (1997). *Proc. OECD/CSNI Workshop on Transient Thermalhydraulic and Neutronic Codes Requirements*, NEA/CSNI/R(97)4, Organization for Economic Co-operation and Development [appears also as NUREG/CP-0159 (U. S. Nuclear Regulatory Commission)].

Nuclear Energy Agency (2013). OECD/CSNI workshop on best estimate methods and uncertainty evaluations, NEA/CSNI/R(2013)8/PART1-PART4, Organization for Economic Co-operation and Development.

Nutt, W. T. and Wallis, G. B. (2004). Evaluation of nuclear safety from the outputs of computer codes in the presence of uncertainties, *Reliability Engineering and System Safety*, Vol. 83, pp. 57-77.

Petruzzi, A., Giannotti, W. and D'Auria, F. (2004a). Development, qualification and use of a code with the capability of internal assessment of uncertainty, *Proc. 6th International Conference on Simulation Methods in Nuclear Engineering*, Montreal, Canada.

Petruzzi, A., Giannotti, W., D'Auria, F. and Ivanov, K. (2004b). Enlargement of the uncertainty database of the CIAU methodology, *Proc. 2004 Physics of Reactors Conference*, *PHYSOR 2004*, Chicago, Illinois, USA.

Petruzzi, A., D'Auria, F., Micaelli, J.-C., De Crecy, A. and Royen, J. (2004c). The BEMUSE programme (best-estimate methods — uncertainty and sensitivity evaluation), *International Meeting on Best-Estimate Methods in Nuclear Installation Safety Analysis, BE-2004*, Washington DC, USA.

Petruzzi, A. and D'Auria, F. (2005). Accuracy quantification: Description of the fast Fourier transform based method (FFTBM), DIMNP NT 556(05), University of Pisa.

Petruzzi, A., D'Auria, F., Giannotti, W. and Ivanov, K. (2005). Methodology of internal assessment of uncertainty and extension to neutron-kinetics/thermal-hydraulics coupled codes, *Nucl. Sci. Eng.*, Vol. 149, pp. 1-26.

Petruzzi, A., D'Auria, F., de Crécy, A., Bazin, P., Borisov, S., Skorek, T., Glaeser, H., Benoit, J. P., Chojnacki, E., Fujioka, K., Inoue, S., Chung, B. D., Trosztel, I., Toth, I., Oh, D. Y., Pernica, R. Kyncl, M., Macek, J., Macian, R., Tanker, E., Soyer, A. E., Ozden, O., Perez, M. and Reventos, F. (2006). BEMUSE phase II report: Re-analysis of the ISP-13 exercise, post-test analysis of the LOFT L2-5 test calculation, OECD/CSNI Report NEA/CSNI/R(2006)2, Organization for Economic Co-operation and Development.

Petruzzi, A. (2008). Development and application of methodologies for sensitivity analysis and uncertainty evaluation of the results of the best estimate system codes applied in nuclear technology, PhD Thesis, University of Pisa.

Petruzzi, A. and D'Auria, F. (2008). Thermal-hydraulic system codes in nuclear reactor safety and qualification procedures, *Sci. Technol. Nucl. Installations*, 2008, Article ID 460795.

Petruzzi, A. and D'Auria, F. (2014). Uncertainties in predictions by system thermal-hydraulic codes: The CASUALIDAD Method, *Proc. 10th Nuclear Reactor Thermal Hydraulics, Operations, and Safety, NUTHOS-10*, Okinawa, Japan.

Petruzzi A., Cacuci D. G. and D'Auria F. (2010). Model calibration and best-estimate prediction through experimental data assimilation: II. Application to a blowdown benchmark experiment, *Nucl. Sci. Eng.*, 165, pp. 45-100.

Petruzzi, A. and D'Auria, F. (2016). Standardized consolidated calculated and reference experimental database (SCCRED): A supporting tool for V&V and uncertainty evaluation of best-estimate system codes for licensing applications, *Nucl. Sci. Eng.*, 182(1), pp. 15-79.

Ransom, V. H. and Scofield, M. P. (1976). Two-pressure hydrodynamic model for two-phase separated flow, SRD-50-76, Idaho National Engineering Laboratory.

Ransom, V. H. (1989), Course A — Numerical modeling of two-phase flows for presentation at Ecole d'Ete d'Analysis Numerique, EGG-EAST-8546, Idaho National Engineering Laboratory.

Sarikaya, B., Andersen, J., Bolger, F. T., Fitch, J. R., Heck, C. L., Klebanov, L. A., Muttuoglu, A. K., Shiralkar, B. S., Shum, F. D. and Rock, D. T. (2008). TRACG statistical method for BWR loss-of-coolant accident analyses, *Proc. 2008 International Congress on Advances in Nuclear Power Plants*, Anaheim, CA, USA.

Scheffé, H. and Tukey, J. W. (1945). Non-parametric estimation I: Validation of order statistics, *Ann. Math. Stat.*, 16, pp. 187-192.

Skorek, T. and de Crécy, A. (2016). PREMIUM benchmark on the quantification of the uncertainty of the physical models in the system thermal-hydraulics codes: Appendix D: General requirements and description specification of methodologies and experimental data to be used in PREMIUM benchmark, NEA/CSNI/R(2016)9, Organization for Economic Co-operation and Development.

Somerville, P. N. (1958). Tables for obtaining non-parametric tolerance limits, *Ann. Math. Stat.*, 29, pp. 599-601.

Task Group on Safety Margins Action Plan (2007). Safety margins action plan — final report, NEA/CSNI/R(2007)9, Nuclear Energy Agency, Organization for Economic Co-operation and Development.

Tukey, J. W. (1947). Non-parametric estimation II: Statistically equivalent blocks and tolerance regions — the continuous case, *Ann. Math. Stat.*, 18, pp. 529-539.

U. S. Atomic Energy Commission (1957). Theoretical possibilities and consequences of major accidents in large nuclear power plants, WASH-740.

U. S. Nuclear Regulatory Commission (1975). Standard review plan for the review of safety analysis reports for nuclear power plants: LWR edition, NUREG-75/087.

U. S. Nuclear Regulatory Commission (1978). An acceptable model and related statistical methods for the analysis of fuel densification, Regulatory Guide 1. 126, Revision 1.

U. S. Nuclear Regulatory Commission (1988). Emergency core cooling systems, revisions to acceptance ariteria, Federal Register 53, Vol. 180.

U. S. Nuclear Regulatory Commission (1988). Compendium of ECCS research for realistic LOCA analysis, NUREG/CR-1230.

U. S. Nuclear Regulatory Commission (1989). Best estimate calculations of emergency core cooling system performance, Regulatory Guide 1. 157.

U. S. Nuclear Regulatory Commission (2005a). Transient and accident analysis methods, Regulatory Guide 1. 203.

U. S. Nuclear Regulatory Commission (2005b). Risk-informed and performance-based alternatives to the single-failure criterion, SECY-05-0138.

Wald, A. (1943). An extension of Wilks' method for setting tolerance limits, *Ann. Math. Stat.*, 14(1), pp. 45-55.

Wallis, G. B. and Nutt, W. T. (2005). Reply to "Comments on 'evaluation of nuclear safety from the outputs of computer codes in the presence of uncertainties' by W. T. Nutt and G. B. Wallis" by Y. Orechwa, *Reliability Engineering and System Safety*, 87, pp. 137-145.

Wickett, T., D'Auria, F., Glaeser, H., Chojnacki, E., Lage, C., Sweet, D., Neil, A., Galassi, G. M., Belsito, S., Ingegneri, M., Gatta, P., Skorek, T., Hoper, E., Kloos, M., Ounsy, M. and Sanchez, J. I. (1998). Report of the uncertainty method study for advanced best estimate thermal-hydraulic code applications, OECD/NEA/CSNI/R(97)35, Organization for Economic Co-operation and Development.

Wilks, S. S. (1941). Determination of sample sizes for setting tolerance limits, *Ann. Math. Stat.*, 12, pp. 91-96.

Wilks, S. S. (1942). Statistical prediction with special reference to the problem of tolerance limits, *Ann. Math. Stat.*, 13, pp. 400-409.

Young, M. Y., Bajorek, S. M., Nissley, M. E. and Hochrieter, L. E. (1998). Application of code scaling applicability and uncertainty methodology to the large break loss of coolant, *Nucl. Eng. Des.*, 186(1-2), pp. 39-52.

第8章

压水堆失水事故/非失水事故设计基准事件

F. X. Buschman, M. J. Meholic

8.1 压水堆简介

压水堆设计始于美国海军舰船核动力推进的一个研究项目,并且以陆基集中发电厂模式在宾夕法尼亚州的希平港建设了一座原子能电厂。这座核电厂采用世界上最典型的核电厂设计方案,压水反应堆一回路的工质是处于高压状态(15.5MPa)的水,以水为冷却剂,目的是使冷却剂在反应堆内不产生蒸汽的情况下获得更高的冷却剂温度。反应堆堆芯产生的热量由一回路冷却剂导出,然后在蒸汽发生器中传给二回路中的工质,典型的压水堆系统一般拥有2~4个一次侧回路和与之匹配的蒸汽发生器。

压水堆一回路的热源是位于反应堆压力容器内的堆芯,堆芯的核燃料与慢化剂产生可控裂变反应并生成热量,这些热量传给冷却剂,冷却剂被泵唧送到蒸汽发生器,并经蒸汽发生器内的传热管把热量传给二回路,然后冷却后的冷却剂回到反应堆堆芯再次被加热。一回路系统中设置一个电加热的稳压器,保持一回路系统具有足够高的压力,使反应堆堆芯不发生大容积沸腾。

在二回路中,蒸汽发生器中产生的干饱和蒸汽或过热蒸汽在汽轮机膨胀做功,把热能转换为机械能及电能,然后乏汽排放到冷凝器,乏汽在冷凝器中蒸汽潜热释放给冷却水后冷凝,冷凝水经再热后泵送回蒸汽发生器,进入下一个热力循环。

第三回路又称循环冷却回路,在这个回路中循环冷却水把冷凝器中多余的热量带出并排放到环境中。根据具体的厂址条件,热量被排放到河流、湖泊、海洋或冷却塔系统。图8.1所示为一个具有一回路和二回路的典型压水堆循环系统。

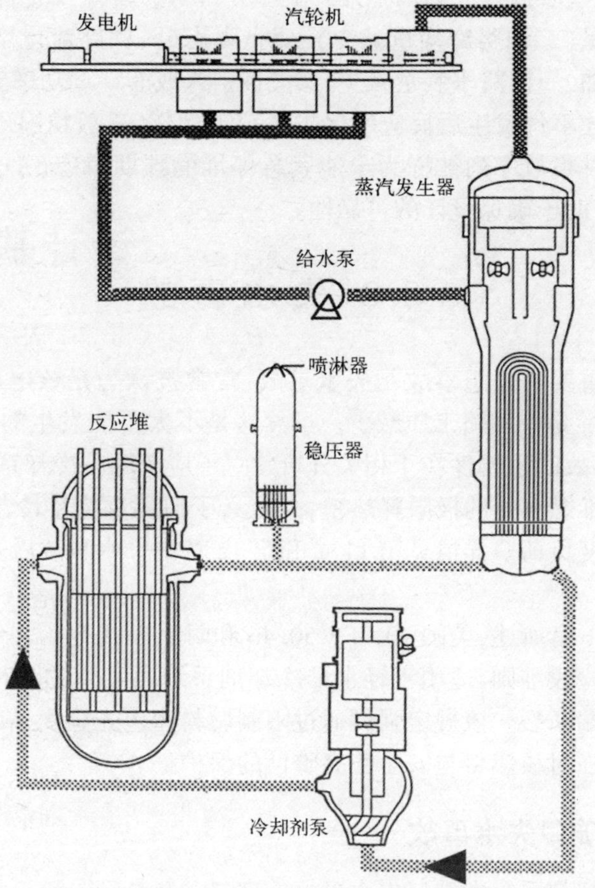

图 8.1　压水堆循环系统

8.2　设计基准事故与预期瞬态

为确保核电厂的设计为公众和环境的安全提供足够的保护,评估了预期和假定事件的影响,以及设备故障。这些事件导致的预期瞬态和事故特性由其对反应堆冷却剂系统的影响和预期频率决定。

在核电厂运行寿期内,那些发生一次或多次的预期事件被称作预期运行事件。把不希望发生而假定发生的事件称为假想事故,如第 3 章所述,期望频率用于确定适当的接受标准,以确保事件发生时不会对公众或环境造成不应有的危害。

事件对反应堆冷却剂系统的影响确定了预期运行事件和假想事故的类型,对于压水堆,这些事件可分为以下几种类型:一回路过冷(二回路冷却量增加),一回路冷却不足(二回路冷却量减少),流量瞬态(一回路流量增加或减少),一回路水装量增加,一回路水装量减少,反应性引入或非计划功率分布改变。

考虑到上述事件发生后反应堆保护系统未动作,一般情况下反应堆会触发自动停堆。这种事故序列被称为未能紧急停堆的预期瞬态(ATWS),其在分析上是保守的,有助于确保设计的可靠性。

8.3 失水事故

压水堆最重要的假想事故是失水事故,常常被认为是核电厂"最大假想事故",事故的特性是一回路工质减少。虽然这是不太可能发生的事件,但对压水堆来说,失水事故的重要性在于相关分析建立了应急堆芯冷却系统所需的容量,它设定了反应堆燃料棒的极限释热率,并定义了包围反应堆冷却剂系统的安全壳的压力和温度负荷。详情见第 11 章和第 12 章中失水事故后安全壳负荷与放射性评估。

如本书第 1 章所述,美国 10 CFR 50.46 和附录 K 规定了轻水堆应急堆芯冷却系统设计与验收准则,适用于轻水堆冷却剂系统内发生的各种尺寸破口直至最大管道的双端断裂。该规定强调通过限制燃料棒包壳温度、氧化率、产氢量和几何变形来加强对核燃料与安全壳完整性的保护。

8.3.1 大破口失水事故

反应堆冷却剂系统大破口失水事故的破口一般特征是破口尺寸大到使破口事故发生时反应堆压力容器内的水容积几乎排空,典型的破口发生在主管道上而不是在辅管道上(如稳压器波动管),一回路主冷却剂最严重的破口是最大的管道发生双端剪切断裂。

8.3.1.1 瞬态阶段与识别

压水堆大破口失水事故导致反应堆冷却剂系统与安全壳发生剧烈的热力学变化,冷却剂携带热能从反应堆冷却剂系统喷射到安全壳内。大破口失水事故会导致反应堆冷却剂系统迅速降压,系统中过冷状态的冷却剂闪蒸为蒸汽。随着一回路的水流到安全壳地坑,安全壳内的压力和辐射水平升高,当然二次侧失水安全壳也会出现类似的变化。核电厂操纵员通过观察蒸汽发生器的压力能够把它们区分开,如果是一回路失水事故,则蒸汽发生器二次侧的压力不会迅速下降,或者蒸汽发生器不会完全泄压。

失水事故瞬态过程通常可描述为几个不同的阶段,阶段的划分可按照不同物理过程或影响事件发展的性能指标(如包壳峰值温度)进行。在以下几节将详细描述上述各阶段的瞬态过程,并且讨论堆芯、反应堆压力容器和反应堆冷却剂系统中各个阶段重要的物理现象和变化过程。在详细描述各阶段瞬态过程之前,大致了解大破口失水事故概况是有帮助的。

大破口失水事故始于主冷却剂管道破裂,反应堆冷却剂系统压力瞬间从正常工作压力(15.5MPa)降至热管段温度下的饱和压力。在这种情况下,反应堆冷却剂系统的冷却剂开始闪蒸为蒸汽,如图 8.2 所示。闪蒸过程减缓了系统压力下降的速度,然而降压仍具有显著的幅度。从这一点来说,降压速率是经破口从反应堆冷却剂系统流出到安全壳的冷却剂速率和冷却剂闪蒸速率之间的平衡。冷却剂通过破口的速率受到临界流速的限制,如果破口足够大还会有单独的稳压器喷放阶段,这部分瞬态过程被称为喷放或一回路喷放。

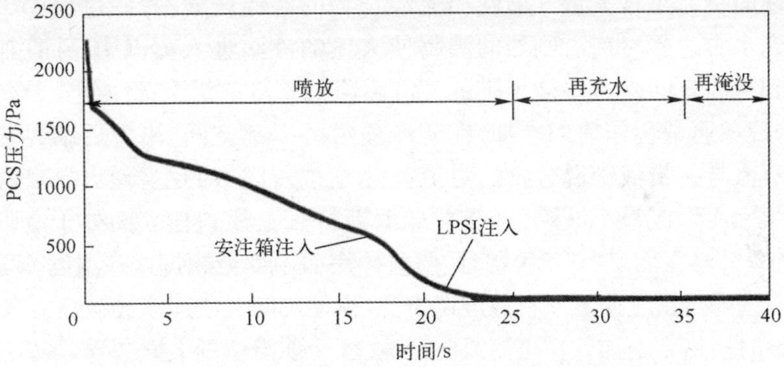

图 8.2　大破口失水事故下主冷却剂系统压力响应

若反应堆冷却剂系统的液态冷却剂从破口处排空,或者反应堆冷却剂系统的压力与安全壳内压力平衡,则一回路喷放阶段结束。安全壳的尺寸与设计是一个决定因素,安全壳内的压力与大气压力相近,如果破口足够大而一回路喷放速度足够快,在稳压器内液体排空之前,反应堆冷却剂系统的压力与安全壳内压力就可能达到平衡。这个现象为稳压器喷放。

在稳压器喷放期间,稳压器中的水通过波动管进入反应堆冷却剂系统的热管段。由于反应堆的设计或破口位置不同,稳压器中的水可能直接流向破口,旁路流过堆芯或者经过反应堆压力容器和堆芯为反应堆提供额外的冷却。当稳压器内压力与反应堆冷却剂系统的压力接近时,稳压器喷放阶段结束。在整个喷放阶段,反应堆冷却剂系统补水的主要来源是非能动安全系统,如安注箱。

喷放阶段之后,失水事故很快进入再充水阶段,这个阶段的特点是由安注箱注入冷却剂，如果适合也可能是安全系统泵入冷却剂。在再充水期间，补给水从反应堆应急堆芯冷却系统部分注入反应堆压力容器，包括位于燃料活性区以下的下腔室。在这个过程中，由于核裂变产生的衰变余热，燃料中产生的能量和热量多于冷却剂能够带出的量，燃料的温度持续上升。因为反应堆内燃料元件表面温度上升和缺少冷却液体，燃料元件表面温度能够超过雷登弗罗斯特(Leidenfrost)温度(保持膜态沸腾最低温度)经历后临界热流密度工况。在这种情况下，蒸汽对流冷却和辐射换热是燃料棒的主要换热机理，燃料几乎是绝热条件下的升温速率。

当补给水从应急堆芯冷却系统到达反应堆堆芯底部时，失水事故的再淹没阶段开始。这时安注箱的水已耗尽，再淹没主要通过泵入冷却剂进入一回路冷管段。随着反应堆内水位的升高，燃料与冷却剂有效传热界面位置会低于某一液面，传热恶化的部分会高于某一液面，这个液面的位置被称为骤冷前沿。骤冷前沿表现的特点是含大量气泡两相流混合物的混沌区域，骤冷过程中大量的热被传输到水中。骤冷前沿剧烈的沸腾使大量的液滴进入蒸汽中，并且加速让液滴上升到更高空间。这些被夹带的液滴将降低骤冷前沿上部空间蒸汽的过热程度，这个现象通常称作前期冷却，在骤冷前沿的上部空间，出现后临界热流密度传热。蒸汽与夹带液滴混合物的对流换热是这一区域的主要换热机理，当液滴在燃料棒表面形成最小液膜(或雷登弗罗斯特)时，燃料棒表面处于液膜的沸腾温度，当燃料棒表面是“干”状态时，燃料棒表面温度会超过这一温度。随着燃料棒表面温度降至雷登弗罗斯特温度以下，液体便可间歇或连续接触燃料棒表面，在表面骤冷时换热率增加。在再淹没阶段，在骤冷前沿位置上方，燃料棒与反应堆内结构材料之间的径向传热，蒸汽与其携带的液滴都使燃料棒额外冷却。破口尺寸、破口位置、应急堆芯冷却系统注水能力等因素决定再淹没阶段持续时间。

失水事故的最后阶段是再淹没后余热排出，有时也称长期冷却。由于再淹没阶段堆芯已经骤冷，研究的重点变成了堆芯衰变余热和一回路系统储热连续地导出，直至反应堆冷却剂系统冷却至冷停堆工况。由于应急堆芯冷却系统可注入反应堆冷却剂系统的冷却水是有限的，失水事故后反应堆冷却剂系统的长期冷却包含一回路冷却剂的再循环和应急堆芯冷却系统的补充水，还有通过破口流到安全壳内散热后再返回一回路冷却系统的工质。安注的策略常常涉及在一回路冷管段和热管段之间切换，以防硼在反应堆堆芯沉淀。

8.3.1.2 现象评估

现象识别与排序表方法已经广泛应用于大破口失水事故现象的研究，正如第6章所讨论的，识别和排序工作带有与物理现象和过程相关的层次结构和优先级的识别与排序，这一知识有助于评估方法开发过程。虽然重要的现象和过程在核电厂设计、可用的应急堆芯冷却系统和假想事故间会有所不同,但审查示例性的应用可以提供信息。

在文献(Shaw,1988)中,对于压水堆应急堆芯冷却系统冷段注入,研究评估了大破口事故每个阶段与包壳温度相关的重要现象。在喷放阶段,燃料棒储能,破口流动以及反应堆冷却剂泵降级是最高级别。在再充水阶段,最高级别现象是冷管段及下降段冷凝(应急堆芯冷却系统旁路)、下降段多维流动。对于再淹没阶段,堆芯再淹没传热、空泡生成、三维流动、上腔室与热管段液滴的夹带与分离、汽塞以及非冷凝气体对冷管段的影响是最高等级。

文献(Boyack,2001)提出了失水事故现象学的重要性,尤其针对高燃耗燃料的完整性,专家委员会根据堆芯和燃料不同状态把现象学领域划分为7个分项:

(1) 初始条件;

(2) 瞬态功率分布;

(3) 稳态与瞬态燃料包壳对冷却剂换热(喷放、再充水,再淹没)和堆芯喷雾换热;

(4) 瞬态冷却剂工况作为时间与高度的函数;

(5) 燃料棒响应;

(6) 多棒的力学效应;

(7) 多棒的热效应。

以上分项表明,现象识别与排序表评估广泛考虑的是燃料失效的机理而不仅仅是包壳的温度。但是,包壳温度作为性能指标在评估中至少与三个分项密切相关,在“稳态与瞬态燃料包壳对冷却剂换热(喷放、再充水,再淹没)和堆芯喷雾换热”这个分项中,膜态沸腾、燃料再湿润、燃料棒与定位格架热工水力影响、定位格架再湿润、液滴破碎都被评估为高阶现象。该小组认识到堆内干涸、膜态沸腾、再湿润的复杂过程在确定包壳温度时具有很重要的作用,尽管它们是不为人知的,因为基本(第一原理)模型并不存在,而且在实验项目的数据中有很大的分散性。在“瞬态冷却剂工况作为时间与高度的函数”分项中,流体的温度、流量和流向、质量,空泡份额和由流动堵塞形成的横流效应,这些都被评估为高阶现象。在“燃料棒响应”分项,破裂准则、破裂位置和时间相关间隙尺寸传热等因素具有很高的重要性。

8.3.1.3 缓解策略

应急堆芯冷却系统被设计为向反应堆容器和堆芯注入冷却水以满足监管要求,该系统通常由包括安注箱的安注系统组成,安注系统包括高压安注和低压安注两个部分。

安注箱是一个由大水箱组成的非能动系统，水箱的容积大约为 57m^3，充入氮气以保持箱内压力。当反应堆冷却剂系统压力降至 4.8MPa 时，水箱的水在氮气的压力下注入反应堆冷却剂系统。安注箱补水的量不大，但是它能在反应堆能动安全系统启动之前，为反应堆提供一些非能动的冷却能力。

在现有核电厂设计中，高压和低压安注系统都是能动系统，都需要电力驱动，因此系统的工作需要厂外电源或备用应急发电机组。在一些先进核电厂设计中(三代+)，如西屋电气公司的 AP1000 核电机组，高压安注系统和低压安注系统都具有非能动系统。

高压安注系统一般安装在安全壳内，包括高扬程、低流量的安注泵和冷却水储水箱。发生大破口失水事故时，喷放速度通常非常快，以至于高压安注系统在瞬态过程缓解与恢复中不会起重要作用。

低压安注系统一般由低扬程、大流量水泵与冷却水箱构成，低压安注系统的设计要求把大量的冷却水注入反应堆压力容器和堆芯，其流量足以抵消系统喷放的流量。各个核电厂安注系统安装位置各不相同，有的核电厂仅安装在一回路系统冷管段，有的在冷管段和热管段都安装，后来的设计还把安注系统直接连接到反应堆压力容器上。

先进的核电厂设计如三菱公司的先进压水堆 APWR，西屋电气公司的 AP1000，安注系统直接连接到反应堆压力容器，而不是连接到反应堆冷却剂系统的冷管段或热管段。直接注入免去了注入的冷却剂有可能随着冷管段或热管段的流体从破口流出而没进入反应堆容器的忧虑，这种情况由破口的位置确定，注入反应堆容器的冷却剂有可能绕过堆芯区域在没有冷却堆芯之前由旁路通过破口进入安全壳，没有流过堆芯的冷却水在离开反应堆容器之前仍然可以冷凝堆内蒸汽带走一些热量。

8.3.1.4 分析考虑

对大破口失水事故的分析需要一套能够体现核电厂整体和瞬态响应的计算机程序或程序包，包括一回路反应堆冷却剂系统、蒸汽发生器中一次侧和二次侧的换热、安全系统手动/自动启动与缓解动作、破口和安全壳之间流体传热与传质。除了涵盖广泛的系统组件，分析工具还必须捕捉系统在大范围的核电厂状态(压力、质量通量等)下的综合热工水力响应，这些变化的现象学工况常常在非常小的时间尺度上发生变化。分析工具还应解决关于流体、流场、传热模型中定位格架效应的问题。尤其是再淹没阶段的模型，包括骤冷前沿传热和液滴夹带传质模型，追踪骤冷前沿的发展常常需要解释这些现象。

失水事故分析需要完整评估破口对反应堆冷却剂系统的整体影响，包括破口尺寸、位置、方向、核电厂初始状态，以确定极限破口状况。破口尺寸是失水事故第一影响因素,因为它确定了反应堆冷却剂系统降压速率和冷却剂从破口流出的总质量,以及反应堆冷却剂系统和压力容器剩余水量,以便在应急堆芯冷却系统投入之前向反应堆提供冷却。

破口位置也是影响失水事故瞬态的重要因素。在反应堆冷却剂系统中冷管段破口与热管段破口位置不同,决定了在事故的喷放阶段管内流体流向不同,包括堆芯出现流动滞止的可能性,RCS 和应急堆芯冷却系统的冷却剂是否流过堆芯提供冷却,或者是否在流经堆芯之前从破口旁路流出。图 8.3 所示为冷管段双端剪切断裂时喷放阶段的流动情况,在这种情况下,发生事故回路的安注箱注入的流体直接从破口流出,有一些从完整回路安注箱注入的流体不流过堆芯而从反应堆吊篮与压力容器的间隙旁路流过,进而从破口流出。

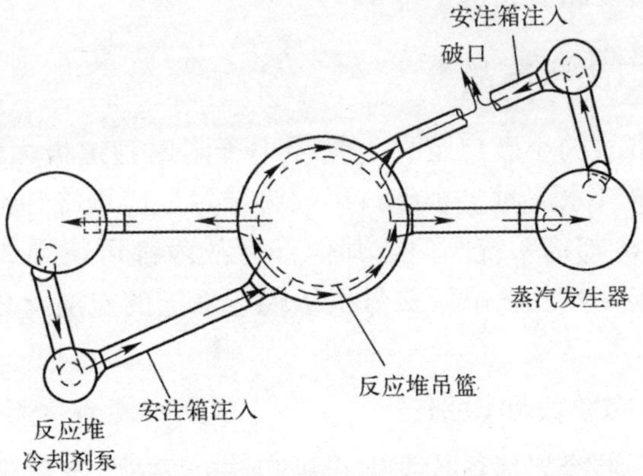

图 8.3　冷管段双端剪切断裂时喷放阶段的流动情况

破口位置的高度也是重要的影响因素,如果破口的位置高于稳压器波动管或影响堆芯再充水和再淹没能力高点位置,那么其影响的效果大于处于较低位置在蒸汽发生器与反应堆冷却剂泵之间的连接管道产生的破口,以防蒸汽从反应堆压力容器逸出。更详细的环路水封现象将在 8.3.2.1 节中描述。

破口的朝向和类型也影响反应堆冷却剂系统对失水事故的响应,反应堆冷却剂系统管路双端剪切断裂破口事故允许冷却剂从断裂处破口两侧流出,而纵向型破口允许一部分流量在破口处经旁路流回堆芯。此外,管路上破口的实际方向影响排放效果,位于反应堆冷却剂系统下部的水平管道的破口可以泄放更多液体(与蒸汽对比)并且阻碍管道中形成分层的液位;相反地,位于反应堆冷却剂系统水平管上部的破口可以排放更多的蒸汽(与液体相比)并且允许管道中形成分层的液位。或者,反应堆冷却剂系统管道的侧边破裂可能使蒸汽和水都从破裂处逸出,这取决于相关管道中的液位。

安注流道也应该考虑,如果安注入口在冷管段,安注系统注入的水在进入堆芯冷却之前必须流经下降段和下腔室。反应堆堆芯吊篮和压力容器都处于高温状态,进入反应堆的安注水将被加热到沸腾,产生的蒸汽将阻碍安注系统注入的水流入下降段环隙,因此对应急堆芯冷却系统产生抑制效应。

对失水事故的再循环阶段进行分析,需要对安注水泵从安全壳地坑低点的吸水能力方面进行评估,另外还必须考虑这些水泵在失水事故中吸入碎屑而使安注系统性能降低,达不到名义性能,尤其是在失水事故强冲击的喷放阶段,大量的管道保温层和各种油漆等材料会充满安全壳空间,并被冲到安全壳底部,这些材料聚集在安注泵入口处,会降低安注系统的性能。因此要求对此问题进行关注,在堆芯入口安装碎片收集器,防止碎片穿过地坑滤网并在管路中阻塞再循环流动以保证反应堆得到足够的冷却。

8.3.2 小破口失水事故

小破口失水事故的小破口定义为管径小于附属管道最大管径,破口流量大于冷却水补水系统补水流量。小破口事故将导致反应堆冷却剂系统或辅助系统功能失效,反应堆冷却剂系统阀门或其他部件故障都可能导致小破口失水事故发生,例如 1979 年三哩岛核电厂 2 号机组稳压器上的安全阀故障引发小破口失水事故。

8.3.2.1 瞬态阶段和识别

安全壳内反应堆冷却剂系统发生小破口失水事故,该事故是否容易被发现取决于破口尺寸。由于破口尺寸小,反应堆冷却剂系统不会迅速降压,安全壳内不会增压,安全壳地坑水位需要在一定时间发生变化。因此,监测安全壳内辐射水平的异常变化有助于发现一回路小破口失水事故。

发生小破口失水事故时,由于没有大破口失水事故显著的现象,破口的尺寸和位置不像大破口失水事故那样容易被发现,直到持续一段时间,事故严重程度累积后,事故状态才有明显变化。与大破口失水事故不同,小破口失水事故不会用反应堆冷却剂系统压力迅速下降来确定,但是随着反应堆冷却剂系统压力下降,启动应急堆芯冷却系统会触发反应堆停堆。高压安注水泵开始向反应堆冷却剂系统注入冷却水,但反应堆冷却剂系统还有较高压力,应急堆芯冷却系统与反应堆冷却剂系统之间压差很小,安注流量还是非常小的。破口使反应堆冷却剂系统压力持续下降,冷却剂的过冷度逐渐丧失,稳压器与整个反应堆冷却剂系统中的冷却剂开始闪发为蒸汽,这些蒸汽持续向反应堆冷却剂系统更高位置迁移,到达系统上封头和蒸汽发生器。在小破口失水事故产生的这些蒸汽,使得反应堆冷却剂系统仍然保持一定压力,防止激活低压安注系统或非能动安注箱。

西屋电气公司设计的压水堆在这种情况下,进入小破口失水事故的回流冷凝阶段。在回流冷凝过程中,反应堆压力容器内产生的蒸汽进入蒸汽发生器的U形管,在U形管把热量传给二次侧的工质。冷凝的液体在U形管壁上形成液膜,沿着U形管束的管壁向下流,如图8.4所示,这些液体流回蒸汽发生器热管段,通过热管段与反应堆出口腔室最终流回堆芯。在没有达到反向流动限制(CCFL)之前,流体可以持续回流,反向流动限制由管道的几何形状和回流的蒸汽流速确定。达到反向流动限制后,回流的液体形成液泛,回流形成间歇流,阻碍流体流到反应堆出口腔室。

更严重的潜在问题是,沿蒸汽发生器冷端向下流动的流体会在反应堆冷却剂泵交叉管段处累积,如图8.4所示,液体累积形成阻塞,蒸汽不能顺畅流过交叉管段,导致出口腔室压力升高。随着压力的升高,反应堆压力容器内水位下降,这会导致燃料棒裸露。

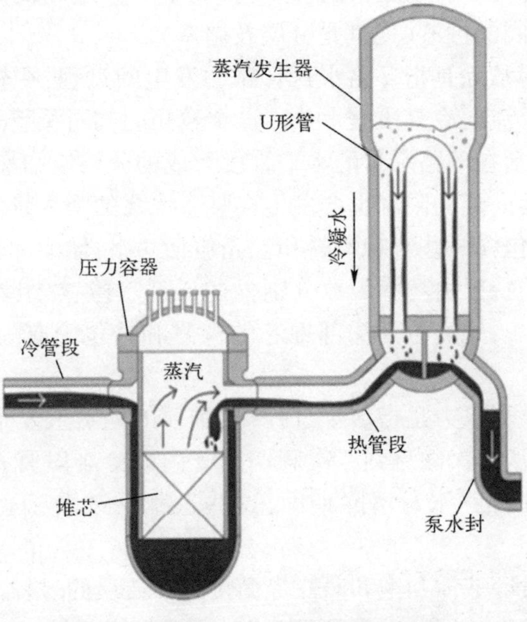

图8.4 小破口失水事故回流冷凝阶段

环路水封可以继续阻塞蒸汽流动,直到反应堆容器中的增压能够克服环路水封的静压头并将其从交叉管路中清除出去。随着反应堆冷却剂系统压力逐渐降低,应急堆芯冷却系统注入反应堆冷却剂系统的水也会在管路中形成阻塞从而导致堆芯裸露。由于在出口腔室和下降管段之间设计或装配泄漏通道,蒸汽不需清除环路中积液便可从破口处逸出，环路水封现象可以得到缓解。但是泄漏通道并不能使出口腔室降压，只是延缓环路水封的形成。

8.3.2.2 现象评估

关于传统压水堆的小破口失水事故有 2 篇现象识别与排序表报告发表，一篇是 Bajorek(1999)关于西屋电气公司 4 环路压水堆的研究，另一篇是 Ortiz 和 Ghan(1992)关于 Babcock & Wilcox 公司(B&W)少环路型压水堆。在西屋电气公司关于压水堆的报告中，排序较高因素摘录和解释如下：

(1) 破口流动，除了破口位置和破口的几何形状(例如，破口孔口和裂缝几何形状)，还包括上游流型的影响(例如，蒸汽牵引通过)。

(2) 混合液位，由模型和垂直界面阻力与上升气泡相互关系确定的过程，混合液位还表示反应堆冷却剂系统一些重要部件内的空泡分布和气相与液相分离的过程。

(3) 水平流型，影响水平流动过程，该过程通过以下部分进行解释：模型和输入假设与水平部件中流动阻力的关系，流动水平分层和反向流动限制流型的预测，水平流型之间的过渡(尤其是分层及堵塞)。

(4) 环路水封清除是指环路水封管路中发生的过程，在较短时间内蒸汽首次流过环路水封处流向冷管段破口处。这个较短时间对接下来的过程有重要影响，重要的过程包括在环路水封的水平管段形成的分层流和液滴夹带流过程，并且液滴夹带流和反向流动限制也会发生在竖直水泵的吸入管段。

(5) 燃料棒，包含一些影响燃料和包壳包括功率、储能和包壳对流体传热的过程。燃料功率的特征由功率因数分别描述局部热棒、热组件和堆芯轴向与径向功率形状所决定。这类包括深部堆芯的裸露和锆包壳有失控氧化(金属-水反应)的可能性。

(6) 蒸汽发生器水力是指多个过程，最重要的是蒸汽发生器传热管中的反向流动过程，热量从一次侧流到二次侧期间管内的冷凝以及一次侧流过蒸汽发生器的总阻力。在环路水封清除期间，这些过程反过来又会影响回流和堆芯降压。

(7) 冷凝是过冷液体和饱和蒸汽界面传热和传质的过程。这个过程对于一回路的冷管段和发生分层的下降段是重要的，在过程开始时不被重视是因为明显缺少液体过冷和分层。同样重要的(但排名不是很高的)是在冷管段入口对安全喷射液体射流的冷凝。

Ortiz 和 Ghan(1992)在一篇现象识别与排序表报告中研究了 B&W 公司少环路型压水堆的现象，其反应堆压力容器具有独特功能的堆内构件是反应堆压力容器排气阀。这些阀门在 RPV 顶部连接，在正常操作时，通过重力保持在关闭位置。堆芯吊篮分布着8个这样的排气阀,这些阀门位于堆芯吊篮周围、下降管的上部。在该反应堆发生小破口失水事故时,并且假设小破口位于系统管路的冷管段,这些排气阀门打开使蒸汽能够从上腔室流到下降段,然后直接流到破口处。

发生的现象根据堆芯影响燃料包壳峰值温度和液体的装量的程度进行排序,小破口失水事故可以分为四个不同阶段:喷放阶段、自然循环阶段、失去自然循环阶段和沸腾-冷凝阶段。在喷放阶段,最重要的现象是破口流和堆芯衰变余热;自然循环阶段,重要的现象是反应堆压力容器和蒸汽发生器内的自然循环、堆芯的衰变余热、破口流动、U形弯管处的相分离、应急堆芯冷却系统流动和排气阀性能;在失去自然循环阶段,重要的现象是反应堆冷却剂泵性能,在这个阶段可能会暂时运行,应急堆芯冷却系统流动和破口流动;最终在沸腾-冷凝阶段,重要的现象是应急堆芯冷却系统流动、破口流动和蒸汽发生器内传热。

8.3.2.3 缓解策略

对于小破口失水事故,由于反应堆冷却剂系统压力高,高压安全注射系统通常是事故初始阶段唯一投入的安注系统。高压安注系统向反应堆冷却剂系统注入冷却水的效果取决于多个因素:第一个因素是反应堆冷却剂系统的降压速率,受破口尺寸和破口位置影响;第二个因素是高压安注泵的扬程,在反应堆冷却剂系统处于高压状态,小破口事故处于喷放阶段,高压安注泵应有足够高的扬程把应急冷却水按需求比例注入堆芯;第三个影响因素是高压安注泵与破口的相对安装位置。

在先进核电厂设计中,会考虑众多因素并对安注系统进行优化设计以缓解大破口失水事故。这些系统有的采用重力驱动的非能动方式,有的采用低扬程水泵驱动方式,低扬程大流量是反应堆冷却剂系统在低压状态的安注方式。为了缓解小破口失水事故出现的问题,这些核电厂都拥有一个降压系统,例如AP1000中的多级自动降压系统。

8.3.2.4 分析考虑

小破口失水事故的分析需要有和大破口失水事故分析类似的分析工具,分析工具应能模拟各种尺寸的小破口并预测一些物理现象(尤其西屋电气公司的压水堆设计)。管路中一般还会出现特殊的复杂流动现象,例如回流冷凝现象,这种现象常常发生在小破口失水事故中而不发生在大破口失水事故中。分析工具要求能够准确分析一回路蒸汽发生器的U形管中蒸汽冷凝情况和预测蒸汽发生器传热管壁上反向回流情况及根据反应堆冷却剂系统几何尺寸推测管路中的反向流动限制。另外,分析工具还必须分析反应堆冷却剂系统环路水封的形成和清除情况。

和大破口失水事故分析一样,小破口失水事故也需要评估破口尺寸、位置、朝向和核电厂的初始状态,以确定小破口失水事故对核电厂安全系统形成的挑战。由于存在环路水封的可能性,评估模型中还应准确建立反应堆冷却剂系统管路容积和高度的模型,从而获得系统的准确水体积和适当的水力学压头。

8.3.3 中尺寸破口考虑

相对于大破口和小破口失水事故,中尺寸破口失水事故预期不会成为限制事件。考虑到该级别失水事故的尺寸分布范围较大,占主导地位的现象有很大不确定性。许多因素如核电厂布置、应急堆芯冷却系统容量、操纵员应急响应规程、系统降压率和控制冷却剂中闪蒸能力和衰变热负荷,有助于确定最大极限失水事故破口尺寸、位置和朝向。特别是在进行中破口尺寸分析时,需要考虑作为反应堆冷却剂系统压力函数的应急堆芯冷却系统补水能力与反应堆冷却剂系统降压速率之间的平衡。

8.3.4 破口尺寸过渡考虑与确定

20 世纪 00 年代后期,美国核管会提出了一种替代 10 CFR 50.46 要求的行政立法方案,用于分析反应堆冷却剂系统中最大管道双端断裂时的应急堆芯冷却系统性能。该方案基于降级机制导致的管道断裂频率,探索了基于风险指引的过渡破口尺寸的选择。如果流动面积相当于过渡破口尺寸直径(或更小)的管道的双端断裂,则将反应堆冷却剂系统破口视为设计基础事故,并符合 10 CFR 50.46 中的应急堆芯冷却系统要求。超过过渡破口尺寸双端剪切断裂的破口面积被认为是超设计基准事件,不受应急堆芯冷却系统要求 10 CFR 50.46 的限制。但是美国核管会在 2016 年暂停了过渡破口尺寸的确认和准则制定,10 CFR 50.46 对应急堆芯冷却系统的要求继续沿用。

8.3.5 蒸汽发生器传热管破裂

蒸汽发生器传热管破裂事故是压水堆一种特殊的小破口失水事故,发生事故时一回路的冷却剂泄漏到二回路系统而不是直接泄漏到安全壳。为数众多的蒸汽发生器传热管破裂事故主要发生在运行的压水堆中,事故发生原因有蒸汽发生器传热管的应力腐蚀开裂、微振磨损、管道积垢、流致振动、管板磨损、二回路化学控制不足和二回路维护保养异物遗留等。在蒸汽发生器传热管破裂事故中,一回路的冷却剂携带放射性污染物进入二回路,通过二回路系统的安全阀把放射性污染物释放到环境中。

蒸汽发生器传热管破裂事故研究初始假定单根蒸汽发生器传热管双端剪切断裂,其后发生类似在 8.3.2 节中一回路系统小破口失水事故。由于反应堆冷却剂系统的一回路和二回路之间的压力差,一回路冷却剂通过蒸汽发生器传热管的破口流到二回路侧。如果破口处流量超过一回路的补水流量,核电厂的安全系统紧急响应,包括反应堆和汽轮机停堆、停机,安全注射,正常给水隔离,启动辅助给水。蒸汽自动排放至冷凝器从而导出从一回路带来的热量。质量和能量汇入二次侧,导致受影响的蒸汽发生器满溢。

一旦发现蒸汽发生器传热管出现破裂,恢复行动就开始了,隔离蒸汽流动,终止辅助给水流入受损的蒸汽发生器。随后,反应堆冷却剂系统被完好的蒸汽发生器持续不断的蒸汽排放冷却到低于破管蒸汽发生器压力的饱和状态。这确保了在随后的动作中对破裂的蒸汽发生器降压后,反应堆冷却剂系统有足够的过冷度。在厂外供电可用的情况下,正常的排汽系统可以提供足够的容量来快速冷却。一旦一回路系统水装量和二次侧冷却稳定下来,安全注入就可以停止,一次侧到二次侧泄漏也将停止。

8.3.5.1 瞬态识别

蒸汽发生器传热管破裂事故与一回路小破口失水事故在现象上难以区分,在蒸汽发生器传热管破裂事故中一回路冷却剂减少,反应堆冷却剂系统稳压器的液位随着压力下降而下降。不像一回路和二回路失水事故那样有水排放到安全壳,蒸汽发生器传热管破裂事故不会影响安全壳内工作环境,但是蒸汽发生器传热管破裂事故发生后随着一回路的水流入二回路,蒸汽发生器水位不受控地升高,二回路辐射水平也会升高。对比蒸汽发生器的给水量和蒸汽流量是否一致有时可初步判断蒸汽发生器内传热管是否破裂。

8.3.5.2 缓解策略

发生蒸汽发生器传热管破裂事故时,操纵员在发现的早期应该采取有效措施以限制一回路冷却剂流失并防止蒸汽发生器流入过多工质。发生蒸汽发生器传热管破裂事故后,因为破口尺寸大小不同,稳压器压力降低或汽轮机超负荷,直至反应堆停堆。根据稳压器内压力和水位的降低情况,安注系统向一回路注入补充水。

发现蒸汽发生器传热管破裂事故和蒸汽发生器受损后,关闭蒸汽发生器给水阀和蒸汽出口的截止阀。通过还能工作的蒸汽发生器冷却反应堆冷却剂系统,并允许操纵员操作降低一回路压力,使之接近蒸汽发生器破管处的压力,减少一回路和二回路之间的压差,从而减少一回路冷却剂的流失。蒸汽发生器传热管破裂处压力平衡阻断流体泄出,卸掉破损蒸汽发生器承受的压力。操纵员一直保持系统平衡,直到蒸汽发生器的压力降低到二次侧安全可靠范围,安全阀起跳压力设置在防止潜在辐射污染物释放范围内。

8.3.5.3 分析考虑

蒸汽发生器传热管破裂事故瞬态分析需要一个分析工具,既能模拟反应堆冷却剂系统的一回路又能模拟二回路,与小破口失水事故的分析类似。蒸汽发生器传热管破裂事故分析需要更详细描述蒸汽发生器破管处的局部效应,而不需要对失水事故进行分析。此外,当释放阀压力设定值达到时,还需要对二次侧释放系统进行建模。在蒸汽发生器传热管破裂分析中,操纵员操作模拟能力也是重要因素,因为操纵员的干预使得反应堆冷却剂系统一回路冷却剂停止流向二回路,对事故缓解有重要作用。

8.4 预期瞬态与非失水事故

与失水事故分析一样,通过对系统和堆芯状况评估进行预期瞬态与非失水事故的分析,确保物理裂变产物屏障(燃料、反应堆冷却剂系统压力边界和安全壳)保持完整。如第 3 章所述,基于核电厂重要安全设施潜在设备故障与失效,定义了非失水事故设计基准事件集合。这些事件的评估为核电厂的控制与保护系统提供可靠的保证,保护核电厂在其寿期内免受预期事件的影响。

虽然此类分析的目的是评估裂变产物屏障,但对压力容器和锅炉可靠性的监管要求将非失水事件的安全目标重点转移到评估指定可接受燃料设计限值的余量。指定可接受燃料设计限值的集合包括偏离泡核沸腾比、燃料中心温度、堆芯流动(流体动力学流动不稳定性)和冷却剂焓分布。与失水事故相比,满足指定可接受燃料设计限值(接受准则)意味着燃料裂变产物屏障被保留,并且没有发生放射性释放。压水堆非失水事故典型分类如下:①反应堆冷却剂系统与二回路的换热量增加或减少;②反应堆冷却剂系统流量减少;③反应性和功率分布异常;④反应堆冷却剂装量增加或减少;⑤硼稀释(见第 10 章)。

Greene 等在 2001 年描述了常规西屋电气公司和燃烧工程公司压水堆的现象识别与排序表的开发。由于非失水事故瞬态一般不如失水事故严重和复杂,现象识别与排序表小组选择简化方法,未把事件过程分为特征化的现象学时间阶段,表 8.1 总结了结果。

表 8.1　压水堆非失水事故瞬态现象识别与排序表总结
（引自文献（Greene 等，2001））

标准审查大纲部分	冷却		加热		反应堆冷却剂系统流量（-）	冷却剂水装量增加		冷却剂水装量减少	
	瞬态	事故	瞬态	事故	瞬态/事故	瞬态	事故	瞬态	事故
准则挑战									
堆芯偏离泡核沸腾比	●	●	●		●			●	
棒-燃料包壳力学		●							
一次侧压力			●	●	●	●	●		
蒸汽发生器压力			●						●
焓沉积									
关键现象									
燃料棒高温	●	●	●		●			●	
动力学反馈	●	●	●		●				
衰变热			●						●
稳压器	●	●	●	●	●	●	●	●	●
流量下降		●	●		●				
硼跟踪		●							
蒸汽发生器一次侧/二次侧高温	●	●	●						●
蒸汽发生器二次侧	●	●	●						●
临界流量		●							●
安全壳压力		●							
自然循环		●	●						●
堆芯-回路混合		●	●						

未能紧急停堆的预期瞬态是指反应堆控制和保护系统在需要时无法提供自动快速停堆或反应堆停堆的预期运行事件，出现这种情况的结果是一个小事件会导致一个严重后果的事故发生。由于未能紧急停堆预期瞬态存在潜在的严重后果，法规（10 CFR 50.62）要求反应堆具有多样的、独立的停堆功能。一般情况下，要么证明反应堆保护系统满足多样性要求，要么提供一个独立的硬件备用应急停堆系统，就能满足未能紧急停堆预期瞬态规则。为了使保护系统满足未能紧急停堆预期瞬态规则要求，它必须包含完全独立的反应堆停堆功能，包括从传感器到紧急停堆的最终驱动的多样性，这些将在第 10 章中讨论。

8.4.1 二回路排热增加

过冷瞬态现象是主冷却剂系统到二次侧的热排出量无意中增加，从而导致堆芯入口温度下降。由于负温度反应性系数，降低的堆芯入口温度导致正反应性引入，如果不加以降低则可能导致功率激增。过冷事件包含预期运行事件和假想事故两种情况，出现哪种情况取决于初始事件。

对于压水堆分析来说，重要的是要注意反应堆的行为是由汽轮机决定的，或者更普遍地说，是由蒸汽发生器排出的蒸汽流量或热量决定的。汽轮机中蒸汽流量需求增加时，反应堆的热功率会自动增加，达到一个新的稳态工况，除非反应堆控制或保护系统干涉。这是因为蒸汽流量增加或二回路从一回路带走更多的热量，反应堆冷却剂系统入口的温度降低。由于反应性负温度系数使反应堆的热功率增加，因此通过反应堆堆芯的温度上升。这将一直持续直到堆芯温度上升数值与蒸汽发生器温度下降数值相等，并且蒸汽发生器与反应堆功率稳定在新的蒸汽功率下。

同理，汽轮机蒸汽需求量减少，蒸汽发生器从一回路冷却剂吸热带走的热量减少，堆芯入口的温度增加。堆芯入口温度增加后会降低堆芯的功率，而后堆芯温度随之下降，这个过程一直持续到蒸汽发生器和堆芯的热功率达到平衡。

8.4.1.1 预期运行事件

导致反应堆冷却剂系统过冷的几个初始事件预计会以中等频率发生，因此它们被归类为预期运行事件，需要进行分析。这包括蒸汽发生器给水增加、给水温度下降、蒸汽流量增加和蒸汽发生器降压。这些导致了通过蒸汽发生器的一次侧到二次侧传热的增加，从而降低了蒸汽发生器的一次冷却剂的出口温度。

第一个这样的事件是二次侧系统失效，导致蒸汽发生器给水流量增加。这些失效导致了额外的蒸汽发生器二次侧水装量具有额外的热容，能够从一次侧带走更多的热量，从而降低了二次侧压力。蒸汽发生器二次侧处于饱和状态，压力降低将导致汽轮机的控制阀开大以维持汽轮机的功率，这些额外的蒸汽匹配新的给水流量。蒸汽发生器给水过量触发反应堆自动保护停堆取决于核电厂初始运行工况和运行参数如何接近运行设定值。

给水温度意外降低与给水过量的瞬态相似，这种预期运行事件可能是由于给水系统的错误操作或给水部件或控制系统的故障造成的。随着较冷的水进入蒸汽发生器，反应堆冷却剂系统一次侧的水与二次侧水的温差增大，使得蒸汽发生器传热管的换热量加大。与给水过量瞬态类似，蒸汽发生器中换热量增加可以使蒸汽发生器二次侧的压力降低，并且触发汽轮机控制阀以保持汽轮机系统压力，这取决于给水温度降低程度，反应堆冷却剂系统的压力也降低。

意外的蒸汽需求增加也会导致过冷的预期运行事件,这可能是由于意外打开汽轮机控制阀、阀失效或与该阀关联的控制系统。蒸汽流量的增加会引发蒸汽发生器二次侧压力降低,导致额外的蒸汽产生。为了补偿这些额外蒸汽,必须增加给水量以维持蒸汽发生器水位。

另一个导致过冷瞬态的预期运行事件是蒸汽发生器二次侧压力意外降低,降压可能是由事故或蒸汽发生器安全阀或释放阀故障引起。由于二次压力的降低,二次侧饱和温度下降,因此蒸汽产量增加,首先是过热水的闪蒸,其次是二次侧沸腾增加。

8.4.1.2 主蒸汽管道破裂事故

主蒸汽管道破裂或蒸汽管道破裂是一个假想事故,将导致过冷事件。主蒸汽管道破裂是假想的主蒸汽管道上的破口可能发生在安全壳内,也可能发生在安全壳外。蒸汽管道破裂是主蒸汽管线或更小的蒸汽连接管线上破裂的通用名称,根据破口尺寸的大小,这个故障可以导致蒸汽发生器二次侧的压力迅速下降,相应的闪发产生额外的蒸汽。受到影响的蒸汽发生器持续补水(由于蒸汽发生器的液位控制系统尝试维持水位),通过提供过量冷却水恶化了事故。二次侧的温度随之下降,这加大了一回路和二回路之间的温差,导致由于一回路入口温度过低使得一回路换热量增加。对于大的蒸汽管道破裂,比如主蒸汽管道破裂,形成的过冷情况可以导致一次侧反应堆冷却剂系统降压,这又引起稳压器内的水位随之降低。

8.4.1.3 缓解策略

过冷事件的缓解取决于过冷的严重程度,对于反应堆在设定参数范围内正常运行时发生的预期运行事件,过冷将导致相应的功率增加。当反应堆保持在运行限值内时,将达到一个新的稳态功率。对于较大的过冷事件或当反应堆在运行区间的边界时,功率持续增加直到反应堆保护系统根据反应堆高通量(功率)、稳压器低液位或蒸汽发生器二次侧高水位启动保护。

对蒸汽管道破裂的响应需要操纵员操作才能使核电厂从假想事故中恢复。蒸汽管道断裂事故最初很难与失水事故区分,在最初阶段反应堆冷却剂系统压力下降、稳压器液位降低,然后事故保护停堆,如果蒸汽管道破裂事故中破口管道在蒸汽发生器和主蒸汽隔离阀之间,安全壳内的压力也会升高。

和失水事故不同,较大的蒸汽管道破裂会导致故障的蒸汽发生器二次侧压力降低,其余蒸汽发生器内的压力维持不变并且不会导致二次侧的异常辐射水平。一旦确定事故是蒸汽管道断裂事故而不是失水事故,就应努力识别受影响的蒸汽发生器并使其与二次侧隔离。对于蒸汽管道破裂位置在安全壳外的情况,可以关闭主蒸汽隔离阀使得蒸汽发生器从管道破口处隔离。在蒸汽发生器的给水终止和蒸汽发生器的喷放管道关闭后,蒸汽发生器的降压就可以停止。当破口位于蒸汽发生器与主蒸汽隔离阀之间时,蒸汽发生器不能从破口处隔离。在这种情况下,关闭主蒸汽隔离阀,终止给水流入,关闭蒸汽发生器二次侧喷放管道的阀门,然而二次侧压力将持续降低,因为剩余的二次侧给水装量被蒸发并且产生的蒸汽仍然能够从破口逸出到安全壳内。

8.4.1.4 分析考虑

对于蒸汽管道破裂事故,过冷预期运行事件或假想事故的分析需要对核电厂的一回路和二回路以及安全壳进行建模。与其他预期运行事件或假想事故相比,针对蒸汽管道破裂响应的蒸汽发生器建模所需信息的详细程度要高得多。在蒸汽发生器一次侧和二次侧传热管束区域需要更多的细节信息,从而获得一次侧向二次侧的传热变化,因为蒸汽发生器在喷放和蒸发过程中二次侧传热管束水位会下降。需要建立更精确的汽水分离器数学模型,因为要计算蒸汽发生器出口的蒸汽含气率、破口位置的临界流速以及降压速率。

分析工具必须基于预测核电厂事件发展迹象,模仿操纵员和反应堆保护系统的动作。由于冷管段温度是非对称的,并且会影响反应堆的中子状态,因此准确预测不同冷管段反应堆冷却剂系统的水在堆芯进口腔室的混合情况尤其重要。过冷瞬态的影响也可以是相当局部的,这取决于过冷事件的严重程度和可用的混合量,这可能需要对堆芯区域进行详细的节点划分,以确保在局部基础上不违反热限值,即局部功率可以增加到中子反馈。

8.4.2 二次侧换热降低

导致二回路系统传热减少的瞬态现象称为欠冷事件,这些瞬态包括一个或多个蒸汽发生器从一回路排出的热量减少。在欠冷瞬态事件中,反应堆压力容器入口的温度将升高并且一回路反应堆冷却剂系统压力增加。如果欠冷事件继续,较高的入口温度将导致负反应性引入,继而导致反应堆功率下降。一回路反应堆冷却剂系统的压力与稳压器的水位将恢复到反应堆低功率水平。与过冷事件相似,欠冷事件基于初始事件被归类到预期运行事件或者假想事故。

8.4.2.1 预期运行事件

许多欠冷事件预期会以中等频率发生,这样它们就会被归类为预期运行事件,因而需要对其进行分析以确保反应堆的热限值不会被超过。这包括给水温度的增加、给水流量的减少、甩负荷、汽轮机脱扣、冷凝器失去真空、主蒸汽隔离阀意外关闭和给水流量丧失。

供给蒸汽发生器的给水温度升高会导致欠冷事件，这个预期运行事件可能是由于给水部件或控制系统故障或者误操作导致的。随着温度较高的给水进入蒸汽发生器，一次侧反应堆冷却剂系统的水与二次侧的水之间的温差降低，这导致蒸汽发生器传热管的换热量减少。换热量减少将使蒸汽发生器二次侧的压力升高，导致汽轮机控制阀关小以维持汽轮机压力。根据给水温度升高的程度，一回路冷却剂系统压力也可能升高。

与给水温度升高相似，进入蒸汽发生器的给水流量减少也会导致欠冷事件。因为给水流量低，二次侧水装量减少，从一回路带走的热量减少，因而二次侧的压力增高。为了保持汽轮机的负荷，汽轮机的控制阀将关小，减少蒸汽流量以匹配较低的给水流量。蒸汽发生器给水流量低于限值时，反应堆是否自动保护停堆取决于核电厂初始运行工况及运行参数与运行设定值的接近程度。

甩负荷、汽轮机脱扣、冷凝器失去真空、主蒸汽隔离阀意外关闭都会导致一个或多个蒸汽发生器的蒸汽流量减少。随着蒸汽流量的减少，蒸汽发生器二次侧压力和温度将升高，这使反应堆冷却剂系统一回路侧与二回路侧的温差降低，也使两个回路之间的相应的换热量减少。

在甩负荷事件中，失去与电网电气的连接会引起汽轮机和发电机之间失去平衡，汽轮机控制阀减少蒸汽流量从而控制汽轮机转速。二次侧的压力升高导致一次侧反应堆冷却剂系统的压力也升高，如果任其发展，升高的一次侧压力将达到高的反应堆冷却剂系统压力和高的稳压器水位，进而导致事故保护停堆。

对于汽轮机脱扣事件，由于脱扣所有蒸汽发生器的蒸汽流动在汽轮机隔离阀关闭后迅速停止，这可能发生在许多事件中。蒸汽发生器的快速隔离相对于甩负荷，蒸汽发生器及二回路系统里保存了更多的能量，使得二回路的压力和温度更高。如果操纵员的动作不能使二回路停止升压，主蒸汽或蒸汽发生器的安全释放阀依次起跳释放二回路的压力，汽轮机旁路允许一部分蒸汽通过旁路直接排入冷凝器，从而释放一定压力。

冷凝器失去真空是汽轮机脱扣的严重变异事件，失去真空可以引起汽轮机脱扣以及蒸汽发生器迅速隔离。然而在事件中，鉴于汽轮机脱扣时汽轮机旁路可以提供排放，冷凝器不再是一个热阱。二次侧压力增加导致主蒸汽阀门或蒸汽发生器安全阀交替排放，与此类似稳压器的释放阀门也打开，共同保持一回路和二回路压力低于它们的运行限值。

对于主蒸汽隔离阀意外关闭事件，蒸汽发生器与汽轮机之间的蒸汽通道被切断，导致蒸汽发生器压力升高。与汽轮机隔离阀相比，主蒸汽隔离阀较慢的关闭时间允许额外的蒸汽从蒸汽发生器排出，相对于汽轮机脱扣或冷凝器真空丧失事件，二次侧升压没那么严重。关闭单个主蒸汽隔离阀主要影响单个蒸汽发生器，对整个一次侧反应堆冷却剂系统和堆芯影响较小。

给水丧失事件是预期运行事件，由给水系统部件如水泵、阀门或控制系统故障引起。给水丧失会导致蒸汽发生器二次侧水位降低，导致通过蒸汽发生器传热管一回路至二回路的换热量降低，进而导致蒸汽产量降低。蒸汽发生器二次侧压力降低，将导致汽轮机的控制阀开大以保持蒸汽压力，这将进一步降低受影响蒸汽发生器的压力和水位。欠冷可以使反应堆冷却剂系统压力升高达到反应堆停堆和汽轮机停机的限值。

8.4.2.2　主给水管道破口事故

蒸汽发生器主给水管道破口事故是一个在核电厂寿期内不希望发生的假想事故，在事故中，蒸汽发生器给水管出现破口或裂口，蒸汽发生器二回路能带出衰变余热的水装量流失。与蒸汽管道破裂事故不同的是，在从一次侧反应堆冷却剂系统带走热量之前，二次侧的水位已经迅速耗尽。

8.4.2.3　缓解策略

与过冷事件相似，欠冷事件的缓解取决于欠冷与欠冷导致的反应堆入口温度升高的严重程度。对于诸如给水温度升高或者给水流量减少的预期运行事件型的事件，欠冷将导致相应功率减少，只要反应堆运行在允许运行限值的范围内，系统就会达到一个新的、较低的、稳定功率状态。对于严重的欠冷事件或运行参数接近运行限值，反应堆保护系统将会干预。

对于预期运行事件，例如甩负荷、汽轮机脱扣、主蒸汽隔离阀关闭或冷凝器丧失真空，核岛将部分或完全与最终热阱隔离。无法从二次侧导出热量将使反应堆冷却剂系统压力升高，在汽轮机脱扣时，如果反应堆保护系统还没有被触发，则可以在反应堆冷却剂系统压力高或稳压器水位高的情况下启动事故保护停堆。在事故保护停堆后，必须导出衰变热。

根据欠冷的严重程度和发生欠冷的时间尺度，对给水管道破裂假想事故的响应比欠冷预期运行事件所需的响应更复杂。给水管道系统的破口使蒸汽发生器二次侧的压力降低并且其中给水闪蒸，迅速排空蒸汽发生器二次侧给水装量。这将使蒸汽发生器二次侧迅速失去换热能力，导致反应堆冷却剂系统的压力和温度同时升高。蒸汽发生器二次侧的低压、反应堆冷却剂系统的高压或稳压器高液位，将触发事故保护停堆。由于假想事故的快速特性，反应堆冷却剂系统压力升高将使稳压器释放阀或安全释放阀起跳。操纵员需要操作使系统提供衰变余热排出能力，可以通过完好蒸汽发生器和安全级的衰变余热排出系统完成。

8.4.2.4　分析考虑

根据欠冷瞬态的严重程度，由于燃料棒的热时间常数较大，在反应堆功率降低影响到棒表面的热流密度之前,较热的主冷却剂可以通过堆芯。在这种情况下,温差变小,燃料棒和冷却剂之间的传热下降,可能对燃料热极限或最小烧毁比构成挑战。

欠冷预期运行事件或假想事故的分析需要对核电厂的一回路和二回路以及给水管道破裂的安全壳进行精确建模,需要模拟操纵员和反应堆保护系统动作的能力,精确确定在完全或部分隔离或关闭最终热阱之前传输了多少能量。在分析给水管道破口时还必须考虑破口的位置,如果破口在给水隔离阀的外侧,关闭给水隔离阀可以保持二次侧的水装量;然而如果破口在给水隔离阀的内侧,关闭给水隔离阀将不起作用,二次侧的水装量将被耗尽。如果给水破口的位置影响多台蒸汽发生器,应考虑采用最具挑战性的方案来确保反应堆的保护。

8.4.3 反应堆冷却剂流量瞬态减少

这个预期运行事件的特点是反应堆冷却剂系统流经堆芯的冷却剂减少,一些初始事件可以导致一次侧流体部分失流或完全失流,部分失流由一个或多个反应堆冷却剂泵故障导致,完全失流由全部反应堆冷却剂泵故障导致。除了部分失流和完全失流之外,因为泵卡转子或泵轴断裂也会使流经反应堆冷却剂流量减少,这两种情况都是假想事故。一般情况下,与泵流量控制器有关的故障在压水堆中是不考虑的,除非系统中有流量控制器。

在失流事件中,堆芯流量减少,一回路系统流量的减少使得反应堆堆芯换热量减少,这导致一回路系统温度升高,进一步降低了堆芯的传热。堆芯的热限值,特别是最小烧毁比,可能会在瞬态的前几秒即保护系统提供事故紧急停堆之前受到挑战。与保护系统检测出流量降低并提供保护措施的能力相比,部分失流或全部失流的严重程度取决于堆芯流量降低的时间尺度。

8.4.3.1 预期运行事件

部分失流瞬态由反应堆冷却剂泵电机或供电的机械或电气故障引发,全部失流瞬态是因为所有冷却剂泵同时丧失电力供应或厂外电力丧失。

紧接着部分失流事件中受影响回路的循环流量在其自身惯性下随着泵流量下降而显著降低。最终,系统中由于未受影响的泵在运行,此时回路流动方向将发生逆转。这种情况下因为系统总损失减少,不受影响回路的流量增加,部分补偿了停止运行的水泵。因为受影响回路的反转流动,正常运行的泵供给堆芯流体流量的效率降低。随着堆芯流量降低,导出堆芯产生热量所需的温升增大了一回路系统的温度。由部分失流引起的回路流动不平衡导致发生堆芯不对称工况,这进一步对热限值构成挑战。当回路流量达到低流量设定值时,将启动反应堆事故停堆。对于部分失流事件回路流量降低到设定值的时间大约为 10s,这取决于泵的设计参数(转动惯量)和受影响泵的数量。

在全部失流事件过程中,所有泵被假定同时停泵,系统总的流量迅速降低,因为之前运行的泵都在其惯性下运行。之后,很快到达低流量停堆设定值,一般小于5s。根据泵和保护系统的设计而定,部分失流事件或全部失流事件都可以是有更多限制的预期运行事件。

8.4.3.2 假想事故

泵轴卡住和泵轴断裂在压水堆寿期内是预期不会发生的事故,因此被认为是假想事故。在前一种情况下,主泵轴瞬间卡住,引起类似单泵部分失流的瞬态而没有惯性惰转下降。与部分失流预期运行事件相比,泵轴卡住提供了更大的逆流阻力,部分失流会导致更多不受影响的回路流量通过堆芯。因为主泵堵转,回路流量迅速减少,回路流量太小引发反应堆事故停堆。

在泵轴断裂假想事故中,假设泵的叶轮与电机之间的联轴器或轴本身出现机械故障。随着泵轴、转子与飞轮的损坏,泵惯性降级并且泵惰转减速过程的时间比部分失流事件的时间短。由于泵的叶轮仍然可以旋转(不像泵卡转子),泵轴断裂事故会比泵轴卡住或部分失流事件造成更多的反向流动通过受影响的回路,从而减少了提供堆芯冷却的系统流量。由于这些因素,泵轴断裂比泵轴卡住对堆芯热工性能的限值更大。

8.4.3.3 缓解策略

反应堆流体流量的降低可以导致反应堆事故停堆,消除了裂变功率。为了在发生部分失流或全部失流事件时给堆芯提供足够的冷却,泵被安装了飞轮以增加泵的转动惯量,泵借助惯性延长了转动时间。为了减少全部失流事件的发生概率,还需为每台泵的电动机接入独立的电源。

8.4.3.4 分析考虑

对于建立欠冷和过冷瞬态下一次侧反应堆冷却剂系统模型也应用于堆芯流量降低瞬态,许多分析与考虑已经讨论过。由部分失流事件引起的回路流动不平衡可以导致堆芯不对称情况出现,这取决于流体在入口腔室的混合情况。重要的是需要开发一个能够再现这种行为的评估模型,如果反应堆事故停堆和反应性反馈在棒表面热流密度变得不平衡前不能停止产生堆芯热,那么燃料棒热限值将受到挑战。

8.4.4 一次侧冷却剂装量增加

反应堆冷却剂系统装量增加是一个预期运行事件,使在压水堆中预期的发生频率为中等。大量的安全和辅助系统通过不同尺寸的管道连接到反应堆冷却剂系统上,这些管道能够注入额外的水。任何系统意外操作都能导致一回路冷却剂装量增加,冷却剂的增加导致稳压器水位上升,从而减少稳压器的蒸汽空间和增加反应堆冷却剂系统的压力。根据操作条件,稳压器喷雾可以启动以降低反应堆冷却剂系统压力。如果反应堆冷却剂系统的装量继续增加,到达一回路压力高限值或稳压器水位高限值,那么反应堆将发生事故停堆。

除了反应堆冷却剂系统压力和装量的增加,还需要考虑注入反应堆冷却剂系统的冷却剂温度低于系统原冷却剂,由于温度系数为负,冷却剂温度的降低导致反应堆功率增加。如果到达一回路压力高限值或稳压器水位高限值没有使反应堆事故停堆,反应堆就会根据堆芯功率(通量)高限值而发生事故停堆。

8.4.4.1 缓解策略

这种预期运行事件是通过确保从系统冷却剂流动提供意外的冷却剂注入而终止的,稳压器水位高、反应堆冷却剂系统压力高或反应堆功率高的事故紧急停堆,通常会防止在瞬态过程中超过热工限值。然而,如果向系统添加冷却剂出现注入过量,则稳压器失去蒸汽空间,反应堆冷却剂系统不能调节,导致反应堆冷却剂系统压力失去控制。

8.4.4.2 分析考虑

这个瞬态的分析需要在反应堆设计中检查所有一次侧冷却剂的潜在来源,化学容控系统和应急堆芯冷却系统是这一预期运行事件的两个潜在来源。在运行压力下化学容控系统的补水能力能够把额外冷却剂注入一回路系统,但由于反应堆背压和相关管道的尺寸,通常会降低流量,如果忘记关闭补水泵会导致这个预期运行事件发生。

应急堆芯冷却系统是额外冷却剂的另一个来源,意外启动应急堆芯冷却系统,通过高压安注泵可以向一回路注入额外的冷却剂;然而,应急堆芯冷却系统是伴随反应堆事故停堆而启动,因此抵消了反应堆功率增加,这部分功率增加是因为温度较低的冷却剂慢化作用增加。在事故停堆降温阶段或准备进入换料或维修的冷停堆阶段,应急堆芯冷却系统的安注箱必须在反应堆冷却剂系统压力降至安注箱压力之前被保护起来,如果不这么做,将会导致安注箱的水注入反应堆冷却剂系统。反应堆此时已经停堆,预期不会发生反应堆功率激增,在操作过程等中必须注意保证安注箱的安全。

这个预期运行事件的分析需要分析工具能够模拟反应堆冷却剂系统对额外冷却剂装量的响应,模型精确到能够模拟正中子反馈,以确保最小烧毁比极限不被超过。由于预期运行事件潜在的局部影响,需要详细的中子学和热工学评估。

8.4.5 全厂断电

全厂断电是一个超设计基准事件,许多国家核安全机构给予了特别的监管关注,它包括完全丧失交流动力电源(包括厂外电源和厂内应急电源)。如果没有电力,核电厂内所有安全与非安全级设备就会全部失去功能,核电厂断电最初的响应类似失流事件(见 8.4.3 节),随着反应堆冷却剂泵停闭,在堆芯和蒸汽发生器间会建立自然循环。核电厂长期响应取决于能动安全系统失效时间的长短。

由于大多数安全系统的基本功能都依赖交流电,全厂断电的潜在后果可能非常严重,2011 年东日本大地震和随之而来的海啸后福岛第一核电站发生的事故就说明了这一点,10 CFR 50.63 和管理导则 1.155 提供了全厂断电事件和减轻此类事件的设计考虑。

8.4.5.1 缓解策略

发生全厂断电事件后,反应堆和汽轮机将以自动或手动的方式停堆、停机,此时通往反应堆冷却剂系统的管道阀门全部关闭以维持冷却剂的装量,在丧失交流电的情况下,一些核电厂在设计中采用气动阀门来执行这个动作。为了确保适当的衰变余热导出能力,一些核电厂包含蒸汽驱动的辅助给水泵用来维持蒸汽发生器的水位。此时应急响应的重点是尽快启动柴油发电机,恢复能动安全系统的交流电源。根据没有交流电源的时间,反应堆衰变余热导出可通过蒸汽发生器完成。

8.4.5.2 分析考虑

全厂断电事件的严重性取决于停电时间的长短和反应堆冷却剂泵密封的完整性。密封注入流量的损失将导致反应堆冷却剂系统的冷却剂沿着反应堆冷却剂泵的泵轴漏泄,如果漏泄的冷却剂不能及时补充,反应堆冷却剂会持续流失。除密封注入流量损失外,由于丧失密封冷却,电力的损失也会影响反应堆冷却剂泵密封的热完整性。

参考文献

Boyack, B. E., Motta, A. T., Peddicord, K. L., Alexander, C. A., Andersen, J. G. M., Blaisdell, J. A., Dunn, B. M., Ebeling-Koning, D., Fuketa, T., Hache, G., Hochreiter, L. E., Jensen, S. E., Langenbuch, S., Moody, F. J., Nissley, M. E., Ohkawa, K., Potts, G., Rashid, J., Rohrer, R. J., Tulenko, J. S., Valtonen, K., Waeckel, N. and Wiesenack, W. (2001). Phenomenon identification and ranking tables (PIRTs) for loss-of-coolant accidents in pressurized and boiling water reactors containing high burnup fuel, NUREG/CR-6744, LA-

UR-00-5079, Los Alamos National Laboratory.

Boyack, B. E., Duffey, R., Griffith, P., Lellouche, G., Levy, S., Rohatgi, U., Wilson, G., Wulff, W., Zuber, N., Katsma, K. R., Hall, D. G., Shaw, R. A., Fletcher, C. D. and Boodry, K. S. (1989). Quantifying reactor safety margins, NUREG/CR-5249, EGG-2552, Idaho National Engineering Laboratory.

Bajorek, S. M., Ginsberg, A., Shimeck, D., Ohkawa K., Young, M., Hochreiter, L., Griffith, P., Hassan, Y., Fernandez, T. and Speyer, D. (1999). Small-break loss of coolant accident phenomena identification and ranking table (PIRT) for Westinghouse pressurized water reactors, *Proc. 9th International Topical Meeting on Nuclear Reactor Thermal Hydraulics, NURETH-9*, San Francisco, CA, USA.

Greene, K. R. (2001). Utilizing elements of the CSAU Phenomena Identification and Ranking Table (PIRT) to qualify a PWR non-LOCA transients system code, *Proc. 9th International Conference on Nuclear Engineering, ICONE-9*, Nice, France.

Ortiz, M. G. and Ghan, L. S. (1992). Uncertainty analysis of minimum vessel liquid inventory during a small-break LOCA in a B&W plant — An application of the CSAU methodology using the RELAP5/MOD3 computer code, NUREG/CR-5818, EGG-2665, Idaho National Engineering Laboratory.

Rao, D. V., Letellier, B. C., Shaffer, C., Ashbaugh, S. and Bartlein, L. S. (2002). GSI-191 Technical Assessment, Volumes 1-4, NUREG/CR-6762, LA-UR-01-4083, Los Alamos National Laboratory.

Shaw, R. A., Rouhani, S. Z, Larson, T. K. and Dimenna, R. A. (1988). Development of an identification and ranking table for thermal-hydraulic phenomena during a PWR large-break LOCA, NUREG/CR-5047, EG&G-2527, Idaho National Engineering Laboratory.

第9章

沸水堆失水事故/非失水事故设计基准事件

D. R. Todd①

9.1 概　　述

沸水反应堆是直接蒸汽循环发电核动力系统,在沸水堆中,水通过反应堆堆芯循环,产生饱和蒸汽,分离出其中的水分,干蒸汽到达反应堆压力容器的顶部然后进入蒸汽汽轮发电机组。与第8章所述的压水堆比较,沸水堆对设计基准事件的响应不同,失水事故在沸水堆电厂建立运行约束方面的影响力更小。这主要由几个因素决定,包括系统运行的压力较低时降低了反应堆冷却剂系统喷放时冷却剂的排放强度、反应堆压力容器较大可以容纳更多反应堆冷却剂系统的冷却剂、堆芯功率密度较低。与失水事故限值一样,运行约束条件受到与燃料性能和预期运行事件有关的运行限值的影响。另外,沸水堆运行严重依赖堆芯内部的局部和总体核监测仪器,堆芯的监测系统测量堆芯各处功率分布并且预测堆芯的热性能。堆芯性能的信息通过过程计算机系统提供给核电厂的操纵人员,提醒他们注意堆芯运行限值的边界,这些信息允许操纵员在高可信度允许限值内管理堆芯。

9.2 沸水堆概念与历史总结

沸水堆的早期研发始于美国军方为偏远地区设施开发电力及供热系统的工作,也包括阿贡国家实验室为证明稳定沸腾模式可用于冷却核反应堆堆芯所做的工作。随后,通用电气以阿贡国家实验室的工作为基础,开始沸水堆的设计研

① David Serell 为本书出版做出了极大贡献。

发。一些文章提供了关于沸水反应堆的深入讨论,包括文献(Lahey 和 Moody,1993)和通用电气公司系统手册(U. S. Nuclear Regulatory Commission,2017a,2017b,2017c)。本节对沸水堆概念的发展和历史进行了简要总结,并介绍了即将进行的关于失水事故和非失水事故分析的讨论。

9.2.1 基本结构

作为压水堆的一个替代研究方案,沸水堆的设计与实验始于 20 世纪 50 年代。2016 年,沸水堆技术用于世界上运行的反应堆的比例高达 20%(International Atomic Energy Agency,2017a)。同压水堆一样,沸水堆也用轻水作为冷却剂和慢化剂,加热产生蒸汽的核燃料及其构件放在现代沸水堆反应堆压力容器内。核燃料中原子核裂变产生的核能加热通过堆芯的冷却剂,其中约 14%达到沸腾,在反应堆压力容器内产生干蒸汽,蒸汽到汽轮机内驱动汽轮机,离开汽轮机后乏汽被冷凝,冷凝后的液体再加热后返回反应堆压力容器。沸水堆的压力由高压汽轮机入口的蒸汽调节阀控制,没有蒸发成蒸汽的液体在反应堆压力容器内再循环并且再次流过反应堆堆芯,流体流动所需的动能由再循环泵或重力提供。一个典型沸水堆系统流体回路图见图 9.1,其中包括反应堆压力容器主要内部构件和通用的喷射泵再循环装置。

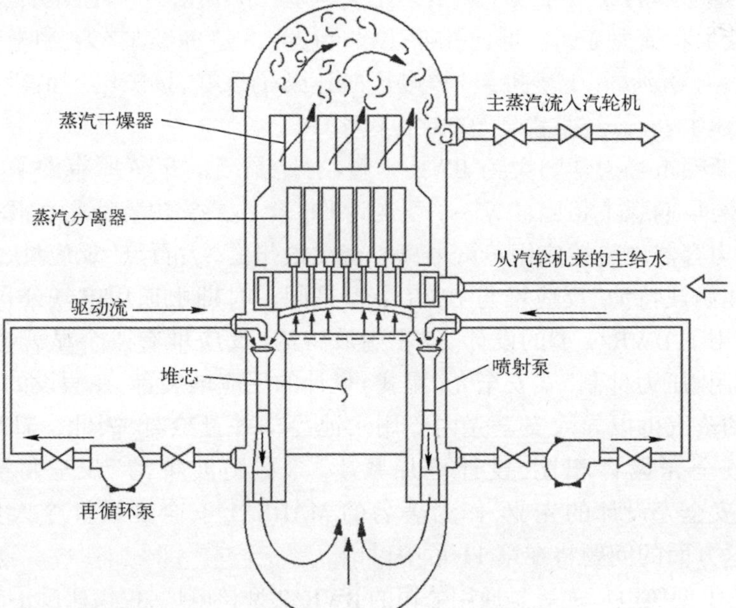

图 9.1 典型沸水堆压力容器和喷射泵再循环系统(见文献(U. S. Nuclear Regulatory Commission,2017b)中的图 2.0-2)

沸水堆名义上运行在相对较高的反应堆冷却剂系统压力约为1050psia(7.2MPa),用以产生约550℉(561K)的饱和蒸汽,这个蒸汽压力和温度与压水堆二回路系统蒸汽的压力和温度工况相近(沸水堆与压水堆使用相似的汽轮机系统)。沸水堆冷却剂系统的压力大约只有压水堆一回路压力的一半,因此沸水堆的容器和管道壁厚可以薄一些,或者其反应堆压力容器的直径可以比一般的压水堆容器更大一些。

早期的沸水堆设计不像后来如图9.1所示的"直接循环"的沸水堆设计,在后来的设计中蒸汽直接在反应堆堆芯产生,而后直接驱动汽轮机(这里称为直接循环),早期沸水堆产生蒸汽设计采用了与压水堆类似的间接循环。

9.2.2 历史回顾

沸水堆基本概念是阿贡国家实验室于20世纪50年代在爱达荷州研究所(现在是爱达荷州国家实验室分部)(Stacy,2000)进行沸腾反应堆(BORAX)系列实验过程中发展起来的。早期实验的主要结果是证明了反应堆堆芯发生沸腾后能够稳定和可靠地持续运行。沸腾反应堆设计的衍生物是固定式低功率反应堆1号(SL-1)装置在1961年1月发生过一次反应性事故(见文献(Stacy,2000)的第15章)。

沸腾反应堆的成功导致了阿贡国家实验室在伊利诺伊州建设实验沸水反应堆,并且在加利福尼亚州巴耶西托斯建设反应堆。这种经验在通用电气公司建造德累斯顿(Dresden,1号机组)核电厂时达到了顶峰,该核电厂由伊利诺伊州的联邦爱迪生公司运营,直到1978年关闭。

德累斯顿1号通常归类为BWR/1型设计,是当前运营所有沸水堆核电厂的先驱。与早期版本相比,BWR/1型设计的一个主要突出特征是在几个电厂的反应堆压力容器内直接应用蒸汽分离。密歇根州的"大石点"反应堆、加利福尼亚州的"霍姆波特湾"反应堆与BWR/1型是同一时期由通用电气公司承建的,大致都采用了BWR/1型的设计。"霍姆波特湾"反应堆有一个显著特点,它是第一个采用"压力抑制"式安全壳(湿式)设计的反应堆装置,在假设的失水事故时,释放的蒸汽可以导入安全壳内专用水池冷却并且冷凝,因此,与以前的"大型干式"安全壳设计相比,设计更加紧凑。"霍姆波特湾"反应堆安全壳是MARK/1安全壳设计的先驱,作为著名的MARK/1安全壳设计今天仍然在应用,关于这方面的问题将在第11章中讨论。

BWR/1型核电厂之后是通用公司的BWR/2型核电厂,仅仅建设了3座,分别是新泽西州奥伊斯特河核电厂、纽约的九里点1号核电厂和日本的敦贺(Tsuruga)1号核电厂。与目前运行的其他沸水堆相比,这些核电厂仍然是独一无二的,因为它们使用了多达 5 个外部回路，使得主冷却剂通过堆芯循环。在下一代沸水堆核电厂中，外部回路后来被“喷射泵”代替，再循环系统的配置确保了失水事故发生后堆芯保持冷却剂淹没，这超越了 BWR/1 型和一些早期的设计。除了通用公司的 BWR/2 型设计，还有其他公司如瑞典的 ABB 原子能公司(现在为西屋电气公司的分公司)和德国的 KWU 公司(现为法玛通公司的一部分)开发了沸水堆外部再循环回路。第一座 ABB 原子能公司核电厂是位于瑞典的奥斯卡港核电厂，第一座 KWU 公司沸水堆是位于德国的贡德雷明根 A 核电厂。

对于这些外循环回路的核电厂本章不再叙述，因为在美国只有 2 座这样的核电厂在运行，世界上其他地方这种类型核电厂也非常少。

全世界核动力反应堆分类数据可以从国际原子能机构动力堆信息系统网站获得，见文献(International Atomic Energy Agency, 2018)和国际原子能机构的运行经验报告(International Atomic Energy Agency, 2017b)。最近的文献与资料包括反应堆供应商、类型、型号、热和电功率、燃料组件数量等其他数据。

9.2.3 喷射泵核电厂

第一座采用喷射泵运行的沸水堆是建设在伊利诺伊州德累斯顿 2 号沸水堆核电厂，该核电厂在 20 世纪 70 年代早期投入运行。该设计动机主要是减少大容积反应堆压力容器与之前外循环回路设计之间的贯穿数量，当反应堆压力容器发生失水事故喷放和开始再注入时，安排其余的贯穿使得堆芯能可靠地被水覆盖。

如图 9.2 所示，喷射泵的布置确保再循环系统管路出现任何破口时堆芯仍然保持有两相冷却剂覆盖，管路破口高度可达到堆芯活性区 2/3 的高度上。堆芯上部 1/3 部分的长期冷却由堆芯喷射提供，此外还有来自反应堆低处沸腾向上的蒸汽。喷射泵的另一个优点是堆芯冷却剂流量只有 $\frac{1}{4} \sim \frac{1}{3}$ 流经再循环管路和再循环泵，由于再循环流量较小，再循环管路管径可以小一些。剩余部分的流动是通过喷射泵喷嘴高速喷射冷却剂夹带的(图 9.1)。

通用公司一共研究开发了 4 个类型的喷射泵核电厂，始于德累斯顿 2 号的 BWR/3 型，终于 BWR/6 型，诸如大海湾核电厂。关于 BWR/6 型沸水堆系统设计的讨论，可以在文献(GE Nuclear Energy, 2012)中看到。

这些类型的改进主要表现在应急堆芯冷却系统配置的改进，这些系统在缓解失水事故方面发挥了关键作用(见 9.3 节)。其他改进包括在紧急停堆期间增加控制棒的插入速度、改变再循环回路的流量控制，以及改进备用液压控制系统(SLCS)，这对于减少没有紧急停堆的预期瞬态非常重要(见第 10 章)。

相同类型沸水反应堆和压水反应堆在功率产出能力方面有一个重要的差

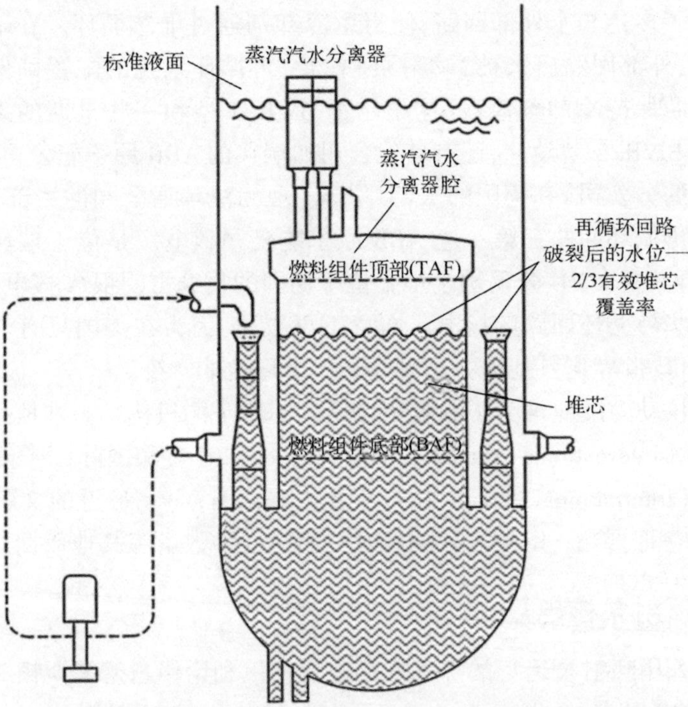

图 9.2　喷射泵式沸水堆事故后堆芯覆盖说明(见文献(U. S. Nuclear Regulatory Commission, 2017a)中的图 2.1-13)

别,相同类别的沸水堆可以有完全不同的额定功率。例如 BWR/6 型的大海湾机组装有 800 个燃料组件,而克林顿机组(也是 BWR/6 型)装有 624 个燃料组件,尽管两个反应堆类型年份相同,额定热功率和额定电功率却递减。沸水堆的物理尺寸由反应堆压力容器的公称直径确定,例如大海湾核电厂拥有 251 英寸的反应堆压力容器,而克林顿核电厂拥有 218 英寸的反应堆压力容器。反应堆压力容器尺寸的差别在考虑事故分析方面是重要的,但不像西屋电气公司典型的二环路、三环路、四环路压水堆,同类别不同额定功率的沸水堆,在发生失水事故时没有显著不同的现象,因为它们有相同的再循环回路数目和堆芯应急冷却设备,所不同的只是整体尺寸的差异。

9.2.4 内置泵核电厂

与外部再循环回路核电厂相关的再循环管路破裂,诸如 BWR/2 型或喷射泵沸水堆,代表了最严重的假设失水事故的事故序列。因此早期希望完全消除再循环管路,与泵一起放进反应堆压力容器内。阿西亚原子能公司与西门子

KWU 公司迅速采取行动落实这个设计理念，例如阿西亚原子能公司的 BWR-69 型的沸水堆（又称 BWR-2500）福斯马克（Forsmark）1 号和西门子 KWU 公司 69 型的伊撒河 1 号是依靠内部循环泵的另一个例子。在这类核电厂里，根据不同的设计，8~10 台电动机安装在反应堆压力容器的外部，以便对它们进行维修。传动轴穿过压力容器带动其内部的水泵转动，电机的转速控制范围和电源的冗余因核电厂的设计而异。

阿西亚原子能公司与西门子 KWU 公司（此时已是西门子电气公司的分公司）继续改进这个沸水堆设计理念，这两个公司在设计技术高峰时期，分别设计了 BWR-75（也就是 BWR-3000）类型的沸水堆如福斯马克 3 号核电厂，72 型沸水堆如贡德雷明根（Gundremmingen）B 核电厂。参考文献（International Atomic Energy Agency，2018，2017b），运行的沸水反应堆还有其他分类，这些核电厂在 20 世纪 80 年代中期开始运行。除了著名的沸水堆类型，设计公司还在继续改进沸水堆的设计理念，但是再也没有一个核电厂投入建设。这些设计包括阿西亚原子能公司（此时已是著名的 ABB 公司）在 20 世纪 90 年代设计的 BWR-90，还有阿海珐（现在的法玛通公司）在 2000~2010 年设计命名为 KERENA 的概念沸水堆 SWR-1000。

通用公司在 20 世纪 80 年代研究出 BWR/6 型的先进型沸水堆，由于与其他沸水反应堆供应商的合作，它与欧洲的设计有许多相似的特点。该设计包含 10 个反应堆内循环泵，能够细微调节堆芯功率分布的微动控制棒机构，数字化反应堆保护系统和其他先进设施。先进型沸水堆获得了 1997 年美国核管会颁发的设计证书，该项设计已经在日本广泛建设，建成的领先的沸水堆核电厂柏崎刈羽 6 号和 7 号机组在 20 世纪 90 年代后期投入运行。

9.2.5 自然循环沸水堆核电厂

从 20 世纪 50 年代开始，沸水堆已经完全取消了流经堆芯的强制循环。沸水堆堆芯产生空泡，在堆芯形成大的密度变化，两相的水从堆芯向上流动，单相的液体沿着反应堆压力容器的下降管向下流动。1969—1997 年运行的荷兰尼德兰 58MW 电功率的多德瓦尔德（Dodewaard）核电厂成功地验证了自然循环运行的原理，除此之外自然循环沸水堆核电厂还有一些其他的先驱。

在 20 世纪 80 年代通用公司进行了 600MW 电功率规模范围自然循环简化沸水堆概念研究，在 20 世纪 90 年代初同期进行先进沸水堆的概念研究。这些概念包含许多非能动设计原理，即通过自然的过程缓解核电厂发生的事件，比如在失水事故情况下，依靠冷凝和自然循环进行堆芯冷却，而不是依靠以水泵为主的能动循环系统。

因为本身具有优点，自然循环沸水堆的概念被持续关注。通用公司现在和日立公司合作，在美国以通用电气日立公司运营，推出了更大的1600MW电功率设计概念，名为经济简化型沸水堆。该核电厂在整个功率运行范围维持自然循环并且广泛依靠非能动安全系统。特别是高的反应堆压力容器液体装量（与强制循环的沸水堆比较）和应急冷却系统的设计，能充分保证所有经济简化型沸水堆发生经典的失水事故时燃料包壳不会过热。

经济简化型沸水堆于2014年获得美国核管会的设计资格批准，但截至2018年没有经济简化型沸水堆核电厂运行或在建，它为轻水堆的设计和安全许可提供了一个重要的失水事故例证。具体来说，就是经典的失水事故下包壳受热升温现象的消失代表了现有轻水堆许可的转变：当不存在包壳温度响应时，应如何满足针对包壳温度响应的监管要求？

9.2.6 扩大现有核电厂的发电能力

一般的沸水堆，正如最初设计的那样，有很大的安全余量。分析能力、堆芯监测精度和精细燃料设计的进步，已经使许多在运的沸水堆核电厂采取延长换料周期、停堆和运行之间的快速切换、在高于最初许可的热功率工况下良好运行等措施，显著地提升了发电功率。尤其是所有美国的沸水堆机组已经率先提升了现有机组的电力生产能力，主要方式为改进运行策略和设备升级，绝大多数核电厂现在每两年换一次料，换料周期少于30天，许多核电厂获得了比原许可热功率水平高20%的运行许可。热功率大约高于运行许可证允许的20%在美国被称为“扩展功率提升”（EPU）。

沸水堆发电能力的提高同时也表明，通过使用先进的核电厂瞬态建模和燃料设计改进，核电厂运行起来比最初展示的更安全。特别是，通过改进的功率测量和分析能力，对堆芯内的三维功率分布进行燃料重新加载建模和在线监测，可以更准确地了解电厂的实际情况。此外，沸水堆燃料还相继进行了增强型材料改进和提升热性能。美国早期的沸水堆核电厂运行燃料组件设计为7×7或8×8燃料棒排列，现在一些核电厂过渡为燃料棒组件为11×11排列，这样不仅可以减少每根燃料棒线功率，还可以增加冷却剂的混合和慢化作用，提高了热工余量和中子的利用。以前核电厂第二年更换原来堆芯核燃料的1/3，以后每年按时按同样量换料。目前的情况是，每两年换料一次，并且堆芯的热功率超过原来热功率的20%。核电厂运行能力提高改进了其整体运行的经济性，只有通过改进燃料组件设计和分析能力这一切才有可能实现。

最后，由于较长的换料周期（和相关的主要维修活动），当某些设备无法进行维护保养时，分析工具可用于给沸水堆提供额外的灵活性以功率继续运行。

例如,40 年以前的一座核电厂需要停堆以处理主蒸汽隔离阀问题,现在操纵员可以降功率转为更严格的操作限值后关闭主蒸汽隔离阀(从而阻止 4 条蒸汽管线中的任意一条蒸汽管线蒸汽的流动),对其进行维修。在应用设计基准分析方法时必须注意到,合理提出分析要求是重要的,因为在非正常核电厂工况下进行计算,安全分析软件会产生新的要求,例如产生与不对称行为有关的现象。另一个常见的设备停机情况是喷射泵沸水堆一个再循环回路的维修。

9.2.7 扩展在役核电厂运行的灵活性

与压水堆一样,沸水堆核电厂一般在燃料循环寿期内失去反应性,此时燃料中的易裂变材料已经耗尽。在这种情况下,压水堆核电厂的反应性损失通过降低冷却剂中的硼浓度来补偿。然而,这不是沸水堆的选择;相反,它们利用堆芯内部沸腾的优势,通过堆芯总流量的变化来抵消反应性的变化,其中,堆芯流量的变化会改变中子慢化的量,从而调节反应性。在典型情况下,所需的堆芯热功率是通过保持控制棒处于预定位置,减少堆芯流量(少于额定值)建立的。然后反应性随燃耗降低,堆芯流量略有增加以保持期望的功率水平,期间无须移动控制棒。这个"流量控制"的概念是沸水堆功率控制的关键因素,在额定功率下核电厂可以运行的堆芯流量范围通常被称作"流量窗口"。

在整个循环寿期反应性损失的一般性论述被认为是普遍规律,但是也有例外,现代沸水堆高能(例如,装有大量的可裂变铀)燃料循环设计可以支持多年燃料循环和扩展功率提升条件,在早期的燃料循环中,可燃毒物(通常是钆)混合在燃料芯块中辅助反应性的控制。在首期的燃料循环中,随着可燃毒物的消耗,通常堆芯的反应性增加而不是减少。这种增加的反应性要求以相反的形式应用流量控制的概念,就像在上述段落中描述的那样。

随着沸水堆核电厂转为扩展功率提升运行,功率/流量运行范围通过扩展流量窗口以便扩大运行的灵活性。目前,沸水堆核电厂经过批准可以在以下范围运行,即将额定流量 85%作为堆芯最小流量,将 120%初始许可热功率(OLTP)作为最大热功率。然而,降低堆芯流动后要实现运行灵活性,需要仔细考虑某些事件,特别是经历反应堆泵跳闸后,出现燃料组件内的热工水力不稳定或堆芯核物理不稳定的可能性比以前的运行策略更大。图 9.3 提供了一个代表性的功率/流量运行图,参考了大型喷射泵沸水堆的初始许可热功率。

在安全分析方面,沸水堆的初始条件比压水堆的更复杂,因此在本章其余部分没有深入讨论。例如,整个燃料寿期内沸水反应堆的安全分析中必须解决控制棒插入方式和堆芯流量变化。与此不同,所有的压水堆在运行中完全使用控制棒调节,在整个循环中堆芯流量保持恒定。

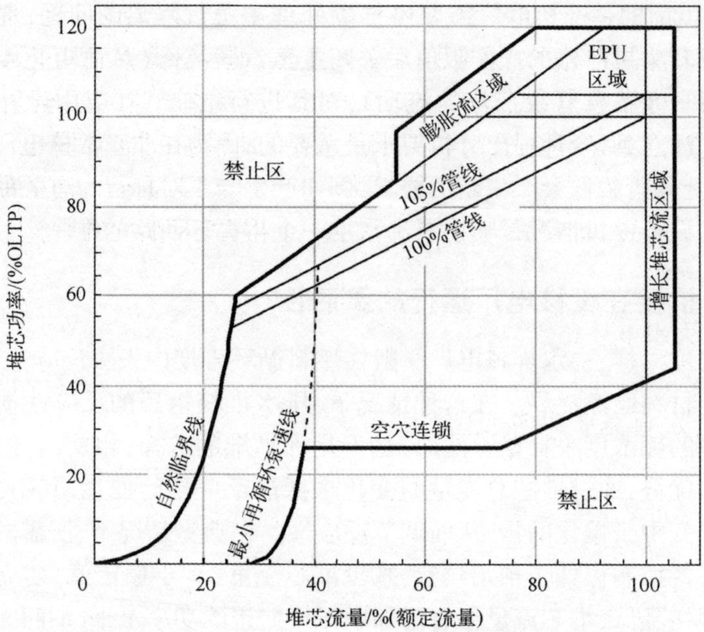

图 9.3　喷射泵式沸水堆的典型功率/流量运行图

沸水堆操纵员操作控制棒放置在“A”的位置(通常 1/4 或 1/8 镜像对称)或“B”的位置(非象限,镜像对称)控制棒顺序交换,没有固定顺序使用要求。堆芯设计者可以规划控制棒在寿期内的移动方式,例如,比较多的控制棒非常浅地插入堆芯,以改进功率分布的方式提高燃料安全余量。但核电厂并不需要遵循这样详细的规划,核电厂操纵员会尽量避免用这种浅插控制棒的方式来提供循环能量或者管理控制棒端部的“燃耗”,例如操纵员还可以将一些燃料棒深深插入堆芯,如作为一个失效燃料组件附近功率抑制的一部分。分析方法必须考虑计划的控制棒模式与实际的控制棒模式之间的差异,在分析中明确说明这些影响,而不是显示影响被监测选定的参数边界所覆盖,这是与安全分析方法开发和应用相关的综合效应的必要部分。

9.2.8 安全壳事项

在 9.2.2 节总结中提到沸水堆安全壳结构改进过程:从大型干式安全壳到压力抑制式安全壳,从最初在洪堡湾的安全壳到后来成为所有沸水堆标准特征的安全壳。由于只有极少的在役沸水堆使用干式安全壳,故本章不涉及这种干式安全壳设计。

压力抑制式安全壳有利于紧凑型核电厂设计,事实上早期的压力抑制式安全壳设计因为太紧凑了以致影响核电厂维修的能力。从失水事故的角度来看，安全壳的压力抑制行为产生较低的安全壳压力，而与压力抑制功能相关的大量水源可以方便可靠地为应急堆芯冷却系统提供冷却水。应该注意的是，与安全壳和管道上蒸汽冷凝相关，且随时间变的水力负荷非常重要(见第 11 章)。

9.3 失水事故

沸水堆失水事故导致燃料包壳温度升高的现象与压水堆的情况类似，但还是有一些不同的方面。沸水堆与压水堆类似的现象包括破口位置的临界流，事故发生时喷放、再充水、再淹没阶段的传热等。然而，之所以有不同之处是因为沸水堆较低的运行压力和较低的线功率密度。相对于压水堆燃料组件通道的影响导致反应堆堆芯更复杂的流动形式，在沸水堆里因为每个组件周围都有燃料通道，所以辐射传热冷却是它的更大的优势。

轻水堆评估模型框架中强调了沸水堆和压水堆失水事故序列分析的相似性和差别，研发该评估模型框架的主要目的是支撑美国核管会在 20 世纪 70 年代的监管活动(Lyon,1975)。轻水堆评估模型由一些基本的通用软件组成(RELAP4 也在其中)，用于对两种类型的核电厂进行全面的反应堆冷却剂系统整体性能分析。然而，也使用了不同的工具来计算燃料组件的局部效应，尤其是沸水堆模型中提供的考虑棒对棒和棒对通道的辐射传热过程，这一过程在压水堆计算中是不考虑的。虽然如今沸水堆失水事故分析已采用更集成的方法，但在当前方法论框架中处理这些现象的区别仍然可以看到，这些区别来源于沸水堆和压水堆设计之间在关键现象学上的差异。

本节对沸水堆失水事故的讨论主要集中在喷射泵沸水堆核电厂设计。老式的外部再循环泵沸水堆设计，如 BWR/2 型，都有与失水事故相关的有趣挑战，但仍在运行的核电厂很少，未来也不会建造。正如 9.2.4 节描述的那样，内部再循环泵核电厂取消了大直径的外部再循环管线，减少了失水事故的失水路径。但是从失水事故总体现象学来看，没有再循环管路在相似位置和尺寸发生失水事故的情况与喷射泵沸水堆没有太大区别(例如，发生在给水管路或蒸汽管路)。

9.3.1 监管限制

在美国监管框架内，沸水堆失水事故的监管限制和压水堆一样(如包壳峰值温度、氧化率、产氢量)。本书第 1 章给出了这些限制。

9.3.2 可接受的分析方法

美国 10 CFR 50.46 和附录 K 的规范(U. S. Nuclear Regulatory Commission, 2000)描述了一个计算失水事故限值的可接受方法。在沸水堆中按照附录 K 的要求进行失水事故分析的一个独特的方面是,使用规定的对流换热系数来反映上腔室从上面喷淋燃料组件的效果。这些传热系数用 7×7 的栅格表示,数据来自 BWR-FLECHT 实验设施,在文献(Duncan 和 Leonard,1971,1970)进行了说明。其条例中规定允许使用其他有充分依据的喷淋传热系数,无论使用哪些数值,重要的一点是使用这个现象学模型必须符合附录 K 中对分析模型的建模要求。

自附录 K 分析方法发布以来,更现代的最佳估算和现实技术已经得到美国核管会批准,第 1 章叙述了它们的基础。已经提交给美国核管会的现代分析方法的两个例子可以在文献(GE-Hitachi Nuclear Energy,2011;AREVA,2014)中找到。这些方法采用了截然不同的处理方式。文献(GE-Hitachi Nuclear Energy, 2011)中 TRACG 程序的应用按照第 7 章程序、比例、适用性和不确定性方式采用了最佳估算方法。文献(AREVA,2014)方法在与附录 K 一致的保守框架中使用了 S-RELAP5 程序,这些文献的公开非专有版,可从美国核管会获得,并为沸水堆失水事故分析提供了有用的上下文和见解。

9.3.3 大破口失水事故

与第 8 章讨论的压水堆一样,喷射泵沸水堆大破口事故可描述为,反应堆冷却剂系统出现任何面积达到或大于 1 英寸^2(0.1m^2)的破口,直到直径最大的附属管道双端剪切断裂。在喷射泵沸水堆中,典型的是再循环管道,请注意 1.0 英尺^2(约 0.1m^2)的断裂面积是建议性的,对讨论没有总体意义。除破口尺寸外,沸水堆大破口失水事故序列发生在最初液体注入的位置。实际上在喷射泵沸水堆系统中大破口与小破口没有明显的区别,因为小破口的缓解策略涉及与蒸汽管路连接的自动降压系统启动,其作用是相当于制造了一个蒸汽管路的破口事件。

沸水堆蒸汽管路的破口表示反应堆冷却剂系统出现失水事故,但是这些破口不如喷射泵沸水堆液相破口更极限,可能也不会导致燃料包壳升温,因此在本节强调的是液相破口。相应的沸水堆大破口失水事故定义为不需要自动降压系统启动就可以恢复核电厂正常运行的液相失水事故。如破口的尺寸足够大,反应堆冷却剂系统会可靠降压,但没有达到触发自动泄压系统启动的点,达到这个点低压堆芯安注(LPCI)和低压堆芯喷淋(LPCS)系统将与应急堆芯冷却系统一起启动。接下来将给出大破口失水事故的一般特征,然后讨论现象评估、缓解策略和相关的系统。

9.3.3.1 瞬态阶段与识别

沸水堆大破口事故的瞬态通常分为几个不同的阶段，这些不同阶段的物理过程和现象都很重要。然而与压水堆相比，在沸水堆明确划分这些阶段没有意义，例如，附录K并没有像在压水堆中那样明显地确定喷放阶段的结束点。

发生在喷射泵沸水堆的大破口失水事故始于再循环管路的破裂，以再循环泵抽吸侧破口处为极限破口位置。抽吸侧破口流动主要有两个来源：①下降段区域下部，通过吸入管线在压力容器的接管流出；②驱动喷射泵接管，从下降段中部区域和下腔室吸入流体（如反方向）。由于破裂再循环回路中喷射泵驱动流和从下部腔室通过那些喷射泵流向破裂处的反向流损失，反应堆堆芯流量迅速下降到名义流量的20%左右。这个瞬态过程导致反应堆紧急停堆，完整再循环管路的再循环泵停泵（因为假设失去电力），并且连接反应堆压力容器给水系统和蒸汽系统的隔离阀关闭。

当水位低于喷射泵的吸入高度时，堆芯流动会停滞。随着两相的水从管路破口吸入管线排出，反应堆冷却剂系统的压力从正常运行压力大约1050psia（7.2MPa）迅速降低。压力降低导致堆芯、上腔和汽水分离器区域的饱和水出现闪蒸，然后在失水事故开始时下降段和下腔室区域的过冷水出现连续闪蒸。如果因为堆芯流动停滞导致燃料棒发生干涸，闪发的蒸汽可以改变堆芯热工水力行为，并使燃料棒骤冷。在某些情况下燃料棒可以免于干涸，尤其在更早期的低燃料组件功率峰值运行策略下。然而在大多数情况和初始条件下，由于燃料内部储能随着堆芯流量的迅速减少而向包壳迁移，预计会发生燃料棒干涸。例如，喷射泵沸水堆的一条再循环回路在运行的情况下，如果破口发生在运行回路，由于堆芯的流量迅速降低，那么堆芯的燃料棒可在1s内干涸。

此时系统的降压速率是由冷却剂从反应堆冷却剂系统的出口到安全壳的速率决定的，冷却剂在通过破口时闪发成蒸汽来减速。通过破口的冷却剂流速受到声速的限制，成为临界流或阻塞流。破口流动在初始时是过冷的单相流，很快就变成气液两相流体的混合物。一旦破口被冲开，单相蒸汽排出，压力下降更加迅速，瞬态的这个过程称作喷放阶段。如前所述，在沸水堆系统中喷放阶段没有确定一个明确的结束点。然而，系统仍将继续降压，一般情况下低压堆芯注入系统启动向反应堆冷却剂系统注入冷却水时，喷放阶段结束。这个定义便于识别，因为应急堆芯冷却系统注入的冷却水到达后，现象会发生改变。按照定义，当反应堆冷却剂系统的液体排空时（在沸水堆一般不会发生）或者反应堆冷却剂系统与安全壳的压力达到平衡时喷放阶段才结束。不像大多数压水堆安全壳那样压力可以达到峰值压力 60~80psia(0.41~0.55MPa),沸水堆压力抑制安全壳压力保持接近大气压力,因此反应堆冷却剂系统降压也接近大气压力。

一旦低压堆芯安注和低压堆芯喷淋系统向反应堆压力容器注水,再充水阶段便开始(见 9.3.3.3 节)。低压堆芯安注的入口位置取决于破口位置和应急堆芯冷却系统的设计,尤其是在 BWR/3 型、BWR/4 型核电厂中低压堆芯安注系统把水注入再循环排放管线,通过喷射泵驱动接管和喷射泵将冷却剂注入下腔室(对于这种情况,在低压允许指示后,再循环排放阀发出关闭信号)。而在 BWR/5 型、BWR/6 型核电厂低压堆芯安注则注入燃料组件和堆芯围板之间区域,这种差异影响了与液体向下腔室排放相关的现象学。

当低压堆芯喷淋启动并且与低压堆芯注入系统一起提供大量的水时,再淹没阶段开始。由于在燃料组件之间发生流体并流和逆流流型的复杂性,燃料组件淹没的时间不一样,再淹没的准确时间没有确定,然而,个别燃料组件确实经历了从底部或顶部的再淹没过程。此外,液态水存在于燃料组件间隙区域,通过燃料组件通道之间的热传导提供了第二个冷却源。需要注意的是,通常现象过渡点与达到额定堆芯喷淋流量的时间有关。与压水堆失水事故喷放阶段应急堆芯冷却系统的旁路过程类似,由于向燃料组件喷淋流量的分配具有不确定性,沸水堆的分析方法中通常在达到额定喷淋流量后才会认为堆芯因喷淋而冷却。一些典型沸水堆/4 型核电厂大破口失水事故的事件序列见表 9.1(Ratnayake 等,2002)。该表显示了事故中设备和系统响应的三个阶段和关键时刻。

表 9.1 沸水堆/4 大破口失水事故事件排序①

事　件	时间/s	阶　段
破口初始,假设丧失外部电源并且再循环泵跳闸②	0	
由于压力下降导致蒸汽流量开始下降	0+	
给水流量开始下降(假设给水泵脱扣)	0+	
主蒸汽阀关闭开始	0+	
反应堆紧急停堆开始	0.2	
给水流量停止(保守假设)	0.5	喷放
蒸汽流量停止(因为主蒸汽阀关闭)	5.0	
喷射泵驱动堆芯未覆盖冷却剂(堆芯流动很快停滞)	12.6	
再循环抽吸堆芯未覆盖冷却剂	24.7	
高压堆芯注入流动启动	25.0	
下腔室闪蒸开始	28.0	

续表

事件	时间/s	阶段
低压堆芯喷淋注入开始	89.5	再充水
低压堆芯注入流动注入开始	90.7	
再循环排放阀关闭开始	104.5	
高压堆芯注入流动停止	113.0	
再循环排放阀关闭	134.5	
额定低压堆芯喷淋	147.9	再淹没
堆芯再淹没过程：		
(1) 平均通道	282.0	
(2) 热通道	327.0	

注：① 这个事故序列没有显示 10 CFR 50 要求考虑最坏单一故障假设的影响。此外，应急堆芯冷却系统喷射阀开启或再循环排放阀关闭的时间取决于阀门压力允许的设定值。

② 另一个回路的再循环管断裂和泵跳闸导致堆芯流量迅速下降到标称流量的 25%左右，并且在控制棒停堆之前堆芯变成亚临界状态，最终确定了亚临界状态。

沸水堆安全壳内发生大破口失水事故，由于大量的水和能量进入安全壳内，反应堆冷却剂系统和安全壳都发生巨大变化。破口将导致安全壳干井（蒸汽进入压力抑制区之前包围反应堆冷却剂系统的部分）的增压，从而导致反应堆紧急停堆。反应堆压力容器液位降低导致反应堆压力容器隔离，包括主蒸汽隔离阀关闭，这些耦合效应确保无须操纵员立即采取行动即可进行大破口失水事故的自动诊断和缓解。与蒸汽破裂相比，液相破裂导致反应堆冷却剂系统的减压速度更慢，反应堆压力容器液位的下降速度也更慢，这有助于区分这些事件。然而，与压水堆相比，区别并不那么重要，因为在压水堆二回路，液体破裂事故与蒸汽管道破裂的缓解策略和操纵员行动是不同的。

9.3.3.2 现象评估

与压水堆相比，公开发表的描述沸水堆核电厂失水事故现象的工作非常少。这里给出沸水堆失水事故现象识别与排序表，摘自文献（Ratnayake 等，2002）。这个文献可以用于现象评估总结并且对现象的重要度排序给出建议。此外，在前面提到的提交美国核管会的关于沸水反应堆失水事故评估的报告（GE Nuclear Energy，2012；AREVA，2014）中，两者都含有专用的现象识别与排序表。但是，可以收集这些文档来确定关键的考虑事项，表 9.2 列出了与沸水堆大破口失水事故建模相关的关键现象和过程，以及从局部到全局效应的组织。

表 9.2 沸水堆失水事故关键现象和过程

现象和过程	讨 论
破口处临界流	破口位置的临界流影响喷放过程中的降压速率。一旦破裂,开始是过冷临界流,然后是两相临界流,最后是单相蒸汽临界流
燃料棒内的传热和储能	燃料芯块的储能和导热,燃料/包壳间隙传热,包壳传热和包壳表面污垢影响燃料棒的热量导出和把热量传给冷却剂的能力
棒束临界后对流换热	燃料棒的对流传热是重要的冷却源
燃料棒间、燃料棒束与流道间的辐射传热	在燃料组件之间的间隙区域的冷却可以冷却燃料周围的流动通道,因此从燃料棒到通道的辐射传热为燃料棒提供了冷却
燃料组件顶部和底部的反向流动限制行为	在上部连接板和燃料组件与下腔室之间的侧入口孔板上的逆向流动限制会改变燃料组件中存在的冷却剂的量
燃料棒束阻力和空泡分布	单相和两相摩擦压降和空泡份额参数(如界面摩擦和界面面积)共同影响堆芯流量分布和流速
多通道效应	燃料组件的不同功率水平、单个组件的反向流动限制和包围组件的流道会形成以下工况,包括组件周围流体并行向上的流动(热组件)、反向流动(平均温度组件)、同向向下流动(低功率燃料组件)的流型
下腔室闪蒸	下腔室饱和液体的闪发在喷放阶段提供关键的冷源,闪发为侧面入口孔口的反向流动限制提供了蒸汽源
上腔室冷凝	堆芯喷淋形成蒸汽冷凝影响系统的压力
上腔室喷淋分布	燃料组件之间的应急堆芯冷却喷淋流动分布会影响每个组件可用于冷却的水量
喷射泵喷嘴临界流	喷射泵喷嘴在喷放过程中起到收缩作用,此时组件内可能出现临界流量,从而改变喷放率
流量惯性下降	在再循环系统和压力容器中,流动的下降影响燃料传热和燃料干涸的潜在发生
主泵动力学效应及惰转	再循环泵的动力学特性(包括两相流动的同步曲线和反向流动)和转速下降影响流量下降和潜在的燃料干涸的发生
初始堆芯功率	堆芯瞬态前功率影响燃料中储存的能量,这个影响包括燃料组件间的三维径向和轴向功率分布
衰变热	衰变热在该假想事故的后期影响燃料棒功率,包括三维功率分布

相对于压水堆,表 9.2 中列出的所有关键现象中,喷淋在上腔室的分布和多通道效应是最独特的方面。如文献(Schumacher 等,1983)所述,作为沸水堆再充水-再淹没项目的一部分,通用电气公司在 20 世纪 80 年代对这些影响进行了实验评估。在全尺寸整体模拟试验装置中,大多数其他关键现象都在一系列试验中得到解决,这些分析研究与沸水反应堆再充水-再淹没项目也有关联,见文献(Stephens,1982;Hwang 等,1984)。全尺寸整体模拟试验装置的研究结果已由日本原子能研究院的 ROSA-Ⅲ项目所开展的对比试验确认,这些数据集为评估沸水反应堆 LOCA 事故关键现象提供了重要的信息,并且被用于文献(GE

Nuclear Energy,2012;AREVA,2014)的报告中。

9.3.3.3 缓解策略

已总结了大破口失水事故的缓解策略,即主要由沸水堆应急堆芯冷却系统的低压应急堆芯冷却系统执行。文献(Lahey 和 Moody,1993)、8.3.2 节和《通用公司系统手册》第 10 章(U.S. Nuclear Regulatory Commission,2017b)提供了关于这些系统的详细讨论,包括安注水来源和原理图。所有典型的应急堆芯冷却系统归纳如下,重点放在对大破口失水事故缓解重要的方面。

(1) 高压冷却剂注入或高压堆芯喷淋系统:高压冷却剂注入(BWR/2 型至 BWR/4 型核电厂)或高压堆芯喷淋(BWR/5 型和 BWR/6 型核电厂)是设计用来缓解失水事故首批应急堆芯冷却系统。然而高压冷却剂注入对大破口失水事故不起什么作用,高压堆芯喷淋系统提供再注水能力并且对堆芯进行喷淋冷却,这些系统将在小破口失水事故一节讨论。

(2) 自动降压系统:自动降压系统被设计用于在高压冷却系统不能维持反应堆压力容器水位时(大约延时 120s)投入运行,自动降压系统在大破口失水事故中缓解作用不大,因为破口太大系统很快降压到低压应急堆芯冷却系统启动的压力点,低压应急堆芯冷却系统投入运行。

(3) 低压冷却剂注入系统:该系统设计用于实现冷却剂堆芯再淹没。低压冷却剂注入系统是余热排出(RHR)系统应急模式的功能,低压冷却剂注入系统可以在反应堆冷却剂系统压力低于约 465psi(3.2MPa)情况下运行。该系统由几台大容积水泵组成,把安注水注入反应堆压力容器中。早期的喷射泵式沸水堆冷却剂的注入点位于通过喷射泵喷嘴的再循环排放管路,后来沸水堆冷却剂直接注入堆芯围板。考虑堆芯的再淹没现象时,冷却剂注入位置是重要影响因素。此外,如果破口在再循环管路上距离破口很近,必须考虑注入冷却剂在破口处的损失。

(4) 低压堆芯喷淋系统:低压堆芯喷淋系统为堆芯提供喷淋冷却,并且帮助减少堆芯再淹没的时间,一旦堆芯再被淹没,它就在堆芯冷却中起重要作用,以确保堆芯顶部 1/3 的部分得到冷却(图 9.2)。

典型的沸水堆/5 型应急堆芯冷却系统与 MARK Ⅱ型安全壳的所有系统布置见图 9.4。

需要强调的是失水事故许可分析中必须考虑最严重单一故障的影响(见 3.2 节)。由于假定柴油发电机(与安全相关的系统和部件的备用电源)故障导致假定的厂外电源丧失,应急堆芯冷却系统的冷却能力大约是全部冷却能力的一半。因此,再循环排放管道破裂后发生大破口失水事故,柴油发电机也失效,应急堆芯冷却系统通常只有一个堆芯喷淋系统和 2 台低压冷却剂注入水泵可以

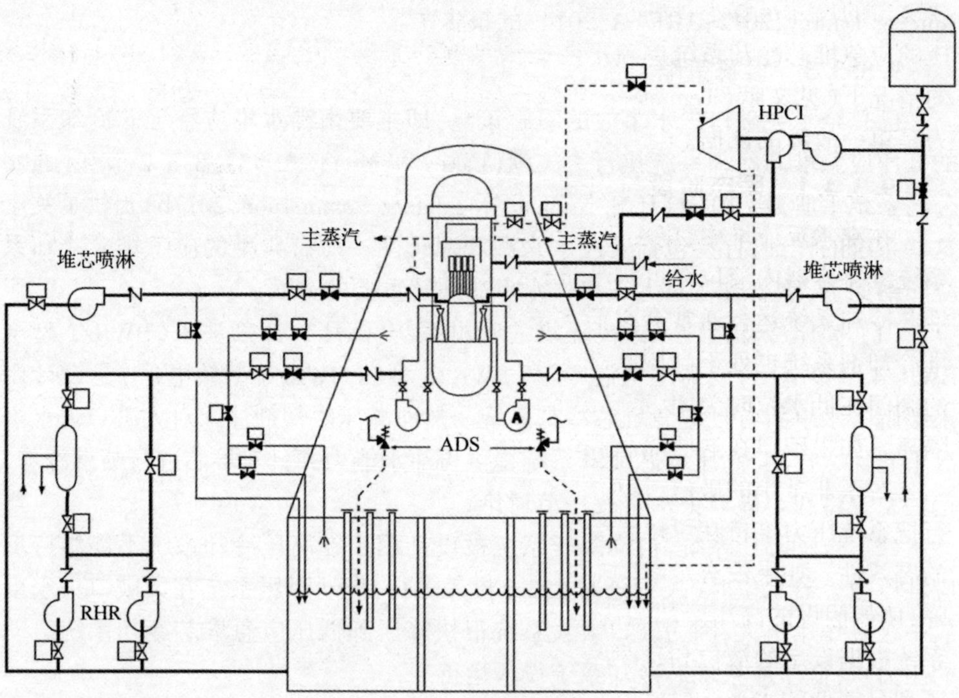

图 9.4　典型的沸水堆/5 型核电厂应急堆芯冷却系统图(见文献(U. S. Nuclear Regulatory Commission,2017b)中的图 10.1-5)

有效使用。或者对 BWR/3 或 BWR/4 一些老型号核电厂有“低压冷却剂注入回路选择逻辑”,如果关键的低压冷却剂注入系统安注阀被假定为最严重的单一故障,则只有两个堆芯喷淋系统可用。

9.3.4 小破口失水事故

喷射泵沸水堆小破口失水事故一般定义为反应堆冷却剂系统液体管线出现面积小于 0.1 英尺^2(约 0.01m^2)的破口,像大破口失水事故一样,这个破口面积是建议性的,没有特别重要的意义。

当所有安全系统都可用,且不应用与设计基准分析相关的单一故障准则(见第 3 章)时,沸水堆具有显著的缓解小破口失水事故的能力,不会造成包壳加热或剧烈的反应堆压力容器减压阀降压。这是因为核燃料的功率密度相对较低(与压水堆相比),在正常运行时堆芯处于两相状态,反应堆压力容器中有大量的液体库存,确保燃料棒被水覆盖不会发生干涸。

为了达到讨论的目的,本节假设沸水堆小破口失水事故为液体失水事故,伴随最坏的单一故障,这个故障靠启动自动降压系统可以使核电厂恢复,例如,只要破口的尺寸足够小，反应堆冷却剂系统降压不多，自动降压系统没有启动，高压的应急堆芯冷却系统单独不能提供足够的流量缓解该事件。注：除非在特定的情况下（见文献（Tennessee Valley Authority，2012）），否则自动降压系统被认为是单一故障的证据。

9.3.4.1 瞬态阶段与识别

在沸水反应堆中，当反应堆冷却剂系统水装量损失超过了正常给水和补给系统维持容器内液位在可接受条件的能力时，就会产生小破口失水事故。应急堆芯冷却系统运行通常会对低水位或安全壳（干井）高压力做出响应，此时反应堆冷却剂系统也处于高压状态。主蒸汽管道上的主蒸汽隔离阀和连接其他管路的阀门在低水位时关闭，这会导致反应堆压力容器与正常蒸汽和给水系统完全隔离。如果破口在这些隔离阀的外侧，事件将被有效地终止。

对于非常小的破口，反应堆冷却剂系统由于阀门隔离而压力增加，安全阀运行把系统压力维持在可以接受的水平，这种增压将减少应急堆芯冷却系统运行的有效性。如果没有足够的应急冷却剂补充，反应堆压力容器的液位将继续下降，例如假设的高压冷却剂注入或高压冷却剂喷淋单一故障。这导致自动降压系统根据设定的液位和延时触发启动，自动降压系统启动将反应堆压力容器减压到足够低的水平，这样低压应急堆芯冷却系统就可以缓解该事件。

在启动自动降压系统之前，小破口事件在一般情况下先紧急停堆，堆芯流体缓慢下降，堆芯不会发生反转流动，燃料棒包壳不会升温，反应堆压力容器内还有足够的液体保持堆芯完全覆盖。

一旦自动降压系统启动，事件就转变成类似大破口失水事故。然而，有一些考虑因素可能导致自动降压系统启动与大破口失水事故开始出现时间上的差异：

（1）燃料棒储能释放；

（2）燃料棒内的剩余衰变热负荷随时间延长而减少直到堆芯裸露；

（3）再循环泵转速缓慢下降；

（4）在自动降压系统启动时，反应堆压力容器液位已经很低；

（5）反应堆压力容器已经处于饱和状态，包括下腔室；

（6）蒸汽从自动降压系统排出，直接排入抑压池，在抑压池中冷凝。

当开展破口谱（例如，测量破口尺寸可能的范围）分析和确定与单一故障情况相关的最不利设备配置时，与这些考虑相关的电厂行为的变化反映在小破口失水事故结果中。

9.3.4.2 现象评估

因为小破口失水事故的情况与大破口失水事故的情况大致类似，小破口失水事故的现象考虑与 9.3.3.2 节和表 9.2 所述情况没有太大差别。两种事件下,都发生了发生快速降压(小破口失水事故后自动降压系统启动),伴随反应堆压力容器中冷却剂混合液位降低。小破口失水事故中降压的显著延迟,为燃料释放储能提供了时间,直到反应堆压力容器中冷却剂混合液位下降到自动降压系统启动设置点以下。FIST 和 ROSA-Ⅲ的试验都包括了小破口失水事故序列,验证了破口尺寸引起的现象学差异很小并且应急堆芯冷却系统能够把小破口失水事故充分缓解。值得注意的是,这些试验考虑两种沸水堆的代表型号 BWR/4 和 BWR/6 的布置,以找到它们高压应急冷却系统注入位置的差别,9.3.4.3 节将进行更进一步的说明。

9.3.4.3 缓解策略

缓解沸水堆核电厂小破口失水事故的关键系统是高压冷却剂注入或高压堆芯喷淋系统和自动降压系统。一旦自动降压系统启动,9.3.3.3 节叙述的与大破口失水事故相关的低压系统是很重要的。典型的高压应急堆芯冷却系统总结如下:

(1) 高压冷却剂注入或高压堆芯喷淋系统:高压冷却剂注入系统(BWR/2 型至 BWR/4 型)或高压堆芯喷淋系统(BWR/5 型至 BWR/6 型)是首个设计应急堆芯冷却系统用于缓解失水事故的系统。这个系统由一个水箱、一台水泵和一个阀门组成,把冷却剂输送到下降段区域或堆芯的顶部,具体输送到何处由设计而定,阀门的控制系统应用工程程序进行驱动。

(2) 自动降压系统:自动降压系统被设计用来在压力容器丧失高压冷却或高压冷却系统无法维持反应堆压力容器水位的情况下启动。发生小破口失水事故时,自动降压系统启动以降低反应堆冷却剂系统压力,运行低压应急堆芯冷却系统,例如,在高压喷淋系统和高压冷却剂注入系统不能启动时,启动低压喷淋系统和低压注水系统充分冷却堆芯。自动降压系统设计要求,反应堆压力容器低液位时或干井压力高时延时 100~120s 启动。因为考虑自动降压系统启动的潜在后果,自动降压系统计时器给操纵员提供时间考虑是立即启动系统缓解事件,还是在虚假动作后重启系统。一旦计时器启动,操纵员便可以手动启动自动卸压系统,早于自动启动时间。

9.3.5 中尺寸破口考虑

同小破口失水事故一样,沸水堆核电厂的中尺寸破口事故一般事故进程较缓慢。中破口确实会导致反应堆压力容器压力降低,但是降低的速度缓慢足以让燃料棒储能释放出来,并且不会发生流动反转,因此避免了潜在的燃料干涸。

9.4 非失水事故

在正常的设计和许可过程中会遇到非失水事故方面的问题,沸水堆与压水堆没有什么大的差别。一些事件如蒸发器换热管破裂事故与直接循环的沸水堆无关,其他一些事件比压水堆严重,例如汽轮机故障停机,对于压水堆核电厂显得不是特别严重。

在沸水堆,突然关闭靠近汽轮机附近蒸汽管线的阀门,将使反应堆冷却剂系统的压力升高,导致堆芯的空泡突然淬灭,此时如果控制棒插入不够迅速就会导致功率激增,1977 年桃底核电站对此做过一系列实验。通过经济发展组织的核能机构对这些实验进行了讨论和分析,其形成的文件成为国际轻水堆瞬态基准程序的一部分(Solis 等,2001)。这些实验为沸水堆非失水事故分析方法提供了一个重要的验证实验,详见文献(Andersen 等,2006;AREVA,2009)。

汽轮机停机或发电机甩负荷等许多非失水事故被认为是核电厂寿期内发生可能性相对较高的事件。例如,发电机甩负荷将导致安装在主蒸汽管道的汽轮机控制阀关闭(类似汽轮机事故停机),一旦发生这种情况,电力供应网络将受到严重的外部干扰(远离核电厂并且处于核电厂运行影响之外)。作为事故发生的概率,这种事件造成燃料损坏的可能性极低,并且影响到公众的可能性更低。因为核电厂安全运行的要求非常严格,对于在运行中的预期运行事件,核电厂必须以确保不会发生燃料损坏的方式运行。

一般情况下,沸水堆的运行受到几种不同因素中的任意一种的限制,在燃料循环过程中,对运行的特殊限制可能会发生改变。和压水堆的情况一样,要确保失水事故的后果在可接受限制之内。因为在沸水堆里,失水事故通常的后果不会那么严重,这使核电厂的运行更接近其他类型的运行限制。实际上,许多拥有更高功率水平和先进燃料设计的沸水堆正面临这种情况,几个限制中的任何一个都会限制核电厂在燃料循环的某个时刻的运行。这导致了燃料设计或分析准确性的改进可能不会获得太多的总体效益,因为另一个约束立即发挥作用,也就是说,没有单一的"帐篷里的长杆"在阻碍进步。

9.4.1 事件分类、频率分级和运行限制

预期和假设的事件通常被分为几个不同的类别,这些类别与事故的初始阶段如何展开有关。另外,每个事件按其预期发生频率分类,那些预期会更经常发生的事情,如前所述,需要坚持更严格的接受准则以保护公众。相对于多数压水堆,沸水堆的安全分析(见第 2 章)或最终安全分析报告在管理和组织上有重要

的区别。沸水堆一般按照事件类别列出所有与瞬态和事故分析相关的事件,而压水堆的内容则按照 3.3 节所述的预期发生频率进行组织。

9.4.1.1 事件类别和典型序列

在沸水堆非失水事故分析中考虑典型事件的分级,按照每个级别及其典型现象罗列如下,这些级别与事故序列与许多沸水堆核电厂的最终安全分析报告中的分类一致(尤其是在美国运行的核电厂),特定方面的差别取决于特别设计的细节或许可证基准,如没有再循环水泵的经济简化型沸水堆。

1) 冷却过度事件

这类事件是非计划内堆芯热量排出的增加。热量排出超过堆芯产生热量会导致堆芯入口温度下降,这反过来会增加堆芯的慢化剂密度(从而增加堆芯的反应性),并可能导致功率水平的增加和停堆余量的减少。这类事件包括以下情况:

(1) 给水系统故障导致给水温度下降;

(2) 给水系统故障导致给水流量下降;

(3) 蒸汽压力调节器故障或失效导致蒸汽流量增加。

2) 热量增加事件

这类事件是非计划内排出堆芯热量减少,随后导致燃料的温度上升,这类事件包括一些增压事件,例如反应堆关闭蒸汽管路阀门所致。这类事件包括以下情况:

(1) 丧失外部负荷(发电机甩负荷)汽轮机停机;

(2) 冷凝器失去真空;

(3) 主蒸汽隔离阀门关闭;

(4) 蒸汽压力调节器故障(关闭);

(5) 电厂辅助设备非应急交流电丧失。

3) 冷却剂失流事件

这类事件发生后,反应堆堆芯冷却剂流量减少,导致堆芯传热恶化,这类事件包括以下情况:

(1) 再循环泵停泵;

(2) 再循环泵流量控制器故障导致流量减少;

(3) 反应堆冷却剂泵转子卡死;

(4) 反应堆冷却剂泵轴断裂。

4) 反应性事件

这类事件涉及控制棒抽出导致的反应性引入,增加再循环流量或温度较低的水加入堆芯。在这类事件中,因为减少堆芯平均空泡份额导致慢化的中子通量增加，相应的堆芯功率增加。这类事件包括以下情况：

（1）由控制棒失误运动掉落引发的一系列事件（见第10章）；

（2）空置再循环回路的启动；

（3）再循环回路流量控制器故障，导致堆芯流量增加；

（4）给水加热器丧失，导致堆芯入口过冷度减少。

5）水装量增加事件

这类事件涉及在反应堆正常运行时无意中将冷水直接注入反应堆压力容器，增加堆芯的低温冷却，引起堆芯功率增加，个别事件发生的情况（冷水源）由各核电厂的不同情况而定。这类事件包括以下情况：

（1）应急堆芯冷却系统的误运行使反应堆冷却剂装量增加，其中包括高压堆芯喷淋系统、高压冷却剂注入或反应堆堆芯隔离冷却系统（例如，非安全冷却剂补充系统）；

（2）给水控制器故障导致给水流量增加进入反应堆压力容器，直到高功率或者在高水位时汽轮机停机。

6）水装量减少事件

这类事件涉及系统故障和保持系统装量的部件响应失效。与失水事故相比，这类事件的反应堆冷却剂压力边界没有破裂。这类事件包括以下情况：

（1）压力释放阀误开启；

（2）正常给水流量损失；

（3）失水事故。

7）未能紧急停堆的预期瞬态

这类事件由预期运行事件引起。紧急停堆在使用正常停堆系统的事故序列中是需要的，但由于在正常反应堆紧急停堆系统中的共模故障，此时被假定为失效，这个假设所需（单一故障证据）的保护系统完全失效超出了设计基准。有几种不同的方法可以缓解这类事件，这取决于该核电厂设计，包括再循环泵停泵或流量减少以至于减少堆芯的功率，并且向反应堆压力容器注入硼（同时从上、下腔向堆芯注入），和/或使用交替控制棒插入的方法。每个核电厂的具体细节在该核电厂最终安全分析报告中都有说明，这些事件在第10章中将详细讨论。

8）沸水堆稳定性

在自然循环或其他堆芯低流量条件下，由于中子或热工水力，沸水堆运行在某些情况下会变得不稳定。这种沸水堆的不稳定性可以被认为是一种总体功率振荡、一种发生在堆芯区域内的功率振荡（因此堆芯总功率变化很小），或者表现为在单个燃料组件内的一种密度波振荡，造成组件流量的较大波动。功率振荡的发生是反应堆动力学条件的结果，密度波振荡主要是由燃料组件压降因素驱动的①。

9.4.1.2 基于期望频率的事件分类

基于期望频率的事件分类是一个重要的考虑因素,因为这个分类为燃料的后果建立了标准(燃料失效是否允许、燃料失效的准则以及有多少燃料可以失效)。这些后果与监管要求有关,见 3.3 节压水堆的讨论内容。一般情况下沸水堆核电厂参考工况Ⅱ、工况Ⅲ、工况Ⅳ的事件作为预期运行事件、稀有事件和事故。然而,一些工况Ⅲ事件也是预期运行事件。

9.4.1.3 性能指标及运行限制

运行限制建立了运行限值,核电厂必须在设定限值内运行以保证适用事件的后果仍然在监管要求之内。任何限制最重要的属性都是它必须与可测量的参数相关联,这些参数在某种程度上满足了监管要求。每个限制都可以与直接测量的核电厂参数相关联,这样比较方便,但在实际运行中这是不可能的(如保证燃料中心温度低于燃料芯块的熔点);相反,推导的参数是必要的,用来显示效应的参数,比如燃料包壳失效被称作“性能指标”②。

性能指标通常在沸水堆非失水事故分析方法中提出,内容如下:

(1) 临界功率比(CPR)。这个性能指标用于压水堆核电厂中,类似于最小偏离泡核沸腾比。这个比值代表了燃料组件的热工性能,当这个值大于 1.0 时表示有足够的冷却以确保沸腾过渡不会发生在燃料组件中。

(2) 燃料包壳应变和燃料温度。这些性能指标反映了燃料棒的力学状况。

(3) 反应堆冷却剂系统压力。这个性能指标反映了反应堆冷却剂系统任意位置的最大压力(一般情况下位于反应堆压力容器底部,再循环泵出口处或蒸汽管线中),这是为了保证反应堆冷却剂系统的压力不超过设计值,在预期运行事件和事故条件下不损坏反应堆冷却剂系统的压力边界。

(4) 包壳峰值温度(PCT)和最大局部氧化量。这些性能指标同样用于失水事故中,对于选定的稀有事件和非失水事故,它们用来确定保持燃料完整性。

在一些情况下,这些性能指标可以用于测量以满足运行限制或限值。例如可以用堆芯组件的临界功率比的最小值确定上述稳态运行,以确保燃料组件免

① 1987 年在拉萨尔 2 号机组发生了沸水堆不稳定事件。两个再循环泵跳闸和堆芯流量迅速下降到自然循环条件。反过来,这会导致蒸汽抽汽管线给水预热器隔离,从而导致向堆芯供应的水变冷。泵跳闸后 4~5min,观察到堆芯功率以额定值的 25%~50%振幅振荡。在泵跳闸 7min 后,反应堆紧急停堆在额定功率 118%的高中子通量下自动紧急停堆。

② 建立与防止燃料损坏有关限值的相应验收准则和性能指标的集合,通常称为指定的可接受燃料设计限值(SAFDL)。

受预期运行事件范围的损害。然而,其他性能指标可能需要额外的参数设定,例如,在运行规范中,使用燃料棒某段的线释热率(LHGR)更容易表示燃料包壳应变和温度。

根据上述讨论,下面的运行规范反映了沸水堆的主要运行限制,这些限制源自本章设计基准分析的推导。

(1) 最小临界功率比运行极限(OLMCPR):在此限值之上运行所有燃料组件,确保预期运行事件谱的安全限值最小临界功率比不会超过极限,而最小临界功率比是一个统计定义的限值,低于这个限值可能会发生重大的燃料损坏。通常有两组截然不同的最小临界功率比限值,一组与功率激增瞬态相关,另一组与流量激增相关。

(2) 线释热率(LHGR):以低于这个限值的单个燃料棒的功率运行在预期运行事件范围内以确保燃料棒不会受到热力-机械损伤。该限值可具有与功率和流量相关的限值,用来解决功率激增和流量激增的问题。

(3) 最大平均平面释热率(MAPLHGR):这个限值与燃料组件平面的最大允许燃料棒平均功率有关,并且在失水事故和非失水事故中提供了总体储存能量的限制,通常由失水事故考虑设定限值。

对于在美国境内获得许可证的核电厂,这些运行限值的结果被记录在堆芯运行限值报告中,并且把这些信息报送到美国核管会。堆芯运行限值报告将限值描述为功率、堆芯流量、燃料循环辐照、设备停机工况、燃料设计和堆芯平均控制棒停堆速度的函数。因为这些限值是功率、堆芯流量和辐照的函数,有必要监测核电厂运行到这些限值的余量,在运行过程中使用位于核电厂控制室复杂的软件-堆芯监控系统,应用最小临界功率比和三维堆芯功率预测,定期监测实际核电厂堆芯范围内功率/流量/辐照条件参数,核电厂操作人员利用这些监测数据来确保电厂的运行在限值范围内。堆芯监控系统独立运行,不直接与核电厂系统相互作用。

其他限制是有效地干预或不干预的约束,例如,如果反应堆冷却剂系统压力不低于某个限值,则需要额外的降压能力——没有监控参数直接关系到干预或不干预的限制。然而,可以用设备停机工况解决这个问题,例如安全阀或释放阀不可用。

回到压水堆,最小偏离泡核沸腾比限值可以定义为直接等价于最小临界功率比限值。然而对于许多压水堆核电厂来说,没有必要对这些限值进行详细的堆芯监控,因为核电厂的运行更多地受到失水事故的限制;相反,在堆芯设计过程中可以对许多非失水事故限制做出“操作”或“不操作”的判断,而不是在运行过程中。

9.4.2 分析考虑

核安全分析通常伴随核设计或者与服务相关的工作,对核电厂的设计和/或改造(如重新装料)进行评估,以根据接受准则确定其对核电厂工况的影响。热工水力系统程序的应用确定了限制工况,此工况下一个给定的部件或系统(如燃料、堆芯、反应堆冷却剂系统、应急堆芯冷却系统等)必须有很高的成功概率。对事件的模拟增加了试验作为设计验证的充分性。

9.4.2.1 堆芯性能和规定的可接受燃料设计限值

对规定的可接受燃料设计限值(SAFDL)进行分析以确保燃料热工水力(如临界功率比)和热力学(包壳应力和燃料熔化)性能在运行工况范围内是可接受的,例如在正常运行和预期运行事件中不会发生燃料损坏。

虽然每个预期运行事件必须考虑热工水力性能和热力学性能,但实际在分析要求上并没有很大的重叠。具体来说,热力学限值通常是由正常运行决定的,而不是循环辐照历史或者瞬态效应。对寿期初线性释热率的限制主要是为了保证燃料在其寿期末具有可接受的热力学性能,早期发生预期运行事件从热力学角度来看,对于燃料的完整性并不是严重的后果,因为燃料在这个时候有相对有利的工况,如裂变气体压力。因为这个原因,传统沸水堆安全分析方法强调反应堆冷却剂系统性能和堆芯热工水力学响应。独立的燃料力学分析随后确认了反应堆冷却剂系统极限条件下的燃料完整性,其中包括限制初始核电厂和燃料状态。

堆芯热工水力性能表现的临界功率比和性能指标分析是沸水反应堆燃料重新装料分析活动的重要部分,这是因为分析建立了整个运行工况范围内的最小临界功率比运行限值,包括堆芯功率、堆芯流量、循环辐照和设备可用性。在重新装料分析时,可能会产生不同的最小临界功率比运行限值设置,用以反映设备可用性降低——之前提到的设备停机情况。提前解决设备停机的工况允许核电厂继续运行,尽管有更严格的运行要求。

通常由国家核安全权威机构提供安全分析报告内容指南中的所有上述分析,在美国,这种分析一般是按照标准审查大纲第 15 章(U. S. Nuclear Regulatory Commission,2007)进行的,如 1. 1. 2. 3 节所述。

如前所述,对设备停机工况下核电厂性能分析意味着开发分析方法论方面的一个重要的考虑。例如,如果一个再循环回路或蒸汽管道停止运行,可能会出现在正常核电厂运行中通常观察不到的不对称行为。初始核电厂状态的这种不确定性或不对称性可以掩盖可能比正常分析所显示的更严重的瞬态情况。同样,与分析要求相关的现象学对于这些设备停机工况可能与通常经历的不同。

最后,重要的是要认识到核电厂保护设置在功率水平降低时是改变的,特别是反应堆直接停堆时,根据汽轮机阀杆的位置限制在一定的功率水平以下,用于防止在存在巨大的热惯性时不必要的反应堆停堆。在建立覆盖功率和流量的整个分析领域的分析要求时,必须考虑到这些重要的设置变化。

9.4.2.2 反应堆冷却剂系统性能分析

反应堆冷却剂系统性能分析与确定反应堆冷却剂系统的压力与温度限值有关,按照机械系统设计准则的要求进行,例如美国机械工程师协会发布的《锅炉及压力容器规范》第三部分的规定。美国机械工程师协会 C 级标准已经在第 2 章中叙述,在这一章也完全适用,例如在美国符合 C 级标准的分析,限值是按照美国核管会标准审查大纲中 5.2.2 节执行的。一个关键的分析考虑来自标准审查大纲,它规定第一个反应堆保护系统紧急停堆信号被假定为不启动核电厂停堆,因此分析要求必须说明这种区别。

9.4.2.3 稀有事件和非失水事故

进行稀有事件和非失水事故分析时,需要审慎考虑每个获得运行许可证核电厂的基础。在某些情况下,使用了针对预期运行事件和失水事故的现有分析和技术,但是有不同的解释。在其他方面,独特的考虑可以被确定。

以不同方式使用现有技术的一个例子涉及允许一些燃料发生失效的事件,即瞬时最小临界功率比低于安全限值最小临界功率比的事件。例如,核电厂首先开始在最小临界功率比运行限值下运行,事件被分析并且瞬时最小临界功率比被确定。记录该值低于最小临界功率比安全限值的量,然后用于确定最小临界功率比安全限值的方法现在用来确定可能经历沸腾过渡(如干涸)的燃料棒的数量,假设这些燃料棒失效,记录下来瞬态最小临界功率比。如果失效燃料棒的数量少于通过放射性分析确定的允许失效燃料棒的数量,那么事件的后果是可以接受的。另外,还需要分析经历沸腾过渡的单个燃料棒,以证明燃料棒所经历的燃料温度是可以接受的,这对于内部再循环泵核电厂中涉及多泵故障的稀有事件是有意义的。

在选定的假想事故中,非失水事故会遇到和失水事故类似的燃料包壳温度升高的现象。在这种情况下,典型的应对措施是调整分析方法,根据不同的情况分别利用失水事故模型或非失水事故模型处理问题。根据特定的设计情况有具体的例子(例如,喷射泵对应内循环泵核电厂),此处不再赘述,除此之外,全面的分析需求开发工作应该通过描述核电厂和假想事故特定需求的过程来确定独特的问题。

9.4.2.4 未能紧急停堆的预期瞬态及其不稳定性

沸水堆核电厂面临的一个重要问题是控制棒从堆芯底部进入,控制棒的插入必须克服重力。在压水堆中,总是把重力作为控制棒插入的主要动力,而在沸水反应堆中控制棒必须被提供一个驱动力。这与通常不含硼的反应堆冷却剂系统的冷却剂相结合,导致未能紧急停堆的预期瞬态假想事故需要额外考虑事件缓解和安全分析①。

任何未能紧急停堆的预期瞬态假想事故存在四个需要考虑的不同方面:保护反应堆压力容器和相关管道由于超压而发生故障,证明燃料的完整性得到保持,证明第二种反应堆停堆的方法是充分的,安全壳抑压池的峰值温度评估证明安全壳的温度和压力没有超过限值。最后一个问题将在第 11 章中讨论。

证明反应堆压力容器和相关管道完好无损通常与美国机械工程师协会的 D 级服务要求一致。类似于 C 级压力容器完整性分析,这是一个操作或不操作的决定以显示足够的安全/释放阀的能力是存在的。

在未能紧急停堆的预期瞬态过程中,证明燃料的完整性得以维持通常是以与非失水事故相一致的方式进行的,而且包壳加热可能会发生类似失水事故的情况。典型的方法是采用基于失水事故模型或非失水事故模型,并且把它们应用到未能紧急停堆的预期瞬态的加热事故序列中。然而,与大多数事故不同的是,在堆芯中的硼浓度达到足够大或交替插入控制棒的方法完成之前,未能紧急停堆的预期瞬态在停堆发生之前的持续时间可以长达数百秒。与注硼有关的延迟停堆取决于核电厂的设计和注入堆芯的位置是上腔室还是下腔室,上腔室注入会导致液体输送延迟,这与输送容器和进入堆芯有关,下腔室注入可能导致不同组件内的浓度不对称。

伴随不稳定性发生的未能紧急停堆的预期瞬态近年来受到更多关注,正如在 9.2.7 节中讨论的那样,这种关注来自与扩展流量窗口范围结合实施的扩展功率提升工况。

参考文献

Andersen, J. G. M., Bolger, F. T., Heck, C. L. and Shiralkar, B. S. (2006). TRACG application for Anticipated Operational Occurrences (AOO) transient analyses, NEDO-32906-A, Revision 1, GE Nuclear Energy.

AREVA (2009). AURORA-B: An evaluation model for boiling water reactors; application to transient and

① 在沸水堆的反应堆冷却剂系统的冷却剂中注入硼很可能满足所有设计和超设计基准事件停堆目标。不幸的是,无论是在堆芯内部还是外部,硼的沉淀都会使核电厂的重新启动在经济上具有挑战性,甚至是不可能发生的。

accident scenarios, ANP-10300NP, AREVA Inc., Richland, WA, USA.

AREVA (2014). AURORA-B: An evaluation model for boiling water reactors; application to loss of coolant accident scenarios, ANP-10332NP, AREVA Inc., Richland, WA, USA.

Duncan, J. D. and Leonard, J. E. (1970). Heat transfer in a simulated BWR fuel bundle cooled by spray under loss-of-coolant conditions, GEAP-13086, General Electric Company, San Jose, CA, USA.

Duncan, J. D. and Leonard, J. E. (1971). Emergency cooling in boiling water reactors under simulated loss-of-coolant conditions, BWR-FLECHT Final Report, GEAP-13197, General Electric Company, San Jose, CA, USA.

GE-Hitachi Nuclear Energy (2011). TRACG application for emergency core cooling systems/loss-of-coolant-accident analyses for BWR/2-6, NEDO-33005, General Electric-Hitachi Nuclear Energy Americas LLC, Wilmington, NC, USA.

GE Nuclear Energy (2012). BWR/6 general description of a boiling water reactor, General Electric Company, Wilmington, NC, USA.

Hwang, W. S., Alamgir, Md. and Sutherland, W. A. (1984). BWR Full Integral Simulation Test (FIST) phase I test results, NUREG/CR-3711, EPRI NP-3602, GEAP-30496, General Electric Company, San Jose, CA, USA.

International Atomic Energy Agency (2017a). Nuclear power reactors in the world, Reference Data Series No. 2, 2017 Edition, Vienna, Austria.

International Atomic Energy Agency (2017b). Operating experience with nuclear power stations in member states in 2016, 2017 Edition, Vienna, Austria.

International Atomic Energy Agency (2018). IAEA power reactor information system, website (https://www.iaea.org/PRIS).

Lahey, R. T and Moody, F. J. (1993). *The Thermal-Hydraulics of a Boiling Water Nuclear Reactor*, 2nd Ed., American Nuclear Society.

Lyon, W. (1975). Water Reactor Evaluation Model (WREM), NUREG-75/056, U. S. Nuclear Regulatory Commission, Washington, DC, USA.

Ratnayake, R. K., Ergun, S. Hochreiter, L. E. and Baratta, A. J. (2002). Identification and ranking of phenomena leading to peak cladding temperatures in boiling water reactors during large-break loss of coolant accident transients, *Proc. 9th International Conference on Nuclear Engineering, ICONE-10*, Arlington, VA, USA.

Schumacher, D. G., Eckert, T. and Findlay, J. A. (1983). BWR refill-reflood program task 4.4 — CCFL/refill system effects tests (300 sector), SSTF system response test results, NUREG/CR-2568, GEAP-22046, EPRI NP-2374, General Electric Company, San Jose, CA, USA.

Solis, J., Ivanov, K. N., Sarikaya, B., Olson, A. M. and Hunt, K. W. (2001). Boiling water reactor Turbine Trip (TT) benchmark, NEA/NSC/DOC(2001)1, Nuclear Energy Agency, Organization for Economic Cooperation and Development.

Stacy, S. M. (2000). *Proving the Principle: A History of the Idaho National Engineering and Environmental Laboratory, 1949-1999* (Idaho Operations Office of the Department of Energy, Idaho Falls, ID, USA).

Stephens, A. G. (1982). BWR Full Integral Simulation Test (FIST) program facility description report, NUREG/CR-2576, EPRI NP-2314, GEAP-22054, General Electric Company, San Jose, CA, USA.

Tasaka, K., Koizumi, Y. and Suzuki, M. (1987). ROSA-III experimental program for BWR LOCA/ECCS integral simulation tests, JAERI-1307, Japan Atomic Energy Research Institute, Tokyo, Japan.

Tennessee Valley Authority (2012). Inappropriate LOCA modeling of core spray for limiting loca event with manual actuation of automatic depressurization system, Licensee Event Report 50-260/2012-001-00, Letter from Tennessee Valley Authority to the USNRC, Decatur, Alabama.

U. S. Nuclear Regulatory Commission (2000). ECCS evaluation models, 10 CFR 50, Appendix K.

U. S. Nuclear Regulatory Commission (2007). Standard review plan — Transient and accident analysis, NUREG-0800, Chapter 15.

U. S. Nuclear Regulatory Commission (2017a). BWR/4 technology manual (R-104B), NRC Technical Training Center, Chattanooga, TN, USA.

U. S. Nuclear Regulatory Commission (2017b). GE technology manual (R-304B), NRC Technical Training Center, Chattanooga, TN, USA.

U. S. Nuclear Regulatory Commission (2017c). GE BWR/4 advanced course (R-504B), NRC Technical Training Center, Chattanooga, TN, USA.

第10章

轻水堆反应性瞬态与事故

M. Avramova, K. N. Ivanov

10.1 引　　言

轻水堆作为动力反应堆,在反应堆中水既是慢化剂又是冷却剂。共有三种类型的轻水堆:第8章介绍的压水堆、第9章介绍的沸水堆和俄罗斯设计的水-水高能反应堆(VVER)。

轻水堆核反应性瞬态与事故,包括所谓反应性引入事故(RIA),以及反应堆堆芯的正反应性引入,因此引起反应堆局部或整个反应堆功率激增或温度升高。这些事件中的一些是典型设计基准事件,另一些是超设计基准事件(包括未能紧急停堆的预期瞬态)。那些假想的反应性引入事故序列集中在几个事件,这些事件的反应性骤增,可能危及燃料的完整性。引发反应性预期瞬态和事故(作为不同的启动事件的结果)的原因不同,包括以不同速度从反应堆堆芯失控抽出控制棒元件,在压水堆和VVER堆芯中引入稀释的可溶硼冷却剂,在部分压水堆/VVER堆芯中引入过冷水,在沸水堆堆芯中改变压力和空泡份额等。

10.1.1 背景

核电厂的安全评估是对核电厂过程变量中假定扰动响应和假定的设备失效或故障的分析。反应性引入事故是涉及反应堆裂变率和热功率意外增加的事故,反应堆功率过量增加会损坏堆芯,在某些严重的情况下,会导致反应堆部分损坏。一些反应性引入事故被监管机构认定为设计基准事故。

首先,我们回顾一下与轻水堆反应性引入事故有关的反应堆基础动力学,任何反应堆堆芯反应性变化都是由两个原因引起的,一个是外部反应性变化(控制系统的反应性变化和燃料元件位置变化),另一个是反应性反馈的变化。轻水堆有两个主要反馈机理,燃料温度反馈和慢化剂密度反馈。在压水堆和 VVER 反应堆,慢化剂密度反馈或慢化剂反馈作用其实是慢化剂温度反馈。在沸水堆,其作用是空泡反馈。在轻水堆中,温度反馈是即时负反馈(功率增加后大约延时 10^{-15}s),慢化剂反馈可以是正的,也可以是负的,延时 3~4s,这个时间大约等于从燃料到冷却剂/慢化剂传热的特征时间常数。反应性瞬态和事故中的正反应性引入,根据引入反应性的量和引入反应性的速率而变化。如果引入的反应性大于有效缓发的中子数,反应性引入事故称为超瞬发临界,如果引入的反应性小于有效缓发的中子数,称为亚瞬发临界。

反应性瞬态和事故有不同的分类,但是在动力反应堆中我们把反应性引入事故按如下情况分类(Committee of the Safety of Nuclear Installations,2010;International Atomic Energy Agency,1993):

(1) 控制系统故障;

(2) 控制元件弹出或不受控抽出;

(3) 冷却剂/慢化剂温度和空泡效应引发的事件;

(4) 稀释或去除冷却剂/慢化剂中毒物引发的事件。

轻水堆用控制元件(控制棒)进行功率控制、功率整形和停堆,控制棒含有一种或多种强力吸收中子的材料。控制棒的意外抽出是控制系统故障或操纵员失误,是反应性引入事故可能的原因。反应堆控制系统通常对控制棒的移动设置限制,通过施加插棒限值(RIL)提供进一步的保护,它限制了控制元件移动每一步的反应性价值。插棒限值确保在一个潜在失误的控制棒抽出(CRW)情况下反应性的增加可控,控制棒抽出的反应性引入速率与控制棒运动的速度相对应,大约是 2cm/s。涉及控制棒抽出的反应性事件被归类为反应性瞬态,不是事故。

压水堆和 VVER 反应堆的控制棒弹棒事故(REA)与沸水堆的掉棒事故(CRDA),一般由控制棒驱动机构或其外壳的机械故障引起。由于反应性引入速率和由此产生的功率瞬态远大于控制棒抽出,这些事件被归类于轻水堆设计基准事故。这意味着它们是低概率的假想事故,并且用于建立轻水堆的设计基准,为运行制定安全限值。

堆芯冷却剂/慢化剂温度和/或空泡份额的变化会增加堆芯的反应性。压水堆慢化剂一般具有负的温度系数,尽管在冷却剂强烈硼化且处于低温的情况下,温度系数也有可能变为正数。除了这些情况,冷却剂/慢化剂温度下降还能够引入反应性。这些事件会出现一些可能的情况,例如启动一台闲置蒸汽发生器回路的反应堆冷却剂水泵,或者假设二次侧主蒸汽管道破裂导致释热突然增加。主蒸汽管道破裂被归类为事故,而导致反应性相对缓慢增加的事件在大多数情况下被归结为瞬态。沸水堆是在慢化剂温度和空泡份额的负反应性反馈下运行的，沸水堆反应性引入事件可能发生的情况包括给水的加热损失（导致冷却剂温度降低），在应急堆芯冷却系统事故状态下运行或各种超压瞬态，会导致空泡溃灭如汽轮机脱扣（TT）瞬态。

轻水堆把可溶硼溶于冷却剂/慢化剂作为一种安全停堆的机制，一旦安全系统启动，如果用不含硼或含硼较少的水稀释硼酸水，正反应性可能会失控增加。压水堆也在主冷却剂系统中使用可溶硼，作为在反应堆正常运行下的反应性控制手段。在事故发生的情况下，不同原因稀释的水可能进入反应堆堆芯，导致压水堆堆芯的反应性增加。这类事件被称为硼稀释瞬态（BDT）。

10.1.2 后果

反应性引入事故的结果是功率和燃料温度的快速提升，功率激增将导致燃料棒破损，并且使放射性物质释放到反应堆一回路冷却剂中。破损机理与燃料的高温有关，损伤的程度与燃料芯块的比焓峰值有很大的相关性，比焓值越高，损伤越严重，燃料包壳失效可能发生在较低燃料焓值和较高燃料燃耗水平的情况下。核工业界传统上使用的总焓值是170cal/g[①]，如果发生燃料包壳破损，其原因一定是过热。为了区分过热事件中沉积燃料焓的峰值和平均值，由于总能量沉积和燃料焓峰值之间的混淆（例如，一些能量在第一个 10ms 的瞬态事件中损失），新燃料和低燃耗燃料的安全极限设置在 230cal/g，而不是美国核能管理委员会采用的 280cal/g。

10.1.3 监管基础

反应性引入事故是轻水堆设计中重要的假想事故，在颁发许可证和运行轻水堆的法规中有对缓解反应性引入事故后果的要求。美国核管会颁布的通用设计标准 28、10 CFR 50 附件 A 中要求，在事故中允许反应性引入的量被限制在确保反应堆压力容器的完整和反应堆堆芯几何形状可冷却范围内。为了确定厂外辐射剂量的后果，应该估算包壳破损和裂变产物释放到一回路冷却剂的燃料棒数量，使整个事件仍然在指南 10 CFR 100 的范围内。

核燃料安全标准的改进见文献（Working Group on Fuel Safety, 2012），其以精练的方式描述了安全标准限值从最初的美国管理导则 1.77 到逐步改进的时间进程（U. S. Nuclear Regulatory Commission, 1974）。在美国和其他国家，轻水堆反应性引入事故分析中使用的容器和包壳完整性验收准则，传统上由两个独立

---

① 1cal/g=4.186J/g。

的准则组成,上限是保证压力容器和堆芯的完整性,下限是较低的失效阈值用于估计辐射剂量后果。NUREG-0800 4.2 节标准审查大纲(U. S. Nuclear Regulatory Commission,2007)对适用于轻水堆(沸水堆和压水堆)核电厂安全分析报告规定两个反应性引入事故的验收准则:燃料冷却能力限值和燃料棒失效阈值。对于燃料冷却能力限值,核燃料焓的最大径向平均峰值(RAPEE)280cal/g 已经确定以便限制燃料棒在反应性引入事故中能量的沉积,以此作为防止核燃料融化碎裂和分散到冷却剂中的手段。在这样的条件下会产生机械能,如果机械能足够大的话,会破坏反应堆压力容器的完整性。爱达荷国家实验室动力爆破装置(PBF-RIA)试验表明 280cal/g 的限值太保守,因此应该确定一个较低的值,例如根据法国卡达拉希校研究中心试验堆(CABRI)(Cadarache,法国)试验结果,得到的 200cal/g 这个值。

在假定的快速事故例如反应性引入事故中,为了满足裂变产物释放的要求,对于压水堆那些超过临界偏离泡核沸腾比的燃料棒及沸水堆超过临界功率比的燃料棒,这样的燃料棒失效被确定为事故。一个比传统 280cal/g 更低的限值被认为是适当的,因为快速反应性引入事故不允许有足够的时间从燃料中导出热量。对沸水堆在零功率或低功率,径向平均燃料焓峰值 170cal/g 被认为会导致燃料失效。在大多数情况下,传统的反应性引入事故中燃料棒完整性接受准则根据反应性引入事故仿真实验得出,实验中燃料棒功率为零或低并且假定独立燃烧。总而言之,将燃料焓的径向平均峰值的限值 280cal/g 用作燃料冷却能力准则。为满足假想事故情况下的裂变产物释放要求设定了燃料棒失效阈值,在低功率或热的零功率情况下,反应性引入事故的压水堆燃料棒失效阈值是偏离泡核沸腾比,沸水堆燃料棒失效阈值是 170cal/g。

为评估高燃耗燃料的瞬态行为,从 1993 年开始进行反应性引入事故模拟实验,结果表明 NUREG-0800 中定义的初始燃料棒完整性接受准则,对某些假设反应性引入事故在超过一定程度的燃耗情况下可能不足以确保符合通用设计标准 28 或者 10 CFR 100 的要求。作为对这些观测值的回应,NUREG-0800 4.2 节标准审查大纲(U. S. Nuclear Regulatory Commission,2007)进行了修改,为反应性引入事故提供临时指导:发布附件 B,作为反应性引入事故的临时验收准则和指南。

使用美国核管会核准的中子动力学、热工水力学和传热学分析方法进行反应堆设计计算,证明符合这些反应性引入事故接受准则。

10.1.4 规范性接受准则

在事故情况下为了保证反应堆冷却剂压力边界和保持堆芯的冷却能力,监管当局确定反应性引入事故接受准则。这些标准构成了反应性控制系统的设计基础，确定在反应堆运行情况下不得超过的安全限值。一些燃料损坏是可以接受的，可接受的损坏量由标准要求决定，必须满足公众对辐射剂量的规定限值，并且保证冷却剂压力边界的整体性和堆芯长期冷却能力。燃料棒失效的焓阈值通常附有接受准则，是涉及燃料包壳失效的另一个重要参数。

在放射性评估中必须考虑的燃料棒总数等于所有燃料棒失效的总和，其中至少达到以下标准中的一个。

（1）零功率条件下的燃料包壳高温失效准则是燃料焓的径向平均峰值，在燃料棒的内部压力低于或等于系统压力情况下大于 170cal/g，在燃料棒的内部压力超过系统压力情况下为 150cal/g。对于其他情况（大约 5%额定热功率）和满功率的条件，如果局部热流密度超过热设计极限则推测燃料包壳失效（例如，出现偏离泡核沸腾比和临界功率比）。

（2）燃料芯块-包壳相互作用（PCMI）故障准则被定义为径向平均燃料焓超过与腐蚀相关的限值，燃料包壳在瞬时焓升（因为芯块-包壳相互作用）过程中可能发生失效，或者在总燃料焓（瞬时+延时）、热流密度和包壳温度增加时失效。计算燃料焓值的目的是估计燃料芯块与包壳相互作用失效，瞬时燃料焓升定义为瞬时脉冲峰值后一个脉冲宽度对应时刻的径向平均燃料焓升。为了评估燃料包壳的高温失效，采用了总径向燃料焓的平均值（瞬时+延时）。

接受准则是基于反应性引入事故模拟实验并且在研究堆中进行验证的结果，该准则通常是根据径向平均比焓限值或者根据这个值在反应性引入事故中的增量来确定的。

早在 20 世纪 60 年代，通过快速能量沉积模拟反应性事故评估燃料的性能实验项目就已经在全世界范围内进行。在 20 世纪 80 年代晚期之前，所有相关的反应性引入事故模拟试验已在美国和日本进行（Electric Power Research Institute，2015）。在美国，两个主要项目是特殊功率激增反应堆试验（SPERT）胶囊驱动堆芯（CDC）和反应性引入事故动力爆破装置（PBF），日本的试验在核安全研究堆（NSRR）装置由原子能开发机构进行。在美国和日本早期的反应性引入事故模拟实验包括专门为试验而制造的未经辐照的燃料棒或低燃耗（小于 30GWd/tU）的实验项目，在材料试验反应堆中进行了预辐照，如“工程试验堆”或“日本材料试验堆”。这些实验的主要目的是研究导致冷却剂压力脉冲的产生的燃料棒失效后的后果，因此这些试验燃料棒是用减小的棒直径的和高富集度^{235}U 制造的，以达到高水平的能量沉积。另外，为了在最短的时间内达到预期的燃耗，加速了预辐照，这些条件导致了试验的复杂性，使得数据难以应用于轻水堆燃料棒的实际状况，因此这些数据大部分只适用于零燃耗情况。

最近，在商用反应堆反应性引入事故条件下已经开展了三个实验项目来评估辐照燃料棒的性能，这些项目包括法国的 CABRI REP Na 试验项目、日本的 NSRR 试验项目和俄罗斯的热中子脉冲石墨反应堆(IGR)/快中子脉冲石墨反应堆(BIGR)试验项目。以轻水堆试验燃料棒为模型，一共进行了 76 个反应性引入事故模拟实验，燃耗范围在 26~77GWd/tU，其中包括 36 个压水堆类型燃料试验棒实验，16 个沸水堆类型燃料试验棒实验，7 个压水堆混合型燃料试验棒实验，1 个沸水堆混合型燃料试验棒实验，14 个 VVER 类型燃料试验棒实验。

图 10.1 所示 CABRI、NSRR、IGR/BIGR 三项目反应性引入事故模拟实验数据图(Electric Power Research Institute, 2015)。最大径向平均峰值燃料焓作为试验燃料棒燃耗 76 次实验的函数，那些燃料包壳失效的试验用实心符号表示，并绘制出失效时的径向平均燃料焓值。数据显示总体呈下降趋势，这是由于燃耗降低了试验段的反应性。如图 10.1 所示，包壳失效的燃料棒散布在功率脉冲后燃料包壳保持完好无损燃料棒之间，因为失效的燃料棒和未失效的燃料棒作为燃耗的函数点缀分布的，表明燃耗不是影响燃料包壳完整性的唯一参数，其他的参数，如包壳温度、锆的氧化程度、包壳的氢含量、燃料芯块平衡之前径向温度分布、氢化锆含量及分布也会对其产生影响。在美国、法国、日本进行的反应性引入事故模拟试验的数据的下降是由于其随着燃耗积累试验棒反应性下降(Electric Power Research Institute, 2015)。

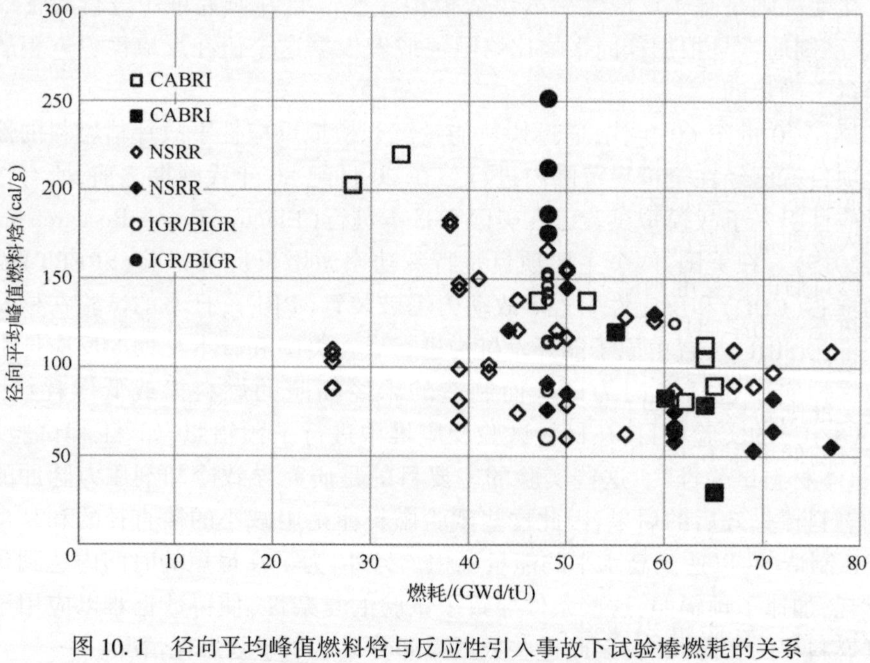

图 10.1 径向平均峰值燃料焓与反应性引入事故下试验棒燃耗的关系
(包壳失效用实心符号表示；包壳未失效用空心符号表示)

表 10.1 中与燃耗相关的燃料焓增加说明燃料芯块—包壳相互作用失效阈值随着燃耗的增加而变小(Working Group on Fuel Safety,2012)。

表 10.1 燃料芯块—包壳相互作用失效阈值

燃耗/(GWd/tU)	焓/(cal/g UO_2)
≤25	110
25~40	85
40~65	50
65~75	40

在日本,根据 NSRR、CABRI、SPERT 和 PBF 的数据,以焓增量(cal/g UO_2)表示燃料芯块—包壳相互作用失效的临界值已经被燃耗(GWd/tU)确定(Working Group on Fuel Safety,2012)。

现在讨论控制棒弹棒事件的接受准则,这一事件被归类为假想事故,假想事故发生的频率很低(小于 10^{-2}/年)(Electric Power Research Institute,2015),尽管在设计基准中考虑了这个问题,但是预期该事故不会发生。相关的接受准则是:

(1) 热点的平均燃料芯块焓值应保持在某一限值以下,这可能取决于燃料的燃耗,这条标准保证了维持堆芯的冷却能力。

(2) 热点的平均包壳温度不得超过一定限值,锆的氧化程度应小于一定比例的量,该标准可确保避免包壳熔化和包壳过度脆化。

(3) 反应堆冷却剂峰值压力应保持在低于该限值的水平,该限值可能导致应力超过断裂条件下的应力极限。这个标准保证了反应堆冷却剂边界的结构不会受到破坏。

(4) 在燃料棒热点位置燃料熔化被限制在燃料体积的一定比例以内,即使燃料芯块的平均焓低于上述第一个判据的限值。这个标准保证不会发生燃料分散进入冷却剂的情况。

修订后的接受准则已制定用于压水堆和沸水堆低功率或热态零功率(HZP)以及热态满功率(HFP)反应性引入事故的安全分析。考虑的主要反应性引入事故是压水堆的弹棒事故和沸水堆的控制棒掉落事故,修订后的反应堆引入事故接受准则是核工业界持续努力的一部分,目的是将燃料棒平均燃耗水平提高,超过目前的上限 62GWd/tU。

10.2 事故序列描述

10.2.1 反应性引入事件概述

正如前面所讨论的,通常需要考虑以下反应性引入情况:

(1) 压水堆——CRW、REA、主蒸汽管道断裂(MSLB)和 BDT;

(2) VVER 反应堆——CRW、REA、MSLB 和 BDT;

(3) 沸水堆——CRW、CRDA 和 TT。

在这些情况中,弹棒事故作为压水堆和 VVER 的设计基准事故、控制棒掉棒事故作为沸水堆设计基准事故是人们特别感兴趣的内容,因为它们可能导致弹出或掉落控制棒的燃料元件的功率快速和显著地激增。如图 10.2 所示,一个控制棒不受控制的运动出堆芯,导致正反应性引入,这可以迅速提高局部堆芯的功率,燃料温度迅速升高促使燃料芯块热肿胀(U. S. Nuclear Regulatory Commission,2015)。反应性激增最初由多普勒反馈和缓发中子效应缓解,然后是反应堆事故停堆。功率脉冲的特性取决于事故工况——弹棒的反应性价值、堆芯和燃料的设计、反应堆运行状态和循环耗尽的时间。弹棒的价值取决于控制棒的位置和插入堆芯的深度,以及堆芯轴向功率形状和控制棒弹棒附近的燃耗分布。

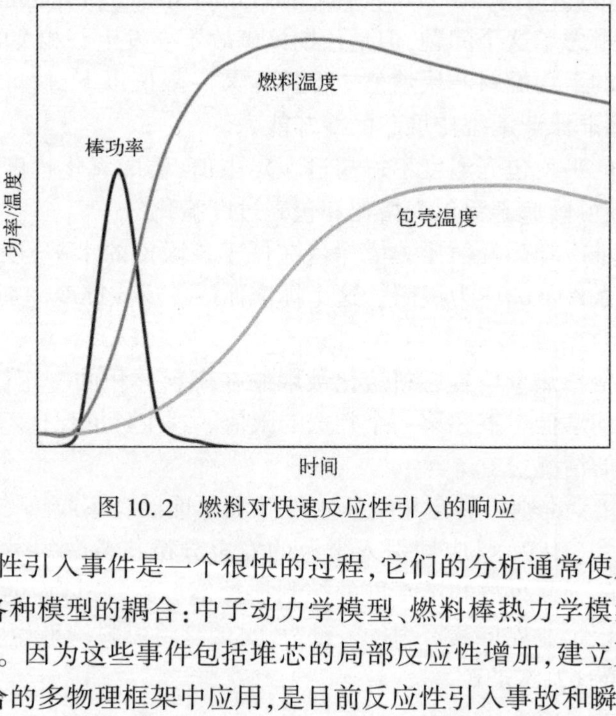

图 10.2　燃料对快速反应性引入的响应

因为反应性引入事件是一个很快的过程,它们的分析通常使用多物理计算模型,是以下各种模型的耦合:中子动力学模型、燃料棒热力学模型和冷却剂热工水力学模型。因为这些事件包括堆芯的局部反应性增加,建立更好的三维模型,并且在耦合的多物理框架中应用,是目前反应性引入事故和瞬态最先进的分析程序。

10.2.2 功率脉冲及特性

在弹棒和掉棒事故中,功率脉冲的宽度和燃料的焓值取决于控制棒弹棒/掉棒初始状态的反应性(事故发生前的插入水平)。事件初始状态是热态满功率时的功率脉冲的宽度比事件初始状态是热态零功率时的功率脉冲的宽度要宽很多,结果表明,与热态零功率相比,热态满功率反应性插入事件的最大燃料焓增加更平缓。

功率脉冲的特性是核燃料行为的重要方面,它包括功率脉冲的宽度、形状和幅度。当脉冲幅度是局部特性时,脉冲的宽度和形状可以处理为堆芯宽度参数。决定功率脉冲特性的关键参数是脉冲宽度、最大径向平均燃料焓、总能量沉积和初始燃料焓。

图 10.3(Electric Power Research Institute,2015)强调了功率脉冲、能量沉积和径向平均燃料焓之间的关系。能量沉积表示功率-时间曲线的积分,一旦功率激增回到零就达到总能量沉积的目的。根据 UO_2比热以及径向温度分布计算径向平均燃料焓,随着热传导效应开始占主导地位,在功率脉冲的后期达到最大值。这些现象的相对响应取决于由功率脉冲的全宽度半峰值(FWHM)定义的脉冲宽度。

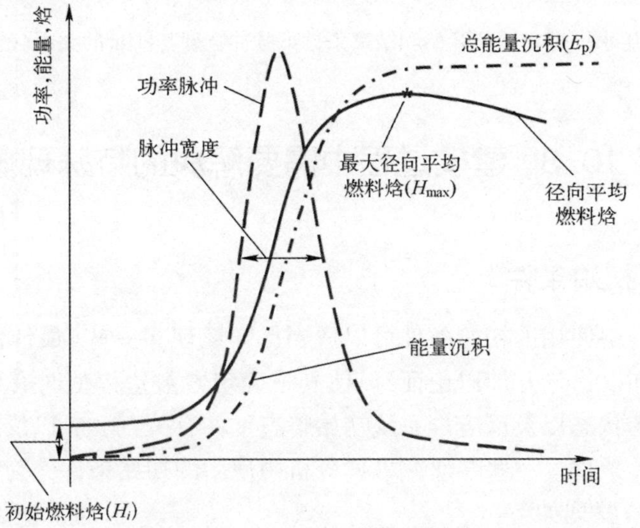

图 10.3 反应性引入事故功率脉冲、能量沉积和径向平均燃料焓之间的关系

不管沸水堆控制棒的下落速度或压水堆的弹棒速度,核反应很快就变成瞬发临界,从那时起,功率增加的速率和随后的多普勒效应造成反应性的下降只取决于堆芯设计的核特性。一般情况下,产生的脉冲的半宽(如半高宽)只有1/10ms的宽度。因为在这段时间内,很少热量从燃料芯块传递到包壳,这个事件可以被认为是绝热的,因此反应性引入事故的功率脉冲定义为最大燃料焓,以cal/g 和以 ms 为单位的脉冲半宽度。图 10.4 所示压水堆典型的反应性引入事

故焓增的脉冲宽度(Meyer,2009),表明脉冲宽度取决于燃耗。对于给定的能量,脉冲在沸水堆中稍微宽一些,因为在沸水堆中,原子核性质的耦合比压水堆中的耦合要弱。

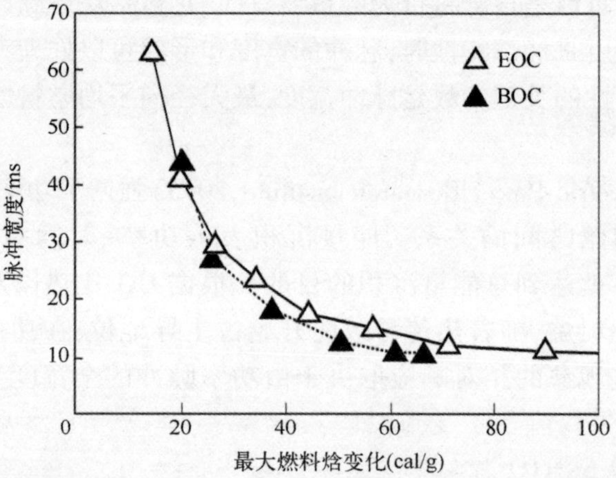

图 10.4 压水堆燃料循环开始和结束条件下脉冲宽度与能量的关系(燃料焓变化)

10.3 建模过程中需要解决的特殊现象

10.3.1 初始条件

建模分析中使用的初始条件可以适当保守或现实一些(最佳估算),保守的合并程度应加以讨论并加以论证,以使其在确定参数边界值时有用。初始条件与反应堆堆芯状态以及反应堆系统初始瞬态事件有关,例如,以反应堆系统的初始条件为边界条件。一些在研究事件分析中使用的初始条件作为有代表性的例子(不尽详尽)罗列如下:

(1) 中子能级,燃料棒的轴向功率分布和堆芯的径向功率分布;

(2) 慢化剂反应性温度系数,慢化剂反应性空泡系数和多普勒反应性系数;

(3) 有效的中子寿命和缓发中子份额;

(4) 堆芯冷却剂流量和再循环回路流量(沸水堆),堆芯冷却剂入口温度,堆芯平均冷却剂温度(压水堆),堆芯平均蒸汽体积份额(沸水堆),堆芯冷却剂平均出口温度,蒸汽质量和蒸汽空泡份额;

(5) 反应堆系统冷却剂装量,反应堆压力容器冷却剂液位(沸水堆),稳压器冷却剂液位(压水堆),蒸汽流量,蒸汽压力,蒸汽干度(如果温度过热),给水流量和给水温度；

(6) 化学和容积控制系统流量和硼的浓度(如果在瞬态过程或事故过程分析中这些发生变化)；

(7) 控制棒价值——微分、积分和总价值,以及控制棒插入程度和弹棒与掉棒的速度。

10.3.2 反馈效应

在核反应堆堆芯中发生多种物理现象,其中包括中子物理学(反应堆物理)、燃料热工机械现象、热工水力、冷却剂化学和结构材料行为等,如图 10.5 所示。轻水堆的技术支撑当前全世界运行的核动力发电厂,并可能在不久的将来保持统治地位。在轻水堆堆芯,结构力学的行为主要受冷却剂流量、温度和辐射状态的影响,这些因素相互作用的影响在正常运行工况、大多数运行瞬态和非假想事故场景有关的大多数情况下都可以忽略。轻水堆堆芯其余的多物理耦合机制和反馈效应见图 10.6(HTC 为传热系数),这些相互作用发生在不同的时间尺度上,可以分为短期(秒、分钟、小时)的现象和长期(星期、月、年)的现象。

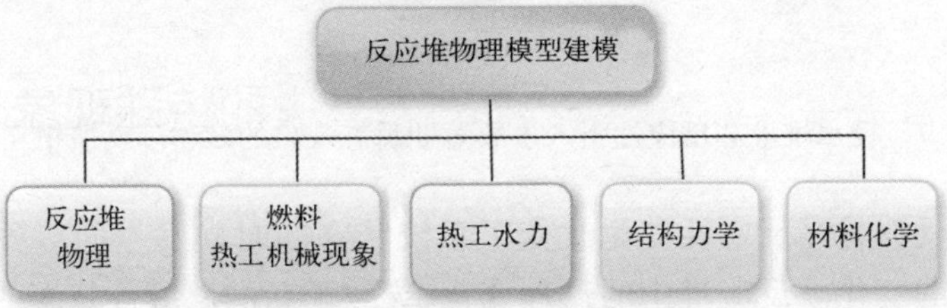

图 10.5 反应堆堆芯多物理模型

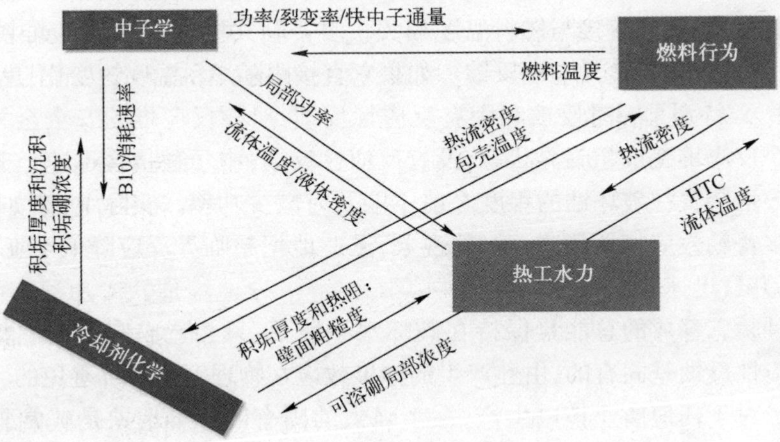

图 10.6 轻水堆堆芯反馈机理

为了验证反馈效应的模型,以及评估个别物理学对多物理学模拟的影响,研究人员设计一个无关联系列累进验证(试验)/验证(数字)实验,用以研究短期和长期的多物理现象。作为短期现象的代表,可以考虑以轻水堆堆芯的反应性引入事故这个工业生产安全高度重要性事项为研究对象。在这种情况下,多物理耦合包括中子物理学、热工水力、燃料物理现象的耦合,如图 10.7 所示。这些反应性引入事故可以是快速的超瞬发临界瞬态,也可以是慢速的亚瞬发临界瞬态,其中多物理反馈模型试验了瞬发响应和缓发响应及其相互作用。

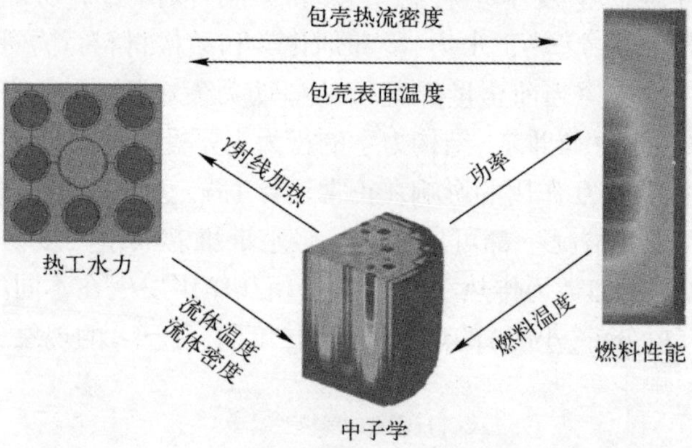

图 10.7　轻水堆堆芯反应性引入事故短期瞬态现象的多物理反馈相互作用

反应性反馈是当反应性变化改变了系统状态的时候发生的一种现象,通常是中子通量的变化。反应堆中的这种变化,导致了新的反应性状态的改变,反过来反馈并修改初始反应性水平。如果反应性反馈的发生是不可避免的,则称之为固有反应性反馈,因为它完全依赖物理现象。固有反应性反馈的一个例子是多普勒共振展宽,这直接与燃料温度相关。多普勒共振展宽自动导致中子吸收的增加,并且转化为负反应性反馈。如果它直接跟随燃料温度的变化,反馈则称为“瞬时”。特别是瞬时反馈和固有反应性反馈,对核反应堆的安全至关重要。如果一个反应堆变成超临界状态,没有反应性反馈,中子通量会迅速上升,以至于机械停堆装置在破坏性的程度之前不能及时减少功率。实际上,诸如燃料固有特性多普勒效应将抵消这一物理现象,迅速地把超临界反应降低至亚瞬发临界状态,并且迅速降低反应堆功率。

这种瞬态释放的总能量保持在破坏水平以下,只会造成有限的燃料损坏。因为反应性反馈是固有的,由此产生的停堆效应在物理上是不可避免的,不可能不发生。对于任何商业核电生产,一个强大的固有的停堆现象是非常重要的。在瞬态时裂变反应直接产生能量,使燃料的温度升高。在瞬态时准确处理反馈,这些贡献应该再分为瞬时释放能量、延迟释放能量,沉积在燃料中的部分能量和沉积在燃料材料外部的部分能量(如燃料包壳、冷却剂、慢化剂和转换区或反射区)。裂变过程中释放能量的主要部分(约83%)表现为裂变碎片的动能。因此,在可以忽略不计的短时间内,裂变碎片的能量转化为热量,在非常小的体积(裂变轨迹)内导致温度上升。与典型燃料棒直径相比,裂变产物运动的范围很小,这样几乎所有裂变碎片的能量都可以被认为沉积在燃料中。每次裂变总能量的一小部分(约11%)实际上是由"瞬间释放"γ射线和中子直接在弹性散射中沉积的能量两部分组成,其中大部分是由燃料产生的,无论是直接来自裂变,还是来自非弹性散射和辐射俘获过程,因为两个反应都主要发生在燃料中。对于裂变能量的第三部分,衰变热量的出现在时间上延迟,在动力学建模中有重要意义。这部分能量要么直接沉积在包壳要么沉积在冷却剂里,或者当裂变产物经历β衰变时以β粒子和γ射线的形式在时间上延迟释放。

在快速瞬态中,只有迅速产生的热量才需要考虑。在非常慢的瞬态中,一部分延迟产生的热量也需要考虑,这使这些瞬态的处理复杂化了。更加复杂的是热量的显式处理,把γ射线或中子直接沉积在包壳和冷却剂中。迅速沉积的热量相当于在初始稳态条件下产生静止的热量的90%,剩余10%的热量(被延迟和/或被沉积在燃料棒外面)在动力学建模中没有明确地考虑其瞬时反应性反馈。

瞬态的初始状态一般被认为是反应堆运行的稳定状态,所有系统参数在预期和稳定的条件下。因为发热的时间对瞬态过程有很大的影响,在快速瞬态反馈效应的计算中,迅速释放热量和延迟释放热量之间的区别需要考虑。燃料温度的升高是额外产生的裂变能的结果,之后传热特性和额外产生的裂变能量会导致燃料包壳和冷却剂温度延迟的升高,这是额外的瞬时和延迟的γ射线和中子能量沉积。因为热量从燃料中传出,燃料的热传导率相对较低,比如 UO_2/PuO_2,相应的热传递变成了一个相当缓慢的过程,可以用简化的传热模型来预测。如前所述,在快速瞬态情况下,大多数燃料中的能量沉积只是升高了燃料的温度而没有立即传热到包壳和冷却剂。堆芯燃料的平均温度 T_f 一般用作即时反应性反馈计算的基准。多普勒反应性反馈效应通常是针对具有均匀温度分布的物理介质进行计算的,而且不能准确地应用于某些温度存在强烈的空间不均匀性情况下,比如计算燃料棒有效温度 T_D,因此必须找到适用的准确计算多普勒反应性的方法,在用公式计算某些温度均匀分布的物体时,可以用以下公式计算新燃料:

$$T_D = \alpha T_S + (1-\alpha)0.3T_C$$

式中:T_S,T_C 分别为燃料的表面温度和中心线温度;α 为加权系数。

多普勒反应性效应在热堆、大型快堆和压水堆中是负的，一般情况下数值是10^{-5}/K。大多数情况下，从循环初期到循环末期这个值在循环耗尽期间几乎保持不变。图10.8显示了在超瞬发临界反应性引入过程中，瞬发、固有和负的多普勒反馈对功率激增的影响（Ott和Neuhold，1985）。反馈效应在两个中子动力学模型模拟中得到了证实——一个模型没有考虑缓发中子（虚线：瞬发动力学），在另一个中子动力学模型模拟实验中考虑到缓发中子（实线：更实际的情况）。

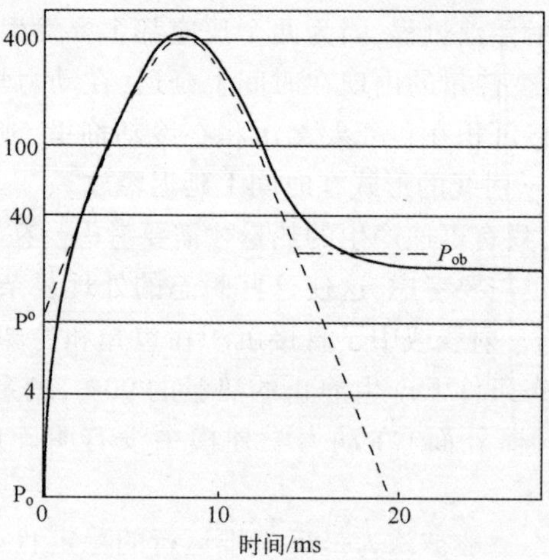

图10.8　具有多普勒反应性反馈的超瞬发临界瞬态

与燃料有关的反馈效应是最快的反应，与慢化剂的温度有关的反应可能在数量级上更大。在热反应堆中，慢化剂的温度变化通过各种机制引起中子增殖的变化，在压水堆，水的膨胀导致堆芯的水向外膨胀，因此堆芯的慢化剂减少。因为压水堆通常是欠慢化的，慢化剂的减少将导致中子增殖因子的下降，因此形成的反馈是负的。压水堆中冷却剂/慢化剂中可溶性硼的存在引入了正反馈效应，因为温度升高时水的膨胀也会导致堆芯硼（吸收中子）原子的膨胀。所以，净效应是正反馈和负反馈复杂相互作用后的结果，最终得到一个总的慢化剂反馈效应，其中既有正的反应性引入，也有负的反应性引入，取决于冷却剂中硼的浓度。典型的压水堆，慢化剂的反应性温度系数大约是$-10^{-5}K^{-1}$，从循环的初期开始到循环的末期负值变大，通常达到$-10^{-4}K^{-1}$数量级，因为在循环的末期可溶性硼的浓度非常小。在沸水堆中由于没有蒸汽发生器而使堆芯蒸汽流量较高，因此空泡效应很重要。蒸汽空泡对中子增殖的影响与压水堆中冷却剂温度变化的影响类似，两者都会引起慢化剂密度的变化。

10.3.3 燃料行为/性能

10.3.3.1 温度和几何形状的变化

虽然燃料包壳温度在功率脉冲 10ms 内不会显著上升，但是燃料芯块中产生的热量最终通过燃料包壳传导至冷却剂。在此过程中，包壳温度很快上升，如图 10.9 所示，这是应用适用于瞬态过程的传热动力学根据燃料性能程序计算出来的，输入脉冲稍微小一点（108cal/g 峰值燃料焓）（Geelhood 等，2004）。

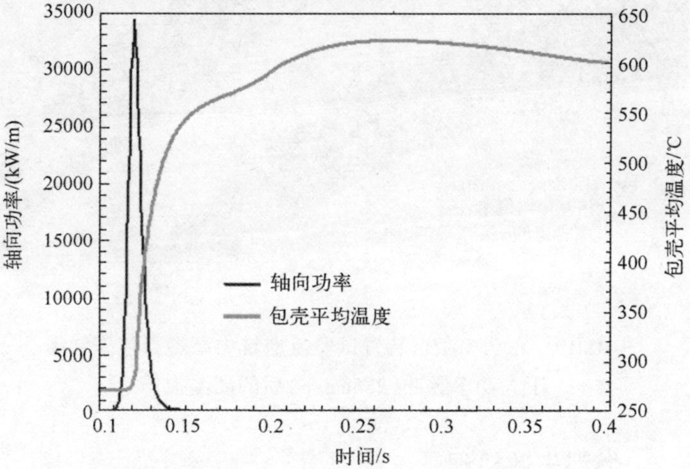

图 10.9 功率脉冲后包壳温度

实际包壳温度取决于燃料芯块到燃料包壳间隙、再从燃料包壳的外表面到冷却剂的传热；燃料包壳温度还取决于时间、导热系数和热容影响热流的路径。反应性引入事故形成的燃料破损可能会扩散到多个燃料棒，其传播过程类似偏离泡核沸腾热流密度现象，通过堆芯热工水力学和燃料性能程序组合建模，这些分析的有效性通过模型和程序对经验试验数据的基准试验来证明。图 10.10 所示是新燃料棒的一个试验结果，这个试验由能源部为美国核管会完成的，在功率激增装置试验反应堆上进行试验，初始温度为 265℃，导致峰值燃料焓达到 285cal/g，脉冲的宽度 13ms（Meyer，2009）。

图 10.10 所示的显微照片显示，在功率激增试验中的确达到非常高的燃料包壳温度。在包壳中心见到 β 相，证明包壳中心的温度高于大约 850℃ 的相变温度。另外，在瞬态过程中包壳内外厚的氧化层还没有形成，除非包壳的温度高于 1000℃。而且，从断裂的表面推断，最终的包壳（淬火爆裂）失效是一个脆性断裂，氧化从表面的氧化物扩散到金属块内部，导致包壳脆化，短时间内的脆化

程度表明包壳的温度已经超过 1200℃。在所述试验条件下,新的燃料芯块里氢脆不会出现,观察到的脆性断裂可能与过激的温度事件有关。最终,因为断口表面没有氧化物,故障明显发生在冷却阶段的低温环境中。

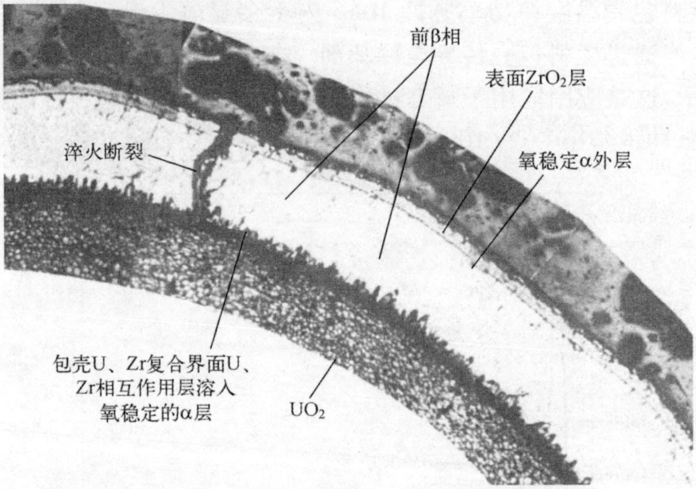

图 10.10　在功率激增装置试验反应堆中新燃料包壳暴露于大功率脉冲(285cal/g)后的高温损伤

10.3.3.2　燃料失效机理

在 20 世纪 60 年代和 70 年代进行的反应性引入事故模拟试验使用零燃耗或低燃耗试验燃料棒表明,燃料包壳在低燃耗情况下失效的主要原因有两个,一个是偏离泡核沸腾运行后包壳温度过高后的热淬火,另一个是包壳与熔化的燃料接触(Meyer,2009)。

这些观测结果是目前用于压水堆控制棒弹棒事故分析的偏离泡核沸腾失效阈值的基础,以及用于沸水堆控制棒掉棒事故分析的峰值径向平均燃料焓限值为 170cal/g 的基础。然而,从包壳高温转变为燃料芯块-包壳相互作用导致的包壳失效,在最近的反应性引入事故模拟试验中观察到的燃耗水平超过 30GWd/tU。

详细检查辐射试验燃料棒的反应性引入事故模拟仿真实验,结果显示由燃料芯块的热肿胀而导致的燃料芯块-包壳相互作用载荷水平以及燃料基材裂变气体膨胀取决于燃耗,导致包壳层失效的实际机制更多地与包壳延展性的损失有关。实验表明,辐照后包壳的延展性改变主要是快中子损伤、包壳氢的浓度和分布、温度和载荷条件(应变率和对称性)的结果。因此,反应性引入事故辐照燃料的包壳失效响应很少取决于燃耗,更多地取决于运行环境,如功率水平、辐照时间和冷却剂温度，以及包壳的腐蚀特性。CABRI 数据库在轻水堆 UO_2 试验棒的数据可以证明，对于 80μm 以下不剥落氧化层的燃料棒，在燃耗高达 64GWd/tU 时没有包壳失效发生。这和美国管理导则 DG 1263（U. S. Nuclear Regulatory Commission，2014）的说明是一致的，这一直由最大氧化层厚度决定——对于暴露在高温条件下的包壳，在含氢量显著的腐蚀包壳中，当氧化率低于 17%时就会发生脆性。

根据反应性引入事故实验和分析评估的结果，在反应性引入事故中发生的包壳破坏机理可以分为两个主要类型：

（1）低燃耗燃料运行在偏离泡核沸腾传热状态时；

（2）芯块—包壳相互作用。

下面将讨论这些失效机制与开发反应性引入事故的燃料棒失效阈值的相关性。

从整体瞬态试验的观察结果发现，在偏离泡核沸腾运行后包壳失效有两种模式：氧化致脆性和肿胀/爆裂。Uetsuka 等（1982）认为氢脆是第二种机制的关键机制，裂变气体释放和包壳肿胀是第二种机制的驱动现象（Lemoine，1997）。对于中低燃耗，在燃料焓值低于 200cal/g 时，由于偏离泡核沸腾失效模式（如氧化诱发脆化或肿胀和爆裂），在现代燃料设计中，在正常工作条件下径向的包壳失效的可能性非常低（Meyer，2009）。因此当前最大径向平均焓阈值 170cal/g 作为沸水堆反应性引入事故燃料包壳准则，也适用于中低燃耗压水堆燃料棒包壳，并且为燃料包壳失效提供了一个边界。UO_2 在最大径向平均燃料焓水平低于 170cal/g 时，包壳温度保持在低于氧化导致脆性破坏的条件下。对于包壳肿胀和爆裂，低至中燃耗的压水堆燃料棒内部气体压力在热备用条件下远低于系统压力，因此不足以产生巨大的包壳变形，从而导致失效。轴向气流受限和燃料包壳间隙较小，从而限制气体的量，以免造成气体膨胀引起高燃耗燃料棒包壳变形，另外在现代燃料棒设计中更大的燃料腔也有助于形成这个结果，因此高燃耗燃料棒的肿胀和爆裂导致的包壳失效在最大燃料焓 170cal/g 下不太可能发生。根据这些结果可以得出结论，UO_2 燃料设计中在燃料焓低于 170cal/g 情况下，包壳失效的原因仅仅可能是芯块包壳机械相互作用。

对于芯块-包壳相互作用，在 CABRI 和 NSRR 预辐照试验棒进行反应性引入事故模拟仿真试验，发现功率脉冲过程中的包壳失效是由芯块-包壳相互作用相关机理引起的，与高温机理无关。芯块-包壳相互作用的失效过程是两个主要因素共同作用的结果：①燃料肿胀对包壳施加的载荷；②包壳适应燃料肿胀应变的能力。辐照在不同程度上影响这两种因素，导致燃料棒失效有明显的燃耗依赖性，如反应性引入事故模拟试验数据所示。芯块-包壳相互作用引起的包壳失效,是在功率脉冲超过塑性变形能力的情况下,由燃料热肿胀和气体膨胀互换产生的负荷引起的包壳失效。因此芯块-包壳相互作用失效机制中的决定因素是包壳延展性和延展性是否受到辐照的影响。

芯块-包壳相互作用引起的包壳失效不太可能发生在燃耗低于 40GWd/tU 的情况下,因为较宽的燃料包壳间隙降低了芯块-包壳相互作用力,并且低辐照条件下包壳的延展性足以容纳燃料芯块的肿胀。在高燃耗的情况下,包壳延展性的降低由氢化锆浓度增加结合非均匀性快中子注量损伤所致。再加上芯块-包壳相互作用的力,可以导致包壳失效。来自反应性引入事故模拟试验的数据表明,氢化物导致包壳脆化,包壳脆化由包壳温度和氢化物分布控制,它是反应性引入事故中芯块-包壳相互作用引起的包壳失效的主要原因。燃料棒的燃耗在芯块-包壳相互作用方面的主要影响是减少燃料和包壳之间的间隙,增加了燃料芯块肿胀时的机械载荷。

核工业界用传统的 170cal/g 总焓值来表示包壳因过热而发生失效的程度,虽然这种传统数值的原始技术基础显然已经丧失,但这一数值与来自俄罗斯的热中子脉冲石墨反应堆(IGR)和快中子脉冲石墨反应堆(BIGR)的试验结果一致。这些试验结果表明包壳肿胀和破裂,而不是燃料芯块-包壳相互作用引起的包壳失效。这里有充分的证据表明,在快速瞬态过程中如控制棒弹棒事故,能量的瞬时沉积影响材料的热物理性质——这包括热肿胀和短期的材料影响,如燃料芯块肿胀。尽管人们对包壳失效在评估反应性引入事故的安全后果有些兴趣,但是包壳失效对安全后果影响不大,影响大的是释放裂变产物到冷却剂中,这种事故的主要可能后果是蒸汽爆炸。仅仅形成包壳裂纹不一定会将高温燃料颗粒排到冷却剂中,从而可能发生蒸汽爆炸。然而,如果观察到燃料焓值大于 275cal/g 将导致一些 UO_2 熔化,焓值超过这个值,燃料在相变过程中发生的热肿胀可能导致熔化或高温 UO_2 固体颗粒从燃料棒排出到冷却剂中。新燃料和低燃耗燃料的损坏水平见图 10.11,美国核管会从中得出的结论并且采纳的燃料焓值的安全限值大约是 230cal/g,而不是 280cal/g,原因是总能量沉积和燃料焓峰值之间容易混淆(例如,一些能量在试验中损失了,甚至在最初的 10ms 内损失)(MacDonald 等,1980)。

反应性引入事故导致的燃料焓值与控制棒弹棒价值有关,如图 10.12 所示(Meyer,2006)。因为控制棒的价值通常低于 2$,燃料焓的变化通常小于 70cal/g,尽管图 10.12 中的数据超过了这个值。如果压水堆反应性引入事故从温度 300℃开始加入 25cal/g,即使总焓值少于 170cal/g 也会发生包壳失效,这与 230cal/g 焓值相比焓值少很多。结果,高温燃料粒子仍然可能会从燃料棒排入冷却剂中,因此在反应性引入事故时,对于轻水堆新燃料不希望包壳失效、燃料扩散或蒸汽爆炸。

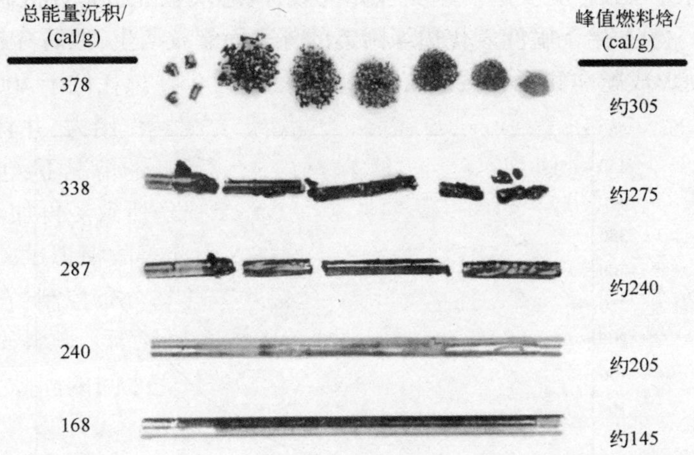

图 10.11　SPERT 反应堆中反应性引入事故试验后的新燃料棒照片

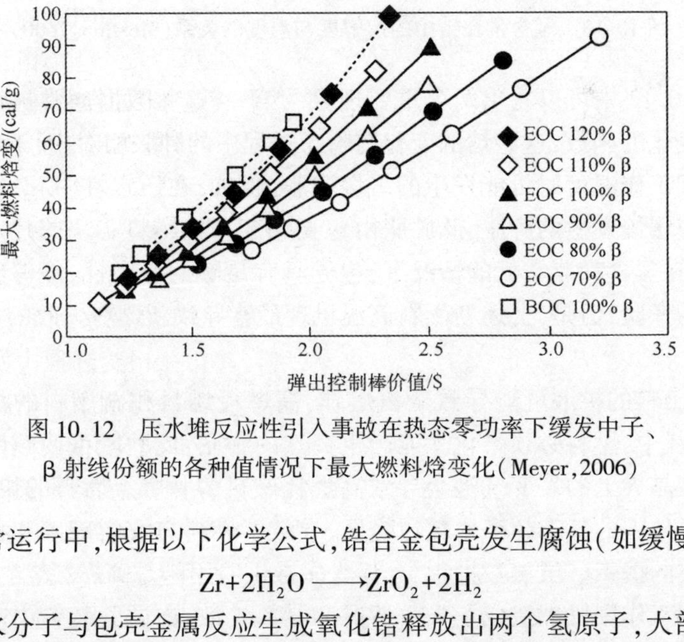

图 10.12　压水堆反应性引入事故在热态零功率下缓发中子、β 射线份额的各种值情况下最大燃料焓变化(Meyer,2006)

在正常运行中,根据以下化学公式,锆合金包壳发生腐蚀(如缓慢的氧化):

$$Zr+2H_2O \longrightarrow ZrO_2+2H_2$$

每个水分子与包壳金属反应生成氧化锆释放出两个氢原子,大部分氢在流动的冷却剂中被带走,但有一部分因为形成的氧化物结构没有多少保护作用而被包壳吸收。当燃耗大约为 60GWd/tU 时,典型的包壳材料包含的氢含量为$(100\sim800)\times10^{-6}$,具体的含量由包壳合金确定。如图 10.13 所示,在正常运行温度下大约溶解的氢(在溶解状态)含量为5×10^{-6},剩余的氢在反应性引入事故功率脉冲接近绝热的期间不会溶解,而是沉积。像所有的沉积物一样,氢化物会硬化包壳,降低其延展性。随着氢含量的增加延展性将降低,在越来越低的脉冲能量下将会导致包壳失效。这类包壳失效,同芯块包壳机械相互作用一类的失效一样,一般开始于脆性氢化边缘附近的外表面裂纹萌生,然后穿越包壳外层沉淀在壁面形成脆性和延展性失效混合模式。

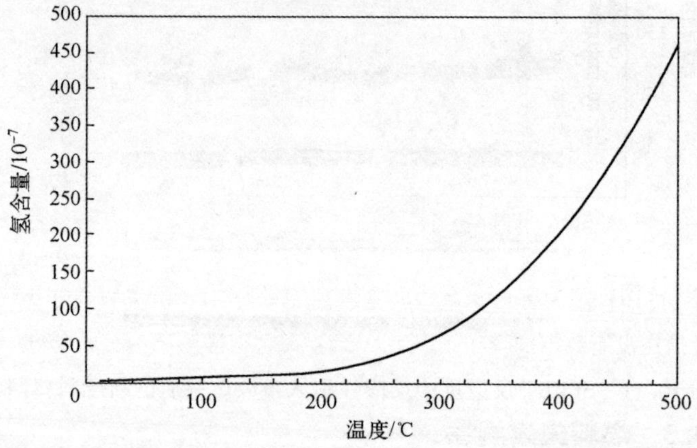

图 10.13　氢含量在锆中的溶解度与温度的关系(McMinn,2000)

从图 10.13 中可以看出两个重要现象。第一,这些数据通常被评估为最大燃料焓值变化的函数,这些焓的变化与瞬态过程中的肿胀相对应,不包括温度从室温上升到工作温度时可能发生的缓慢肿胀(例如,在压水堆中)。辐照包壳通常可以适应缓慢发生的肿胀,此肿胀由包壳蠕变和核燃料芯块碎片重新排列而成。第二,在氢含量非常低的情况下,包壳具有足够的延展性,能够经受住功率脉冲时间的考验,但是,上述新燃料高温机理最终导致新燃料失效的总焓值约为170cal/g。

最后,燃料的扩散可能导致蒸汽爆炸,高燃耗燃料和新燃料的机理完全不同,在新燃料中,燃料必须融化才能产生突然的肿胀,此肿胀可使热的燃料被排出。堆积在晶界上的裂变气泡会导致高燃耗燃料的肿胀。燃料的快速加热,靠近燃料芯块外围的气态超高燃耗边缘区,导致了燃料芯块的破碎和包壳失效后气体中颗粒的携带。虽然数据很少,但大多数试验用的是高燃耗燃料,其中芯块包壳机械相互作用机理造成了失效情况和燃料扩散,在试验装置中产生了显著的压力脉冲。基于图 10.11 中所示的信息,在反应性引入事故过程中大多数反应堆中的燃料棒会经历燃料焓值少于 70cal/g 的变化;然而图 10.14 表明,芯块包壳机械相互作用的故障发生在这个范围内。因此,一些高氢含量的辐照过的燃料在发生反应性引入事故的时候,如果这些燃料棒在高价值的控制棒附近,则可能发生包壳失效、燃料扩散和蒸汽爆炸的可能。

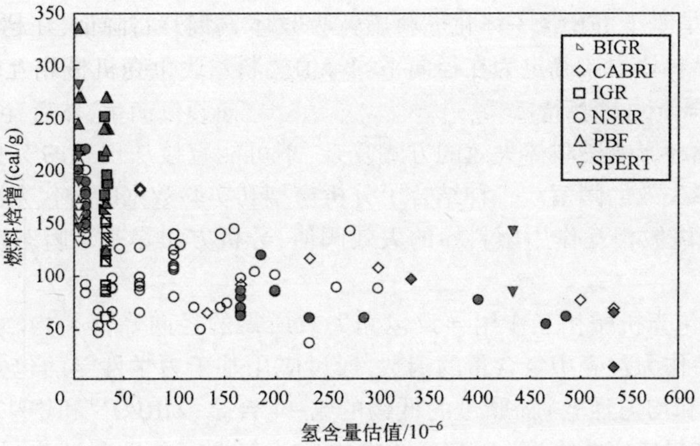

图 10.14　反应性引入事故中辐照后燃料试验数据，最大燃料焓作为包壳中氢的函数（氢含量是在没有数据的情况下进行估计的），实心符号表示包壳失效（Meyer，2006）

10.3.3.3　燃料失效阈值

反应性引入事故模拟实验数据表明，一种或两种模式引发的功率脉冲可以造成燃料棒失效。如果燃料包壳的延展性很高，随着泡核沸腾事件（泡核沸腾事件传热）发生的高温过程可能造成燃料包壳失效。如果包壳的延展性低，芯块包壳机械相互作用产生的力会导致包壳失效，这两种模式之间的转换是一个包壳的延展性随着燃耗积累而变化的函数。

由于预先辐照和初始稳态冷却剂温度对包壳延展性影响的数据不一致，从单独的反应性引入事故模拟实验不足以开发基于芯块-包壳机械相互作用机理的燃料棒失效阈值。然而，反应性引入事故模拟实验数据库可以用来验证瞬态燃料棒分析方法，然后需要进行分析评估，将反应性引入事故模拟实验数据转换为适用的条件，同时考虑到预先辐照和稳态冷却剂温度的影响。

开发一个完整的燃料棒失效阈值横跨整个燃耗运行的范围，必须将两种可能的包壳失效模式结合起来。因此，开发一种新的燃料棒失效阈值的方法需要重点识别和解释从高温导致的包壳失效到芯块包壳机械相互作用导致的包壳失效的转变。下面的方法被用来开发新的燃料棒失效阈值。

1）零/低燃耗情况

对高温失效行为的实验数据进行分析后，发现对于零燃耗和低燃耗燃料棒，当径向平均燃料焓峰值为 150cal/g 以上时，包壳高温氧化脆化失效的可能性增大。只有当燃料棒内部压力超过主系统压力 1MPa（正压差条件）时，失效才会低于 150cal/g。在低燃耗和中燃耗水平下，热态零功率时出现正压差的可能性很小,即使是对于IFBA(一体化燃料燃耗吸收体)燃料也是如此。因此,高温过程导致的燃料棒失效确定为在径向平均峰值燃料焓为150cal/g以上时发生。

2) 中等和高燃耗情况

由于燃耗影响燃料棒失效的方式复杂,不可能直接从现有的实验数据直接开发燃料棒失效的阈值。一种结合了分析模型和实验数据的替代方法可以开发芯块-包壳机械相互作用燃料棒的失效阈值,分析方法是基于瞬态燃料性能程序的应用。

芯块-包壳机械相互作用导致包壳失效所需的径向峰值平均燃料焓,由燃料性能程序作为包壳中氢含量的函数,通过应用基于力学性能的包壳完整性模型(总延展和均匀延展)辐照过的低锡的锆-4合金、ZIRLO™和锆-2合金材料的试验。临界应变能密度(CSED)数据构成了包壳完整性模型的基础,临界应变能密度是作为包壳氢含量的函数发展起来的,原因是燃料棒主要的燃耗影响是氢致脆化。

将150cal/g的高温失效阈值与由分析评估推导出的芯块包壳机械相互作用计算得到的包壳失效所需的燃料焓相结合,得到了燃料棒整体失效阈值。图10.15所示为压水堆应用的失效阈值作为包壳平均氢含量的函数,图10.16所示为沸水堆应用的失效阈值。有两个因素影响随着燃料包壳氢含量增加而失效阈值降低、间隙闭合效应导致的芯块-包壳机械相互作用负荷的增加,以及氢积累导致的包壳延性下降。脉冲宽度和温度是提高包壳延展性的两个主要因素,从而提高了包壳抗芯块-包壳机械相互作用载荷的能力。

10.3.3.4 燃料冷却能力限制

在反应性引入事故中由于能量的快速沉积和由此产生的过度的燃料焓升高,产生两个主要的安全问题:①堆芯几何形状破坏导致的长期冷却能力的削弱;②压力容器的局部屈服。干扰维持冷却堆芯几何形状和确保反应堆容器完整性的主要事件是燃料材料迅速扩散到冷却剂中以及随后的燃料冷却剂相互作用(FCI)。高能燃料物质迅速扩散到冷却剂中,可能产生冷却剂压力脉冲并且对燃料组件和反应堆压力容器产生破坏性的力,从而导致了反应堆堆芯几何形状的改变和反应堆压力容器的变形。为了确定安全限制以防止堆芯损坏,了解事故条件下控制燃料扩散和燃料-冷却剂相互作用的机理很重要。未辐照和辐照试验棒的实验结果表明,影响燃料扩散和燃料冷却剂相互作用的因素包括以燃料焓、冷却剂工况和燃料棒燃耗为特征的反应性引入机制。

早期在美国和日本进行的研究瞬态反应性引入事故燃料性能的实验,使用未经辐射的试验棒表明能量沉积超过250cal/g时,燃料焓达到了使燃料熔融、熔融燃料颗粒高能扩散以及核能转化为机械能的水平。根据这些实验,美国核

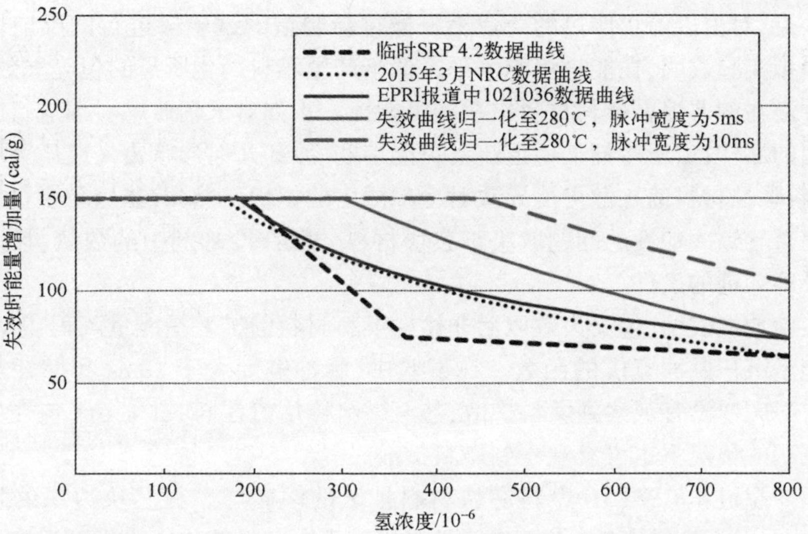

图 10.15　根据 Falcon SED/CSED(TE)方法建议增加锆-4 合金包壳在热态零功率条件下临时失效准则(Electric Power Research Institute,2015)

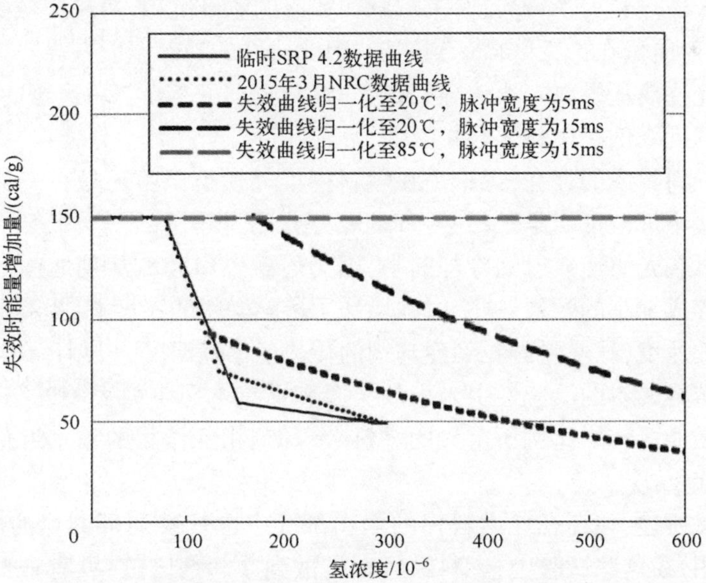

图 10.16　根据 Falcon SED/CSED(TE)方法建议增加锆-4 合金包壳临时失效准则(Electric Power Research Institute,2015)

管会确定了 UO_2 280cal/g 径向平均峰值燃料焓的极限值以防止在反应性引入事故中熔融燃料颗粒的扩散。

最近,对由以前辐照过的商业燃料棒重新制造的试验棒进行的反应性引入事故模拟实验表明,在能量沉积水平远低于产生燃料熔化所需的包壳失效后,存在一种潜在的非熔融燃料材料扩散的可能性。正如对未辐照燃料棒进行的试验所证明的那样,由于冷却剂通道流动可能堵塞、冷却几何形状丧失或压力脉冲产生,燃料颗粒材料的扩散可能导致对冷却能力的担忧。然而,非熔融燃料材料的扩散是否导致冷却性的问题取决于芯块材料分散在冷却剂中的数量、粒度和热能以及冷却剂的条件。

实验数据表明,包壳失效以后非熔融燃料材料的扩散是能量沉积、芯块燃耗以及能量沉积脉冲宽度的函数。在试验中,脉冲宽度大于 10ms 和燃耗水平高于 60GWd/tU 没有观察到燃料扩散,甚至燃料棒焓值在 69cal/g UO_2包壳失效后能量沉积的情况下也没有观察到燃料扩散。

辐照超过 40GWd/tU 燃料芯块材料扩散的倾向与燃料芯块边缘的发展有关,主要受两个因素影响:①快速能量沉积过程中燃料芯块边缘局部温度和应力峰值;②燃料芯块边缘材料的细粒结构和边缘材料爆裂成小颗粒(小于 20μm)的趋势。分析评估和试验后检查显示能量沉积的脉冲宽度影响功率脉冲时燃料芯块边缘区域热和力学行为,对于窄脉冲宽度的能量沉积,边缘区域的热传导很低,由于辐射能量在边缘区域达到峰值,因此边缘的局部温度升高。较宽的脉冲能量沉积允许热从燃料芯块传导到包壳,因此减小了燃料芯块边缘的温度峰值,低的峰值温度降低了燃料颗粒扩散潜力。

熔融燃料物质的存在,无论是在燃料棒堆外模拟试验还是在高能反应性引入事故试验中都被证明是燃料-冷却剂相互作用过程中的一个关键因素。熔化的燃料通过包壳快速喷射到冷却剂中,因为熔融燃料和冷却剂之间的流体动力导致燃料碎成细小的颗粒,这个过程增加了熔融燃料的表面积,提高了能量传递到冷却剂的速度,从燃料颗粒到冷却剂的传热速率随温度的升高而增加。

含有熔融燃料的反应性引入事故实验和严重堆芯事故实验的结果表明,由热力与机械能量转换比例所定义的燃料-冷却剂相互作用的效率近似与燃料颗粒的大小成反比。

如前文所述,在高燃耗燃料棒的 4 次试验中也观察到可测量的燃料-冷却剂相互作用,在这些试验中,燃料颗粒在扩散到冷却剂之前,没有证据表明这些颗粒是熔化的。试验后从冷却剂中收集到的燃料颗粒都是不规则的小平面表面,这意味着是其碎裂的,而先前熔化的燃料颗粒扩散到冷却剂中,通常具有球形几何形状和光滑的表面。

反应性引入事故试验的机械能量转换比可以扩散高度碎裂的非熔融燃料,其转换比也是平均粒子直径的函数。类似于熔融燃料的扩散,这些实验产生的机械能表现出对平均粒径的逆相关性。然而,未熔融燃料机械能量转换比低于熔融燃料机械能量转换比,其对颗粒大小的依赖程度较低。有限的没有熔化的燃料扩散反应性引入事故实验的结果证明,尽管一小部分燃料可能扩散到冷却剂中,但只有一小部分的燃料颗粒以细小碎片的形式扩散。非熔融物质的扩散将燃料颗粒的热能转化为冷却剂中的机械能的转化效率较低,扩散固体材料的能量密度较低,传热速率较慢的主要原因是机械能量转换比低于熔融燃料颗粒的扩散。

反应性引入事故的燃料冷却限制代表了最终的安全限制,以确保事故不会导致损害长期冷却堆芯的能力,或威胁到反应堆压力容器的完整性。燃料冷却能力极限表示一种“不可逾越”条件,因此绝不应超过。在反应性事故中高能量沉积和高燃料焓值的后果是燃料棒几何形状的变形以及由燃料-冷却剂相互作用产生的冷却剂压力脉冲。

燃料棒零燃耗或低燃耗燃料运行时燃料棒几何形状的变形或燃料物质的扩散是由燃料芯块和包壳的熔化的响应所控制的,因为包壳提供了燃料棒的结构支撑,所以大部分包壳熔化可能导致燃料棒几何形状的变形。此外,燃料材料的熔化会导致燃料的快速扩散和熔融燃料和冷却剂的相互作用,熔融燃料的颗粒扩散后产生机械能的倾向增大。

零燃耗或低燃耗试验的数据表明,在反应性引入事件中,将燃料焓值限制在必要值以下,使燃料颗粒熔化状态仍然确保燃料棒保持棒的几何形状。当燃耗水平在 30~40GWd/tU 时,最近的燃料棒试验证实了这一点。CABRI REP Na-2 (33GWd/tU)和 NSRRJMH-5(30GWd/tU)棒达到峰值燃料焓 200cal/g,在完成试验时仍然保持了燃料棒的几何形状。此外,JMH-5 试验棒的几何形状经得起长期冷却,即使包壳因芯块-包壳机械作用诱发长轴向裂纹失效和在冷却剂中分散少的固体燃料材料,在包壳中依然容纳了超过 80%的 UO_2 材料。

当燃耗超过 40GWd/tU 时,实验数据表明燃料包壳失效后可能发生细碎的固体燃料扩散现象,能否发生取决于燃料棒失效后的功率脉冲宽度、燃耗和能量沉积。实验数据还表明,小量的燃料颗粒碎片扩散到冷却剂不会导致燃料棒的几何形状变形以及损坏堆芯或反应堆压力容器的力产生。

从高燃耗燃料中扩散出细小的非熔融燃料颗粒不是一个冷却能力的问题,而是因为以下技术方面:

(1) 燃料包壳失效后,脉冲宽度大于 10^{-15}ms 预计不会有燃料扩散。

(2) 细颗粒物质可扩散的数量很少,而且被束缚在边缘。

(3) 对于非熔融物质,机械能量转换的效率较低。

基于这些技术要点,可以认为,将少量固体燃料物质作为细碎的非熔融物质分散进入冷却剂的问题是放射性物质释放的问题,而不是冷却方面的问题。虽然在很窄的功率脉冲试验中能观察到有限的细碎的非熔融的燃料材料扩散,但机械能产生的最终结果比用熔融燃料进行的低燃耗试验小一个数量级。

确定高燃耗燃料的燃料冷却极限的适合方法就是假设固体燃料物质的熔化可能会导致严重的后果,导致燃料棒几何形状变形,因此将峰值燃料焓限制在使燃料熔化的阈值以下。确定一个基于燃料芯块初期融化的限值是保守的,其理由如下:①避免包壳熔化,从而确保燃料的棒状几何形状得以维持;②因为温度,大多数燃料芯块的温度峰值远低于融化温度;③机械能量转换比远低于所需的水平,从而产生不良后果。

为了确定燃料的冷却能力极限,初始燃料芯块熔化的径向平均峰值燃料焓被确定为燃料棒平均燃耗的函数。在能量沉积水平越来越大的情况下,对燃料棒进行 20ms 脉冲宽度的计算,直到燃料芯块的第一个径向位置达到熔化温度,从而确定了导致熔化的径向平均峰值燃料焓。

使用瞬态燃料棒性能程序计算燃料芯块在热沉积过程中的温度响应,而零功率和满功率的反应性引入事故被包括在分析中,以评价功率运行对燃料芯块熔化响应的影响。由于包壳对冷却剂的传热会影响燃料芯块外部的导热,代表核态沸腾的和偏离泡核沸腾的包壳-冷却剂传热系数用于本节的分析中。在整个燃料棒的平均燃耗范围内,以 10GWd/tU 的增量进行计算,从而得出径向平均峰值燃料焓与燃耗的关系,燃耗对 UO_2 熔化温度和径向功率分布的影响也包括在分析中。

最大径向平均燃料峰值焓对应燃料棒的平均燃耗曲线描绘于图 10.17 中,将燃料芯块的峰值温度限制在 UO_2 熔化温度以下。如图 10.17 所示,燃料焓限值在反应性引入事故试验中超过了 20GWd/tU。

最大径向平均燃料焓曲线,如图 10.17,大约从 30GWd/tU 开始,随燃料棒平均燃耗的变化而下降。随着燃料棒平均燃耗的增加,燃耗对 UO_2 熔化温度和径向功率分布的影响结合在一起降低了径向平均燃料焓,从而产生了初始熔化。这些因素导致燃耗的依赖性显示在图 10.17 中。

在反应性引发事故的能量沉积阶段,径向平均燃料焓的修正限值确保燃料不会熔化。这种方法可以防止熔融燃料的扩散,这是燃料棒几何形状和燃料冷却剂相互作用丧失的先驱者,从而导致破坏性压力脉冲的产生。

10.3.3.5 损坏的类型

反应性引入事故的中间结果是功率和燃料温度的快速上升,功率激增可能导致燃料棒失效和放射性物质泄漏到反应堆一回路冷却剂中。这些物质分解后不仅会产生裂变气体,还会产生燃料颗粒固体碎片。在严重的情况下燃料棒可能粉碎,大部分的燃料颗粒散落在冷却剂中。高温的燃料排入水中有可能迅速产生蒸汽和压力脉冲,可能会损坏附近的燃料组件、其他堆芯部件,以及反应堆压力容器。

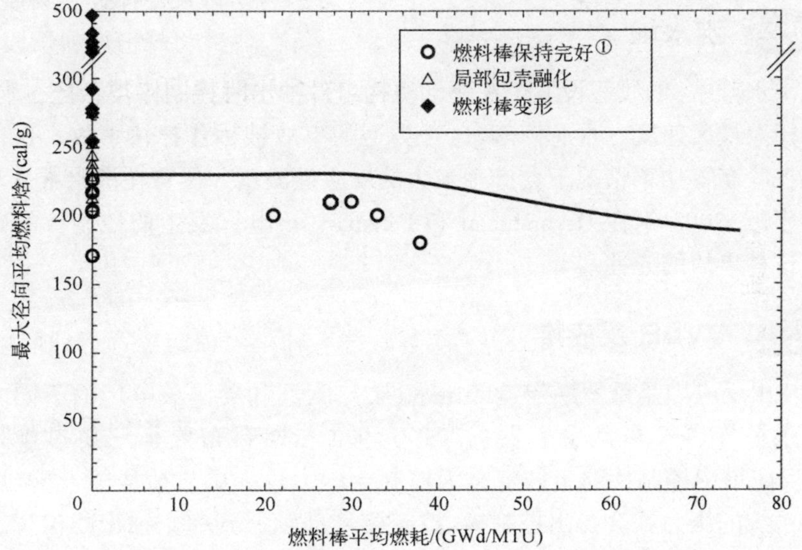

图 10.17　阻止燃料芯块初期熔化的焓限值作为燃耗的函数(Yang 等,2003)

注:① 引自文献 T. Sugiyama and al. Journal of Nuclear Science and Technology. Vol 37, No 10, Oct 2000。

10.4　不同类型的轻水堆和燃料的特性/细节

一个大的反应性激增引发假设的反应性引入事故,接下来是功率激增,高温燃料颗粒喷射到冷却剂中将热能转化为机械能,可能会发生蒸汽爆炸事件。1986 年 4 月发生在切尔诺贝利核电站的反应性引入事故就是这种类型的事故,随后发生的蒸汽爆炸事故中喷出了堆芯材料,还引发了火灾。发生在沸水堆的反应性引入事故与发生在压水堆的反应性引入事故不同,但随后事件的发展过程是相似的。

10.4.1　压水堆

在压水堆中,当控制棒驱动装置的上封头贯穿件(接管)周围出现裂纹时,以及裂纹失效时驱动装置及其附属的控制棒组件在压力下弹出时事故就会发生,这种类型的事故被称为弹棒事故。在热态零功率条件下发生的这种事故会引发最大的反应性激增,这种事故在冷态的条件下是不会发生在压水堆的,因为容器必须加压(热态加压)控制棒才能弹射出来。压水堆从来没发生过弹棒事故,但是有一个事故前兆发生在 2002 年戴维斯-贝斯(Davis-Besse)核电厂,当时控制棒驱动机构接管只与其不锈钢内衬保持连接,而接管破裂反应堆封头严重腐蚀。

10.4.2 沸水堆

在沸水堆中,事故假设发生在驱动机构组件抽出时控制棒被悬挂在堆芯,然后控制棒以最大速度在堆芯掉落,这种类型的事故被称作掉棒事故。这样的事故发生在冷态零功率情况下会产生最大的反应性激增。尽管在沸水堆从没发生过掉棒事故,2008 年在 Oskarshamn 和 Forsmark 核电厂发生的控制棒的破裂被认为是这种事故的先兆。

10.4.3 VVER 反应堆

VVER 反应堆是俄罗斯建造的压水堆,与欧洲和美国核电厂的不同之处是采用了水平传热管蒸汽发生器(HTSG)和堆芯燃料布置呈三角形排列。在 VVER 反应堆中控制棒弹出被定义为控制棒压力外壳的机械故障,这样反应堆冷却剂系统的压力就会弹出控制棒,控制棒传动轴回到完全抽出的位置。这个机械故障的后果就是快速反应性引入,以及不利的堆芯功率分布。如果这个瞬态真的发生了,燃料棒的热力瞬态过程可能导致偏离泡核沸腾以及有限的燃料损失。这种事故可能导致的燃料损坏的数量,将主要由弹棒的价值和剩余控制棒与相关模式所获得的功率分布来控制。燃料温度升高引起的多普勒效应和高中子通量信号触发的反应堆停堆终止了瞬态过程,这发生在可能导致破坏反应堆冷却剂压力边界的条件到达之前,或足以干扰堆芯,影响其支撑结构或其他反应堆压力容器内部构件,从而严重损害堆芯冷却能力。

VVER 反应堆有两种类型,一种是 VVER-400 型,另一种是 VVER-1000 型。在 VVER-400 型反应堆中是控制棒组件发生弹棒事故形成反应性引入事故,而 VVER-1000 型反应堆是控制棒发生弹射事故形成反应性引入事故。在 VVER-1000 型反应堆中安装的是像压水堆那样的控制棒组件,而 VVER-400 型反应堆整个组件用中子吸收材料制作,控制组件内部没有燃料。VVER-1000 型反应堆设计基准事故中一组"反应性和功率分配异常"初始事件的分析结果证明,"控制棒在最小受控反应堆功率和燃料循环开始时弹棒"是涉及偏离泡核沸腾比(DNBR 的 95%置信水平大于 1)接受准则最保守的计算方案。"控制棒弹棒"初始事件被认为是控制棒快速从低位向高位运动,弹出控制棒包括插入到堆芯正在工作的控制棒组件以补偿小的反应性偏差。工作的控制棒组件插入的控制带深度受安全运行要求的限制,这取决于反应堆的功率水平(Shkarupa 等,2006)。

10.4.4 高燃耗燃料

目前,动力反应堆的燃料最大燃耗略高于 60GWd/t(棒平均),超过 40GWd/t 的燃耗被认为是高燃耗。高燃耗燃料的一些特性从根本上改变了沸水堆和压水堆中反应性引入事故的发展(Meyer,2009),具体而言,燃料芯块内部裂变原子分布发生变化,芯块-包壳间隙关闭,包壳中存在氢(H),燃料芯块内部出现裂变气泡,如图 10.18(a)所示。

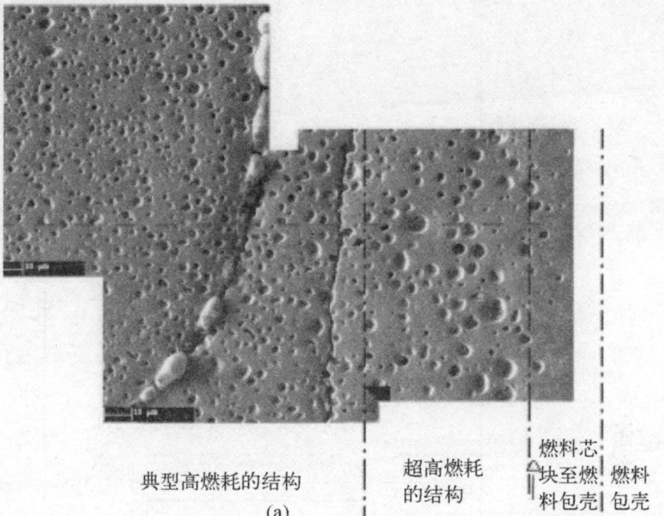

(a)

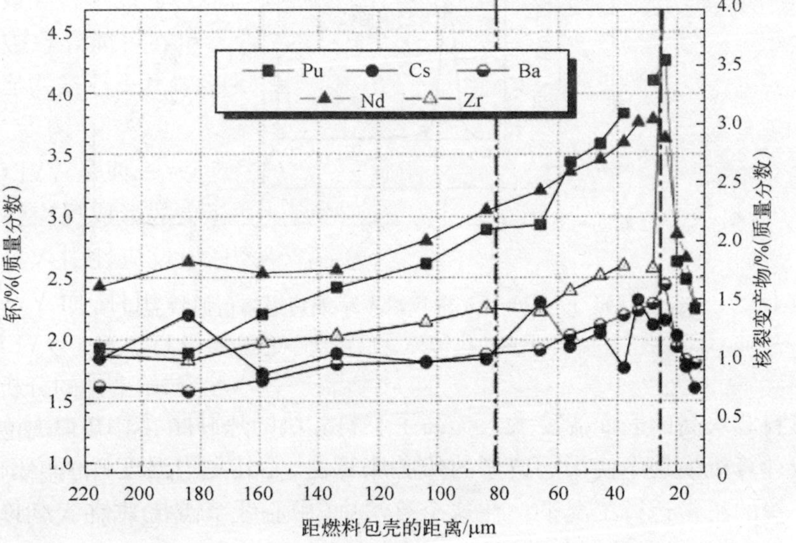

(b)

图 10.18 (a)超高燃耗边缘结构的扫描电子显微镜图像和(b)元素分布与燃烧燃料棒中从燃料到包壳的界面的距离的函数关系

图 10.18(b)表示高燃耗燃料棒中的裂变原子重新分配的情况,相对于外围区域,天然屏蔽可以抑制燃料芯块中心的裂变。随着钚积累的燃耗增加,这种效应会大大增强,在靠近燃料的芯块表面主要是分裂型的。在这种高燃耗燃料棒中,燃料棒中心线钚原子的浓度高于燃料棒的表面,因此在功率瞬态的早期在燃料芯块表面附近燃料温度非常高,如图 10.19 所示。这个靠近燃料棒表面的峰值温度远远高于新燃料棒的峰值温度。

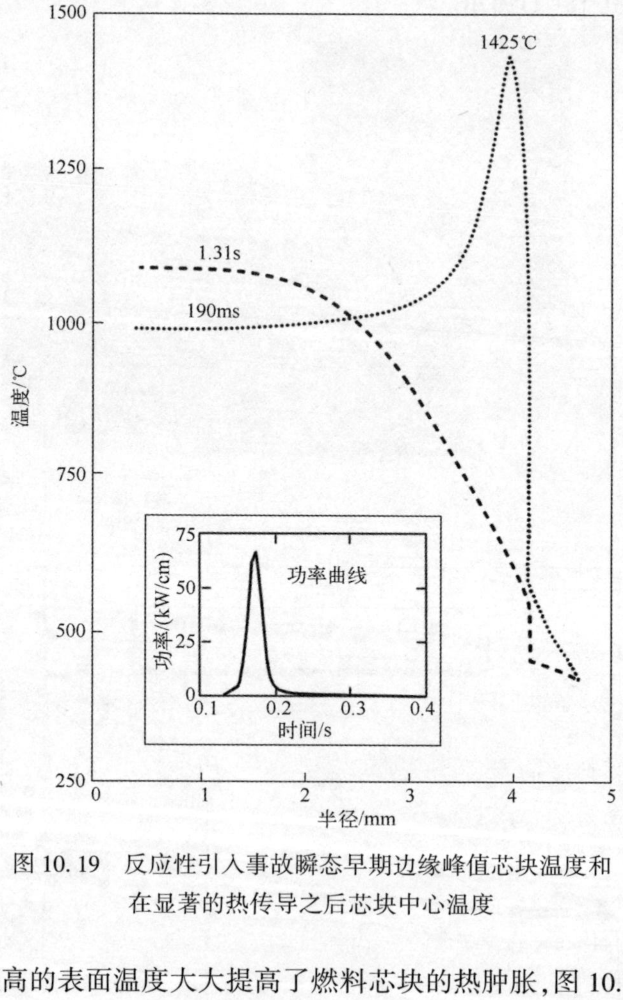

图 10.19　反应性引入事故瞬态早期边缘峰值芯块温度和在显著的热传导之后芯块中心温度

燃料芯块高的表面温度大大提高了燃料芯块的热肿胀,图 10.20(a)所示为大多数计算机模型中使用的典型的热肿胀算法,尤其是当温度峰值位于燃料芯块中心线的正常运行工况下。在这个算法中,中心线节点比其他节点肿胀得更多,每个节点的肿胀被添加到下一个节点,因为 UO_2 没有显著的抗拉强度,每个节点环裂纹与适当的增量肿胀加在一起,对节点环数量的选择没有太大的敏感性。

图 10.20(b)显示了在高燃耗燃料的反应性引入事故中必须使用的热肿胀算法,其中外部节点比其他节点肿胀得更多,肿胀从表面到中心逐渐减小,从概念上讲,外部节点决定着燃料芯块的肿胀就像整个燃料芯块都处于峰值温度。这个算法提出了两个实际问题:其一,分配给外部节点的温度对节点的厚度和选择的节点数量是敏感的。其二,如果没有节点本身的内部变形,一个非常薄的外部节点将不具备使包壳变形的能力。虽然这样分析起来很困难,但是高燃耗的燃料芯块很可能比在给定的燃料焓情况下新燃料或低燃耗燃料在反应性引入事故中肿胀得大。

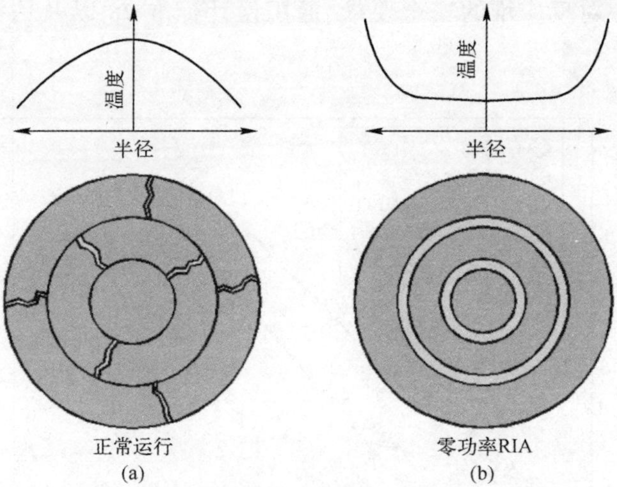

图 10.20　热肿胀算法

(a) 正常运行情况下(最高温度在芯块中心线);

(b) 零功率反应性引入事故(最高温度在芯块边缘)高燃耗燃料。

在高燃耗燃料中需要考虑的另一个因素是燃料芯块和包壳之间的间隙,由于燃料芯块在正常运行过程中肿胀,结合包壳由压差引起的缓慢收缩,使得这个间隙变小,结果燃料芯块所有的肿胀将被没有任何缓冲地传送到包壳,在新燃料中也一样。

参考以上的例子,一个 200cal/g 的脉冲在高燃耗燃料中将导致包壳应变超过 2.9%,而同样的脉冲在新燃料中导致包壳应变小于 1%。

由于计算燃料芯块的肿胀、燃料芯块与包壳的间隙、包壳的应变很困难,可以用经验数据来获得应变值,图 10.21 所示为高燃耗燃料在 CABRI 和 NSRR 研究堆上反应性引入事故试验数据。一般情况下,可以看出一种趋势:在最大的运行压差情况下(最大的包壳蠕变)压水堆燃料较高的应变,到沸水堆中等运行压差,然后到实验堆无运行压差。图 10.21 中的纵坐标显示的是测量到的塑性应变,所以每次试验都会有一个附加的弹性应变,尽管数据显示了很大的分散性,在任何燃耗等于 200cal/g 的情况下,总的应力(塑性加弹性)明显大于 2.9%,与上述讨论情况一致。虽然看起来新的包壳很容易容纳考虑功率脉冲形成 1%的应变,目前还不清楚辐照包壳是否会有如此表现。

目前已经制定了两个独立的反应性引入事故的接受准则:①确保事故发生后反应堆堆芯的长期冷却;②说明包壳失效后放射性物质释放到环境中的原因。制定两个独立标准的策略与美国核管会的管理导则 1.77 中的方法是一致的,它包含了最大径向平均峰值燃料焓的限制,以满足美国联邦法规第 50 部分附录 A 对反应堆的安全要求、通用设计标准 28 以及估算燃料棒故障数量的阈值。

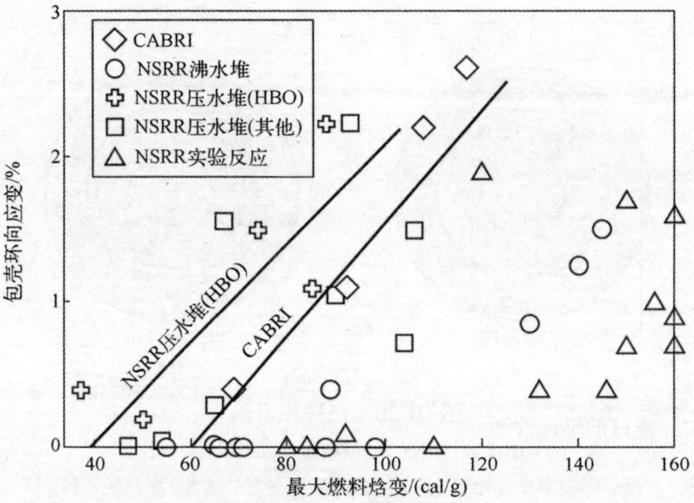

图 10.21 非失效包壳塑性应变测量作为 CABRI 试验堆和 NSRR 试验的最大燃料焓变的函数

为了保证堆芯的冷却能力和防止对反应堆压力容器的破坏,燃料冷却能力限值是由在功率瞬态过程中防止芯块熔化的最大径向平均峰值燃料焓确定的。在径向平均峰值燃料焓上定义了一个阈值,它代表在厂外剂量计算中使用的燃料棒失效的发生。为了防止高温过程导致燃料棒包壳失效,建立了平均燃耗小于 36GWd/tU 的燃料棒失效阈值。超过燃料棒平均燃耗 36GWd/tU,燃料棒失效阈值是基于芯块-包壳机械相互作用的包壳失效。堆芯冷却能力限值和燃料棒失效阈值都被定义为燃料棒平均燃耗的函数,以符合当前的堆芯设计实践。

图 10.22 所示两个准则应用于锆合金包壳、UO_2或 $UO_2-Gd_2O_3$燃料棒，经历了热态零功率或热态满功率的反应性引入事故，操作达到目标导致燃料棒平均燃耗达到 75GWd/tU。在这些准则的应用中，包壳锆层最大外表面氧化厚度不应超过 100μm，并且没有明显影响包壳力学性能的氧化碎裂。图 10.22 所示的反应性引入事故中燃料棒失效阈值应用于先进的包壳设计中，只要提供的包壳材料具有优良或等效的延展性，以及外表面氧化层厚度相同且不发生氧化层剥落的锆合金包壳。未来的 UO_2燃料棒反应性引入事故模拟实验将提供高燃耗情况下的确认数据，并提供先进包壳材料的附加特性。

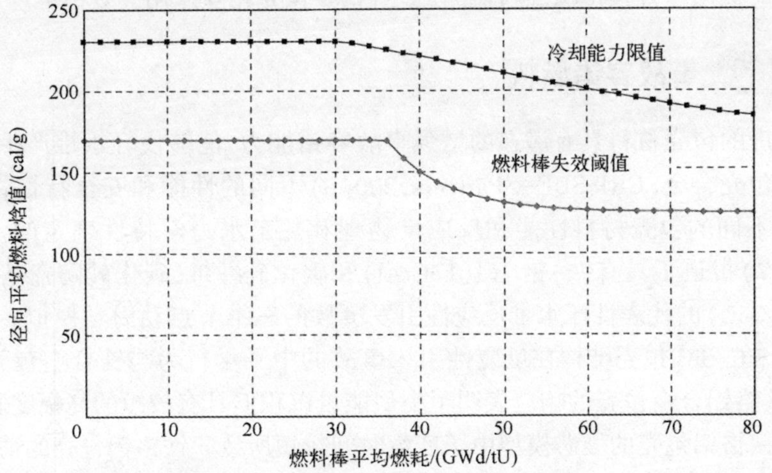

图 10.22 修订的反应性引入事故燃料棒失效阈值和燃料冷却限值(Yang 等，2003)

10.4.5 MOX 燃料

在反应性引入事故瞬态中，由于裂变气体的附加作用，钚铀混合氧化物(MOX)燃料性能在某些方面不同于 UO_2燃料。在 UO_2燃料中，包壳上的载荷完全由芯块-包壳相互作用控制，其演变与燃料的近绝热热肿胀成正比，这个过程可以称为瞬时的芯块-包壳相互作用，随后由导热引起的热损失导致芯块热肿胀的逆转通常标志着芯块-包壳相互作用的结束。在 MOX 燃料中，包壳的载荷演化为一个两阶段过程：①燃料热肿胀为主的阶段，芯块-包壳相互作用增强但是还没起主导作用；②气体膨胀为主的阶段(Electric Power Research Institute，2015)。

通过对 MOX 燃料的计算结果与现有实验测量结果进行比较发现，气体膨胀增强燃料芯块-包壳相互作用,是 MOX 燃料在反应性引入事故力学性能的重要贡献者,另外,结果表明,对于室温试验,包壳的受力主要是典型的燃料芯块-包壳相互作用,与燃料的绝热肿胀成正比,在这一点上,UO_2燃料响应和 MOX 燃料响应有微小的不同。然而,无论是在 CABRI 中还是在 NSRR 的高温/压力容器中进行的反应性引入事故试验都具有较高的包壳温度,因此在瞬态的后期,MOX 燃料芯块的气体膨胀成为主要的包壳载荷机理。这些结果表明,包壳的机械约束能力会影响 MOX 燃料芯块的肿胀过程。

从模型的开发和评估过程中已经发现,MOX 燃料芯块肿胀过程导致包壳变形可能远远高于相同峰值燃料焓的 UO_2芯块产生的变形。因此,MOX 燃料的试验棒不应该用于开发 UO_2燃料棒的最终芯块-包壳相互作用失效标准。

10.4.6 事故容错燃料

先进的包壳材料具有潜在的增强事故容错能力,能够使轻水堆产生与现在的锆基包壳合金(CRISSUE-SPartners,2004b)不同的性能和安全特性,这些差异是由不同的包壳材料性能和反应堆物理和热工水力学特性确定的。Brown 等(2017)报道了具有铁-铬-铝(FeCrAl)和碳化硅纤维、碳化硅陶瓷基复合材料(SiC/SiC)的代表性压水堆反应性引发事故的三维节点动力学模拟。这项研究表明 SiC/SiC 包壳结构在反应性引入事故的中子学行为与锆合金包壳类似。然而,铁铬铝合金包壳的响应表明了类似能量沉积但具有较短的高幅度脉冲,这是基于铁铬铝包壳的堆芯模型中子产生时间较短所致。铁铬铝包壳的情况相比其他情况表现出更快的燃料热肿胀速率,由此产生的芯块-包壳相互作用可能更快地发生。本文的结论是基于有限的一组模拟的超瞬发临界反应性引入事故瞬态,并且正在对不同类型的事故容错燃料(ATF)概念和不同类型的反应性引入事故进行(或计划在其他地方进行)更详细的研究。

10.5 分析方法学

设计基准事故分析包括核电厂的反应性引入事故分析基本上是确定的,它们被用于核电厂的正常运行事件、预期运行事故(发生事件的频率大于 10^{-2}/年)、假想事故(10^{-2}/年>发生事件频率>10^{-5}/年)。

这些分析的最终目标是调查是否达到了预先描述的接受准则(例如,最高燃料温度),从而调查燃料棒的完整性及其冷却条件。在考察接受准则满足情况时,计算通常分为两步进行,首先进行组件系统计算(全局/节点计算),然后利用节点计算结果研究活性堆芯(热通道计算)的最热通道/子通道。

传统的安全分析采用累积保守方法,即所有相关输入参数同时得到极端保守值。在保守方法中,各自输入参数的包络值以这样的方式给出,部分会导致最不利的后果,部分会同时覆盖方法来源的不确定性。如今,在核电厂的许可证程序中普遍接受了上面提到的保守方法,然而值得一提的是,该评估模型——仅关键输入参数是保守的——在许可证申请方面应用最佳估算计算模型已经足够了。

应用于瞬态模拟的评价方法的开发导致了所谓最佳估算计算方法的普及(最佳估算的输入和最佳估算的计算模型),例如在第 7 章中所描述的。但人们普遍认为,用最佳估算方法补充计算安全余量是必要的。

考虑到上述情况,需要进一步阐述反应性引入事故的不确定性分析方法,并将该方法应用于一些有代表性的瞬态。

不确定性分析是不断发展的安全分析方法之一,这些分析仅在少数几个国家用于核电厂的许可程序。越来越多的研究机构开发了自己的方法,这些方法的开发目的非常相似(例如,主要研究热工水力瞬态过程),但是他们使用的数学方法大相径庭。

进行安全分析,必须达到四项要求:

(1) 有必要确定那些用于安全分析的事件(瞬态);

(2) 有必要选用中子学和/或热工水力学程序,并且这些程序必须经过严格验证;

(3) 此外,在选定的程序中必须使用快速且可靠的数值方法;

(4) 有必要对安全分析的实施方法进行详细的阐述(例如,保守的方法或不确定性分析),必须满足不断更新的要求。

10.5.1 方法

应用当前的概率安全评价(PSA),人们明显倾向于关注最终导致不同程度的燃料损坏的事件。这些事件可能包括发生重要的反应性变化的时间窗口,但概率安全评价的重点仍然是燃料损害,并不是专门针对反应性瞬态变化的。因此,从目前的概率安全评价研究中和发生频率以及后果的角度来看,似乎很难获得各种“边界”反应性瞬态的评估和排序。目前的概率安全评价研究基于利益和重要性,没有明确的迹象指导确定性的热工水力/中子学耦合的方向和范围以及这种瞬态的重新评价分析。

新的趋势表明概率安全评价方法越来越多地被用于评估和排序核电厂改造的重要性,以及在可能放宽技术规范的过程中提供支持性信息。由于从这些活动以及最近与风险决策和管理有关的活动中获得更多经验,预计这种情况将会改变。

必须强调的是,最近耦合详细的最佳估计热工水力/中子学确定性分析的结果清楚地表明,有一个明显的潜力来松弛以前使用的保守的堆芯功率因子。这将为更有效地利用燃料提供一个基本条件,同时在防止燃料过热和减少危及燃料完整性的风险方面,仍然保持甚至可能提高安全性。

就像之前提到的那样,对反应性引入事故的分析需要多物理模拟,涉及热工水力、燃料和中子学模型的耦合用以模拟反馈效应。这些模型的精确程度可能会有所不同,从简化到更复杂都有。

热工水力模型包括反应堆堆芯和系统,通常的方法是利用热工水力系统模型(用于堆芯和系统建模),或者热工水力子通道模型(仅用于反应性引入事故的堆芯仿真与建模,这可以用来处理堆芯边界条件)。

基于6个偏微分平衡方程编制热工水力系统的程序,即质量方程、动量方程和能量方程,每个方程对应两相流体,一共6个方程,求解一维方程,构成了当前最先进的技术。特定的技术可以用来构造等价的三维坐标系并且根据需要对堆芯或容器区域进行分析。采用本构模型研究了两相混合物的演化规律,这些模型,大部分都是以经验性为基础,并且做了一些简化,通常适用于原来对象有效范围之外,从而导致计算结果的不确定性。所采用的数值解法对计算结果也有一定的影响,还没有完全量化。这样没有被解释的不确定性将被期望评估和量化,使更多验证分析的结果和结论可以应用于指定类型的瞬态过程。

用热工水力学程序建立几个数学模型可以影响反应性响应,但一般不受到用户的影响(例如,动态过冷空泡的形成),而有些则需要精心挑选输入(例如,沸水堆模型中的汽水分离器部件)。除了这些模型,还讨论了所使用数值格式的一些特性(例如数值扩散),这些特性同样会影响反应性响应并限制当前计算工具的相关能力(例如压力容器内的压力波传播现象)。对于特定和重要现象仿真模拟,其他的数值格式已经被引入。有一个典型的例子,使用了一个更高的数值格式模拟跟踪硼的运动轨迹。

通常采用简化的燃料棒模型模拟燃料行为,这是热工水力系统或子通道程序的一部分(Hou,2017)。这些模型通常考虑堆芯的热工水力通道,每个热工水力通道都在轴向离散成一个结构化的圆柱形单元。每个单元由“节点平均”热分区组成代表典型的燃料棒片段,燃料棒周围环绕一定量的冷却剂,这些冷却剂在强制对流条件下从堆芯进口流到出口,如图10.23所示。

“节点平均”指的是一个映射,该映射将热工水力区域内的每个单元关联到离散化的中子学区域的等效节点(或者一组节点)。考虑到保持相对水力直径，在中子节点上产生的核能平均对应于一个被适当冷却剂体积包围的单个代表性燃料棒段。

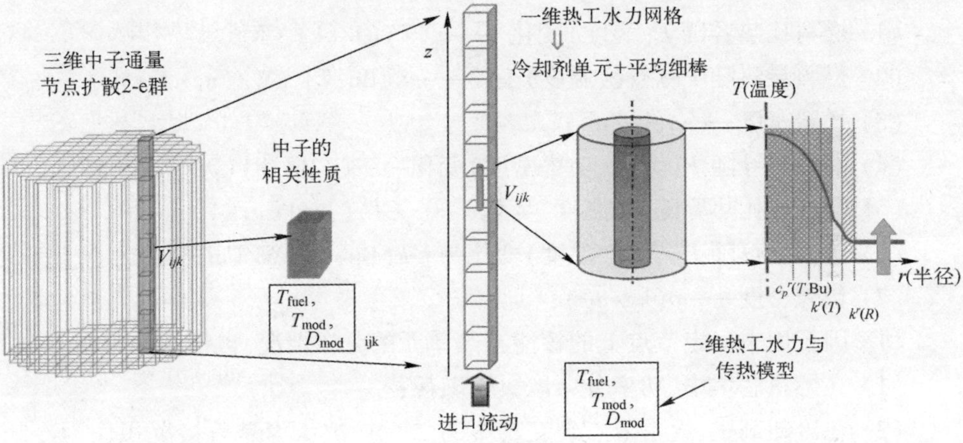

图 10.23　反应性引入事故中堆芯多物理建模传热模型(Hou,2017)

所述热传导模块的输入数据定义了热单元,一个给定(或代表)的组件类型确定一种燃料类型(或者只是其中的一部分,取决于空间的离散化状况,一个完整的燃料组件见图 10.24)。

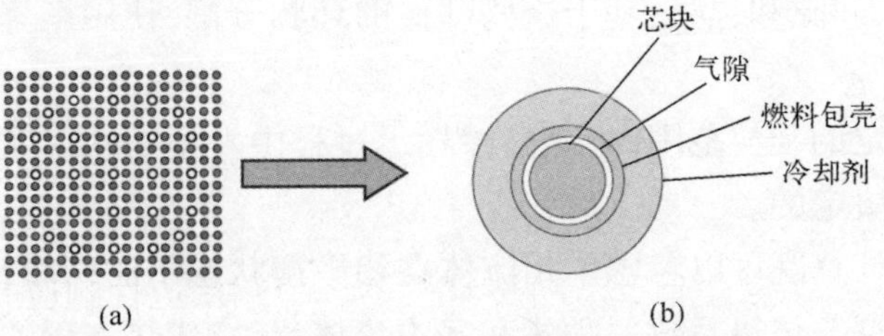

图 10.24　从组合结构到燃料棒平均热单元的均匀化(Hou,2017)
(a) 燃料组件;(b) 等效(平均棒)热单元。

传热模型的输入数据定义了一种燃料类型的热单元,适用于一种给定的(或具有代表性的)组件类型(或仅是其中的一部分,这取决于所实现的空间离散化,图 10.24 展示了一个完整的组件)。

单元的几何尺寸与形状由以下因素确定(与相应的热工水力模型本质上一致的固定几何形状,其中等效水力直径 D_h,流动面积保持恒定):燃料芯块外径、燃料包壳内径、燃料包壳外径和冷却剂区域外径(根据燃料组件中有代表性的

燃料棒确定 D_h)。接着,计算单元径向被离散成同心的热区,每个热区都可以用它的外径、材料类型、功率份额、反馈比重来确定。材料类型(燃料、间隙、包壳、冷却剂)与物质属性有关,可能是局部热物理量的函数 F,比如温度(T)、燃耗(Bu)、燃料芯块功率密度(P):

(1) 燃料比热容随 F(温度)变化——$c_p(T)$ (J/(kg·K));

(2) 燃料导热随 F(燃耗、温度)变化——$k(\mathrm{Bu},T)$ (W/(m·K));

(3) 燃料密度——ρ (kg/m^3);

(4) 间隙热导随 F(燃耗、功率密度)变化——$C(\mathrm{Bu},P)$ (W/(m^2·K));

(5) 包壳比比热容随 F(温度)变化——$c_p(T)$ (J/(kg·K));

(6) 包壳导热随 F(燃耗、温度)变化——$k(\mathrm{Bu},T)$ (W/(m·K));

(7) 包壳密度——ρ (kg/m^3);

功率因子用来确定节点上的核能在热单元的分布情况,包括两种分布:

(1) 在燃料芯块中,功率分布取决于燃耗;

(2) 在冷却剂里,通常节点裂变功率的 2.64%被认为是直接沉积作为冷却剂热源。

反馈权重(w_i)用来确定燃料的多普勒温度(T_{Fuel})如何用于中子截面库内插值。

燃料棒部分的空间离散化只是径向的,并考虑燃料芯块、芯块至包壳的间隙以及包壳的一个固定的几何形状(例如,在计算过程中没有考虑尺寸的变化)。通过燃料芯块、间隙和包壳,基于这些部件的环状分割,使用解算器计算径向热传导。

在这个固定的几何范围内,燃料棒耗尽过程中发生的几何变化是由间隙导热系数的变化决定的。

冷却剂的计算既可以考虑单相流体在相平衡状态下的两相流修正,也可以考虑两流体模型。传热系数关联式和基本流体流动/传热方程的求解与专用子通道程序相同,但无法表示相邻子通道之间的交叉流和混合。

在堆芯多重物理程序中,热工水力模型与相关的传热模块允许在离散化的中子区域的每个节点(图 10.23)进行局部反馈变量集合计算(多普勒燃料温度 T_{Fuel}、慢化剂密度 D_{mod} 和慢化剂温度 T_{mod})。

值得注意的是,目前与中子扩散程序有关的最新技术似乎不允许对燃料棒特性进行详细的瞬态模拟。燃料的几何性质和物理性质可能会在反应性引入事故瞬态中发生变化,至少在严重事故下是这样,在理想情况下应该在建模中适当考虑,这可能会对中子动力学截面、气体间隙和燃料本身热工特性产生影响。燃料芯块功率和传输到冷却剂的功率的反馈可能是不可忽视的,当前没有模型和可用的程序来处理这类现象。

反应堆反应性引入事故物理(中子学)模拟在过去通常是通过简化为点或一维中子动力学模型来完成的,因为大多数反应性引入事故都会对安全余量感兴趣的安全参数产生局部影响,故最近三维中子动力学模型得到了应用。这些三维动力学模型通常基于少群(大多是2群)扩散方程,并且利用参数化集合均匀截面(和其他节点参数)库。

热工水力学、燃料及中子动力学模型之间的耦合以不同的方式进行,已经被分类见文献(Ivanov 和 Avramova,2007)。值得注意的是,指定适当的空间网格覆盖或映射在热工水力学和三维中子动力学程序中堆芯模型的节点之间,对于一个给定的瞬态是一个具有挑战性的任务。我们必须慎重考虑预期可能的不对称局部堆芯行为条件,因为两个模型中的核心节点,它们之间的相互关系对确定局部堆芯参数有很大的影响,并且在模拟瞬态过程中也影响功率分布。

需要进行一个适当的映射,即把类似的中子学的集合(就设计而言)映射到一个热工水力通道。这些集合的其他特性也必须在映射过程中得到考虑,比如相关的功率、冷却剂流量、空泡的分布、管束进口节流方式、燃料的类型(富集度)、燃耗等。另外,当进行映射的时候,任何预期的瞬态非对称堆芯热工水力入口条件,必须考虑到对某些集合的影响大于对其他集合的影响。

堆芯瞬态揭示三维非对称特性构成了验证总体性能的基础,用于验证耦合程序系统的整体性能。压水堆控制棒弹棒事故空间网格映射分析的敏感性研究表明,仅仅局部改进多普勒反馈模型不一定能提高计算结果的准确性(Todorova 和 Ivanov,2003)。结果显示,这些模拟对空间中子学/热工水力学耦合方案特别是在径向很敏感,还发现局部和全局堆芯功率预测对热工水力节点精细化非常敏感。图 10.25 和图 10.26 所示为三维耦合程序 TRAC-PF1/NEM 在热态零功率和热态满功率条件下的总功率演化预测,用于三哩岛 1 号核电站循环初期两个次临界控制棒弹出事故的模拟。结果表明,这种热工水力学反馈现象是非线性不能分离的,特别是在局部多普勒反馈起主导作用的情况下。

用耦合程序进行反应性引入事故模拟时,中子/热工水力关于时间耦合的执行方式可能会影响预测结果。通常的方法是使用嵌套循环迭代的算子分裂法(定点迭代),用于稳态模拟和序列参数交换(显式耦合),在每个时间步长上进行瞬态模拟(图 10.27)。

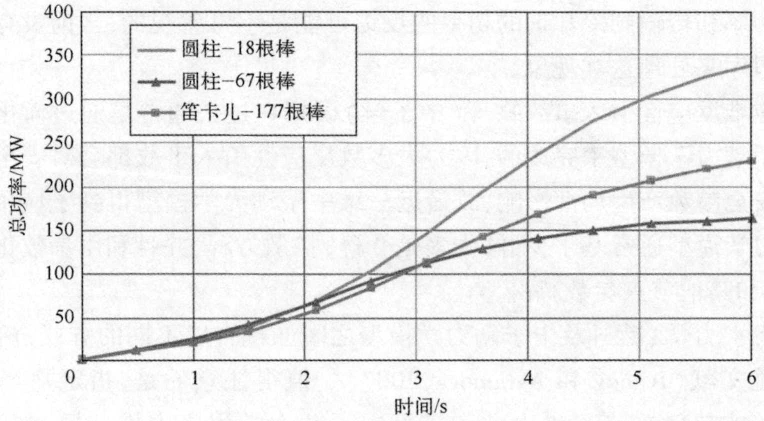

图 10.25　TRIC-PF1 计算 TMI-1 的循环初期热态零功率弹棒事故功率变化使用以下径向节点数——中子学(177 个节点)、热工水力学(18 个节点),还有三种不同的燃料棒节点划分(18,67,177)(Todorova 和 Ivanov,2003)

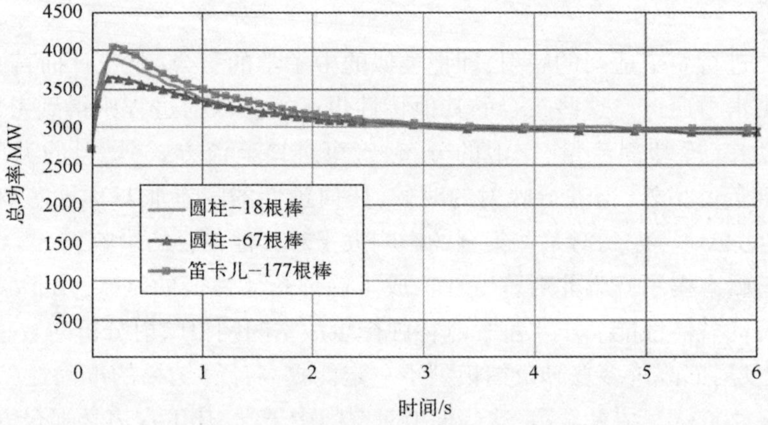

图 10.26　TRIC-PF1 预测的循环开始时热态满功率弹棒事故功率变化使用以下径向节点数——中子学(177 个节点)、热工水力学(18 个节点),还有三种不同的燃料棒节点划分(18,67,177)(Todorova 和 Ivanov,2003)

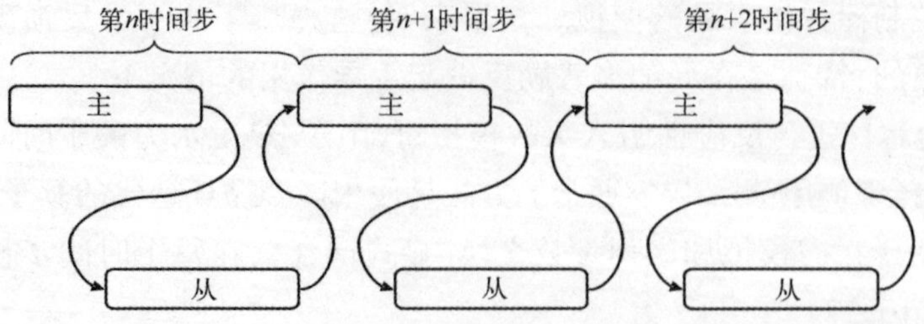

图 10.27　显式耦合图

对于快速反馈参数变化的快速反应性引入事故，当采用显式耦合时计算结果取决于时间步长。图 10. 28 所示功率作为时间的函数的结果，以经济合作发展组织/美国核管会沸水堆汽轮机停机为基准，用 TRACE/PARCS 设置不同的时间步长（最大时间步长为秒数量级）（Watson 和 Ivanov，2012）。

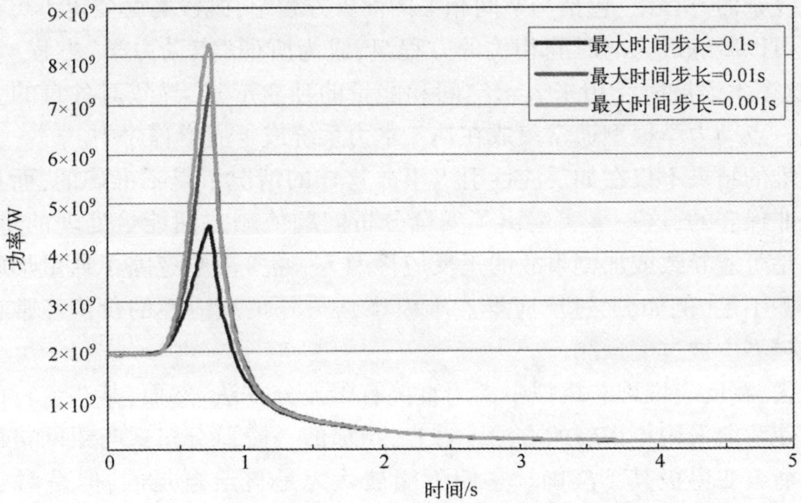

图 10. 28　沸水堆汽轮机停机显式耦合模拟

隐式时间积分法的实施，解决了耦合（多物理场）模拟的问题。当前，这类方法有两种：第一种方法是雅可比矩阵自由牛顿克雷洛夫（JFNK）法，第二种方法是用整体隐式方法求解非线性系统的完全隐式联立解，在 TRACE/PARCS 中使用第二种方法对同一瞬态并未显示出对时间步长的任何敏感性，见图 10. 29（Watson 和 Ivanov，2012）。

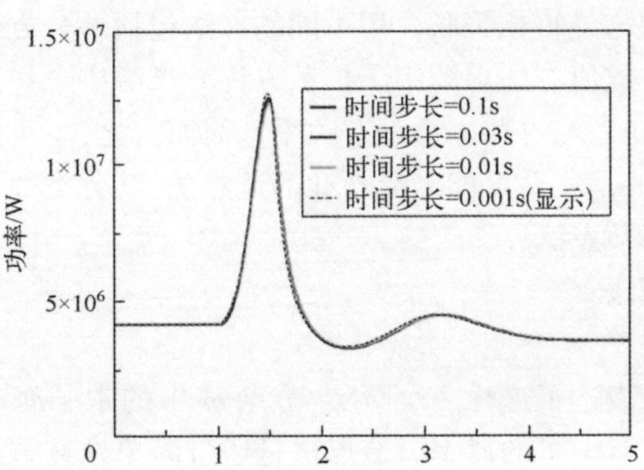

图 10. 29　沸水堆汽轮机停机隐式耦合模拟

10.5.2 预测性的计算机程序

与时间相关的中子通量扩散理论平衡方程取决于空间和能量,如反应堆静力学,完整的中子平衡方程也取决于角度。在许多应用中,特别是在动力学中求解如此复杂的方程组,包括与空间相关的前置方程组,既没有必要也不可行。这些方程可以凝练成只与时间相关的方程组,成为所谓"点动力学"方程。"点动力学"这个术语被广泛用来表示空间和能量的独立形式,导致对各自的变量进行积分。点动力学模型通常集成在热工水力系统或子通道程序中。

点堆的结果不仅在如反应性引入事故这样的情况下是不准确的,而且一般来说是非保守的,这一事实突出了安全分析问题依赖空间能量处理的重要性。其原因是可能导致或加剧事故的正反应性引入,通常由于忽略了通量形状的变化而预测不足(例如,通过反应堆点堆模型),另外负反应性的价值经常在反应堆点堆模型中被过度预测。

过去,在反应堆堆芯模拟中常用直接有限差分方法,然而,某些流行的激励因素促使我们采用更精确的方法。首先,粗糙的一阶差分格式与粗网格耦合使用时可能会变得极其不准确。它们不能被认为是自给自足的,但是对于目前明显非均匀性的系统,使用更精细的网格进行辅助计算是必要的。由于未知通量值的数量随着三维网格中的网格间距下降而迅速增加,网格细化变成需要立即禁止的对象。在轻水堆分析中,节点扩散法成为一种有高度竞争力的替代方法。

在一般假设下,反应堆堆芯内部的中子通量分布是通过在近似能群求解中子扩散方程得到的。用数值方法求解这些方程时,反应堆作为对象被分割成节点或单元,在这些节点或单元中原子核的性质被保持为常量,这些节点与燃料棒束或燃料棒束的均匀分组相关联。用不同的方法包括差分方法、综合方法、有限元法和节点法这些数值方法求解中子扩散方程。求解中子扩散方程的节点法有很多种,许多论文作者与这些方法都有关系。简而言之,不可能对所有的方法进行讨论,这里展示的是一些可能最受欢迎的节点法,其分类如下:

(1) 横向积分节点法;

(2) 通量扩张法;

(3) 其他方法。

扩散方程只是表达了这样一个事实,节点 m 中的中子净产生率必须等于从节点的 6 个表面泄漏中子的速率。节点法是通过简单地在节点体积上积分扩散方程产生一个平衡方程,如果确定了表面平均净流和节点平均标量通量的表达式,就可以求解节点平衡方程。各种节点方法之间的差异来自近似程度,用于确定这些节点耦合关系。最近使用的节点法的特点是系统推导了节点内部的通量和两侧的中子流之间的关系。

现代节点法有三个共同特征：①未知数是根据体积平均通量和表面平均局部或净流量来定义的；②通过在横向坐标方向积分多维扩散方程得到一维辅助方程将节点通量与表面流量联系起来；③那些辅助方程中出现的横向泄漏项用连续节点上的多项式拟合来近似(通常是二次型)。

热工水力学和中子动力学领域的相关现象可能是耦合计算的结果提到的非量化不确定性的来源。讨论分为热工水力现象和过程模型的关系，可能对动力学反应和核电厂建模时考虑因素有特定影响。在后一种情况下，参考资料与压水堆、沸水堆、VVER 堆的建模是相关的。热工水力系统程序采用的方法包括两种数值技术，对于流体动力学模型而言，使用固定的差分格式，互相交错，空间感应。流体的标量特性(压力、能量、空泡份额)定义在单元中心，矢量定义(速度)在单元边界。术语"单元"，用于表示空间变量中的增量，相当于质量和能量控制体积：

(1) 半隐式格式——半隐式数值求解格式的基础是用时间上部分隐式的有限差分方程组代替微分方程组；

(2) 近似隐式格式——对于流量随时间变化非常缓慢的问题，有可能从基于非常大的时间步长的近似解中获得足够的信息。近似隐式格式就是为此目的而开发的。

一些热工水力程序包含了三维流体动力学模块，大多数为多孔介质类型。由于有粗节点，这些模块需要体积平均系数的质量、能量和动量湍流交换，这些系数并不为人所知。通用计算流体动力学程序包括基本的湍流模型，这些程序不要求这些系数，但由于计算资源的需求巨大，在不久的将来可能不会被集成到耦合程序中，然而多孔介质模型中的交换系数需要使用通用计算流体力学方法进行验证。

在某些情况下，接口模块集成到耦合程序中，提供了将一维热工计算的参数展开为二维分布，作为三维建模组件的边界条件，例如，将一回路的冷端温度展开到堆芯入口处的分布，考虑在下降管和腔室的混合。在这些界面中，信息来源于详细的混合流体参数的研究。

燃料棒内部的传热现象是由燃料芯块的热传导、燃料芯块与包壳内表面之间的间隙传热、热传导穿越包壳壁面组成的。虽然穿过间隙的导热对热量传递的影响最大，但这些影响的组合与燃料棒的几何设计一起会影响燃料棒功率变化总体时间常数。所有的影响取决于燃料棒的燃耗并且在轴向上会有一些变化。

燃料棒性能程序分析了燃料棒组件的热工、机械和内部气体响应，目的是预测燃料棒的状态和完整性。正常和瞬态条件下的热性能建模包括表面传热、燃料与包壳间隙的传热、燃料与包壳的导热系数、燃料内部的功率分布以及导热方程的求解。

在三维耦合技术的应用中，复杂程序包括以下几方面：

（1）适当的中子动力学截面推导程序——CASMO，HELIOS，SCALE-6.2，等等。

（2）热工水力系统程序——ATHLET，CATHARE，TRACE，RELAP5-3D，RELAP5，等等。

（3）中子动力学程序——SIMULATE-3K，PARCS，NESTLE，NEM，DYN3D，CRONOS，QUABOX-QUBBOX，等等。

（4）燃料性能程序——FRAPCON/FRAPTRAN，FALCON，BISON，等等。

（5）耦合程序——ATHLET/QUBBOX，ATLET/DYN3D，ATHLET/BIPR8，CTF/NEM，TRACE/PARCS，SAPHYR，等等。

10.5.3 重要积分参数和局部分布

积分参数包括 k_{eff}、达到临界的硼浓度、控制棒价值、瞬态压力、燃料温度、流量、液位（例如，稳压器液位），以及从释放阀排出的放射性液体的量（安全阀或功率运行释放阀）。这些量的识别与瞬态的类型和许可证申请类别有关（特别是许可证或设计分析），与瞬态停留的时间有关。当然，每个应用程序都与一组“感兴趣的量”相关，一组合理的最低感兴趣的量指的是一个瞬态的持续时间100s。选取以下量，并以这些相关点数值为例：

（1）峰值压力和出现时间；

（2）峰值总堆芯功率和出现时间；

（3）临界热流密度（或偏离核泡沸腾）出现时间；

（4）包壳峰值温度和出现时间；

（5）最高燃料温度和出现时间。

就局部分布而言，节点功率、燃料温度和慢化剂温度分布（径向，轴向和三维）通常被计算并且确定它们的峰值。

10.6 分析方法的验证及确认

类似于第5章中的讨论，耦合多物理程序系统的鉴定程序，用于分析轻水堆反应性瞬态，是基于独立物理模型/程序的资格框架（验证及确认），另外包括不同物理模型耦合方法的验证及确认。

无论是单物理模型还是多物理模型，验证工作都包括程序验证和解的验证程序，这些验证程序的例子如下：

（1）回归试验——这是软件质量保证的一部分，其目的是提供试验以防止程序发生意外的更改。理想情况下，回归试验将覆盖100%的程序功能。

（2）程序到程序基准——这是软件质量的一部分，该基准是将一个程序输出与另一个程序输出进行比较，这有助于提高人们对软件的信心。这是中子学程序中流行的方法，并且用这个程序结果和蒙特卡罗程序结果进行比较。

单一或多物理模型的验证涉及程序对实验/核电厂数据的比较分析。尽管程序到程序的比较增加了对程序适用性的信心，但需要核电厂数据确认这一点。

耦合多物理模型/程序的扩展验证程序包括功能试验、不同物理模型之间的数据交换及其耦合，旨在对模型交互决定的组合效果进行建模。扩展验证程序比较了来自耦合多物理程序系统的预测和现有的测量数据以及参考结果，必须强调的是，这种验证应基于多级方法，类似于国际标准问题中用于确认中子学与热工水力学程序（Avramova 和 Ivanov，2010）。

综上所述，给定程序系统的质量架构包括以下要素：程序验证、解的验证、模型确认和不确定性量化系统响应的预测估计。这些程序首先应用于独立的物理模型或程序，这些物理模型或程序用于耦合多物理系统不同尺度。

10.6.1 可用的单项效应试验数据库

在反应性引入事故中，燃料行为的评估和建模中的一个重要因素是单项效应试验的数据。在反应性引入事故模拟实验的建模和分析中主要使用的单项效应试验是辐照包壳材料的力学性能试验。从包壳力学性能试验中获得的数据，以及使用反应性引入事故模拟实验分析方法来利用这些数据的方法在文献（Electric Power Research Institute，2015）中有所描述。

举个例子，数据描述了运行对包壳材料拉伸强度和延展率的影响，这些是了解辐照试件性能的必要条件，这些辐照试件经过反应性引入事故模拟实验并且在假设的反应性引入事故中评估了辐照燃料的性能。在正常运行和预期运行事故期间，类似的数据还需要证明包壳有足够的性能。结果，几个辐照后试验项目已经被执行用于评估在不同负荷条件下辐照对包壳力学性能的影响。这些试验项目的结果突出了快中子损伤、腐蚀过程中氢的吸收、加载速率和温度引起的包壳力学性能的变化。

表10.2列出了用于反应性引入事故中燃料性能评估的力学性能试验项目，以开发强度、延伸率以及辐照锆合金4/ZIRLO™包壳的临界应变能密度关系。

在这些试验项目中检测的不同包壳材料包括各种包壳设计，例如 14×14 和 17×17，辐照条件、氧化层厚度和氢化锆的浓度和分布。这些项目见表 10.2，包括大多数在高燃耗下锆-4/ZIRLO™合金包壳材料进行的力学性能试验。正如符号“‡”所示，试验结果来自包含开裂、剥落和碎裂的包壳外表面氧化物层的样件。

表 10.2　锆-4 合金/ZIRLO™合金材料力学性能试验(电力研究院，2015)

项目	燃料类型	最大燃耗/(GWd/tU)	最大快中子通量/(n/cm^2)	氧化厚度范围/μm	温度范围/K	应变率/s^{-1}
电能研究合作委员会 Zion 燃料棒热栅格项目(ESEERCO Hot Cell Program on Zion Rods)						
燃烧后的	15×15	49	9.4×10^{21}	15~25	588	2×10^{-5}
ABBCE 公司-能源部 FORT Calhoun 燃料棒热栅格项目(ABBCE-DOE Hot Cell Program on Fort Calhoun Rods)						
燃烧后的	14×14	53	8×10^{21}	30~50	588	6.7×10^{-5}
B&W 公司 Oconee-1 燃料棒热栅格项目(EPRI-B&W Hot Cell Program on Oconee-1 Rods)						
轴向张力	15×15	25	5×10^{21}	<20	616	8×10^{-5}
环向张力						
燃烧后的						
电力研究院-ABBCE 公司 Calvert Cliffs-1 燃料棒热栅格项目(EPRI-ABBCE Hot Cell Program on Calvert Cliffs-1 Rods)						
轴向张力	14×14	68	12×10^{21}	24~110‡	313~673	4×10^{-5}
环向张力				24~115‡	573	4×10^{-5}
燃烧后的				36~110‡	588	6.7×10^{-5}
ABBCE 公司-能源部 ANO-2 燃料棒热栅格项目(ABBCE-DOE Hot Cell Program on ANO-2 Rods)						
轴向张力	16×16	58	12×10^{21}	24~46	313~673	4×10^{-5}
燃烧后的				24~46	588	$\times10^{-5}$
法国电力公司-法国辐射防护与核安全研究院 PROMETRA 项目(EdF-IRSN PROMETRA Program)						
环向张力	17×17	54~64	10×10^{21}	20~130‡	298~1073	0.01~5
轴向张力	17×17	54~64	10×10^{21}	<130	293~873	0.01~5
燃烧后的	17×17	75	10×10^{21}	17~94	293~623	0.001
核燃料工业研究项目Ⅲ(Nuclear Fuel Industry Research Program-III)						
燃烧后的	15×15	51	9×10^{21}	40~110‡	573~623	5×10^{-5}
电力研究院改进燃烧试验项目(EPRI Modified Burst Test Program)						
燃烧后的	17×17	74	$>9\times10^{21}$	不适用	286~553	1.5~3.5

10.6.2 现有的整体效应试验数据库

特殊功率激增反应堆试验Ⅲ(SPERT-Ⅲ)装置是压水堆类型,专门为反应堆在初始条件下的动力学行为实验研究建造的核研究设施,类似于商业轻水堆(McCardell 等,1969)。除了它的尺寸,SPERT-Ⅲ堆芯被设计成类似于压水反应堆,基于此进行了一系列具有代表性的初始条件和瞬时条件的弹棒事故试验,包括冷启动、热启动、热备用,满功率。

以下总结了的方法用于开发修正的燃料棒失效阈值,定义为径向平均峰值燃料焓作为燃料棒平均燃耗的函数。该方法是基于对从商业反应堆辐照的燃料棒中提取的试验棒所进行的反应性引入事故模拟实验的观察结果,以及燃料棒的性能分析。

对商业反应堆燃料的反应性引入事故模拟实验的审查发现,由于包壳延性的作用,数据不能直接用于定义燃料棒失效阈值作为燃耗的函数(Yang 等,2003)。图 10.30 包含商业和非商业反应堆燃料反应性引入事故模拟实验的结果,径向平均峰值燃料焓作为试验棒燃耗的函数,在脉冲功率时发生包壳破坏的燃料棒用实心符号表示。如图 10.30 所示,经历包壳破坏的燃料棒分布在功率脉冲后包壳保持完整的棒之间。事实是,在最大燃料焓是燃耗函数的情况下,失效的燃料棒和未失效的燃料棒是交叉排布的,这表明燃耗不是影响包壳完整性的关键参数。其他参数如包壳氧化程度、氢化物含量和分布以及温度也有影响。直接使用这些数据,这些影响因素使开发失效阈值仅是燃耗的函数变得困难。同样,根据一些人提出的数据,直接计算失效时燃料焓随氧化层厚度的变化,由于试验温度的变化和氧化层剥落,很难得出氧化层厚度的明显变化趋势,这使计算变得复杂。

从整体和单项的影响角度试验和分析评价,基于实验数据的组合开发了一种替代方法,该方法使用以下类型的实验数据:

(1) 采用包壳氧化和力学性能的独立影响数据来描述燃耗累积引起的包壳塑性变化。

(2) 选定的整体反应性引入事故试验用于在反应性引入事故条件下了解作用机制,并且验证计算燃料棒特性的分析方法。

(3) 使用反应性引入事故试验数据库证明燃料棒故障阈值的应用。

采用燃料棒特性分析方法计算了反应性引入事故时燃料棒在功率脉冲下的热响应和力学响应。

根据上述方法,燃料棒失效的阈值见图 10.31,阈值的定义是径向平均燃料焓是燃料棒峰值燃耗的函数,适用于具有氧化物厚度层小于 100μm 而且没有氧

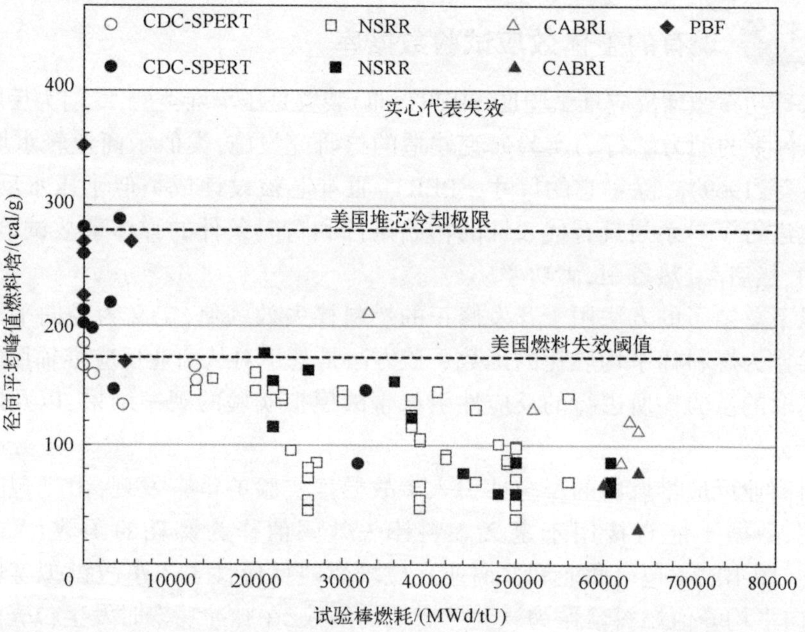

图 10.30 反应性引入事故模拟实验的数据库在美国、法国、日本的实验(Yang 等,2003)

化碎裂的锆合金包壳。图 10.31 中比较了燃料棒失效阈值,使用商业反应堆燃料进行反应性引入事故实验的结果,作为 CABRI REP Na 项目在热态零功率条件下部分实验结果。这些燃料棒含有最大的均匀氧化层厚度 80μm,这些燃料棒都没有表现出包壳失效。大多数实验达到峰值燃耗,达到燃料棒失效阈值的限值 64GWd/tU,一些试验燃料棒试验数据如图 10.31 所示处于或高于燃料棒故障阈值,证明了开发失效阈值的方法的保守性。

研究者计划进行额外的反应性引入事故模拟试验,作为国际 CABRI 水回路和 NSRR 的部分研究项目。这些工作将提供额外燃耗和先进包壳材料的数据,可用于确认修订后的接受准则。

10.6.3 可用的核电厂数据库

在全尺寸核电厂进行事件分析,各种安全系统在瞬态和可能的事故情况下的行为是评估的重要信息来源,并将扩大核电厂运营的经验基础。这些数据对于先进热工水力系统程序的验证非常重要,并将提供充分的程序应用的能力。关于耦合热工水力系统和中子学程序分析,核电厂出现相关的堆芯反应性变化,原则上是唯一类型的瞬态,可以为真正的耦合行为提供验证基础。因此这些数据是其他更基本数据有价值的补充,例如,专门设计的整体和单独的试验设施试

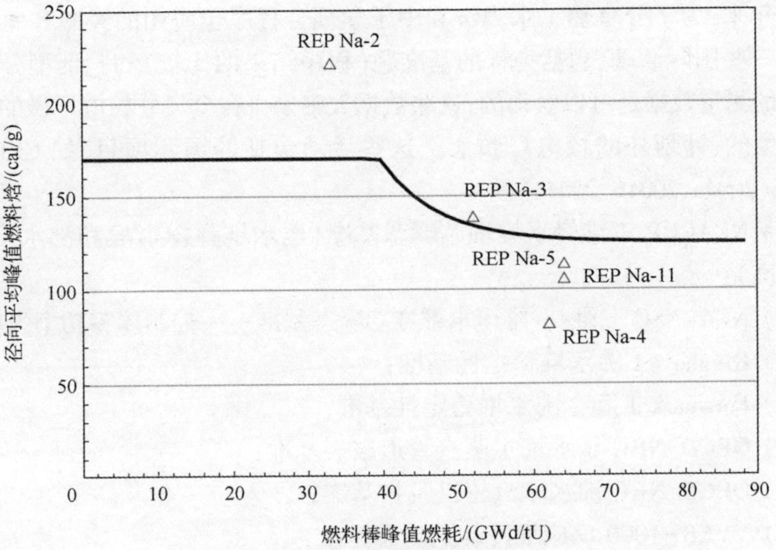

图 10.31　燃料棒失效阈值和峰值燃耗的函数关系,燃料棒来自 CABRI REP Na 实验供比较(Yang 等,2003)

验获得的数据,主要是对全尺寸和实际核电厂控制系统的影响。

来自核电厂的数据包括各种类型的瞬态过程,例如调试试验、启动试验和为发生的各种事件专门设计的试验。这些瞬态中可能除了最后一组,其他都是相当温和的性质,但对于程序验证非常有用,可以揭示程序缺陷和输入模型问题。而且,值得注意的是,某些类型的瞬态,例如沸水堆堆芯不稳定瞬态,只能在比例缩小的试验设备中非常困难地进行充分的模拟。在这种情况下,核电厂的数据是相关程序验证信息的唯一有代表性的来源。

为了能够使用来自核电厂事故的数据,相关的瞬态信息,包括实际的堆芯状态,必须由核电厂以有序的方式保存。目前,定期的数据保存规程已越来越多地成为核电厂正常运行规程的一部分,因此可以预期来自特定瞬态事件的数据是可用的。

然而,数据采集的目的是为已发生的事件做离线分析,因此通常依赖可用的数据测量系统作为正常的核电厂监测系统的一部分。因此,事件发生期间保存的数据量不会太详尽,对于程序确认来说,这些数据不一定能达到需要的质量水平。然而,通过仔细选择预先确定的被保存的测量信号,并使用足够的采样频率,保存的数据可以揭示有关瞬态过程条件的关键信息,适合程序验证。同时也提供了很多信息,在程序验证的情况下,甚至有必要提供一些测量不确定性的估计,包括测量仪表和信号处理的可能延迟。

近年来,为了分享热工水力学和中子学耦合程序包应用的经验和验证信息,开展了一些国际活动,包括纯粹的基准题(程序结果的比较)和验证型分析,验证型分析的测量数据是可以获得的,这些数据大多来自在全尺寸核电厂做的试验,也来自发生的、计划外的核电厂瞬态。这些活动包括的国际项目,如 CRISSUE-S Partners(2004a,2004b,2004c):

(1) NEACRP 三维轻水堆堆芯瞬态基准(压水堆弹棒事故和沸水堆堆芯冷却剂基准);

(2) NEA-NSC 三维/一维压水堆堆芯瞬态基准——控制棒零功率失控抽出;

(3) Ringhals 1 沸水堆稳定性基准;

(4) Forsmark 1 和 2 沸水堆稳定性基准;

(5) OECD/NRC 压水堆主蒸汽管道破裂基准;

(6) OECD/NRC 沸水堆汽轮机脱扣基准;

(7) VVER-1000 反应堆冷却剂瞬态基准;

(8) 压水堆 MOX/UO_2 堆芯瞬态基准。

从各种活动,包括核电厂热工水力系统和堆芯建模(见上文提到的国际活动)中,可以推断出所需输入数据的总体要求。

从热工水力学和核动力学的角度来看,完全建立一个核电厂模型需要大量的数据。与发生的瞬态有关的核电厂测量数据传统上保存在计算机平台介质上,作为电厂设施正常运行程序的一部分。

在应该保存什么和保存多长时间方面,似乎并没有实行一种最初的惯例。在早期阶段,一些瞬态现象被认为是“有利的”,因为它们包括了核电厂运行方面,这些方面可能是重要的,因为它们与运行经验和优化有关,或者因为核电厂或核安全当局所指出其为安全考虑。因此,保存数据的程序各不相同,而国际社会在开发和验证核电厂安全计算机模型和工具时往往无法广泛获得这些数据。然而,鉴于越来越多的人意识到使用经过充分验证的计算机程序的优点,既保证了核电厂的安全又优化了运行操作,所以近年来情况发生了很大的变化。今天,大量的数据被保存并且可以用于不同的目的,程序验证就是其中之一。在保存核电厂数据时,似乎仍然存在不同的保存方法,这些方法涉及应保存什么数据和数据质量保证的水平。如果在本书中提供了明确的通用规范,这种情况有望得到改善。

对于使用核电厂发生瞬态测量数据进行程序验证,这些数据的预期用途和相关目的以及测量必须满足一些通用要求。很明显并不是所有在核电厂发生的瞬态都适用于通用验证用途,只有很少一部分适合特定的热工水力学耦合三维中子学程序的验证。

在这方面必须满足一些一般要求，主要是为了确保数据的质量，同时对数据的适宜性进行一些评估，以便用于验证。适用于验证耦合程序包的瞬态必须揭示一些核动力学反馈效应明确的证据，例如由于堆芯功率不对称或其他效应引起的事件。正确识别选定的瞬态是强制性和必要的，而且清楚地了解瞬态发生的时间顺序，用流行的热工水力学和核动力学现象来表示。做出一般判断需要用到数据质量方面的额外重要信息，如瞬态发生的反应堆类型、反应堆的一般情况，以及发生的日期和时间。

测量的瞬态数据必须包括与堆芯状态（包括燃耗）和反应堆冷却剂系统热工水力条件相关的数据，这包括对预瞬态堆芯状态和热工水力工况的全面的和一致的描述。数据必须提供堆芯装载、功率和功率分布、回路和容器冷却剂温度以及流量的信息，包括主泵的转速。所需的额外信息与辅助系统的下列因素有关：辅助系统温度和流量、各处的液位（压水堆的稳压器、蒸发器的液位，沸水堆反应堆压力容器下降段的液位）、硼浓度和控制棒位置（不同棒组）。堆芯功率和功率分布的测量是从位于沸水堆堆芯固定的就地功率量程监测器（LPRM）获得的，在压水堆中这些仪器大部分安装在反应堆压力容器外部，也有一些固定在反应堆堆芯内。堆芯固定就地功率量程监测器的灵敏度取决于探测器燃耗和定期校准的情况（每 2~4 周校准一次）。

这些数据是通过穿过堆芯伽马或中子探测器系统实现的，这些探测器可以通过靠近就地功率量程监测器的导管穿过整个堆芯。通过与堆芯热平衡的比较，得到了堆芯功率的归一化数据。在沸水反应堆，一套就地功率量程监测器配有 4 个轴向位置就地探测器，配给由 4 个燃料组件组成的“超级单元”，因此这些探测器在堆芯上的分布相当均匀。平均功率量程监测信号通常由选定数量可用的就地监测功率监测仪器测得，一般情况下，4 组不同的探测器组成 4 个独立的平均功率量程监测器的信号用于反应堆保护，因此平均功率量程监测器取决于就地监测功率监测仪器选择。由于受到堆芯不同部分的不均匀影响，因此堆芯功率分布的均方根可以反映出一定程度的不对称性。

一般传统的压水堆，每个象限都有 2 个堆外探测器，但在某些情况下在轴向有 6 个堆外探测器。同样，定期对穿过堆芯伽马或中子探测器进行校准。可以设想，堆外探测器也许能揭示受下降段状况的影响，因此读数的不确定性比堆芯内探测器要高。对于一些压水堆堆内固定式探测器，就地功率量程监测器是除了堆外探测器外的仪器。

如果操作人员在瞬态开始之前进行了手动操作，这些操作就需要被充分记录。此外，在充足的预瞬态稳态时间窗口中的测量数据也需要正确记录，以便彻底核实数据的一致性和充分性。对于测量的数据，使用的量值和单位必须清楚地说明。以百分比计算的单位,也必须提供参考值。

至于瞬态数据,必须理解许多测量数据或从通常使用的在线数据监测系统获得的更适当的信号,考虑到时间分辨率必须严格加以限制。应该考虑到在许多情况下,测量信号被滤波和/或延迟,如许多回路温度计(例如,压水堆冷却剂系统回路的热电偶)这样安装以致响应时间会因此而延迟,仪表本身有很大的时间常数。流量信号通常是通过流体穿过某些流动路径部件或装置形成的压差获得的,因为稳定性的原因是部分信号经常被过滤掉,如果直接采用就会得到一个错误的瞬时流量测量。关于相关传递函数或特性的知识是必不可少的,以减轻不利影响。另外,液位信号是从压差获得的,最好不受动态影响,这样才能得到准确的读数。这意味着压力值一定是位于这样一个测点的测量方式,只有静压记录着每个压力值;在下降段区域,确定测点的位置可能是一项棘手的任务。

这里讨论的例证只是这些必须考虑和评估因素的例子,用于确定瞬态测量数据的充分性。这些观点是有效的,既是按时间顺序给出的数据,又是核电厂在给定的时间点实际状态的"快照"(元数据)。

测量核电厂瞬态数据用于验证,必须达到合理的最小扫描频率情况下被记录。这个最小值当然取决于瞬态事件,但建议指定一个普遍适用的值25Hz。

这个值设定的足够高不会影响到核电厂预期的主要动态过程,这样就可以揭示瞬态过程中重要的动力学方面的内容,但仍然不能产生大量的数据。此外,记录和保存数据的时间段应包括,如前所述,几分钟瞬态的前期阶段,足以涵盖瞬态期间所有关心的相关事件。因此可以预料,记录数据的总量将是巨大的,虽然考虑到目前数据存储设备的可用性和合理的成本,这看起来只是一个小问题。更麻烦的是需要完整的文件和数据的质量保证状态,如上所述,以及它们的存储方式,更可取的是所有记录的数据都应该存储在所有计算机平台上都可以使用的格式,或者至少很容易转变成这样一种形式。由数据存储和采集平台提供服务的大数据系统的兴起(和工具,例如 SQL 和 Hadoop)可能扮演着越来越重要的角色,通常,与真正依赖平台的二进制格式所提供的格式相比,这可能会导致产生压缩程度较低的格式,但是这种折中被以易转换的格式提供数据的优点所抵消。

当然,拥有尽可能多的测量瞬态核电厂数据总是有利的,作为大多数测量信号或通道必须在许多核电厂监控计算机中提前指定,应该有关于耦合的热工水力学和三维中子学程序最低验证水平的足够指标。测量数据的不确定性将是非常有价值的,但通常很难获得。

提出了用于程序验证的测量数据的最小设置,需要注意的是,在充足的预瞬态稳态时间段内测量数据必须被正确记录，以便允许审查数据的一致性和充分性。在瞬态时间段内，测量信号值的动态特性必须在可能的时间延迟和应用滤波方面得到充分的描述，另一个重要的关注方面是，是否有特定的过程影响仪表的读数，例如核电厂部件的位置。

必须给出测量采样频率的一些说明，人们认识到频率必须足够高以揭示瞬态事件中重要的动态问题，但是在某些方面，频率还不能太高（因此额外产生了大量的数据）。需要将数据以独立的形式保存在计算机平台上，引入智能数据采集的概念，例如当物体加速的时候记录更多的数据，反之亦然，这将有助于解决上述要求。

10.7 基准题和对比分析

在国际经济合作和发展组织（OECD）的核能机构（NEA）领导下的国际合作制定了适当的基准，这样就可以试验中子学/热工水力学耦合程序的耦合能力并验证其性能，分析耦合堆芯/核电厂相互作用的复杂瞬态过程（Avramova 和 Ivanov，2010；Avramova 等，2015）。这个基准就是 OECD/NRC 压水堆主蒸汽管道破裂基准、OECD/NRC 沸水堆汽轮机脱扣基准和 OECD/DOE/CEA VVER-1000 冷却剂瞬态（V1000CT）基准。为了实现最佳估算耦合程序验证的目标，引入了多层次方法系统地评价瞬态过程。由于这些基准都以程序对程序和程序对数据的比较为基础，因此进一步方针的呈现和结果评价已经被开发。这些基准是在国际合作中制定的，为新一代最佳估算程序提供了验证基础。

这些是复杂的基准题，使用不同的阶段、活动和序列来验证不同的模型及其之间的耦合。根据以前的经验，为每个由不同稳态和瞬态情况组成的基准题定义了几个基准活动，这允许系统的验证方法，包括点动力学和三维动力学、中子动力学——有热工水力反馈和没有热工水力反馈、堆芯边界条件模型和堆芯-核电厂耦合不同模型层次的比较。极端瞬态场景的引入有助于不同数值和计算方面的耦合模拟研究，可用的测量数据与具体的程序到程序的比较结合使用。基准截面库是由基准题团队生成的，这消除了使用不同的截面生成和建模过程所引入的不确定性。确定的基准截面建模方法是多维表格中的直接插值，完全反映了瞬时截面交叉相关性。通过这种方式，基准提供了一个机会来研究不同热工水力学和中子学模型的影响以及它们在预测和识别关键参数方面的耦合性，用于模拟不同类型动力反应堆的重要瞬态过程。这反过来又允许对这些关键参数进行评估，敏感性研究使参与者对当前最佳估算热工水力系统程序计算分析能力有了更深入的了解。一个专业的专家团体已经建立，它促进了程序耦合研究领域的最新进展。

上述经济与合作发展组织国际标准题是核电厂瞬态的基准问题,使用了三维中子学堆芯模型。这些基准的作用有以下几点:

(1) 验证系统程序分析复杂的耦合堆芯/核电厂相互作用瞬态的能力;

(2) 全面试验三维中子学/热工水力学的耦合;

(3) 评估最佳估算瞬态模拟中耦合程序预测的差异。

基准题是基于一个真实反应堆的参考设计,并使用一组完整的输入数据来定义,上述基准的目的通过应用三套基准计算来达到。

上述经济与合作发展组织/核能机构轻水堆基准活动也促进了后续基准题的开发,并且试验了这些开发的基准题。当从一个基准题移动到下一个基准题时,使用的模型已经得到改进,这就需要用高质量的实验数据来验证它们。第二套核能机构/经济与合作发展组织基准题都是由不确定性建模分析专家组(EGUAM)在核科学委员会(NSC)、核能机构/经济与合作发展组织发起的,以应对当前开发轻水堆多物理和多尺度建模与模拟的趋势(Avramova和Ivanov,2010;Avramova等,2015)。这些基准题包括以下共同特征,它们解决了第一套经济与合作发展组织/核能机构基准题中确定的一些问题:

(1) 高质量实验数据的利用;

(2) 除了全局预测外改进局部尺度模型;

(3) 更详细的比较和分析;

(4) 模型预测分析的不确定性和敏感度。

第二套基准题包括经合组织/美国核管会 BFBT 基准题、经合组织/美国核管会 PSBT 基准题、经合组织/美国核管会 Oskarshamn-2 沸水堆稳定性基准题、经合组织 Kalinin-3 VVER-1000 耦合程序基准题、经合组织 UAM-轻水堆基准题。最后一套基准题致力于设计和安全评估轻水堆中多物理和多尺度模拟的不确定性传播,包括反应性引入分析。

10.8 不确定性量化

不确定性与不确定性评定的需求联系在一起,应用程序中最佳估算程序与保守程序或假设相对,耦合三维中子动力学/热工水力学的应用意味着最佳估算方法的选择。对最佳估算的必要性、最佳估算方法与保守方法的区别、不确定性的来源以及不确定性评价的现状进行了简短的讨论(Electric Power Research Institute,2015)。

选择最佳估算分析来代替保守分析取决于一些独立于分析本身的条件,这包括可用的计算工具、组织内部的专业知识、适合的核电厂数据的可用性(例如,数据的数量和相关细节可能因核电厂的分析类型和设计而不同),或国家监管机构的要求。此外,保守的分析仍广泛用于避免开发基于实验数据的现实模型——一个在超设计基准事故情况下不现实的任务——或者避免改变批准程序和/或方法或过程带来的负担来获得许可。

在实际核电厂响应和保守估计的响应之间,保守的方法并没有提供任何实际边界。相反,在最佳估算方法中提供的不确定性估计是这种边界的直接测量。因此,最佳估算方法可以消除分析中不必要的保守性,并允许监管机构和核电厂运行组织在接受准则方面达成一致。然而,保守的方法没有给出任何关于实际核电厂行为的指南,包括为应急操作规程准备的时间尺度,或用于为事故管理和为异常操作工况准备操作手册的时间尺度。

尽管用于事故分析的方法的可接受性需要得到监管机构的批准,但是使用完全保守的方法(保守模型、输入数据和核电厂工况)现在是没有根据的,因为考虑到最佳估算方法与量化的不确定性被广泛接受(例如,成熟的最佳估算程序在世界各地广泛可用,几乎所有的动力反应堆设计都有大量的数据库,最佳估算电厂计算也得到了很好的记录)。使用唯一的最佳估算方法意味着很难对每个现象和每个事故序列程序的不确定性进行量化。

不确定性分析包括:①个体建模或整体程序不确定性的估计;②不确定性表述和核电厂个体事件数据分析的不确定性。比例研究量化了实验和实际核电厂环境间比例变化的影响,这包括在这个定义中。在一些参考文献中,分别对程序比例和不确定性分析进行了确定。

关于目前开发的用于支持热工水力最佳估算预测程序不确定性方法的发展规划已经超出了本书的写作目的,相关文献中一些现象反映了目前该领域的研究设想(CRISSUE-SPartners,2004b)。

不确定性评定所采用的方法可以分为两大类,例如,程序输入不确定性和程序输出不确定性的传播。完全基于统计的方法也可以与完全确定的方法区分开,在完全确定的方法中,不确定性方法用户的专业知识需要在不同的步骤得到有意义的结果。

各种方法所达到的不同成熟度水平,以及这些方法所经历的最终确认过程(或不)必须被注意到。由程序、比例、适用性和不确定性方法论构成的开拓性努力现在得到了认可,另外,不同的方法偶尔会被提出、应用或确认。由GRS和比萨大学提出的不确定性方法,看起来已经达到了一个合理的成熟水平,不确定性方法最近从耦合三维中子学/热工水力学程序应用于反应性引入事故的计算已经扩展到不确定性的评定。

10.9 设计、安全评估及许可申请

作为核电厂许可持有者,核电行业必须对现有核电厂的安全相关重要问题进行评估,如堆芯重新装料、计划功率上升至额定值,或作为对发生的事件进行必要分析的一部分。由于现有核电厂已有完善的许可程序,包括有充分根据的分析方法,必须对创新分析方法的应用进行全面评估,特别强调产生结果的能力,一般来说这可能是有益的,因为这关系到核电厂的运营。

与某一特定核电厂有关的每个许可过程都包括对特定瞬态的分析,这些瞬态取决于选定的堆芯状态、所采用的堆芯燃料装载模式、燃耗和一般来说的反应堆运行历史。考虑到最有益的应用,任何创新的分析方法都应该优先关注这种关键的瞬态。在压水堆取许可证过程中,例如4个或5个许可瞬态属于这个组,中子动力学/热工水力学耦合评价需要充分探索中子动力学/热工水力学的相互作用以及相关的对安全余量的影响。

从许可持有者和核安全当局的角度来看,许可申办过程中使用的每种分析方法都必须有充分的依据,并且必须证明其有能力提供可接受的安全余量(最佳估算的或保守的)。在现有核电厂的核安全方面,普遍适用的角色是对核电厂和应用许可分析方法的任何修改,必须(至少)揭示保留的安全余量。在使用新的分析方法时,一个全面的数据库必须确认方法的适当性,并且在最佳估算方法中提供有关计算值的不确定性的信息。新的中子动力学/热工水力学耦合分析方法,规定了准确地估计实际的安全余量,这可以激励人们更有效地利用燃料并从核电厂的运行中获得成本效益,同时仍然保留——也可能提高——安全性。可以设想,耦合热工水力学/中子学分析可以在操作程序规范所用的基础上提供更详细的作用以及提供额外的指导方针用于优化紧急操作程序。

如果许可程序可行性,包括新的分析方法,对行业来说是优先考虑的,那么获得安全余量的可能性与此密切相关。调整后的安全余量评估通常会导致更灵活的循环方案,从而更有效地利用燃料。保持各领域的技术知识和能力为运行中的核电厂提供工程支持,对于目前核电厂运营负责的组织来说是至关重要的。

在接触管制和开放电力分配市场的背景下,核电厂正面临着保存从经验中获得知识的问题。在这个意义上,任何结合中子动力学/热工水力学耦合分析的创新可能更容易被接受,如果它有一个利用以往经验的功能应用来支持未来的研究,因此吸收了已经获得的知识。为了有效地进行中子动力学/热工水力学耦合分析,显然需要具有更深层次的组织能力,而不是可能出现中子动力学和热工水力学安全专家仅仅合作的现象。可以设想,一个由两类专家组成的协调良好

的团队，将会利用有益的协同作用来处理一些常见的问题。如果实现了这一愿景，那么任何耦合分析的结果都将减少对单一用户影响的依赖性，从而为更广泛的应用提供更多的充分性。对任何相关学科的最新研究通常都是受欢迎的，目的是利用这些研究的主要结果。这一点不仅适用于关键问题和优先事项，也适用于与核电厂日常运行有关的非关键问题。

核电厂往往有不止一种选择用于计算和结果的一般控制和质量保证，特别是与核安全或燃料管理有关的方面。使用在独立框架内开发的替代分析方法或计算机程序，由设计师使用授权程序进行计算，在比较结果时可能是有益的。

在堆芯设计中，堆芯设计团队和已经开发了替代方法的工程团队之间的互动对于循环方案的优化和执行计算的验证非常重要。此外，监管当局认为这种反馈对于核电厂是正确的程序，用于核实基于基准的结果，而不是使用替代工具的方法学。

核电厂的运行与安全密切相关，并且安全问题一直被认为是核电厂运行中日常业务活动的自然要素。核电厂的运行与系统和燃料设计、控制系统设计以及核电厂总体工程密切相关，必须适当考虑到相关属性的细微差别。因此，从实用性的角度来看，日常运行工作的灵活性是非常重要的。当安全结论被应用时，日常运行是至关重要的，它们也可以从中子动力学/热工水力学耦合分析结果中获益。耦合程序被证明是强大的工具，有助于更好地理解正在发生的现象，并提供切合实际的边界条件进行与核电厂运行有关的系统研究。

在一些压水堆中，卸料燃耗已经超过 50000MWd/tU，在商业反应堆对新的特殊位置已经将试验燃料组件的卸料燃耗提高到了 70000MWd/tU。核工业界对高燃耗的兴趣已经成为现实，在不远的将来，一个更高的燃耗将被考虑和可能使用，很可能有新型燃料和增殖反应堆。

新的分析工具必须与这种燃料的使用兼容，也必须适用于所带来的一系列问题，包括燃料性能和堆芯中子动力学/热工水力学的紧密相互作用。验证必须彻底进行，为了使分析有意义，应伴随相关的不确定性分析，以便充分确定实际的安全余量。

10.10 小结与结论

大多数严格的安全分析的接受准则都是基于反应堆堆芯的局部值：燃料棒级别的热工水力学、中子动力学或燃料棒热力学的参数。执行安全分析的主要目标，包括反应性引入事故分析，就是检查在核电厂的瞬态或事故中是否符合这些标准。

目前安全分析的做法是利用多物理场、多尺度模拟工具，为整个核电厂行为建模，为了评估局部的安全参数，堆芯在节点（燃料棒组件/通道）级别和堆芯热点在燃料棒/子通道级别，这可以通过离线或在线耦合方式进行。高分辨率多物理模拟结果与粗耦合解的结果比较表明，全局参数存在差异，图 10.32（Périn，2016）。然而在局部水平上，局部安全参数（最大包壳、燃料和慢化剂温度）的重要（预期的）偏差甚至更加明显。另外，还发现燃料棒中心线温度差达 150～200K（Ziabletsev 等，2004；Solis 等，2004；Gomez-Torres 等，2012；Périn，2016；Targa，2017；Magedanz 等，2015），这取决于所选择的反应性引入事故方案和分析方法。当前新的多物理工具的最新发展包括燃料棒/子燃料棒/子通道级的高保真耦合，可以模拟反应堆堆芯中的一些物理现象，比如中子学（反应堆物理）、热工水力学、燃料性能、结构力学、化学等，旨在为传统方法的验证提供参考解决方案以及深入了解反应性引入事故现象，这是传统方法无法提供的。

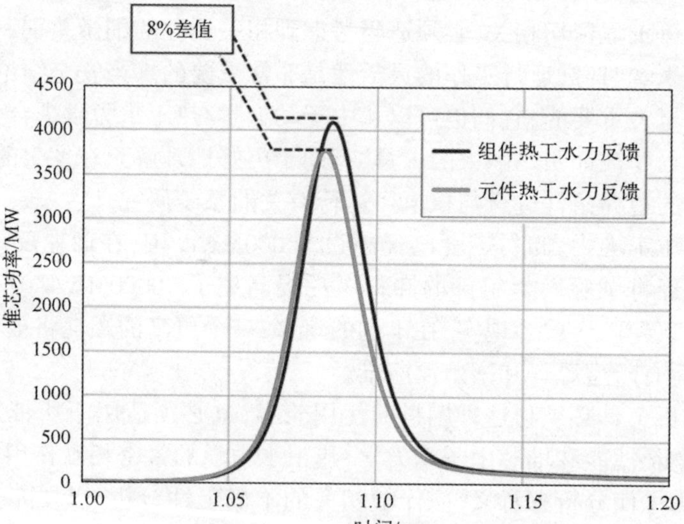

图 10.32　用 TORT-TD/CTF 方法和两种映射方案模拟弹棒事故-组件热工水力反馈法和元件热工水力反馈法

当前多物理多尺度程序耦合开发的趋势是将不确定性和敏感度分析系统地结合起来，进行模拟设计和安全分析。经合组织的不确定性分析模型轻水堆基准活动（Hou，2017）旨在解决目前研究和发展先进轻水堆的反应性引入事故仿真的要求。建立一个全面和国际接受的经合组织不确定性分析模型轻水堆基准题框架，对通过反应性引入事故多物理多尺度计算不确定性的传播是为了比较不同的不确定性分析方法，当使用先进的轻水堆模拟工具时，提供了加快许可证申请程序的可能性。

参考文献

Avramova, M. and Ivanov, K. (2010). Verification, validation and uncertainty quantification in multi-physics modeling for nuclear reactor design and safety analysis, *Progress in Nuclear Energy*, Vol. 52, pp. 601-614.

Avramova, M., Ivanov, K., Kozlowski, T., Pasichnyk, I., Zwermann, W., Velkov, K., Royer, E., Yamaji, A. and Gulliford, J. (2015). Multi-physics and multi-scale benchmarking and uncertainty quantification within OECCD/NEA framework, *Annals of Nuclear Energy*, Vol. 84, pp. 178-196.

Brown, N., Wysocki, A., Terrani, K., Xu, K. and Wachs, D. (2017). The potential impact of enhanced accident tolerant cladding materials on reactivity initiated accidents in light water reactors, *Annals of Nuclear Energy*, Vol. 99, pp. 353-365.

Committee of the Safety of Nuclear Installations (2010). Nuclear fuel behavior under Reactivity-Initiated Accident (RIA) conditions—State-of-the-art report, NEA/CSNI/R(2010)1, Nuclear Energy Agency, Organization for Economic Cooperation and Development.

CRISSUE-S Partners (2004a). Neutronics/thermal-hydraulics coupling in LWR technology, Vol. 1 CRISSUE-S—WP1: Data requirements and databases needed for transient simulations and qualification, NEA No. 4452, Nuclear Energy Agency, Organization for Economic Cooperation and Development.

CRISSUE-S Partners (2004b). Neutronics/thermal-hydraulics coupling in LWR technology, Vol. 2 CRISSUE-S—WP2: State-of-the-art report (REAC-SOAR), NEA No. 4452, Nuclear Energy Agency, Organization for Economic Cooperation and Development.

CRISSUE-S Partners (2004c). Neutronics/thermal-hydraulics coupling in LWR technology, Vol. 3 CRISSUE-S—WP3: Achievements and recommendations, NEA No. 5436, Nuclear Energy Agency, Organization for Economic Cooperation and Development.

Electric Power Research Institute (2015). Fuel reliability program: Proposed Reactivity Insertion Accident (RIA) acceptance criteria, revision 1, EPRI 3002005540, Final Report.

Geelhood, K., Beyer, C. and Cunningham, M. (2004). Modifications to FRAPTRAN to predict fuel rod failures due to PCMI during RIA-type accidents, *Proc. 2004 International Meeting on Light Water Reactor Fuel Performance*, Orlando, FL, USA, American Nuclear Society, pp. 585-595.

Gomez-Torres, A., Hugo Sanchez-Espinoza, V., Ivanov, K. and Macian-Juan, R. (2012). DYNSUB: A high fidelity coupled code system for the evaluation of local safety parameters—Part I: Development, implementation and verification, *Annals of Nuclear Energy*, Vol. 48, pp. 108-122.

Hou, J. *et al.*, (2017). Benchmark for Uncertainty Analysis in Modeling (UAM) for design, operation and safety analysis of LWRs, Volume III: Specification and support data for the system cases (phase III) version 1.0, NEA/NSC/DOC(2017), Nuclear Energy Agency, Organization for Economic Cooperation and Development.

International Atomic Energy Agency (1993). Reactivity accidents, Technical Report Series, Report 354.

Ivanov, K. and Avramova, M. (2007). Challenges in coupled thermal-hydraulics and neutronics simulations for LWR safety analysis, *Annals of Nuclear Energy*, Vol. 34, pp. 501-513.

Lemoine, F. (1997). High burnup fuel behavior related to fission gas effects under Reactivity Initiated Accidents (RIA) conditions, *J. Nucl. Mat.*, Vol. 248, pp. 238-248.

MacDonald, P., Seiffert, S., Martinson, Z., McCardell, R., Owen, D. and Fukuda, S. (1980). Assessment of light-water-reactor fuel damage during a reactivity-initiated accident, *Nuclear Safety*, Vol. 21, pp. 582-602.

Magedanz, J., Avramova, M., Perin, Y. and Velkov, A. (2015). High-fidelity multi-physics system TORT-TD/CTF/FRAPTRAN for light water reactor analysis, *Annals of Nuclear Energy*, Vol. 84, pp. 234-243.

McCardell, R. K., Herborn, D. I. and Houghtaling, J. E. (1969). Reactivity accident tests results and analyses for the SPERT III E-core a small oxide-fueled, pressurized water reactor, IDO-17281, U. S. Atomic Energy Commission, National Reactor Testing Station, Idaho Falls, ID, USA.

McMinn, A., Darby, E. and Schofield, J. (2000). The terminal solid solubility of hydrogen in zirconium alloys, *Proc. 12th International Symposium on Zirconium in the Nuclear Industry*, Toronto, Ontario, American Society for Testing and Materials STP-1354, pp. 173-195.

Meyer, R. (2006). An assessment of fuel damage in postulated reactivity-initiated accidents, *Nucl. Tech.*, Vol. 155, pp. 294-311.

Meyer, R. (2009). Fuel behavior under abnormal conditions, NUREG/KM-0004, U. S. Nuclear Regulatory Commission.

Ott, K. and Neuhold, R. (1985). *Nuclear Reactor Dynamics*, American Nuclear Society.

Périn, Y. (2016). Development of a multi-physics, multi-scale simulation tool for LWR safety analysis, PhD Thesis, Technischen Universität München, Germany.

Shkarupa, A., Kadenko, I., Malanich, A., Kovtonyuk, A. and Ivanov, K. (2006). Comparative RELAP5-3D analysis in support of the NPP DBA analysis in Ukraine, *Progress in Nuclear Energy*, Vol. 48, pp. 891-911.

Solis, J., Avramova, M. and Ivanov, K. (2004). Multi-level methodology in parallel computing environment for evaluating BWR safety parameters, *Nucl. Tech.*, Vol. 146, pp. 267-278.

Targa, A. (2017). Development of a multiphysics and multiscale best-estimate modelling for accurate analysis of a pressurized water reactor under accidental operating situations, PhD Thesis, l'Université Paris-Saclay, l'École Polytechnique, France.

Todorova, N. and Ivanov, K. (2003). Investigation of spatial coupling aspects for coupled code application in PWR safety analysis, *Annals of Nuclear Energy*, Vol. 30, pp. 189-209.

U. S. Nuclear Regulatory Commission (1974). Assumptions used for evaluating a control rod ejection accident for pressurized water reactors, Regulatory Guide 1. 77.

U. S. Nuclear Regulatory Commission (2007). Standard review plan—Transient and accident analysis, NUREG-0800, Chapter 4.

U. S. Nuclear Regulatory Commission (2014). Establishing analytical limits for zirconium based alloy cladding, Draft Regulatory Guide DG-1263.

U. S. Nuclear Regulatory Commission (2015). Technical and regulatory basis for the reactivity-initiated accident acceptance criteria and guidance, Revision 1, Memorandum Clifford, P. M. to McGinty, T. J. ADAMS Accession #ML14188C423.

Uetsuka, H., Furuta, T. and Kawasaki, S. (1982). Embrittlement of zircaloy-4 due to oxidation in environment of stagnant steam, *J. Nucl. Sci. Tech.*, Vol. 19, pp. 158-165.

Watson, J. and Ivanov, K. (2012). Demonstration of implicit coupling of TRACE/PARCS using simplified one-dimensional problems, *Nucl. Tech.*, Vol. 180, pp. 174-190.

Working Group on Fuel Safety (2012). Nuclear fuel safety criteria technical review, 2nd Ed., NEA No. 7072, Nuclear Energy Agency, Organization for Economic Cooperation and Development.

Yang, R., Montgomery, R. O. and Waeckel, N. (2003). Revised reactivity initiated accident acceptance criteria for high burnup fuel, *Proc. European Nuclear Society ENS Top Fuel 2003 Conference*, Wurzburg, Germany, European Nuclear Society.

Ziabletsev, D., Avramova, M. and Ivanov, K. (2004). Development of PWR integrated safety analysis methodology using multi-level coupling algorithm, *Nucl. Sci. Eng.*, Vol. 148, pp. 414-425.

第11章

轻水堆安全壳影响

J. W. Lane, S. C. Franz

在轻水堆设计中,考虑如果发生反应堆冷却剂系统破裂的事故,则安全壳结构是为了防止放射性物质释放到环境中。安全壳是一种巨大而坚固的钢结构或混凝土结构,或两者兼而有之。系统不仅包括反应堆本体(相关的压力容器)、反应堆冷却剂管路系统,还包括冷却剂泵、蒸汽发生器和辅助系统。

安全壳背后的思路是简单的:核事故发生后防止放射性污染物(放射性材料)不可控地释放到公众生活环境中。在美国,厂外辐射剂量限值见文献(U. S. Nuclear Regulatory Commission, 2017)。在第2章中已经介绍,核反应堆设计包括多重防护屏障,防止放射性物质不受控制地释放到环境中。最基本的防辐射屏障是燃料包壳,燃料包壳的材料是锆合金,包裹着燃料芯块,这里是核电厂中放射性成分浓度最高的地方。如果燃料棒泄漏或熔化,下一道屏障是反应堆冷却剂系统的压力边界,包括反应堆压力容器。最后一道屏障是安全壳构筑物,即一个大的由钢内衬周围是几英尺厚的钢筋混凝土构成的坚固结构。

11.1 安全壳的一般特性

安全壳是容纳反应堆系统的多层结构,对于沸水堆和压水堆来说,安全壳结构设计有相似的目的,这种相似性延伸到一套常用的设计准则及可接受程度的衡量标准。

压水反应堆的安全壳通常是用带有厚的钢内衬和坚固的混凝土外壳建造

的(美国至少有一个压水堆反应堆没有钢衬里,但这是一个例外)。内部钢容器焊接在平的钢板上,保证安全壳不向外泄漏。混凝土结构的圆柱部分是预应力的,使用水平和垂直的加强筋,安全壳结构的钢筋和混凝土部件形成严格密封的安全壳容器。钢衬里使用传统的设计方法,可以支撑内部向外的压力。安全壳的混凝土部分是用来防御导弹的,并且作为安全壳结构的支撑。

许多沸水反应堆在反应堆系统外围安装了一个钢制的安全壳,这样设计是为了反应堆系统发生故障时适应系统释放的压力。混凝土周围的结构有几个额外的功能(如泛燃料池、组件降落区、换料区等)。沸水反应堆安全壳的内部容积通常比压水反应堆的内部容积小,因为其设计仅是安装反应堆压力容器和压力抑制系统。

传统的轻水堆系统在高温高压下工作,也就是说反应堆系统冷却剂、金属设备、燃料和支撑结构中储存大量的能量。安全壳结构本身的设计,可以承受假定设计基准事故后产生的压力和温度(例如,反应堆冷却剂系统的任何破裂包括反应堆冷却剂管道的断裂)。

通过降低蒸汽压力和控制氢气积累,安全壳系统保护安全壳结构的完整性(由于锆水反应,蒸汽和氢气可能从堆芯释放出来)以免达到氢气爆炸的浓度包括安全壳喷淋器、风机冷却器、复合器和点火器,另外,装有过滤器的通风系统用来收集安全壳空气中的裂变产物。进行安全壳分析以确认安全壳结构满足特定核电厂运行限值条件下的功能要求。

11.1.1 通用设计标准

根据国家核安全法规,安全壳结构必须符合主要的设计标准,例如美国核电厂的通用设计标准,发布在 10 CFR 50 附录 A(U. S. Nuclear Regulatory Commission,1999)。核工业发达的国家普遍采用通用设计标准,最重要的标准 GDC 16、GDC 38 和 GDC 50,条款罗列如下:

标准 16——安全壳设计。必须设置反应堆安全壳及相关系统,设置一道基本上无泄漏的屏障防止放射性物质不受控制地释放到环境中,并确保在假定的事故条件要求内,不超过对安全重要的安全壳设计条件。

标准 38——安全壳释热。必须提供一个除去反应堆安全壳内热量的系统,系统安全功能应迅速减少,与其他相关系统的功能一致,任何核电厂发生失水事故后都将安全壳压力和温度维持在可接受的低水平。假定单一故障、厂内有电力系统运行(假设外部没有电力供应)和厂外电力系统运行(假设核电厂内部无电力系统运行),部件和功能适当的冗余、适当的相互连接、泄漏检测、隔离和包容能力应确保系统安全功能完成。

标准 50——安全壳设计基准。反应堆安全壳结构,包括通道孔、贯穿件和安全壳释热系统应被设计,这样安全壳结构和内部隔间可以应对并且不会超出设计泄漏率,而且在任何核电厂失水事故计算得出的压力和温度工况下有足够的余量。这个余量应该反映出以下要求:①确定峰值条件时未包括潜在能量的影响,例如蒸汽发生器中准则 10 CFR 50.44 要求,从金属-水和其他化学反应释放的能量,这可能是降级的结果,但不是紧急堆芯冷却功能的完全失效;②有限的经验和实验数据可用于定义事故现象和安全壳响应;③计算模型和输入参数的保守性。

还有另外几个与消防有关的通用设计标准(GDC 3),安全壳释热(GDC 39-40),大气净化系统(GDC 41-43),泄漏、渗透和试验(GDC 51-57),以及辐射监测(GDC 64)。

安全壳的设计是为了收集和容纳冷却剂和放射性核素,这些冷却剂和放射性核素可能在失水事故中从反应堆冷却剂系统中逸出。传统的安全壳必须密封,这意味着它们的设计必须承受失水事故导致的显著的温度和压力的增加。以压水堆为例,峰值压力和温度可以分别超过 50psia(0.36MPa)和 250°F(400K)。加上核燃料的长期衰变热,密封性要求可能会延长至数天。因此,安全壳结构仅仅是整个系统的一部分,设计要求既能防止放射性排放,又能减轻热工水力热负荷,这些都是对安全壳密封目标的挑战。

在保守的和确定性工程的传统中,安全壳系统用来吸收与最大假想事故有关的负荷。因此,安全壳峰值压力必须保持在包含所有失水事故破口尺寸的设计压力,包括反应堆冷却剂管道或二次侧管道双端断裂的设计余量。丧失厂外电源也被认为是其中一部分,除非发生事故时厂外电力的提供会增加质量和能量释放到安全壳中。

安全壳结构保持设计密封完整的能力,以及为专设安全系统的运行提供一个可预测的环境,这些由一个综合性的设计、分析和试验程序来保证。实际上,安全壳结构的设计考虑了各种内外荷载,这些荷载如下:

设计基准事故——由反应堆冷却剂系统及其管道破口和断裂而产生的峰值压力和温度。

热力载荷——由于压力温度的变化,内衬所经受的热应力和膨胀是一个时间函数,应作为设计基准事故考虑。

结构载荷——包括固定载荷(例如,混凝土墙质量、圆顶、底板、构件和安装在安全壳内的吊车与其他机械设备)、临时载荷(例如,顶部的雪)以及混凝土的预应力载荷。

环境载荷——包括地震、风与洪水,地震载荷考虑最大假设地震的地面加速度。风载荷考虑最大风速，包括对飓风的考虑。这些元素是独立运用的，但是要根据历史上地震和监测数据来考虑具体厂址的特殊性。

外压载荷——考虑最大外部压力载荷条件，由于疏忽的安全壳系统操作，安全壳可能会受到影响，有可能将安全壳内部压力降低到大气压力以下。因此，一些安全壳的设计，使它们能够承受民航班机正面的冲击而仅有外层混凝土表面的剥落和开裂。

11.1.2 度量标准——安全壳系统压力、温度和长期冷却

有几种现象，在失水事故时发生在安全壳容器内，安全壳建筑及相关系统必须处理。冷却剂从反应堆系统中排出，液体部分将立即聚集在安全壳结构的下部区域，会沿着壁面流到建筑物的下部收集区域。蒸汽部分会凝结在安全壳壁面上，凝结水会沿着壁面流到结构的下部收集区域。

压水堆收集区被设计成一个集水坑，里面充满了主系统的水、从主系统排出的安注系统的水以及核反应堆安全壳顶部的喷淋水。许多沸水堆在安全壳结构的底部有一个水池作为冷阱，反应堆系统中的蒸汽可以排入并压缩的地方，在沸水堆安全壳中这个水池叫作抑压池，抑压池有几种不同的设计和形式。

从地坑/抑压池中收集的水是冷却水的水源，可以用水泵送回反应堆系统。这种系统的一个重要考虑因素是必须有可用的净正吸入水头（NPSH），如果地坑或抑压池的水变得很热，当水泵从水池中抽水时它会空转，水泵不能再吸水，从而丧失了一个潜在的重要冷却水源。

在瞬态过程中（从开始到结束），安全壳的压力变化很大，从初始的启动条件（低于大气压力到正常大气压力）上升到65psia（0.45MPa），这取决于瞬态和核电厂设计。应急冷却剂注入系统需要将冷却水泵入反应堆冷却剂系统，然而随着压力增加，泵入反应堆冷却剂系统的水量减少，这会对反应堆冷却剂系统的水装量产生重大影响（既影响流出又影响流入的流体），还影响安全注射水开始注入的时间和安全注射水可以流到的地点。

许多反应堆的设计需要安全壳结构保持完整，可以运行数天。堆芯部分的衰变热量会排放到安全壳系统中，需要经过长期的冷却。旧的设计依赖能动供电系统，该系统具有冗余性，通常需要操纵员操作。新的设计有非能动系统，不需要人工操作就可以冷却，且不需要电力。另外，失水事故造成安全壳内高温高压，对具有工程安全设施并且负责应对此类事件的系统来说，这是一个具有挑战性的环境。因此，安装更重要的安全相关设备，保证预先合格的工作条件，抵御潜在的长期恶劣环境，这些系统可以在环境恶劣的失水事故情况下有效使用。

11.2 安全壳设计和安全系统

商业反应堆建造过几种不同的安全壳系统,随着时间的推移,它们不断优化,体积变得更大,以满足反应堆设计的需要。在设计中不断降低建造成本,同时仍然满足容纳反应堆几天瞬态过程的运行要求。接下来各节突出了一些更常见的轻水堆安全壳设计的特点。Liang 等(2014)和核能机构(2014)提供了这些特点以及全球使用的其他核电厂安全壳设计的详细资料。

11.2.1 压水堆

大多数压水堆采用两种安全壳设计类型:

(1) 混凝土反应堆建筑内的钢安全壳;

(2) 内部钢衬预应力混凝土安全壳,建造这些大型建筑物的成本和人工耗费是巨大的。

正因为这样,设法减少建筑物的尺寸影响了这些设计的发挥。

11.2.1.1 干式安全壳、冰安全壳、负压安全壳和非能动安全壳

压水堆安全壳一般有四种分类:干式安全壳、冰安全壳、负压安全壳、非能动安全壳

干式安全壳是体积最大的,在较低的部分有几个隔间,在上部区域有一个普通的大型开放空间。这些安全壳依靠它们庞大的体积,进行大面积的冷凝,喷淋系统按照安全壳的要求调节压力和温度。喷淋系统是由核反应堆安全壳顶部的一组喷淋环构成的,在一个瞬态的过程中,水滴以喷淋的形式降落下来。这些水滴对凝结蒸汽非常有效,并且调节瞬态期间的压力和温度。随着液滴进入安全壳空间,凝结它们周围的水蒸气,导致液滴达到饱和温度并生长,然后滴落,它们可能会进入安全壳较低部分较热的区域,它们吸收热量可能再蒸发,因此为这个区域再次提供冷却。在安全壳瞬态过程中需要一个水泵系统和一个冷却水源在高位进行喷淋,这增加了运营和建造的成本。

冰安全壳有一个冰库,存在于安全壳建筑的环形外围隔间中。这个空间的空调温度低于冰点,并且装满了大量硼冰的悬挂篮筐。在瞬态时,排进安全壳的蒸汽会被引导并流入冰篮筐中,在那里蒸汽会迅速凝结,同时也会融化硼冰。由此产生的融化和冷凝蒸汽将提供硼化液体,这些液体将流入地坑,在那里可以通过注入系统进行长期冷却。该系统允许安全壳建筑明显更小,设计压力更低,这两者都降低了建造成本。相比之下,冰的长期维护和换料期间的小容积所带来的挑战表明该设计增加了大修活动和运行的成本。

负压安全壳由大型干式安全壳的微小变化而来。负压安全壳在运行期间使环境保持在部分真空状态,这使得安全壳变小,因为瞬态过程中的压力增加小于干式安全壳(瞬态开始时空气较少,在温度瞬态下膨胀的空气较少)。一般情况下,负压安全壳比冰安全壳更容易管理,但这增加了维持真空的成本,并且较小的尺寸限制了停堆操作期间的维护设置。

最近设计的是非能动安全壳冷却系统,系统由重力驱动而不依赖电力。在设计基准事件时,非能动系统的目标是从安全壳排出足够多的热量并释放到大气中,这样就能保持安全壳压力低于设计值,至少 3 天不需要操纵员干预(按照美国规定)。存在不同的安全壳设计,其中一个例子就是西屋电气公司的 AP1000,如图 11.1 所示。其中非能动安全壳冷却系统包括一个非能动安全壳冷却水箱、钢制安全壳,以及在安全壳和屏蔽结构之间的空气挡板。非能动安全壳冷却水箱位于安全壳建筑的上部,非能动安全壳冷却水箱的水流到钢制安全壳外侧,然后收集起来重复使用。自然对流通过钢制安全壳和混凝土建筑之间的环形区域吸入空气,安全壳大气的冷却是通过钢结构直接传热到冷却水和蒸发冷却辅助对流空气流动。另外,安全壳内的结构通过自然循环促进气流混合并且排除影响气流混合的死角,这可以改进钢制安全壳的热传递性能,并最大限度地减少高氢浓度局部区域的可能性。

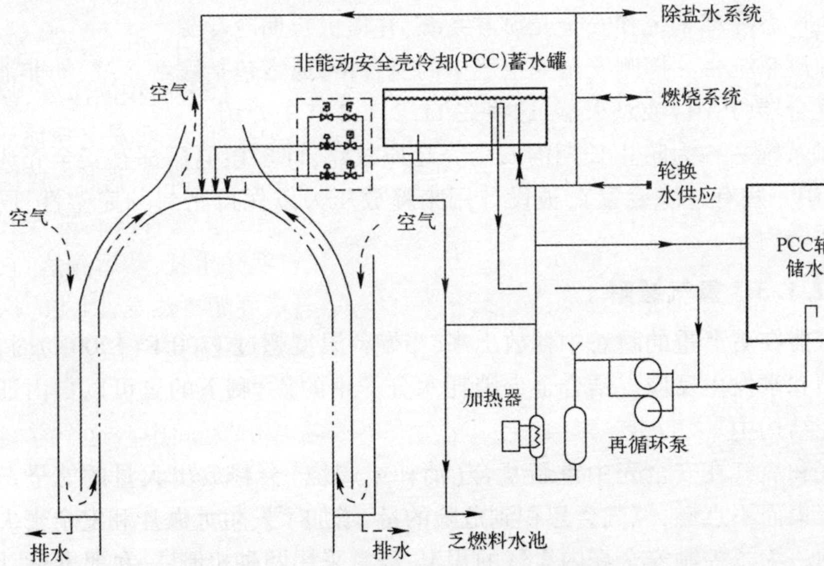

图 11.1　非能动安全壳冷却系统图

同样值得一提的是,加压型重水反应堆,比如加拿大氘铀(CANDU)设计,有效地使用了一个大型的干式安全壳,设计压力较低约为 35psia(0.24MPa)。因此,其安全壳的容积通常大于相近发电能力的压水堆或沸水堆。另外,这些设计通常包括一个大容量的喷淋系统,以降低失水事故期间和之后的最大压力。喷淋系统还用于捕获裂变产物,这些裂变产物可能会在事故期间释放出来。

11.2.1.2 工程安全设施

几种不同的工程安全设施通常用于在一个假设的事故后减少安全壳的压力、温度和剩余裂变产物。例如:

反应堆安全壳风机冷却系统——通风系统在正常运行和事故发生期间保证气流循环并且从安全壳空气中排除热量,气流循环有助于减少事故发生后局部区域氢气浓度过高。

安全壳隔离系统——隔离穿过安全壳壁面的各种流体的系统,防止放射性物质的释放。

安全壳喷淋系统——一系列喷淋喷嘴把冷却液滴从高处喷入安全壳中。液滴喷入使安全壳内蒸汽凝结,限制了失水事故时或主蒸汽管道破裂时反应堆安全壳内的峰值压力。该系统还可以清除来自安全壳空气中的裂变产物碘,由于燃料棒失效它们被释放出来。

地坑长期冷却——在失水事故中,反应堆冷却剂系统和安全壳喷淋系统的水收集在安全壳地面上,最终流入地坑中。这些水通过水泵送到安全系统然后返回应急堆芯冷却系统和安全壳喷淋系统,并提供长期冷却源。

氢探测系统——探测安全壳空气中的氢含量,通常包括缓解系统,如非能动自催化复合器(PAR)或点火器,这将在11.2.1.3节中介绍。

通风系统——为防止长期的安全壳超压故障,许多核电厂都有安全壳通风系统(其中一些有过滤装置),被设计用来释放压力以保持密封的完整性,同时滞留裂变产物。

11.2.1.3 氢气缓解

氢气能在更严重的瞬态中释放出来,当燃料温度超过1700℉(1200K)时,锆合金开始和水发生反应。锆合金会消耗水分子中的氧,剩下的氢可以自由迁移到安全壳结构中。

氢气和氧气在安全壳中重新复合(消耗或燃烧)会释放出大量的能量。如果氢气聚集而不点燃,氢气会累积到危险的量,增加了发生大爆炸和安全壳失效的可能性。为了控制安全壳内氢气的积聚,经常采用两种机制:一种是非能动自催化复合器(PAR),另一种是氢气点火系统。

非能动自催化复合器是氢气和其他可燃气体混合的系统,比如一氧化碳和氧气在封闭的管道催化转化板上流动,氧气和氢气通常在高温下通过快速燃烧重新复合(温度约高于866.5K)。在催化材料存在的情况下,重组可以在低温下32℉(273K)进行,非能动自催化复合器的催化成分通常是钯或铂。

在运行中,非能动自催化复合器内的空气通过复合过程加热并且因为自然对流而上升。在上升过程中,替代空气和氢气被吸入复合器,通过非能动自催化复合器底部时被放热反应加热,产生的蒸汽和空气通过烟囱排出,烟囱是热气体与安全壳空气混合的地方。

非能动自催化复合器运行时没有动力或运动部件,在这个过程中氢气和氧气结合成水,减少氢气的积聚,从而降低爆炸的风险。非能动自催化复合器也会加强安全壳内的空气混合,如果安装位置合适,可以帮助进一步降低局部氢气浓度。

非能动自催化复合器效率不高,在快速生产大量氢气超过非能动自催化复合器能力的情况下,可以使用氢点火系统以可控的方式与较小的氢燃烧事件启动氢燃烧。如果有大量的氢气产生(由于堆芯降级或堆芯熔化事故,锆合金包壳与水蒸气发生反应产生氢气),就说明正在向严重堆芯损坏状况转变。即便如此,点火器代表了另一层纵深防御,以降低氢气和氧气累积的爆炸性风险。不像非能动自催化复合器,点火器需要动力运行和启动系统,这为设计和施工增加了一些复杂性。

11.2.2 沸水堆

沸水堆安全壳的大小可以有很大的变化,但是沸水堆安全壳通常比压水堆安全壳小,部分原因是主系统的压力较低(沸水堆压力约为1000psia(6.895MPa),压水堆压力约为2200psia(15.169MPa)),这导致沸水堆、反应堆冷却剂系统储存的能量比压水堆的能量少,并且在沸水堆安全壳内没有蒸汽发生器或稳压器,不需要这些设备的空间,这提供了安全壳结构尺寸方面的优势。

一般情况下,沸水堆安全壳由混凝土反应堆建筑内的钢内壳组成,或内部有钢衬的预应力混凝土被包围在反应堆建筑内。所有沸水反应堆设计中的安全壳,被分离出了一个干井,干井中包含反应堆本体,周围是湿井。

湿井,就是通常所说的抑压池,也是一个非能动热井,由一池水组成,事故发生时蒸汽流入其中。一个排放系统将干井气体空间与抑制池表面下的湿井连接起来,水池使蒸汽凝结并储存冷凝的水,为长期冷却提供了冷却水源。随着时间的推移,抑压池系统也在逐步改进。在正常运行中,大多数沸水堆安全壳(干井和湿井)被充入氮气惰化。

11.2.2.1 Mark Ⅰ型,Mark Ⅱ型和 Mark Ⅲ型安全壳

历史上,通用电气公司(GE)是世界上沸水堆发电厂的主要反应堆供应商。他们一共为沸水堆设计了三种标准类型的安全壳系统。

Mark Ⅰ型安全壳系统,它的形状很像一个倒置的灯泡。反应堆位于安全壳的顶部狭窄部分,下面的部分用于抑压池和地坑。干井到湿井的连接用大口径辐射状管道连接到一个环形集管,环形集管的下降管淹没在水池中。

Mark Ⅱ型和 Mark Ⅲ型安全壳体积更大,为干井和湿井提供了更多的工作空间。包括更多在运行期间储存液体的空间。这两种类型的安全壳在事故发生后,有更好的湿井散热系统和进行长期冷却来控制衰变热量的系统。干井通过干井底部的垂直下降管与湿井连通,一直向下延伸到湿井水池的下面。Mark Ⅲ型的安全壳设计包括由钢筋混凝土防护建筑内的钢制安全壳,外观看起来更像是压水反应堆的安全壳,形状像圆柱体,顶部是半球形的。它有一个更大的干井区域,由堰和水平淹没式排放装置连接到环形湿井。

先进沸水堆(ABWR)对反应堆压力容器有独特的设计,反应堆与反应堆建筑结合在一起。由于反应堆再循环系统内部水泵的改变,堆芯位置被设计得更低,从而降低了整个安全壳的相对于 Mark Ⅰ、Mark Ⅱ和 Mark Ⅲ型安全壳的高度。设计更加紧凑,内部采用了钢衬以提供更好的耐用性,并确保容器密封,而且它需要更少的施工时间,降低了总成本。图 11.2 所示是现有(Mark Ⅱ型)沸水堆(BWR)安全壳和先进沸水堆安全壳的比较。

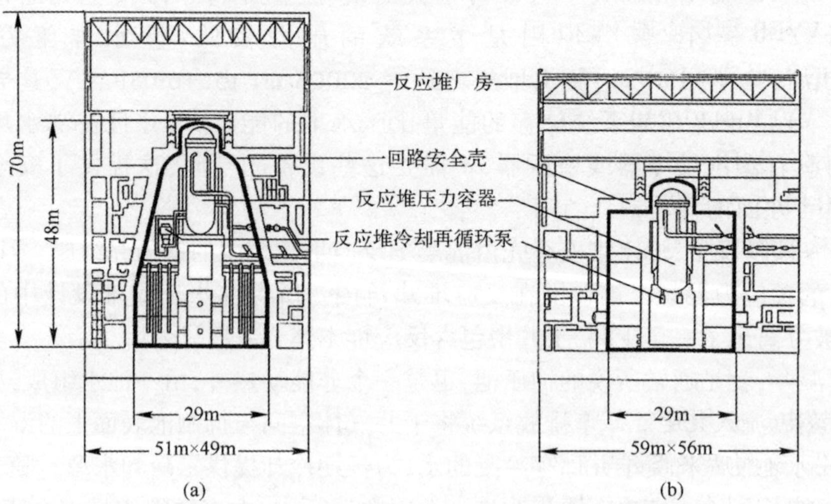

图 11.2 现有(Mark Ⅱ)沸水堆和 ABWR 安全壳的比较
(a) 现有 BWR;(b) ABWR。

11.2.2.2 湿井排放清除

在失水事故的喷放阶段或打开安全释放阀(SRV)后其他降压瞬态过程中,干井压力增加,主排放口的水被排入抑压池。主排放口最初充满了液体,两相混合气体、蒸汽和水流入抑压池,这就是所谓排放口清除,短期干井峰值压力在很大程度上取决于排放口的清除时间。抑压池中的大动态载荷与排放口的清除有关,在设计中必须考虑到这一点。

必须考虑到机械载荷与可能发生的功率振荡有关,可以通过合理设计的喷射器来降低机械载荷。机械载荷受热混合的影响,因为水下射流的性能取决于喷射器在整个抑压池中引起混合的有效性。

11.2.2.3 安全壳排放

在严重事故的情况下,抑压池可能没有足够的水(或者系统可能无法将水泵入反应堆)为燃料提供冷却源。在这种情况下,安全壳内的压力会上升,直到达到设计极限,并向外部环境排放,这就是发生在 2011 年福岛核事故期间的情况。为了防止发生安全壳长期超压这样的事故,过滤或未过滤的安全壳排放系统包括在类似的设计(作为小的设计修改)中以改善事故管理。该系统通常连接到安全壳冷凝池的气相空间,还有一个独立的气体管道通向环境。

11.2.3 东欧 VVER 型压水堆

VVER 型反应堆(水冷却动力反应堆)是按照苏联的标准建造的反应堆,大多数 VVER 型反应堆不是 VVER-440 型反应堆就是 VVER-1000 型反应堆,以它们的额定功率区分。VVER-440 有两种型号,VVER-440/230 和 VVER-440/213。VVER-440/230 是老的型号,原始设计没有核反应堆安全壳。现在这些电厂大部分关闭了,尤其是在东欧和中欧,但在俄罗斯仍有一些电厂在运行。VVER-440/213 设计了一个压力抑制型类似沸水堆的安全壳,VVER-1000 的安全壳构筑物类似美国模式的钢衬预应力混凝土安全壳。

11.3 安全壳安全分析事项

核电厂必须提交安全壳安全分析报告,在核电厂建设之前向它们的管理机构报告,这些后来修订与最终设计的特定输入用来支持申办运行许可证。这些安全分析预计包括结构、系统和组件影响安全壳响应的性能计算。同时需要对不确定性进行确定性处理,对模型不确定性和应用方法进行彻底评估,比如评估模型的开发和评估过程(例如,美国的管理导则 1.203),也是进行新的设计必须做的工作，参见文献（Abdelghany 和 Martin，2010）。无论如何，分析是应用一个保守的边界评估模型，根据假设的失水事故来确定应急冷却系统的性能，比如是否符合美国标准 10 CFR 50.46 附录 K 的要求。

进行安全壳完整性分析的模型特征在标准（American Nuclear Society，1988）[①]中已经概括了，模型的特点和假设是为了安全壳的压力和温度性能最大化。然而，进行的一些分析是为了安全壳压力和温度最小化，或者使安全壳水温最大化。

11.3.1 初始事件

人们在评估安全壳的工况时，会对一些反应堆冷却剂系统事故感兴趣，影响最大、更重要的是压力、温度和保持长期为反应堆供应冷却水。

11.3.1.1 失水事故

在失水事故中，反应堆冷却剂系统的水在管道断裂处或释放阀出口处被直接排放到安全壳中，结果是大量的冷却剂以热液体和蒸汽的形式进入了安全壳。大部分被排放到安全壳空间的液态水，会瞬间变成蒸汽。

失水事故发生后，随着安全壳中质量和能量的增加，安全壳内的压力急剧增加。由于热蒸汽和热水的增加，压力增加的速率与驻留在密闭空间的空气变热和膨胀成正比。蒸汽在整个安全壳空间中扩散，并且凝结在安全壳所有的表面上，能动的释热系统在失水事故事件发生后立即启动（对于具有能动冷却系统的核电厂）。

历史上，对一个断裂谱的边界质量和能量释放率进行评估，目的是确认安全壳结构的设计限值没有被超过。一系列的系统故障将涵盖可能发生的受限空间，前提是发生了最坏的单一故障。

在压水堆分析中，耦合反应堆冷却剂系统和安全壳响应是常见的做法。在早期的喷放阶段，当发生阻塞断流（见 11.4.1 节）时安全壳背压会影响水流不再阻塞的时间，而这些系统在喷放的初期是物理分离的。事件进展时间的预测，以及随后的中断和安全注水流量（有助于将总体质量和能量释放到安全壳）取决于安全壳背压。在一些沸水反应堆失水事故的分析中，解耦反应堆冷却剂系统和安全壳响应是保守的。这种保守性是当背压被设置为整个瞬态的大气压力时实现的，这将最大限度地释放到容器中的总质量和能量。下降管的顶部和底部以及沸水反应堆的堆芯之间有直接的联系，也就是说安注水具有进入堆芯的能力，比大多数压水堆安全壳要简单得多（例如，没有蒸汽限制现象），安全壳背

① 这个标准在 1998 年被撤销。

压的影响远不如压水堆的影响大。

11.3.1.2 主蒸汽管道破裂

主蒸汽管道断裂(MSLB)可能发生在安全壳内部或外部,主蒸汽管道断裂发生在安全壳内部,一般来说对安全壳响应更具挑战性。关于这个问题的讨论,只考虑安全壳内部主蒸汽管道断裂的问题。不像失水事故,主蒸汽管道断裂不是一个大的与液体相关的事故,并且主蒸汽管道断裂发生在压水堆的二次侧,这样就减少了进入安全壳系统的质量和能量。对于沸水堆,主蒸汽管道断裂是一个高位置断裂,往往不排出大量的液体(和压水堆主蒸汽管道断裂的原因一样)。

主蒸汽管道断裂的初始情况与失水事故相似,不同的是初始压力峰值要小一些。蒸汽很快就充满了安全壳空间,开始加热安全壳内空气,并在暴露的表面开始预期的冷凝过程。这个事件接下来就发生类似失水事故一样的现象,不同之处是其时间长、液体少。因为压水堆的主系统没有破坏,反应堆冷却剂系统的关闭和恢复与压水堆失水事故很不一样(切换到余热排出系统(RHR)以管理主系统工况)。对于沸水堆,主蒸汽管道断裂与失水事故有类似的发展过程,但是其限制性和严重性要小得多。

破口尺寸、电厂运行工况和蒸汽系统配置影响主蒸汽管道断裂后的释放。与失水事故类似,确定并且考虑一系列质量和能量释放率边界的条件,但这些参数的许多变化,可能会使确定最坏的情况变得非常困难。影响主蒸汽管道断裂质量和能量释放的主要因素包括蒸汽发生器液体装量、通过蒸汽发生器的传热、保护系统的运行状况和二次液体喷放的状态。

11.3.1.3 未能紧急停堆的预期瞬态

未能紧急停堆的预期瞬态(ATWS)是控制棒不能插入反应堆的事件之一(见第10章),作为一个例子,传统的失水事故假设控制棒能够插入,但是未能紧急停堆的预期瞬态失水事故是另一个例子。分析和研究未能紧急停堆的预期瞬态事件是通过评估一组正常的没有紧急停堆的预期瞬态假设事件来进行的(NUREG-0800第15章(U.S. Nuclear Regulatory Commission,2007b)描述了这些事件和分析的监管期望)。

在一次未能紧急停堆的预期瞬态事件中,能量的释放是显著不同的,原因在于反应堆功率的大小不同,堆芯的停堆对堆芯液体密度变得更加敏感(例如,慢化剂反应性反馈效应)。一般情况下,如果主系统损失了大量的液体装量,堆芯水的慢化将大幅下降,反应堆功率将随之大幅下降。

在这种情况下，安全壳系统长期处理瞬态的能力与标准分析瞬态过程不同。

对于沸水堆，未能紧急停堆的预期瞬态事件会带来独特的挑战，自动降压系统（ADS）的蒸汽喷放在很长一段时间内被导入抑压池，可以使抑压池达到饱和状态。如果发生这种情况，抑压池的水不能再泵入主系统，因为气蚀余量不足以使排水泵驱动水流。

11.3.2 短期影响

对安全壳现象的短期影响被考虑在从事故开始到工况达到新的稳态或平衡的时间段内。

11.3.2.1 质量和能量的释放

正如本章前面所讨论的，质量和能量释放到安全壳里，情况可能会很严重。蒸汽和液体进入安全壳空间，加热安全壳里的空气。结合空气被压缩，被加热的空气以及蒸汽和液体的引入，显著推高了安全壳空间的温度和压力。

11.3.2.2 峰值压力和温度

瞬态在开始后不久，就达到了峰值压力和相应的温度。压力和温度将会继续增加，直到引至安全壳空间的蒸汽量（从破裂位置和液体闪蒸）开始达到蒸汽排出（或转化为液体）的速度。

蒸汽可以用几种方式冷凝，最常见的过程是安全壳壁面上的冷凝，随着蒸汽冷凝，它形成一层液体薄膜，沿着壁面流动时会变厚。压水堆安全壳利用喷淋产生液滴，它以很大的速度消耗蒸汽，其他用于冷凝蒸汽的系统包括压水堆设计适用的冰冷凝器（见 11.2.1.1 节）和沸水堆设计的抑压池系统（见11.2.2.2 节）。

在反应堆冷却剂系统中储存的能量，以及使安全壳系统运行所需的延迟时间，是在事件发生后安全壳中经历峰值温度和压力时建立的共同因素。不同的设计方案可能会有很大的不同，这也取决于运行工况，以及现场维护的设备工况。

在进行分析以确定最大安全壳压力时，人们通常会考虑各种最大能量释放的保守方法，包括：

(1) 预期最高运行温度（包括仪表误差和死区）；

(2) 减少安全壳自由空间；

(3) 堆芯运行在热态满功率加上允许功率测量中热量误差的余量；

(4) 堆芯储存能量的增量；

(5) 蒸汽发生器水装量的增加;

(6) 假设一小部分燃料包壳会氧化并产生氢气。

11.3.3 长期影响

在安全壳内的结构温度过高,使得大量蒸汽进入安全壳无法凝结之后,以及在蒸汽源(破口或释放阀)已经停止或达到某种稳定的最小流量之后,事件进入了长期的冷却阶段。

这个阶段可以持续几天,不同的设计确定了这个阶段在没有人为干预包括操纵员干预的情况下能持续多久。对于长期冷却,安全壳内部的热传递可以通过安全壳壁面的传导和对流和/或设计中的其他非能动或能动散热功能保持。

大多数长期冷却方案都是利用这样一个过程:将地坑中的液体泵入反应堆系统,然后由堆芯中的衰变热加热沸腾。产生的蒸汽被释放到安全壳中,在那里它会在安全壳壁面上凝结,或者通过不同类型的安全壳热交换器凝结。冷凝的水再提供给反应堆,把衰变的热量(通过蒸汽)从安全壳内转移到安全壳外。根据反应堆的设计,可以通过几种不同的方式来实现。

通用安全问题 GSI-191(U. S. Nuclear Regulatory Commission,2017b)是美国的说法,被认为是核工业界关注的问题,关注点是失水事故后微粒的长期影响(重点是隔热材料和其他材料碎片)。隔热和其他的碎片从靠近断裂位置的周围表面脱落,而且其他材料,如油漆、涂料等,由于严酷的温度和湿度条件,可能随时间延长而失效,在失水事故后存留在安全壳内。隔热材料和其他材料会掉落到安全壳内较低的地方,有可能被运送到安全壳地坑区域。从安全壳地坑抽出的水用于提供冷却水,输送到堆芯喷淋系统和应急堆芯冷却系统来维持燃料的长期冷却。

积聚在地坑过滤器上的杂物会影响维持地坑和反应堆压力容器之间再循环流动的能力,如果过滤器堵塞,那么泵的气蚀余量可能会丧失,不能再向反应堆压力容器提供冷却水以消除衰变热。与此同时,绕过过滤器的碎片有可能损坏泵或到达堆芯,它可能会停留在较低的堆芯支撑板或燃料棒组件内,可能会阻碍反应堆压力容器内的再循环,这会影响系统长期的热量排出,但也可以加速硼的沉淀。

为了研究这个问题的潜在影响,已经进行了一些试验。已经安装了大量的过滤系统来控制和防止隔热材料的渗透或其他碎片进入反应堆,并且取得了一定的成功。最近,核工业界已经考虑了一种先进的分析方法,这就是所谓风险评估,解决了与 GSI-191 相关的一般安全问题。

11.4 重要现象

接下来重点介绍一些关于设计基准事故对安全壳响应起到重要作用的现象。更详细的描述见文献(Nuclear Energy Agency,1999,2014)。这些资料还包括对安全壳内严重事故现象的讨论,但这些讨论超出了本书范围,包括裂变产物、碘化学和堆芯熔化的行为和现象。

11.4.1 临界流动

高压系统通过管道上的破口和裂缝的排放与降压速率,取决于流道面积、压差、壁面摩擦、出口损失、流动状态和上游流型,然而,如果上下游压力比超过临界压力比,就可以说水流被阻塞了。临界流量表示可压缩流体在给定区域内的最大流量,当水流被阻塞时,质量流量只取决于阻塞面上游的温度和压力。临界速度等于当地声速,这意味着声音信号不能再传播到上游影响和确定阻塞面质量流量的边界条件,结果是通过阻塞面的流动与下游压力无关。

对于单相流,临界流量可以很容易地预测,但当阻塞面附近发生相变时,临界流没有统一的理论。随着液体降压,相对于当地压强它变得过热,这是一种亚稳态,非平衡条件一直持续直到足够的气泡核与蒸汽气泡形成。一般情况下,松弛时间大于流经阻塞面的瞬时时间,松弛时间是混合物达到平衡所需的时间。非平衡条件的大小取决于阻塞面上游液体的初始状态,以及阻塞面的几何形状。另外,由单相流向两相流的转变伴随近乎不连续的变化,在流体的体积模量(压缩性测量)中导致局部声速比较大的不连续性。

因为阻塞准则高度依赖流场的性质,一些临界流动模型通常应检查或预测过冷液体的范围,以及两相和单相蒸汽的产生;然而,大多数模型假设在等熵过程中预测最大排放速率。

在实际流动状态下,流量可能不是在等熵条件下的,排放速率将小于最大速率。排放系数通常用来解释这种影响和其他几何影响,以降低与实验观测一致的临界流量。

11.4.2 热量传递

在预测安全壳在一个假设的事故后的状况时,传热(通过几种机理)是一个非常重要的因素,包括:

(1) 瞬态导热——确定安全壳中各种结构的能量释放或能量吸收,包括通过安全壳壁面转移的能量。

（2）对流传热——它有几种不同的形式来管理几何方向，单相、两相、液膜、冷凝、强制循环和自然循环工况。

（3）辐射传热——在没有任何介质的情况下，两个物体表面之间可以发生辐射热交换。如果辐射表面之间存在介质（如蒸汽、空气、气溶胶、尘雾），那么它可以通过吸收、散射和发射能量与辐射传热相互作用。

如果抑压池在事故中没有充分冷却，那么沸腾传热对沸水反应堆中的抑压池有重要意义，在系统减压的排放操作后，抑压池可能发生沸腾。在压水堆中，在系统减压后的排放操作中，地坑也会发生沸腾，这会导致向安全设备供水的水泵无法运行（由于缺乏净正吸入压头）。

11.4.3 冷凝：液滴、壁面/液膜和水池

冷凝是一种非常有效的排热手段，可以降低安全壳内的压力和温度。在温度较低的物体表面，蒸汽被冷却到饱和温度，向低温物体表面释放显热和潜热。安全壳内有几种重要的不同的冷凝机理，包括：

（1）液滴冷凝——由于有非常大的传热界面，单位液体体积表面积很大，因此液滴喷淋是非常有效的传热方式。蒸汽在较冷的液滴上凝结，增加了液滴的温度和体积。

（2）壁面/液膜冷凝——安全壳壁面和其他较冷的表面是冷凝液体在表面形成液膜的地方，从液体到壁面比蒸汽到壁面的热量传递更有效，因此非冷凝的气体的存在会降低冷凝传热的效果。

（3）水池冷凝——蒸汽可以在压水堆地坑冷水表面冷凝，沸水堆湿井或乏燃料水池。

（4）直接接触冷凝——在沸水堆抑压池，从反应堆冷却剂系统排出的蒸汽排放在抑压池的水面下。只要水在过冷状态，蒸汽喷射和过冷水之间的直接接触就可以有效地冷凝抑压池表面下的蒸汽（类似的情况还用于其他设计中，在水池中使用喷射器）。

精确模拟每种冷凝需要捕捉安全壳的响应，因为它可以把迅速排出的大量的蒸汽冷凝后变成小得多的液体。

11.4.4 液滴场

液滴是由喷淋系统的运行或液体薄膜的夹带产生的，气溶胶行为受液滴直径和形状的强烈影响，在安全壳内可以存在很大范围的液滴尺寸：

（1）雾/湿气液滴尺寸为小于 10μm；

（2）管道破口液滴尺寸为 100μm；

(3) 安全壳喷淋液滴尺寸为1000μm；

(4) 建筑物水滴尺寸为4000μm。

必须考虑的重要现象包括：

(1) 成核作用下的液滴形成和生长(例如,过饱和条件下的雾形成),冷凝,蒸发,从水池或液膜上携带液滴,喷气撕裂产生的水滴,喷嘴喷射,从顶棚或其他建筑物滴下的水滴。

(2) 凝聚,由较小的液滴聚集形成较大的液滴,或小水滴聚集在大水滴上形成凝聚。凝聚现象的产生是因为大的液滴比小的液滴在重力场下落得更快,由于热扩散小的液滴比大的液滴移动得快。凝聚机理包括热扩散、湍流扩散和重力收集。

(3) 沉积或者液滴在表面的聚集。小液滴的沉积以扩散为主,而大液滴的沉积是由重力主导的,沉积机理包括壁面的撞击,结构或水池的表面、重力沉降、热扩散、湍流扩散、热迁移、扩散电泳和过滤器清除。

另外,安全壳喷淋系统注入的液滴可以减弱或者增强湍流,这取决于液滴的尺寸和相对于蒸汽的温度。

11.4.5 混合、自然循环、热羽、浮力

混合是由质量、动量和能量源(如风机冷却器、非能动自催化复合器喷出的热羽流、抑压池水下喷射器)或者浮力引起的运动(由局部密度差异产生的压力梯度,这是由流体成分或温度的差异造成的)。安全壳内的混合和流动模式受到局部的质量和热量传输过程的控制,在假设的事故中确定安全壳的响应是很重要的。

分子扩散和湍流扩散都可以引起混合,分子扩散是由于浓度梯度的存在而引起的相对运动,质量扩散(由于混合气体/蒸汽中的浓度梯度)和能量扩散(由于温度梯度)可能对安全壳很重要。分子扩散通常是基于菲克定律来估算的。

湍流扩散是由湍流涡旋传递的质量和能量,湍流影响了安全壳中的许多不同现象,包括气体混合、壁面冷凝、液滴行为等。湍流通常用两个输运方程来模拟湍流动能和湍流耗散计算所产生的黏度。

11.4.6 分层

视情况而定,一定体积的流体要么保持良好的混合状态,要么形成垂直分层。由于流体密度不同而产生的分层现象是温度或成分不同造成的,当强制混合的驱动力比自然浮力弱时,会出现分层现象。分层与两个空间的安全壳分析

有关:一个是气体空间(例如,氢气浓度较高的局部区域或在安全壳内的空气覆盖);另一个是液体空间(例如,应急堆芯冷却系统贮水池、压水堆地坑、沸水堆湿井等)。

分层可以是稳定的,也可以是不稳定的。在分隔的封闭区如安全壳建筑,流体被困住,从而导致稳定的分层状态,这种状态可以破坏自然循环路径并且阻碍整个空间的总混合。

在沸水堆安全壳内,抑压池分层是一个值得关注的问题,主要问题是在抑压池自由表面形成热流体层,这增加了气体空间中蒸汽的分压并且减少了抑压池表面的冷凝,导致安全壳内压力升高。随着抑压池的温度升高,可以减少水池表面以下的蒸汽凝结量,并且增加部分蒸汽旁路到抑压池气体空间的潜力。随着抑压池温度的升高,温度较高的水不断供给应急堆芯冷却系统,这降低了系统的释热能力。

喷射器的设计和定位都是为了最大化混合的最小化潜在的热分层,另外应急堆芯冷却系统通常从池底吸水,池底的水温最低,因此能提供最有效的冷却源。热量通过抑压池壁散失到外部环境,这提供了一种额外的可以破坏热分层的冷却手段。在福岛核电站,抑压池外的空间被海水淹没,这提供了一个额外的热井。

11.4.7 氢的混合和浓度

反应堆冷却剂系统中的氢通过反应堆冷却剂系统的破口或主系统中的排放出现在安全壳中,没有大气混合的机制,氢气会在安全壳空间上升,并集中在上面的区域,达到可燃物与氧气混合的比例,这可能会导致爆炸。

在试图确定安全壳容积中氢的混合物(和混合物的位置)时,氢的产生以及在瞬态过程中氢的浮力、混合、对流和扩散行为非常重要。

11.4.8 pH 值

氢氧化钠通常加入喷淋水中以增强吸收空气中的碘,并将碘保留在安全壳地坑溶液中。氢氧化钠溶液还提供了方法来调整安全壳地坑的 pH 值,这有助于确保应急堆芯冷却系统维持长期运行,减少潜在的腐蚀。

11.4.9 泄漏

气体、蒸汽和气溶胶可以通过安全壳混凝土壁面的裂缝或缝隙泄漏,安全壳壁面通常由预应力混凝土组成,当容器内部压力超过混凝土的预应力和拉应力的总和时就会发生开裂。即使只有很低的压差,流动也可以通过最小的流道。

典型的钢和混凝土安全壳泄漏目标分别为每天0.1%和0.5%的容积。

11.4.10 放射性同位素的输运

许多放射性同位素可以在失水事故瞬态期间释放到安全壳空间，大部分放射性同位素引人关注，如几种碘同位素如果释放到环境中会对健康产生严重的负面影响。

通过安全壳系统跟踪放射性同位素通常是必要的，以确定释放的可能性，并在释放后确定放射性同位素在安全壳系统中收集的位置。放射性同位素会有选择性地聚集在表面上，并根据所涉及的化学成分（如油漆、混凝土和钢铁）以及放射性同位素共存的液体和液滴的pH值而产生不同的集中。放射性同位素随液体流动，可以被液滴冲刷出气体空间，也可以通过对流和蒸发在气体空间中移动。

11.5 分析程序和方法

进行安全壳设计分析，根据许可规定的接受准则（U.S. Nuclear Regulatory Commission，2007a），以证明其符合通用设计标准（U.S. Nuclear Regulatory Commission，1999）。几种不同类型的安全壳分析考虑如下：

（1）峰值压力和温度；
（2）峰值钢衬温度；
（3）检定设备的长期压力和温度；
（4）压水堆地坑水或沸水堆抑压池的峰值温度；
（5）沸水堆最小净正吸入压头；
（6）应急堆芯冷却系统最小安全壳背压计算；

关于这些事件的监管要求和期望总结在文献（U.S. Nuclear Regulatory Commission，2007a）。

11.5.1 历史方法

从商业化开始，核工业界开始分析反应堆系统瞬态期间安全壳的响应。在这个行业的初期（20世纪60年代后期或70年代早期），模拟的成本和时间限制了计算机的能力。早期的模拟运行需要几小时，现在现代计算机平台上只需要几秒。因此，为分析安全壳响应而开发的计算机程序，尽可能简单地提供从现象学上可以接受的结果，运行起来也很经济，而且不需要过多的时间来产生结果。

其中一个主要被开发的程序是 CONTEMPT(Wheat 等,1975),CONTEMPT 程序是一个简单的集总体积模型,开始只有几个体积以及非常简单的热工水力能力。CONTEMPT 程序随着计算机能力变得越来越快和更便宜,它成为行业的标准。有几家公司对它进行改进,增加了一些新功能,然后重新命名(例如,法玛通公司用 CONTEMPT 程序改进后命名 ICECON)。

当今,CONTEMPT 程序(或其改进程序)进行的分析仍然可以在世界各地的几个核电厂的许可基准上找到,程序的结果被认为是保守的,并且对一些安全壳瞬态分析都有效。

程序主要应用于评估失水事故中安全壳响应(主要结果集中在安全壳压力响应上)。一些核电厂和燃料供应商已经把程序用作他们的主系统热工水力评估工具,而其他程序仍然各自运行并且利用其运行结果作为主要分析的边界条件。

随着时间推移,计算机成本已经变得非常便宜,计算机能力现在比该行业刚开始的 20 世纪 70 年代初期快了许多数量级。新程序具有更强大的能力,如 CONTAIN 程序(Murata 等,1997),后来被纳入了 MELCOR(U. S. Nuclear Regulatory Commission,2011),在核工业的发展过程中,人们需要更加实际的结果,却发现运行和安全余量需要更好的分析工具。

在当前,简单的集总容积方法往往无法提供满足运行需要和监管关切的结果。CONTEMPT 系统不具备解决细节问题的能力,而这些细节已经变得越来越重要,需要更高水平的精确性来支持运行。在当今的核工业中,许多不同的现象需要更多的细节来解决,氢气的分布和液滴动力学只是其中的两种。

CONTEMPT 程序提供了简单且保守的结果,满足了核工业几十年的需求,被视为核电历史上最重要的计算机程序之一。

11.5.2 先进方法

安全壳通常都是带有小隔间的大空间,在安全壳分析中人们最感兴趣的两个主要结果是压力和温度。通过在瞬态过程中凝结蒸汽(移除气体),安全壳内的壁面和其他结构会同时影响压力和温度,使表面冷凝现象成为正确建模的重要现象之一。当水滴进入系统(通过喷淋或其他来源演变)的时候,也有一个很大的影响。其他系统(或部件)例如冰冷却的安全壳,或者沸水反应堆的抑压池,同时也对压力和温度的瞬态演化产生重大影响。

在只有几个集总体积(小于 10 个)的模型中评估较大影响的现象具有显著的局限性,简单的集总体积程序需要内部专门的模型来计算对压力和温度的影响,而不具备追踪局部区域所有细节以获得实际结果的分析能力。因此,需要更强大的工具来解决局部影响,并为操作提供更多的余量。

具有细分(单元)的程序非常适合更高级的方法,对安全壳进行细分可以提供捕获梯度的分辨率(比如氢气浓度和蒸汽浓度),也能更准确地追踪局部效果。

一个例子是对液滴的评估,液滴进入安全壳空间会经历许多演化和转变(冷凝、加热、由冷却导致的凝聚和增长、蒸发、破碎和聚集),水滴穿过的不同阶段对水滴存在的局部区域有重大影响。细分模型可以包括所有重要的安全壳几何形状(壁面、地面、门廊等)以及液滴的动态变化,正如它们通过实际的安全壳空间时,可以用比集总方法更大范围的现实感来模拟。另外,可能需要一个或多个液滴场,因为安全壳内的现象可能包括大小不一的液滴(如水滴破碎、喷淋和水雾),而且每个水滴的特征行为都会有很大的不同。

冷凝现象也是安全壳分析中的一个重要现象,对安全壳有显著的局部影响。蒸汽在安全壳的大表面凝结,靠近壁面的局部蒸汽密度被耗尽,温度也受到影响,这导致安全壳内引起自然对流的浮力和温度梯度,这是一个非常重要的现象。评估这种现象,使用简单的集总体积方法将是非常困难的(特别是考虑到安全壳空间的实际几何形状和非冷凝气体的影响时)。

液体的收集,液体如何流经安全壳隔间、排水沟和门廊,以及液体如何收集到地坑并泵入反应堆(或其他系统),也可以通过细分分析工具进行更好的管理。

近20年,计算流体力学(CFD)是评估安全壳响应的方法之一。例如,GASFLOW(Travis 等,1988)是一个有限元的计算机程序,它解决了与时间相关的、多组分可压缩气体(纳维叶-斯托克斯)(Navier-Stokes)方程。GASFLOW 程序最初是在洛斯阿拉莫斯国家实验室(LANL)开发的,但是从1994年开始,它在洛斯阿拉莫斯国家实验室和德国的卡尔斯鲁厄研究中心的合作协议下开发。

一般来说,计算流体力学在分析瞬态和设计基准事故以支持监管安全评估时并不是一个实用的工具。GOTHIC 程序已经开发出来分析安全壳(以及其他热工水力场景),提供快速运行的计算流体力学程序(例如,控制容积细分)进行更加实际的分析(Electric Power Research Institute,2016)。GOTHIC 程序模拟质量、动量和能量以及多组分、多相可压缩流体集总参数多维(一维、二维或全三维)模型。将这些不同的节点化选项组合在一个模型中的能力,使 GOTHIC 能够为多尺度应用提供高效的计算解决方案。GOTHIC 程序开发始于20世纪80年代中期,并不断提高细节水平和为核工业提供建模能力。

GOTHIC 程序的建模能力满足了分析要求,不仅能满足能动冷却系统的安全壳设计,而且能满足新的非能动冷却系统的安全壳设计。具体来说,

GOTHIC 程序可以计算强迫和浮力主导的流动、冷凝和液滴、液膜的传热，包括有不凝结气体的存在的水池，混合和分层、氢气的燃烧，以及裂变产物的输运。GOTHIC 程序可以包括专设安全设施的模型，包括闸门和隔间、泵和风机、冷却喷淋、热交换器、过滤器和氢气复合器。引入这些模型可以计算出安全壳自动运行和手动运行的响应。安全停堆信号触发专设安全设施投入，以响应压力、温度和速度等选定变量的变化，或响应其他安全停堆信号的状态。可以认为 GOTHIC 程序是一种复合分析工具，填补了传统系统级程序和计算流体力学程序之间的空白。

参考文献

Abdelghany, J. and Martin, R. P. (2010). Uncertainty analysis for containment response of U. S. EPR reactor to large break loss-of-coolant accidents, *Proc. 2010 International Congress on Advances in Nuclear Power Plants*, San Diego, CA, USA.

American Nuclear Society (1988). Pressure and temperature transient analysis for light water reactor containments, ANSI/ANS-56. 4-1983, 1988 Revision, La Grange, IL, USA, Withdrawn 1998.

Electric Power Research Institute (2016). GOTHIC thermal hydraulic analysis package, Version 8. 2(QA), October 2016.

Liang, Z., Sonnenkalb, M. Bentaib, A. and Sangiorgi, M. (2014). Status report on hydrogen management and related computer codes, NEA/CSNI/R(2014)8, Organization for Economic Co-operation and Development.

Murata, K. K., Williams, D. C., Griffith, R. O., Gido, R. G., Tadios, E. L., Davis, F. J., Martinez, G. M., Washington, K. E. and Tills, J. (1997). Code manual for CONTAIN 2. 0: A computer code for nuclear reactor containment analysis, NUREG/CR - 6533, SAND97 - 1735, Sandia National Laboratory, Albuquerque, NM, USA.

Nuclear Energy Agency (1999). SOAR (State-Of-the-Art Report) on containment thermal hydraulics and hydrogen distribution, NEA/CSNI/R(1999)16, Organization for Economic Co-operation and Development.

Nuclear Energy Agency (2014). Containment code validation matrix, NEA/CSNI/R(2014)3, Organization for Economic Co-operation and Development.

Travis J. R., Spore, J. W., Royl, P., Lam, K. L., Wilson, T. L., Müller, C., Necker, G. A., Nichols, B. D. and Redlinger, R. (1988). GASFLOW: A computational fluid dynamic code; Gases, aerosols, and combustion, Vol. 1: Theory and computational models, Vol. 2: User's manual, Vol. 3: Assessment manual, LA-13357-M, FZK-5994, Los Alamos National Laboratory.

U. S. Nuclear Regulatory Commission (1999). General design criteria for nuclear power plants, 10 CFR 50 Appendix A.

U. S. Nuclear Regulatory Commission (2007a). Standard review plan—Transient and accident analysis, NUREG-0800, Section 6. 2. 1.

U. S. Nuclear Regulatory Commission (2007b). Standard review plan—Containment function design, NUREG-0800, Chapter 15.

U. S. Nuclear Regulatory Commission (2011). MELCOR computer code manual, Vol. 1: Primer and users' guide, version 2. 1. , NUREG/CR-6119, Vol. 1, Rev 3179, Sandia National Laboratories.

U. S. Nuclear Regulatory Commission (2017a). Reactor site criteria, 10 CFR Part 100. U. S. Nuclear Regulatory Commission (2017b). Resolution of generic safety issues, NUREG-0933.

Vaghetto, R. (2013). Core blockage thermal-hydraulic analysis, South Texas Project Risk Informed GSI-191 Evaluation, Texas A&M University, College Station, Texas.

Wheat, L. L., Wagner, R. J., Niederauer, G. F. and Obenchain, C. F. (1975). CONTEMPT-LT—a computer program for predicting containment pressure-temperature response to a loss-of-coolant accident, ANCR-1219, National Reactor Testing Station, Idaho Falls, Idaho.

第 12 章

放射性评估

J. E. Metcalf, J. E. Chang

12.1 引　言

前几章已经讨论了事故的预防和三道屏障(燃料包壳、反应堆冷却剂压力边界和安全壳)的挑战,当轻水堆发生事故时,限制放射性物质释放到环境中。本章涉及对核电厂工作人员和公众的辐射剂量评估,这些辐射剂量可能是由事故发生后暴露于包含的辐射源和/或通过(或失效)这些屏障的放射性泄漏造成的。这些问题涉及容纳放射源的屏蔽、放射性泄漏的输运和缓解、辐射剂量相关计算方法、剂量与监管限值相比较的方式,以评估核电厂设计中包含的剂量缓解设施的充分性。

大多数轻水堆设计基准事故的假设和方法可以在美国核管会管理导则中找到,接下来为方便参考,其指南中的一些章节被标注及摘录。指南的摘录在这里不是简单的重复,而是提供了更多的信息来解释疑义,并且根据需要澄清与补充指导意见。

12.2　放射性评估术语的定义

在事故发生后放射性评估讨论中经常出现的术语都在本章给予定义,以便提供参考,这些定义补充了附录 A 术语解释中广泛使用的定义。

12.2.1　源项

对于一个辐射源(放射性限定在一定体积内),源项是该体积内辐射性发射的随时间变化的放射性强度。如果受体在体积之外,源容器提供最小的屏蔽,在源定义中只需考虑伽马辐射。否则,γ射线和β射线都需要考虑。

对于释放源(由于三道屏障之一发生泄漏或失效而释放的放射性),源项是释放放射性的数量、类型(物理和化学形态)以及释放的时间。对于释放到环境中的情况,伴随释放的热能产生速率也被认为是源项的一部分。

12.2.2 路径

路径是放射性物质从一个地方泄漏到另一个地方的通道,一些路径涉及空气中的放射性,另一些路径涉及冷却剂中溶解的放射性。路径可能存在于核电厂结构物中,或大气中(空气释放),或地下水中(液体释放)。液体路径也可能导致随后的空气释放,因为挥发性放射性物质(气态)从冷却剂中逸出。

12.2.3 χ/Q

χ/Q 表示空气中的放射性浓度 χ 除以放射性物质的释放速率 Q,它的单位是时间单位除以体积单位。由于大气混合伴随着释放,它与有效体积稀释率成反比,也就是说,它是大气中给定位置的放射性浓度按放射性物质的释放速率归一化。

12.2.4 禁区边界

禁区边界是反应堆周围的区域,是反应堆许可证持有者有权决定允许活动区域,包括人员和财产的拆除或转移,它有时也被称为厂区边界,大型反应堆典型的禁区边界半径大约为1000m。

12.2.5 低密度人口区

低密度人口区是里面有居民并且紧邻隔离区的区域。在低密度人口区的总人口数量和密度在合理的范围内,在发生严重事故时能够代表他们采取适当的保护措施。相关法规要求没有明确规定允许的人口密度或整个区域的人口总数,因为情况可能因人而异。不管是否有特定数量的人口,例如,从特定区域撤离,或者被指示去避难,这取决于很多因素,如地点、人数、公路宽窄、预先规划的范围和程度,以及该地区居民的实际分布。一个典型的大型反应堆低密度人口区的外边界的半径大约为5km,内边界为禁区边界。

12.2.6 剂量转换因子

剂量转换因子是每个放射性核素所特有的常数,它将给定的辐射剂量率与给定的放射性核素空气浓度联系起来(在放射性沉积情况下)或吸收一定量的放射性核素(对于吸收剂量)。但是一些剂量转换因子不是特定放射性核素所独有的,而是与给定的光子能量以及组织类型有关,光子能量沉积在这些组织中(对于来自封闭放射源照射外部暴露的情况)。

12.2.7 最大假想事故

最大假想事故是为了进行设计分析或考虑可能发生的意外事件而假设的重大事故,其所造成的危害不超过其他被认为可信的事故。这不是一个单一的事故场景,而是代表了一系列可信的严重事故。可以考虑使用风险知悉不是选择单一的风险重大事故,而是建立事件的范围。必须考虑到适用的严重事故研究对裂变产物释放和输运行为的现象学的相关见解,对最大假想事故的分析必须处理涉及堆芯大量熔毁以及随后释放相当数量裂变产物的事件。

1962 年,美国原子能委员会发布 TID-14844 号文件(DiNunno 等,1962),定义了核电厂安全选址的基准。从 17 年后发生在三哩岛 2 号机组上的实际事故来看,它描述的最大假想事故堆芯损毁源项术语(释放至安全壳)非常有先见之明。三哩岛 2 号机组事故发生后对堆芯损毁源项的进一步评估形成了一系列文件((U. S. Nuclear Regulatory Commission, 1988, 1990, 1993)和最终的 NUREG-1465 文件(U. S. Nuclear Regulatory Commission, 1995)),它改进了 1962 年关于最大假想事故源项的描述。特别是,NUREG-1465 文件强调对最大假想事故的分析不能过于关注任何一个特定事故或其释放时间。目标是拥有一系列强大而且能够处理一系列可能情况的工程安全设施,同时提供严格的指南和量化的接受准则,以评估这些工程安全设施在监管环境中的充分性。

最大假想事故放射性评估的关键假设是,主安全壳和二次安全壳(如果纳入核电厂设计)以设计泄漏率工况下泄漏,但保持完整;在第 11 章中已经讨论了在设计基准事故条件下安全壳完整性的维护问题。

12.3 设计基准事件放射性评估范围

有许多与核电厂安全相关的评估不属于设计基础事件和设计基础事故的范围,这些事件和事故被假定为指导设施的设计,评估的结果根据具体的、客观的限值和接受准则来判断。其他的安全评估则比较主观,并且/或者旨在以一种更全面或综合的方式来看待设施。为了澄清这一点,接下来将介绍本章范围内和本章范围之外的放射性评估。

12.3.1 本章范围内的放射性评估

当确定此类事件或事故会释放放射性时，就会对设计基准事件和设计基准事故进行放射性评估。一旦主冷却剂和/或二次冷却剂(后者仅适用于压水堆)释放，就会发生放射性物质的释放。冷却剂的释放至少涉及溶解在冷却剂中的放射性物质，但它也可能涉及在燃料棒的芯块/包壳间隙中发现的活性（“间隙活性”）、局部燃料熔化(由于局部反应性引入)或堆芯持续丧失冷却而导致的普遍燃料过热和“熔化”的活性。“熔化”用了引号是因为这些芯块可以被锆和其他组分在2000～2400K的温度下溶解，这个温度远低于二氧化铀的熔点。

12.3.2 本章范围之外的放射性评估

下面的话题是关于核电厂对事故的响应，然而相关的分析和评估并不直接影响核电厂设计中工程安全设施的设计和性能要求。这里简要讨论了它们的完整性，并解释了它们与设计基准事故放射性评估的关系。

12.3.2.1 应急计划

正式的核电厂应急计划涵盖了广泛的潜在事件和事故，设计基准事故放射性评估没有明确考虑公众的任何应急响应，除非禁区边界的辐射剂量范围计算达到了最坏的2h时长。低密度人口区外边界的辐射剂量按小于放射性物质的释放时间或30天进行计算，这意味着可以在一段合理的时间内(以2h为代表)清理低密度人口区；因此，在禁区边界(低密度人口区的内边界)的2h剂量是为了表示最初在设施附近(低密度人口区内)的普通公众的最大辐射照射量，在低密度人口区外边界的30天剂量是为了表示留在原地的人的最大辐射剂量。

核电厂的实际应急计划要比设计基准事故放射性评估的简单假设复杂和严格得多，然而，应急响应从事件分类开始，其分类程序已包含在应急计划中。在设计基准事故的放射性评估中包括了对事件进行识别和分类所需的时间，在一定程度上，评估中操纵员任何的动作都取决于该分类的情况(例如，安全壳喷淋的手动启动)。除此之外，应急计划和设计基准事故放射性评估都是相互独立的，因此本章不再进一步讨论应急计划。

12.3.2.2 概率风险评价

设计基准事件是假定的用来指导核电厂的设计，用以防止事故发生并在事故发生时保护公众(以及核电厂工作人员)的健康和安全。对于每个这样的事件,相关的放射性评估是由美国核管会颁布的确定性规则和指南决定的。确保核电厂安全的一种补充方式是通过概率风险评价,这样的评估是真实的,利用了相关部件的故障率,人为误差估计,地震、洪水和火灾等外部事件的概率以及这些输入中的不确定性等实际数据。在 1 级概率风险评价中,需要对反应堆堆芯在初始事件中受损的可能性和相关的一系列故障导致的燃料释放放射性物质的可能性进行了实际的评估。在 2 级概率风险评价中,对限制放射性物质的释放到环境中的安全壳性能进行了实际的评估。在 3 级概率风险评价中,根据对公众的射线照射和事故的经济影响,对厂外后果进行了实际评价。在 3 级概率风险评价中,实际的厂外应急响应是根据设施现有的应急计划考虑的。

在许多与核电厂安全有关的活动中,概率风险评价发挥了重要作用(例如,在许可证续期申请中审查的严重事故缓解替代方案以及确定性事故分析规则和相关指南的风险通报,以确保它们尽可能相关)。然而,设计基准事故放射性评估与概率风险评价的关系是不同的。因此,本章不再进一步讨论概率风险评价。

12.3.2.3 设备资质

对核电厂安全任务重要的设备必须符合环境要求,在其相关的任务时间内是可运行的。除了潜在的热工水力载荷,该资质还包括在正常运行情况下以及任何假想事故期间的射线照射。虽然对设备射线照射的评估与对核电厂工作人员和公众进行的射线照射评估有许多相似之处,但在本章中没有涉及。

12.3.2.4 堆芯损坏评价

1979 年三哩岛 2 号机组发生事故后,人们认识到需要预先计划的方法来评估事故发生后的堆芯损坏程度。最初,该事故后反应堆冷却剂取样被认为是确定放射性从燃料中释放量的最佳方法(由此,判断堆芯损坏程度),但随着时间的推移,设计了其他更安全、更有效和更省时的方法。这些方法涉及远程、实时辐射测量,然后通过分析与堆芯损伤的相应程度关联起来。将这些测量与堆芯损害水平联系起来的分析,使用了类似于为设计基准事故计算事故后核电厂工作人员和公众成员受到射线照射的技术,但分析的目的不同。在第一种情况,即设计基准事故情况下,其目的是确保足够的工程安全设施已纳入核电厂设计,直接确保核电厂员工及公众的健康与安全。在第二种情况下,其目的是确保核电厂设计中包含了充分评估事故后的堆芯损伤。堆芯损伤评估技术在本章中没有涉及。

12.3.2.5 放射性废料系统故障

对气体和液体因放射性废物系统故障而产生的放射性影响进行评估，并对这些放射性评估的结果进行监管、审查和验收。然而，在涉及反应堆冷却剂或燃料泄漏的意义上，它们不被认为是事故。

12.4 核电厂应急规程和严重事故管理指南在放射性评估中的作用

在三哩岛2号机组发生事故之前，应急操作规程往往是基于事件的，并与核电厂设计和许可（列举在NUREG-0800第15章（U.S. Nuclear Regulatory Commission，2007）和RG 1.70（U.S. Nuclear Regulatory Commission，1978））考虑的设计基准瞬态与事故并行。然而，鉴于实际事故的发生（例如，1975年3月布朗费里核电站1号机组的火灾以及4年后三哩岛2号机组堆芯损坏事故），很明显事故不符合用于设计和许可的结构化分类。尽管核电厂的设计基准是为了确保在核电厂设计中包含恰当的各种特性和能力，但在遇到实际紧急情况时核电厂操纵员仍需要更多灵活性和洞察力，以最大限度地提高这些系统、结构和部件的有效性，1975年开创性的反应堆安全研究表明了这些挑战如何多变。

三哩岛事故后发布的文件NUREG-0737（U.S. Nuclear Regulatory Commission，1980）和文件NUREG-0899（U.S. Nuclear Regulatory Commission，1982）（重新发布作为NUREG-0737增刊1（U.S. Nuclear Regulatory Commission，1983a））呼吁许可证持有单位开发以征兆为基础的应急规程（例如，在NUREG-0899文件中使用术语“功能导向”而不是“事件导向”），它确定了要监控的核电厂工况和拟采取相关行动的优先次序。另外，在文件SECY 89-012（U.S. Nuclear Regulatory Commission，1989）中，强调需要一种新型的核电厂操纵员指南，这个指南在1991—1993年时间框架内制定和推出。这个指南提出了“严重事故管理”的一般主题，它超越了应急规程，涵盖了超出核电厂设计设想并体现在设计基准中的核电厂运行工况。事故涉及堆芯严重损毁，例如1979年3月发生的三哩岛2号机组事故，就属于这类严重事故。

应急规程专门确定核电厂工况必须从应急规程制度转移到严重事故管理制度，其中一个工况是安全壳内的辐射水平。虽然所要求的确切辐射水平因核电厂而异，但最大假想事故释放量在RG1.183中有规定（U.S. Nuclear Regulatory Commission，2000），这个指南条款来源于文件NUREG-1465或RG 1.195（U.S. Nuclear Regulatory Commission，2003），后者由来源于文件TID-14844，几乎可以肯定其放射性将超过核电厂规定的水平。

这里感兴趣的最大假想事故是一个严重的事故(从某种意义上说,根据定义,包括堆芯的严重损坏以及安全壳内相应的辐射水平),但这也是设备设计基准的一部分。因此,它架起了应急规程和严重事故管理导则之间的桥梁。当考虑操纵员如何操作影响最大假想事故进程时(例如,沸水堆核电厂操纵员手动启动安全壳喷淋系统,一般不提供自动启动功能),有必要知道核电厂处于什么制度下,需要采取什么行动。这种理解需要对适当的应急规程和严重事故管理导则有所了解。

12.5 源　项

在轻水堆事故的放射性评估中,有十个关注的源项:

(1) 堆芯活性;

(2) 一回路冷却剂活性;

(3) 二回路冷却剂活性(仅压水堆);

(4) 燃料棒间隙活性;

(5) 局部燃料熔化的活性;

(6) 事故发生后一次和/或二次安全壳容纳的活性;

(7) 事故发生后从一次和/或二次安全壳释放的活性;

(8) 事故发生后冷却剂内的活性;

(9) 事故发生后主安全壳外过滤器的活性;

(10) 储存或卸载的乏燃料中的活性。

此处列表仅包括反应堆瞬态和事故以及与反应堆燃料处理事故相关的源项,放射性废物系统、设备鉴定和正常工况下的操作通道涉及各种源项,不包含在本章中。

12.5.1 堆芯活性

反应堆堆芯放射性核素存量(裂变产物和锕系元素)是设计基准事故放射性评估的起点,堆芯装载量是多变量的函数,但主要与堆芯功率历史有关。堆芯设计(富集度、可燃毒物和初始钚铀比)很重要,例如,在文件 SAND2011-0128(Powers等,2011)中对含有较大初始钚装量的混合氧化物(MOX)燃料的堆芯装量,进行了广泛的讨论。在堆芯循环期间(从反应堆在第一次装料或换料后功率运行开始,到下一次换料结束),重要的放射性核素的存量普遍增加。然而,随着可溶性硼的去除,可燃中子毒物被消耗,燃料的反应性下降,对于铀来说更多的钚发生裂变(由于铀辐照而在堆芯产生),瞬时裂变产物的分布发生变化。因此,在堆芯循环的寿期初和寿期末之间的过程中,某些放射性核素的堆芯存量在中期达到最大值。此外,堆芯一般由不同时间在不同区域装入堆芯的燃料组成。在上一循环中使用的燃料通常被移动到堆芯中下次循环的低功率区,在这个区域里在给定时间产生较少的裂变。另外,它已经积累了前几个循环周期的放射性核素装量,新的燃料用于高功率区域。堆芯设计和燃料管理最终决定影响到循环周期内每个放射性核素何时达到最大存量。

一些分析人员只是简单地使用寿期末卸载的堆芯存量,因为就总活性而言这个值是最大的。短寿命放射性核素在循环早期达到平衡(或接近平衡),而长寿命放射性核素在循环中不断累积。其他分析人员在循环周期内将确定每种放射性核素的最大堆芯存量,把它们结合起来产生一个保守的总堆芯存量。堆芯功率、换料持续时间和燃料使用(燃耗)不确定性也必须考虑在内。

还有一种情况是,某些事故(例如,压水堆弹棒事故和燃料装卸事故)只会影响堆芯总燃料组件的一小部分。一旦通过热工水力、中子和力学分析确定了事故中损坏一些燃料组件(甚至是单根燃料棒),总堆芯存量中易于释放活性的部分就可以确定。然而,因为在任何给定时间内,堆芯中所有组件的功率水平和燃耗都不相同,因此在这些情况下,必须引入对每个受影响燃料组件的假定功率历史的保守性。这种保守性确保了最坏情况下放射性核素的存量,用于表示受影响燃料组件中的单根燃料棒状况。

这种保守性通常是通过平均"峰值因子"的应用来引入的,它是和事故有关的燃料组件(甚至是单根燃料棒)数量的函数。一般来说,受影响的燃料组件数量越少,峰值因子越大(代表堆芯的功率分布)。例如,燃料装卸事故可以只涉及两个燃料组件——一个掉落的组件和一个被砸中的组件,两个燃料组件的典型峰值因子是 1.7。换言之,所有组件的平均放射性核素存量将增加 1.7 倍,以代表两个与燃料装卸事故有关的燃料组件。

计算堆芯存量的软件包括 ORIGEN-2(Croff,1980)(现在版本为 2.2)和 ORIGEN-S/ORIGEN-ARP,现在把美国核管会资助许可证评估的标准化计算机分析软件包简称为 ORIGEN(Rearden 和 Jessee,2016)。对于先进模块化反应堆,ORIGEN-2 分析软件得到了核能研究所的认可(Nuclear Energy Institute,2012),而 SCALE6.2.3 的 ORIGEN 软件代表了 ORIGEN 的最新版本,ORIGEN-2 软件已不再由橡树岭国家实验室支持或维护。

有超过 700 多种半衰期超过 60min 的放射性核素和更多的短寿命的放射性核素,有些放射性核素的半衰期非常短,以至于它们可以简单地将其有效剂量转换因子添加到其母核的有效剂量转换因子中,而不用其他方法进行跟踪(因为其母核的衰变会立即导致其自身的衰变)。当母核的活性和子核的活性之间有一种固定的关系时，放射性核素就被称为处于长期平衡。当子核素的半衰期相对于母核素很短的时候，它的持续时长仅由母核素决定，例如$^{137}Cs \rightarrow ^{137m}Ba$，其中$^{137}Cs$的半衰期为30.17年，而$^{137m}Ba$的半衰期为2.6min。在这个例子中，简单地将$^{137m}Ba$的剂量转换因子添加到$^{137}Cs$的剂量转换因子中，就可以包含这个重要的衰变链。

在反应堆堆芯生成并且在设计基准事故中有放射性影响意义的核素仅仅有60~70种，有四条准则用于确定其影响意义：

（1）在堆芯中大量存在；

（2）挥发性（释放份额的关键决定因素）；

（3）气态或颗粒物理形态（颗粒倾向于自然沉积而不能释放）；

（4）生物影响（与机体化学相互作用和每次衰变的辐射强度）。

在管理导则1.183中（已被管理导则1.183的修订版本修订）（U. S. Nuclear Regulatory Commission，2009），美国核管会定义了展示具有相似行为的辐射释放组。这些组和每个组内的重要放射性核素识别（美国核管会出版的MACCS2计算机程序手册（Chanin和Young，1998）和RADTRAD计算机程序（U. S. Nuclear Regulatory Commission，1998）以及其他独立审查）见表12.1。

表12.1　重要放射性核素的识别

稀有气体 ^{83m}Kr，^{85m}Kr，^{85}Kr，^{87}Kr，^{88}Kr，^{131m}Xe，^{133m}Xe，^{133}Xe，^{135m}Xe，^{135}Xe，^{137}Xe，^{138}Xe	碱土金属 ^{89}Sr，^{90}Sr，^{91}Sr，^{92}Sr，^{137m}Ba，^{139}Ba，^{140}Ba
卤素 ^{129}I，^{130}I，^{131}I，^{132}I，^{133}I，^{134}I，^{135}I	贵金属 ^{58}Co，^{60}Co，^{99m}Tc，^{99}Mo，^{105}Rh，^{103}Ru，^{105}Ru，^{106}Ru
碱金属 ^{86}Rb，^{88}Rb，^{134}Cs，^{136}Cs，^{137}Cs，^{138}Cs	稀土+Y/Zr/Nb和Am/Cm ^{90}Y，^{91}Y，^{92}Y，^{93}Y，^{95}Zr，^{97}Zr，^{95}Nb，^{140}La，^{141}La，^{142}La，^{143}Pr，^{147}Nd，^{241}Am，^{242}Cm，^{244}Cm
准金属 ^{127}Sb，^{129}Sb，^{127m}Te，^{127}Te，^{129m}Te，^{129}Te，^{131m}Te，^{131}Te，^{132}Te	放射性+Ce ^{141}Ce，^{143}Ce，^{144}Ce，^{239}Np，^{238}Pu，^{239}Pu，^{240}Pu，^{241}Pu

这72种放射性核素中还包括一种重要的"标记物"，因为它的半衰期很长。^{129}I的半衰期为1570万年，没有母核素（假设忽略$^{129}Te \rightarrow ^{129}I$的衰变链，参见12.7节）。$^{129}I$的剂量影响很小，但它可以用于跟踪整个模型和整个计算机运行期间的放射性碘分布。同样，半衰期为10.76年的^{85}Kr（省略了$^{85m}Kr \rightarrow ^{85}K$衰变

链)也可以用来跟踪稀有气体的分布,了解这些分布(不需要调整衰变和子代生长)有助于理解分析是如何进行的。

关于堆芯活性参数的最终建模取决于是否允许堆芯存量衰变超过释放时长,这个决定与美国核管会管理导则如 RG 1.183 中提供的堆芯释放份额的定义有关。当堆芯存量的某一部分被指定要释放时,是否应该有一定数量的活性与停堆时堆芯存量的这一部分相对应?或者考虑到衰变因素,这个份额应该被认为是在释放时间内的一个相同份额的释放率?如果释放份额被认为是一个份额释放率,那么以前释放的堆芯存量消耗是否也应像衰变一样被考虑进去,这样份额释放率就只与剩下的相关联?对于释放量大、半衰期短(如^{88}Kr)的情况来说,这个差别并不小。如果指定了 0.4 释放份额超过 2h,就可以决定应用份额释放率为 0.2/h 代替两个小时,2h 结束时的总释放份额实际只有 33%的初始堆芯存量,即使在衰变被忽略的情况下。如果考虑衰变,最初堆芯存量的释放份额可能会少得多。

对规定释放份额的保守解释以及应用是应用停堆堆芯存量确定与规定释放份额相对应的活度,然后在规定的释放时间内统一释放该活度。这个建模决策可以通过简单地忽略堆芯衰减(所谓"冻结堆芯")和在释放期间不消耗堆芯存量(不将堆芯视为普通的控制体积)来实现。

12.5.2 主冷却剂活性

对于设计基准事故放射性评估,主冷却剂活性用于分析小破口失水事故、压水堆弹棒事故、沸水堆的控制棒落棒事故、压水堆蒸汽发生器传热管破裂和压水堆沸水堆主蒸汽管道破裂事故。还有更多设计基准瞬态和事故需要分析,但它们通常受到这些事件的限制。需要指出的是,主冷却剂的活性对于最大假想事故(这涉及堆芯的大量熔化以及随后释放出可观数量的裂变产物)来说通常是无关紧要的,除非 RG 1.183(U. S. Nuclear Regulatory Commission,2000)中这一方法正在使用。对于这种方法,压水堆和沸水堆的间隙释放分别延迟了 30s 或 120s。在此期间,安全壳在最大假想事故发生后进行了隔离;主冷却剂活性可能产生小剂量,因为安全壳被认为是开放的。

在瞬态或事故发生之前,由于燃料制造缺陷、制造物残留(所谓的"夹杂"铀)而在燃料棒外部发生裂变和形成活性腐蚀产物,主冷却剂可能含有较高水平的放射性核素。通常,冷却剂活性在正常运行期间受到核电厂化学系统程序控制,并受核电厂技术规范的限制,因为它不仅影响设计基准事故的辐射后果,而且影响部件和系统的完整性,例如,由于加速应力腐蚀开裂而导致的故障。

由于特定的瞬态或事故，燃料包壳的完整性可能受到挑战，部分燃料包壳可能发生失效。燃料组件/棒束试验表明，燃料包壳可以在瞬态和事故条件下保持正常，评估方法可以预测燃料包壳失效的开始，如偏离核沸腾比或临界功率比。燃料包壳失效后，燃料和包壳间隙中的稀有气体、卤素和碱金属将被释放到主冷却剂中。燃料和包壳的间隙活性将在12.5.4节中进一步讨论。

此外，部分燃料可能会由于高的反应性功率激增而熔化，例如，控制棒掉棒/弹棒事故。如果预测到燃料熔化，则假定部分燃料芯块活性被释放并与主冷却剂混合（见12.5.5节）。

12.5.2.1 技术规范限制

在正常运行期间，主冷却剂活性受到核电厂技术规范的限制。通常，放射性评估涉及^{131}I(DE I-131)剂量当量和^{133}Xe(DE Xe-133)剂量当量。DE I-131指的是仅^{131}I在吸入时所产生的剂量（按浓度计算，即每克的微居里数）与碘同位素包括^{130}I、^{131}I、^{132}I、^{133}I、^{134}I和^{135}I的综合活性相同的量。DE Xe-133（也称DEX）是指单独^{133}Xe的量（在浓度上）就能产生与氪（^{85m}Kr、^{87}Kr和^{88}Kr）和氙气（^{131m}Xe、^{133m}Xe、^{135m}Xe、和^{135}Xe和^{138}xe）加在一起的同位素产生的对身体相同严重的外部照射剂量。

压水堆DE I-131的主冷却剂活度通常控制在1.0μCi/g内，沸水堆的主冷却剂活度控制在0.2μCi/g内，而对于短期内，核电厂的技术规范限制了压水堆的DE I-131为60μCi/g，沸水式反应堆的DE I-131为4μCi/g。在核电厂监测计划下，主冷却剂活性取样并进行监测。

在采用DEX作为主冷剂惰性气体活度限值之前，应用了主冷剂总比活度限值，这个概念称为E-bar（E为平均衰变能）。E-bar（或Ebar）是放射性核素（除了放射碘）每次衰变（单位为MeV）β射线和γ射线平均能量之和的加权平均（每种放射性核素的浓度比例），放射性核素半衰期大于15min，这样至少占冷却剂中非碘活性的95%。当μCi/g=100/E-bar时，冷却剂总比活度达到极限。因此，同位素混合物每次衰变的能量越大，限值就越低。自20世纪70年代以来，商用核电厂的燃料完整性有了很大改善，因此主冷剂的总放射性的量一般随时间延长而减少，氙成为重要的组成部分。由于氙是纯的β辐射体（平均能量为0.057MeV），因此100/E-bar值过高而不适合实际的冷却剂活度控制，这是采用DEX的推动力。

12.5.2.2 预先存在的碘峰值

如果假设在给定的瞬态或事故中没有或有极少燃料损坏，释放的活度应该符合核电厂技术规范中所允许的最大主冷却剂活度。一般认为，预先存在的碘峰值会导致短期内主冷却剂活性水平升高(假定是在分析事件之前,某种异常导致主冷却剂活性升高的结果)。如上所述,根据核电厂技术规范,DE I-131 形式的压水堆的最大主冷却剂活度是 60μCi/g,沸水堆是 4μCi/g。

12.5.2.3 产生的(并发的)碘峰值

"产生的"或"并发的"碘峰值假设与正在分析有关的瞬态燃料工况导致碘从燃料到主冷却剂的释放率增加。要分析并发碘峰值,首先必须知道由燃料缺陷导致的主冷却剂最大放射碘出现率,对应于正常技术规范的冷却剂活度限值(压水堆按照 DE I-131 形式其值等于 1.0μCi/g;沸水堆按照 DE I-131 形式其值等于 0.2μCi/g)。最大正常出现率通过一个因子(值为 335 或 500,取决于监管要求)而增加,以进行放射性评估。通常,压水堆蒸汽发生器传热管破裂事故的值是 335,主蒸汽管道破裂事故的值是 500。并发的碘峰值持续时间受燃料棒间隙中可用活性的数值限制,根据包壳间隙中碘的给定百分比,可计算碘耗尽时间,并可在此期间终止事故引发的碘峰值(除非管理导则提供较短的时间,例如 8h)。

根据主冷却系统在连续功率运行期间的平衡条件,计算出最大正常碘出现率。化学和容积控制系统的节流/过滤能力,连同由泄漏和放射性衰变的影响而造成的主冷却剂损失,一起被用来估计从燃料到主冷却剂的碘出现率。这一估计过程在美国核管会的"通用问题 197 条款的初步筛选结果——碘峰值现象"中有很好的描述(U. S. Nuclear Regulatory Commission,2006)。

在压水堆中,蒸汽发生器传热管的完整性和维修性存在一些问题。历史上,当传热管管壁厚度减少了接近 40%时,传热管被堵管。替代维修标准已经颁布,允许存在更大的缺陷而不需维修。然而,在这些条件下,在受影响的设计基准事故放射性评估中需要一个更大的一回路至二回路的冷却剂泄漏(见 12.5.3 节)。为了限制厂内和厂外放射性剂量的增加,被许可方可以自行决定但应得到监管部门的批准,修改核电厂的技术规范以降低按照 DEI-131 形式的正常限值,从而降低相应计算的出现率。在这种情况下,不清楚 335 和 500 的出现率因子是否仍然合适。有一种观点认为,对于低出现率,产生的碘峰值因子需要更大以匹配实际数据。

12.5.3 二次侧冷却剂活性(仅限压水堆)

对于压水堆核电厂,二次侧冷却剂活性是设计基准事故放射性评估的另一项输入,因为在瞬态和事故期间通过传热管泄漏进入蒸汽发生器的活性可以释放到环境中。进入二回路冷却剂的稀有气体在正常运行期间会立即分离并与蒸汽一起运动。根据泄漏率、衰变、转移和蒸汽发生器排污率,可以对碘的活性建立平衡方程。因为二次冷却剂活度比一次冷却剂活度低得多，二次冷却剂活性产生的辐射后果通常没有限制。

12.5.3.1 技术规范限值

为了最大限度地减少对环境的泄漏，核电厂在功率运行期间的二回路冷却剂活性的技术规范限值通常按照 DE I-131 形式为 0.1μCi/g。在预期运行事故期间，蒸汽发生器的蒸汽可以直接排放到环境中。

12.5.3.2 一回路至二回路泄漏增加

一回路通过蒸汽发生器传热管至二回路的泄漏是压水堆设计基准事故的一个附加考虑。多年以来，蒸汽发生器传热管失效是压水堆电厂的主要运行问题之一。由于更换了强化材料的蒸汽发生器传热管，并且改进了蒸汽发生器的化学控制（和其他程序因素），蒸汽发生器传热管的缺陷可以在功率运行期间的灾难性故障之前被检测出来。核电厂蒸汽发生器程序限制了全部蒸汽发生器泄漏（根据设计，核电厂分别有 2 台、3 台或 4 台蒸汽发生器）和单个蒸汽发生器泄漏。虽然技术规范中要求一回路至二回路的泄漏相对较小，例如每分钟 1 加仑（4.55L/min）的总量，由于传热管泄漏一直释放的放射性碘被假定持续到主冷却剂完全冷却到低于沸点，例如冷停堆。

因为核电厂已经采用了替代维修标准，所以一回路至二路泄漏不固定，准确地说它是根据蒸汽发生器状态监测程序中记录的涡流指示的数量和水平来计算的。一般来说，核电厂采用替代维修标准可以使传热管处有一些泄漏而继续运行，而不是简单使用固定的二回路冷却剂的 DEI-131 限值。

12.5.4 包壳间隙活性

在功率运行期间，一些挥发性裂变产物（稀有气体、卤素和碱金属）聚集在燃料芯块和燃料包壳内表面之间的空间（所谓燃料“间隙”）内。挥发性裂变产物是指在反应堆压力容器内主流温度下以蒸汽状态出现的产物。与稀有气体相反，挥发性裂变产物在冷却时可以冷凝。在输运过程中，与其他化学物质的相互作用（物理、化学、化学吸附或冷凝）可以显著改变其输运特性。值得注意的是，冷凝和化学反应在这方面是最重要的。

如果燃料棒有缺陷（无压力或泄漏），间隙活性就会成为主冷却剂活性（以及活化的腐蚀产物和燃料棒外部的“夹杂”二氧化铀）和放射性废物的来源。在某些事故工况下（例如，局部反应性引入），多个燃料棒可能会失效，从而将这些燃料棒中包含的间隙活性释放到反应堆冷却剂系统。另外，核燃料装卸事故可能发生机械损伤（参见 12.6.9 节）导致燃料棒的间隙活性释放。

RG 1.183 的表 1、表 2 和表 3 与 RG 1.195 的表 2 将燃料棒间隙活性确定为放射性核素堆芯存量的稳态份额(见 12.5.1 节)。在撰写本书时,这些规范的修订正在考虑中(见文献(U. S. Nuclear Regulatory Commission,2009a,2009b)),以反映更高燃耗燃料和其他新信息。这些修订将增加间隙份额如 RG 1.183 和表 3 以及 RG 1.195 表 2 中的份额,对于^{85}Kr从 0.10 增加到 0.35,对于^{132}I从 0.05 增加到 0.23,对于所有碱金属从 0.12 增加到 0.46 (但是注意,RG 1.195 中表 2 不包括碱金属),对于稀有气体会从 0.05 降到 0.04。

对于压水堆弹棒事故和沸水堆掉棒事故,目前对 RG 1.183 和 RG 1.195 中燃料棒间隙活性做了特殊的假设,在这两种情况下,碘和稀有气体的间隙份额都是 0.1。然而,在美国核管会监管问题总结报告 RIS 2006-04(U. S. Nuclear Regulatory Commission,2006b)中,分析人员警告称,“对于一些事故(如主蒸汽管道破裂和掉棒),许可证持有者已将稀有气体和铯同位素排除在剂量评估之外”。这些同位素被要求包含在“用于替代源项实现”中(例如,在使用 RG 1.183 时),RG 1.183 已经明确要求在间隙释放中包括稀有气体以供给这些评估,但在碘和稀有气体的 0.1 间隙份额的规范中,没有提到碱金属如铯。然而,当详述压水堆弹棒事故和沸水堆掉棒事故的碘的形态时,RG 1.183 的要求是“95%的碘化铯,4.85%的元素碘和 0.15%的有机碘”。因此,可以假设 RIS 2006-04 中提到的铯是与从包壳间隙中释放的碘化铯相关的化学计量的量。

修正后的间隙份额出现在美国核管会 RG 1.183 的修订草案中(U. S. Nuclear Regulatory Commission,2009a),如果最终定稿,将消除这一模糊性。修正 RG 1.183 表 3 中的新间隙份额适用于所有事故剂量评估,但最大假想事故除外,它将继续根据 RG 1.183 及其修订草案的表 1 和表 2 进行评估。对于压水堆弹棒事故和沸水堆掉棒事故分析,RG 1.183 修订草案增加了表 4,对表 3 的平衡间隙份额进行了补充,包括了一个基于反应性引入引起的燃料焓增大的瞬态增加(参见文献(U. S. Nuclear Regulatory Commission,2009b))。此外,在撰写本书时,美国核管会针对压水堆弹棒事故和沸水堆掉棒事故分析的新管理导则正在制定中(U. S. Nuclear Regulatory Commission,2015),这进一步调整了这两起假想事故的间隙份额。

12.5.5 局部燃料熔化引起的活性

这个特殊的源项适用于压水堆弹棒事故和沸水堆掉棒事故,对于这种事故,局部反应性的引入不仅会导致燃料包壳失效和间隙活性的释放,而且会导致局部燃料熔化和更大的活性释放。

目前的美国核管会管理导则(RG 1.183 和 RG 1.195)要求,在达到熔化阈值的燃料中,必须假定释放了50%的碘活性和100%的惰性气体活性。对于压水堆和沸水堆来说其活性被假定保留在堆芯冷却剂中,压水堆是通过蒸汽发生器一回路到二回路泄漏进一步释放到环境中,而沸水堆是通过主冷凝器。

对于压水堆需要有第二种情况,即活性释放到主安全壳。对于这种情况,碘的释放被减少到燃料中达到熔化阈值份额的25%。

与压水堆弹棒事故和沸水堆掉棒事故的间隙释放一样,熔化燃料的RG 1.183碘形态为95%的碘化铯(CsI)、4.85%的元素碘和0.15%的有机碘。即使RG 1.183不要求在这个释放中包括碱金属,也应该考虑包括化学计量铯的释放(CsI),正如在12.5.4节中讨论的那样。

如上所述,修订后的指南正在制定中(U. S. Nuclear Regulatory Commission, 2009a,2009b),由于反应性引入使得燃料焓值增加(ΔH),这增加了额外的释放量,从而增加了间隙份额释放量。例如,^{85}Kr的函数为$0.0022\times\Delta H$(H单位为cal/g),其他稀有气体和全部卤素的函数为$0.00073\times\Delta H$,碱金属函数为$0.0031\times\Delta H$。这些增加的间隙释放份额旨在取代目前美国核管会RG 1.183和RG 1.195管理导则要求(如12.5.4节所讨论的),并且可以通过正在修订的附加指南做进一步修改(U. S. Nuclear Regulatory Commission,2015,2016)。然而在撰写本书时,正在修订的新指南并没有提供RG 1.183和RG 1.195对熔化燃料释放的修订方案。

12.5.6 事故发生后一次和/或二次安全壳中的活性

这一活性取决于将活性释放到主安全壳、泄漏到二次安全壳(如果使用了二次安全壳)以及从这两个安全壳中移除活性。通过反应堆冷却剂压力边界的破坏,活性被释放到主安全壳中。这种释放把活性仅限制在主冷却剂中(12.5.2节),在这种情况下,它的贡献几乎可以忽略不计(尽管它经常被包括在完整性中,因为释放通常发生在安全壳隔离完成之前)。但真正令人关注的是与最大假想事故(压水堆和沸水堆)有关的释放以及与压水堆弹棒事故相关的释放。

主安全壳的活性泄漏到环境中,是厂内和厂外对最大假想事故造成辐射后果的主要原因(请参阅12.6.1节、12.6.3节、12.6.5节和12.6.6节)。对于压水堆弹棒事故,主安全壳泄漏是考虑的两条路径之一,第二条路径是通过蒸汽发生器的二次侧进入环境(见12.6.7节和12.6.8节)。

在12.5.4节和12.5.5节中讨论了与压水堆弹棒事故有关的主安全壳的活性释放,在12.6.1.1节中讨论了从压水堆弹棒事故和最大假想事故的主安全壳大气中去除气溶胶和元素碘(包括自然去除和启动工程安全设施去除)。

在RG 1.183中,压水堆和沸水堆最大假想事故的主安全壳活性释放是不同的(U.S. Nuclear Regulatory Commission,2000),但在RG 1.195中是相同的(U.S. Nuclear Regulatory Commission,2003a)。RG 1.195实际上是RG 1.3和RG 1.4的更新(U.S. Atomic Energy Commission,1970a,1970b),现在已经撤销。个别许可证持有者可选择使用RG 1.183或RG 1.195,但未来的许可证申请者应使用前者。RG 1.183被称为替代源项,因为它与TID-14844(DiNunno等,1962)到RG 1.3和RG 1.4,然后到RG 1.195的改进差异很大。

最大假想事故替代源项活性释放到主安全壳(表示为两个阶段释放的堆芯存量的份额),见RG 1.183的表1和表2中。RG 1.183的表4定义了这两个阶段的时间,需要注意的是,表1和表2中的间隙释放份额与12.5.4中讨论的非最大假想事故释放份额不同。对于希望使用最新版本的TID-14844最大假想事故活性发布的许可证持有方,堆芯存量释放份额可以在RG 1.195的表1中找到。

如前所述,美国核管会的管理导则(NUREG-1465和RG 1.183)告诫,对最大假想事故的放射性评估不能过于集中于某一特定事故或释放时间。安全壳和工程安全设施性能不应该“调整”到只有一个最大假想事故活性释放规范,尽管该活性释放规范被用于性能的定量评估。

根据设施设计者的选择,从主安全壳的泄漏可以在二次安全壳中收集和处理(过滤)。这是沸水堆的典型安排,但并不限于沸水堆。通常,与安全相关的过滤废气被用来保持二次安全壳在负压下,这样泄漏只进入二次安全壳。如果没有使用二次安全壳,过滤器将过滤大部分将被释放到环境中的活性。过滤的废气也可能从释放中受益(见12.8.2.3节和12.9.3.2节)。

12.5.7 事故发生后一次和/或二次安全壳释放的活性

12.5.6节中讨论的包含活性在设计基准事故放射性评估中可能以两种方式应用,第一种是作为位于一次和/或二次安全壳外个人的外部暴露源,第二种是作为主安全壳泄漏和二次安全壳过滤释放的源,如果有的话。主安全壳泄漏和从二次安全壳过滤释放通常是口语中使用的“源项”的意思。然而,“源项”也经常被口头地用于描述从堆芯到主安全壳的活性释放(如在“替代源项”中)。

12.5.8 事故发生后冷却剂中的活性

有必要了解事故发生后冷却剂中放射性核素的数量,与设计基准事故放射性评价有关的原因如下:

(1) 从安全壳外再循环冷却剂泄漏中释放的放射性碘的数量(见12.6.6节);

(2) 影响安全壳水pH和放射性碘滞留的可用于辐射分解酸生产的辐射量(第12.6.1.2节);

(3) 来自安全壳外影响重要区域进入的管道和部件的放射性强度(见12.8.4节)。

除稀有气体外,在最大假想事故分析中通常的做法是假定同时将相同的放射性核素添加到安全壳大气(见12.5.6节)和安全壳的水中,尽管这种行为在物理上显然是不可能的。这种做法(双重计数)是为了分析方便,它避免了保守的假设(空气活性快速或缓慢转移到安全壳水中)。然而,在某些情况下,转移的过程在实际建模中保守而且有偏差是正常的(例如,如果"双重计数"引入了过多的总体保守性)。例如,如果设计的再循环冷却剂泄漏到安全壳外的量非常小,试图跟踪和实时模拟从安全壳大气去除放射性碘以及把它转移到冷却剂中可能没有任何意义。在任何情况下,这种去除都能相当迅速地发生。但是如果放射性冷却剂设计泄漏值(和它对剂量的贡献)很大,那么对它进行严格的分析是有意义的,分析被保守地偏向最大化计算由安全壳和再循环冷却剂泄漏产生的总射线照射。

12.5.9 事故发生后主安全壳外过滤器的活性

安全壳外的过滤器(特别是与二次安全壳、控制室和/或技术支持中心相关的)可能是影响操纵员的重要辐射源。使用12.7节的放射性评估模型计算过滤介质上的放射性核素负荷作为时间的函数,一旦知道过滤器介质上与时间相关的放射性核素存量,就定义了源项。在特定时间点过滤器介质上的存量可以作为计算机程序的输入,如MicroShield(Grove Software,2011),然后将通过光子能量水平(外部剂量的实际源项)计算出γ射线强度。在特定时间点过滤器介质上的存量处理数据也可用于进行人工计算或自动屏蔽计算,使用预处理器为QAD模型准备γ射线强度输入,如QADMOD-GP(Warkentin,1990)。

12.5.10 储存或卸载乏燃料的活性

由于轻水堆有安全壳,在这种情况下,只有三种方式可以释放反应堆燃料的活性。第一种方式涉及安全壳(或安全壳隔离功能)失效,第二种方式涉及安全壳被故意打开,第三种方式涉及已辐照燃料被带出了安全壳。在换料操作期间,安全壳可以按照核电厂的技术规范故意保持开启状态,以便将燃料转移到安全壳外。因此,在换料过程中对乏燃料的损伤一直是一个值得关注的问题。

涉及乏燃料事故的释放路径将在 12.6.9 节中讨论。在本节中,将解释该释放源项。

轻水堆核电厂的换料操作由核电厂的技术规范控制,就像这些规范控制其他核电厂操作模式一样。在轻水堆的早期历史中,每年需要 1~2 个月时间完成换料是可以接受的,这种情况就确定了年度容量因子(核电厂的满功率小时数除以一年的小时数),这是一个高达 80%的数值。通过更好地计划和工作控制,停堆换料时间大大缩短,能够延长运行时间(18 个月和 24 个月的循环时长)的燃料设计开始使用,容量因子的相应增加大大提高了轻水堆运行的经济性。

为了缩短换料时间,能够在保持安全壳完整性和其他工程安全设施可操作性的情况下处理乏燃料是可取的。行业技术规范工作组对标准技术规范(TSTF-51和 TSTF-441)提出了两项修改意见,最终获得了监管部门的批准。在燃料装卸操作期间,管控安全壳和其他工程安全设施可用性的技术规格采用"近期辐照燃料"的概念替代"辐照燃料"。只要在反应堆停堆后有足够的时间进行衰变(用于"近期辐照燃料"的定义中),安全壳的放松和其他工程安全设施可用性的要求就可以接受。分析表明,"非近期辐照燃料"的最大源项足够小,因此可以满足厂内和厂外的剂量限制,而不需要减少剂量。燃料变成"非近期辐照"的典型衰变时间为 72h 和 100h。

如 12.5.1 节所述,放射性不是均匀地分布在堆芯中的所有燃料组件上。接近换料期的燃料可能有相对较高的燃耗(时间积分功率),但不会在循环末期以高功率运行。在燃料装卸事故情况下,组件的掉落可能涉及准备卸载的组件,或在堆芯内移动新的组件为新燃料腾出空间。或相对新的燃料可能正在卸载的过程中,以方便维护或监测作为一个可能的"泄漏源"。同样,被掉落的组件击中和损坏的燃料组件可能发生在燃料循环的任何地方。

为了适应这种不确定性,峰值因子被用于每个燃料组件的平均堆芯存量(堆芯存量除以堆芯燃料组件总数量,如 12.5.1 节的计算),以及解释涉及事故的小部分组件和潜在的少部分高于平均放射性核素存量的组件。燃料装卸事故的典型峰值因子是 1.7,在任何情况下,在准备保守剂量分析时,必须根据数据或其他分析或两者的结合来调整峰值因子的值。

12.6 路　径

评估放射性的运输、保留和释放的方法中,主要关注的是释放的路径。关键路径如下,但特别设计的反应堆和核电厂也可能引入其他特定设计路径:

(1) 主安全壳泄漏;

(2) 主安全壳旁路;

(3) 主蒸汽隔离阀泄漏(仅限沸水堆);

(4) 二次安全壳过滤排气;

(5) 二次安全壳旁路;

(6) 安全壳外的工程安全设施冷却剂泄漏;

(7) 一回路至二回路泄漏(仅限压水堆);

(8) 蒸汽发生器安全阀/释放阀排放(仅限压水堆);

(9) 乏燃料池释放(燃料装卸事故)。

一般来说,通过这些路径释放到大气的放射性物质被假定处于地面的排放水平。但是,某些释放路径的放射性特质(例如,二次安全壳过滤的废气和蒸汽发生器安全阀/释放阀排放)可能会由于排放点的高度和/或排放的动量/浮力升高而在高处排放(参阅 12.9.3.2 节)。

12.6.1 主安全壳泄漏

在涉及放射性物质释放到安全壳的最大假想事故和其他设计基准事故的分析中,假定安全壳以最大设计泄漏率(所谓"*La*")进行泄漏。这种最大泄漏率是通过定期试验来验证的,包括在整体的基础上以及通过试验单个安全壳渗漏和隔离阀门。泄漏率以每天的质量分数为单位进行测量和报告,当然,这也与每天的体积分数相对应,因为质量泄漏率流动在两种情况下都是由安全壳大气质量进行标准化的。每天的体积分数被用于放射性评估中,随着事故后安全壳压力随时间的推移而降低,如何分析处理每天的体积分数将在下面讨论。

对于压水堆,美国核管会的管理导则允许假定主安全壳泄漏率在开始释放后 24h 内降低到 *La*/2,这是由于预期的主安全壳压力的降低,减少的安全壳泄漏率仍以每天百分比形式表示并在放射性评估中作为容积流量使用。

一些分析人员认为,即使主安全壳的压力降低了 2 倍因子,泄漏率的降低也是合理的,例如,主安全壳表压压力在 24h 达到计算事故表压峰值压力 p_a 的 50%。这种情况符合标准审查大纲 6.2.1.1A 节(U. S. Nuclear Regulatory Commission,2007b)陈述的情况,即压水堆安全壳压力将在 24h 内降低 2 倍因子。

对于沸水堆来说,情况就不同了,早期美国沸水堆管理导则并没有提供 24h 内主安全壳泄漏率同样降低 2 倍因子。相应地,在沸水堆管理导则中没有预期规定主安全壳压力会降低到与压水堆相同的 2 倍因子。然而,目前美国核管会管理导则(U. S. Nuclear Regulatory Commission,2000a,2003)为沸水堆泄漏率降低做出减少泄漏的规定,但仅限于许可证持有者(或申请者)能够证明其合理性的情况下。值得注意的是,如果源压力仅降低2倍因子,并不一定意味着体积泄漏率也会以相同因子降低。

考虑以下情况:如果泄漏路径形状类似一个典型的喷嘴,任何大于0.9bar(1bar=10^5Pa)表压(用于空气)或0.8bar表压(用于蒸汽)的安全壳压力都会导致气流阻塞。一个典型的Mark Ⅰ型或Mark Ⅱ型沸水堆安全壳压力p_a大约是2.8bar,所以表压力减少50%到1.4bar仍然会使流体阻塞(1.4bar大于0.8bar)。如果流体被堵塞,那么体积流量就不是压力的强函数,因为压力的降低通常伴随蒸汽凝结时密度的相应降低。质量泄漏率可能大致随压力而变化,但不会随体积泄漏率而变化。

在阻塞条件下,介质声速可以最好地表征体积泄漏率,并且声速变化随$\sqrt{T}$的变化而变化,这里T是安全壳大气温度。因此,不仅温度下降的速度赶不上压力下降的速度(因为同时密度下降),而且相应的温度下降只会对容积泄漏率按$\sqrt{T}$比例产生一定影响。

堆芯熔化期间随着氢气的产生还有一个问题,安全壳大气(有氮气、氧气、水蒸气和氢气组成)的声速是$\sqrt{kRT}$,其中k为介质比热比,R为气体常数,如果压力的降低伴随着氢气取代凝汽,那么相应的R的增加可能会进一步减弱降低温度T的效果。

以上行为的定量说明是沸水堆安全壳在大气压力下和温度30℃(303K)的条件下最初含有氮气,在事故发生时假设安全壳压力达到绝对压力3.8bar(p_a=3.8bar),饱和蒸汽分压约为2.5bar(蒸汽温度400K时)和氮气分压为1.3bar,介质的声速约为460m/s。如果表压压力降低了50%(从3.8bar到2.4bar的绝对压力)空气冷却温度从400K降到377K以及蒸汽分压从2.5bar降至1.2bar以下,那么介质的声速(和安全壳泄漏率)只会减少6%。如果温度保持在400K和绝对压力保持在3.8bar,但随着蒸汽密度降低50%(约有20K过热)并且被氢气取代,介质的声速将变成约为533m/s,因此在没有温度或压力变化的情况下导致漏泄率至少增加15%。

如果泄漏路径形状有些复杂(有较大的长径比L/D),则阻塞流的可能性小于上述理想喷口的情况。尽管如此,使容积泄漏率降低2倍因子仍不是一件容易的事,而且通常情况下要做到这一点,安全壳压力必须降低远超2倍因子。

更复杂的是安全壳热工水力分析背后的一系列假设,为安全壳设计目的而用于评估安全壳峰值事故压力的假设没有考虑到严重的堆芯损坏。而且,它最大化了反应堆冷却剂质量和能量到安全壳的快速转移,以便最大化安全壳峰值压力,如第 11 章所述。这组假设也包括成功冷却反应堆堆芯和能量到安全壳的快速转移。

然而,在堆芯严重损坏的情况下,安全壳的初始压力和温度响应可能与第 11 章相似,但堆芯损坏事故的进程可能会在以后的时间里极大地改变响应。美国核管会(U. S. Nuclear Regulatory Commission, 1995)采纳了这种观点认为最大假想事故应反映堆芯受损的情况,但不应与假定的反应堆压力容器失效(使堆芯碎片直接接触到安全壳结构)混合在一起。在概念上,最大假想事故可能被认为与 1979 年发生的三哩岛 2 号机组事故有某些相似性。

如图 12. 1 所示,来自三哩岛 2 号机组事故实际安全壳压力数据显示,在大约 10 时(36000s)时出现了巨大但短暂的压力偏移。这些数据表明,压力峰值没有超过大的失水事故所确定的峰值压力,如 11 章所描述的失水事故设计基准的压力分析,但事故中压力剧增发生这么晚无疑偏离了失水事故设计基准分析的预测,情况如图 12. 1 所示。

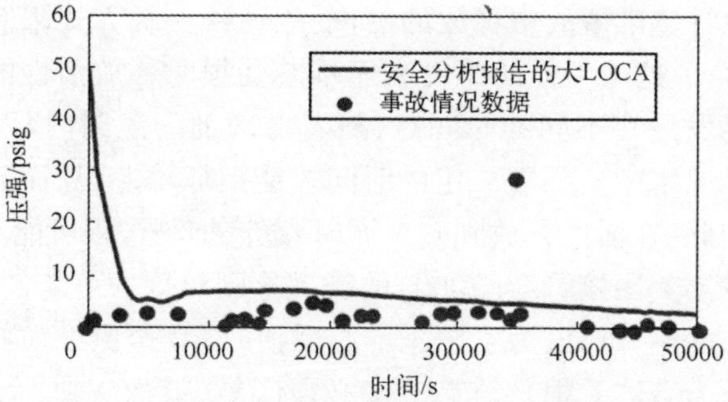

图 12. 1　三哩岛 2 号机组压力对比

三哩岛 2 号机组压力峰值是由反应堆堆芯受损引起的大规模氢气爆燃形成的。如果堆芯冷却没有中断很长时间,氢就不会产生,燃烧也不会发生(更符合第 11 章的分析假设),反应堆堆芯也不会有大量的放射性物质泄漏。这一讨论表明,在一定程度上安全壳热工水力条件会影响最大假想事故的放射性评估,这些情况符合最大假想事故定义的严重堆芯损坏,以及相关的放射性物质的释放现象;否则,在堆芯的活性释放和用于评估其在安全壳内的输运和沉积的热工水力条件之间将缺乏一致性。

注意:对于小型安全壳沸水堆核电厂(Mark Ⅰ型和 Mark Ⅱ型设计),与堆芯损坏相关的氢气产生是有问题的。

对于这类核电厂,安全壳大气在正常运行时是纯氮惰性化的,这不仅防止了堆芯损伤后的燃烧(如三哩岛2号机组在非惰性安全壳中发生的情况),而且防止了事故发生后有序的氢复合以降低安全壳压力。在小型安全壳中,堆芯损坏后的氢气分压可能相当高。对于大型沸水堆来说,由堆芯熔化引起的锆的氧化可产生2~3t氢(至少1000kmol氢气),这比典型的Mark Ⅰ或Mark Ⅱ安全壳中最初约400kmol氮气的2倍还多。因此,事故发生后的Mark Ⅰ型或Mark Ⅱ型安全壳压力减少到压力p_a的一半(或如前文讨论的事故发生后安全壳泄漏减到$1/2L_a$)不是一个简单的事情。

12.6.1.1 去除安全壳空气中的活性

可以通过工程安全设施的运行能动去除主安全壳中的空气活性(因此,可以减少安全壳泄漏释放到环境中的有效活性),也可以通过自然机制非能动完成。能动去除可通过再循环过滤器或安全壳喷淋进行,非能动去除可以通过扩散、冲击、重力沉降或光固化现象进行。例如,在安全壳内热传递到冷却器表面而沉积。

非能动活性去除的专门方式与蒸汽抑制型安全壳有关,在其中冰或水用来凝结失水事故设计基准事故中释放的蒸汽,用这样一种方式限制安全壳内压力p_a(参见第11章)。这项工作的难度在于堆芯受损时释放活性的去除与蒸汽凝结时的冷却可能发生在不同的时间点,随着冷却剂的泄漏(以及与之相关的大量能量转移到冰或水中),需要一定的时间才能损坏堆芯,从而导致大量放射性物质的释放。因此,在活性释放到安全壳时,蒸汽抑制过程可能不再发生或其影响可能大大减少。美国核管会(2000)的管理导则对这种可能性提出了警告,然而,需要重点考虑的一点是,为了防止堆芯受损(以及避免最大假想事故定义中隐含的反应堆压力容器受损),堆芯冷却必须恢复(就像三哩岛2号机组事故情况那样),堆芯碎片必须被冷却。冷却高温的堆芯碎片可能会产生大量的蒸汽,即使在活性大量释放之后,至少保证冷却顺利进行,这样可能会使蒸汽抑制重新发挥作用。然而,对这种影响的量化必须通过审查和评估一些严重事故、概括和抽象关于蒸汽抑制特性释放后行为的结果,以及向监管机构说明情况使得符合监管机构要求。

关于最大假想事故的放射性评估,早期美国管理导则和目前美国核管会管理导则之间的一个关键区别是对活性释放的物理形式的认知。在早期,人们认为这种活性绝大多数是气态的。现在人们认识到,从熔化的堆芯中通过空气传播的大部分材料(包括活性释放)将作为空气传播的微粒(气溶胶),气溶胶物理学因此成为了解和评估事故后放射性输运和环境释放的关键研究领域。预期释放的唯一气体成分是稀有气体裂变产物和元素形式(I_2)或有机形式(CH_3I)的一小部分放射性碘。

因为通过泄漏或放射性衰变,假设稀有气体和甲基碘不能从安全壳大气中去除,所以气态活性如果要从安全壳大气中去除,不管用能动或非能动方法,实际上只适用于放射性 I_2。

1) 非能动去除气溶胶——最大假想事故

对于最大假想事故,释放到安全壳的气溶胶的量是可变的,这取决于堆芯的大小、事故的进展,特别是反应堆冷却剂系统和安全壳之间通道的开放程度。如果开放通道是自由的(例如,如果反应堆冷却剂压力边界有一个大的破裂),那么气溶胶的释放量会非常大,对于一个正在运行的大型反应堆来说,可以达到1t。如果这个气溶胶质量瞬间保持在一个 10^5m^3 的大型压水堆安全壳(一个典型的值),结果气溶胶浓度将达到 $10g/m^3$。例如,在灭火过程中遇到的典型烟雾微粒浓度很少超过 $0.1g/m^3$,即使在工业火灾中也是如此。通常,这种浓度的测量单位是 mg/m^3,$10g/m^3$ 的浓度是非常大的密度并且是不可持续的。下文所述的各种自然去除机制(一般由"气溶胶物理学"所涵盖)将迅速消耗空气中浓度如此大的微粒。

最重要的天然气溶胶去除机制是重力沉降或沉积。气溶胶只是在重力作用下沉降,并以"尘埃"的形式聚集在水平表面上。用各种计算机程序来计算气溶胶的聚集(由于粒子相互作用,随着时间的推移粒子的尺寸增长)和沉降,以及气溶胶上的凝结,增加了质量并提高形状因子(使粒子更球形化以减小阻力)。这些包括最初由德国 KfK(Bunz,1983)开发的 NAch Unfall Atmosphere(NAUA)程序的变体以及使用圣地亚国家实验室开发的 MAEROS(多组分气溶胶)例行的程序(如 CONTAIN)(Gelbard,1982;Murata 等,1997)作为计算重力沉降的基准。还有一种非常有用的相关性(Fauske & Associates,Inc.,1984)由 Fauske & Associates (FAI)开发,涉及两个无量纲组之间的函数关系:无量纲去除率和无量纲悬浮质量浓度。确实存在两种相关——平衡相关(存在质量源率与质量去除率的平衡)和源率为零的衰减相关。在达到平衡之前,悬浮质量浓度的迅速增加是不存在相关性的。

如果气溶胶的化学成分是吸湿的,则气溶胶的冷凝可以增强。放射性碘和放射性铯的一种预期形式是 CsI,它具有相当大的吸湿性。放射性铯的第二种可能形式是 CsOH,它的吸湿性比 CsI 大得多,在相对湿度低至 10%的情况下会发生潮解。然而,最近的评估表明,放射性铯可能会与冷却剂和控制棒中各种形式的硼(以及碳,如果有的话)相互作用,形成 Cs_3BO_3 和 Cs_2CO_3,或者化学吸附在反应堆冷却剂系统的表面形成 Cs_2MoO_4 或其他结合物。在任何情况下,美国核管会都拒绝给予有关去除吸湿性裂变产物气溶胶的设计基准事故的放射性评估。

与传热有关的两种自然气溶胶去除机制是扩散电泳和热电泳。当多组分大气中的冷凝物质在较冷的表面上冷凝,并在该表面附近的气溶胶(悬浮微粒)和非冷凝物质的浓度上产生高度局部的增加时,就会发生扩散电泳(与此讨论有关)。这样产生的浓度梯度实际上倾向于将微粒从表面扩散,但更大的影响是冷凝物质的相对浓度梯度在较低的表面附近。在斯蒂芬流的过程中,存在颗粒物到表面的净输运,它克服了对气溶胶浓度的扩散效应。总的来说,这个过程称为"扩散过程",尽管微粒在冷凝表面的沉积实际上是由于斯蒂芬流。

热电泳也是一种"梯度"现象,尽管在这种情况下,它是一个温度梯度而不是浓度梯度,负责颗粒物移动到表面(如果它是一个冷却表面)或远离表面(如果它是一个加热表面)。无论是 NAUA 程序还是 MAEROS 程序都可以而且确实包括了原始形式或修改后的 phoretic 沉积模型,FAI 的相关性仅基于沉积作用。

这里还提到了另外两种自然去除机制,主要是为了完整性,因为它们不是很重要。第一种自然去除机制是普通的扩散(布朗运动),它把粒子带到它们"附着"的表面。对于非常小的颗粒(空气动力直径为 1mm,具有最大的扩散流动性),这是一个重要的影响,特别是考虑到重力沉降对此类气溶胶的比较小的影响。然而,与反应堆事故相关的悬浮气溶胶总量中只有非常小的一部分是在有效扩散的尺寸范围内。

第二种相对不重要的自然去除机制是冲击。当相对较大的气溶胶在围绕障碍物的相对高速流动中由于惯性而偏离流动流线并冲击障碍物时,就会发生冲击。对于用水喷淋的能动去除活性,这是一种有效方法(将在后面讨论)。然而,在安全壳大气中自然存在的速度往往过低(除了在泄漏通道的入口或内部),而且障碍物(如栅格)太有限,与前面提到的第一种自然去除机制(沉积和电泳沉积)相比,无法产生显著的效果。另外,强制通风冲击会导致气溶胶聚集在冷却盘管翅片上,对安全壳散热产生不利影响。

与抑制蒸汽有关的天然气溶胶去除的一种特殊情况是抑压水池清洗,沸水堆安全壳在核电厂设计中通常包含一个抑压水池。对于沸水堆核电厂,排放物不允许经安全/释放阀直接排放到环境中,因此在安全壳内设置了一个抑压水池来容纳这些排放物。该抑压水池还可用于凝结失水事故释放的蒸汽,从而实现体积更小、造价更便宜的主安全壳。反应堆和反应堆冷却剂系统位于一个隔间(即"干井")内,该隔间通过一个排放系统连接到另一个包含抑压池的隔间,排放系统的末端远低于抑压池表面。如第 11 章所述,在发生事故时蒸汽给干井加压,清除排放系统的水,并将蒸汽输送到水池中。当蒸汽冷凝时,任何包含在蒸汽中的微粒都被有效地去除,即使不可冷凝的气泡携带着共同流动的氮气或空气进入了池上方的气体空间。这种所谓“清洗水池”效应已经被广泛研究并且美国核管会管理导则(U. S. Nuclear Regulatory Commission,2007c)允许在沸水堆 Mark Ⅰ型安全壳设计中采用5的去污系数,在沸水堆 Mark Ⅱ型和 Mark Ⅲ型安全壳设计中,其抑压水池的深度更深,对通过该安全壳的微粒采用去污系数10。其他与蒸汽抑制有关的活性去除一样,关键是要证明在排气口气流流动时干井中空气放射性微粒的数量,因此需要去除。另外,还需要考虑到两个隔间之间没有通过水池的泄漏造成的“抑压池旁路”。

对于最大假想事故发生时空气微粒的活性去除率的量化(不采用刚才讨论的抑压池洗涤),最简易的方法是使用美国核管会提出的选项(U. S. Nuclear Regulatory Commission,1998a)“RADTRAD”文档2. 2. 2. 1节,一个处理不确定性的蒙特卡罗的模型(Powers 等,1996)给出部分气溶胶移除率作为堆芯功率,时间间隔和百分位 RADTRAD 表2. 2. 2. 1-1(对于压水堆)、表2. 2. 2. 1-3(对于沸水堆)和表2. 2. 2. 1-5(对基于 AP600 先进压水堆)的函数。美国核管会的管理导则规定,第10个百分位值(在不确定性试验中超过90%的值)应用于最大假想事故的放射性评估。

使用 RADTRAD 方法有两个问题(U. S. Nuclear Regulatory Commission,1998a),首先,不确定性贯穿整个运行中的核电厂,也就是说,文献(Powers 等,1996)(安全壳自由容积)中包括的最重要的不确定性也许是整个核电厂是不确定的(考虑到去除率表可以应用于任何核电厂,唯一的独立变量是堆芯功率);但对于任何给定的核电厂,安全壳自由容积的不确定性要小得多。其次,确定压水堆自然去除的最后时间为22. 22h,确定沸水堆的最后时间为24h。根据 RADTRAD 表2. 2. 2. 1-1,压水堆的第10个百分位值和假定的堆芯功率为3500MW_t,在t=22. 22h时约有12%的气溶胶质量仍将停留在空气中。换句话说,关于这些表的分析没有及时扩展到完全有用的程度。

使用另一个模型可以克服如何确定截止时间这个难题,模型在文献(U. S. Nuclear Regulatory Commission,1998a)2. 2. 2. 1节进行了讨论,该模型基于文献(Fauske & Associates, Inc. ,1984)。以最大假想事故(大致相当于一个3500MW_t堆芯)释放的总气溶胶质量为例,在t=22. 22h时气溶胶的质量约为0. 12×700=84kg。假设安全壳自由容积为10^5m^3,则气溶胶浓度ρ_A约为8. 4×$10^{-4}kg/m^3$。使用 RADTRAD 去除率λ的表达式为$\rho_A \geqslant 6.0kg/m^3$(假设$\rho_P = \rho_{Pref}$),FAI 相关值等于第10个百分位,$t$=22. 22h值见 RADTRAD 表2. 2. 2. 1-1(每小时λ=0. 086),如果高度假定为65. 7m则,有

$$\lambda = 0.022\times(5\text{m}\div 65.7\text{m})\times 8.4\times 10^{-4}\frac{\text{kg}^{0.6}}{\text{m}^3}$$

$$= 2.4\times 10^{-5}/\text{s} = 0.086/\text{h}$$

作为一个保守性较大数值,65.7m 的下落高度并非不合理,因为已经有了这个高度的安全壳,但唯一值得重视这个值的原因是,它使两种模型在 $t=22.22\text{h}$ 能够产生相同的份额去除率结果(λ)。在此之后,FAI 相关性可以继续使用,直到气溶胶基本上消除。

值得注意的是,虽然 FAI(Fauske & Associates,Inc.,1984)相关性不能解释 phoretic 沉积,但根据文献(Powers 等,1996)的相关性可以解释扩散电泳和热电泳。在目前设计的典型核电厂开始释放时,重力沉降在沉积速度方面起着显著的主导作用,但随着事故的进展,重力沉降达到峰值,随着安全壳大气变得更热,热电泳沉积继续增加。最初,扩散电泳的沉积速度超过了热电泳的沉积速度,但后来(大约在释放结束时),凝结变慢,热电泳的沉积速度大大超过了扩散电泳的沉积速度。然而,即使在重力沉降速度达到峰值之后,它仍然大大超过两种形式的电泳沉积。因此,在使用 FAI 相关性时,应忽略电泳沉积,压水堆超过 $t=22.22\text{h}$(或沸水堆超过 $t=24\text{h}$)表现不显著。但是对于一些非能动的安全壳散热设计,由于安全壳大气中持续的非能动散热,电泳沉积可能相对更重要。

对于电泳沉积很重要的情况,必须认识到沉积速度是一个垂直于沉积表面的向量。重力沉降速度 $v_{(\text{grav})}$ 总是指向向上的水平表面,但对于垂直的电泳沉积,或更重要的向下的水平表面(头顶表面),问题是如何合并沉降速度。一种可能是简单地使用向量和,但是在文献(Powers 等,1996)中,在蒙特卡罗处理中使用了稍微复杂一点的方案。假设紊流沉积量为零(通常不重要,除了管道流),扩散电泳和热电泳沉积速度分别为 $v_{(\text{diff})}$ 和 $v_{(\text{thermo})}$,在 2/3 的情况下被随机合并为一个简单的和,在 1/3 的情况下被随机合并为平方和的平方根即 $v_{(\text{other})}$。然后 $v_{(\text{grav})}$ 和 $v_{(\text{other})}$ 对水平表面进行矢量处理(整体值为零,如果 $v_{(\text{grav})}>v_{(\text{other})}$ 对于向下的水平表面)。对于垂直表面,沉积速度为 $v_{(\text{other})}$。

2)气溶胶的非能动去除——压水堆弹棒事故

除最大假想事故外,压水堆弹棒事故是唯一一个被认为会向主安全壳释放活性的事故。为了评估弹棒事故的辐射后果,美国核管会管理导则要求检查两种情况。

一种情况是,假设从损坏的燃料中释放出来的 100%的活性都保留在主冷却剂中,蒸汽发生器通过一回路泄漏到二回路,从而释放到环境中。在第二种情况下,假定从受损燃料中释放出来的 100%的活性立即通过空气传播,并在主安全壳大气中均匀混合。

对于第二种情况，RG 1.183（U. S. Nuclear Regulatory Commission，2000）和RG 1.195（U. S. Nuclear Regulatory Commission，2003a）两个规范的附录 H 均参考了这两份文件的附录 A（包括最大假想事故），以获得计算气溶胶去除率可接受方法的指南。RADTRAD 中表 2.2.2.1-1 确定的自然气溶胶去除率不适用于弹棒事故，因为这些值（如文献（Powers 等，1996））基于一组特定的活性释放的假设和热工水力学条件（参考 12.5.6 节和 12.6.1 节），不适合弹棒事故情况。

幸运的是，如前所述，在 RADTRAD 中提出了两种气溶胶去除模型，其中第二种模型在 $t=22.22h$ 适用于压水堆，解决了最大假想事故的长期气溶胶去除问题。随着时间的延长，保守的沉降高度也被计算出来（给出的例子为65.7m）。由于弹棒事故反应引入（参考 12.5.4 节和 12.5.5 节），瞬间从受损燃料释放的活性可以认为其溶解在总的反应堆冷却剂喷放液相中（为了一致性也认为是瞬间的）并以液滴形式在安全壳中均匀混合。这些液滴可以被认为是密度和水一样（$\rho_P=1000kg/m^3$）的放射性气溶胶。对于已知的 h、ρ_P 和 ρ_A（液滴浓度单位为 kg/m^3），FAI 相关性（来自 2.2.2.1.1 节（U. S. Nuclear Regulatory Commission，1998））可以用来获得适用于活性和水滴的适当的 λ 值。

作为一个算例，假设弹棒事故在发生后的最初几分钟内以液滴的形式向一个 10^5m^3 的安全壳释放 3×10^4kg 的主冷却剂。对于一个大型压水堆，这个释放大约是冷却剂装量的 15%。使用相应的悬浮液滴的气溶胶浓度值 $0.3kg/m^3$（大约 25% 的标准条件空气密度进行比较），下降 65.7m 的高度和气溶胶的密度 $1000kg/m^3$（1 滴水），利用 RADTRAD 的 FAI 相关性的去除率，可得

$$\lambda=0.022\times(5m\div65.7m)\times\left(1000\frac{kg}{m^3}\div2270\frac{kg}{m^3}\right)\times0.3\frac{kg^{0.6}}{m^3}$$

$$=3.6\times10^{-4}/s=1.3/h$$

使用这个初始去除率，在前半个小时结束时，48% 的液滴（和活性）将被沉积下来。重新计算一下 λ 值每小时是 0.87。随着液滴和活性继续沉降，需要连续值 λ 来完全耗尽空气中的非气态活性，主要是放射性碘。如果安全壳喷淋启动（或者是手动的，在高辐射条件下，或者在高安全壳压力下，假设安全壳压力足够高，给定相对较小的反应堆压力边界破口尺寸），那么活性去除将会更加迅速，这将在下面的能动去除部分中讨论。

注意：如果分析人员遵循 RG 1.183（U. S. Nuclear Regulatory Commission，2000）的建议和使用 RADTRAD 表 2.2.2.1-1 最大假想事故公式去除气溶胶来处理压水反应堆弹棒事故，得到的结果相对于刚才描述的方法可能是保守的（尽管是非物理的）。

对于弹棒事故，RG 1.183 表明可以假设释放的碘有 95% 是颗粒状的，然而

RG 1.183 也警告说，如果安全壳喷淋不工作或安全壳水的 pH 值没有得到控制，则必须考虑将微粒碘转化为元素碘（见 12.6.1.2 节）。如果由于水在安全壳池的积累增加，pH 值控制是非能动的，那么因为反应堆冷却剂系统压力边界破口的尺寸相对较小，分析人员必须考虑减少的破口流量（与启动一个大失水事故的最大假想事故相比）。

3）元素碘的非能动去除

元素碘的非能动去除是根据表面的自然沉积率来评估的。对于一个大的（例如 10^5m^3）安全壳，暴露在安全壳大气中的安全壳和安全壳内部结构的总表面积约为 50000~60000m^2。现在考虑一种气溶胶，其颗粒密度为 2.5g/cm^3，在安全壳大气中的浓度为 7g/m^3，几何半径为 1μm 对数正态分布并且对数 σ 的值为 0.4。这些是最大假想事故释放结束时气溶胶的典型值，相应的在安全壳大气中的粒子浓度大约是 $3.3\times10^5/cm^3$。这些粒子的最小总表面面积（例如，假设粒子是球形的，如果不是圆形面积更大）大约是 $5.6\times10^5m^2$，比结构表面积大一个数量级。此外，气溶胶在大气中被精细地分割和混合，因此，预计元素碘将优先沉积在气溶胶表面而不是安全壳结构表面，特别是当气溶胶含有凝结水或者在干燥有大量铯化合物如 CsOH 或 Cs_2CO_3 的情况下（Weber，1992）。

正如下面将进一步讨论的，美国核管会管理导则（U. S. Nuclear Regulatory Commission，2007d）提供了一种方法，用于计算安全壳喷淋工作时（混合大气并在安全壳表面创造潮湿条件）安全壳壁面上 I^2 自然沉积的情况。在干燥条件下，I^2沉积速度已经被测量出来（Funke 等，1996），它比美国核管会喷淋条件的管理导则中给出的数值（4.9m/h 或 1.36×10^{-3} m/s）大约低一个数量级（6.3×10^{-5}~6.5×10^{-4}m/s）。这意味着在非能动去除的情况下（无喷淋或过滤器），元素碘沉积在气溶胶上将比沉积在结构上保持更长的悬浮时间。因此在任何情况下，在气溶胶上的沉积（以气溶胶去除速率去除）都是非能动去除 I^2的保守假设。

在压水堆弹棒事故中，释放出的元素碘将在液相（与反应堆喷放有关的液滴和安全壳地坑中收集的水）和气相（安全壳大气）之间达到平衡。必须考虑水的 pH 值（见 12.6.1.2 节），有可能残留的元素碘将与甲基碘和稀有气体一起留在空气中。

4）气溶胶的能动去除

与非能动去除相比，能动去除对将活性释放到安全壳大气中的事件的确切性质不那么敏感。因此在能动去除时，没有必要区分最大假想事故和弹棒事故。能动去除气溶胶的最有效方法是在安全壳大气中喷淋，在一些核电厂设计中，也采用了过滤。

用喷淋去除气溶胶在概念上非常简单，这基本上与雨水在空气中清洗花粉的过程相同。用于计算自然去除率(本节前面讨论的)的计算机程序也可以用于计算喷淋去除率,关键参数是气溶胶的尺寸分布,喷淋流量、下落高度和液滴尺寸分布也是重要的输入。

注意:由于小型沸水反应堆干井(与管道、设备和反应堆屏蔽墙等内部结构有关)的堵塞,在处理沸水反应堆干井喷淋时,需要仔细计算喷淋流量和下降高度。堵塞可以变得很严重,在某些情况下,使个别喷淋喷嘴几乎无法进行气溶胶去除,因为直接撞击的喷淋流附近的障碍。从干井散热的角度来看,所产生的水或飞溅的水膜是可以接受的,但气溶胶的去除将是不存在的。在评估气溶胶去除率时,应从总喷淋流量中扣除此类喷嘴的流量。气溶胶(或颗粒物)喷淋去除需要求解的基本方程为

$$\lambda_{\mathrm{p}} = \frac{3h}{2V_{\mathrm{s}}} \sum_{i=1}^{I} \frac{F_i \varepsilon_i}{d_i} \tag{12.1}$$

式中:λ_{p}为悬浮颗粒物(气溶胶)的去除率;h 为液滴下落高度;V_{s}为安全壳喷淋区域的体积;F_i为第 i 个液滴粒径的容积流量,表征液滴粒径分布;ε_i为液滴粒径分布的第 i 个液滴粒径的液滴去除效率;d_i为液滴粒径分布的第 i 个液滴粒径的代表直径。

该模型应用的难点在于确定去除率,因为液滴的去除率是由液滴本身的特性和液滴的粒径分布决定的,而液滴的粒径分布是复杂的、瞬态的。在诸如NAUA(Bunz,1983)和MAEROS(Gelbard,1982)等气溶胶物理模型的应用成为常规程序之前,美国核管会管理导则(U. S. Nuclear Regulatory Commission,2007d)提供了较低的保守的 ε/d 的值。因为现代的喷嘴是合理的分散的(对于一个给定的流量通过每个喷嘴表现出相当窄的液滴大小的变化范围),可以在式(12.1)用 $F\varepsilon/d$ 进行简化求和,F 是总喷淋流量,ε/d 取自美国核管会的管理导则(值为 $10\mathrm{m}^{-1}$ 直到98%的气溶胶被去除,然后超过该时间点的值为 $1\mathrm{m}^{-1}$)。

利用几乎单分散喷淋和使用单一代表性的液滴尺寸的好处是(通常为Sauter分布的平均直径,即体积与表面积比等于整个喷淋样品的液滴直径),气溶胶物理模型(计算瞬态气溶胶粒径分布,并自动考虑喷淋去除对粒径分布的影响)的应用使所选模型能够计算粒子与液滴之间的相互作用,方法与粒子间的相互作用相同。结果是在不需要确定作为独立输入的特定或有效的喷淋去除效率的情况下,通过喷淋准确地测定气溶胶去除率。

以同样的方式,RADTRAD 程序(U. S. Nuclear Regulatory Commission,1998年 a)提供了一种基于蒙特卡罗的用于去除天然气溶胶的方法,并且提供了一种类似的喷淋去除气溶胶的模型(Powers 和 Burson,1993)。该模型计算 λ_{p}值作为两个用户输入的函数:W(喷淋容积通量,近似等于 Fh/V_{s})和 h。λ_{p}也是其他 10

个参数(文献(U. S. Nuclear Regulatory Commission,1998a)中 $A\sim G$、$a\sim c$)的函数,它是由所需的 λ_p 值的百分位确定的。对于设计基准事故分析,通常是第 10 个百分位值才是适合的。

文献(Powers 和 Burson,1993)(RADTRAD)方法的一个难点是,液滴的尺寸分布随喷嘴制造商和/或类型以及喷嘴之间的压差而变化。也就是说,它随核电厂设计的变化而变化。RADTRAD 方法把喷嘴的特性看成具有广泛的不确定性,这是所有核电厂的情况。然而,对于一个给定的核电厂,不确定性要小得多,因为喷嘴制造商、类型和每个喷嘴流量(设计压差)都是已知的(后者反映任何适用的单一故障)。因此,与文献(Powers 和 Burson,1993)中考虑的核电厂设计范围相比,对于任何给定的核电厂来说,典型的液滴大小都应该有更好的定义。不过,公平地说,RADTRAD 在文献(U. S. Nuclear Regulatory Commission,2007d)中描述的"一尺寸多用"的方法对 ε/d 也有同样的限制。

在 RADTRAD 条件之外使用 RADTRAD 喷淋模型也有困难,气溶胶去除率是残留在空气中的气溶胶在释放的总质量中所占的比例 m_f、W、h 和 10 个概率分布参数的函数。这意味着模型必须与时间相关的值 m_f 交互,需要注意的是,这个计算方法(U. S. Nuclear Regulatory Commission,2007d)很粗糙,因为当 98%的气溶胶被去除后,可使 ε/d 值降低 1/10。在这两种情况下,基本模型的设计更多地是为了瞬间"吹除"释放(如 RG 1. 195(U. S. Nuclear Regulatory Commission,2003a)),而不是延长释放(如 RG 1. 183(U. S. Nuclear Regulatory Commission,2000))。使用诸如 NAUA 和 MAEROS 之类的气溶胶物理程序,可以获得更好、更基于物理实际的延长释放的结果。

注意:在自然去除的情况下,由于活性释放的性质大不相同,最大假想事故和弹棒事故的气溶胶沉积速率被认为是不同的。喷淋气溶胶去除率对事故类型不敏感,然而不同尺寸的反应堆冷却剂压力边界破口的安全壳热工水力响应会有很大的变化,可能会影响到何时(甚至是否)安全壳喷淋自动启动。用于喷淋启动的典型安全壳压力在 0. 6~0. 7bar 范围内,如果喷淋仅在安全壳压力范围内启动,那么如果安全壳压力较低,它们可能永远不会自动启动,例如图 12. 1 显示三哩岛 2 号机组的安全壳压力保持在大约 0. 4bar 以下,直到大约 10h 后氢气爆燃,喷淋也不会自动启动直到后 10h。顺便说一句,喷淋器只运行了大约 2min,然后就由核电厂操作人员保护起来。

通过喷淋去除气溶胶的最后一个遗留问题是安全壳中已喷淋和未喷淋区域的混合问题,美国核管会管理导则(U. S. Nuclear Regulatory Commission,2000,2003a,2007d)允许在喷淋区域和未喷淋区域之间的最小混合速率为每小时 2 个未喷淋体积,如果合理也可以假定更大的混合速率。RG 1. 195(U. S. Nuclear

Regulatory Commission, 2003a）和 RG 1.183 修订草案（U. S. Nuclear Regulatory Commission, 2009a）进一步说明了这一理由，例如，“在多例证基础上，可以考虑由喷淋区域的冷却速率和由此产生的浮力驱动流决定安全壳混合速率”。在文献（Metcalf 和 Ritterbusch, 1994）中描述了一种模型，该模型提供了一种基于喷淋区域的冷却速率和两个区域之间浮力驱动的流动来计算特定核电厂（甚至与时间有关）混合速率的方法。该模型表达式如下：

$$M = \sqrt[3]{\frac{2gh}{T_s K} \frac{dT_s}{dt} \left(\frac{A}{V_u}\right)^2} \tag{12.2}$$

式中：M 为混合速率，用单位时间内未喷淋的体积表示；G 为重力加速度；h 为喷淋区域与未喷淋区域自然对流混合的参考高度；T_s 为喷淋区域的大气温度；K 为喷淋区域与未喷淋区域之间限制流道的水头损失系数；dT_s/dt 为喷淋区域的冷却速率；A 为喷淋区域与未喷淋区域之间的限制流道的流动面积；V_u 为未喷淋区域的体积。

这个模型基于监测大部分安全壳配置（给出的喷淋区域通常位于非喷淋区域的上方），喷淋区域的连续冷却将导致密度驱动的混合流，最终在两个区域产生温度降低相等的速率。喷淋区域上部聚集氢气的作用往往会延迟这种准平衡，而喷淋区域液滴和凝结蒸汽的作用则会延迟这种准平衡（增加喷淋区域大气的有效密度），可以完全或部分地补偿氢气。

当该模型应用于实际核电厂配置和实际喷淋区域的最大假想事故温度瞬态时，在短时间内计算出每小时超过 10 个未喷淋体积的混合速率，在较长时间内计算出每小时 5~9 个未喷淋体积的混合速率，较低的混合速率更为典型，但总体上对气溶胶去除的影响是有利的。

混合速率大于 2/h 也可以通过在安全壳内使用与安全相关的风机冷却器来判断，该风机冷却器将空气从一个区域吸入，并将冷却的空气输送到另一个区域。事实上，美国核管会管理导则（U. S. Nuclear Regulatory Commission, 2000, 2003a, 2007d）认为如果喷淋容积覆盖范围至少为 90% 并且这种通风设备已包括在核电厂设计中，则可认为整个安全壳内混合良好。然而，（U. S. Nuclear Regulatory Commission, 2006b）警告分析人员不要在没有正当理由的情况下做出这种假设，也就是说，吸入和返回可能实际上发生在同一区域，至少部分发生在同一区域。

与安全相关的过滤有时也被用作工程安全设施，不仅是为了在安全壳内去除气溶胶，而且是为了保护与安全相关的冷却盘管的效率。最大假想事故的安全壳内气溶胶负荷异常高（如前所述），冷却盘管可能很快被沉积的气溶胶淹没，安全壳冷却器和过滤器的大小需要考虑最大假想事故的气溶胶负荷。

5）元素碘的活性去除

喷淋液滴对气态元素碘的去除由以下因素确定：①喷淋区域大气温度；②单位体积瞬时液滴在喷淋区域大气内的表面积（表面积等于 $6FT/V_s d$，其中 T 为液滴滞留时间，也是液滴尺寸、降落高度和大气温度的函数）；③元素碘的沉积速度（其是液滴大小和大气温度的函数）。

对于 2500g/m（$0.16m^3/s$）的典型喷淋流量和 $2.5\times10^6 ft^3$（$7\times10^4 m^3$）的典型喷淋区域体积，F/V_s 比为 2.3×10^{-6}/s。对于直径为 0.1cm 的液滴，滞留时间为 10s（典型值），$6T/d=600$s/cm。因此，$6FT/V_s d$ 的典型值约为 1.4×10^{-3}/cm，乘以碘元素沉积速度时，得到液滴在空气中的表面积（$6FT/d$）和沉积速度（k_g）（生成碘元素的体积去除率）再除以喷淋区域碘的总体积 V_s，这个积/商是在喷淋区域的气态元素碘的部分去除率。文献（U. S. Nuclear Regulatory Commission，2007d）中给出的总体方程为

$$\lambda_s=\frac{(6FT/d)k_g}{V_s} \tag{12.3}$$

式中：λ_s 为喷淋区域元素碘去除率。

使用上述各种参数的典型值和在 400K 时 k_g 典型值 7.5cm/s（例如，文献（Parsly，1967）的表 5）时，计算出的碘去除率约为 0.01/s 或 36/h。需要注意的是，随着温度的降低，沉积速度增加，但液滴滞留时间减少。如果在 400K 时乘积是 75cm，此时如果大气温度降低 30K，结果将是约 90cm。因此，随着喷淋区域温度的降低，去除率有望有所提高。美国核管会管理导则（U. S. Nuclear Regulatory Commission，2007d）限制喷淋时元素碘的去除率最高为 20/h。

在未喷淋区域，元素碘与喷淋区域混合而被去除（与微粒一样），但是（U. S. Nuclear Regulatory Commission，2007d）还提供了可适用于喷淋区域和未喷淋区域的壁面去除表达式。与 λ_s 方案一样，它是面积和元素碘沉积速度除以体积的结果。在这种情况下，它是安全壳壁面面积乘以 4.9m/h 除以安全壳体积。安全壳壁面元素碘的去除率的典型值（λ_w）为 2.5-3/h，因此对喷淋区域的影响相对较小。

由于单质碘的喷淋去除率很高，在释放过程中几乎所有的单质碘都会被去除。因此，一旦喷淋水开始再循环（或者如果安全壳内储存的水从一开始就用作喷淋水源），再循环水已经含有溶解的碘。如果是这样，继续去除元素碘可能会受到已经达到或接近元素碘饱和的喷淋水回流的限制，12.6.1.2 节将讨论这个主题。在任何情况下，很可能都会有少量的元素碘残留在空气中，与甲基碘和被认为不能被净化的稀有气体混合在一起。

12.6.1.2 事故后安全壳内积水 pH 值控制

通过安全壳喷淋或自然机制从安全壳大气中去除的碘最终溶解在安全壳内的水中,由于有大量的金属可以与卤素反应(例如,裂变产物铯和许多反应堆设计中使用的银),溶解碘的化学形式将在元素、碘酸盐和碘化物之间达到某种平衡,甲基碘化物被认为不可以从大气中去除。随着水中总碘浓度的增加与水体 pH 值的降低,水体中溶解的碘元素比例和气载平衡态碘元素的比例都会增加。

放射性碘只占堆芯中碘总质量的一小部分,因此在计算水中的碘浓度时,必须注意把可用碘的总质量包括在内,否则就会低估元素碘的质量以及空气中可泄漏到环境中的碘(特别是放射性碘)的量。

美国核管会(2007d)提供适用于去除元素碘的最大去污系数的指南,只有当安全壳内水的 pH 值维持在 7.0 以上时,这个去污系数才被认为是可信的。有几个因素可以影响安全壳中水的 pH 值,包括:

(1) 安全壳中水的初始 pH 值;

(2) 事故本身造成的安全壳水中添加了材料,包括从熔化堆芯释放的放射性核素和稳定同位素、绝缘材料、腐蚀产物等(如《通用安全问题-191》决议中广泛研究的《碎片堆积对压水堆污水泵性能的评估》);

(3) 在事故发生后,通过能动(通过喷淋或应急堆芯冷却系统注水)或非能动(通过安全壳地坑中的添加剂)地向水中添加碱或缓冲液,提高或维持 pH 值;

(4) 反应堆冷却剂的初始 pH 值;

(5) 通过安全壳内含氯聚合物辐射分解,特别是阻燃电缆绝缘,形成盐酸;

(6) 水在辐射中(和水中溶解的氮)形成硝酸。

在计算最大假想事故安全壳中水在射线中的辐照时,不仅包括释放活性的辐射,还必须考虑冷却恢复后冷却剂通过受损堆芯期间的射线照射,循环冷却剂以 0.0068 分子/100eV 的速率在水中吸收辐射能量产生 HNO_3(Weber 等,1992)。

在对低密度人口区外边界和控制室/技术支持中心进行 30 天剂量计算的过程中,如果安全壳中水的 pH 值低于 7.0,则不得不考虑安全壳水中的放射性碘的再演化。美国核管会管理导则(U. S. Nuclear Regulatory Commission,2007d)限制元素碘去除的净化系数(可用的元素碘总量与空气中剩余元素碘的比例)为 200。这个比值可以被限制到 200 以下,如果安全壳水的体积和碘分配系数的乘积除以安全壳大气的体积小于 199($DF=1+V_wH/V$,其中 V_w 是水体积,H 是碘分配系数,V 是安全壳大气体积)。

碘分配系数的典型值是 2000,安全壳水体积与安全壳空气体积的典型比值为0.03。因此,计算出的元素碘净化系数典型值是60。但变化很大,因为在一些核电厂中存在高达0.07的体积比,碘分配系数(碘浓度、水pH值、温度和阳离子如Ag+或Cs+的存在的函数)可以变化大约三个数量级(10~10000)。Weber等(1992)和Beahm等(1992)提出了如何严格确定碘分配系数和碘去除相关限制(或改进程度)的见解,因为对于压水堆弹棒事故碘的释放很小,相应的水中碘浓度也很低,所以分配应该比最大假想事故情况更有利(当使用喷淋时只有一小部分元素碘残留在空气中)。

注意:美国核管会管理导则声明,对颗粒物的净化没有净化系数限制(例如,附录A(U. S. Nuclear Regulatory Commission,2000)),包括颗粒碘。但是,任何形式的碘在安全壳水中的存在,最终都会影响安全壳水中碘的浓度以及安全壳水中元素碘与安全壳大气中元素碘(分子碘)之间的平衡。换句话说,从安全壳大气中迁移出的颗粒碘可能以分子碘的形式返回安全壳大气。

12.6.2 主安全壳旁路

需要考虑的重要的安全壳的旁路是那些涉及从反应堆冷却剂系统释放的安全壳无效的路径。在某些情况下,这些泄漏是轻微的,因为没有燃料损坏被假定为事故序列的一部分,但其影响可能是重要的。其他的路径(如沸水堆主蒸汽隔离阀泄漏和压水堆蒸汽发生器传热管失效)显示出主安全壳旁路的一些特征,但泄漏也受到安全壳特定隔离设施的限制。

需要注意的是,安全壳在限制放射性物质释放到环境方面并不总是有效的。在迄今为止发生的3起主要的商业反应堆堆芯损坏事故中,有2起事故的情况安全壳至少在一开始是有效的。三哩岛2号机组,由于隔离逻辑缺陷未能及时隔离反应堆冷却剂排放罐的一个小通道,安全壳完整性有轻微损失,但该通道在事故响应过程中得到了保护。就放射性后果而言,暂时的故障导致了相对无害的液相泄漏,但它确实使获取和清理过程复杂化。

福岛第一核电站,考虑到安全壳热量排出的完全且持续损失,安全壳显然以概率安全分析所预测的方式失效了,即干井封头过热(Mark Ⅰ主安全壳压力边界的一部分),干井封头螺栓的塑性拉伸变形,并且放射性物质和氢气进入二次安全壳形成泄漏路径。在那里,氢气爆燃/爆炸造成了1号机组戏剧性的二次安全壳爆炸,大约在海啸发生后不到一天,3号机组也发生安全壳爆炸。然而,如果在最初几个小时,安全壳冷却系统得以恢复,那么安全壳很可能会阻止大规模的核泄漏。

发生第三起重大商业堆芯损坏事故的是切尔诺贝利核电站,它是一个没有安全壳的非轻水堆。核电厂事故定位系统(ALS)设计目的是在反应堆冷却剂系统部件失效的情况下防止危害加剧，但是没有球形的安全壳。当反应堆大厅的多个冷却通道由于灾难性的、广泛的反应性引入而失效时，释放出来的活性没有得到控制，而且伴随着露天的石墨着火，这样就证明了安全壳对于反应堆冷却剂压力边界安全的重要价值。

对于典型的轻水堆，有一类堆芯损坏事故称为接口系统的失水事故，在这种情况下，冷却剂的损失（以及活性释放到环境）完全绕过安全壳而从旁路通过。除了压水堆蒸汽发生器传热管泄漏事故，此类其他事故通常需要安全相关部件的多重故障，导致主冷却剂损失的反应堆冷却剂压力边界初始故障除外。

在蒸汽发生器传热管破裂的情况下，造成事故的传热管完整性损失只允许另外一个单一故障（无法隔离受影响的蒸汽发生器）产生一个通往环境的开放路径。因此非常重要的是，只要仅有一个传热管（或最多只有几根传热管）失效，应急堆芯冷却系统很容易防止堆芯损坏。但是这个路径的存在，是反应性引入相关的反应堆冷却剂压力边界压力增加（参见第 8 章和第 11 章）远低于蒸汽发生器传热管失效时压力增加的原因之一，即使传热管在检测缺陷极限范围内。同样，压水堆主蒸汽管道破口事故（突然显著地增加蒸汽发生器管的压差）必须表明没有达到管道失效的阈值。只要满足了这些条件，接口系统失水事故就不会被认为是最大假想事故可信的发起者。

12.6.2.1 安全壳隔离之前的释放

相关规范中有安全壳隔离的严格要求，尽管系统允许液体和气体通过安全壳压力边界以使核电厂运行，但这些系统通常或者与安全壳大气隔离，或者配备冗余的安全壳隔离阀，以确保在需要时快速隔离。然而，在隔离安全壳过程中总是会有一些延迟。

为自动隔离安全壳而监控的典型工况是安全壳压力高、安全壳大气辐射水平高和应急堆芯冷却系统启动（依次由监控的反应堆冷却剂系统工况带来）。安全壳湿度高有时也被监测，并用于实现安全壳隔离。但是，到达设定值工况、检测这些工况、处理关闭信号以及重新定位阀门都需要时间。通常情况下，安全壳隔离在几十秒内就会受到影响，而对于大型安全壳隔离阀来说，可接受的时间更长（可达 1min），因为这些阀门不直接与安全壳大气相连。对于直接与安全壳大气相连的管路，美国核管会管理导则要求安全壳隔离阀在 5s 内关闭。特别是，如果正在计划（或正在实际实施）在功率运行时净化安全壳，那么必须假定在事故开始时就已经发生了净化（U. S. Nuclear Regulatory Commission，2000，2003a）并证明安全壳隔离阀足够快地关闭，使相关的射线照射保持在限值范围内。

允许在安全壳从外部通风的情况下，核电厂运行有限的时间，也就是说，允许用外部空气定期净化安全壳大气可能是有用的,尽管净化气流必须经过过滤和监测,并且无论释放多少的放射性物质都必须与允许的年度释放总量相比较。如果在净化过程和排气阀打开的情况下发生反应堆冷却剂系统压力边界故障,可能会造成现场和非现场更大的放射后果,需要进行特殊的放射性评估。

有两种情况需要考虑安全壳动力净化(使用动力进行净化):一种是冷却剂的流失,它被应急堆芯冷却系统成功地以最小燃料损害缓解,另一种是弹棒事故。

以使用设计动力净化率为 $1m^3/s$(约 $2000ft^3/min$)作为需要处理的流量类型的例子,随着典型的安全壳泄漏率(例如,L_a=0.3%/天)在一天内释放,这个交换率在5min内释放了相同体积的安全壳大气体积。但是对于一个通过净化排气和(潜在的)净化供应的增压安全壳,总流量很容易超过设计净化速度的10倍(安全壳表压压力只有0.15bar——典型的安全壳隔离设定值——超过60英寸水柱。暖通空调风机的工作压力范围通常不到这个范围的1/10,因此即使只有轻微的安全壳增压,在压力下驱动流出的流量也可能相当大)。流体以这样的流量从安全壳中流出,只需要30s就能释放出相当于安全壳以泄漏率 L_a 一天的安全壳大气量。注意,在净化管线上安装冗余的与安全相关的回流阻尼器或止回阀,通过它们防止管线的回流,将会大大减少在净化隔离期间安全壳大气的损失。如果在净化排气中有与安全相关的过滤器,被认为可以缓解净化释放,那么这些过滤器承受由安全壳增压产生的压力和流量增加(并保持其有效性)的能力需要得到验证。

为了评估隔离安全壳在净化运行时的充分性,通过安全壳净化的释放以特殊方式进行处理。美国核管会(U. S. Nuclear Regulatory Commission,2000,2003a)指出,在其技术规格中的100%反应堆冷却剂活性极限(参见12.5.2.1节)应该被假定是在瞬间释放到安全壳大气中的,作为评估活性源项释放和从净化路径隔离前释放的剂量,该剂量贡献被包括在最大假想事故总剂量中(见12.9.1节)。

美国核管会(2007e)要求对安全壳净化隔离进行不同程度的评估,其中最坏情况是由10 CFR 50,附录K(U. S. Nuclear Regulatory Commission,2017a)分析了应作为源项计算出的燃料损害,除了技术规范中释放的冷却剂活性,还包括预先存在的碘峰(见12.5.2.2节),具体如下:

应该对不同破口尺寸失水事故的辐射后果进行分析,并确定即将启动净化阀关闭的仪表和设定值。放射性计算中的源项应基于10 CFR 50附录K条款下计算,计算的范围是燃料失效和安全壳内裂变产物以及主冷却剂中裂变产物活性的释放。在确定主冷却剂活性时,应考虑预先存在的碘峰。裂变产物混合的安全壳容积应该是合理的,来自上述来源的裂变产物应该假定在阀门关闭所需的最大间隔时间内通过打开的净化阀释放出来,放射性后果应在 10 CFR 100 指导值之内。

这是非最大假想事故的情况,因为应急堆芯冷却系统成功地限制了堆芯的损坏。然而,释放的冷却剂在整个安全壳容积内的均匀混合不会被自动排出,另外,冷却剂不一定 100% 的释放。最重要的是,与 10 CFR 100 进行比较的剂量(U. S. Nuclear Regulatory Commission,2017b)指导值(见 12. 9. 1 节)因为没有进一步的堆芯损坏,所以没有其他剂量做贡献。

在隔离前对净化路径释放的这些评估中,没有一种可能像压水堆弹棒事故一样具有挑战性。对于压水堆弹棒事故,潜在的燃料损伤和冷却剂释放可能与刚刚描述的非最大假想事故的失水事故相当,但是允许的剂量限值要低得多(见 12. 9. 1 节),并且由于小破口和安全壳加压较慢,安全壳隔离所需的时间可能会更长。另外,被释放的冷却剂在整个安全壳内完全混合被认为是可信的(U. S. Nuclear Regulatory Commission,2000,2003a),与文献(U. S. Nuclear Regulatory Commission,2007e)所述的非最大假想事故评估相比,潜在地降低了活性浓度。

12. 6. 2. 2 安全壳外没有隔离的工艺管线故障

核电厂装备了一些携带一回路冷却剂的仪器管线,虽然这些管线可以通过节流来限制泄漏(例如,典型的直径为 0. 25 英寸的管线(U. S. Nuclear Regulatory Commission,2010)),但它们往往不是自动隔离和/或可能只配备一个隔离阀(通常在安全壳外允许进入)。其主要问题是,排放流量将超过反应堆冷却剂系统的正常补水能力。然而,即使过冷水的质量流量高达 3×10^4lbm/(ft^2 · s)(1lbm/(ft^2 · s)= 4. 88243kg/(cm^2 · s))(一个反映非常低焓值的边界值),0. 25 英寸孔板也只能通过约 75gal/min(1gal = 4. 55L)。典型的反应堆冷却剂系统正常补水能力是它的 2 倍。

美国核管会(U. S. Nuclear Regulatory Commission,2010)要求对这样的事故进行放射性评估,但由于仪器管路断裂没有燃料损害的预测,剂量影响结果是可以忽略的。

12. 6. 2. 3 隔离冷凝器泄漏

在早期的沸水堆设计中包含了隔离冷凝器,以便在停堆后用非能动方式立即将热量从反应堆堆芯中移除。在近代它们的功能被反应堆堆芯隔离冷却(RCIC)系统所取代,而余热排出 (RHR)系统的"蒸汽冷凝模式"也被提出,作为在接近运行工况下导出停堆后热量的一种方法。尽管反应堆堆芯隔离冷却可以在没有交流电源的情况下运行,但是这些隔离冷凝器在替换概念上都是能动的。

近年来,在新型轻水堆设计中,人们对隔离冷凝器的概念又有了新兴趣,该系统通过在反应堆关闭后使用反应堆冷却剂和在反应堆上方的淹没管束(在管侧的反应堆冷却剂)建立一个蒸汽冷凝/自然对流循环来运行,壳侧包含一个可以蒸发到环境中的水装量。

反应堆燃料的损坏(例如,反应性的引入和相关的反应堆冷却剂系统压力的增加)可能会损坏隔离冷凝器传热管并且建立一个安全壳旁路,这种情况与压水堆蒸汽发生器的不同之处在于压水堆蒸汽发生器的二回路设计与环境隔离,而隔离冷凝器壳侧设计为对环境开放。需要注意的是,在压水反应堆弹棒事故中,考虑释放路径之一是通过蒸汽发生器(见12.6.7节和12.6.8节),但释放是间歇性的,当压水堆冷却剂系统工况允许过渡到停堆冷却或当应急堆芯冷却系统运行(因为反应堆冷却剂压力边界破口)使反应堆冷却剂系统达到等效状态时,释放可以终止。通过隔离冷凝器的释放有可能是连续的,因此,在设计基准事故放射性评估和隔离冷凝器设计中必须小心谨慎。

12.6.3 主蒸汽隔离阀泄漏

因为沸水堆利用的是直接循环的概念(例如,反应堆中产生的蒸汽直接进入汽轮发电机,在设计上旁路安全壳),并且汽轮发电机和冷凝器本质上是开放的(就是说,冷凝器总是由空气抽气器抽出空气保持负压和低温状态),所以事故发生后主蒸汽隔离阀泄漏(仅沸水堆)一直是一个重要的关注项。通过该路径有可能对最大假想事故放射性评估产生严重的安全壳旁路影响。

由于这种情况,在主蒸汽隔离阀的设计、施工、分析、操作、试验和维护以及该路径其他隔离机制方面投入了相当大的精力。然而,这些阀门的物理尺寸很大,而且主蒸汽隔离阀的使用条件很苛刻。也就是说,由于直径、快速关闭时间、蒸汽的热力学条件和高流速动等因素,这些阀门很难保持在充分的密封状态。另外,冷凝水/给水管道(工质返回反应堆的回路)管径较小,充满水(便于密封,防止活性释放,尽管可能发生部分闪蒸),并可以采用止回阀来防止在管道中回流。因此,这些管道没有受到太多关注。

主蒸汽隔离阀泄漏允许值在核电厂技术规范中有规定,在分析和其他活动中花费了相当大的精力,以证明尽可能大的允许泄漏率,因为泄漏率必须通过监测试验来验证。失败的监测试验具有即时和持久的影响,因为试验间隔(使用美国核管会的批准)越来越多地“基于性能”,也就是说,试验失败现在可能导致试验频率的增加,并对操作和费用产生关联影响。

实施 RG 1.183 最大假想事故源项的最大和最有利的影响之一(U.S. Nuclear Regulatory Commission, 2000)是允许主蒸汽隔离阀有泄漏率。在 RG 1.183 之前,曾尝试过许多方法来减少主蒸汽隔离阀泄漏的剂量影响,例如,相对较长的蒸汽线路的输运延迟用于及时缓解普通安全壳泄漏和主蒸汽隔离阀泄漏剂量贡献,使它们不会成为禁区边界两小时剂量窗口内的附加剂量。但是RG 1.183 的方法提供了一个根本改进,允许在蒸汽管道中有颗粒沉积物(U.S. Nuclear Regulatory Commission, 1998b, 2000, 2006b)。然而,正如美国核管会(2006b)所提出和解释的那样,在主蒸汽管道的沉降速度必须是合理的,理由可能是复杂的(Metcalf, 2002)。最好的做法是使用气溶胶物理程序,如用NAUA(Bunz,1983)和 MAEROS(Gelbard,1982)来确定沉降速率,从而允许对源体积和后续体积中的气溶胶尺寸进行适当的处理。

在 RG 1.183 所涵盖的某些工况下(U.S. Nuclear Regulatory Commission,2000),拟议修订文献(U.S. Nuclear Regulatory Commission,2009a)和 RG 1.195(U.S. Nuclear Regulatory Commission,2003a)中,主蒸汽管道、主冷凝器和空气喷射器排放气体系统在降低主蒸汽隔离阀泄漏剂量影响方面得到肯定。几个运行中 Mark Ⅰ型安全壳的沸水堆已经将上述方法应用于管道和设备,并且取得成功(Nuclear Regulatory Commission,1999a)。与当前的美国核管会管理导则相比,RG 1.183修订版草案对此类条款的限制有更详细的描述。

尽管美国核管会的管理导则目前认为安全壳的干井可能是主蒸汽隔离阀泄漏源头(U.S. Nuclear Regulatory Commission,2000,2003a),目前仍然存在一些担忧,忽视相对较小的反应堆安全壳体积(主蒸汽隔离阀泄漏后可能造成更大活性浓度)可能导致更严重的分析结果(Gauntt 等,2008)。如果干井喷淋能够消除干井大气中的活性,这些担忧和分析就是正确的。

注意:对 RG 1.183 的拟议修订(U.S. Nuclear Regulatory Commission,2009a)规范在主蒸汽隔离阀泄漏处理方面与 RG 1.183 有很大的不同,反映了上述关于假定源体积(干井或反应堆安全壳)的担忧,并严重依赖 Gauntt 等(2008)处理方法来解决这些问题。如果采用 RG 1.183 修订版草案中提出的方法,由主蒸汽隔离阀泄漏重新计算的剂量贡献可能会更大。

鉴于主蒸汽隔离阀泄漏改进后的方案(Gauntt 等,2008)(并提出修订RG 1.183)可能会导致高得令人无法接受的最大假想事故剂量,提出指南似乎建议选择将主蒸汽管道、主冷凝器和空气喷射器排气系统作为获得可接受的分析剂量结果的可行途径。然而,打开通往主冷凝器的通道(从而确保额外的容量发挥作用),实际上放任(并实施)事故后放射性物质进一步扩散到核电厂综合设施中,似乎是获得更好的分析结果的一种理想的方式。准确地说,更仔细地检查反应堆安全壳内放射性行为(例如,干井主蒸汽管道长期垂直运行造成活度浓度梯度潜在的分层现象)似乎是目前更好的选择(Metcalf和 Perez,2010)。

12.6.4 二次安全壳过滤排气

主安全壳的泄漏可以被二次安全壳捕获，二次安全壳保持在负压，因此任何泄漏都将向内泄漏。负压是由通过过滤器排放的排气风机产生的，在大多数情况下，排气被导向一个升高的释放点（烟囱），这样不仅可以被认为是过滤收集的主安全壳泄漏，而且可以被认为是改进了χ/Q（见12.9.3.2节）。

虽然二次安全壳在正常运行期间保持负压，但在事故开始时可能存在一段假设的正压力。正常运行期间用于维持负压的通风系统通常与安全无关，也没有应急电源（与安全相关的备用电源、现场发电机和相关的配电系统）供电。因此，在事故开始时，一般计算会发生正压力瞬态。重新建立足够的负压以证明收集主安全壳泄漏的延迟被定义为所谓“降压时间”，在降压期间，整个二次安全壳被认为是旁路的（见12.6.5节）。

12.6.5 二次安全壳旁路

并不是所有的主安全壳泄漏都可以由二次安全壳收集，例如，用于安全壳的通风管道可以从二次安全壳边界的进气口吸入外部空气，并将其输送到主安全壳。即使隔离阀关闭，它仍然可能泄漏（在设计基准事故放射学评估中，这种阀门被认为是泄漏的），泄漏可能通过二次安全壳而不被收集到环境中。对于这样的路径，泄漏被认为是直接针对环境的，即使是在二次安全壳运行的情况下。

12.6.6 安全壳外的工程安全设施冷却剂泄漏

12.6.1~12.6.5节中讨论了主安全壳泄漏、二次安全壳通风排气、主安全壳和二次安全壳旁路以及沸水堆主蒸汽隔离阀泄漏，释放的放射性通过气体流动（氮气、氧气、氢气和蒸汽的混合物）输送到环境中，对于12.6.7节、12.6.8节和12.6.9节也是如此。只有在这些部分，释放介质是液体冷却剂，至少在放射性碘从液体中分离出来并在安全壳外空气中传播之前是这样的，然后以气态碘的形式释放到环境中。

12.6.6.1 确定渗漏率

事故发生后，每个核电厂都被要求检查工程安全设施系统，该系统可在安全壳外对可能受到污染的冷却剂进行再循环。检查的目的是找出所有可能发生泄漏的地方，检查要点包括任何非焊接连接（如管道或设备上的法兰连接）和阀门填料，对这些点的潜在泄漏量进行估计。这些评估的总量为工程安全设施泄漏放射性评估奠定了基础，并作为整体最大假想事故放射性评估的一部分。然后需要一个监测程序来定期监测泄漏是否在那个值之内,因为它现在是核电厂许可基础的一部分。

为了保守性分析这种泄漏的放射性贡献,美国核管会的管理指南要求在计算剂量影响时,监测泄漏限值乘一个因子 2。

12.6.6.2 放射性碘的分配

与主安全壳外冷却剂泄漏有关的唯一放射性核素是放射性碘的各种同位素,其中最重要的是^{131}I。事故发生后冷却剂中的碘以多种化学形式存在:单质、离子化或一种或多种溶解度不同的化合物。有机碘化物形式(CH_3I)的溶解度相对较好,但溶解缓慢(Karhu,2001)。它是高度挥发性的,通常被认为是不能从安全壳大气中去除的。元素碘(I 在液相,I_2在气相)微溶于水。

从损坏的燃料中释放到安全壳的大部分放射性碘的预期形式是高溶解性的 CsI。因此,任何促进形成稳定、不溶性固体(如 AgI)或高可溶性离子盐(如 CsI)而抑制元素形式的因素将倾向于将安全壳大气或任何与泄漏冷却剂接触的大气中的放射性碘从安全壳中去除(见 12.6.1.1 节)。低 pH 和高碘浓度会使碘平衡向单质形态转移,并鼓励向气相的分配(见 12.6.1.2 节)。

美国核管会管理导则(U. S. Nuclear Regulatory Commission,2000,2003a)要求假定泄漏的主安全壳外冷却剂中至少有 10%的放射性碘通过空气传播并释放到环境中。如果液体在二次安全壳泄漏(或任何与安全相关的结构,如果泄漏,所起作用与二次安全壳泄漏作用一样)和放射碘释放,那么可以同样使用安全系统收集和过滤,然后采取同样措施。

如果在最大假想事故剂量计算的 30 天内,泄漏的安全壳地坑水 pH 值低于 7.0,那么 10%的放射性碘释放限值不再适用,放射性碘通过空气扩散可能会更大。因此,必须使用 Weber 等(1992)的方法重新计算放射性碘的分配,美国核管会已经在许可管理中接受了这种方法(U. S. Nuclear Regulatory Commission,2008)。注意,pH 低于 7 时,既影响安全壳中放射性碘的空气传播,又影响从泄漏的冷却剂中释放放射性碘的份额。如果冷却剂在泄漏点泄漏的数量“闪发”到蒸汽中超过 10%,那么放射性碘释放 10%的限值也是无效的。在这种情况下,假设碘的释放量等于闪发份额。

如果泄漏冷却剂的 pH 值、碘浓度、泄漏冷却剂温度、流出安全壳隔间或结构的最大空气流量以及安全壳地坑水的泄漏量是已知的(例如,二次安全壳外部空气的渗入和强制排气是许可证申办工作的一部分) 或者可以保守和合理地估计,那么可能判定放射性碘分配不到 10%。根据文献(Weber 等,1992),冷却剂工况将在气相和液相之间建立碘浓度的平衡,可释放的最大碘质量将是碘浓度乘离开隔间或结构的空气流量。可以想象,该产物可能少于进入隔间或结构的碘的10%。

12.6.7 一回路至二回路泄漏

压水堆一回路至二回路冷却系统泄漏(仅限压水堆)是一个重要的释放路径,这是在事故条件下将放射性物质直接释放到环境中的两步机制中的第一步,第二步将在下一节中介绍。

只要反应堆冷却剂压力边界完好,一回路冷却剂、二回路冷却剂或从受损燃料中释放出来的放射性物质进入环境的唯一路径就是通过与安全壳大气隔离的通道,主安全壳旁路(如仪表管线)提供了这样一个通道,如12.6.2.2节所述。一回路至二回路的泄漏,其次是安全阀和/或排放阀在二回路侧打开,提供了另一个通道。然而,与仪器管路经常遇到的情况不同的是,二回路通常可以与环境隔离,即使只有单个故障,这一点将在12.6.8节中进一步讨论。

正如12.5.2节和12.5.3节所讨论的,主冷却剂活性水平和蒸汽发生器传热管缺陷的泄漏率都是由核电厂的技术规范控制的。如12.5.2节所述,事故增加一回路冷却剂的活性,而泄漏又会增加蒸汽发生器的活性。各蒸汽发生器的总技术规范泄漏量是如何分配(尤其是一台蒸发器换热管破裂或主蒸汽管道破裂的蒸汽发生器)的,留给分析员最大限度地增加厂内和厂外剂量。还必须注意,确保在放射性分析中使用的一回路至二回路泄漏的体积流量反映出技术规范、试验条件和事故条件在冷却剂密度方面的差异。

12.6.8 蒸汽发生器安全阀/释放阀排放

有许多压水堆设计基准事故(需要进行放射性评估)涉及蒸汽发生器排放(仅限压水堆),包括:

(1) 主蒸汽管道破裂;

(2) 蒸发器传热管破裂;

(3) 弹棒事故;

(4) 堵转事故。

为了进行必要的评估,受损和完好的蒸汽发生器的基本释放模型如图12.2所示。

如12.5.2节中描述的,一回路冷却剂泄漏(蒸汽发生器传热管破裂)传递到蒸汽发生器二次侧的活度是由冷却剂中预先存在的碘和稀有气体决定的,碘的增加是由于瞬态产生的碘峰和事故导致燃料损坏引起的燃料释放。随着一回路到二回路侧泄漏量的增加,可以预测随时间变化的闪发发生,并且闪发的液体中可能发生一些放射性的洗涤。例如,对于蒸汽发生器传热管破裂泄漏,典型的闪发份额是 0.05。如果传热管未被水覆盖,那么所有的活性释放到蒸汽空间。如果传热管被水覆盖,那么只有在闪发部分的活性被直接加到蒸汽空间,根据文献(U.S. Nuclear Regulatory Commission,1978b)其中碘部分的活性可以被认为是一个可洗涤净化系数。稀有气体活性被添加到蒸汽空间,都用统一的净化系数表示所有泄漏和破口流动。对于不闪发的泄漏或破口流动(以及选择性地从闪发部分中去除的碘),剩余的主冷却剂活性被假定经历了无限大的净化系数(它在蒸汽发生器大量水中的积累)。

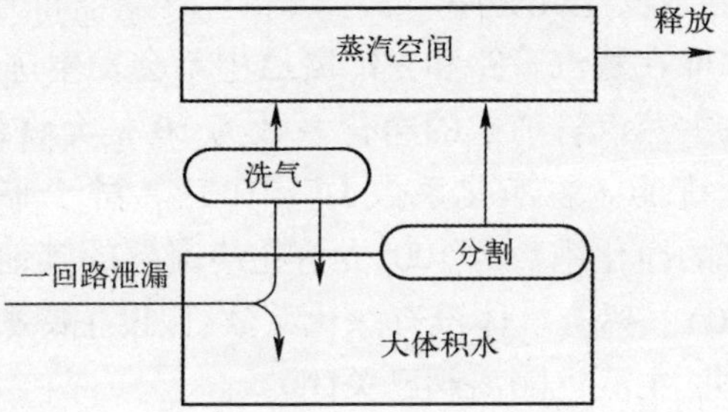

图 12.2　蒸汽发生器放射性碘释放模型(来自文献
(U.S. Nuclear Regulatory Commission,2000,2003a))

压水堆核电厂设有程控安全阀,保护作为压力容器的蒸汽发生器(这是任何压力容器,无论是核容器还是非核容器的要求)。这些程控高压安全阀在设计基准事故条件下保持关闭状态是正常的,根据程序,它们不能被隔离。电动释放阀(PORV,有时称为大气释放阀)用于控制蒸汽发生器的压力,既可自动开启(通常在无载荷蒸汽发生器运行压力和程控安全阀的最低设定值之间的中间位置),也可手动开启。手动控制功能允许蒸汽发生器以规定的速率控制减压。电动释放阀流道允许有一个隔离阀,如果打开它,可以隔离流道并且一个备用电动释放阀用于冷却。

随着冷却进行,蒸汽从蒸汽发生器中释放出来,这可能是有意为之,也可能是事故的结果。当压力降低时,蒸汽发生器水装量发生相变。当大量水发生相变时,碘被释放出来。假设碘分配系数为 100,存在于水和蒸汽空间之间。换句话说,蒸汽空间中的碘有一个假定的浓度(以质量为基准),等于液体中碘浓度的 1%。按体积计算,当量碘分配系数将比相当质量的值大一两个数量级,这是由于气液比体积的比值超过了感兴趣的工况范围。但是以质量为基准的分配值为 100 时意味着,当给定质量的水以蒸汽的形式离开时,99%的碘被假定留在了水中。

稀有气体完全不保留在水中,其他活性(非稀有气体、非碘)在水中积累,并且由液体携带释放。典型情况是小于1%的液体携带量(从蒸汽发生器流出的蒸汽质量流量假定小于1%的水)。从物理上讲,大多数液体携带都发生在冷却期间的电动释放阀打开和关闭的时候。

美国电力研究院电力要求文件(EPRIURD)(Electric Power Research Institute,1999)鼓励先进轻水堆设计人员在核电厂对设计基准事故中,特别是蒸汽发生器传热管破裂事故的反应过程中排除(或至少限制)程控安全阀的开启。如果这些阀门没有打开,那么重新关闭就不会出现故障。通过这种方式,隔离能力的缺乏不太可能导致安全壳旁路。

注意:通常压水堆在蒸汽管路和主冷凝器中不会发生这种情况。然而,对于沸水堆掉棒事故,在主蒸汽管道碘的净化系数为10是允许的,在主冷凝器中净化系数为10也是允许的(总净化系数DF=100)。对于非稀有气体或非碘活性,允许主蒸汽管道的净化系数为100,允许主冷凝器的其他净化系数为100(总净化系数DF=10000)。稀有气体没有净化系数,假设主冷凝汽器泄漏率为每天1%(假设核电厂停机,主蒸汽隔离阀已关闭)。

12.6.9 乏燃料池泄漏

目前分析乏燃料池泄漏(燃料装卸事故)的趋势是,除了受损燃料淹没之外,不把任何缓解因素考虑在内。并将分析限制在没有“最近辐照”的燃料上(如核电厂技术规范中定义的),它可以装卸燃料而不考虑主安全壳、二次安全壳、燃料厂房或任何工程安全设施系统的运行状态,这些可在燃料装卸事故的后果缓解中发挥作用。放宽可操作性以换取一定的移动燃料最小衰变时间问题已在12.5.10节讨论。

RG 1.183(U.S. Nuclear Regulatory Commission,2000)和 RG 1.195(U.S. Nuclear Regulatory Commission,2003a)提供了允许的净化系数,适用于从受损燃料中释放的非稀有气体和非有机碘成分。根据这两项管理导则,只要在受损燃料上方存在23英尺的最低水深,放射性碘释放的总体净化系数为200,这意味着,释放的元素碘部分的净化系数为285。没有净化系数适用于稀有气体的释放。如果23英尺的水深要求达不到,那么元素碘的净化系数必须根据文献(Burley,1971)调整并且对总放射性碘净化系数重新计算。

元素碘净化系数随水的深度增加呈指数级变化,即净化系数 $DF = e^{KH}$,其中 K 为常数,H 为水深,在23英尺深度下产生的净化系数DF值为285的 K 值为0.246/英尺。根据这个公式,可以确定其他深度的元素碘净化系数,并适用于假定以元素形式从燃料中释放出的总放射性碘的99.85%,燃料释放的总放射性碘的剩余0.15%(以有机形式)没有净化系数。因此,在水深23英尺的情况下,总的净化系数是200,从燃料池中释放的放射性碘的化学形式是70%的元素碘和30%的有机碘。除非有更长的时间间隔,否则放射性碘(和稀有气体)释放到环境中的时间假定为2h。

上面描述的燃料装卸事故建模的简易性是突出的。可接受的禁区边界和低密度人口区剂量只需一个简单的电子表格就可以计算出来。然而,控制室的剂量可能更具挑战性,可能需要更复杂的分析。

燃料装卸事故的辐射剂量对禁区边界和控制室的辐射剂量限值是可比较的,即RG 1.183(U. S. Nuclear Regulatory Commission,2000),禁区边界剂量限值仅比控制室的剂量限值高25%(见12.8.1节和12.9.1节)。然而,禁区边界短期χ/Q(见12.9.3节)通常是控制室χ/Q的一小部分(例如,20%)(见12.8.2.3节),如果控制室没有工程安全设施(如进气或再循环过滤)对禁区边界剂量限制,满足控制室剂量限制更加困难。在一个没有控制室工程安全设施的例子中,禁区边界辐射剂量为其极限的13%,但控制室辐射剂量为其极限的68%(U. S. Nuclear Regulatory Commission,2008)。如果控制室短期χ/Q高于50%(完全在正常值的范围内),则控制室工程安全设施的情况分析将可以接受。

燃料装卸事故的控制室事故响应(隔离和通风过滤)可能会因为其他工程安全设施停机计划而变得复杂(例如,缺少与应急堆芯冷却系统启动或安全壳隔离相关的自动控制室隔离)。因此,有必要依靠在正常控制室进气直接测量放射性来实现隔离,或在燃料装卸作业期间保持控制室处于预隔离状态,以确保对工程安全设施可用。

12.7 放射性后果分析-总则

对设计基准事故放射性进行评估,核电厂工作人员和公众的射线照射被认为以下三种方式进行:吸入活性的内部照射,淹没在空气活性的云中外部辐射(有或没有中间屏蔽,例如混凝土屋顶等),或内含放射源的外照射(例如,放射性污染的过滤器)。不过,由于禁区边界的巨大尺寸以及它们与内含放射源之间的相应距离,一般不适用于公众人员。需要注意的是,由地面污染和摄入而引起的接触不包括在设计基准事故的放射性评估中(分别参见12.9.4.2节和12.9.4.3节)。

文献(U. S. Nuclear Regulatory Commission,2000,2003a)里的一系列的附录,涵盖了特定的设计基准事故。在这些附录中,详细说明了哪些设计基准事故的假设和分析方法是可以被美国核管会的审核人员接受的。

对于在一个给定的控制体积或在一个放射性烟羽释放控制体积的吸入或浸

没照射,一个必须计算的关键变量是第 j 个放射性核素的空气中活性,此活性位于控制体积 $A_{i,j}$(i 为控制体积索引)或放射性核素的活性向大气中释放率的控制体积 $w_{i,j,m}$(例如,节点 $m=M_{\text{atm}}$ 释放大气中)。为了解决这一问题,建立了一个常系数线性微分方程组,该方程组中控制体积通过节点相互连接。假设系数在一段时间间隔 t 内保持不变,该控制体积内的活性变化率可以概括为

$$\mathrm{d}A_{i,j}/\mathrm{d}t=W_{\text{in},i,j}+W_{\text{inc},i,j}+\lambda_{d,j}A^{\text{p}}_{i,j}-W_{\text{out},i,j}-W_{\text{removal},i,j}-\lambda_{\text{d},j}A_{i,j} \tag{12.4}$$

式中:$A_{i,j}$为第 j 个放射性核素在第 i 个控制体积中的空气活度;$W_{\text{in},i,j}$为单位时间内进入第 i 个控制体积放射性核素的活性的总和;$W_{\text{inc},i,j}$为先前第 i 个控制体积中放射性核素的增长率的总和;$\lambda_{\text{d},j}$为第 j 个放射性核素的衰变常数(单位时间分数);$A^{\text{p}}_{i,j}$为该放射性核素的第 i 个控制体积中的空气活度;$W_{\text{out},i,j}$为单位时间内退出第 i 个控制体积的放射性核素活性的总和;$W_{\text{removal},i,j}$为第 j 个放射性核素在第 i 个控制体积中的活度,随时间变化的浓度为 $A_{i,j(t)}/V_i$,其中 V_i为第 i 个控制体积的自由体积。

进一步发展上面定义的 $W_{\text{in},i,j}$项:

$$\begin{aligned}W_{\text{in},i,j} = \sum_{k=1}^{K} w_{i,j,k}(1-f_{j,k})/\text{DF}_{j,k} + \lambda_{\text{R},j,k}A_{j,k} + f^{\text{p}}_{\text{R},j,k}\lambda_{\text{d},j}A^{\text{p}}_{j,k} + \\ \lambda_{\text{R},i,j}A_{i,j,\text{rec}} + f^{\text{p}}_{\text{R},i,j}\lambda_{\text{d},j}A^{\text{p}}_{i,j,\text{rec}} + Pc_j(t)r_{i,j}\end{aligned} \tag{12.5}$$

式中:$W_{i,j,k}$为空气活性从另一个控制体积穿过第 k 个节点并终止于第 j 个放射性核素的第 i 个控制体积的速率(简单地说就是结合部体积流速和第 j 个放射性核素的上游控制体积浓度的乘积);$f_{j,k}$为第 k 个交界处第 j 个放射性核素的节点过滤效率;$\text{DF}_{j,k}$为第 k 个交界处第 j 个放射性核素的净化系数;$A_{j,k}$为第 j 个放射性核素被困在第 k 个节点过滤器上的活度;$\lambda_{\text{R},j,k}$为第 j 个放射性核素被困在第 k 个节点过滤器上的再演化/再悬浮速率;$A^{\text{p}}_{j,k}$为捕获在第 k 个节点过滤器上的第 j 个放射性核素的母核的活度;$f^{\text{p}}_{\text{R},j,k}$为被困在第 k 节点过滤器上的放射性母体形成的衰变子核(第 j 个放射性核素)的释放份数;$A_{j,k,\text{rec}}$为第 j 个放射性核素在第 i 个控制体积中困在循环过滤器上的活度;$\lambda_{\text{R},i,j}$为第 i 个控制体积循环过滤器上第 j 个放射性核素的再演化/再复苏速率;$A^{\text{p}}_{i,j,\text{rec}}$为第 j 个放射性核素的放射性母体在第 i 个控制体积中被困在循环过滤器上的活度;$f^{\text{p}}_{\text{R},i,j}$为第 i 个控制体积中被困在再循环过滤器上的放射性母体形成的衰变子核(第 j 个放射性核素)的释放份数;P 为堆芯功率水平;$c_j(t)$为反应堆关闭后第 j 个放射性核素的随时间变化的堆芯存量,按堆芯功率归一化(通常称为"堆芯存量",参见 12.5.1 节);$r_{i,j}$为第 j 个放射性核素在给定时间间隔内对第 i 个控制体积的部分释放率。

式(12.4)中的 $W_{inc,i,j}$ 项主要是为了完整性而包含在内，一些放射学评估模型在程序结构中包括这样一项，因为重新进化或恢复先前储存的活性总是可能的。然而，在设计基准事故放射评估中，唯一被认可的重新进化的潜力来自安全壳中累积水 pH 值的降低(参见 12.6.1.2 节)。pH 值低于中性时，放射性碘的再演化是可能的，$W_{inc,i,j}$ 项提供了一种从控制体积水储存的存量中除去放射性碘并将其重新引入相应空气空间的方法。这一项也提供了一种方法，从沉积卤素的衰变引入稀有气体衰变子体到控制体积空气空间。同样，$\lambda_{R,j,k}A_{j,k}$ 和 $f^{p}_{R,j,k}\lambda_{d,j}A^{p}_{j,k}$ 在方程(12.5)中提供再演化和/或再悬浮能力，以抑制节点型过滤器的活性，正如变量 $\lambda_{R,i,j}A_{i,j,rec}$ 和 $f^{p}_{R,i,j}\lambda_{d,j}A^{p}_{i,j}$，表示完全位于第 i 个控制体积内的再循环(或"肾脏")过滤器的活性。如果过滤器衰变热超过设计值，或者通过过滤器的空气流量太低，无法提供足够的冷却，这些变量就会起作用。然而通常情况下，如果这些特征建立在模型中，它们仅用于释放稀有气体作为衰变子体。

连接处活性的去除可以使用过滤器或简单的净化系数建模，这种方法的不同之处在于，被过滤器去除的活性被跟踪，并可重新引入第 i 个节点的空气空间。该活性也可在程序输出中确定过滤器加热和/或辐射。

式(12.4)和式(12.5)中的 $\lambda_{d,j}A^{p}_{i,j}$ 表示子体内生长，需注意，这一项的存在需要对父系节点和子系节点式(12.4)的解进行耦合。由于这种复杂性，为了产生可接受的精确剂量结果，需要对包括父系-子系-孙系方案的数量进行评估，以便加快程序运行速度。换句话说，不重要的衰变链(对计算剂量贡献很小的链)应该被省略。

表 12.2 显示了潜在的重要衰变链，基于美国核管会赞助的 RADTRAD 程序的结构和输入(U. S. Nuclear Regulatory Commission, 1998a, 1999b, 2002)。

表 12.2 重要衰变链

^{85m}Kr→^{85}K	^{99m}Tc→^{99}Tc	^{132}Te→^{132}I *	^{144}Ce→^{144m}Pr, ^{144}Pr
^{87}Kr→^{87}Rb	^{103}Ru→^{103m}Rh	^{131}I→^{131m}Xe	^{147}Nd→^{147}Pm
^{88}Kr→^{88}Rb *	^{105}Ru→^{105}Rh *	^{133}I→^{133m}Xe, ^{133}Xe *	^{239}Np→^{239}Pu
^{90}Sr→^{90}Y *	^{106}Ru→^{106}Rh	^{135}I→^{135m}Xe, ^{135}Xe *	^{238}Pu→^{234}U
^{91}Sr→^{91m}Y, ^{91}Y *	^{127}Sb→^{127m}Te, ^{127}Te *	^{135}Xe→^{135}Cs	^{239}Pu→^{235}U
^{92}Sr→^{92}Y *	^{129}Sb→^{129m}Te, ^{129}Te *	^{138}Xe→^{138}Cs **	^{240}Pu→^{236}U
^{93}Y→^{93}Zr	^{127m}Te→^{127}Te	^{137}Cs→^{137m}Ba *	^{241}Pu→^{241}Am, ^{237}U
^{95}Zr→^{95m}Nb, ^{95}Nb *	^{129m}Te→^{129}Te, ^{129}I	^{140}Ba→^{140}La *	^{241}Am→^{237}Np
^{97}Zr→^{97m}Nb, ^{97}Nb	^{129}Te→^{129}I	^{141}La→^{141}Ce *	^{242}Cm→^{238}Pu
^{99}Mo→^{99m}Tc, ^{99}Tc *	^{131m}Te→^{131}Te, ^{131}I *	^{143}Ce→^{143}Pr *	^{244}Cm→^{240}Pu

对美国核管会推荐的39条衰变链进行了审查,其中一些被判定为相对不重要。19个子系的放射性核素辐射剂量影响太小,不值得关注(这些相对无关紧要的放射性核素以灰色显示)。在另外17个子系中,至少有一个衰变子系被确认为足够重要,使得在设计基准事故放射性评估中包含衰变链成为必要,这些衰变链以“*”表示。在另外一种情况下(用“**”标记),衰变链从美国核管会的建议中省略了,但在一项独立审查中发现是重要的。其余8条衰变链(呈现在灰色背景的子系中)涉及重要的放射性核素,但发现衰变链本身贡献很小。例如,衰变链$^{131}I \to ^{131m}Xe$包含两个重要的放射性核素,但分支份额小于0.004,即大多数^{131}I直接衰变成稳定的^{131}Xe。省略的两个衰变链($^{127m}Te \to ^{127}Te$和$^{129m}Te \to ^{129}Te$)涉及子系,使微分方程组的解变得非常复杂,计算剂量变化很小。还可以注意到,在这8条相对不重要的衰变链中,有4条是锕系化合物,它们相对不活泼,从核中释放的份额也相应很低。总之,有18条衰变链是必要和充分的,省略它们将对计算剂量产生影响,而同时包括其他衰变链则基本上不会产生影响。

如12.5.1节所述,大约有70种放射性核素具有足够大的剂量影响,值得列入设计基准事故放射性评估。剂量影响由堆芯活性的大小、释放份额的尺寸和生物影响决定(由12.2.6节定义的放射性核素的剂量转换因子决定)。如12.5.1节和12.6.1节所述,这些放射性核素被分为几组,预计它们会表现出类似的释放份额和迁移行为,也就是说,它们的去除率与适用于每种去除机制的去除率相同。卤素分为三个亚组:颗粒、元素和有机,这些形式中的每一种都被视为一个独立的组,换句话说,微粒形式的^{131}I,元素形式的^{131}I和有机形式的^{131}I被当作三种不同的放射性核素处理。

再次参照式(12.4),活性率通过节点$m=1 \to M$离开第i个控制体积到其他控制体积或大气的控制控制体积简单表示为

$$W_{\text{out},i,j} = \sum_{m=1}^{M} w_{i,j,m} \tag{12.6}$$

式中:$w_{i,j,m}$为第i个控制体积中的第j个放射性核素活度浓度与离开控制体积的第m个节点处的体积流量的乘积。

最后,除去第i个控制体积内的第j个放射性核素有几种可能,一种是简单衰变,比如$\lambda_{d,j}A_{i,j}$;另一种是通过内部再循环过滤器或几种能动和非能动沉积机制去除,如12.6.1.1节所述。沉积的材料可能会附着在过滤介质、控制体积的边界或内表面,或者在控制体积内积聚的水中结束。去除率表达式为

$$W_{\text{removal},i,j} = A_{i,j}\left(\lambda_{\text{a}\to\text{s},i,j} + \lambda_{\text{a}\to\text{w},i,j} + \frac{F_{i,\text{rec}} f_{i,j,\text{rec}}}{V_i}\right) \tag{12.7}$$

式中:$\lambda_{\text{a}\to\text{s},i,j}$为第$j$个放射性核素在第$i$个控制体积表面的沉降速率;$\lambda_{\text{a}\to\text{w},i,j}$为第$j$

个放射性核素在第 i 个控制体积水中的沉降速率;$F_{i,rec}$ 为在第 i 个控制体积中通过循环过滤器的容积流量;$f_{i,j,rec}$ 为第 i 个控制体积中第 j 个核素的再循环过滤效率。

将一个特殊的控制体积定义为在其建模中不包含衰变、迁移或子代生长的"环境"是很有用的。这种特殊的控制体积被设计用来累积所有随时间释放到环境中的放射性活性,从而提供了一种检查总体放射性核素"平衡"和场外剂量计算的方法。除非使用节点净化系数,否则放射性核素核算中不应"损失"放射性核素的活性;除非放射性核素从堆芯释放(或与冷却剂)或子体生长,否则活性不应增加。

式(12.4)~式(12.7)所描述的常系数线性微分方程组可以通过在区间 $t \to t+\Delta t$ 上的数值积分,或通过两种方法的组合更快地精确求解(简化大大限制了灵活性)。Δt 通常称为"宏观"时间步长,以区别于用于获得收敛数值解的"微观"时间步长。无论采用何种解析解方法,放射性评估程序所使用的方程组都是相似的,或多或少地与上述公式相同。有些程序包含的特征比其他程序多,但在解如何被组织上存在差异。例如,美国核管会赞助的 RADTRAD 程序将输运和放射性衰变解分离开来,因为它们很复杂,而且程序在计算上非常高效。然而,在宏观时间步结束时处理全局衰减,一些细微之处可能会被忽略,例如,如果非过滤性 ^{88}Kr(稀有气体)从控制体积被释放到大气中,通过过滤器接口进入控制室,很大一部分的 ^{88}Kr 在控制室在给定的宏观时间步长和下一步开始时可能突然转化为更具有放射性的 ^{88}Rb,^{88}Rb 的存在可以大大增加操纵员在下一个间隔时间的剂量率。现实中,在宏观时间步长内具有高化学活性的 ^{88}Rb 通过控制体积"上游"的 ^{88}Kr 衰变形成,将可能以空气吸入过滤形式出现在控制室,因而大部分会在进入的空气流中被去除,不会进入控制室。尽管如此,正如前面所提到的,各种放射性分析程序的基本功能是非常相似的,上面提供的描述符合本节的目标,为后面 12.8 节和 12.9 节的讨论提供参考和背景。

12.8 现场放射性后果分析

现场放射性后果分为三类:控制室操作人员的剂量评估、技术支持中心工作人员的剂量评估和在控制室以外在核电厂综合大楼内完成任务的工作人员的剂量评估。后一种评估是证明事故后重要区域有足够疏散通道。

12.8.1 辐射剂量度量和剂量限值

通用设计标准 19(U. S. Nuclear Regulatory Commission,2017c)要求:

"应提供足够的辐射防护,允许在事故条件下进入控制室和使用控制室,在事故持续期间,人员受到的辐射剂量不超过全身 5rem① 或相当于该剂量身体任何部分的辐射剂量。"修订后增加了选项"应提供充分的辐射防护,以确保辐射照射不超过 0.05Sv(5rem)总有效剂量当量(TEDE),在事故发生期间"。

这项修订规定了可替代源项的应用。

在确定计算剂量符合规定的限值时,整个身体剂量转换因子均来自文献(U. S. Environmental Protection Agency,1993)表Ⅲ.1,指定的"有效"值是可接受的全身剂量代用值。对于已采用可替代源项的核电厂,适用 0.05Sv 总有效剂量当量限值。为了证明符合这一限值,必须将外照射的深度剂量当量加到承诺有效剂量当量上,以获得总有效剂量当量。使用相同的文献(U. S. Environmental Protection Agency,1993)表Ⅲ.1 获取深度剂量当量的"有效"剂量转换因子是可以接受的,即使这样做并不严格正确(因为深度剂量当量不应该影响皮肤剂量)。关于深度剂量当量贡献的剂量转换因子可参阅文献(美国环境保护署,1988)的表 2.1 从栏中被鉴定为"有效"。

应该注意的是,联邦指南报告 15(U. S. Environmental Protection Agency,2018)已经准备取代文献(U. S. Environmental Protection Agency,1993),但是还没有纳入美国核管会的管理导则中。当前 DCFPAK 3.02 的外部照射(Eckerman 和 Leggett,2008)继续基于文献(U. S. Environmental Protection Agency,1993)的成人模型,但更新了核衰变数据。同样,国际辐射防护委员会报告 68、报告 72 和报告 103 也发布了吸入剂量换算方法的改变文献(International Commission on Radiological Protection,1994,1995,2007)。随着这些文件被接受并纳入美国核管会管理导则,它们将使用联邦指南报告 11 和联邦指南报告 12 取代当前的法规。

对于最初使用文献方法获得许可证的核电厂(Nuclear Regulatory Commission,1970a,1970b)(现在的文献(U. S. Nuclear Regulatory Commission,2003))和没有采用替代源项的国家,必须满足整个身体"相当于身体任何部分"的 5rem 限值的必然要求被解释为包括甲状腺的 50rem 和皮肤的 50rem 限值。对于甲状腺剂量,剂量转换因子来自文献(U. S. Environmental Protection Agency,1988)的表 2.1(列标识为"甲状腺")。对于皮肤剂量,可以使用相同文献表Ⅲ.1 中的剂量转换因子(列标识为"皮肤")。为计算控制室和技术支持中心剂量,"事故持续时间"被定义为活性释放开始后 30 天。

12.8.2 控制室

控制室是操纵员减少设计基准事故操作的主要场所,咨询人员和专家可在

① 1rem = 0.01Sv。

技术咨询中心工作，核电厂工作人员也可在核电厂综合设施的其他地区执行任务，但是控制室是事故缓解活动的中心。

12.8.2.1 预隔离阶段

在设计基准事故之前和早期阶段，控制室是不会被隔离的。设计基准事故分析的一个重要发现是事故条件将产生信号以导致控制室产生隔离的时间，如果控制室进气口或其他位置（如安全壳）的辐射水平引发控制室隔离，设计基准事故分析将确认相关设定值的适当性。在隔离前阶段，剂量分析假定控制室通风系统正常运行，去除空气中放射性的进气过滤器通常不运行或不可用，除非操作规程明确要求其运行（例如，在换料的早期，操作规程可能要求控制室在最初装卸乏燃料时隔离）。

在控制室隔离只取决于摄入辐射水平的情况下，明智的做法是考虑最坏情况的活性浓度的边界不太可能代表实际情况，例如，大气弥散度可能比设计基准事故放射性评估中使用的保守值好得多，或者实际释放量可能更小。仅低于隔离阈值的活性浓度实际上可能比导致隔离的高得多的浓度产生更高的控制室操纵员剂量，进气监测设定值应考虑到这种可能性。

12.8.2.2 隔离后阶段

当核电厂工况需要控制室隔离时（根据规程手动或自动），许多设施可能启动，例如，进气和/或再循环过滤，可以自动或手动选择污染最小的远程进气开关。无论在线的设施是什么，在设计基准事故剂量分析中，只有与安全相关的设施可以信任，并且必须应用单一故障准则来定义被分析的设备配置。除非厂外电源的持续可用性实际上造成了一个不太有利的核电厂配置，否则厂外电源应该被认为是不可用的。

1）过滤后的空气补充

通常，事故发生后提供给控制室的补充空气是经过过滤的，也可以采用远程进气（与普通进气不同并将进气分开，这样两种进气不会同时受到污染）。采用进气过滤器，控制室内可过滤核素的平衡浓度不受衰减影响，简单表示为$\chi(1-f)$，其中χ为进气处的活性浓度（本例中假设为常数），f为进气口过滤器效率。组成的特征是$1-e^{-(F/V)t}$，其中F是进气流量（假设常数），V是控制室容积。换句话说，对于上述假设，当$\chi t=3V/F$时控制室的浓度χ达到约95%。如果控制室通风提供0.5次/h换气（典型值），则需要大约6h才能在控制室内达到平衡浓度。

一般来说，最好是尽量减少对控制室的补充空气。高的空气补充率可能会增加压力和防止无过滤的泄漏，但是高的空气补充率也会带来更大的放射性水平。理论上，忽略放射性衰变，如果在进气处有一个恒定浓度的不可过滤活性χ，控制室补充率与控制室容积(空气)的比值 N,活度浓度 A 作为控制室时间的函数为 $A(t)=\chi-\chi e^{-Nt}$,其中 $t=0$ 是活度浓度到达进气口时间。通过将进气浓度 χ 和 $A(t)$ 从 $t=0$ 积分到 $t=t$(其中 T 是假设进气活度浓度为零的阶跃函数时间),控制室空气吸入的积分浓度为 χT,而控制室内 $\int A(T) = \chi T - \chi(1 - e^{-NT})/N$。

当 $t>T$ 时,控制室内活性浓度从 T 处开始降低,即 $A(T)=\chi(1-e^{-NT})$。在上述假设下,控制室内浓度从 $t=T$ 到 $t=\infty$ 的积分为 $\int A(t) = \chi(1 - e^{-Nt})/N$。有趣的是,如果这个积分浓度被添加到控制室从 $t=0$ 到 $t=T$,结果 $A(t)=\chi t$,这与控制室进气口的积分浓度相同。从理论上讲,控制室提供的不可过滤活性没有任何好处,因为一旦活性不再出现在进气口而是继续出现在控制室内部,那么延迟照射就变成了控制室操纵员的长期照射。当然,那时对控制室进行大容量净化可能是有帮助的,但更重要的是,这一评估没有反映出两个重要的影响:①有限的控制室容积会减少控制室人员外部照射,即使积分浓度相同,即 $A(t)=\chi t$;②放射性的迅速衰减(特别是释放稀有气体在前半天内就损失了 90%左右的剂量)意味着稀有气体对 $\chi(t)$ 的贡献一般会随着时间推移而大幅度降低。因此,$A(t)$ 早期的值要比后期的值重要得多,重要的是要保持空气补充率尽可能地低,与控制室人员足够多的增压和氧气供应保持一致。

2) 未经过滤的泄漏

放射性污染也可以从控制室围护结构周围区域穿过围护结构边界泄漏进入控制室,当控制室围护结构周围的空间压力超过控制室围护结构内部的局部压力时,这种渗漏就会发生。

加压控制室的典型设计正压力为 0.125 英寸水柱,这样的压力只是正常建筑空气交换的典型通风驱动压差的一小部分(0.3 英寸水柱通常被用作进行此类评估的参考值)。因此,“加固”控制室(如果存在)的结构中透风性更强的部分,可以被加压到一个介于该结构周围正压和负压之间的值;也可能有其他局部内漏的可能性,例如,如果再循环过滤系统的布置方式在最后一个滤芯和风机之间的过滤序列箱构成了控制室围护结构的一部分,那么过滤箱周围区域未经过滤的空气就可能进入低压区。由于进气过滤可以把过滤放射性核素的浓度降低 20~100 英尺^3/min,因此在这个意义上,10 英尺^3/min 的未过滤渗入相当于 200~1000 英尺^3/min 的过滤渗入。因此,即使是少量未经过滤的内漏,也会对操纵员剂量产生重大影响。

(1) 定义控制室包络边界。

提供有关控制室围护结构和相关系统、结构和部件的定义、维护和检查的所有必要细节将超出本章的范围。美国核管会(U.S. Nuclear Regulatory Commission,

2003b)和核能研究院(Nuclear Energy Institute,2003)就这些问题提出了监管和行业指南。利用这些指南文件,在电力研究院和 NHUG 等行业组织的额外投入下,每个美国核电厂的许可方都开发并维护了控制室的宜居性计划以解决这些问题。

(2) 控制室泄漏率试验。

20 世纪 90 年代进行的示踪气体研究表明,即使控制室满足其设计正压规范,未经过滤的渗漏也超过控制室设计基准事故剂量评估中假定的值。这一看法导致了若干管制和行业指南文件的产生,如上述文件。特别是,需要定期进行示踪气体检测以测量未经过滤的内漏。

人们从这些试验中吸取了许多教训,文献(ASTM International,2017)提供了试验性能的协议,尽管存在其他协议。进行试验的一个关键因素是要确保有足够的时间来达到示踪气体平衡,使用文献(ASTM International,2017)中的协议,在示踪气体分布和浓度方面,任何未能在控制室达到平衡的结果都将导致未过滤内漏的高估。

3) 控制室人员的进出

未经过滤泄漏的一个特殊来源是人员进出控制室门的开启和关闭。通常情况下,正常的入口是通过前厅布置,其中有两个门串联,这两扇门不能同时打开,这样的布置使控制室外围的增压更容易维持。在达不到美国核管会审核人员满意的布置的情况下,管理导则(U. S. Nuclear Regulatory Commission,2007)建议:假设 10 英尺^3/min 无过滤内漏为有效平均值。因此,必须知道或保守地估计紧靠门外区域(通常是走廊)活性的浓度。

4) 再循环过滤

再循环过滤可以看作进气过滤的一种替代或补充。作为一种替代,它似乎没有提供那么多的好处。为了说明,控制室中放射性核素平衡浓度(假设χ、F 和 F'保持不变,$f'=f$ 以及 F'为再循环流量,f'为再循环过滤效率)是$\chi F/(F+F'f')$,为了对比以前的吸入过滤计算公式是$\chi(1-f)$。由于$f'=f$ 通常在 0.95~0.99,很容易看出 F'必须大于 F,才能使 $F/(F+F'f')$ 大于$(1-f)$。事实上,要使它们相等(假设$f'=f$),f 必须等于 $F/(1-f)$。然而,再循环过滤的一个潜在优势是它可以限制未经过滤的渗漏的负面影响,也有助于去除自由进入控制室的稀有气体(如^{88}Rb)的可过滤衰变子体。

后一点引出了另一个问题,衰变发生在原子层级上。^{88}Kr 到^{88}Rb 的衰变产生一个铷原子,不一定是一个可过滤的粒子。典型的高效微粒空气过滤器被指定去除一定比例的进入颗粒,假设尺寸为 0. 3μm,因为这是最难去除的尺寸(因为实际的去除机制因尺寸而异),例如,处理小于 0. 3μm 病毒颗粒的微生物过滤器通常比声称处理 0.3μm 颗粒的微生物过滤器表现出更高的过滤效率。而小于 0.01μm 时,颗粒表现得更像气体,去除气体活性则需要另一种方法,例如,以甲基碘(CH_3I)形式存在的气态放射性碘需要活性炭吸附才能去除。分子碘(I_2)也是气态的,但由于元素碘具有化学反应性,它更有可能形成 CsI 等化合物,在控制室的条件下 CsI 是固体。铷也是固体,而且(作为碱金属)有很高的反应性。问题是由氪衰变形成的铷(或由氙衰变形成的铯)是否会与其他固体结合,和/或与已经存在的粒子反应成为可过滤的。由于控制室中的气溶胶浓度较低,因此这是一个具有挑战性的问题。

可过滤的气溶胶也可以通过沉积而沉降。在目前的分析中,一般认为控制室中除通过再循环过滤或流出外,不存在气溶胶的去除。如果沉降也包括在分析中,短期吸入剂量会更低,但控制室表面的活性仍将继续,随着时间的推移,增加操作人员的外部照射。再循环过滤(在条件合适时增加空气补充或控制室净化)可以确保控制室中未屏蔽沉积物所引起的外部照射不会发生或最小化。

总的来说,分析人员需要考虑控制室中衰变子体的影响,以确保所有潜在的剂量影响都被考虑在内。

12.8.2.3 控制室剂量评估

自 1971 年起,通过设计基准事故工况,控制室宜居性的证明成为一项法规要求。通用设计标准 19(U.S. Nuclear Regulatory Commission,2017c)声明如下:

“应提供足够的辐射防护,允许在事故条件下进入控制室和使用控制室,在事故持续期间,人员受到的辐射剂量不超过全身 5rem 或相当于该剂量身体任何部分的辐射剂量。”

如 12.8.1 节所述,后续变更(U.S. Nuclear Regulatory Commission,2017c)将剂量标准从全身 5rem 修改为总有效剂量当量 5rem。

1) 控制室χ/Q

参考式(12.6),但将该式特别用于向环境释放活性的控制体积,在第 i 个控制体积通过节点 $m=1\to M$ 释放的第 n 个环境位置的第 j 个放射性核素的大气浓度仅为

$$\chi_{i,j,n} = \sum_{m=1}^{M} w_{i,j,m}(\chi/Q)_{m,n} \tag{12.8}$$

注意:χ/Q 在式(12.8)中对于每个环境节点(m)和位置(n)组合都是独一无二的,式(12.8)适用于禁区边界低密度人口区外边界,也适用于控制室的环境(例如,任何位置的活性可以通过控制室的边界交叉封闭)。禁区边界和低密度人口区外边界χ/Q 值的确定在 12.9.3 节进行了说明,本节讨论控制室空气吸入以及控制室的其他相关环境位置的χ/Q 值。如 12.8.2.2 节所述,确定“其他相关环境位置”可能相当具有挑战性。

控制室χ/Q 值一般按美国核管会(U. S. Nuclear Regulatory Commission, 2000,2003a)的要求,使用 ARCON 96 程序(U. S. Nuclear Regulatory Commission, 1997)进行计算。美国核管会管理导则确定,在活性释放开始后 0~8h、8~24h、24~96h 和 96~720h 的时间段内,控制室的χ/Q值均假定为常数。此外,根据 12.9 节讨论的禁区边界模型,通常使用前 8h 的 2h 间隔(χ/Q 较高)来处理最大假想事故最坏情况下大气释放的间隔。

在 ARCON96(及其前身 ARCON95)开发之前,控制室χ/Q 值按照文献(Murphy和 Campe,1974)计算。本节只讨论现行的(U. S. Nuclear Regulatory Commission,1997)ARCON96 方法,但应该注意的是,文献(U. S. Nuclear Regulatory Commission,2003c)第 4 节提出了一种手动计算控制室χ/Q 值的方法,它不依赖 ARCON96 计算机程序,而是采用了文献(Murphy 和 Campe,1974)的方法。

控制室χ/Q 的计算之所以不同于专业人员关注的厂外位置(如禁区边界、低密度人口区外边界)的计算,是因为后者几乎完全由“大气混合”决定,重要的“流体力学”部分用于计算核电厂综合设施内部和外部扩散情况,厂内扩散必须考虑非流线流体的流动(由于流线分离和由建筑物产生的相关紊流而产生的混合)。

场地气象资料是计算大气扩散的出发点,这些数据包括风向、风速和大气稳定性。准备 ARCON96 气象输入的协议见 3.1 节和附录 A(U. S. Nuclear Regulatory Commission,2003c)。

控制室χ/Q 的计算之所以不同于感兴趣厂址外位置(例如,禁区边界、低密度人口区外边界)的计算,是因为后者几乎完全由“大气混合”决定而有重要的“流体力学”部分计算核电厂设施内部和外部扩散情况,厂内扩散必须考虑非流线流体的流动(由于流线分离和由建筑物产生的相关紊流而产生的混合)。在开发 ARCON 96 时,使用风洞和现场试验结果来建立尾流扩散和相关现象(如烟羽流逃逸),以理解和解决在核电厂活性释放后非流线流体流动对控制室(和其他重要核电厂区域)附近活性浓度的影响。结果发现,从释放点开始的前 400m 左右影响最重要,但在此之后,正常的大气混合开始起控制作用。类似的观点可以从 RG 1.145(U. S. Nuclear Regulatory Commission,1983b)中得到,其中附录 A(以假设 G 稳定性为例)的图解显示了方程 1(方程反映了建筑物尾流的影响)在 400m 距离外混合得到了改善(较低的χ/Q 值),这取决于风速。在 200m 时,方程 1 的效益被认为是非常显著的,用χ/Q 计算提高约一个数量级。

ARCON 96 涵盖了许多释放/接受体的几何形状,并且提供了能量释放(高动量和/或浮力烟羽流)的考虑,表 A-2(U. S. Nuclear Regulatory Commission, 2003c)提供了使用 ARCON 96 进行设计基准事故计算时可接受的实践摘要。Harvey 等(2003)为 ARCON 96 的应用提供了额外的指导,它是基于对许多应用程序的监管审查,并强调了已发现误用的领域。

另外两个额外要点如下：

(1) 在一些核电厂设计中，释放阀和安全阀的排放点可能位于相对靠近控制室进气口的地方，在这种情况下，重要的是在 ARCON 96 中输入感兴趣时间段的最小容积排放率。这样的体积流量往往相当大，最小容积流量确定了该时间间隔内活性释放的最小稀释度(最大χ/Q)。只要符合条件，安全/释放阀的排放通常也是能量大的(动量大、浮力大)，烟羽流就会上升(确定有效的释放高度或χ/Q下降因子 5)(见文献(U. S. Nuclear Regulatory Commission，2003c)第 6 节)。需要注意的是，如果有效释放高度是用式 11、式 12 和式 13 计算的(U. S. Nuclear Regulatory Commission，2003c)并且作为 ARCON 96 的输入，则χ/Q的下降因子 5 就不适用。只有在使用物理释放高度的情况下，才可以应用下降因子 5。

(2) 盛行风对控制室χ/Q及相关辐射剂量有显著影响。一旦确定了特定地点的主要风向，就有可能使控制室的进气口相对于活性释放点调整方向，从而使进气口位置的活性浓度降至最低。一些盛行风较强的场地显示，控制室的χ/Q值根据进风方向变化一个数量级。对于厂外放射性评估，这种剂量最小化的方法一般是不可能的，原因是假定受照最多的个体位于最高剂量率(和综合剂量)的点，只指定了径向坐标(到活性释放点的距离)。几乎根据定义，这样的个体会被假设是在盛行方向的下风口。另外，控制室的进气口是物理位置。虽然有许多因素决定了一个给定的核电厂设计在现场的朝向，但控制室进气口相对于释放点的有利位置也应该被考虑。

2) 无大气稀释下放射性到达控制室边界

从控制室围护结构周围区域未经过滤的泄漏存在一个问题，12. 8. 2. 2 节中没有涉及。这个问题是在不考虑大气稀释的情况下，安全壳泄漏达到控制室围护结构边界的可能性。如果核电厂内存在完全的路径(被一些美国核管会工作人员称为“潜行路径”)，这种可能就会实现。当χ/Q为 0. 01s/m^3(控制室进气量的一个相对较大的值)仍相当于超过 20 万英尺^3/min 的稀释流量时，就强调了避免这种情况发生的重要性。χ/Q值越小，表示稀释程度越高。由于没有大气混合，不清楚这么大的稀释流从何而来。如果屏障(即关闭的门)存在于这样的通道中——产生一系列放射性核素浓度连续较低的体积(浓度梯度)——这样的浓度梯度可以持续足够长的时间，使源(安全壳)可以释放的活性显著下降。在任何情况下，都应审查核电厂的设计以确定这样的路径。

3) 控制室人员吸入剂量

如前所述，控制室的进气口显然需要知道大气放射性核素浓度的重要位置，但也必须包括潜在的未经过滤的泄漏点。

式(12. 5)控制了第j个放射性核素进入控制室的速率，就像它对任何控制体积(在控制室的情况下指定 CV_i 为 CV_{CR})一样。然而,另一个考虑是 $w_{i,j,k}$ 项(现在是 $w_{CR,j,k}$)还必须包括在第 n 个位置的第 j 个放射性核素的环境浓度 $\chi_{j,n}$,作为某些连接点(例如,来自大气的连接点 $k=K_{atm}$)的源。对于这种连接点,$w_{CR,j,k}$ 项由 $w_{CR,j,K_{atm},n}$ 补充,在这里 $w_{CR,j,K_{atm},n}=\chi_{j,n}F_{K_{atm}}(1-f_{j,K_{atm}})$,公式中 $F_{K_{atm}}$ 为与第 n 个环境位置相关的流入控制室的体积流速,$f_{j,K_{atm}}$ 为第 j 个放射性核素过滤补充气流的过滤效率(见 12.8.2.2 节)。对于未过滤的渗漏(12.8.2.2 节),$f_{j,K_{atm}}$ 简单地设置为零。

一旦用 $A_{CR,j}$ 求解了式(12.4)(这里 $A_{CR,j}$ 是在控制室里第 j 种放射性核素的活性),浓度就被认为是 $A_{CR,j}/V_{CR}$,这里 V_{CR} 是控制室自由体积(控制室被假定充分混合)。与时间相关的吸入剂量率 $DR_I(t)$ 为

$$DR_I(t)=\sum_{j=1}^{J}\left(\frac{A_{CR,j}(t)}{V_{CR}}\right)(OF)(BR)(DCF_{I,j}) \tag{12.9}$$

式中:OF 为占用系数(照射最多的控制室操纵员在控制室的时间份额);BR 为控制室操作人员的呼吸率(假设为 $3.5\times10^{-4}m^3/s$);$DCF_{I,j}$ 为第 j 种放射性核素的吸入剂量转换因子(见 12.2.6 节和 12.8.1 节)。

需要注意的是,式(12.9)中的剂量率表示为时间的函数,是因为 $A_{CR,j}$ 是时间的函数。还应注意,严格来说 $DR_I(t)$ 不是一种剂量率,它是人体累积第 j 种放射性核素负担的速率,它是导致在数年内达到给定的有效剂量,就满足规定的剂量限制而言,它可以看作一个剂量率。

将吸入剂量率按时间间隔进行积分,假设控制室 χ/Q 值为常数(0~8h、8~24h、24~96h 和 96~720h)。广义地说,占用系数也是时间的函数,因为通常假定前 24h 的占用系数为 1.0,后 72h 的占用系数为 0.6,30 天控制室剂量计算的其余 26 天为 0.4(见 12.8.1 节)。如果根据核电厂的实际人员配置、轮班分配和程序化的严重事故管理策略来寻求较保守的平均占用值,可以提出不同的值,然而这样的提议要经过美国核管会的仔细审查。

一般来说,为了限制设计基准事故放射评估中控制室操纵员的计算剂量,美国核管会将不允许计入个人呼吸保护(例如,自给式呼吸器)或使用碘化钾片进行甲状腺保护的放射性碘预防。这些评估旨在试验核电厂设计(在这种情况下是控制室)的充分性,而不是评价其他潜在保护措施的有效性。

4) 控制室操纵员的沉浸剂量

控制室操纵员的沉浸剂量(由于沉浸在放射性云中而引起的外部剂量)的计算方法与吸入剂量的计算方法相似。很明显,剂量转换因子值是不同的(用单位活性浓度的剂量率而不是单位吸入活性的有效剂量),呼吸率没有起作用。但在其他方面方法都是一样的,只有一个例外,即控制室越小,浸没剂量率也越

小,即使空气活性浓度完全相同。

产生伽马照射的光子在任何介质中都有有限的传播距离。然而,空气中的照射范围是相当大的,因此在一个有限的空间(如控制室)内,外部照射剂量相对于无限体积的减少可能是显著的。参看文献(U. S. Nuclear Regulatory Commission, 2000,2003a)提供的相关剂量减少的修正因子,式中 $DDE_{finite} = DDE_{\infty} V^{0.338}/1173$,其中 DDE_{finite} 为修正剂量,DDE_{∞} 为假设的半无限源剂量(见 12.8.1 节),V 为控制室外照射的有效容积(英尺^3)。请注意,在这个表达式中 V 可能小于控制室的实际自由容积(式(12.9)中的 V_{CR}),这是因为控制室可能被划分成单独的屏蔽区域,如电缆穿越区或包含暖通空调设备的区域,这些区域可以在混合方面自由地与占用的空间混合,但不会对操纵员的外部暴露剂量产生很大影响。

5) 过滤器对控制室人员产生的外部剂量

鉴于由过滤器介质发出的光子能级产生的伽马射线强度(参考 12.5.9 节),程序如 MicroShield(Grove Software,2011)和 QAD 系统(Warkentin,1990)考虑了过滤器和人员之间结构的几何和屏蔽性能来计算这些人员的辐射剂量率,从这些剂量率可以计算出综合剂量。

12.8.3 技术支持中心

在三哩岛 2 号机组事故发生之前,控制室是唯一进行专门评估事故后核电厂人员可居住性和照射的现场空间。由于在应对三哩岛 2 号机组事故中吸取的教训,对核电厂人员照射的另外两种类型的评估纳入了设计基准事故放射性评估范围。提出的第一个问题见文献(U. S. Nuclear Regulatory Commission 1983a)中 8.2.1.f 节,涉及技术支持中心人员的射线照射,第二个问题见文献(U. S. Nuclear Regulatory Commission,1980)中Ⅱ.B.2 节,包括事故后重要区域的通道,即"任何将或可能需要占用的区域,以允许操纵员帮助缓解事故或从事故中恢复。"12.8.4 节将讨论重要区域的通行问题,下面将讨论技术支持中心人员的保护问题。

对技术支持中心进行设计基准事故放射性评估的方式与控制室几乎相同,事实上在较新的设计中,技术支持中心有时与控制室相连。然而,技术支持中心和控制室之间的一个关键区别是技术支持中心不被认为是与安全相关的。因此,当评估技术支持中心人员的射线照射时,对系统、结构及部件的信任涉及的严格程度较低。技术支持中心边界的维护也不那么严格,没有过滤的内漏一般不考虑,单一故障准则不适用。然而,从分析的角度看,这些评估几乎没有区别。

12.8.4 重要区域通道

文献(U. S. Nuclear Regulatory Commission,1980)Ⅱ.B.2 节要求在控制室外采取必要行动,确定设计基准事故缓解措施,评估工作人员通道路线和照射时间,最后分析来自辐射源外部的 γ 射线照射。这些评估的目的是确保在核电厂设计中充分屏蔽设计基准事故后的潜在辐射源。考虑到所述目标,沉积和吸入的贡献不被考虑。事实上,Ⅱ.B.2 节特别指出“从安全壳外系统的泄漏不应该被视为潜在的源”。

要应用的源项是最大假想事故源项,整个源项假定在最大假想事故后溶解冷却剂装量中。对于在安全壳外的管道,包含加压冷却剂的管道(例如,与加压反应堆冷却剂系统相连的管道),稀有气体的贡献应该包括在内。如果管道降压,则可以假定稀有气体的贡献不存在。

12.9 厂外辐射后果分析

与核电厂工作人员的射线照射不同,在目前的辐射评估实践中,公众接受的与设计基准事故相关的射线照射涉及放射性物质向大气的释放。从历史上看,并非所有的情况都不考虑公众来自外部源的照射。

自 1962 年以来,10 CFR 100(U. S. Nuclear Regulatory Commission,2017b)提供了核电厂选址的法规要求。它确定,最大假想事故不应导致任何公众人员全身照射超过 0.25Sv 或甲状腺超过 300Sv(甲状腺特别容易吸入或摄入放射性碘)。TID-14844(DiNunno 等,1962)是一份“基本规则”的伴生文件,也是应该遵守的规则并提供示例计算。

在 TID-14844 中,全身剂量认为安全壳内空气传播的放射性是一个辐射源,但甲状腺剂量显然与泄漏的放射性碘有关,这一剂量是在假设放射性烟羽和放射性碘吸入的情况下计算的。由于该规定是围绕公众中照射程度最高的成员制定的,因此大气扩散和空气中浓度峰值是计算的关键部分。

随着更高堆芯功率的核电厂投入运行,禁区边界变得更大,很明显来自安全壳自身的全身照射(即使非常保守的 TID-14844(DiNunno 等,1962)假设没有屏蔽)仍无法控制。安全壳内的全身直接剂量随 R^2(R 为禁区边界半径)下降,而烟羽剂量(根据甲状腺照射计算)大致随 $R^{1.5}$ 下降。当文献(U. S. Atomic Energy Commission,1970a,1970b)最初发布时(作为安全指南),包含需要计算的烟羽辐射全身剂量的要求,以及现有的烟羽吸入甲状腺剂量。随着文献(U. S. Nuclear Regulatory Commission,2000)引入替代源项方法,体外和吸入的贡献已被有效地合并为总有效剂量当量。

控制室放射性评估在 12. 8. 2. 3 节中描述的式(12. 8)同样适用于厂外放射性评估,在最坏的情况下,第 j 种核素以时间为变量的活性浓度 $\chi_{j,n}(t)$ 已知,对于 n 为禁区边界和 n 为低密度人口区外半径,以时间为变量的吸入剂量率 $DR_{I,n}(t)$ 可计算如下:

$$DR_{I,n}(t) = \sum_{j=1}^{J} \chi_{j,n}(t)(BR)(DCF_{I,j}) \tag{12.10}$$

同样,沉浸引起的外照射剂量率,以时间为变量的 $DR_{X,n}(t)$ 可计算如下:

$$DR_{X,n}(t) = \sum_{j=1}^{J} \chi_{j,n}(t)(DCF_{X,j}) \tag{12.11}$$

禁区边界剂量是吸入和沉浸剂量率在 2h 时间间隔的积分,低密度人口区剂量是活性开始释放时 4 个连续时间间隔的积分。假设 χ/Q 值在连续的每个区间上(0~8h、8~24h、24~96h 和 96~720h)都是常数,还有呼吸率(第一次间隔 $3.5\times10^{-4}m^3/s$,第二次间隔 $1.8\times10^{-4}m^3/s$,然后在余下的分析中为 $2.3\times10^{-4}m^3/s$)。对于替代源项方法,禁区边界 2h 剂量积分间隔相对于释放开始并不是固定的,相反,可以使用“两小时滑动窗口”,即必须识别并报告最严重的 2h 剂量。

12. 9. 1 辐射剂量度量和剂量限值

12. 8. 1 节讨论了用于评估核电厂人员现场射线照射的辐射剂量指标,该节所包含的大部分资料同样适用于受照射最多公众的厂外辐射剂量计算。主要区别如下:

(1) 最大假想事故剂量限值更高,并与所谓“选址规则”10 CFR 100(U. S. Nuclear Regulatory Commission,2017b)耦合。对于“传统”剂量评估方法(U. S. Atomic Energy Commission,1970a,1970b,2003a),禁区边界 2h 剂量限值和低密度人口区 30 天剂量限值分别为甲状腺 3Sv 和全身 0. 25Sv,而 30 天控制室/技术支持中心的剂量分别为甲状腺 0. 5Sv 和全身 0. 05Sv。对于美国核管会的替代源项方法(U. S. Nuclear Regulatory Commission,2000),厂外剂量接受准则现在由 10 CFR 50. 34(a)(1)(ii)(D)确定(U. S. Nuclear Regulatory Commission,2017d)(参考 10 CFR 100),禁区边界 2h 剂量限值和低密度人口区 30 天剂量限值为 0. 25Sv 总有效剂量当量,相比之下,30 天控制室/技术支持中心的剂量为 0. 05Sv 总有效剂量当量。

(2) 对于厂外剂量评估,没有要求计算皮肤剂量。

(3) 非最大假想事故剂量限值是可变的,有些甚至小于控制室/技术支持中心剂量限值。这些非最大假想事故厂外剂量计算限值(以及进行剂量积分的相关假想事故持续时间)见文献(U. S. Nuclear Regulatory Commission,2000)中表6和文献(U. S. Nuclear Regulatory Commission,2003a)中表4。

与30天控制室/技术支持中心剂量不同,2h禁区边界剂量(仅在替代源项情况下)相对于开始释放的时间是不固定的。必须像前面讨论的那样,确定最坏的2h间隔。

12.9.2 建立禁区边界和低密度人口区

建立禁区边界和低密度人口区的标准包括在文献(U. S. Nuclear Regulatory Commission,2017b)中。禁区边界的主要特点是"排斥性",也就是说,并不一定禁止公众进入禁区,但被许可方(根据场地所有权或其他协议)必须有权控制该区域内的所有活动,并在必要时能够将公众排除在外。有时禁区边界称为"场地边界"。

低密度人口区的特点是人口少,为数量有限的居民提供了"在发生严重事故时可以代表他们采取适当的保护措施的合理可能性"。反应堆到低密度人口区外边界的距离不得小于最小人口中心距离(到最近居民人口大于25000人的中心的距离)的75%。

12.9.3 禁区边界和低密度人口区 χ/Q 计算

在定义了源项并检查了向环境释放活性的所有路径之后,大气扩散是证明不会超过与公众有关的设计基准事故辐射剂量限值所需要的最后一项信息。通过这个论证,设计基准事故条件下核电厂选址和工程安全设施性能的充分性得到了证实。

12.9.3.1 地面释放

TID-14844(DiNunno等,1962)对与甲状腺吸入剂量计算相关的大气扩散做出以下假设:

(1) 放射性碘的释放发生在地面;

(2) 在烟羽通道的整个过程中风向和风速都是恒定的;

(3) 风速为1m/s(低风速为了减少混合);

(4) 大气稳定性是Pasquill F(Pasquill,1961)(高度稳定的大气可以使混合最小);

(5) 在垂直方向和侧风方向上,烟羽内的活性分布是高斯分布。峰值浓度出现在烟羽中心线和地面,高斯分布的垂直和水平标准差在下风方向随距离和大气稳定性的变化而增大。随着标准差的增加,峰值浓度降低,峰值浓度与风速成反比。

随着沸水堆的管理导则(最初的安全指南)1.3 和压水堆的 1.4 的发布,用于计算吸入剂量的 TID-14844 方法进行了修改(U.S. Atomic Energy Commission,1970a,1970b)。大气扩散的三个主要变化是:

(1) 允许扩散随时间“改善”,而不是假设 Pasquill F 稳定性和 1m/s 风速条件无限期持续。

(2) 允许考虑建筑物尾流混合和烟羽蜿蜒以降低峰值计算浓度。

(3) 可信的沸水堆独立的高架释放。

此外,外部照射全身剂量方法被改变以识别辐射源是释放的烟羽(就吸入剂量而言),而不是包含辐射源的安全壳内的空气活性。

1979 年,针对大气扩散处理的 RG 1.3 和 RG 1.4 被发布的 RG 1.145 所取代(U.S. Nuclear Regulatory Commission,1983b)。包含了 RG 1.145 指南的 PAVAN 计算机程序(Bander,1982)在 1982 年发布,今天仍在使用。

以前计算设计基准事故大气扩散的方法与管理导则 RG 1.145/PAVAN 的方法最大的不同之处,在于使用了特定地点的气象数据(大气稳定性、风速和风向)。使用这些数据,PAVAN 程序计算了一组 χ/Q 值,按小时平均 16 个象限和中间象限风向(观测值为 8760 次/年或 8784 次/年),需要 5 年的数据。

为了便于 χ/Q 计算,将数据按风向(考虑到不同方向的禁区边界和低密度人口区外边界距离)、风速和稳定性等级进行“分类记录”。例如,对于 16 个象限和中间象限之间,6 个稳定等级和 10 个风速范围,将有 960 个记录。分类记录后的数据集称为联合频率分布,每小时观测数量都在记录中。

计算每个分类记录以及合适的禁区边界和低密度人口区距离的 3 个短期 χ/Q 值。3 个 χ/Q 值中的第一个值认为建筑尾迹效应是水平标准和垂直标准差乘积的附加值;第二个值考虑了标准差乘积增加的三个因素,第三个值考虑了烟羽蜿蜒。比较前两个值并选择较大的值。当烟羽流移动增加到 2 倍于标准值的点时,偏差积超过反应堆建筑物投影面积 A 的一半(当 $2\sigma_y\sigma_z>0.5A$ 时),第二个 χ/Q 占优势。一旦选择较大的前两个 χ/Q,该值将与第三个 χ/Q 进行比较,后者考虑了烟羽流的影响。这两个值中较小的被选择表示给定的分类记录。

一旦短期 χ/Q 数组被分类记录并对各风向扇区和位置(禁区边界和低密度人口区)进行排序,就得到了各风向扇区和位置的 χ/Q 年平均值。计算年平均 χ/Q 的方法与计算例行释放的年平均 χ/Q 值的方法相同(U.S. Nuclear Regulatory Commission,1977)。

为了获得在禁区边界和低密度人口区外边界的最大短期 χ/Q 值,在无方向的基准上从阵列确定第 5 百分位值(所有风向扇区的数据合并)。同时,还确定了每个风向扇区的 0.5 百分位。例如,如果在联合频率分布中总共包含 40000

个每小时的观测值(以及40000个相关的χ/Q值),第5百分位在概念上将是第2000个最高值,在每个风向扇区,第200个最高值在概念上是该扇区的第0.5百分位数。美国核管会管理导则实际上要求为所有排序短期χ/Q数据绘制边界的光滑曲线(该地址作为一个整体,所有扇区结合和每个风向的扇区)以及适当的曲线然后被用来获得地址的第5百分位短期χ/Q值和每个16风向扇区第0.5百分位短期χ/Q值。这17个值中最大的是用于2h禁区边界剂量的χ/Q值。

一旦最大短期χ/Q和年均χ/Q值已经在外边界低密度人口区地址和每个风向扇区定义,对数插值方案(0~8760h)被用于选择中间时间值为30天的低密度人口区外边界剂量。中间时间为0~8h、8~24h、24~96h和96~720h。RG 1.145(U. S. Nuclear Regulatory Commission,1983b)指出,如果某一扇区的值在所有中间时间间隔内不都是统一的界限,那么可能需要多个剂量分析例证来获得最高30天剂量。通常情况并非如此。

12.9.3.2 升高、高速和/或浮力释放

只要高点排放的物理高度至少是周围结构高度的2.5倍,高点释放就可以被记入。RG 1.145(U. S. Nuclear Regulatory Commission,1983b)包括烟羽的特殊处理(即气流下洗)条件的烟囱释放,假设这些条件在内陆地点持续0.5h,在沿海地点(靠近任何大型水体的地点)持续4h。除了对有烟羽处理和没有烟羽处理的高点排放使用这些专门的表达式外,χ/Q对高点释放的总体处理与12.9.3.1节相同。

与控制室的χ/Q值的计算方法不同(见12.8.2.3节),RG 1.145第一版中没有考虑到高速或浮升力释放的问题。然而,这在RG 1.145修订版1中被改进了,采用了有效释放高度的方法,考虑了浮力和/或垂直方向影响的动能,在RG 1.145中与文献(U. S. Nuclear Regulatory Commission,1977)相同。

12.9.4 关于简化假设的讨论

设计基准事故放射性评估包括几个重要的简化假设,有些简化假设是保守的,有些简化假设是非保守的,即增加或减少了计算剂量,以便与监管剂量限值作比较;还有一些简化假设是不现实的,但重要的是要记住,剂量限值是强制性的。设计基准事故放射性评估的关键属性是,它们提供了一个结构化和客观的标准,以确定核电厂设计中包含的工程安全设施和其他安全相关措施是否足以保护公众健康和安全。

12.9.4.1 在烟羽传输过程中没有衰变或子体生长

一旦活性释放,活性的传输就被认为是瞬时的。在低风速(高χ/Q)条件下,

活性物质可能需要 10min(或更长时间)才能到达禁区边界。然而,衰变时间太短这一点很重要,因此上述假设不是保守的。

12.9.4.2 没有烟羽流耗尽或照射地面污染

在 TID-14844 中,不认为烟羽沉积是一个保守的假设。在狭义上是这样的,因为设计基准事故放射性评估不包括接触地面污染。然而,许多与概率安全分析相关的厂外后果计算(包括烟羽流沉积和地面污染照射)表明,地面污染照射可能是剂量的一个重要贡献者。

12.9.4.3 不因摄食而引起的照射

与地面照射污染一样,摄入路径已被证明在与概率安全分析相关的厂外后果计算中具有中等重要性。然而,它的影响主要是在经济方面。

12.9.4.4 没有遮盖物的情况

在与概率安全分析相关的厂外后果计算中,降低吸入剂量和沉浸剂量的保护系数被包括在内,以反映遮盖物的有益影响。设计基准事故放射性评估中未包括这些系数。

参考文献

ASTM International (2017). Standard test method for determining air change in a single zone by means of a tracer gas dilution, ASTM E741-11.

Bander, T. J. (1982). PAVAN: An atmospheric-dispersion program for evaluating design-basis accidental releases of radioactive materials from nuclear power stations, NUREG/CR-2858, PNL-4413, Pacific Northwest Laboratory, Richland, WA, USA.

Beahm, E. C., Lorenz, R. A. and Weber, C. F. (1992). Iodine evolution and pH control, NUREG/CR-5950, ORNL/TM-12242, Oak Ridge National Laboratory, Oak Ridge, TN, USA.

Bunz, H. (1983). NAUA Mod 4: A code for calculating aerosol behavior in LWR core melt accidents: Code description and users manual, Kernfor schungszentrum, Karlsruhe.

Burley, G. (1971). Evaluation of fission product release and transport, Staff Technical Paper (U. S. AEC), U. S. Nuclear Regulatory Commission, Adams Accession No. ML16357A003.

Chanin, D. and Young, M. L. (1998). Code manual for MACCS2, user's guide, NUREG/CR-6613, Vol. 1, SAND97-0594, Sandia National Laboratory, Albuquerque, NM, USA.

Croff, A. G. (1980). A user's manual for the ORIGEN2 computer code, ORNL/TM-7175, Oak Ridge National Laboratory, Oak Ridge, TN, USA.

DiNunno, J. J., Anderson, F. D., Baker, R. E. D. and Waterfield, R. L. (1962). Calculation of distance factors for power and test reactor sites, TID-14844, U. S. Atomic Energy Commission.

Eckerman, K. F. and Leggett, R. W. (2008). DCFPAK: Dose coefficient data file package for Sandia National Laboratory, ORNL/TM-13347. Latest Version DCFPAK3. 02.

Electric Power Research Institute (1999). ALWR utility requirements document, Product ID: 1009515.

Fauske & Associates, Inc. (1984). FAI aerosol correlation, an Industry Degraded Core Rulemaking (IDCOR) program report, Bethesda, MD.

Funke, F., Greger, G. U., Hellmann, S., Bleier, A. and Morell, W. (1996). Iodine/steel reactions under severe accident conditions in light water reactors, *Nucl. Eng. Des.*, 166, pp. 357-365.

Gauntt, R. O., Radel, T., Salay, M. A. and Kalinich, D. A. (2008). Analysis of main steam isolation valve leakage in design basis accidents using MELCOR 1.8.6 and RADTRAD, SAND2008-6601, Sandia National Laboratory, Albuquerque, NM, USA.

Gelbard, F. (1982). MAEROS user manual, NUREG/CR-1391, SAND80-0822, Sandia National Laboratory, Albuquerque, NM, USA.

Grove Software (2011). MicroShield user's manual.

Harvey, R. B., LaVie, S. and Brown, L. (2003). Using ARCON96 for control room radiological habitability assessments, *Proc. 9th Nuclear Utility Meteorological Data Users Group Meeting*, Chattanooga, TN, American Meteorological Society.

International Commission on Radiological Protection (1994). Dose coefficients for intakes of radionuclides by workers, *ICRP-68*, *Annals of the ICRP 24*, Vol. 4.

International Commission on Radiological Protection (1995). Age-dependent doses to the members of the public from intake of radionuclides—Part 5 compilation of ingestion and inhalation coefficients, *ICRP-72*, *Annals of the ICRP 26*, Vol. 1.

International Commission on Radiological Protection (2007). The 2007 recommendations of the international commission on radiological protection, *ICRP-103*, *Annals of the ICRP 37*, Vol. 2-4.

Karhu, A. (2001). Gas phase chemistry and removal of CH_3I during a severe accident, NKS-25, VTT Energy, Finland, Danka Services International, Roskilde, Denmark.

Metcalf, J. E. and Ritterbusch, S. (1994). System 80^+: Transition to the new accident source term, *Proc. 4th International Topical Meeting on Nuclear Thermal Hydraulics, Operations, and Safety*, *NUTHOS-4*, Taipei, Taiwan, Volume 2.

Metcalf, J. E. (2002). Technical issues for implementing alternative source term at nuclear power reactors—Aerosol deposition model in BWR steam lines, *27th Nuclear Air Cleaning and Treatment Conference*, Nashville, TN, International Society for Nuclear Air Treatment Technologies.

Metcalf, J. E. and Perez, P. B. (2010). BWR steam line radionuclide concentration distribution following a DBA LOCA, *31th Nuclear Air Cleaning and Treatment Conference*, Charlotte, NC, International Society for Nuclear Air Treatment Technologies.

Murata, K. K., Williams, D. C., Griffith, R. O., Gido, R. G., Tadios, E. L., Davis, F. J., Martinez, G. M., Washington, K. E. and Tills, J. (1997). Code manual for CONTAIN 2.0: A computer code for nuclear reactor containment analysis, NUREG/CR-6533, SAND97-1735, Sandia National Laboratory, Albuquerque, NM, USA.

Murphy, K. G. and Campe, K. W. (1974). Nuclear power plant control room ventilation system design for meeting general criterion 19, *Proc. 13th AEC Air Cleaning Conference*, San Francisco, CA.

Nuclear Energy Institute (2003). Control room habitability assessment guidance, NEI 99-03, Revision 1.

Nuclear Energy Institute (2012). Small modular reactor source terms, position paper (27 December 2012),

U. S. Nuclear Regulatory Commission Adams Accession No. ML13004A390.

Parsly, L. F. (1967). Removal of elemental iodine from steam-air mixtures by reactive sprays, ORNL-TM-1911, Oak Ridge National Laboratory, Oak Ridge, TN, USA.

Pasquill, F. (1961). The estimation of the dispersion of windborne material, *The Meteorological Magazine*, 90(1063), pp. 33-49.

Powers, D. A. and Burson, S. B. (1993). A simplified model of aerosol removal by containment sprays, NUREG/CR-5966, SAND92-2689, Sandia National Laboratory, Albuquerque, NM, USA.

Powers, D. A., Washington, K. E., Burson, S. B., and Sprung, J. L. (1996). A simplified model of aerosol removal by natural processes in reactor containments, NUREG/CR-6189, SAND94-0407, Sandia National Laboratory, Albuquerque, NM, USA.

Powers, D. A., Leonard, M. T., Gauntt, R. O., Lee, R. Y. and Salay, M. (2011). Accident source terms for light-water nuclear power plants using high-burnup or MOX fuel, SAND2011-0128, Sandia National Laboratory, Albuquerque, NM, USA.

Rearden, B. T. and Jessee, M. A., eds. (2016). SCALE code system, ORNL/TM-2005/39, Version 6. 2. 1, Radiation Safety Information Computational Center, CCC-834, Oak Ridge National Laboratory, Oak Ridge, TN, USA.

U. S. Atomic Energy Commission (1970a). Assumptions used for evaluating the potential radiological consequences of a loss of coolant accident for boiling water reactors, Regulatory Guide 1. 3.

U. S. Atomic Energy Commission (1970b). Assumptions used for evaluating the potential radiological consequences of a loss of coolant accident for pressurized water reactors, Regulatory Guide 1. 4.

U. S. Environmental Protection Agency (1988). Federal guidance report no. 11: Limiting values of radionuclide intake and air concentration and dose conversion factors for inhalation, submersion, and ingestion, EPA-520/1-88-020.

U. S. Environmental Protection Agency (1993). Federal guidance report no. 12: External exposure to radionuclides in air, water, and soil, EPA-402-R-93-081.

U. S. Environmental Protection Agency (2018). Federal guidance report no. 15: External exposure to radionuclides in air, water, and soil (pre-publication).

U. S. Nuclear Regulatory Commission (1977). Methods for estimating atmospheric transport and dispersion of gaseous effluents in routine releases from light-water-cooled reactors, Regulatory Guide 1. 111.

U. S. Nuclear Regulatory Commission (1978a). Standard format and content of safety analysis report for nuclear power plants, Regulatory Guide 1. 70.

U. S. Nuclear Regulatory Commission (1978b). Iodine behavior in a PWR cooling system following a postulated steam generator tube rupture accident, NUREG-0409.

U. S. Nuclear Regulatory Commission (1980). Clarification of TMI action plan requirements, NUREG-0737.

U. S. Nuclear Regulatory Commission (1982). Guidelines for the preparation of emergency operating procedures, NUREG-0899.

U. S. Nuclear Regulatory Commission (1983a). Clarification of TMI action plan requirements, NUREG-0737 Supplement 1.

U. S. Nuclear Regulatory Commission (1983b). Atmospheric dispersion models for potential accident consequence assessments at nuclear power plants, Regulatory Guide 1. 145.

U. S. Nuclear Regulatory Commission (1988). Fission product release characteristics into containment under design basis and severe accident conditions, NUREG/CR-4881.

U. S. Nuclear Regulatory Commission (1989). Staff plans for accident management regulatory and research programs, SECY 89-012.

U. S. Nuclear Regulatory Commission (1990). Severe accident risks: An assessment for five U. S. nuclear power plants, NUREG-1150.

U. S. Nuclear Regulatory Commission (1993). Estimate of radionuclide release characteristics into containment under severe accident conditions, NUREG/CR-5747.

U. S. Nuclear Regulatory Commission (1995). Accident source terms for light water nuclear power plants, NUREG-1465.

U. S. Nuclear Regulatory Commission (1997). Atmospheric relative concentrations in building wakes, NUREG/CR-6331 Revision 1.

U. S. Nuclear Regulatory Commission (1998a). RADTRAD: A simplified model for RADionuclide transport and removal and dose estimation, NUREG/CR-6604.

U. S. Nuclear Regulatory Commission (1998b). Assessment of radiological consequences for the Perry Pilot plant application using the revised (NUREG-1465) source term, AEB 98-03.

U. S. Nuclear Regulatory Commission (1999a). Safety evaluation of GE topical report NEDC-31858P (proprietary GE report) revision 2 BWROG report for increasing MSIV leakage limits and elimination of leakage control systems, Letter, Akstulewicz, F. to Green, T. A. (3 March 1999), Adams Accession No. ML010640286.

U. S. Nuclear Regulatory Commission (1999b). RADTRAD: A simplified model for RADionuclide transport and removal and dose estimation, NUREG/CR-6604, Supplement 1.

U. S. Nuclear Regulatory Commission (2000). Alternative radiological source terms for evaluating design basis accidents at nuclear power reactors, Regulatory Guide 1. 183.

U. S. Nuclear Regulatory Commission (2002). RADTRAD: A simplified model for RADionuclide transport and removal and dose estimation, NUREG/CR-6604, Supplement 2.

U. S. Nuclear Regulatory Commission (2003a). Methods and assumptions for evaluating radiological consequences of design basis accidents at light-water nuclear power reactors, Regulatory Guide 1. 195.

U. S. Nuclear Regulatory Commission (2003b). Demonstrating control room envelope integrity at nuclear power reactors, Regulatory Guide 1. 197.

U. S. Nuclear Regulatory Commission (2003c). Atmospheric relative concentrations for control room radiological habitability assessments at nuclear power plants, Regulatory Guide 1. 194.

U. S. Nuclear Regulatory Commission (2006a). Results of initial screening of generic issue 197, "Iodine spiking phenomena", Memorandum for Paperiello, C. from Uhle, J., Adams Accession No. ML061100331.

U. S. Nuclear Regulatory Commission (2006b). Experience with implementation of alternative source terms, RIS 2006-04.

U. S. Nuclear Regulatory Commission (2007a). Standard review plan for the review of safety analysis reports for nuclear power plants, LWR Edition, NUREG-0800.

U. S. Nuclear Regulatory Commission (2007b). Standard review plan for the review of safety analysis reports for nuclear power plants, LWR Edition, NUREG-0800, Section 6. 2. 1. 1. A.

U. S. Nuclear Regulatory Commission (2007c). Standard review plan for the review of safety analysis reports for nuclear power plants, LWR Edition, NUREG-0800, Section 6. 5. 5.

U. S. Nuclear Regulatory Commission (2007d). Standard review plan for the review of safety analysis reports for nuclear power plants, LWR Edition, NUREG-0800, Section 6. 5. 2.

U. S. Nuclear Regulatory Commission (2007e). Standard review plan for the review of safety analysis reports for nuclear power plants, LWR Edition, NUREG-0800, Branch Technical Position 6-4.

U. S. Nuclear Regulatory Commission (2007f). Control room habitability at light-water nuclear power reactors, Regulatory Guide 1. 196.

U. S. Nuclear Regulatory Commission (2007g). Standard review plan for the review of safety analysis reports for nuclear power plants, LWR Edition, NUREG-0800, Section 6. 4.

U. S. Nuclear Regulatory Commission (2008). South Texas Project, units 1 and 2—Issuance of amendments re: adoption of alternate radiological source term in assessment of design-basis accident dose consequences (TAC MD4996 and MD4997), Letter, Thadani, M. C. to Shepherd, J. J. (6 March 2008), Adams Accession No. ML080160013.

U. S. Nuclear Regulatory Commission (2009a). Alternative radiological source terms for evaluating design basis accidents at nuclear power reactors, Draft Regulatory Guide, DG-1199.

U. S. Nuclear Regulatory Commission (2009b). Technical basis for revised regulatory guide 1. 183 fission product fuel-to-cladding gap inventory, Memorandum, 10 February 2009.

U. S. Nuclear Regulatory Commission (2010). Instrument lines penetrating primary reactor containment, Regulatory Guide 1. 11.

U. S Nuclear Regulatory Commission (2015). Technical and regulatory basis for the reactivity-initiated accident acceptance criteria and guidance, Revision 1, Memorandum, 16 March 2015.

U. S. Nuclear Regulatory Commission (2016). Pressurized water reactor control rod ejection and boiling water reactor control rod drop accidents, Draft Regulatory Guide, DG-1327.

U. S. Nuclear Regulatory Commission (2017a). Code of federal regulations, Title 10, Appendix K to Part 50.

U. S. Nuclear Regulatory Commission (2017b). Code of federal regulations, Title 10, Part 100.

U. S. Nuclear Regulatory Commission (2017c). Code of federal regulations, Title 10, Appendix A to Part 50.

U. S. Nuclear Regulatory Commission (2017d). Code of federal regulations, Title 10, Part 50. 34(a)(1)(ii)(D).

Warkentin, J. K. (1990). Utilization instructions for QADMOD-GP: A PC version of QADMOD-G with geometric progression buildup factors, TU Electric, Glen Rose, TX.

Weber, C. F., Beahm, E. C. and Kress, T. S. (1992). Models of iodine behavior in reactor containments, ORNL-TM-12202, Oak Ridge National Laboratory, Oak Ridge, TN, USA.

第13章

事故容错设计与第四代/小型模块化反应堆分析

F. Aydogan

13.1 引　言

几种轻水堆和小型模块化反应堆，以及非轻水第四代反应堆，包括图13.1中出现的近年来已经发展起来的反应堆（International Atomic Energy Agency，2018）。这些反应堆设计具有独特的安全例证（见第2章），这些安全例证提出的解决方法确保裂变产物屏障的完整性。核燃料是核电厂中裂变产物的来源，而安全措施考虑到所有潜在的放射性物质有逸出核电厂途径和机制，因此这些放射性物质被几道屏障包围，这些安全例证反映了核工业界的纵深防御的思想。

历史上发生了几起著名的核电厂事故，导致放射性物质泄漏到厂址外部。例如，福岛第一核电站和切尔诺贝利核电站事故，证明建立事故容错系统是必要的，以进一步减少潜在事故发生。为了达到这个目的，一些事故容错的系统正在开发中。目前所知道事故容错的系统可以是能动的，也可以是非能动的，本章将讨论这些系统的一些选定的例子。

13.2 小型模块化反应堆和第四代反应堆的辐射屏障

在轻水小型模块化反应堆和第四代反应堆设计中，应用辐射屏障作为物理屏障并且应用非能动方法将放射性物质控制在核电厂的控制区内。常规的（例如，轻水堆）物理裂变产物屏障包括燃料本身、燃料包壳、反应堆压力容器和安全壳。其中，燃料包壳中装有核燃料及其裂变产物。反应堆压力容器包围大部分或整个反应堆冷却剂系统,这个系统通常包括反应堆冷却剂、核燃料、反应堆结构材料和控制棒。安全壳由一层厚的混凝土和/或钢结构构成,是典型核电厂系统的最后一道屏障。

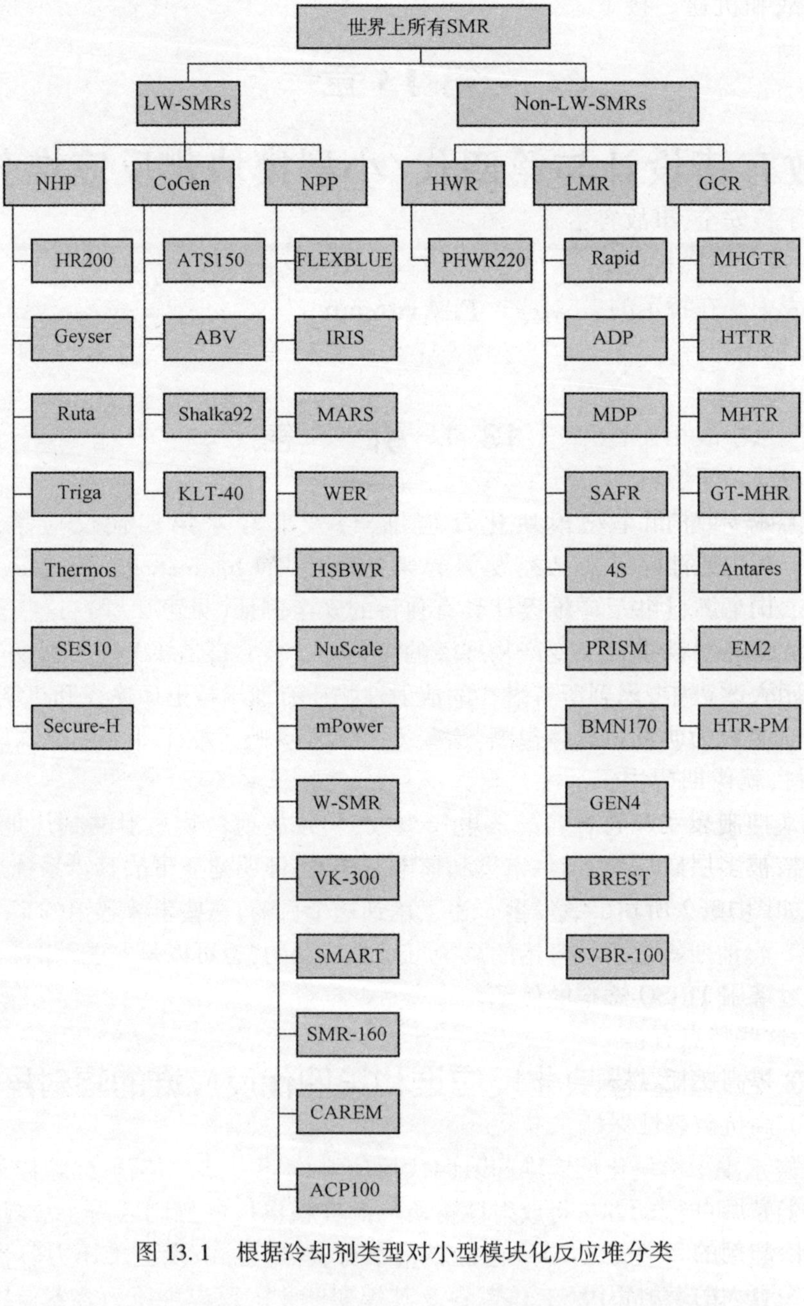

图 13.1　根据冷却剂类型对小型模块化反应堆分类

改善这些常规的物理屏障得到了核工业和研究机构的大力支持。例如,新型的燃料包壳已经开发和试验,对高温以及严酷的化学环境更具韧性。同样,第四代反应堆设计通常有独特的运行点,创造了与轻水堆不同的工程挑战和机遇。接下来的章节将讨论一些正在考虑建造的下一代核电厂相关创新。

13.3 事故容错燃料

为了核安全,事故容错燃料的目标是:在燃料安全运行时把裂变产物约束在自身中,至少在燃料周围的包壳内。对于正常运行的轻水堆,裂变产物保存在燃料和包壳中。在特定的事故条件下,燃料和包壳可能会失效,释放裂变产物。随后,反应堆压力容器、反应堆冷却剂系统和安全壳必须可靠地把裂变产物保存在核电厂内。

与失水事故相关的事故容错燃料的研究大多集中在热负荷上。具体的轻水堆失水事故关于燃料方面的挑战包括:

(1) 减少或消除氧化:降低燃料温度和包壳脆化。

(2) 减少或消除氢气生成:降低潜在包壳脆化和氢气爆炸风险。

(3) 提高燃料包壳的高温性能:减少破裂、热冲击或熔化的风险。

(4) 提高燃料性能:改进燃料材料提供更高的熔化温度和抗破裂性。

在四大改进中,只有最后一个是关于核燃料的,提高抵御核燃料的事故风险能力已经成为研制第四代反应堆的焦点。例如,三结构各向同性涂层(TRISO)燃料,就像期望用于高温气冷反应堆的燃料,可以通过利用创新燃料设计的优点来抑制裂变产物逸出(Phillips 等,2012)。在这种燃料设计中,用于裂变的铀核被多层碳层覆盖,碳层是将裂变产物保存在燃料中的物理屏障,碳层和涂层如图 13.2 所示,当裂变产物在燃料元件中的压力增加时,它就会受到拉伸。

通过采用 TRISO 燃料设计部分的燃料特性得以改进,并超过了传统的轻水堆燃料,这些特点有:

(1) 提高燃耗/燃料利用率。

(2) 高抗破裂性保证大部分裂变产物保留在燃料晶格里,这简化了乏燃料的处理。

(3) 高熔点(大于 1600K)。除了提高事故容错能力,这个特点还允许提高反应堆冷却剂的名义温度,并提高热力学效率。

(4) 更大的燃料负温度系数,这可减少反应性事故的可能性。

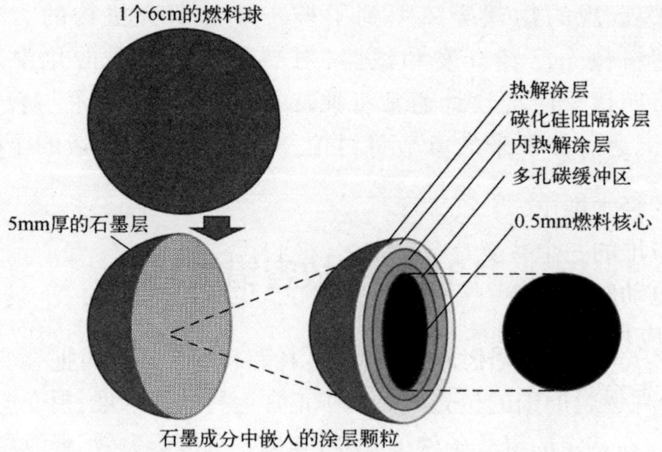

图 13.2　TRISO 涂层燃料截面图

TRISO 燃料设计具有显著的安全优势，它允许反应堆设计者简化核电厂的安全系统。在较低的事故源项情况下，安全壳可能被通风式的密封结构所取代，而传统的应急计划区（在美国半径为 10mile）可能减少到原来的 1/100～1/10。

13.4　事故容错燃料包壳

正常情况下，在轻水堆中燃料包壳是最重要的辐射屏障。美国核管会确定了必要的安全要求以免包壳失效，美国核管会的监管接受准则中明确规定了这些要求，用于轻水核动力反应堆应急堆芯冷却系统（尤其是 10 CFR 50.46）。这些规定强调包壳峰值温度、包壳中氢及氧的生成量、可冷却的几何形状和长期冷却等问题。对于每一层级燃料燃耗的所有可能的运行和设计基准事件，必须满足这些要求（Zinkle 等，2014；Ott 等，2014）。

事故容错燃料包壳的研究集中在降低其设计基准事件条件下失效的可能性，事故容错燃料包壳研发主要遵循两个策略：

（1）通过提高包壳的抗氧化性能改善锆合金包壳，比如使用涂层。使用涂层的一个难题是涂层和包壳材料的热膨胀系数的不匹配，这种不匹配导致涂层和包壳之间产生热应力。

（2）使用自身耐高温的替代燃料包壳材料代替锆合金包壳材料。

Pint 等（2015）提出了几个可能的事故容错燃料的包壳候选材料，这些包壳材料包括碳化硅、钼、各种铁-铬、铁-铬-镍和铁-铬-铝合金，还有另外几种正在开发中的合金。通过改变合金成分，以最大限度地提高燃料包壳的耐受特性。

这些材料可以显著提高锆基合金的抗氧化性能。

13.5 应急堆芯冷却系统

在传统的轻水堆中,失水事故依靠能动部件(这些装置需要电力驱动)缓解。先进反应堆的一个特点是非能动堆芯冷却策略,该策略可以在不启动控制系统、水泵、电动阀或甚至不需要操作人员的情况下导出衰变热。本节将描述小型模块化反应堆应急堆芯冷却系统的进展,西屋电气公司小型模块化反应堆(W-SMR)是这类电厂的代表(Fetterman 等,2011)。

西屋电气公司小型模块化反应堆的应急堆芯冷却系统如图 13.3 所示,在非能动系统导出衰变热至少 7 天以后,才使用能动系统进行干预。在失水事故处理过程中,下面的冷却方法可以用来导出堆芯衰变热:

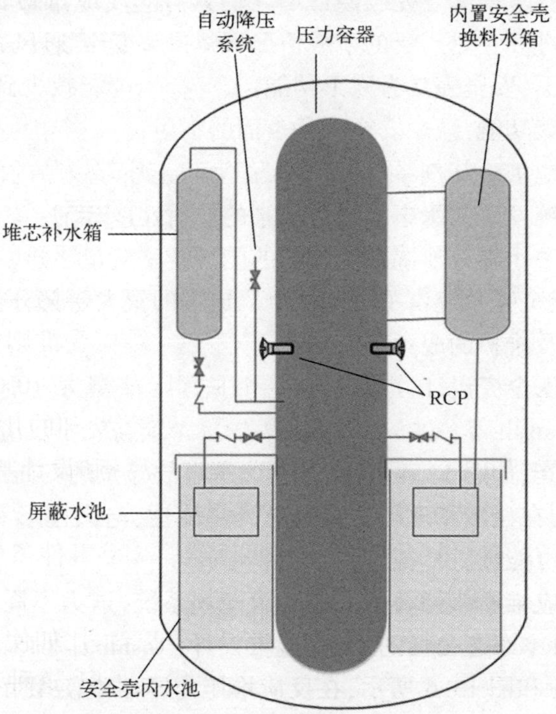

图 13.3 W-SMR 的应急堆芯冷却系统(Matzie,2015;U. S. Nuclear Regulatory Commission,2014)

(1) 蒸汽发生器——西屋电气公司小型模块化反应堆使用的衰变热导出方法是通过蒸汽发生器,它与外部汽鼓连接,盛有大量的水。热量交换是通过一回路和二回路之间以及蒸汽发生器与汽鼓之间的自然循环来维持的,热量最终通过蒸汽排放系统释放到外部大气环境中。

(2) 堆芯补水箱——堆芯补水箱具有两类热导出功能。首先,堆芯补水箱内的热交换器设计用于把热量从主冷却剂系统转移到最终热阱水箱。其次,堆芯补水箱可以把储存的水送到反应堆冷却剂系统,在某种程度上类似于传统轻水堆的安注箱。

(3) 安全壳内池式水箱——当反应堆内部压力下降到安全壳内池式水箱静压头以下时,安全壳内池式水箱通过将储存的冷却水注入反应堆压力容器中来保持长期冷却。

13.6 事故容错反应堆和安全壳设计

虽然传统的轻水堆安全壳已经证明它们具有满足纵深防御的能力,但设计者追求进一步改进以在更广泛的事故情况下减少裂变产物释放到环境中的事故概率。正常情况下,安全壳具有以下功能:

(1) 辐射屏蔽功能,减少安全壳外表面的辐射;

(2) 容纳反应堆冷却剂系统的部件,作为防止外部威胁的保护装置;

(3) 容纳系统发生失水事故泄漏出来的放射性冷却剂;

(4) 将发生失水事故泄漏的冷却剂的能量转移到最终热阱。

另外,因为安全壳系统占了整个核电厂成本的很大一部分,所以设计者目前致力于降低建造及维护的成本。

在更简单的安全壳设计方案中,有一个是国际革新与安全的小型模块化反应堆设计方案(Carelli 等,2003a,2003b)。国际革新与安全反应堆用球形安全壳代替圆柱形安全壳,如图 13.4 所示,其对失水事故导致的高压工况适应性更好。然而,球形安全壳在建造和现场安装时更具挑战性,与圆柱形安全壳相比,它失去了节约成本的可能性。

池式钠冷反应堆不依赖高压反应堆冷却剂系统,这为不同的安全方案创造了机会。例如,日本东芝公司的 4S 反应堆设计(Toshiba,2015;Toshiba CREIPI,2015),如图 13.5 和图 13.6 所示,在反应堆压力容器中使用可移动的反射器控制钠冷反应堆反应性。使用可移动的反射器代替反应堆冷却剂中的化学补偿,该系统消除了化学补偿的化学控制系统,以及反应堆冷却剂系统中化学补偿和内部部件之间的化学相互作用。使用反射器反射中子控制反应堆功率,反应堆堆芯周围的中子泄漏被用作一个非能动的(和/或固有的)安全系统,使反应堆在事故情况下处于亚临界状态。尤其,反应堆容易停堆(紧急停堆),不仅可以使用控制棒停堆，还可以使用移动反射器停堆。

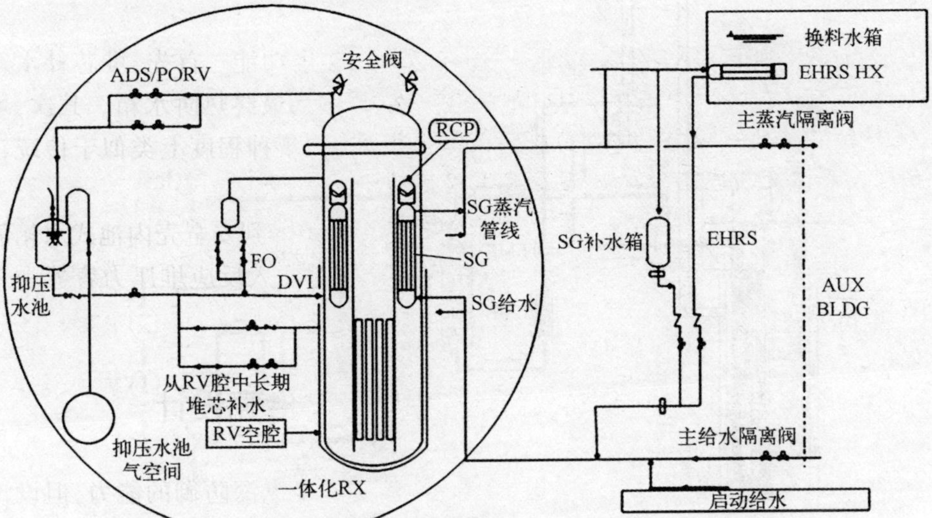

图 13.4 IRIS 的安全系统和安全壳设计

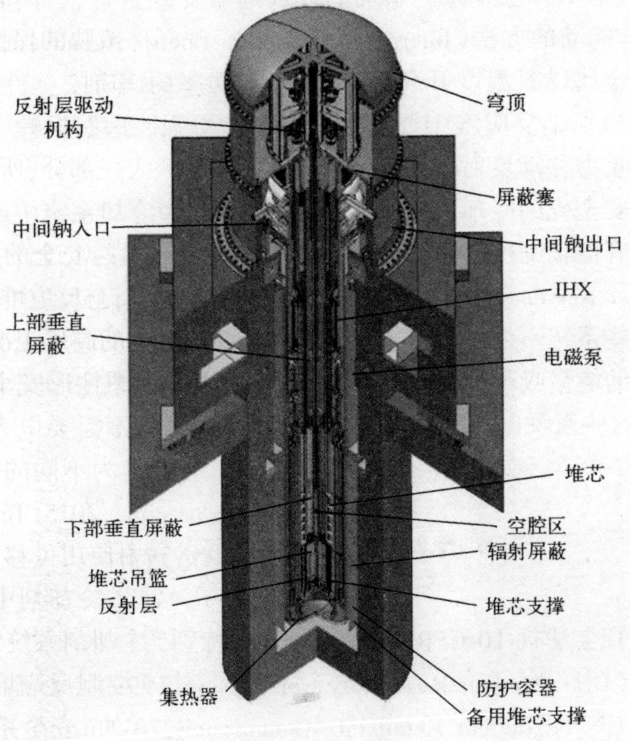

图 13.5 由日本东芝公司开发的 4S 安全壳（Toshiba，2015）

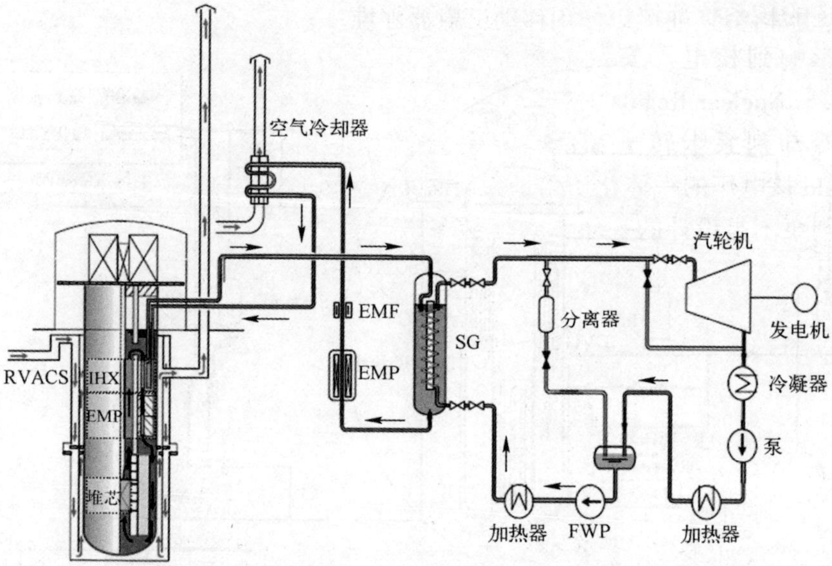

图 13.6 由东芝公司开发的 4S 的应急堆芯冷却系统(Toshiba,2015)

如 4S 反应堆压力边界保护系统的设计通常受到赞许,它同时运用了固有的、能动的和非能动的方法(International Atomic Energy Agency,2018)。堆芯设计考虑了因为金属燃料温度升高,会降低堆芯功率的固有安全性能(如多普勒效应),这种效应在钠反应堆中要比在轻水堆中更强。这些设计中的能动停堆系统包括通过重力移动反射器和控制棒。

反应堆和安全壳的冷却依赖非能动系统,在这些冷却系统中起主要作用的是反应堆压力容器辅助冷却系统,这源于通用电气的 PRISM 设计,如图 13.7 所示(U. S. Nuclear Regulatory Commission,1994),以及类似设计的中间反应堆辅助冷却系统。这些系统不仅用来冷却安全壳,还用来冷却反应堆压力容器。它们提高了安全壳的能量吸收能力,将安全壳中储存的能量转移到环境中(图 13.6 和图 13.7)。这些系统以自然循环的原理运行,这样就不需要电力驱动的水泵和控制系统了。

13.7 事故容错系统分析

在美国核管会法规 10 CFR 50 附录 A 中,特别为轻水堆定义了核电厂的通用设计标准(U. S. Nuclear Regulatory Commission,1999)。然而,新的先进反应堆设计标准(U. S. Nuclear Regulatory Commission,2015)正在开发的设备包括先进的核系统部件、事故容错系统和燃料。核电厂的通用设计标准的更新也将影响到核电厂安全分析报告审查的第 15 章标准审查大纲：轻水堆版（U. S. Nuclear Regulatory Commission，2007）。例如，标准审查大纲中关于反应堆冷却剂泵卡转子和反应堆冷却剂泵轴断裂的 15. 3. 3 ~ 15. 3. 4 节对 NuScale 核电厂的一体化压水堆设计无效（NuScale，2014），因为主系统反应堆冷却剂泵不是设计的一部分。

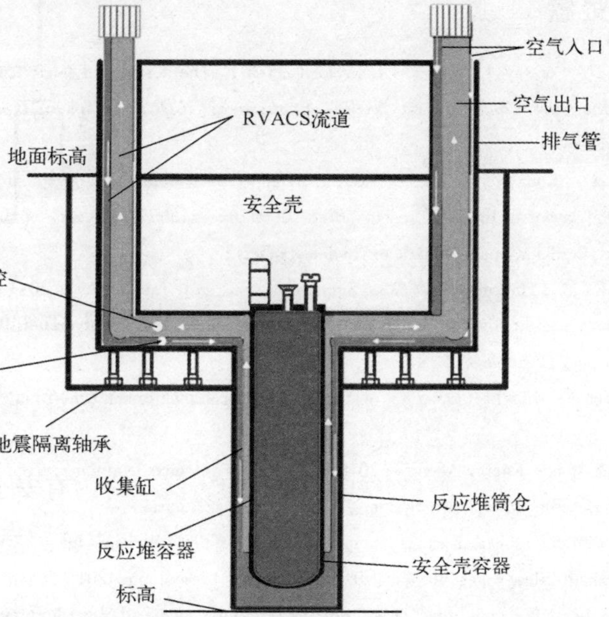

图 13.7　PRISM 的安全壳（General Electric-Hitachi，2015）

事故容错燃料是另一个例子，因为先进反应堆的事故容错燃料可以承受更高的温度，反应堆和安全壳会受到更具危险性的运行和瞬态工况的挑战。因此，新的评估方法可能需要多个学科的结合，用于估计安全余量是必要的。

13.8 小　　结

事故容错系统于近年来出现，其研发的主要目的，要么是防止放射性物质泄漏，要么是减轻核事故的后果。这些设计的安全例证归功于非能动系统和能动系统，在这两个系统共同使用的时候，提供多层次和冗余保护。事故容错燃料已经被证明有效地稳定燃料中的裂变产物，耐事故燃料包壳正在研制中，以免在高温和高射线辐照下失效。新的应用自然过程的非能动安全系统有效地冷却反应堆堆芯和安全壳，值得信赖能动系统作为备份使用。因此这些新的事故容错系统将进一步发展以实现核工业的安全目标。

致谢

感谢 Toshiba Corporation 允许本人复制本章 4S 反应堆的图像。

参考文献

Carelli, M. D., Conway, L. E. and Oriani, L. (2003a). The design and safety features of the IRIS reactor, *Proc. 11th International Conference on Nuclear Engineering, ICONE11*, Tokyo, Japan, American Society of Mechanical Engineers.

Carelli, M. D., Conway, L. E., Collado, J., Cinotti, L., Moraes, M., Lombardi, C. and Kujawski, J. (2003b). Integral layout of the IRIS reactor, *Proc. 2003 International Congress on Advances in Nuclear Power Plants, ICAPP'03*, Cordoba, Spain, American Nuclear Society.

Fetterman, R. J., Harkness, A. W., Smith, M. C. and Taylor, C. (2011). An overview of the Westinghouse small modular reactor, *ASME 2011 Small Modular Reactors Symposium*, Washington, DC: American Society of Mechanical Engineers, 75-82.

General Electric - Hitachi (2015). Website: http://gehitachiprism.com/what-is-prism/how-prism-works/.

International Atomic Energy Agency (2018). Advances in small modular reactor technology developments, IAEA Advanced Reactors Information System (ARIS), Vienna, Austria.

Matzie, R. (2015). Small modular reactors: A call for action. Website: http://www.hoover.org/sites/default/files/pages/docs/matzie_smr_diagram_presentation_2015_0.pdf.

NuScale (2014). Website: http://www.nrc.gov/reactors/advanced/nuscale.html.

Ott, L. J., Robb, K. R. and Wang, D. (2014). Preliminary assessment of accident-tolerant fuels on LWR performance during normal operating and under DB and BDA accident conditions, *Journal of Nuclear Materials*, Vol. 448, pp. 520-533.

Phillips, J. A., Nagley, S. A. and Shabera, E. L. (2012). Fabrication of uranium oxycarbide kernels and compacts for HTR fuel, *Nucl. Eng. Des.*, Vol. 251, pp. 261-281.

Pint, B. A., Terrani, K. A., Yamamoto, Y. and Snead, L. L. (2015). Material selection for accident tolerant fuel cladding, *Metallurgical and Materials Transactions*, ASM International, 2E, pp. 190-196.

U.S. Department of Energy (2015). Advanced Reactor Design Criteria (ARDC) development process, ADAMS Accession #ML15016A367.

U.S. Nuclear Regulatory Commission (1994). Pre-application safety evaluation report for the Power Reactor Innovative Small Module (PRISM) liquid-metal reactor, NUREG-1368.

U.S. Nuclear Regulatory Commission (1999). General design criteria for nuclear power plants, 10 CFR 50 Appendix A.

U.S. Nuclear Regulatory Commission (2007). Standard review plan—Transient and accident analysis, NUREG-0800, Chapter 15.

U. S. Nuclear Regulatory Commission (2014). Website: http://www. nrc. gov/reactors/ advanced/advanced-files/smr. jpg.

Toshiba (2015). Website: http://www. toshiba. co. jp/nuclearenergy/english/business/4s/ features. htm.

Toshiba CREIPI, (2015). Super-safe, small and simple reactor (4S, Toshiba design). Website: https://aris. iaea. org/sites/. . %5CPDF%5C4S. pdf.

Westinghouse (2013). Website: http://www. westinghousenuclear. com/SMR/index. htm.

Zinkle, S. J., Terrani, K. A., Gehin, J. C., Otta, L. J. and Snead, L. L. (2014). Accident tolerant fuels for LWRs: A perspective, *Journal of Nuclear Materials*, Vol. 448, pp. 374-379.

第 14 章
许可注意事项

B. A. McIntyre

针对制定的规章和管理导则，前面描述的安全分析证明了核电厂全面安全任务的一部分，尤其是在第 1 章进行的描述。监管过程提供了自上而下的规则和期望的表达，通常对解释是开放的，但在实践中由范例定义。本章描述了基于安全分析的更广泛的监管框架——核电厂的许可申请过程，考虑到许多核安全监管框架的策略和思想源于美国，这里的陈述大部分内容与其他国家核安全组织所表达的内容有较大部分的重叠。

14.1 美国核管会许可过程概览

在美国建造并获得运营许可的商用核电厂，申请者需要向美国核管会提出申请，以获得审查和批准。根据 10 CFR 50 和 10 CFR 52，提供两种选择(U. S. Nuclear Regulatory Commission, 2017a, 2017b)。第 50 部分"生产和使用设施的国内许可"通常称为两步(建造许可/运行许可)许可程序。第 52 部分"核电厂的许可、认证和批准"通常称为一步许可程序，每个过程的基本技术和安全要求在本质上是相同的。

14.1.1 基本许可原则

许可是监管机构签发的授权筹建和运行核电厂的法律文件，授权过程的产出包括核电厂安全例证的审查和验收文档的建立（见第 2 章）。在美国 50 个州，安全例证包括初步安全分析报告，这是由申请者提交给美国核管会审查和批

准的施工许可。初步安全分析报告包含基于核电厂初步设计的信息,其中包括:

(1) 现场的描述和安全评估以及设施的安全评估。

(2) 对核电厂内的安全特性的描述。

(3) 核电厂的主要设计标准。

(4) 设计基础以及设计基础与主要设计标准的关系。

(5) 有关施工材料、总体布置和大致尺寸的详细信息,以合理保证最终设计符合设计基础,并留有足够的安全余量。

(6) 对结构、系统和核电厂部件设计与性能的初步分析和评价,目标是评估核电厂运行带来的对公众健康和安全的风险,包括确定正常运行期间的安全余量和核电厂寿期内预期的瞬态工况,以及为预防事故和减轻事故后果所提供的结构、系统和部件的冗余性。

(7) 根据第 50.46 节和第 50.46A 节(U. S. Nuclear Regulatory Commission, 2000)的要求进行的初步分析,包括对应急堆芯冷却系统冷却性能的评估,以及在假定的失水事故后对高点排放口的要求。

(8) 对核电厂中需要研究和开发以确认其设计充分性的结构、系统或部件进行识别;以及为解决与此类结构、系统或部件相关的任何安全问题而进行的任何研究和开发项目的识别与描述。

一旦美国核管会完成了对初步安全分析报告的审查(包括公开听证会),并达到以下要求,他们就可能颁发建造许可证:①该核电厂的设计将提供保护公众的健康和安全;②需要进一步的技术或设计信息以完成安全分析,并合理地留给后来的考虑,将提供最终安全分析报告。

一旦核电厂建造完成,适合第 50 部分的申请者就会向美国核管会提交一份最终安全分析报告,等待其审核和批准。最终安全分析报告包括描述最终核电厂的信息,给出最终设计基础和运行限制,以及对结构、系统和部件以及已建成核电厂的整体安全分析。一旦美国核管会完成了对最终安全分析报告的审查(包括公开听证会),他们就可以颁发运营许可证。

在运行许可阶段举行的公开听证会经常引起争议,导致已完成建设的核电厂在颁发运行许可证方面出现延误。出于这个原因,美国核管会和该行业相关者制定了 10 CFR 50"核电厂的许可、认证和批准",并于 1989 年作为第 50 部分的替代规范发布。第 52 部分规范鼓励设计标准化,并且在批准核电厂建造之前解决安全和环境问题,提供一个更可预测的许可证申办程序。根据第 52 部分要求,申请者可以申请联合许可证,该许可证为美国核管会提供建造和运营核电厂的授权。如图 14.1 所示,第 52 部分规范还包括美国核管会批准标准反应堆设计的认证流程,以及早期的厂址许可流程,用于美国核管会批准核电厂厂址的适宜性。虽然这 3 个步骤中都包括一个公开听证的机会,但这些机会都在联合许可申请者开始建造核电厂之前。然而,之前的证据表明,在合并许可中的检查、试验、分析和验收标准(ITAAC)的一个或多个验收标准没有(或将不会)得到满足,不符合规定的具体操作,导致公众健康和安全得不到充分合理的保护,在反应堆装载燃料之前,还有可能要求举行听证会。第 52 部分规范流程通常称为"一步操作",因为联合许可将第 50 部分的建造许可和运营许可步骤合并为一个单一的许可操作。然而,如果申请者选择将不同的 52 部分规范流程结合起来,比如在联合许可之前寻求早期现场许可或设计认证,那么每个流程都将涉及美国核管会的单独审查和个别的听证机会。

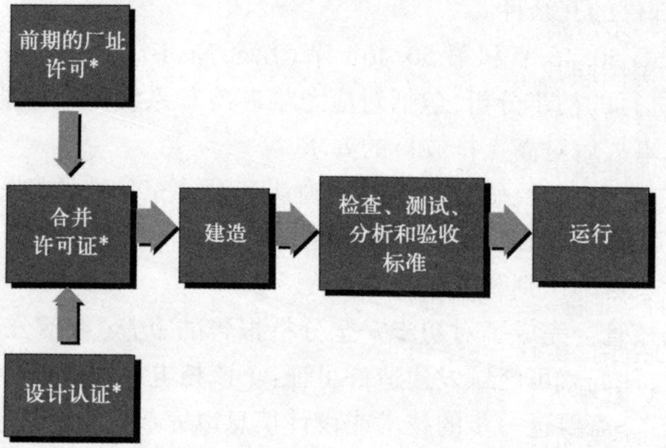

图 14.1　10 CFR 52 的许可程序

注:* 公众听证机会。

第 52 部分规范项下的申请技术内容与第 50 部分规范项下的申请内容相似。由于没有竣工资料和最终安全分析,开发单位在检查、试验、分析和接受准则提供合理的保证,如果检查、试验和分析了执行和验收标准,以及包含核电厂设计认证已经构建并且操作符合设计认证、法案的规定、委员会的规章制度;检查、试验、分析和接受准则规定了基本的核电厂参数,当满足这些参数时,可以保证核电厂按照设计和许可的要求运行。作为参考,有 873 项检查、试验、分析和接受准则,在一个联合许可引用了西屋电气公司 AP1000 的认证设计(U. S. Federal Register,2011)。在施工期间偏离检查、试验、分析和接受准则要求美国核管会在继续施工前批准,对联合许可进行修改,并在联合许可中豁免设计认证。

14.1.2 监管机构的义务、角色和责任

美国核管会的监管职责有5个主要组成部分:①制定对申请者和被许可人的规定和指南;②许可或证明申请者使用核材料、经营核设施,或者许可终止的退役;③监督被许可方的运行和核电厂,以确保被许可方遵守安全要求;④评估在许可核电厂或涉及许可活动的运行经验;⑤开展研究,举行听证会,以解决受机构决定影响的各方的关切,并获得独立审查以支持监管决定。

对于第二个组成部分,美国核管会的作用是根据已发布的标准(第一个组成部分)审查申请者提交的信息,并判断申请者的信息是否符合标准中的准则。如果需要额外的信息,美国核管会对这些信息给予合理的充分的保护,他们可以寻求申请者进一步澄清。

在美国,《美国联邦法规法典》第10篇《能源》中的第1章"美国核管会"定义了美国核管会的组织、角色、职责和权力。这么做的好处是美国核管会和申请者都知道在管理过程中要期待什么。为了进一步阐明符合法律的监管要求,美国核管会制定指导文件,以协助美国核管会工作人员进行审查并通知申请者。这些指导文件包括:

(1)《管理导则》——许可证持有者和申请者关于执行美国核管会规定的特定部分的指南,美国核管会工作人员在评估特定问题或假想事故时使用的技术,以及工作人员在审查许可证或许可证申请时所需的数据。管理导则不是法律要求,但提供了指导,以及一种可接受的方法来体现遵守监管要求。

(2)《临时工作人员指南》——为澄清或解决标准审查大纲中未讨论的问题而发布的文件,NUREL-0800(U. S. Nuclear Regulatory Commission,2011)。

(3)美国核管会《核电厂安全分析报告标准审查大纲》(NUREG)报告——关于监管决定、研究结果、事件调查结果和其他技术和行政信息的报告或册子。

14.1.3 申请者或被许可方的义务、角色和责任

申请者和被许可方有责任提供一个完整的、高质量的报告给美国核管会,供他们审查,管理导则和先例可以告知申请者美国核管会对他们的要求。如果需要补充信息,申请者必须及时回答美国核管会的问题。

要求的许可行动在已发布的美国核管会指导文件或许可先例中没有提到的情况下,申请者需要证明该设计将满足美国核管会法规的意图,或证明合理确保公众的健康和安全得到保护。

这种审查的一个例子是西屋电气公司 AP600 核电厂非能动设计的设计认证(U. S. Federal Register, 1999)。如 15. 1. 1 节所述,西屋电气公司需要提供 AP600 那些需要研究和研发的构筑物、系统或部件,以确认设计的充分性。西屋电气公司还确定了研究和开发项目,以解决与此类构筑物、系统或部件相关的安全问题。美国核管会在试验前审查了西屋的试验计划,观察了试验,审查了试验结果,基于试验数据拓展了其计算能力,在发布 AP600 设计认证之前进行了独立审评计算。

其他新的核电厂设计,如第 13 章中描述的设计,会经历类似的审查和批准程序。

14. 1. 4 安全分析报告的主要内容

准备申请新建核电厂的建造许可证和运行许可证,可以根据 RG 1. 70《核电厂安全分析报告的标准格式和内容》(U. S. Nuclear Regulatory Commission, 1978)第 50 部分颁发的核电厂许可证提供的详细的指导进行准备。本管理导则最初发表于 1972 年 2 月,从那时起,美国核管会根据第 52 部分建立了一个新的联合许可程序。由于这一新的程序,申请者不再使用管理导则 RG 1. 70 颁发新反应堆的许可证。

RG 1. 206,《核电厂联合许可证申请(轻水堆版本)》(U. S. Nuclear Regulatory Commission, 2007)的出版,为计划使用 52 部分规范流程在联合许可证申请中引用早期现场许可、设计认证或两者都引用的申请者提供了详细的格式和内容指导。RG 1. 206 是基于 RG 1. 70 中提供的现有指南,美国核管会打算扩大 RG 1. 206 的范围,包括根据第 50 部分申请核发证的核电厂(建造许可证和运营许可证),并撤销 RG 1. 70。

RG 1. 206 描述了联合许可证申请者的内容,最后 19 章安全分析报告如下:①核电厂简介和概述;②厂址的特点;③构筑物、系统、部件和设备的设计;④反应堆;⑤反应堆冷却剂和连接系统;⑥专设安全设施;⑦仪表和控制;⑧电力;⑨辅助系统;⑩蒸汽和动力转换系统;⑪放射性废物管理;⑫辐射防护;⑬运行实施;⑭验证项目;⑮瞬态和事故分析;⑯技术规格书;⑰质量保证和可靠性保证;⑱人因工程;⑲概率风险评价和严重事故评估。

除了最终安全分析报告,申请者还必须提供检查、试验、分析和接受准则、环境报告、安全计划、概述和财务信息,以及质量保证项目的描述,RG 1. 206 提供了这些项目的描述。

一般来说,RG 1. 206 中的信息体现在《核电厂安全分析报告标准审查大纲》(U. S. Nuclear Regulatory Commission,2011)中。标准审查大纲给美国核管会工作人员提供指导,进行建造许可评审或者运营许可申请(包括修正的要求)的评审,这是在 10 CFR 50 和早期现场许可、设计认证联合许可、标准设计审批进行的,或者是在 10 CFR 52(包括修正的要求)制造许可申请下进行的。

美国核管会在 1975 年首次发布了标准审查大纲。它是从美国核管会多年的经验中发展而来的,建立安全要求和应用那些要求来评估各种核设施设计的安全性。标准审查大纲是美国核管会工作人员用于评估核电厂设计安全性的常规工具,自 1975 年以来,标准审查大纲已经更新了好几次,以反映与每个审查主题相关的美国核管会要求,描述审查人员如何确定安全要求已经得到满足,并纳入了一些新建立的监管职位。

根据美国核管会的说法,"标准审查大纲的目的是要成为一份全面的、综合的文件,为审核员提供指导,描述工作人员认为可以满足美国核管会要求的方法"。工作人员在审查申请时执行标准审查大纲中包含的标准和指南,确保给定的设计将符合美国核管会的规定,并为公众健康和安全提供充分的保护。

应该注意到标准审查大纲不是美国核管会法规的替代品,并且不需要遵守标准审查大纲。然而,当使用标准审查大纲中描述的方法或途径以外的方法时,申请者应提供足够多的信息,以便工作人员进行独立评估,以确认结果和结论符合规定。

2014 年,美国核管会在核工业领域倡议,在第 2 部分介绍"核电厂安全分析报告标准审查大纲:小型模块化反应堆版",提出了作为一个特有设计审评标准"描述并纳入根据 10 CFR 52 提出的对新型轻水小型模块化反应堆应用的审查理念和框架。这种方法不同于用于非小型模块化反应堆应用程序和许可修改的方法,但是它满足上述相同的标准审查大纲的目的,将这个框架纳入标准审查大纲并不改变美国核管会对申请或申请者的要求。特有设计审评标准因此为申请者设定了一套期望在申请中提出需要什么的标准,也为美国核管会设定了一套期望审查提交材料的标准。

14.1.5 监管审查

按照标准审查大纲中详细解释的 RG 1.206 的要求,美国核管会审核联合许可申请。然后美国核管会写一份安全评估报告,它反映了管理导则和标准审查大纲。对于管理导则的每个章节,安全评估报告详细描述了在申请中审查了什么、申请者提交了什么,以及提交者如何证明满足了标准审查大纲中描述的验收标准。如申请者有任何问题,会提供问题、答复及解释为何答复是可接受的。

一旦美国核管会完成最终安全评价报告,结果就会提交给核反应堆安全顾问委员会。核反应堆安全顾问审查评价结果,并向委员会提出建议,具体内容涉及核电厂发电与应用及其相关安全问题的许可和运行、所提反应堆安全标准的充分性、与改进型和非能动核电厂设计许可相关的技术和政策问题、由委员会提交的其他事项。核反应堆安全顾问委员会可以自行对特定的安全相关项目进行审查,在最终安全评估报告完成后,将会有许多申请者和美国核管会工作人员共同参与核反应堆安全顾问委员会的会议,用以讨论工作人员审评的状况,并向申请者和工作人员提出问题。在审查过程中,其还会向针对特定应用的小组委员会作汇报。

核反应堆安全顾问委员会写信给美国核管会,表示同意提起审议设施的运行,美国核管会然后发布联合许可证或运行许可证。

14.2 设计基准包络的设计控制

设计基准包络是要求和工况的集合,在整个核电厂生命寿期中,作为设计安全例证的参考点,始于设计概念化和开发,部署和运行,最后是退役。参与核电厂工程和运营的组织建立和实施过程,以控制项目的设计和设计变更,这些项目应符合国家核安全机构设定的质量保证要求。

美国核管会对美国核工业实施的规则见 10 CFR 50 附录 B。设计过程包括控制设计输入、输出、变更、接口、记录和负责机构内部以及外部与供应商之间的组织接口的规定,这些规定确保设计输入(如设计基准和性能、监管和质量要求)得到正确的设计输出(如分析、规格、图纸、程序和指令),保证与最终设计输出相关的设计输入足够详细以允许验证。

14.2.1 概念设计、初步设计和最终设计过程

新技术或反应堆设计必须以美国核管会对建造项目拥有最终批准权为起点,如果该设计在目前的监管框架下不能轻易获得许可,则应进行评估然后确定:

(1) 该设计的哪些特点可能会对授权提出挑战?

(2) 为简化许可程序而对设计进行的更改能否使设计得到的收益失效?

(3) 美国核管会要求哪些测试或试验来验证设计的安全性?

在概念设计阶段,目标是确定设计的可行性,这包括考虑实现想法和进行研究以分析设计决策的利弊,这个阶段是考虑上述问题的合理时机。

初步设计在概念设计和最终设计之间架起了桥梁,在这个阶段,确定了整个电厂的配置。整个开发过程包括电厂布局、设备规模、正常和非正常(事故)工况下的核电厂性能分析、系统布局和管道运行、仪表与控制设计,以及结构、系统和部件的分类,这些确定了早期电厂的配置。在设计过程的这一阶段,要参考标准审查大纲中的详细信息,以确保设计符合美国核管会的期望。再次提一下这

个问题，在概念设计上需要改变什么才能获得美国核管会的批准。

最后，设计进展到最终阶段，主要的设备可以订购。这是美国核管会希望作为设计认证/联合许可申请的一部分提交的详细设备清单。这表示美国核管会经过审查，批准并期望建造的核电厂设计。在检查、试验、分析和接受准则在设计认证/联合许可申请中确定，并在设计中锁定。

一旦颁发了联合许可证，核电厂开始建造，详细的设计工作必须完成。人们经常发现，最终的设计需要在施工现场进行微小的修改。每张图纸或每个领域的变更必须与许可的基本要求进行比较。建造必须符合许可的依据，如果由于某种原因不能实现，就必须对建造许可进行更改。如果变更与美国核管会确定需要批准才能变更的信息相关，在继续进行之前，必须申请并批准对许可的变更，这个过程可能需要长达一年的时间。如果不需要美国核管会的批准，电厂所有者可以对最终安全分析报告进行更改，建造就可以进行。很重要的一点是，要将构建好的信息存档，以促进向电厂操作配置控制的过渡。

14.2.2 许可项目管理考虑

及早发现任何可能受到美国核管会质疑的设计方面，允许被许可方有机会就这些问题与美国核管会进行互动和合作，并解决任何分歧。即使监管框架与其他设计不同，能够证明该设计如何满足美国核管会的要求仍是至关重要的。这可能会导致对设计的更改或不得不进行程序试验。越早发现这些问题，就可以越早采取行动并解决问题。早期预演的一个显著好处是预先满足了美国核管会对项目的期望，并减少了他们评审时的困惑。

一个许可项目计划应从开发到实施，并落实到角色、职责、责任、沟通、培训和财务控制等方面，与美国核管会讨论，为许可过程中的期望提供一个框架。

14.2.3 监管标准和指南

一般来说，美国颁发核电厂许可证的监管标准是 RG 1.206、《核电厂联合许可证申请(轻水堆版本)》和《核电厂安全分析报告标准审查大纲》(NUREG-0800)。如前所述，标准审查大纲提供了美国核管会的接受准则和方法来满足验收标准，也提供了对其他规则的参考。

14.2.4 安全分析设计接口

安全分析是控制设计基准包络的一个重要部分。随着核电厂生命周期的发展，支持设计基准的安全分析也不断发展，这意味着安全分析必须在设计阶段进行多次，以考虑到设备性能参数和系统配置的改进和变化。

如第1章和第2章所述,安全分析开始建立核电厂的危害和可操作性特征。瞬态和事故是根据第3章中概述的方法确定的,强调了电厂的重要安全功能,区分电厂的哪些结构、系统和部件被认为是安全相关的(哪些不是)。其中将有一个或多个事件被认为是最大假想事故。瞬态和事故的安全分析,特别是最大假想事故,提供了支持电厂技术规范的分析基础——与设计基准包络相关的运行限制的陈述。从这些分析中得出的主要测量参数是辐射剂量,但是,如第7章所指出的,其他热工流体测量通常被用来代替剂量,设计认证和联合许可证应用的安全性分析结果被总结。

一旦美国核管会批准了某项设计,电厂必须按照美国核管会批准的设计建造。检查、试验、分析和验收准则可以提供这一保证。从安全分析的角度来看,相关的检查、试验、分析和验收准则包括应急堆芯冷却系统的流量、安注箱水量、乏燃料池水量等项目。在实践中,在建核电厂将在装料和启动前重新评估其安全分析,以考虑其建造后的条件并与其许可基准匹配。在某些情况下,这种评估会识别出重新开展安全分析的需求。

根据美国核管会的规定,业主可以对核电厂的设计基准进行设计变更,设计变更不是被归类为核电厂改造或影响设计功能的程序,就是被归类为偏离已批准的方法,这些方法用于建立最终安全分析报告中详细描述的设计基准或用于安全分析。许可证持有者可以在没有美国核管会批准的情况下对核电厂进行设计变更,只要这种设计变更不改变最终技术规格或不改变事故的频率或后果。

参考文献

U. S. Federal Register (1999). AP600 design certification, 64 FR 72002.

U. S. Federal Register (2011). AP1000 final rule, 76 FR 82079.

U. S. Nuclear Regulatory Commission (1978). Standard format and content of safety analysis reports for nuclear power plants, Regulatory Guide 1. 70, Rev. 3.

U. S. Nuclear Regulatory Commission (2000). ECCS evaluation models, 10 CFR 50. 46 Appendix K.

U. S. Nuclear Regulatory Commission (2007). Combined license applications for nuclear power plants (LWR edition), Regulatory Guide 1. 206, Rev. 0.

U. S. Nuclear Regulatory Commission (2011). Standard review plan—Introduction, NUREG - 0800, Chapter 1.

U. S. Nuclear Regulatory Commission (2017a). Domestic licensing of production and utilization facilities, 10 CFR Part 50.

U. S. Nuclear Regulatory Commission (2017b). Licenses, certifications, and approvals for nuclear power plants, 10 CFR Part 52.

U. S. Nuclear Regulatory Commission (2017b). Standards for protection against radiation, 10 CFR Part 20.

U. S. Nuclear Regulatory Commission (2017c). Reactor site criteria, 10 CFR Part 100.

附录

术语解释

吸收剂量

吸收剂量是电离辐射对所传递的平均能量 d_e 与物质质量 d_m 的比值：

$$\frac{\overline{d}_e}{\overline{d}_m}$$

吸收剂量的国际单位是戈瑞(Gy)，其中

$$1Gy = 1J/kg$$

验收标准

为了使解决方案被利益相关者认为是可接受的，必须满足需求，即验收标准。它需要定义用户接受系统所必需的数据(输入和输出)、质量属性和系统功能。

事故

事故是有可能向环境释放大量放射性物质的设计基准和超设计基准的事件。

能动部件

能动部件是在外部电源的协助下，按指令执行其功能的部件，通常涉及电气或机械操作(如泵、风机、涡轮机、发电机、电机阀门、加热器、仪表和控制系统)。

偶然的不确定性(可变的)

偶然的不确定性(可变的)是不确定性(随机的)现象中固有的可变性。用概率模型对现象进行建模，解释了随机可变性。原则上，随机不确定性不能通过积累更多的数据或额外的信息来降低，但可以改进概率模型的详细特征，有时偶然可变性称为随机性。

分析模型

分析模型是物理过程或结构、系统或部件的数学描述。

分析仿真

分析仿真是一种用模型表示的物理过程或结构、系统或部件对状态扰动响应的数学模拟。

预期运行事件

在核电机组寿期内预计会出现一次或多次的正常运行工况,包括但不限于丧失所有厂外电源、意外抽出控制棒和汽轮发电机组跳闸。

未紧急停堆的预期瞬态

未紧急停堆的预期瞬态(ATWS)由正常反应堆紧急停堆系统故障引起的预期运行事件。

最佳估算的计算机程序

最佳估算的计算机程序是在软件中描述的一组最佳估算模型,用来计算性能指标的结果,结果代表了与指定的接受标准有关的现实行为。

最佳估算模型

最佳估算模型是一种分析模型,其规范来自直接测量和/或第一性原理知识。

保守计算机程序

保守计算机程序是一种在软件中实现的耦合分析和保守建模假设的集合,用于计算仿真性能指标,以最大限度地减少与指定的接受标准的差距。

保守模型

保守模型是一种分析模型,其规范的全部或部分存在偏差,使模拟性能指标预测与指定的接受标准之间的差距最小。

控制体积

控制体积代表热力学状态计算的几何划分的热工水力模型结构。

重要安全功能

重要安全功能是防止对公众健康和安全构成直接和即时威胁的至关重要的安全功能。对于常规轻水堆,它们是完成或维持:

(1) 反应性控制;

(2) 堆芯冷却;

(3) 反应堆冷却剂系统的完整性;

(4) 主反应堆安全壳完整性;

(5) 放射性排放控制。

衰变热

衰变热是反应堆停堆后,放射性裂变产物的衰变所产生的热。

偏离核沸腾

在压水堆中,从泡核沸腾到膜态沸腾的转变开始,在给定条件下,偏离核沸腾(DNB)通常被量化为导致泡核沸腾偏离的热流密度与实际通道热流密度的比值。

设计基准事件

设计基准事件是核电厂正常运行的一种情况,包括预期的运行事故、设计基准事故(或瞬态)、外部事件或自然现象,核电厂必须对这些事件进行设计,以确保实现与安全相关的三项基本功能。参考“安全相关”的定义。

确定性模型

确定性模型是从给定的初始状态总产生相同模拟结果的一种分析模型。

漂移流

漂移流是相对于以体积平均速度移动表面的特定流体相的体积通量。

有效剂量

有效剂量是人体所有特定组织和器官的等效剂量的组织加权总和,代表了低水平电离辐射对整个身体的随机健康风险,即诱发癌症和遗传效应的概率。它考虑到辐射的类型和被照射的每个器官或组织的性质,并使由内部和外部不同水平和类型的辐射造成的器官剂量的总和能够产生一个总的计算有效剂量:

$$E = \sum_{R} W_T \cdot H_T$$

式中:E 为整个器官的有效剂量;H_T为组织吸收的以 Sv 计的等效剂量;W_T为组织权重因子。

应急堆芯冷却系统

应急堆芯冷却系统(ECCS)是轻水堆所需的一个系统(或一组系统),其设计目的是在假想事故(包括设计基准的失水事故)发生后提供堆芯冷却。对其性能进行分析论证,必须符合 10 CFR 50.46 中规定的验收标准,包括最高燃料包壳温度、燃料包壳氧化率、产氢量、维持可冷却堆芯几何形状以及长期有效的堆芯冷却。

工程安全设施

工程安全设施(ESF)是为减轻事故而纳入核电厂设计的系统、结构和部件。

这些系统、结构和部件可能具有双重作用，即它们还可以发挥非事故缓解功能。一个两用系统的例子是衰变热排出系统，它通常也为大型失水事故提供低压安全注射流。通常，这些系统、结构和部件被归类为与安全相关的，但某些工程安全设施（例如，沸水堆备用液体控制系统）不被归类为与安全相关的，因为它们超出了单一故障标准的要求（见第 3 章），相反，它们提供了多样性和深度防御以减轻事故。

认知不确定性

由对一种现象的不完全了解而导致的不确定性影响了对其建模的能力。认知不确定性是通过在给定的或多个专家解释中考虑一系列模型参数来捕获的，每个参数都被分配一个相关的权重，代表在备选方案中的统计置信度。原则上，认知的不确定性可以通过与该现象相关的额外信息的积累来减少。随机现象概率分布参数中的不确定性是与认知有关的。

等效剂量

等效剂量表示低水平电离辐射对人体的随机健康影响的剂量（H）。它是由吸收剂量的物理量推导出来的，但也考虑了辐射的生物有效性，这取决于辐射的类型和能量。在国际单位制中，计量单位是希（Sv），有

$$H_T = \sum_R W_R \cdot D_{T,R}$$

式中：H_T 为组织吸收的以 Sv 为单位的等效剂量；W_R 为规定的辐射加权系数；$D_{T,R}$ 为按辐射类型以戈（Gy）表示的在组织 T 中的吸收剂量。

失效燃料（包壳）

失效燃料是在燃料包壳上有穿孔或缺陷，或有任何扭曲或破裂，从而使裂变产物释放到反应堆冷却剂的燃料。

性能指标

性能指标是指用于确定安全分析可接受答案的定量标准。

燃料组件

燃料组件是一个由燃料棒矩阵阵列和相关的整体部件组成的用于操作、控制、支撑和维护的单一部件。

燃料-冷却剂相互作用

超出设计基准的反应性引入事故，导致燃料熔化和包壳破裂，以及燃料颗粒排到冷却剂。燃料颗粒的破裂导致了从燃料到冷却剂的高热量传递，能量的相互作用会加剧燃料的破坏，降低燃料的冷却能力，并将燃料颗粒分散到堆芯区以外。

泄漏率

泄漏率是在指定的试验压力下，所含流体从试验体积中逸出的速率。

被许可方

被许可方是一经监管机构或协议国授予建造、运行核设施或接收、拥有、使用、转让或处置核原料、副产物材料或特殊核材料的一般许可或特定许可的公司、组织、机构或其他实体。

许可基准

许可基准是主管机关核发许可证所依据的文件或者技术标准的集合，进行建造或者运行核设施，进行辐射作业，或接收、拥有、使用、转让或处置原核材料、副核材料或特殊核材料。

轻水堆

轻水堆是核电厂使用普通水(与^2H_2O重水相比)冷却和慢化堆芯的反应堆。轻水堆可以是直接循环沸水反应堆，在这种情况下，汽轮发电机由在反应堆堆芯沸腾的蒸汽供应；也可以是间接循环的压水反应堆，汽轮发电机由一个或多个热交换器(蒸汽发生器)产生蒸汽供应，其中加压的主冷却剂(过冷水)将热量从堆芯传递到沸腾的二次冷却剂。

运行限制条件

运行限制条件是在不对公众的健康和安全造成不当风险的情况下，设施继续运行所需的最低功能能力或设备性能水平。

冷却剂丧失事故(失水事故)

由于反应堆冷却剂压力边界破裂，反应堆冷却剂损失率超过反应堆补给系统的能力，直至(包括)相当于反应堆冷却剂系统最大管道两端破裂的假想事故称为冷却剂丧失事故(失水事故)。

失水事故喷放

在管道破裂后立即发生的失水事故阶段，反应堆冷却剂系统压力首先随着过冷水冷却剂的损失而迅速降低，当压力降低冷却剂饱和并在破裂处开始闪蒸时，反应堆冷却剂系统降压速率降低。当反应堆冷却剂系统中的液体装量耗尽或反应堆冷却剂系统和安全壳达到压力平衡时，主喷放阶段结束。

失水事故再充水

喷放后的失水事故阶段的特征是通过安注箱和泵送冷却剂安全系统(如适用)注入冷却剂。在再充水过程中，来自反应堆应急堆芯冷却系统的补给水会部分补充至反应堆压力容器,包括活性燃料下方的区域,如下腔室。

失水事故再淹没

失水事故再淹没事件阶段在再充水之后,从应急堆芯冷却系统的补给水到达反应堆堆芯活性燃料的底部开始,瞬态的再淹没阶段包括将反应堆燃料棒冷却至饱和温度。

长期

在单一故障准则下,安全相关系统必须从初始故障发生后24h开始运行,在此期间需要安全相关功能。对于应急堆芯冷却系统和安全壳喷淋系统而言,"长期"可能对应于将这些系统转换为长期冷却模式。

失效

产品无法或降级完成其设计功能称为失效(故障)。

余量

余量(设计或安全)是给定事件的设计评估结果和与功能需求相关的极限之间的定量关系。

补给水

补给水是补给到循环水系统中的水,以替代蒸发、漂移、喷放和泄漏所损失的水。

金属-水反应

由水或蒸汽与锆包壳反应而产生氢的量是时间和温度的函数。

最小临界功率比

最小临界功率比是在沸水堆中,临界棒束功率(导致过渡沸腾的棒束功率)与同一位置棒束功率之比的最小值,类似于压水堆中的偏离泡核沸腾比。

核安全

核安全是指实现适当的运行工况、防止事故或减轻事故后果,从而保护工人、公众和环境免受不当的辐射危害。

非能动部件

非能动部件是不需要外部输入或能量而运行的部件,只依赖自然物理定律(如重力、自然对流、传导等)和/或固有特性(材料特性、内部存储能量等),以及系统中固有能量的"智能"使用(如衰变热、化学反应等)。

假想事故

假想事故是基于设计的、在核电厂寿期内预计不会发生的事故,例如失水事故。

压力边界

轻水堆核电厂所有承压部件,如压力容器、管道、泵、阀门等,分别为:

(1) 反应堆冷却剂系统的一部分。

(2) 连接到反应堆冷却剂系统,包括以下任意一种或全部:

① 穿过主安全壳系统管道中最外层的主安全壳隔离阀。

② 在没有穿过主安全壳的系统管道中,反应堆正常运行时通常关闭的两个阀门中的第二个。

③ 反应堆冷却剂系统安全和释放阀。

对于直接循环沸水反应堆,反应堆冷却剂系统延伸并包括主蒸汽和给水管道最外层主安全壳隔离阀。

主安全壳

主安全壳是在反应堆冷却剂压力边界之后,在设计基准事故条件下控制反应堆堆芯燃料中放射性物质释放的主要包围结构。它包括:

(1) 主安全壳结构,包括通道关闭装置、渗透关闭装置和附件;

(2) 阀门、管道、封闭系统和其他保压组件,用于将主安全壳大气与外部环境隔离;

(3) 通过系统功能扩展主安全壳结构边界的系统或系统部分。

反应性引入事故

反应性引入事故是涉及反应堆堆芯正反应性引入,从而导致局部或全局功率激增和相应温度升高的核反应堆事故。

反应堆冷却剂系统

此系统依赖:①压力保持边界来容纳反应堆冷却剂;②在正常运行时,将热从反应堆堆芯传递到动力转换系统或关闭排热系统的一种手段;③系统压力释放。

反应堆保护

由系统设计自动启动适当的系统运行的功能,包括反应性控制系统,以确保特定的可接受燃料设计限值不超过预计运行事件的结果,并能检测事故工况和启动对安全重要的系统和部件的操作。

安全分析

安全分析是一种模拟核电厂对设计基准事件整体响应的分析,其目的是确认结构、系统和组件的功能完成在其设计基准和核安全标准以及安全分析验收要求能满足设计基准事件。

安全分析报告

安全分析报告是运行机构与监管机构之间的桥梁文件，一份安全分析报告包括：

（1）核电厂精确和充分准确的信息及其运行工况；

（2）安全要求、设计基准、场地和核电厂特征、操作限值和工况的信息，监管机构用安全分析的方式独立评估核电厂的安全；

（3）论证了技术因素与人为因素安全方面相互依存的考虑。

安全例证

安全例证是根据设备、现场和运行方式所带来的危险，包括潜在的故障和事故以及需要采取的合理可行的措施来防止或减少危害，描述风险的一套逻辑的、分层的文件。它考虑了过去的经验，写在现在，并为过程设置期望和指导，如果危害被成功地控制，此过程应该在未来操作。安全例证清楚地列出了从安全声明到论据到证据的过程。

安全相关

在设计基准事件期间或之后依赖系统、结构、部件或相关功能以确保：①反应堆冷却剂压力边界的完整性；②关闭反应堆并使其保持在安全关闭状态的能力；③防止或减轻事故后果的能力，该事故可能导致潜在的厂外辐射照射，相当于指南规定的 10 CFR 50.34(a)(1)、10 CFR 50.67(b)(2)或 10 CFR 100.11(如适用)。

单一故障准则

对于与安全相关的系统、结构和部件总体设计要求，除了初始事件需要满足安全相关系统的功能外，假定单个随机故障(例如，单个部件故障或操作员失误)及其后果会导致系统丧失执行其预期功能的能力。流体和电气系统的设计是针对假定的单一故障，如果既不是任何能动部件的单一故障(假设非能动部件正常工作)，也不是任何非能动部件的单一故障(假设能动部件正常工作)，这将导致系统丧失履行其核安全功能的能力。

软件验证

软件验证是确定数值算法在计算机程序中正确执行的过程和识别软件错误的过程。

软件确认

软件确认是从模型的预期用途的角度确定模型在多大程度上是真实世界的准确表示的过程。

源项

如果在限制边界发生泄漏,可从限制中释放的放射性物质的数量称为源项。

系统、结构或部件

“系统、结构或部件”(SSC)是一个集合术语,用来有效地描述在核电厂设计、建造、运行和/或维护中广泛适用的要求。

技术规范

技术规范是授权核生产或利用设施运行的监管许可证的一部分。技术规范规定了诸如安全限制、安全系统限制设置、限制控制设置、运行限制条件、监视要求、设计特点和管理控制等项目的要求。

内 容 简 介

本书从核安全监管角度出发，对轻水堆核电厂设计基准事故中涉及的失水事故、预期瞬态、安全壳撞击、放射性扩散等模型与分析方法进行了详细介绍，对放射性评估、事故容错设计与分析、美国核管会许可证申请程序与控制等内容也有所涉及，具有较高的学术水平与价值。无论是对民用核电厂还是对军用核动力装置，本书都能够让科研工作者、设计人员和监管人员更好地掌握核安全监管中涉及的安全分析方法，从而指导科研、设计与监管，促进我国核安全监管和核安全分析水平提升，对下一代核动力系统事故容错设计与分析的相关研究也具有重要的参考价值。

本书可供核反应堆设计人员、核机构监管人员、高等院校教师及研究生等阅读、参考。